Zeit

mythos phantom realität

WOLFGANG MÜLLER-FUNK (HRSG.)

SpringerWienNewYork

Prof. Dr. Wolfgang Müller-Funk
Department of German Studies, University of Birmingham
Edgbaston, Birmingham B15 2TT
United Kingdom

Printed in Austria

REDAKTION
Julius Stieber

LAYOUT/GRAFIK
Viktoria Schlögl

UMSCHLAGGESTALTUNG
Pastl & Lang

DRUCK
Landesverlag Druckservice, A-4010 Linz

Gedruckt auf säurefreiem, chlorfrei gebleichtem Papier – TCF
SPIN: 10752560

Die Deutsche Bibliothek – CIP-Einheitsaufnahme
Ein Titeldatensatz für diese Publikation ist bei Der Deutschen Bibliothek erhältlich

Mit zahlreichen (teilweise farbigen) Abbildungen

ISBN 3-211-83417-6 Springer-Verlag Wien New York

Die Landeskulturdirektion Oberösterreich dankt den Generalsponsoren der OÖ. Landesausstellung 2000:
Oberösterreichische Wechselseitige Versicherung und Raiffeisenlandesbank OÖ

INHALT

DIE ZUKUNFT DER ZEIT

DIE ZEIT UND DIE KÜNSTE

EPILOG

ZUR AUSSTELLUNG

Immer schon hat der Mensch versucht, die Zeit zu bestimmen und zu messen. Doch es war ein weiter Weg vom Vergänglichkeitsbewußtsein des Menschen zum technisch perfekt organisierten Zeitregime unserer Tage. Die Entwicklung reicht von der Sonnenuhr zur digitalen Zeitmessung, von der Sanduhr zur Nanosekunde. Mittlerweile scheinen wir jedenfalls unter das Diktat einer immer schneller laufenden Zeit geraten zu sein. Modernste Kommunikationstechnologien wie das Internet oder Videokonferenzen erlauben uns, Ereignisse, die Tausende Kilometer entfernt stattfinden, in „Echtzeit" mitzuerleben, so als wären wir „live" dabei.

Diese Themen und viele andere stellt die Oberösterreichische Landesausstellung 2000 „Zeit Mythos Phantom Realität" in ihren Mittelpunkt. In einem kulturhistorischen Rundgang begibt sich der Besucher an die verschiedenen Stationen der Geschichte der Zeit und erlebt so das Gewordensein unseres gegenwärtigen Zeitbewußtseins: von der mythischen Zeit zur Digitalzeit, von der christlich-abendländischen Zeit zum Zeitempfinden anderer Kulturen. Als Ausstellungsgebäude bietet dafür das ehemalige Minoritenkloster in Wels, um 1280 von den Polheimern gestiftet, das ideale Ambiente: Nicht nur, daß Klöster bei der Entwicklung unseres modernen Zeitregimes eine nicht unwesentliche Rolle gespielt haben, darüber hinaus ist die Anlage selbst so eine Art „Zeitmaschine", die von den römischen Grundmauern über gotische und barocke Bauteile bis hin zu einem Luftschutzkeller des Zweiten Weltkriegs und der eher profanen Nutzung als Feuerwehrdepot reicht. Das Minoritenkloster Wels ist aber auch ein aktuelles Beispiel einer gelungenen Denkmalpflegeaktion, die eine öffentliche Verwendung des Gebäudes über die Zeit der Landesausstellung hinaus garantiert: als Veranstaltungszentrum der Stadt Wels und als Dependance des Welser Stadtmuseums.

Der vorliegende Katalog ist als begleitendes Buch zur Ausstellung gedacht. Hier findet der Leser zu den einzelnen Ausstellungsinhalten vertiefende Beiträge, aber auch manches, was darüber hinausgeht. Möge die Lektüre des Buches sowie der Ausstellungsbesuch in diesem besonderen Jahr 2000 auch anregen, nachzudenken über unser Dasein, über uns Werden und Vergehen. Der Oberösterreichischen Landesausstellung 2000 wünsche ich jedenfalls viel Erfolg. Jeden einzelnen Besucher heiße ich herzlich willkommen.

Dr. Josef Pühringer
Landeshauptmann

ZEIT: MYTHOS, PHANTOM, REALITÄT. EINLEITUNG

wolfgang müller-funk

Vermutlich gehört es zur Eigenart der Zeit, daß sie keine Zeit hat. Mit der kulturellen Paßform der Zeit hat sich der Mensch, voran der abendländische, ein Maß geschaffen, nach dem er sich vornehmlich (aus)richtet. Seit der industriellen Revolution unterliegen beinahe alle menschlichen Unternehmungen und Verrichtungen der unscheinbaren Diktatur der Zeit und – dadurch vermittelt – des Geldes.

Die Zeit, voran die moderne, hat keine Zeit. In ihre gleichförmige Struktur ist das Moment der Beschleunigung bereits eingebaut: immer mehr Dinge in immer geringerer Zeit produzieren, mit immer mehr Menschen in stets kürzerer Zeit kommunizieren, immer mehr Informationen in hastigem Zugriff einholen. Der deutsche Schriftsteller Michael Ende hat diese so einleuchtende wie widersinnige Lakonie, diese Unrast der modernen Zivilisation in seinem Roman „Momo" aus der märchenhaften Perspektive eines Kindes beschrieben, das die Geschäftigkeit der grauen Herren von der Zeitsparkasse ungläubig bestaunt und ihr zu entrinnen trachtet.

Merkwürdig rational und irrational ist der Umgang des modernen Menschen mit der Zeit und ebenso paradox ist, daß er darüber klagt, keine Zeit zu haben und doch zugleich stolz darauf ist, keine Zeit zu haben. Kaum etwas schmeichelt dem Selbstgefühl des modernen „business man" mehr als ein dicht gefüllter Terminkalender.

Dieser Umgang mit der Zeit spiegelt sich auch in den Medien, die der Mensch hervorgebracht hat. Während der Stein, in den das Gilgamesch-Epos eingemeißelt wurde, wahrscheinlich noch Jahrtausende überdauern dürfte, haben Disketten, Tonbänder und selbst normale Bücher eine Lebensdauer von einigen Jahrzehnten. Es ist also durchaus nicht unwahrscheinlich, daß unsere Kultur nur wenige Spuren hinterlassen wird, im Gegensatz zu jenen Griechenlands, Ägyptens, Südamerikas, des Nahen und Fernen Ostens, die wir heute gleichsam ehrfürchtig bestaunen.

Wozu diese Ausstellung einlädt, das ist, sich die Unselbstverständlichkeit von Zeit zu vergegenwärtigen. Zeit ist wie Geld, Licht und Maschinerie zweite Natur, ein menschliches Artefakt, also etwas, das sich der Mensch geschaffen hat. Es führt kein geradliniger natürlicher Pfad vom Blick in den gestirnten Himmel oder vom Ablauf der Jahreszeiten zur leeren digitalen Zeit, nach der sich heute, aller kultureller Unterschiede zum Trotz, die Menschheit richtet.

Der Ort der Ausstellung, das Minoritenkloster in Wels, ist mit der Geschichte der Zeit aufs engste verquickt. Denn nicht zuletzt das Kloster etablierte eine Ordnung, die mit Hilfe der Zeit geregelt war. Gemeinsam essen, beten, arbeiten und meditieren, das bedarf des zeitlichen Zusammenschlusses und Arrangements. Von dem Ort des Klosters aus läßt sich die Geschichte der Zeit schreiben als ein Vorgang, in dem der Mensch seit der frühen Neuzeit mehr und mehr die Zeit verinnerlicht, in und mit ihr lebt.

Vormoderne Gesellschaften leben nicht in der Zeit wie wir; die Zeit war in der griechischen Antike nur schwach markiert und auch die Klöster des Mittelalters muß man sich eher als Zeit-Inseln in einer ansonsten gleichförmigen Zeitlosigkeit vorstellen, die nur Anfang und Ende und den Kreis des Tages und des Jahres, den Fortlauf des Lebens zum Tode oder die Festtage der Heiligen kennt. Die räumliche Identität ist trügerisch. Die Zeitvorstellung von Menschen, die vor 1000 Jahren in Wels oder Linz lebten, dürfte uns mindestens so fremd sein wie die Zeitform in anderen Kulturen.

Es ist kein Zufall, daß der bedeutendste Denker der Zeit in unserer Kultur ein Bischof gewesen ist, der mitten in seiner großen Lebenserzählung, in seiner Zwiesprache mit Gott innehält und nach dem Wesen der Zeit fragt. Bedrängt von den Dämonen des Zweifels, fragt er sich, wie Zeit überhaupt sein kann. Denn kann etwas sein, das nicht von Dauer ist, das sich nicht festhalten läßt? Die Vergangenheit ist nicht mehr, die Zukunft ist noch nicht und die Gegenwart ist niemals, sondern immer schon vorüber. Aber zugleich sind sie doch da, denn sonst könnte Augustinus ja nicht sein Leben festhalten. Wenn man nicht darüber nachdenkt, dann ist die Zeit wie selbstverständlich und sie zerrinnt, wenn man über sie nachzudenken beginnt. Zeit ist – so die radikal moderne Überlegung des Augustinus, die eineinhalb Jahrtausende später bei einem anderen berühmten Denker des Zeitlichen, bei Martin Heidegger, ihren Niederschlag finden wird – eingelassen in die subjektive Befindlichkeit des Menschen. Zeit ist Erinnerung, Gegenwärtigkeit und Erwartung.

Insofern ist der Titel der Ausstellung diesem Nachdenken und Meditieren des Augustinus gleichsam nachgestellt. Denn die Zeit ist ein *Mythos*, weil der Mythos (als zeitlich strukturierter Geschehensablauf, als Erzählung und Narrativ) und die Zeit sich wechselseitig bedingen, wie es der französische Philosoph Paul Ricoeur im Anschluß an Augustinus und Heidegger formuliert: „Die von jedem narrativen Werk entfaltete Welt ist immer eine zeitliche (...) die Zeit wird in dem Maße zur menschlichen, wie sie narrativ artikuliert wird; umgekehrt ist die Erzählung in dem Maße bedeutungsvoll, wie sie die Züge der Zeiterfahrung trägt." Indem also Augustinus sein Leben erzählt, setzt er die Zeit für sich in die Welt.
Die Zeit ist aber auch ein *Phantom*, weil sie eine sekundäre, „gespenstische" Wirklichkeit besitzt. Sie existiert nur in der Welt unserer Vorstellung, sie ist ein „Hirngespinst", eines der mächtigsten, das die Menschheit je hervorgebracht hat. Mit dieser sozialen Mächtigkeit hängt auch zusammen, daß die Zeit eine gesellschaftliche *Realität* darstellt, die man nicht ungestraft beiseite schieben kann. Schon das sechsjährige Kind erfährt in der Schule, was es bedeutet, zu spät zu kommen. Alle modernen Institutionen und Bürokratien basieren auf der Herrschaft des „ephemeren Tyrannen" (Georg Simmel) der Zeit. Nur wer besonders mächtig ist, kann es sich zuweilen erlauben, lässig mit einer zeitlichen Verabredung umzugehen, um damit seine privilegierte Stellung zu demonstrieren. Unser ganzes gesellschaftliches Dasein ist also auf das Zusammenspiel der Zeit angelegt, angefangen von den Öffnungszeiten von Geschäften, Museen und Ausstellungen bis zur digitalen Zeitordnung des Computers. Die Zeit ist heute dominante Realität und in Analogie zu einem berühmten Ausspruch Napoleons ließe sich sagen: die Zeit ist unser Schicksal.

Die Zeit als Mythos, Phantom und Realität spiegelt die schillernde Erfahrung des Menschen mit der Zeit. Augustinus ist jener philosophische Denker, der diese Erfahrung zum ersten Mal beredt gemacht hat. Die Zeit ist erinnerte Vergangenheit, erlebte Gegenwärtigkeit und erwartete (oder befürchtete) Zukunft. Diese drei Momente des Zeitlichen bilden Eckpunkte der Ausstellung: Zeitschiff und Gedächtnistheater führen dem Besucher die Logik des Erinnerns vor Augen, während die

Computerinstallation verschiedene Fenster in mögliche Zukünfte eröffnen. Die Gegenwärtigkeit wird im Kreuzgang vernehmbar und überhaupt im Hier und Dasein des Besuchs dieser Ausstellung.

Die Dreistöckigkeit des Kreuzganges wiederum entfaltet eine weitere thematische „Trinität": auf die diversen Zeitformen und Zeitrechnungen in den Kulturen folgt die Präsentation der erfüllten christlichen Zeit, die eine heilige Zeit und eine Heilszeit zugleich ist, während diese in der Neuzeit zunehmend von einer „kalten", technischen, leeren und gleichförmigen Zeit überlagert, verdrängt und abgelöst wurde.
Heute, nach dem Ende aller großen transzendenten und säkularen Erwartungen, stehen wir einigermaßen nüchtern und skeptisch der Zukunft gegenüber. Wir verbinden keine überirdischen und grandiosen Erwartungen mit dem neuen Jahrtausend, mögen wir uns auch gelegentlich der Zerbrechlichkeit und den widersinnigen Momenten unserer Zivilisation bewußt werden. Bereitwillig lassen wir uns beim Eintritt in das neue Jahrtausend, dessen Berechnung so willkürlich ist wie alles andere Zahlenspiel, von der Magie der Zahl treiben. Immerhin ist das ein guter Zeitpunkt, sich einmal gründlich mit der merkwürdigen Verzwicktheit der Zeit zu konfrontieren.
Der Katalog bezieht sich, soweit als möglich, auf die Ausstellung und unterscheidet sich von dieser als ein vollständig anderes Medium. Sie finden darin eine vollständige Beschreibung der in der Ausstellung gezeigten Objekte (sowie in Auswahl Abbildungen), ferner Beiträge zu sämtlichen Themenbereichen der Ausstellung sowie einige Aufsätze, die den Ort der heutigen gesellschaftlichen und theoretischen Diskussion über die Zeit abstecken. Er ist ein Ausstellungsbegleiter und vielleicht auch ein Handbuch, das die Endlichkeit dieser Ausstellung überdauert.

1 ZEITKULTUREN

ZWISCHENZEITEN – ZUR KULTUR UND TECHNIK DER ZEIT IN DER MODERNE

Peter Gendolla

I. SWATCH

Der Hauptartikel der zweiten Seite der Tageszeitung „The Sun" aus Baltimore, Maryland vom 8. April 1999 war um die Abbildung einer besonderen Uhr herum arrangiert. Sie zeigte neben einer gewöhnlichen Zeitangabe (10:10.00) eine Zahl, hier 423, die sogenannten beats, ein Vorschlag für die Lösung von durch fortschreitende Globalisierung entstandenen Koordinationsproblemen.

„Swatch's solution: Do away with time zones altogether, and create one uniform time arround the globe… ‚Für Jahrhunderte war die Sonne der große Zeitmaßstab', sagt Yann Gamard, Präsident von Swatch USA, ‚wir haben einen neuen Maßstab geschaffen'. Die Firma teilte den Tag in 1000 ‚Schläge' (beats), jeder entspricht 86,4 Sekunden. Zugleich verschob sie den ersten Meridian von Greenwich, England zum Hauptsitz von Swatch nach Biel, Schweiz. Der globale Internet-Tag beginnt somit um Mitternacht ‚Biel mean time', oder eben ‚@000' in der genial-einfachen Internet-Zeit-Notation."[1]

Es soll im Folgenden um keine publizistische Analyse eines amerikanischen Regionalblatts gehen. Hier wird nur die Abschaffung eines doch recht festen Zeitmodells verkündet, wenn auch erst in der Zukunft. „In the future, for many people, real time will be Internet time." (ebd.)

Wieso Abschaffung, könnte man einwenden, handelt es sich doch nur um die Ersetzung diverser Zeitzonen durch ein einheitliches Zahlensystem. In der Tat ist oder wäre dies nur der letzte Schritt, Abstraktionsschritt in einem langdauernden Prozeß, in dem Zeitmodelle als effizienteste Mittel oder Medien sozialer Organisation erfunden werden, die die Wahrnehmung von so etwas abstraktem wie Zeit überhaupt erst ermöglichen, um sie schließlich, gegenwärtig, in einem bestimmten Sinne wieder aufzulösen oder eben abzuschaffen. Dieser Prozeß soll etwas nachgezeichnet werden.

II. DER ZEITSINN

Einer der ersten Vorbehalte, der in der wahrlich inzwischen unendlichen Bibliothek über *Zeit* gemacht wird, ist jener, daß sie im Unterschied zu Geruch oder Geschmack, zu Farben oder Klängen nicht direkt wahrgenommen werden kann. Wir besitzen kein eigenes Organ für die Zeit, keinen eigenen Zeitsinn wie das Ohr, Auge, die Nase oder den Mund. Der Zeitsinn ist etwas, das sich aus dem Zusammenspiel der anderen Wahrnehmungen ergibt, ihr Vergleichssinn sozusagen, eine Art ideelles Gesamtorgan, über das die Dauer oder der Wechsel von Wahrnehmungen bemerkt wird. Inzwischen sind diese auch präzis bestimmt worden, die Zeit, die ein Reiz benötigt, um eine Reaktion hervorzurufen, eine instinktive oder eine bewußte. Man könnte Zeit geradezu als dieses Dazwischen, als Übergang, als Differenz mindestens zweier Zustände definieren, Zeitwahrnehmung als Wahrnehmung solcher Differenz. Damit wird aber bereits eine Metapher benutzt, der Raum eben oder räumlicher Abstand, um etwas ganz anderes zu bezeichnen. Tatsächlich bildet Zeitmessung nichts als die Anwendung des Raums auf die Zeit, Rasterung, Anwendung eines Abstands. Ununterbrochen werden solche Maße benutzt, um Ereignisse zu situieren, um sie erkennen und wiedererkennen zu können, insbesondere um sie vorherzusagen, zu vermeiden oder herbeizuführen. Eine Uhr etwa liefert nicht einfach die Abbildung irgendwelcher natürlicher Bewegungen der Planeten, Gezeiten, biologischer Rhythmen z. B. Umgekehrt: sie bildet ein Modell – von modus, Maß, modello, kleines Maß –, eine Form, einen Entwurf, über den es überhaupt erst möglich wird, ein Ereignis zu fixieren, es nicht einfach hereinbrechen oder vorbeirauschen zu lassen. Uhren sind elementare Modelle, die von Kulturen entwickelt werden, um das bearbeiten zu können, was aus ihrer Perspektive als Natur erscheint. Die Erfindung eines kleinen Uhrenelements kann ein erstes Beispiel abgeben für einen allgemeineren Zusammenhang zwischen der Ausbildung und Anwendung von materiellen Formen der Zeitwahrnehmung und damit einhergehenden gesamtkulturellen Umbrüchen, historischen Krisen, in denen neue Zeittechnologien entstehen, die wiederum ganz andere soziokulturelle Entwicklungen ermöglichen. Zeitnotgedrungenermaßen beschränkt sich diese Skizze auf die sogenannte Neuzeit, und auch da können nur ein paar wenige Thesen zu ihrem sogenannten Beginn und behaupteten Ende beigetragenwerden, zu den Rändern unserer Zeit, die wir immer noch Moderne nennen können. An ihnen finden sich als zentrale Modelle der Zeitwahrnehmung zu Beginn die Räderuhr, zum Ende das technische Bild oder genauer seine Elementarform, der Bildpunkt, das Pixel, aus dem auch das Bild der Zahl 423 auf der gezeigten Swatch zusammengesetzt ist. So wie im 19. Jh. Zeitmessung und technische Bewegung durch die Eisenbahn, pünktliches Abfahren oder Ankommen und die Auflösung der Landschaft dazwischen die zentralen Beschleunigungserfahrungen ausmachten, sind es gegenwärtig die – selbst nicht wahrnehmbare – technische (Zeit-)Steuerung von Bildpunkten und ihre – tendenziell beliebigen – Zusammensetzungen, die unsere zentralen Irritationen ausmachen.

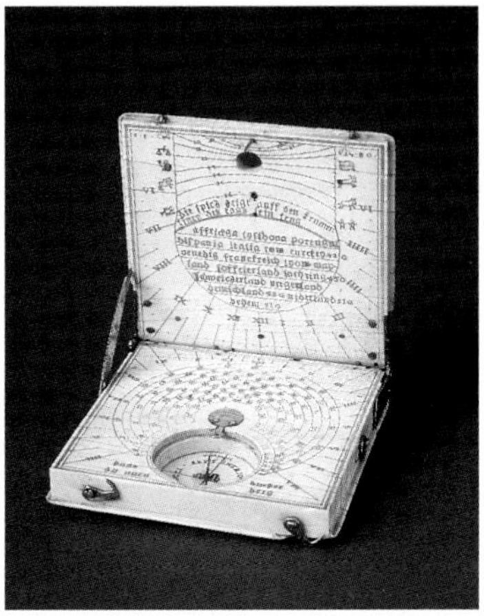

KLAPPSONNENUHR. ELFENBEIN, NÜRNBERG, HANS TUCHER, 1580, KAT.NR. 26.8.

III. DIE RÄDERUHR

Die Ablösung mythischer Zeitvorstellungen durch neuzeitliche Fortschrittsmodelle ist im Abendland wohl im Wesentlichen durchs Christentum betrieben worden, die Ausbildung von Regelmäßigkeit und Pünktlichkeit von seiner Avantgarde, den asketischen Klostergemeinschaften. Die für die abendländischen Klostergründungen wirksamsten Formulierungen sind von Benedikt v. Nursia aus dem Jahr 550 überliefert. Bei ihm spätestens wird der Sinn des Klosterlebens nicht mehr in der bloßen Askese gesehen. Die Nähe zum göttlichen Reich soll durch ein tätiges Leben erreicht werden, durch *Arbeit*. Unter Augustinus' Prämisse, daß „Zeit nur darum sei, weil sie zum Nichtsein strebt" (Confessiones, 11. Buch, XIV, 17), also der Äußerlichkeit oder Wertlosigkeit der irdischen Zeit, gilt es, sie zu qualifizieren, etwas für die künftige Existenz Bedeutendes beizutragen. So fordert die Mönchsregel des Isidor von Sevilla etwa 70 Jahre nach Benedikt: „Der Mönch muß immer mit seinen Händen arbeiten, ...entsprechend dem Wort des Apostels ‚Wir haben nicht umsonst das Brot gegessen, sondern unter Mühe und Anstrengung haben wir Tag und Nacht gearbeitet'".[2] Entsprechend wird nicht nur der Tag sondern das ganze Jahr in eine Arbeitsregel gefaßt, die im Sommer bereits vom „frühen Morgen bis zur dritten Stunde Handarbeit"[3] vorsieht. Das mönchische Leben wird so systematisch nach einem Zeitschema gegliedert. Zunächst drei-, mit dem 7. Jh. dann siebenmal täglich läutet die Klosterglocke, die Zeit wird präziser reguliert, vor allem qualifiziert. Statt

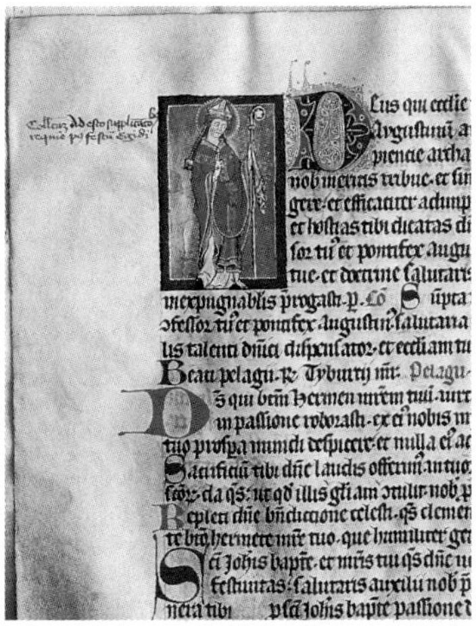

KIRCHENVATER AUGUSTINUS. MINIATUR AUS EINER HANDSCHRIFT, STIFT ST. FLORIAN, KAT.NR. 2.1.

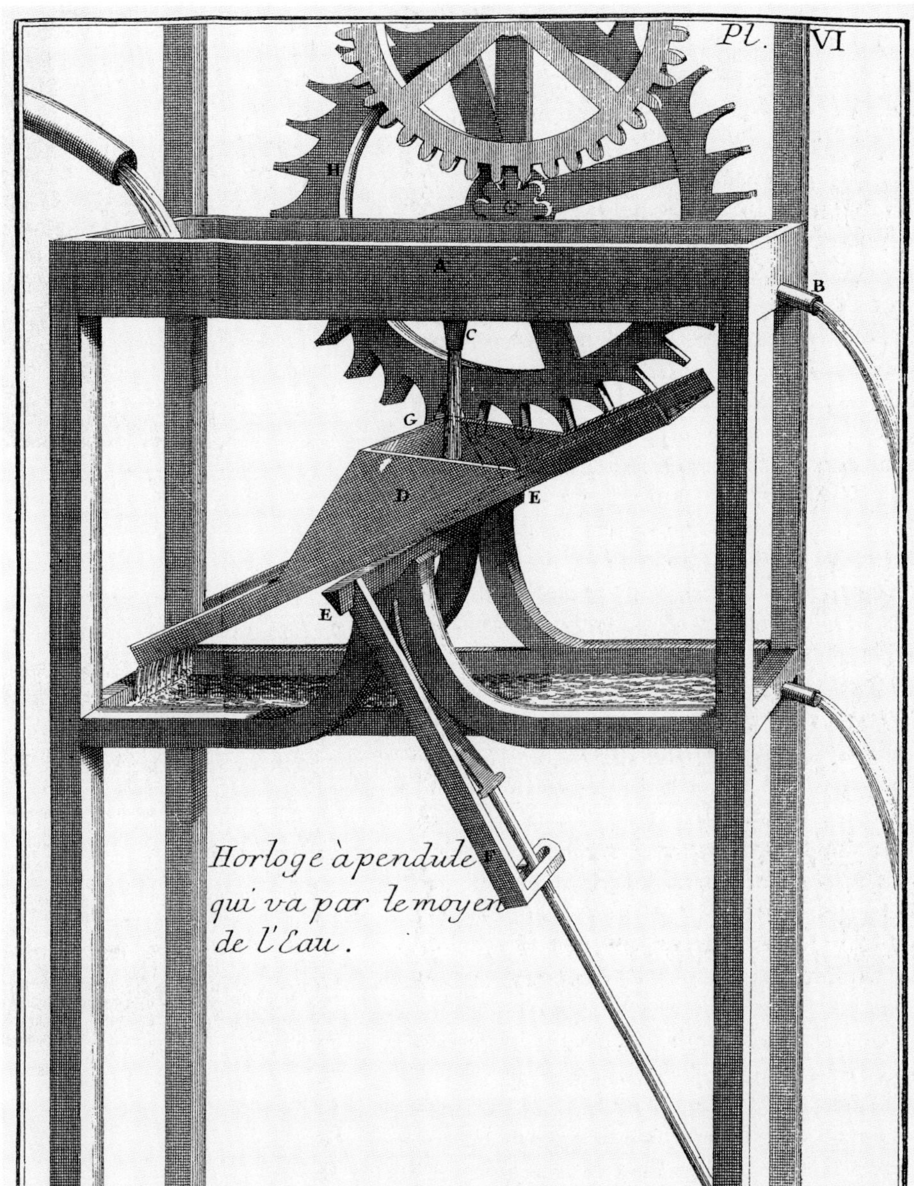

ENTWURF EINER WASSER-PENDELUHR.
KUPFERSTICH, PARIS, CLAUDE PERRAULT, 1700,
KAT.NR. 27.1.2.

herumzuirren und auf Gnade zu hoffen, kann der Einzelne in der gemeinsamen Arbeit seinen Wert beweisen. Aus der nur möglichen Erlösung, potentiellem Heil wird ein Heilsplan. Um diesen so genau wie möglich zu erfüllen, müssen seine Etappen genauer bestimmt werden. *Pünktlichkeit* wird zu einem Ideal. Das Mittel, mit dem sie kontrolliert wird, mit dem die Stunden eingeteilt wurden, das horologium, die Uhr mußte verbessert werden. „Die klösterlichen Wasseruhren waren technisch anfällig, notorisch unzuverlässig und schwierig zu regulieren."[4] Die je nach Jahreszeit und den sich ändernden Rhythmen von Tag und Nacht schwankenden „Stunden" entwickelten sich zu einem unerträglichen Mißstand. So mußte etwa der morgendliche Beginn des Betens und Lesens, die Zeit des Wachens, auch ohne Sonnenlicht bestimmt werden.

Eine kleine Vorrichtung an den schon länger in Gebrauch befindlichen, durch ein ablaufendes Gewicht angetriebenen Räderuhren führte zur Unabhängigkeit von natürlichen oder zufälligen Bedingungen: die sogenannte Hemmung. Ob sie im klösterlichen Bereich entwickelt worden ist, bleibe dahingestellt. Jedenfalls hatte sie hier einen ersten zentralen Wirkungsbereich auf dem Weg zu einem abstrakten, von einem jenseitigen, ganz anschauungslosen Ziel „Zukunft" kontrollierten Zeitsinn. Die Hemmung definierte das Schema, nach dem die Zeit gerichtet, linearisiert und beschleunigt wurde, zur Zeit an sich.
Seit dem Ende des 13. Jhs. ist der Einbau von Hemmungen in Räderuhren bezeugt. Eine vorerst nicht überbietbare Präzision erreichte die Zeitmessung im 17. Jh. mit Christian Huygens Pendeluhr (1657) und seiner Erfindung der Spiralfederunruh (1674). Die technische Differenzierung dieser Systeme kann nicht weiter ausgeführt werden, das Prinzip ist interessant.[5] Die Hemmung, das sagt ihr Name, *verzögert* oder *unterbricht* einen Bewegungsablauf in möglichst gleichmäßigen Abständen. Sie definiert durch Größe und Abstand der Zähne im Hemm- oder Steigrad vollkommen gleiche Einschnitte in einer Bewegung, die sonst – durch ein schneller fallendes Gewicht, eine sich schwächer entspannende Feder – diskontinuierlich ablaufen würde. Sie macht den Ablauf kontinuierlich, reguliert die großen Schritte des Tages und der Nacht, indem sie viele kleine Schritte daraus macht. „Schrittregler" war nur ein anderer Name für die Hemmung. Die leitende Idee bildet die Koppelung der Regulation an eine immanente Unterbrechung, die Entgegensetzung einer Kraft gegen eine andere innerhalb eines einzigen Systems, Selbstregulation. Die Uhrengeschichte verzeichnet den Gang in solche Selbstregulationen, in die zunehmende Automation. Die Sonnenuhr – zu schweigen von den über Jahrtausende nicht minder wichtigen biologischen Kalender- und Wecksystemen, den Pflanzen- oder Vogeluhren etwa, war noch direkt an einen äußeren Rhythmus gekoppelt. Mit den Wasser- über die Gewichts- zu den Federuhren wird die Kraft- oder Energieverausgabung nach innen verlagert, in ein eigenes Uhren-Gehäuse. Dies so isolierte Potential wird durch eine zweite, hemmende Kraft zur gleichmäßigen Verausgabung gezwungen, die mit einem Zwischenraum, einer Leerstelle operiert.

Entscheidend ist diese Wendung von der Abbildung einer vorgegebenen anderen Bewegung zur Kontrolle der eigenen Bewegung durch die Einschaltung von Haltepunkten, Leerstellen. Von jetzt an definieren sie Raum *und* Zeit, d. h. eigentlich regulieren eine *leere* Zeit und ein *Nicht*-Raum zunehmend alle anderen Zeiten und Räume. Der Präzisierungsdruck bildet dabei eine direkte Konsequenz dieser Technologie. Die durch die Hemmung abgeschnittenen und aneinandergereihten Zeitstücke sind zunächst immer noch ungenau. Nur indem sie kleiner und kleiner

werdend tendenziell gegen Null gehen, werden Abweichungen unerheblich. Galileis Stiftnockenradhemmung dehnt sich je nach Temperatur noch ziemlich aus oder zieht sich zusammen und ergibt so noch ziemlich schwankende Zeitangaben. Mit Pendel und Unruh wurde schließlich eine Entdeckung Galileis von 1582 eingesetzt, die eine wirkliche Abkopplung erlaubt: daß Körper unter bestimmten Voraussetzungen in vollkommen gleichen Zeitintervallen schwingen. Erst seit Bürgi, Galilei und Huygens gab es Uhren, die auf Jahre hinaus sekundengenau blieben.
Die Sekunde spielte dabei allerdings nur in den fortschreitenden naturwissenschaftlichen Experimenten und Theorien eine Rolle. Der allgemeine Gebrauch des Wortes Sekunde ist überhaupt erst seit dem 17. Jh. bezeugt – wie übrigens der des Worts Katastrophe. Selbst die Minute hatte nur in astrologischen Berechnungen eine Bedeutung. Die Stunde ist der neue Zeitabschnitt, der vom 14. ins 17. Jh. das soziale Leben zu dominieren beginnt. Tag und Nacht, die bis dahin über die Verkreuzung ungleicher Rhythmen stabilisiert wurden, durch die bewegliche Zuordnung von Sonnenstand, Hahnenschrei, Essens- und Arbeitsrhythmen, werden einem weit festeren Raster unterworfen: den 24 Takten, welche die Stunde in den Umlauf der Sonne legt. Statt der Orientierung der sozialen Rhythmen an veränderbaren naturalen Phasen werden sie zunehmend an unveränderbare gebunden, zuletzt an die durch Feldkräfte definierten Schwingungsintervalle.
Dieser Uhrengang der Dinge reguliert das soziale Leben zunächst von *oben*, geht von da nach *unten*, um schließlich nach *innen* zu wandern. Von oben ist ganz wortwörtlich zu nehmen: die Regulation beginnt mit der Ausrichtung der Tageszeiten nach dem Glockenschlag der Turmuhren. Im 14. Jh. werden in Klöstern und Städten Glocke und Uhr gekoppelt. Alte Beobachtungs- und Verabredungssysteme werden durch ein stabileres technisches System abgelöst. Ausgehend von den oberitalienischen Städten werden nach und nach in ganz Europa die Glocken der Kirchentürme, vor allem aber auch der profanen Schloß-, Rathaus- und sonstigen Stadttürme mit großen Uhren kombiniert.[6]

Hier, in der großen Umbruchsphase vom Hochmittelalter in das, was später die Neuzeit genannt wurde, beginnt die Rede von der „Welt als Uhr"[7]. Die Uhr wird zum zentralen Modell für geordnete, sich selbst regelnde Prozesse überhaupt, distanziert schließlich, bei Descartes oder im Deismus, auch noch Gott als obersten Organisator vom Weltgeschehen. Die Schöpfung wird zu einer einmal gebauten und aufgezogenen Uhr, die bis zu ihrem Ende auch ohne ihren Konstrukteur läuft.
Von oben, von den Glockentürmen der Klöster und Städte wandert die abstrakte Zeit nach unten, erzeugt Pünktlichkeit und Disziplin in Amtsstuben, Verwaltungsgremien, öffentlichen Institutionen. Die wirksamste Ausbreitung erfolgt über die Erziehung. Seit dem 15. Jh. tauchen die Stundeneinteilungen der Klöster, nach denen der Unterricht in den Klosterschulen koordiniert war, auch in den städtischen Erziehungsanstalten auf, als Stundenpläne. Die gebildete Geistlichkeit, aus der sich erst allmählich, mit der Emanzipation des Bürgertums, ein eigener Lehrerstand abspaltete, dürfte auch hier der Transformator gewesen sein. Die kirchlichen Zeiten, der Unterricht und die sonstigen Abläufe im städtischen Leben wurden aufeinander abgestimmt, synchronisiert.

SANDUHR, 17. JHDT., LINZ, OÖ. LANDESMUSEUM

„Eine gewisse Koordination der Schulzeit mit der übrigen städtischen Zeitordnung war notwendig, weil die Lehrer vielfach auch Küsterdienste zu versehen hatten, und die Schüler bei Gottesdiensten und Beerdigungen, die ebenfalls zeitlich fixiert wurden, singen mußten."[8] Die seit dem 15. Jh. auf Abbildungen von Gelehrtenstuben häufig zu findenden Sanduhren sieht Dohrn-van Rossum als direkten Hinweis auf einen anwachsenden Zeitdruck, der durch die Vermehrung der Wissensbestände entstanden sei. Immer mehr Lernstoff sei schließlich nur durch strikt organisierte Lehr- und Lernpläne zu bewältigen gewesen. Das Prinzip, immer mehr und sehr verschiedene Prozesse nur durch die Zuordnung zu einem abstrakten, für alle und alles gültigen Raster unter Kontrolle zu bekommen, wird mit der Uhr immer neu materialisiert. Ihre Technik, die Funktionsweise ihrer Elemente produziert und fixiert selbst dies Raster, das dem sozialen Leben seit dem Hochmittelalter übergeworfen wird: eine gerade Linie in die Zukunft, die immer feiner unterteilt, immer anwesend, Bewegungen und Verhaltensweisen ein-richtete, in eine Richtung brachte. Zu Beginn des 16. Jhs. arbeitet der Nürnberger Uhrmacher Peter Henlein ein kleines Uhrwerk in eine Art Kugel aus Metall, die überallhin mitgenommen werden kann. Die Turmuhr, die Rathausuhr, die Stubenuhr, die Taschenuhr werfen ein Netz über den Alltag, an das sich die Menschen halten müssen, wollen sie erfolgreich handeln. Damit das wirklich funktioniert, muß die Uhr von außen nach innen wandern, in den Körper selbst. Den Einteilungen der Uhr muß etwas im Körper korrespondieren, eine Einstellung, die ihm Bewegung oder Stillstand zur richtigen Zeit ermöglicht.

Der abendländische Zivilisationsprozeß ist von Norbert Elias als Transformation von äußerer in innere Gewalt beschrieben worden, als Umwandlung von Fremdzwängen in Selbstzwänge. Die Entwicklung von der Naturalwirtschaft zur Geldwirtschaft, die

von den oberitalienischen Städten ausgehend ein gobales Handelsnetz spannte, effektivere Produktionsmethoden initiierte, Kapitalien anhäufte und so die Voraussetzungen für die Industrialisierung schuf, war nur unter einer Bedingung möglich: der Synchronisation der Handlungen. Nur wenn die einzelnen Tätigkeiten aufeinander abgestimmt wurden, konnten sie als Elemente eines Netzes funktionieren, das Räume und Zeiten immer effektiver verspannte. „Von der abendländischen Gesellschaft aus hat sich ein Interdependenzgeflecht entwickelt, das nicht nur die Meere weiter umspannt, als irgendein anderes in der Vergangenheit, sondern darüberhinaus auch mächtige Binnenlandsgebiete bis zum letzten Ackerwinkel. Dem entspricht die Notwendigkeit einer Abstimmung des Verhaltens von Menschen über so weite Räume hin und eine Voraussicht über so weite Handlungsketten, wie noch nie zuvor. Und entsprechend stark ist auch die Selbstbeherrschung, entsprechend beständig der Zwang, die Affektdämpfung und Triebregelung, die das Leben in den Zentren dieses Verflechtungsnetzes notwendig macht."[9]
Um die großen Räume und die langen Zeiten überhaupt herzustellen, in denen die vielen investierten Tätigkeiten Nutzen bringen sollten, mußten möglichst allen gemeinsame Maße gefunden werden. Der ganze, unendlich komplexe Kommunikationsprozeß, in den die europäischen Regionen, Gruppen, Gesellschaften mit dem Beginn der Neuzeit treten, ließe sich auch als Anpassung von Maßen, Gewichten, Münz- oder Geldsorten, kurz gesagt als Normierungsprozeß beschreiben, der die unterschiedlichsten Berechnungssysteme einem gemeinsamen Raster einzufügen sucht. Das allgemeinste, von allen unabhängige Raster liefert die Zeit, die ganz abstrakte, in Zahlen ausdrückbare Zeit, das, was Newton als Vollender einer langen physikalischen Diskussion schließlich „tempus absolutum" genannt hat. Mit dem Einbau der Hemmung in die Uhr war sie präzis und vergleichbar geworden, von allen überprüfbar. Damit diese Kontrolle nun aber wieder wirksam werden, sich durchsetzen, ausbreiten, fortsetzen konnte, mußte sie *anerkannt* werden. Nicht bloß einmal, sondern immer wieder, selbstverständlich, automatisch. Die inneren Regungen und Wünsche, die Triebe, die auf unmittelbare, sofortige Befriedigung drängten, mußten zurückgehalten werden, mit den anderen, äußeren Zeittakten integriert werden. So liest sich Elias' Zivilisationstheorie wie eine Applikation der Uhrmacherkunst auf die Produktion leistungsfähiger Menschenleiber, als Anwendung eines mechanischen Tricks auf soziales Verhalten, Einbau von „Hemmungen" in den Körper: „...Der ‚Trend' der Zivilisationsbewegung ist überall der gleiche. Immer drängt die Veränderung zu einer mehr oder weniger automatischen Selbstüberwachung, zur Unterordnung kurzfristiger Regungen unter das Gebot einer gewohnheitsmäßigen Langsicht, zur Ausbildung einer differenzierteren und festeren ‚Über-ich'-Apparatur. Und gleich ist auch ... die Art, wie diese Notwendigkeit, augenblickliche Affekte fernerliegenden Zwecken unterzuordnen, sich ausbreitet: Überall werden zunächst kleinere Spitzenschichten, dann immer breitere Schichten der abendländischen Gesellschaft von ihr erfaßt."[10]

Tatsächlich ist die skizzierte Bewegung, das Einwandern der abstrakten Zeit in den Organismus, gar nicht metaphorisch zu verstehen. Zunächst hat ja bereits jeder Organismus seine *eigene* Zeit, d. h. Rhythmen, regelmäßige Abläufe, interne Kon-

trollen des Stoffwechsels, des Auf- oder Abbaus der Zellen, ohne die eine Kooperation der Körperteile zu koordinierten Bewegungen nicht möglich wäre. Diese „inneren Uhren" sind in der Physiologie und Neurobiologie seit längerem erforscht. So gelten rhythmische Prozesse der Großhirnrinde, der sogenannte Alpha-Rhythmus und der Theta-Rhythmus, im stammesgeschichtlich ältesten Teil des Großhirns, dem limbischen System, als wahrscheinliche interne Zeit*geber* für die vegetativen Funktionen, die den Grundtakt für die anderen Austauschprozesse abgeben. Als Zeit*zähler*, welche die Dauer solcher Prozesse kontrollieren und aufeinander abstimmen, gelten Neuronennetze im Zwischenhirn, dem Hypothalamus.
Genau hier nun öffnen sich Möglichkeiten der Kommunikation zwischen äußeren und inneren Zeiten, der Abstimmung von individuellem und sozialem Haushalt der Kräfte. Der große Hauptrhythmus jedes Organismus, der Wechsel von Aktivität und Passivität, Schlafen und Wachen, diese sogenannte circadiane Uhr läuft nämlich nach keinem unveränderbaren Takt. Vielmehr muß er wie bei einem ungenau gehenden Wecker im wörtlichen Sinn tagtäglich nachgestellt werden: „Circadiane Uhren wurden zuerst an Pflanzen und Tieren nachgewiesen. Wir wissen heute, daß nahezu alle Lebewesen bis hinunter zu den im Meer lebenden Einzellern solche Zeitmeßgeräte besitzen. ... Für Pflanzen und Tiere ist der natürliche Licht-Dunkel-Wechsel der wichtigste Zeitgeber. Für die Synchronisation der menschlichen circadianen Uhr *spielen soziale Signale aus der Umwelt eine entscheidende Rolle* (Herv. P. G.)."[11]
Es ist wohl diese „Schnittstelle" zwischen Einzelkörper und gesellschaftlicher Institution, die jene Transformationsprozesse erlaubt hat und weiter erlaubt, die Elias als Erhöhung von „innerem Druck" und äußerem „Tempo" beschrieben hat, die der „Zwang zur Langsicht", zur weitreichenden Planung auf allen Ebenen mit sich brachte. Hier, bei den großen Lebens- und Arbeitsrhythmen, den Perioden, in den gewacht und geschlafen, gearbeitet, gegessen, verhandelt, geliebt und gelernt wird, setzt die neue Zeit die Intervalle, gibt es die entscheidenden Disziplinierungsschübe, die mit der Umwandlung der Agrar- in die Manufaktur- und schließlich Industriegesellschaften einhergingen.

IV. DAS GELD, DIE INNERE ZEIT

Nachdem die Uhren genau geworden sind, können Arbeitszeiten genauer kontrolliert, können und müssen Verabredungen eingehalten, Geschäfte präzis terminiert, Zeitpläne für alles und jedes aufgestellt werden. Ein Mittel, das jahrhundertelang *neben* anderen Mitteln dazu gedient hatte, Waren zu tauschen, wurde allmählich zum *ausgezeichneten* Tauschmittel, das Geld. Mehr und mehr mißt es nicht von Kultur zu Kultur variierende Werte, Naturalien, Böden, bewegliche Güter. Auf der Suche nach dem Raster, auf das tendenziell alle Güter bezogen, nach dem sie verglichen, verhandelt, getauscht werden könnten, wird das Geld zum Maß für die in etwas investierte Zeit, Herstellungszeit, Transportzeit, Abnutzungszeit. Nach der Uhr, die den Zeittakt *gibt*, wird das Geld zu dem Ding, das sie *zählt* und aufbewahrt, damit sie getauscht werden kann. Geld wird „gespeicherte Zeit".[12] Die drei wichtigsten Funktionen des Geldes – daß es Werte mißt, tauscht und speichert – lassen sich in einer einzigen zusammenfassen: es hält die Zeit fest. Die verinnende, flüchtige Zeit, die mit den Uhren ja nicht zu beeinflussen ist, nur sichtbar gemacht wird, als immer verschwindende, unaufhaltsame Bewegung, mit dem Geld wird sie in ein Stück Metall gepresst, in ein Papier geschrieben, zu einer Summe gemacht, die bearbeitet werden kann. Mit dem von allen als abstrakten Wertmesser anerkannten Geld ist ein Mittel gefunden, das gegen Ungewißheiten, plötzliche Änderungen, gegen Unfälle und Katastrophen zu helfen verspricht, das die flüssige, ungreifbare Zeit erstarren läßt, in berechenbare Zahlen verwandelt. Das Geld selbst wird so in Kooperation mit der Uhr und dem Kalender zum wichtigsten der genannten „sozialen Signale“, die die inneren Uhren einzustellen erlauben. Nur weil es auf sofortige Befriedigung drängende Triebansprüche aufzuheben und zu verschieben vermag, eine größere, intensivere Befriedigung in der Zukunft verspricht, kann sich jenes langfristige Wirtschaften der modernen Gesellschaften entwickeln, welches nach und nach die alten Subsistenzökonomien ablöst.[13] Das Geld wird zu der zwischen innen und außen oszillierenden „Hemmung“, zu jenem Schalter, der die Wünsche einstellt, der den kurzfristigen in einen langfristigen Triebhaushalt verwandelt, sodaß er den sozialen Haushalt speisen und fortzutreiben vermag. Unter der Vorgabe, die eigentlich Gott gehörige, von ihm nur ausgeliehene Zeit zu seinem Ruhme zu nutzen, wird sie ihm tatsächlich entwendet, säkularisiert, kapitalisiert. Dieser Kampf um die Zeit, der am frühesten mit einer immensen Anstrengung von den puritanischen Kaufleuten Englands geführt worden ist, ist spätestens seit Max Webers Beiträgen zur „protestantischen Ethik“ umfassend dokumentiert und diskutiert worden. Auf einem ersten Höhepunkt dieser Auseinandersetzung, welche die Zeit zwar immer langfristiger plant, aber zugleich immer knapper macht, wird das Führen von Tagebüchern Mode, „wo Autoren sich unter Angabe der Uhrzeit Rechenschaft über ihren Tageslauf geben ... 1712 empfiehlt der Spectator die Führung von Tagebüchern, damit die Leute sich der ungeheuren Zeitverschwendung in ihrem alltäglichen Dasein bewußt werden.“[14]

In der Autobiographie Benjamin Franklins, des Erfinders der Gleichung von Zeit und Geld, ist folgende Eintragung zu lesen: „Ich machte mir ein kleines Buch, worin ich jeder der Tugenden eine Seite anwies, linierte jede Seite mit roter Tinte, so daß die sieben Felder hatte, für jeden Tag der Woche eines ... um durch ein schwarzes Kreuzchen jeden Fehler anzumerken, den ich mir, nach genauer Prüfung meinerseits, an jenem Tag zu schulden kommen lasse ... Da die Vorschrift der Ordnung verlangte, daß jeder Teil meines Geschäftes seine zugewiesene Zeit habe, so enthielt eine Seite in meinem Büchlein einen Stundenplan für die Verwendung der 24 Stunden des natürlichen Tages.“[15]

V. PUNKT IST PUNKT

Die neuzeitliche Zivilisation hatte statt der Erzählung von Göttern und Königen und Rittern die Bildungsgeschichten vom erfolgreichen Bürger, Kaufmann, Unternehmer, Ingenieur, Wissenschaftler gesetzt, die unermüdlich den Rest der Menschheit, all die Arbeiter, Neger, Bettler, Frauen und Kinder in eine immer reichere Zukunft führten. Die größeren Geschwindigkeiten, die Erweiterungen technischer und ökonomischer Potenzen haben aber zu ebenso heftigen Krisen geführt, die nicht mehr wie noch die ersten bürgerlichen Revolutionen auch als Chance, als Befreiungen wahrgenommen wurden. Allen voran die zwei großen Kriege unseres Jahrhunderts haben mitsamt den Landschaften, Städten und Einwohnern, die in Krater, Ruinen und verbranntes oder verstrahltes Fleisch verwandelt wurden, auch die große Zukunftslinie gesprengt. Diese Explosionsbewegung der Materien wird begleitet und in gewisser Weise abgelöst von der Beschleunigung und ungebundenen Zirkulation ihrer Zeichen, der Ex- und Implosion der Bilder. Von der Geschichte der Körper, die sich in symbolischen Formen repräsentierte, beginnen sich diese mehr und mehr abzulösen. Nach einer drei-, vierhundert Jahre währenden Phase immer erweiterten und beschleunigten Körpertransports gibt es – etwa seit Talbots Erfindung der Negativ-Fotografie 1839 und Nipkows „elektrischem Teleskop" von 1884, dem Ur-Fernsehgerät – den immer erweiterten und höher beschleunigten Bildertransport. Die gegenwärtigen kulturellen Transformationen sind an die Entwicklung der technischen Medien gebunden worden, der audiovisuellen, der elektronischen, schließlich ans Universalmedium, den Rechner. Ob sie nun als Posthistoire, Postmoderne, Gegenwartsschrumpfung[16] oder wie immer bezeichnet werden: das Ende dessen, was im Rückblick als Neuzeit erscheint, ist kein historischer Zufall. Gerade unter dem Aspekt der Zeitwahrnehmung, im Hinblick auf die Rahmen oder eben Modelle, die die Wahrnehmung überhaupt und damit auch individuelles und soziales Handeln koordinieren, finden sich durchaus weitreichende Kontinuitäten. So wird etwa das audiovisuelle Zeitalter, das nach Flusser ja die ganze abendländische Kultur über den Haufen werfen soll, durch ein winziges, aber ganz wesentliches Detail eingeleitet und befestigt, das eine weitere Inkarnation eben nicht des bildlichen, sondern des abstrakten technischen Denkens darstellt. Kay Kirchmann hat die Entwicklung der Kinematographie über dieses Detail, das sogenannte Malteserkreuz, an das viel ältere Zeitmodell angeschlossen, das sich über die Räderuhr in den neuzeitlichen Selbstregulationen realisiert hatte. „Was im kinematographischen Artefakt zudem exemplarisch materialisiert wird, sind eben *die* Zeitmuster, die die ... konkreten Wahrnehmungsbedingungen der neuzeitlichen Subjekte geprägt haben: als Takt der Arbeitsmaschinen, der Uhren, der Fortbewegungsmittel, der innerstädtischen Vernetzungen. Nichts lag so gesehen also näher, als die relevanten Bewegungen im Innern der kinematographischen Apparatur nach Maßgabe des Prototyps aller zivilisatorischen Taktgeber miteinander zu verschalten. Und so geschieht es beim sogenannten Malteserkreuz, das sich als genuine Adaption des Hemmungs-Prinzips auf den Bildertransport erweist... Man könnte... von einer ‚Bilder-Hemmung' sprechen, die erst die kinematographische Illusion eines regelmäßigen Flusses jener isolierten Phasenbilder realisierbar machte, die die Serienphotographie vorher schon bereit gestellt hatte. "[17]

Tatsächlich ist das Malteserkreuz eine Fortentwicklung einer Hemmung, wie sie in Spieluhren des 18. Jahrhunderts verwendet wurde, aus der sie Oskar Meßter gewissermaßen entwendet hat. Wiederum greift auch hier eine Unterbrechung, eine selbst qualitätslose Zeitstelle in einen Bewegungsablauf ein, reguliert die Bilderbewegung und ermöglicht so erst die Illusion, d. h. die Überlistung des körpereigenen Zeittaktes der Augen. Das Prinzip bleibt, es wird nur ausdifferenziert, in immer komplexere Anwendungen umgesetzt und perfektioniert. Um bei den visuellen Medien zu bleiben: Der Kathodenstrahl der Braunschen Röhre, die Ladungen des

LCD-Displays oder die Steuerungen aktueller Laser-Displays[18] – all diese Systeme werden wie die Uhr von der Hemmung oder der Projektor vom Malteserkreuz von internen Taktgebern gesteuert – in der Regel von Quarzschwingkreisen, Synchronisationen von Systemen, über die sie erst mit ihrer Umwelt, unserer optischen oder akustischen Wahrnehmung etwa, in Kommunikation geraten und diese wiederum regulieren können. Die interne Regulation durch Zeitpunkte ermöglicht oder generiert dabei zugleich die externe Zerlegung der Außenwelt in Raumpunkte, also die Umsetzung ihrer drei Dimensionen in die zwei Dimensionen unserer technischen Bilder, mögen sie uns noch so plastisch erscheinen. Immer nur wird ein komplexer Raum durch die Anordnung technischer Sensoren in eine Fläche aus Linien und Punkten transformiert und diese Punkt für Punkt nach einem definierten Zeittakt auf eine andere Fläche – Papier, Leinwand, Monitor, LCD-Schicht... – übertragen. Nichts als diese Synchronisation von Raumpunkten mit Zeitpunkten wird mit den gegenwärtigen Rechnertechnologien perfektioniert, eben das meint Digitalisierung: Umsetzung der vielfachen analogen – optischen, akustischen, haptischen – vielleicht auch bald: olfaktorischen – Signale, Wellen, Zeichen, Molekülpäckchen... – in diskrete Zeit-Zeichen, in das „jetzt-da/jetzt-nicht-da" der neuen technischen Sinne.

Hier wohl finden sich die Auslöser für aktuelle Irritationen, die sich u. a. als immer neue Reflexion von Zeit, als täglich wachsende Zeit-Bibliothek äußert. Wenn von der Manipulierbarkeit der Zeit-Raum-Punkte zu „virtuellen" Dingen oder Prozessen gesprochen wird, heißt das ja nicht mehr und nicht weniger als: Etwas wird nicht mehr als Nachahmung oder Kopie produziert, als doch in irgendeiner Gestalt oder zumindest einem Fragment *ähnliche* Transformation von einer Sache in eine andere. Vielmehr entsteht etwas aus einem Algorithmus, einer Rechenregel, dessen Materialität oder schließliche Gestalt *noch nicht* bekannt ist. Dabei sind es gar nicht so sehr die seltsamen neuen Erscheinungen, die *Apfelmännchen* oder *Dolly*-Geburten, die Hybridisierungen der bekannten Gestalten unserer Wahrnehmungs- oder Erfahrungswelt, die uns verwirren. Mit solchen äußeren Veränderungen mußte die Gattung oder das Individuum zurechtkommen, seit es Technik gibt, sie ist nichts als Transformation von Natur in Kultur. Hierbei ist die Herstellung von Welt, die die Gattung ihrem Selbstverständnis nach einmal von ganz oben, von Gott und seiner Natur in ihre Mitte übernommen hatte, in eine *einsehbare* Mechanik übersetzt, in ihren Funktionen und Strukturen noch bis in die großen Industrialisierungsprozesse hinein einsehbar, und immer noch in die analog kodierten audiovisuellen Technologien des 20. Jahrhunderts nachvollziehbar. Eben diese Produktion der Dinge ist aber gegenwärtig dabei, vollkommen nach unten, nach innen, in eine endgültig nicht mehr anschaubare Dimension zu rutschen. Informationsprozesse haben an sich keine Gestalt, sie führen nur zu Gestalten, wie beim Bioengineering, der Genchirurgie, d. h. der Modellierung von Lebensprogrammen, aus denen dann so etwas ein Medien-Schaf namens Dolly entsteht. Die eigentliche Aufregung, ob nun als Angst oder Euphorie oder beidem, speist sich dabei aus einem temporalen Aspekt, einer Änderung der Zeiterfahrung: Die Genealogie, die Evolution oder Geschichte der Zeit wird hochverdichtet auf den einen Moment, wo ein neues Programm ins Laufen gebracht wird, wo ein Genabschnitt implementiert ist und die Zellkultur – langsam?

– sich zu einem ausdifferenzierten Zellkomplex, einer Pflanze oder einem Organismus entwickelt. [19] Bei aller Präzision der Montagen und Implementierungen bis in den Molekularbereich des Raums und den Nanosekundenbereich der Zeit: das Neue ist ganz nahegerückt, einen Mausklick nahe. Der Ort und die Zeit seines Eintretens sind berechenbarer geworden. Was dann tatsächlich passiert, bleibt so ungewiß wie zuvor, oder sogar: gerade weil es so präzis berechenbar nahegerückt ist, ist es ungewisser geworden.

VI. 1000 BEATS

Damit wäre diese Skizze wieder bei der Swatch und der internet-time – „one uniform time around the globe" – angelangt, und der Behauptung, hier würde mal so eben der Versuch gemacht, die Zeit abzuschaffen. Das von Elias noch sozioökonomisch und psychisch gemeinte Interdependenzgeflecht hat sich in informationstechnischen Medien materialisiert, und für die daran geknüpfte Zeitwahrnehmung bietet diese neue Schweizer Uhr nur das schönste Bild. Begreift man Kultur als komplexes System der „Bewahrung und Mitteilung von Entwürfen" (Daniel Dennett)[20], so wird uns hier die vollkommene Entqualifizierung der Zeit oder der Zeiten vorgeschlagen, der telos der absoluten Zeit, der Sinn der Installation leerer Zeitstücke in vorher nicht kontrollierte Abläufe, von Takt in Bewegung. Nur: was zunächst aussieht wie die endgültige globale Uniformisierung, bedeutet doch nichts als die globale Freilassung, Individualisierung oder Verselbständigung der an diesem Prozeß beteiligten Personen, Gruppen, Gesellschaften, bedeutet gerade die Abkoppelung einer qualitativen regionalen von der abstrakten globalen Zeit. Man könnte es die Loslassung der Eigenzeiten nennen.

Waren beim Brief das Schreiben, Verschicken und Lesen an feste lineare Zeitstrecken gebunden, und bindet das Telefonieren seine Teilnehmer an die instantane Zeit des Sprechens – please hold the line – so können beide Kommunikationsformen rechnergestützt ohne weiteres erhalten bleiben, als Simulationen. In den neuesten Kommunikationen – unter dem Stichwort Interaktivität geraten sie in größere Aufmerksamkeit – ändert sich das Zeitmodell oder Synchronisationssystem, über das Denken und Handeln organisiert werden. Das Entwerfen – der Zukunft, das Transportieren – in der Gegenwart und das Speichern – der Vergangenheit, werden nicht einfach aufgelöst, sie werden nur auf eine neue Art beweglich, vermischbarer, unabhängiger.

ANMERKUNGEN

[1] „The Sun" Baltimore, Maryland v. 8. 4. 1999, S. 2A

[2] Zit. b. Frank, Karl Suso (Hrgs.). Frühes Mönchtum im Abendland. 2Bde. Zürich u. München 1975, Bd. 1, S. 372.

[3] Ebd., S. 374.

[4] Dohrn-van Rossum, Gerhard: Schlaguhr und Zeitorganisation. Zur frühen Geschichte der öffentlichen Uhren und der sozialen Folgen der modernen Stundenrechnug. In: Wendorff, Rudolf (Hg.): Im Netz der Zeit. Menschliches Zeiterleben interdisziplinär. Stuttgart 1989, S. 51.

[5] Zur technischen wie zur gleichzeitig damit expandierenden Metapherngeschichte der Uhr. s. Maurice, Klaus: Die deutsche Räderuhr. München 1976. Maurice, Klaus/Mayr, Otto (Hg.): Die Welt als Uhr. Deutsche Uhren und Automaten 1550–1650. München-Berlin 1980 (Ausstellungskatalog).

[6] Interessanterweise wird aber der Zeitbeginn im Süden lange vom Sonnenuntergang ab gezählt, hält sich eine bewegliche „italienische Zeit" gegen eine feste „nördliche" Zeit. An diese, die von Mitternacht ab gezählt wurde, paßte sich der Süden erst im 19. Jh., im Zuge der allgemeinen Industrialisierung an. s. Messerli, Jakob. Zeitvereinheitlichung in der Schweiz im 19. Jahrhundert. In: Rusterholz, Peter/Moser/ Rupert (Hrsg.). Zeit. Zeitverständnis in Wissenschaft und Lebenswelt. Bern, Frankfurt/M. 1997, S. 47–74.

[7] Mayr, O.: Die Uhr als Symbol für Ordnung, Autorität und Determinismus. In: Maurice, Klaus/Mayr, Otto (Hg.): Die Welt als Uhr. a.a.O., S. 1–9.

[8] Dohrn-van Rossum, a.a.O., S. 57.

[9] Elias, Norbert: Über den Prozeß der Zivilisation. 2 Bde. , Frankfurt/M. 41977, Bd. 2, S. 337.

[10] Ebd., S. 338.

[11] Aschoff, J.: Die innere Uhr des Menschen. In: Aschoff, J. u. a. Die Zeit. Dauer und Augenblick. München 1989, S. 137.

[12] Lyotard, Jean-Francois: Zeit heute. In: Meier, Heinrich (Hg.): Zur Diagnose der Moderne. München 1990, S. 159.

[13] Zur Kulturtheorie des Geldes s. weiter: Hörisch, Jochen: Kopf oder Zahl: die Poesie des Geldes. Frankfurt/M. 1996.

[14] Dohrn-van Rossum, a.a.O., S. 70.

[15] Franklin, Benjamin: Autobiographie. Berlin 1954, S. 147 ff. zit. b. Dohrn-van Rossum, a.a.O., S. 70.

[16] Eine interessante These H. Lübbes, s. Lübbe, Herrmann: Zeit-Verhältnisse. Über die veränderte Gegenwart von Zukunft und Vergangenheit. In: Wendorff, Rudolf (Hg.): Im Netz der Zeit. Stuttgart 1989, S. 140–149.

[17] Kirchmann, Kay: Verdichtung, Weltverlust und Zeitdruck. Grundzüge einer Theorie der Interdependenzen von Medien, Zeit und Geschwindigkeit im neuzeitlichen Zivilisationsprozeß. Opladen 1998, S. 339f.

[18] S. Siegele, Ludwig. Abschied vom Zelluloid. Demnächst in ihrem Kino: Filmprojektoren ohne Film. In: Die Zeit. 20. 5. 1999, S. 46.

[19] Die Versuche zur Erreichung einer gewissen Unsterblichkeit – des Genoms, stecken allerdings wohl noch sehr in den Anfängen, führen zunächst eher zum Gegenteil des gewünschten Ziels, zu frühzeitigem Tod. s. Schuh, Hans. Kopien mit tödlichen Fehlern. Viele Klontiere sterben früh. Auch Dolly hat eine Macke geerbt. Die Biotechniker müssen ihr Handwerk erst noch lernen. ZEIT v. 2. 6. 99, S. 35.

[20] S. ZEIT v. 16. 2. 96, S. 31.

ZEIT UND HEIL. ZEITVORSTELLUNGEN IN JUDENTUM, CHRISTENTUM, ISLAM, HINDUISMUS UND BUDDHISMUS

URSULA BAATZ

Der Umlauf der beiden großen Gestirne, des Mondes und der Sonne, ist in irgendeiner Weise in allen Kulturen die Grundlage der Zeitrechnung. Das gilt auch für die „Weltreligionen"[1] Hinduismus, Buddhismus, Judentum, Christentum und Islam. Um diese Schriftreligionen soll es im folgenden gehen – Religionen, in denen es eine schriftliche Überlieferung und eine institutionalisierte Priesterschaft gibt, die mit den staatlichen Machtzentren und der gesellschaftlichen Elite in der einen oder anderen Form kooperiert. Neben einer Religion der Elite und der Theologen gibt es immer Menschen, die in Konflikt mit der vorherrschenden Interpretation der Tradition stehen, sogenannte „Häretiker", und es gibt die Religion des Alltags, die mit den verschriftlichten „Hochformen" nicht immer deckungsgleich ist. Der Kalender ist eines der Bindeglieder zwischen diesen religiösen Dimensionen; denn die Erstellung und Festlegung des Kalenders und der Fest- und Feiertage ist Sache der religiösen und politischen Elite, Häretiker bedienen sich gelegentlich der Zeitrechnung, um ihre Ziele durchzusetzen, und die Volkreligion interpretiert den Kalender nach ihren Bedürfnissen. Dabei überlagern sich die Schichten, wie am Beispiel der Geschichte des christlichen Weihnachtsfestes deutlich wird.

KALENDARIUM PERPETUUM. KUPFERSTICH, KÖLN 1580, KAT.NR. 10.1.

Zunächst wurde nicht die Geburt Christi, sondern „Epiphanie", das Erscheinen des Gottkönigs Christus, gefeiert, und zwar am 6. Januar. Dieser Tradition folgen die orthodoxen Kirchen bis heute. Das Weihnachtsfest der lateinischen Christen entstand, als Kaiser Konstantin im 4. Jahrhundert den Festtag des Sol invictus, eines kleinasiatischen Soldatengottes, zum Geburtstag des „Sonnengottes" Christus erklärte, den er zuvor zu seinem „Reichsgott" erhoben hatte. Von dieser militärisch-politischen Herkunft des Weihnachtsfestes wissen heute im allgemeinen nur mehr Spezialisten – Theologen z. B. oder Historiker. Die Feier der Geburt Jesu erhielt rund tausend Jahre später durch einen Heiligen, der ohne seine demütig-selbstbewußte Haltung dem Papst gegenüber ein Häretiker hätte werden können, einen neuen Akzent. Die szenische Darstellung der Geburt im armen Stall, die auf Franz von Assisi zurückgeht, steht in direktem Zusammenhang mit der kirchenkritischen Armutsbewegung der damaligen Zeit, zu der Franz von Assisi und die Franziskaner gehören. Die weihnachtliche Christkind- und Tannenbaumstimmung, die seit Ende des 18. Jahrhunderts im deutschen Sprachraum aufkam, und aus dem „armen Stall" einen Ort der Innerlichkeit bürgerlicher Familien werden ließ, ist mittlerweile weitgehend verflogen. Weihnachten wird in der Einflußsphäre des alten Römischen Reichs und weit darüber hinaus zwar immer noch gefeiert, doch heute dominieren Konsumismus und der amerikanische Weihnachtsmann, der aus dem germanisch-nordischen Mythos stammt, und zum Symbol des Konsums geworden ist, das Fest. Seine ursprüngliche Bedeutung, nämlich die Feier der Geburt Jesu, die nach christlicher Tradition Erlösung verheißt, verblaßt. Das wiederum hat mit dem Religionswandel zu tun, der seit einigen Jahren von Religionssoziologen konstatiert wird, und der sich unter anderem in einem veränderten Verhältnis zu Fest- und Feiertagen dokumentiert.

Kalenderordnungen bemessen und bestimmen die Zeit und die Feiertage, und sie legen fest, wann bestimmte Handlungen oder Rituale zu vollziehen sind. Dazu zählen z. B. Pilgerfahrten, die Hindus, Buddhisten, Juden, Christen und Moslems zu ihren heiligen Orten unternehmen. Oft gibt es eine Zeit, zu der diese Pilgerfahrt stattfinden soll – z. B. soll die Hadsch, die Pilgerfahrt nach Mekka, im letzten Monat des islamischen Mondjahres angetreten werden. Eine Pilgerfahrt ist eine besonders hervorgehobene Zeitspanne, die von Festen und Ritualen begleitet wird. In Indien z. B. wird der Beginn einer Pilgerfahrt zu einem der großen Hindu-Heiligtümer oft schon tagelang vorher durch gemeinsames Fasten und Beten des Pilgers zusammen mit der Familie, den Freunden und Verwandten, die daheim bleiben, vorbereitet. Sowohl der Abschied wie auch die Rückkehr des Pilgers wird durch ein festliches Zeichen begangen, das Pilger und Daheimgebliebene verbindet. So wird etwa, wenn ein Muslim oder eine Muslima die Mekka-Pilgerfahrt beendet hat, ein Opfertier geschlachtet. Aber auch alle anderen Muslime nehmen an dem Ende der Pilgerfahrt teil, indem sie zu diesem Zeitpunkt, am Ende des Fastenmonats Ramadan das Opferfest feiern. Der Ursprung dieses Ritus – wie auch die Hadsch, die Pilgerfahrt selbst, geht auf eine vorislamische Pilgerfahrt zurück.

Am Pilger wird ein Aspekt der Zeit deutlich, der aus dem üblichen Alltagsgeschehen herausfällt – die „heilige Zeit". Ein Pilger verläßt die soziale Zeit seines Lebensumfelds, die durch rollenspezifisches Zeitmanagement und persönliche Gewohnheiten interpunktiert ist, und begibt sich in die Zeit-Dimension der Pilgerfahrt – daher auch der rituell markierte Beginn und das Ende der Pilgerschaft. Während der Pilgerfahrt gehören Pilger dem sakralen Bereich an. Moslems etwa tragen bei der Hadsch ein spezielles weißes Gewand, indische Pilger tragen schwarze, grüne, orangefarberne Kleidung, je nach dem Heiligtum, zu dem sie pilgern. Selbst wenn heute einiger-

GLOCKE DOBASHI. JAPAN, EDO-PERIODE, DATIERT 1783, KAT.NR. 13.10.

maßen wohlhabende Moslems für die Hadsch soweit möglich nicht traditionelle, sondern moderne Verkehrsmittel benützen, bleibt ihr Sonderstatus erhalten. Dasselbe gilt z. B. für Hindus oder Buddhisten: wer genug Geld hat, mietet Pferde oder fliegt und fährt mit dem Jeep in das unwegsame West-Tibet, um den heiligen Berg Kailash zu umrunden. Das tut der Pilgerfahrt keinen Abbruch. Wichtig ist nur, daß er oder sie die vorgeschriebenen Riten einhält, mithin in der „heiligen Zeit" bleibt.

Moderne europäische Pilger haben die Pilgerschaft zu Fuß wieder entdeckt. Bevorzugtes Ziel ist Santiago de Compostella in Nordostspanien. Zwei Monate ungefähr dauert der Weg von den Pyrenäen durch die Hochebenen von Katalonien bis nach Santiago. Und die rund vier Kilometer pro Stunde, die eine Pilgerin oder ein Pilger zu Fuß auf diesem großen europäischen Pilgerweg zurücklegt, trennen sie von ihrer gewohnten Zeitwahrnehmung. Nicht nur von der sozialen Zeit, sondern auch von der Zeitdimension der zwanzig-, hundert- oder tausendfachen Geschwindigkeit, mit der diese selben Pilger sich sonst gewohnheitsmäßig im Auto, der Eisenbahn oder im Flugzeug fortbewegen. Zeit ist für die Pilger nicht mehr die genau kalkulierte Zeit des Terminkalenders, dient auch nicht der Bemessung des Verhältnisses von Beschleunigung und Kosten der Beschleunigung, sondern entfaltet sich im Gehen, Schritt für Schritt, in Beziehung zu ihrer ganzen Leiblichkeit – also z. B. auch in den Blasen auf den Fußsohlen.
Die sonst dominante Zeiterfahrung der leeren, gezählten Zeit ist für die modernen Fußwallfahrer nicht völlig außer Kraft gesetzt. Doch sie bemißt sich sehr konkret an der täglich zurückgelegten Strecke und den Stunden, die man dafür gebraucht hat. Und Zeit ist für einen Pilger mehr. Zeit ist: mit Mitpilgern reden, Gebete sprechen oder singen, Träumen nachhängen, von Gefühlen der Ohnmacht oder des Glücks erfüllt sein, Menschen begegnen, die zufällig am Weg stehen, sich die existenziellen Fragen des eigenen Lebens stellen. Das können überaus intensive Augenblicke sein, in denen eine Minute wie ein ganzes Leben oder eine Stunde wie ein Monat erfahren werden kann. Das sagt man freilich erst hinterher, wenn man zurückblickend über den intensiven Augenblick nachdenkt. In diesen Augenblicken beruht die Qualität einer Pilgerfahrt – und diese Augenblicke bleiben in Erinnerung.

Diese Erfahrung einer anderen, intensiven, qualitativ differenzierten Zeit anstelle der gezählten Zeit einer kontinuierlichen Gleichförmigkeit, die für die moderne Industriegesellschaft normativ ist, hat den Religionswissenschaftler Mircea Eliade angeregt, zwischen „profaner Dauer" und „heiliger Zeit" zu unterscheiden. Die „heilige Zeit", so sagt er, ist die Zeit des religiösen Festes, bei dem ein intensiver Augenblick, der für die Gemeinschaft relevant ist, wiederholend gefeiert wird. Das kann der Tod eines Helden sein, der Sieg über einen Gegner oder die Geburt eines Kindes. Dieser Augenblick liegt in einer nicht näher bestimmbaren Vergangenheit, die nicht zur historischen Zeit zählt, sondern zum Mythos. „Zur religiösen Teilnahme an einem Fest gehört das Heraustreten aus der ‚gewöhnlichen' Zeitdauer und die Wiedereinfügung in die mythische Zeit, die in diesem Fest wieder gegenwärtig wird."[2] Nach Eliade macht es den religiösen Menschen aus, daß er über zwei Weisen der Zeiterfahrung verfügt, die profane und die religiöse, die Zeit der Chronologie und der

QUILIN ALS SPIEGELSTÄNDER. CHINA, MING-DYNASTIE, 16.–17. JHDT., KAT.NR. 11.7.

Historie einerseits und die ahistorische Zeit des Mythos andererseits. Die ahistorische, heilige Zeit des Mythos, die im Fest gegenwärtig wird, begründet nach Eliade die profane Zeit des Nicht-Festes, die historische Zeit und auch die Zeitberechnung.

Mythen, die den Augenblick des Anfangs der Welt einfangen, und dadurch die Zeit der einer Menschengruppe oder Gesellschaft begründen, sind in allen Schriftreligionen zu finden. Doch kommt ihnen innerhalb der verschiedenen Religionen unterschiedliche Bedeutung zu. Für die vedische Kultur Indiens steht der Mythos von Prajapati am Anfang. Prajapati, der Urmensch, opfert sich selbst, um aus seinen Körperteilen die Welt entstehen zu lassen. Sein Selbstopfer wird im vedischen Opfer – wozu das rituell festgelegte Ensemble von Opferaltar, Opferndem und Geopfertem gehört – präsent und wiederholt. Dabei entspricht nach Eliade der Feueraltar für das vedische Opfer dem Sonnenjahr: die 360 Einfriedungsziegel stehen für die

360 Nächte des Jahres, und die 360 Altar-Ziegel für die 360 Tagen, usw. Das Opferritual in seinen vielen Formen ist in Indien bis heute der Garant für den Bestand der Welt – wenn der Brahmane, der Priester, am Morgen nicht der Sonne opferte, würde die Sonne nicht aufgehen, heißt es in den Veden, ein Wort, das bis heute sprichwörtlich ist. Die Erhaltung der Welt ist an die Wiederholung des ursprünglichen Opfers gebunden.
Doch die Mythen der vedischen Religion sind – wie alle Mythen – keine widerspruchsfreien Denkgebilde. Nach einem anderen, ebenfalls geläufigen Mythos ist nicht Prajapati der erste Schöpfer der Welt. Vor ihm ist die Zeit: Zeit erschuf die Erde, heißt es im Atharva-Veda, einer Sammlung von rituellen Zaubersprüchen: „Zeit ist der Herr aller Dinge, Zeit war der Vater Prajapatis" (AV XXI, 53, 1–8), und in der Zeit ist auch die Sonne, das Bewußtsein, der Atem, der Name, alles, was der vedischen Tradition wichtig ist und die Konstitution der Welt ausmacht.

WANDERMÖNCH. TUSCHE AUF PAPIER, JAPAN, 19. JHDT., KAT.NR. 13.12.

Die Veden wurden jahrhundertelang mündlich überliefert. Den Beginn der mündlichen Tradition, die – trotz Niederschriften – bis heute in Indien die dominante Form der vedischen Überlieferung ist, vermutet man um 1200 v. Chr. Auf dem Boden dieser Überlieferung ist im 5./4. Jhdt v. Chr. der Buddhismus entstanden, der zusammen mit der vedisch-brahmanischen Tradition von dem Religionssoziologen Peter Berger als Religion „Typ Benares" bezeichnet wird. Die andere große Gruppe von Schriftreligionen gehören zum „Typ Jerusalem"; es sind die Religionen, die sich auf Abraham beziehen – also Judentum, Christentum und Islam. Für sie ist die Schöpfungserzählung der hebräischen Bibel der Mythos vom Anfang der Welt.
Die moderne Bibelexegese unterscheidet zwei Schöpfungsberichte: das 2. Kapitel des Buches Genesis wurde wahrscheinlich um das 8. Jahrhundert v. Chr., das 1. Kapitel im 6. Jahrhundert v. Chr. schriftlich fixiert. Wesentliche Quellen dieser Schöpfungshymnen sind, wie die Bibelwissenschaft gezeigt hat, die Weltentstehungsmythen Mesopotamiens, die zwischen 2500 und 1500 v. Chr. angesetzt werden, und deren deutliche Spuren sich in der hebräischen Bibel finden lassen.[3]

Das Buch Genesis beginnt auf hebräisch mit den Wort *bereshit*, „in einem Anfang", und nicht „am Anfang", wie man gewöhnlich übersetzt. „In einem Anfang" ist der Augenblick, in dem Gott[4] die Welt erschafft. Dieser Augenblick, die Wurzel der Zeit, ist selbst außerhalb der Zeit, die ein beständiges Werden ist, ein Entstehen und Vergehen endlicher Gestalten, das mit dem Beginn der Schöpfung in Bewegung gesetzt wird, sich über Generationen hinweg entfaltet und auf ein Ende ausgerichtet ist. Der jüdische Kalender zählt daher die Jahre seit der Erschaffung der Welt, wobei die jüdische Bibelauslegung, der Talmud – der aus der Zeit ab dem 2. Jhdt. v. Chr. datiert – unterschiedliche Berechnungen der Dauer und des Endes der Welt kennt. Eine geläufige Auffassung geht davon aus, daß die Dauer der Welt analog zur Dauer ihrer Erschaffung berechnet wird: diese dauerte nach dem biblischen Mythos sechs Tage – am siebten Tag ruhte Gott –, und entsprechend würde die Welt 6000 und dann noch einmal 1000 Jahre dauern.
Im alten Israel wurde die kultische Zeitmessung nach dem Mond, die agrarische Zeitmessung nach der Sonne berechnet. Die Differenz, die sich durch die Diskrepanz

von Mond- und Sonnenjahr ergab, wurde durch sogenannte Interkalationstage wettgemacht. Der Kalenderordnung maß man große Bedeutung bei – das läßt sich aus dem Kalenderstreit zwischen den Radikalen in der Gemeinde von Qumran und der Priesterschaft in Jerusalem erkennen.[5] Denn die Ordnung des Kalenders ist zugleich Teil der von Gott gestifteten Ordnung des Kosmos. Gott selbst jedoch ist inkommensurabel für menschliche Zeit: bei Gott sind tausend Jahre wie ein Tag; die Menschen dagegen sind vergänglich „wie Gras" und der Zeit unterworfen, heißt es im Psalm 90.

Die Intuition der hebräischen Bibel bleibt für die abrahamitischen Religionen bestimmend. Die Christen haben die hebräische Bibel als Erstes oder Altes Testament in ihre Tradition übernommen und damit auch den Schöpfungsbericht. Der Koran erzählt die biblische Schöpfungsgeschichte mit einer leichten Akzentverschiebung. Der gütige Schöpfergott ist nicht nur Herr der Welt, sondern auch der Zeit, die er Augenblick für Augenblick neu erschafft. Die moslemischen Theologen kennen konsequenterweise keine „Dauer", sondern Konstellationen diskontinuierlicher Augenblicke.[6] Das Heilsereignis der Erschaffung der Welt ist jedoch nur für das Judentum, nicht für die beiden anderen abrahamitischen Religionen der Ausgangspunkt der Zeitrechnung (obwohl die Datierung „seit Anfang der Welt" bis in die Neuzeit hinein in Europa verwendet wurde).

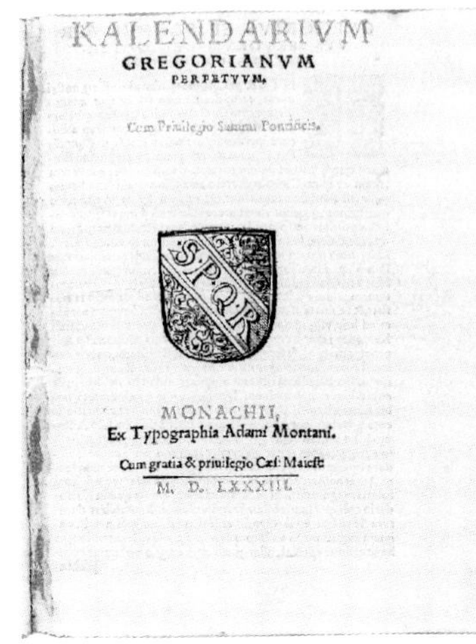

KALENDARIUM GREGORIANUM PERPETUUM. VENEDIG 1583, KAT.NR. 9.2.

Für die Christen ist das entscheidende Ereignis Tod und Auferstehung Jesu. Dies wird zunächst allwöchentlich am ersten Tag der Woche gefeiert. *Kyriake*, „Tag des Herrn", heißt der Sonntag in der Sprache der alten Kirche, da an diesem Tag der Überlieferung gemäß Christus von den Toten auferstanden ist. Der Sonntag war lange Zeit der einzige Feststag der Christen. Später kam das Osterfest als explizites Fest der Auferstehung Jesu dazu, und noch später das Fest der Geburt Christi.

Das Christentum blieb zunächst bei dem römischen Sonnenkalender, dem julianischen Kalender, so benannt nach Julius Cäsar.[7] Innerhalb dieses (und später des gregorianischen) Kalenders werden die Ostertermine nach jüdischer Tradition jedoch nach dem Mond festgelegt, d.h. Ostern wird am ersten Sonntag nach dem Frühlingsvollmond gefeiert. Der Osterzyklus wurde ab dem 6. Jahrhundert nach der Geburt Christi datiert. Die Widersprüche, die durch den julianischen Kalender bei der Berechnung der Festzeiten auftraten, veranlaßten Papst Gregor XIII., für die katholische Welt eine Kalenderreform durchzuführen. Die orthodoxe Kirche dagegen blieb bis heute beim Julianischen Kalender. Der Gregorianische Kalender und die Zählung nach Christi Geburt ist heute – ohne den religiösen Bezug dieser Zeitrechnung – die Grundlage der weltweiten wirtschaftlichen und monetären Zeitordnung. Die alte babylonische Einteilung der Woche in sieben Tage strukturiert auch diese Zeitordnung. Die Trennung der Tage voneinander erfolgt nach der Uhr – um null Uhr stellt sich auf den Uhren das Datum um. Für die semitische Tradition zählt der Wandel der Gestirne. Der neue Tag beginnt mit dem Einbruch der Nacht. (In Indien beginnt der neue Tag dagegen mit Sonnenaufgang).

Die Bankwoche kennt keine wöchentlichen Feiertage (auch wenn die Börse geschlossen ist, „arbeitet" das Geld weiter). Für die Juden dagegen ist der Sabbat Fest- und Ruhetag – nach dem Vorbild der Schöpfung, daß Gott am siebten Tag

CHRISTEN-, JUDEN- UND TÜRCKEN-CALENDER. NÜRNBERG 1769, KAT.NR. 10.5.4.

ruhte; für die Christen ist es der Sonntag und für die Moslems ist der Freitag – der Tag des gemeinsamen Gebets – der Feststag der Woche.

Auch wenn für den Islam wie für die jüdische und christliche Tradition Welt und Zeit mit dem Schöpfungsmythos beginnen, den Beginn der islamischen Zeitrechnung setzt der Islam mit der Auswanderung des Propheten Mohammed von Mekka nach

Medina fest. Mohammed hatte aufgrund göttlicher Offenbarung begonnen, in der Handelsstadt Mekka den Glauben an den einen Gott zu verkünden und war dadurch in Konflikt mit der Mehrheit der Einwohner Mekkas geraten, die an den alten Göttinnen und Göttern festhielten. Sein Klan konnte ihn nicht mehr schützen, und so flüchtete Mohammed unter dem Schutz einer Gruppe von Männern aus dem nördlicher gelegenen Medina, die seine Lehre, daß es keinen Gott außer Gott gibt, angenommen hatten. Am 16. Juli 622 nach christlicher Zeitrechnung kam er in der Oase von Medina an und wurde dort in einen Klan aufgenommen. In der arabischen Gesellschaft von damals war Gruppenzugehörigkeit das entscheidende Kriterium für alle sozialen Zusammenhänge und auch die Rechtsordnung. Die Hedschra ist also keine Flucht, sondern Hedschra bedeutet „Abbruch der Beziehungen", „Loslösung" – von den Klans aus Mohammeds Geburtsstadt Mekka. Dieser Akt markiert den Beginn der islamischen Zeitrechnung und damit den eigentlichen Beginn des Islam, was wörtlich „Hingabe an Gott" bedeutet. Die Berechnung der Zeit nach der Hedschra wurde durch den Kalifen Omar eingeführt. Die Verwendung des Mondkalenders zur Festlegung der religiösen Feste geht auf den Propheten selbst zurück, hat aber ihre Wurzeln in vorislamischen Überlieferungen. Durch die Diskrepanz zwischen Sonnen- und Mondjahr sind die islamischen Feste keine jahreszeitlich gebundenen Feste. Dazu kamen für Steuer- und Finanzfragen in den verschiedenen islamischen Reichen eigene, an die Dynastien gebundene Zeitrechnungen, die meist am Sonnenjahr orientiert waren.

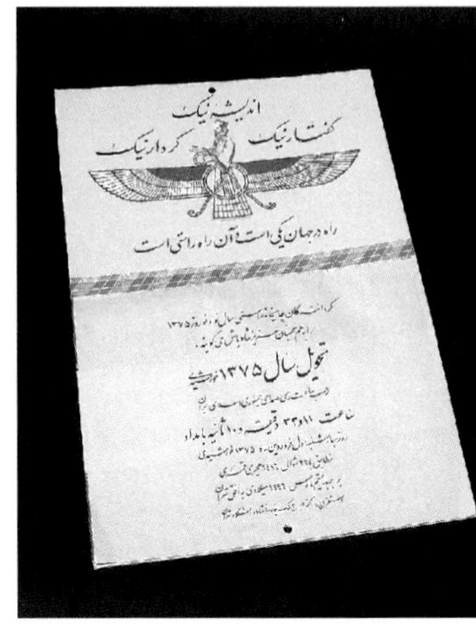

WANDKALENDER, TEHERAN/IRAN, 1996, KAT.NR. 11.5.

Auch die Buddhisten setzen heute ein Heilsereignis an den Beginn ihrer Zeitrechnung: das Nirvana des Buddha. Der Sohn des Raja eines kleinen Stadtstaates in Nordindien hat nach jahrelanger strengster Askese und Yoga-Praxis eines Nachts die befreiende Einsicht, daß der „Durst", bzw. die „drei Gifte" Gier, Haß und Verblendung den Kreislauf der Wesen zwischen Geburt und Tod in Gang halten, und daß dieser Durst überwunden werden kann. Er erreicht Nirvana, einen Zustand jenseits von Entstehen und Vergehen. Auch als „Buddha", als „Erwachter" ist er jedoch erst mit dem Tod völlig aus diesem Kreislauf herausgenommen, hat vollständiges Nirvana erreicht, einen Zustand, der sich jeder Beschreibung entzieht. Der genaue Zeitpunkt des vollständigen Nirvanas wird von den verschiedenen buddhistischen Traditionen sehr unterschiedlich angegeben, umgerechnet auf den gregorianischen Kalender innerhalb eines Spielraums von fast tausend Jahren. In der westlichen Forschung hat sich eine theravada-buddhistische, aus Sri Lanka stammende Berechnung des Parinirvana durchgesetzt, die dann auch von den Buddhisten Asiens übernommen wurde. Danach wäre 1956 das 2500. Jahr nach dem Nirvana des Buddha gewesen. Neueste Forschungsergebnisse stellen diese Datierung jedoch in Frage.[8]

BUDDHA THRONEND. CHINA, TANG-DYNASTIE (618–907), KAT.NR. 13.2.

Für das monastische Leben ist auch im Buddhismus der Mondkalender entscheidend. Vollmond und Neumond sind in den klösterlichen Kalendern, den Vinaya-Kalendern, herausgehoben. Es sind Fasttage, und im Theravada-Buddhismus Südostasiens findet an diesen Tagen das Beichtritual der Mönche statt. Oft nehmen auch Laien an diesen Fasten- und Besinnungstagen teil. Ihr Leben richtet sich ansonsten nach anderen Zeitordnungen. In Japan etwa werden die Jahre nach der Thronbesteigung des Tenno gezählt. In Tibet hatte man eine eigene, astronomisch-astro-

logische Zeitrechnung, das Kalachakra, das wahrscheinlich auf indische Einflüsse zurückgeht, aber auch Ähnlichkeiten mit der chinesischen Zeitrechnung hat. Wegen der unterschiedlichen Kalender gibt es nur in Europa einheitliche buddhistische Festtermine, nicht jedoch in Asien.
Der Glaube an den Kreislauf der Wiedergeburten, dem man entweder durch genaue Befolgung der Riten oder, wie die Buddhisten meinen, nur durch Einsicht entrinnen kann, ist der vedisch-brahmanischen und der buddhistischen Tradition gemeinsam. Es scheint allerdings, daß diese Intuition der Zeit- und Todlosigkeit keine Spezialität des indischen Raumes ist, sondern eine anthropologische Konstante.[9] In den abrahamitischen Traditionen wissen vor allem die Mystiker um die Relativität, Endlichkeit und Transzendierung der Zeit. Doch tritt dieser Gedanke in den abrahamitischen Religionen noch in anderer Form auf.

Alles Vergängliche hat ein Ende, und auch die Zeit als der Modus der Vergänglichkeit wird ein Ende haben. Davon gehen die abrahamitischen Religionen aus. Dieses eschatologische Denken, das sich auf ein Ende der Zeiten einstellt, kommt im alten Israel mit den Propheten auf, also ungefähr ums 6. Jahrhundert v. Chr., zu einer Zeit, als die Israeliten als Zwangsarbeiter im Exil in Babylon lebten. Die Hoffnung auf das Ende der Zeit und das damit verbundene Gericht, das Gute und Böse trennt, entsteht als Antwort auf die Erfahrung von Unrecht und Unterdrückung. Eschatologie ist Hoffnung auf Freiheit und Gerechtigkeit. In den apokalyptischen Bewegungen, die in den zwei vor- und nachchristlichen Jahrhunderten entstehen, verstärkt sich die Erwartung, daß mit dem kommenden Gericht die bisher bekannte Welt zu Ende geht und eine andere Weltordnung entsteht, die gerecht ist, in der es aber auch keinen Tod mehr gibt und daher keine Zeit. (Diese apokalyptische Ausrichtung teilt im übrigen der Islam mit dem Christentum. Die historisch älteste Sure des Koran ist eine Gerichtsvision, die allerdings am Ende des heiligen Buches gereiht wurde.)

Man hört oft, daß die abrahamitischen Religionen aufgrund ihrer eschatologisch-apokalyptischen Perspektive die Zeit linear vorstellen, die indischen Religionen dagegen eine zyklisch. Dies trifft nur sehr bedingt zu. Entstanden in agrarischen Kulturen, gibt es in den abrahamitischen Religionen die zyklischen Feste, die den Jahreskreislauf in einer agrarischen Gesellschaft regeln, und sich ihrerseits am Kreislauf der Gestirne und der Jahreszeiten orientieren. Dazu kommt, daß apokalyptische Zeit keine linear fortschreitende Zeit ist, die irgendwann abbricht, sondern aus der Erfahrung von Zeitbrüchen und Zeitwenden entsteht. In der jüdisch-christlichen Tradition verbürgt dies die Gestalt des Messias. Nach jüdischer Sicht wird er am Ende der Zeiten kommen; die Christen dagegen meinen, er wäre – in Jesus – schon erschienen, die Heilszeit sei schon angebrochen, und er werde am Ende der Zeiten wiederkommen. Auch der Islam kennt in der Gestalt des Mahdi, der kommen wird, um ein Reich der Gerechtigkeit aufzurichten, eine messianische Dimension. In jedem Fall aber ist die „messianische Zeit" die gegenwärtige Hoffnung auf das *plötzliche* Anbrechen einer anderen Ordnung, denn nach der gemeinsamen Tradition der Abrahamsreligionen ist dieser Augenblick nicht zu bestimmen.

Ähnliche Konstellationen finden sich jedoch auch in den indischen Traditionen. Die Avatare (Inkarnationen) des Gottes Vishnu etwa erscheinen immer dann, wenn die Welt in eine Katastrophe schlittert, um die Ordnung wieder herzustellen. Der zehnte und letzte Avatar, Khalki, wird mit Feuer und Schwert kommen. Danach wird diese Welt zu Ende sein, da nach indischer Auffassung nicht nur der Mensch, sondern die Welt als Ganzes an dem Kreislauf von Entstehen und Vergehen teilnimmt, jedoch Zeitdimensionen, die nur noch mythisch zu bemessen sind. Die Überlieferung von den Weltzeitaltern, die – so wie die Idee der Wiedergeburt – in der Zeit der Upanishaden entstand, wird auch im Buddhismus gelehrt. Danach gibt es in jedem Weltzeitalter einen Buddha, nach dessen Erscheinen es bergab geht – der uns bekannte ist der siebte in dieser Reihe, und ein achter, Maitreya, wird noch kommen. Diese Auffassung ist nicht zyklisch, sondern eher mit Schwingungen eines Pendels o.ä. zu vergleichen.[10]

Gegenwärtig leben wir nach hinduistischer Auffassung in einer spirituell ziemlich heruntergekommenen Zeit, im Kali-yuga, dem letzten Abschnitt eines Weltzyklus. Auch dominante buddhistische Traditionen sagen, daß wir in einem Zeitalter der Degeneration der buddhistischen Lehre leben (*mo-fa* sagen die Chinesen, *mappo* die Japaner). Dies sei allerdings erst der Anfang vom Ende dieses Weltzeitalters. Mit dem künftigen Buddha Maitreya würde dann eine neue Heilszeit anbrechen, in der idyllische Zustände herrschen und alle Menschen zum befreienden Erwachen kommen können. Damit kommt die Vorstellung der Zyklizität allerdings an ihr Ende – denn dann wäre es mit Welt, Zeit und Weltzeitaltern vorbei, wenn man der Logik des Mythos folgt.

ANMERKUNGEN

1 Über die problematische Angemessenheit dieses Ausdrucks soll hier nicht diskutiert werden. – Vgl. zum folgenden: Ricoeur, P. (ed.), Cultures and Time, Paris 1976.

2 Eliade, M., Das Heilige und das Profane, Vom Wesen des Religiösen, Reinbek 1957, S. 40.

3 Dazu: Zenger, E.u.a., Einleitung in das Alte Testament, Stutgart 1995.

4 Ein von E. Schüssler-Fiorenza vorgeschlagene Lösung, das hebräische JHWH im Deutschen wiederzugeben – der Gottesname wird im Hebräischen nicht ausgesprochen.

5 Maier, J., Die Qumran-Essener: Die Texte vom Toten Meer, Bd. III, München 1996.

6 Massignon, L., Le Temps dans la Pensee Islamique, in: Fröbe-Kapteyn, O. (Hg.), Mensch und Zeit, Eranos- Jahrbuch 1951, Bd. 22, S. 141–148, Gardet, L., Moslem Views of Time and History, in: Ricoeur, P. (ed.), a.a.O., S. 197–227.

7 Vgl. dazu z.B. Maier, H., Die christliche Zeitrechnung, Freiburg 1991.

8 Bechert, H. (ed.), When did the Buddha live? The Controversy on the Dating of the Historical Buddha, Delhi 1995.

9 Über das Verhältnis von Tradition und Überlieferung und mystischer Erfahrung vgl. Katz, S.(ed.), Mysticism and religious traditions, Oxford 1983.

10 Nattier, J., Once upon a future time. Studies in a Buddhist prophecy of decline, Berkeley 1991.

ZEITLICHE VIELFALT:
WIE IN KULTUREN DER WELT MIT ZEIT UMGEGANGEN WIRD

ANDRE GINGRICH / CARMEN NARDELLI / JOHANNES ORTNER

Was die Menschen jeweils unter „Zeit" verstehen, ist nicht immer dasselbe. Das zeigen bereits naheliegende Beispiele: Die „Zeit verfliegt" in Windeseile für eine Welser Bankangestellte, wenn sie in der Hektik ihres Büroalltages unter Termindruck eine schier unabsehbare Aufgabe zu lösen hat. Wenn dieselbe Bankangestellte aber einmal endlos lange auf etwas warten muß, das ihr wichtig ist, dann „schleppt sich die Zeit dahin".

Schon für die Einzelperson kann die Erfahrung mit Zeit also ganz unterschiedlich ausfallen, je nach Situation und Umständen. In diesem ersten, naheliegenden Beispiel gehen wir aber noch immer von Selbstverständlichkeiten aus, die so selbstverständlich nicht sind. Die Welser Bankangestellte erfährt sich als Individuum in einer demokratischen Industriegesellschaft. Sie weiß, daß ihre subjektiven Zeiterfahrungen auf allgemeineren und verbindlicheren Standards aufbauen. Wenn sie wissen will, wie rasch die Zeit verflogen ist oder wie langsam sie sich dahinschleppt, vergleicht sie ihre subjektiven Zeiterfahrungen mit dieser Selbstverständlichkeit: Sie blickt auf die Uhr. Sekunden, Minuten, Stunden, Tage, Wochen, Monate, Jahre – Uhr und Kalender geben den Individuen der Gegenwart einen einheitlichen Zeitstandard vor, an dem sie sich orientieren, über den sie miteinander kommunizieren, der die Welt auch in „Zeitzonen" einteilt. Wenn die Welser Angestellte etwa mit ihrer Cousine in Australien telefoniert, dann weiß sie, daß dort zur „selben Zeit" eine andere Tages- und Jahreszeit herrscht.

Das Alltagsbewußtsein ist also informiert darüber: Zeit kann subjektiv sehr verschieden erfahren werden, Zeit ist als einheitliche Meßeinheit darstellbar und benützbar, aber dieser objektive Zeitstandard ist selbst wiederum in Relatives eingebunden: In Australien zeigt er „zur selben Zeit" anderes an als bei uns.

Geschichtswissenschaft und Archäologie belehren uns auf vielfältige Weise, auch in diesem Ausstellungskatalog, daß der heute gebräuchliche und weltweit benutzte Zeitstandard sich erst nach und nach herausgebildet und verallgemeinert hat. Was heute, am Beginn des dritten Jahrtausends, für die Welser Bankangestellte völlig normal und selbstverständlich ist, das wäre einer Bäuerin im Welser Raum des 11. Jahrhunderts wohl als eine höchst zweifelhafte und unheimliche Vision erschienen: Fast alle erwachsenen Menschen haben kleine Maschinen am Handgelenk, im Heim, an den Straßenecken angebracht, an denen für alle auf die Minute genau festgehalten sein soll, wie spät es ist? Und zugleich, fragt sich diese Bäuerin des 11. Jahrhunderts entsetzt, sollen diese grauenhaften Zukunftsmenschen auch noch wissen, daß anderswo zur selben Zeit nicht dieselbe Zeit herrscht? Anderswo, in Gebieten, welche diese Zukunftsmenschen nicht einmal selbst besucht haben? Von deren bloßer Existenz diese Bäuerin noch nie gehört hat? Diese Zukunftsmenschen sollen angeblich aus kleinen Kästen durch Töne und Bilder erfahren, was „gleichzeitig" anderswo passiert, wo sie selbst noch nie waren? Unvorstellbar!

Wäre jemand in der Lage gewesen, dieser Bäuerin des 11. Jahrhunderts einen derartigen Blick auf unsere selbstverständlichen Zeiterfahrungen der Gegenwart zu ermöglichen, so wären wir ihr wohl als absonderliche Monster und dämonische Wesen erschienen: So sehr sind bereits die Umgangsformen mit Zeitlichkeit innerhalb ein und derselben Region und Kultur verschieden, wenn man darin verschiedene historische Epochen vergleicht.

Und dennoch wäre der anfangs entsetzten Bäuerin des 11. Jahrhunderts allmählich dies und jenes bekannt vorgekommen an dem, was sie in ihrer Vision des 21. Jahrhunderts erblickt hätte. Schließlich nimmt auch die Welser Bankangestellte im Jahr 2001, die vielleicht nur selten in die Kirche geht, als Beginn ihrer Zeitrechnung die Geburt Jesu Christi an. Stunden, Tage, Wochen, Monate sind der Bäuerin des 11. Jahrhunderts ebenso bekannt wie der Welser Bankangestellten, auch wenn die Bäuerin ihren Alltag nicht so streng gerade danach ausrichtet. Vielleicht ist die Welser Bankangestellte, wahrgenommen in der Zukunftsvision der Bäuerin des 11. Jahrhunderts, also doch keine gräßliche Dämonin?
Verlassen wir nun die Zeitreise aus der Gegenwart zurück in die Vergangenheit derselben Kultur. Hier schreiben Ethnologen und keine Historiker: Ethnologen befassen sich mit den Gemeinsamkeiten und Unterschieden zwischen den Kulturen.

NORDJEMEN

Die Welser Bankangestellte hat einen Neffen. Dieser Neffe heißt Franz und hat die Hauptschule absolviert. In der Folge hat er sich für Brunnenbau spezialisiert und sich als Entwicklungshelfer gemeldet. Fremde Länder und Sitten haben Franz immer schon interessiert. Eine staatlich und kirchlich geförderte österreichische Organisation entsendet Franz schließlich als Entwicklungshelfer für zwei Jahre in den Jemen. Als Franz bereits ein Jahr dort verbracht hat, lädt er seine Tante und ihre Familie ein, ihn doch einmal im Sommer im Jemen zu besuchen.
So also, oder so ähnlich, kommt unsere Welser Bankangestellte mit Mann und Kind in den Jemen, Franz zeigt seinen Verwandten die Sehenswürdigkeiten dieses schönen Landes. Einige Zeit verbringen sie auch mit ihm auf der technischen Station, wo Franz arbeitet. Diese Station ist im ländlichen Raum des Nordjemen untergebracht. Von dort aus betreut Franz mit einem Mitarbeiter aus der Hauptstadt viele Bergbauernhaushalte in der Region bei der Errichtung und Instandhaltung ihrer Brunnen. Am Abend ihrer Ankunft auf der Station ist die Welser Bankangestellte natürlich neugierig zu erfahren, wie sich ihr Neffe in diese Aufgabe eingearbeitet hat, wie sein Alltag hier aussieht, und dergleichen mehr. Franz könnte dazu viele Geschichten erzählen, aber jene vom anderen Umgang mit der Zeit findet er am anschaulichsten.
Die Tätigkeit der Station finden die meisten Bergbauernfamilien hier sehr sinnvoll, erzählt er. Frisches und sauberes Wasser braucht schließlich jeder Haushalt; Klima und Umweltschäden machen eine derartige, vorsichtige Form von Entwicklungshilfe zu einer wichtigen Sache. Viele örtliche Bauern wollten mit Franz zusammentreffen, um sich dafür beraten zu lassen. Aber wie schwierig sei es anfangs für ihn gewesen, Termine zu vereinbaren!
Am einfachsten war noch zu verstehen, daß Armbanduhren hier ausschließlich als Schmuckgegenstände gelten, welche nur von wenigen reicheren Männern getragen werden – aber eben bloß als Zierde. Es war für Franz noch einigermaßen nachvollziehbar, daß die in Wels selbstverständliche Berufung auf Sekunden, Minuten, Stunden und westliche Kalendertage hier also von kaum jemandem benutzt oder auch nur gekannt wird. Wie aber sollte er sich dann Termine hier ausmachen, wenn

das ihm so Selbstverständliche hier nichts galt? Wie sich einen Termin für „Mittwoch, den 3. Mai um 1 Uhr Mittag am Markt von Buqa'" ausmachen?

Franz fragte zunächst seinen jemenitischen Mitarbeiter, der aus der Hauptstadt stammt. Diesem ist der westliche Kalender ebenso vertraut wie der islamische. Daher schlug er Franz vor, den Termin mit diesem Bauern nach dem islamischen Kalender zu vereinbaren: „Am vierten Wochentag im Monat Sha'bān, nach der Mittagszeit."
So also vereinbarte Franz seinen Termin mit cAli, dem Bauern aus der Nähe von Buqa'. cAli nickte und ging. Nicht im Traum wäre cAli bereit gewesen zuzugeben, daß ihm der islamische Kalender nicht sehr geläufig ist. Dies ist eher etwas, das Städter und Gelehrte gut kennen. Es hat auch viel mit Schriftkundigkeit und Frömmigkeit zu tun, den islamischen Kalender gut zu kennen. Als „ungläubiger Analphabet" wollte cAli natürlich nicht dastehen, daher hat er genickt zu diesem Terminvorschlag, um sein Gesicht zu wahren. Aber den Termin hat er dennoch bald vergessen – Bauern können hier mit dem nach Mondmonaten geregelten islamischem Kalender tatsächlich wenig anfangen.
Als cAli folglich zu dieser Terminvereinbarung nicht erschien, war Franz recht ratlos. Einen ägyptischen Apotheker am Markt von Buqa', der auch cAli flüchtig kannte, bat Franz daher um Rat. Der schlug vor, daß sich Franz und cAli „morgen in zwei Wochen" zu Mittag in seiner Apotheke treffen sollten. Das richtete er cAli auch aus, der in den neuen Termin wiederum einwilligte. Und so wartete Franz am Donnerstag, den 17. Mai um 12 Uhr in der ägyptischen Apotheke von Buqa'. Wer aber nicht kam, das war cAli. Heute, erzählt Franz, versteht er, weshalb cAli nicht kommen konnte. Am Donnerstag ist in Buqa' nämlich jede Woche Markttag. Auf einem solchen Wochenmarkt trifft man dann jeden und niemanden: Hunderte und Tausende Besucher kommen und gehen; erledigen dies und das, tauschen Tratsch und Neuigkeiten aus. Für cAli hatte sich der neue Terminvorschlag von Franz also ungefähr so angehört: „Du, ich bin am übernächsten Wochenmarkt in Buqa' wie wahrscheinlich auch Du, vielleicht sehen wir uns da, und wenn nicht, dann macht es auch nichts."
Am Wochenmarkt hat man also meistens „keine Zeit".
Irgendwann hat es dann doch geklappt mit einem Termin zwischen Franz und cAli, irgendwie. Fünf Wochen verbrachte Franz dann insgesamt im Dorf von cAli. Heute weiß er, daß die Bauern dieser Gegend gerade für mittelfristige Zeitangaben einen mündlich überlieferten Sternenkalender benutzen, der auf ihr Agrarjahr abgestimmt ist. Hätte Franz also vorgeschlagen: „Treffen wir uns doch am dritten Tag der Sternperiode cAllan", dann wäre cAli wohl gleich gekommen.
Was veranschaulicht die Erzählung von Franz für seine Welser Tante? Diese jemenitischen Bauern haben nicht „kein Zeitverständnis", wie manche gerne behaupten. Sie haben nicht „keines", sondern ein „anderes". Und dieses „andere" Zeitverständnis geht nicht von einem einheitlichen Zeitmaß aus, sondern von verschiedenen, die je nach Lebensumständen mehr oder weniger zweckmäßig angewendet werden.
In den gelehrten Mittel- und Oberschichten kennt und benutzt man den westlichen sowohl wie den islamischen Kalender, der am Land aber kaum bekannt und wenig

nützlich ist. Am Land rechnet man im Nordjemen „Zeit" für kurzfristige Themen nach Tagen und Wochen, für mittelfristige Zwecke nach dem mündlich tradierten Sternenkalender, und langfristig in Begriffen der Abstammung und Genealogie.
Das Beispiel des Jemen führt uns also vor Augen: In dieser Kultur wie in vielen anderen Lokalkulturen der Welt ist „Zeit" keineswegs irgendeine „einfache" oder „primitive" Vorform von dem, was bei uns geläufig ist oder war. Zeit wird „anders" gedacht und praktiziert, und dieses „anders" ist meistens kein Einheitsmaß, sondern es umfaßt viele Maßstäbe. cAli ist also ebensowenig ein böser Dämon oder ein absonderliches Monster wie die Welser Bankangestellte. Er rechnet Zeit in anderen Kategorien, die für ihn und seine Umgebung aber völlig logisch und zweckmäßig sind, und die auch von Außenstehenden wie Franz (nach einigen Frustrationen, zugegebenermaßen) nachvollzogen werden können. Wesentlich für Franz war allerdings davor, daß er seine eigenen Selbstverständlichkeiten zum Thema Zeit in Frage stellte, um erfahren und verstehen zu können, wie mit Zeit in einer anderen Kultur umgegangen wird.
Ähnliche Erfahrungen, wie sie die Welser Bankangestellte und ihr Neffe mit den kulturell verschiedenen Formen von Zeitlichkeit im Jemen erfuhren, können auch die Besucher der Landesausstellung machen. Wie mit Zeit in anderen Kulturen dieser Welt umgegangen werden kann, das wird an mehreren Beispielen veranschaulicht. Wenden wir uns zunächst dem Fall der Hopi zu, einer bekannten indianischen Gesellschaft im Südwesten Nordamerikas.

HOPI

Bei den Hopi, eine an die 10.000 Personen umfassende und zu den westlichen Pueblos zählende Indianer-Gesellschaft im US-Bundesstaat Arizona, lassen sich im allgemeinen drei Zeit-Ebenen festhalten: erstens eine mythische, die Genese der Hopi als Volk betreffende Zeitqualität, zweitens eine jährlich-zyklische, die sich an den landwirtschaftlichen Kreislauf von Brache, Anbau und Ernte der Feldfrüchte orientiert und drittens eine lebenszeitliche, die die persönliche Biografie des einzelnen Hopi von Geburt über Initiation, Heirat bis hin zum Tod gemäß seiner Position in der Gesellschaft beschreibt.
Der traditionelle Anbau von Mais, Bohne und Kürbis, kombiniert mit an das lokale halbtrockene Klima angepaßten Anbautechniken, bildet die Grundlage der traditionellen Subsistenz. Das physische Überleben erfordert die strenge Einhaltung spiritueller Pflichten wie Gebete und Maskentänze für die regenspendenden Ahnengeister, den Kachinas. Darüber hinaus erfordern die extremen Klimabedingungen des semiariden Colorado-Plateaus – mit seinen unterschiedlichen und schwankenden Niederschlägen und einer langen Frostperiode – die Entwicklung ausgeklügelter zeitlicher Datierungshilfen in Form verschiedener Agrar- und Zeremonienkalender: für jedes autonome Hopi-Dorf ein eigener.

Die mythische Zeit

Die mythische Ursprungszeit speist gläubige Hopi bei ihren alltäglichen Handlungen. Sie thematisiert die wegen menschlicher Verfehlungen sukzessive Zerstörung der drei Welten, die der heutigen vierten Welt vorangegangen waren.

Ebenfalls Bestandteil der mythischen Vorzeit sind die spiralig um ein Zentrum, dem heutigen Siedlungsgebiet, rotierenden Wanderungen der verschiedenen Klans, aus denen sich das Volk der Hopi aufbaut.
So ein Zentrum ist auch das Aufstiegsloch der Hopi in diese vierte Welt (*sipaapuni*), das in einer kleinen Vertiefung im Boden der Kulträume der Hopi, den *kivas*, architektonisch nachgebildet ist und den Erdnabel darstellt. Der halbunterirdische und viereckige *kiva* selbst, ist – analog zum Aufstieg aus der unteren Welt – nur über eine Leiter durch die Dachöffnung erreichbar. Die bei den Hopi häufig auftretende Vierzahl symbolisiert allgemein die vier Weltrichtungen am Horizont (Nordosten, Südosten, Südwesten, Nordwesten), die gemeinsam mit den beiden Richtungen „oben" (Welt der Ahnengeister und Gottheiten) und „unten" (vorangegangene drei Welten) die sechs Richtungen der Hopi ergeben. Vor jeder wichtigen Zeremonie wird daher ein „Sechs-Richtungen-Altar" erstellt.

CRAFTSMAN PAINTS A RECENTLY COMPLETED FIGURE.

Der jährliche Subsistenzzyklus

Grundlage der Zyklizität ist das jährlich wiederkehrende Vegetations- und Agrarjahr, das in die drei natürlichen Arbeitsschritte „Brache" (November-März), „Aussaat" (April-Juni) und „Ernte" (August-Oktober) zerfällt. Diese Zeitpunkte bedingen einerseits die klimatischen Einschränkungen. Andererseits berücksichtigen auch die angesetzten Zeitpunkte der Zeremonien diesen unterteilten Jahreslauf: Die Maskentänze der Kachinas finden im Halbjahr der Brache und des Anbaus der Feldfrüchte (Frühsommer, die trockenste Zeit des Jahres) statt, grob von der Winter- zur Sommersonnwende. Mit dem Einsetzen der wolkenbruchartigen Regenfälle im Juli werden die Kachinatänze eingestellt, da die Geister von nun an (Wachstumsperiode des Mais) aus Dank für ihre Verehrung in den Tänzen von ihrem Sitz in den feuchten Bergen aus die Wolken, selbst spirituelle Wesen und Kachinas, zu ihren Hopi schicken.
Der Aspekt der Zyklizität wird bei den Hopi durch einen sehr praktischen Kalendertyp ausgedrückt, dem Horizontkalender. Dieser ermöglicht die zeitliche Festsetzung von Zeremonien und Aussaatzeiten für die einzelnen Feldfrüchte.
Dabei dienen die während des Jahres meist unterschiedlichen Auf- und Untergangspunkte der Sonne am Horizont (Horizontpunkte, die jährlich mit großer Präzision wiederkehren) dem einzelnen Hopibauer als Zeitvorgabe zur Bestellung seiner Felder. Da ein Horizontkalender nur für ein sehr eingeschränktes Gebiet gilt, verfügte jedes Hopi-Dorf, das sich jeweils am höchsten Punkt eines Tafelberges (*Mesa*) erhebt, über einen Sonnenbeobachter, der im Falle der Zeremonie der Wintersonnwende (*Soyàl*) eine bindende und astronomisch schwierige Datierung, im Fall des Anbaus der Feldfrüchte im Frühsommer einen fakultativen Vorschlag öffentlich ausrufen läßt. Fehlentscheidungen wurden geahndet und führten sogar zur Absetzung des Sonnenbeobachters.

SACRED CORNMEAL SPRINKLER

Die Verwobenheit von Zeit und Raum bei den Hopi zeigt folgendes: Die vier Stillstandspunkte der Sonne am Horizont (Auf- und Untergang) während der Sonnwenden (also zu 4 *Zeit*punkten im Agrarjahr) bilden die Grundlage der vier Himmelsrichtungen, in deren Richtung (also *Raum*-orientiert) sich religiöse Heiligtümer befinden, wo Opferhandlungen in Form von Gebetsstäben deponiert werden.

Kalender der Hopi: Das Diagramm zeigt den dualen Charakter des Hopi-Jahres. Einerseits besteht dieser in der halbjährlichen Anwesenheit (WS-SS; strichlierte Linie) und Abwesenheit (SS-WS; gepunktete Linie) der Maskentänzer (Kachinas). Andererseits gibt es eine Opposition zwischen Winter (Kälte, „rituelle Zeit“, nächtliche Zeremonien, „männliche“ Inhalte wie Krieg) und Sommer (feuchte Zeit, Wachstum, „weibliche“ Werte des physischen Lebens). Die fünf genannten Monate fallen in den Winter (Kachina-Nachttänze), die fünf ungenannten bzw. wiederholten Monate in den Sommer. Die trockenste Periode des Jahres (April-Juni), die Aussaat, ist die Übergangszeit zwischen Winter und Sommer (Kachina-Tagtänze).

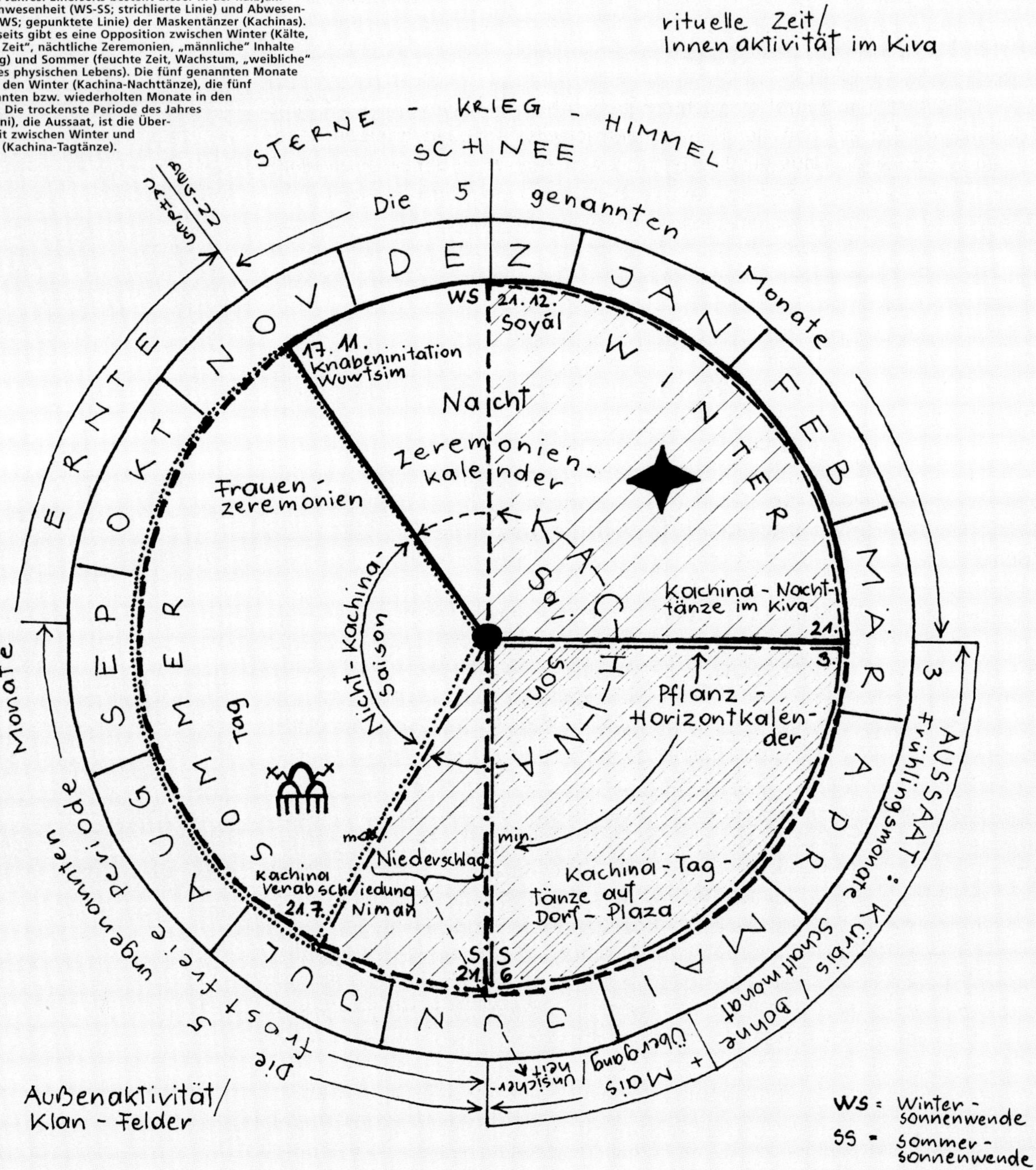

Die Lebenszeit des Einzelnen

Im Leben des einzelnen Hopi vollziehen sich mehrere rituell ausgestaltete Übergangsperioden, in der Ethnologie als Initiationen bekannt. Diese geschehen meist über den Beitritt zu einer der zahlreichen Zeremonialbünde der Hopi (z.B. Schlangenbund).

Das Leben eines Hopi im Zeitraffer: nach der *Geburt* hält sich der Säugling 20 Tage (zur Zählung werden auf den vier Hauswänden jeweils fünf Markierungen angebracht) im verdunkelten Haus der Mutter auf, weil er – wie die keimende Maispflanze – der ungeschützten Sonne nicht ausgesetzt werden darf. Darauf erfolgt die Namensgebung.

Im Kindesalter (8–10 Jahre) werden sämtliche Hopi auch heute noch in den Kachina-Bund initiiert, wobei sie deren Mythen, Tänze, Herkunft und ihre segensbringenden Kräfte kennenlernen.

Bei der *Heirat* webt die Familie des Ehemannes für seine Braut – die Hopi sind eine matrilineare Gesellschaft, wobei der Mann in den Klan und das Haus seiner Ehefrau einheiratet – ein Hochzeitskleid aus Baumwolle, das zugleich ihr *Toten*gewand sein wird: es trägt sie als weiße Wolke (Kachinas) in die andere Welt und dient als Sieb, das die heftigen Regenschauer über das Land verteilt.

Darüber hinaus gehört beinahe jede/r Hopi einem oder mehreren weiteren Bünden an bzw. organisiert die Zeremonien als (Priester/in), wonach ihn oder sie Klanzugehörigkeit, soziale Stellung und die Bekleidung politisch-ritueller Ämter verpflichten.

Am Tag des öffentlichen Tanzes der bedeutendsten Hopi-Zeremonie, *Soyàl*, der astronomisch datierten Wintersonnwende, wendet ein Priester mit Hilfe eines Schildes imitativ die Sonne, die immer weiter in den Süden zieht und droht, über den Rand der Welt zu stürzen und Dunkelheit und Kälte zu bringen. Dem Sonnenjüngling (*Taawa*) werden Gebetsstäbe offeriert: er soll bewogen werden, den Weg zurück in den Norden und in den Sommer, der Wärme und Wachstum verspricht, einzuschlagen.

Die grundsätzliche Dualität, die zwischen Winter (Kälte, Brache, tabuisierte Zeit der Geister und des Geschichtenerzählens, der nächtlichen Zeremonien, der Kriegsrituale und der damit verbundenen Beobachtung der Sterne und der Installierung des Ritualkalenders) und Sommer (Pflanzkalender um die Sommersonnwende, Wachstum, Wärme, Ernte, weibliche Initiationsfeiern) besteht, kommt in dieser Wende der Sonne am Horizont zum Ausdruck.

Andererseits besteht im Denken der Hopi eine ebenso wichtige Dualität zwischen Oberwelt (Welt der Menschen) und unterirdischer Welt (Verstorbene). Die Sonne erhebt sich während der Wintersonnwende mit Hilfe von Leitern metaphorisch aus der Unterwelt (Süden, Kälte, Winter) in die Oberwelt (Sommer). Zu dieser Nachzeitlichkeit (Brache – Aussaat – Ernte) gesellt sich die Gleichzeitigkeit bzw. Spiegelbildlichkeit der beiden Welten: während oben Sommer (August) ist, ist unten Winter (Februar) mit den entsprechend auszuführenden Zeremonien in beiden Welten. Ist unten Tag, ist oben Nacht und umgekehrt. Daher werden während einer wichtigen Zeremonie im Februar im vorgeheizten *kiva* Bohnen gepflanzt, einmal als Vorweg-

YOUNG MEN AND WOMEN PERFORM A BUTTERFLY DANCE.

nahme und gutes Omen für die Ernte im August, aber auch als Ausdruck der aktuellen Ernte in der Unterwelt.
Mit dieser Spiegelbildlichkeit hängt auch die eigentümliche Sequenz der Monate der Hopi (von Neumondsichel zu Neumondsichel) zusammen, die lediglich von November bis März einen eigentlichen Namen tragen. Die Sommermonate (Juni bis Oktober) werden wie die Wintermonate (mit Präfix Sommer) bzw. gar nicht benannt, weil sie gemäß dem dualen Denken und im Hinblick auf die umgekehrten Verhältnisse in der Unterwelt ident sind bzw. die sommerlichen Arbeiten auf dem Feld als Einheit betrachtet werden. Die verbleibenden zwei bis drei Frühjahrs-Monate zur Zeit der Aussaat schwanken, da zur zeitlichen Datierung weniger der Mond, sondern der Pflanzkalender mit den Horizontpunkten der aufgehenden Sonne beachtet wird.

Im Denken der Hopi sind Zeit und Raum nicht – wie bei uns – getrennte Kategorien. Das Beispiel der Sonnenauf- und -untergangspunkte während der Sonnwenden, die die Weltrichtungen bilden und – in prägnanterem Maße der Horizontkalender selbst – zeigen, daß Zeitpunkte letztlich Raumabschnitte am Horizont sind.

Darüber hinaus betrachten die Hopi die mythische, jährlich-zyklische und Lebens-Zeit des Einzelnen als organisches Ganzes. Die Ebene der mythischen Zeit dient der Vergegenwärtigung richtigen und guten Handelns als wahre Hopi, die zyklische Zeit des Jahreslaufs und ihre duale Konzipierung dem physischen Überleben als Pflanzer und der Kontinuität des Lebens überhaupt, während die dritte Ebene fortwährender Initiationen von Geburt bis über den Tod hinaus das soziale Gefüge beinhaltet, nach dem die Hopi als Teil der Dorfgemeinschaft im Ritual angemessen handeln: für das Gute aller, das mit reinem Herzen erbeten wird. In einer solchen Konzeption ist der Ausbruch aus dem sozialen Netz schwierig, was im Hinblick auf den westlich-individualistischen und an der Marktwirtschaft orientierten Lebensstil in den USA für die heutigen Hopi und ihre Zukunft das größte Konfliktpotential enthält.

FLORIE WELLS MIT VERWANDTEN UND IHREM BILD „BUSH BANANA"-DREAMING (S. KAT.NR. 5.8.)

DIE TRAUMZEIT BEI DEN ABORIGINES IN ZENTRALAUSTRALIEN

Während Sie diese Zeilen lesen, ist es in Lajamanu und Yuendumu – zwei Warlpiri-Gemeinden in Zentralaustralien – exakt 8 Stunden früher als in Wels / Zentraleuropa. Lesen Sie diese Zeilen zur Mittagszeit, so bricht dort gerade der Abend an, lesen Sie spät abends, so wird dort gerade gefrühstückt. Verfügen Sie über einen Internetzugang, dann spielt der Zeitunterschied keine so große Rolle mehr. Sie können direkt innerhalb einer Minute nach Lajamanu / Australien reisen: http://www.katherine-high.nt.edu.au/Lajamanucec/homesch.html.

Leben in Lajamanu und Yuendumu bedeutet heute, Leben in einem modernen, industrialisierten Staat mit seiner Hektik und seinen Terminen. Es bedeutet aber auch Leben mit der Geschichte der Ahnen – den Traumzeiterzählungen. Diese Mythen existieren viele Jahrhunderte, ja Jahrtausende länger, als die gerade 200jährige Kolonialgeschichte Australiens.

YUKURRUKURRU – HEILIGE-FRAUEN-TAFELN. DIE BEMALTEN HOLZTAFELN SIND DER URSPRÜNGLICHE RECHTSANSPRUCH DER WARLPIRI AUF IHR TRADITIONELLES LAND. SIE REPRÄSENTIEREN HIER DEN NGARRKA-TRAUM – DEN TRAUM DES INITIIERTEN MANNES.

Die Traumzeiterzählungen (Dreamings) beschreiben die Reisen der Vorfahren der Aborigines von Ort zu Ort. Sie erzählen, was die Schöpferfiguren taten, um der australischen Landschaft sein natürliches Aussehen zu geben. Die Mythen berichten im speziellen wie die Wasserlöcher, die Felsformationen und die Bäume entstanden sind. Gleichzeitig sind die Traumzeiterzählungen, die mythisches, aber menschliches Verhalten der Ahnenfiguren beschreiben, Gedächtnispläne für die räumliche Gliederung des Landes, die es ermöglichten, Wasserlöcher u.v.m. wiederzufinden. Diese Gedächtnispläne mit ihren lebensspendenden Erzählungen werden durch Initiations- und weiterführende Rituale an die jüngeren Mitglieder der Warlpiri-Gemeinschaften in Lajamanu, Yuendumu und anderen Siedlungen weitergegeben. Durch Teilnahme an den Ritualen erlernen und erleben junge Warlpiris, was die Traumzeit – das *Jukurrpa* oder Dreaming ist – nämlich Warlpiri Kultur und Gesetz. *Jukurrpa* ist die Zeit der Erschaffung der Welt, welche heute weiterexistiert, als ein ewig, immerwährend präsenter Körper in Liedern, Geschichten, Tänzen, Zeichen und Plätzen. Während das *Jukurrpa* universell ist, hat jede Person und jeder Platz auch sein jeweils eigenes Dreaming. Ein wichtiges zeremonielles und rituelles Ereignis, bei dem die Jugendlichen vieles über das *Jukurrpa* lernen, ist das *kurdiji*. Pubertierende Burschen werden beim *kurdiji* auf der ersten Stufe ihrer Erziehung zum „Warlpiri-Man" initiiert. Durch das *kurdiji*-Ritual werden auch Beziehungen zwischen verschiedenen Lokalgruppen neu geknüpft oder bestärkt. Aber nicht nur die Männer, sondern auch die Frauen haben ihre Rituale, die sie business (Geschäft/Handel) nennen. Sie treffen sich dazu im *jilimi*, einem Lager, zu dem den Männern der Zutritt versagt ist. Die Dreamings einiger Frauen aus Lajamanu sind beispielsweise das *Yankirri Jukurrpa*, der Emu-Traum, und das *Ngatijirri Jukurrpa*, der Grüne-Papageitraum. Dreamings werden nicht nur mit Worten erzählt, sondern auch durch Tanz und Gesang ausgedrückt und mittels Zeichen in den Sand (Sandzeichnungen und Bodenmosaike), auf rituelle Gegenstände (Klang- und Schwirrhölzer) und auf die menschlichen Körper (Bodypainting) geschrieben.

Wir bedienen uns für unsere europäische Geschichtsschreibung der lateinischen Buchstaben, die Warlpiri verwenden zum Festhalten ihrer Erzählungen verschiedene Variationen von Kreisen, Punkten und Linien. Diese werden von ihnen „numbers" (Nummern) genannt, je nachdem, wie diese Zeichen kombiniert werden, ergeben sich daraus unterschiedliche Wertigkeiten und Bedeutungen. Jede Schrift dient nur als Gedächtnisstütze für Geschichten, die erst durch lesende und wissende Menschen ihre Bedeutung erlangen. Reine Buchstaben bedeuten noch gar nichts! So wie die Zahlen und Zeiger einer Uhr ohne Betrachter keine Bedeutung haben!
Durch das Aufschreiben der Dreamings auf Sand und Körper, dem Singen und Tanzen wird die Lebenskraft des Dreamings auf die Körper der teilnehmenden Warlpiri übertragen – d. h. im Heute aktualisiert und verinnerlicht! Am Ende des Rituals werden diese Zeichnungen wieder zerstört, denn das permanente Medium der Dreamings ist das Gedächtnis. Die Aborigines brauchen keine Museen oder Bücher, um sich ihrer Tradition zu erinnern. Sozialer Wandel bringt Veränderungen mit sich und so können auch neue Dreamings, Tänze und Gesänge geträumt bzw. Dreamings und Rituale von anderen Stämmen übernommen werden. Dies war vor allem

JURNTU/PURLAPA – ÖFFENTLICHER TANZ DER MÄNNER. SINGENDE FRAUEN UND MÄNNER LEHREN BURSCHEN, DEN JURNTU-FEUER-TRAUM ZU TANZEN.

für die heutigen Bewohner von Lajamanu – benannt nach der heiligen Stätte des Mücken-Traumes – von Bedeutung, als sie 1949 von Yuendumu in dieses nicht traditionelle Warlpiri-Land zwangsumgesiedelt wurden. Im Gegensatz zu unserer chronologischen, aus einer bestimmten Perspektive erstellten Geschichtsschreibung (Herrschaftsgeschichte) werden geschichtliche Veränderungen von den betroffenen Aborigines-Gemeinschaften geträumt, diskutiert und ausgehandelt und dann in die „zeitlosen" Mythen integriert oder verworfen. Die Dreamings sind zwar uralt, aber immer zeitgerecht!

DAS KARTENSPIEL. DIE MODERNE ART, RESSOURCEN WIE DIE EINNAHMEN AUS ACRYLBILDERVERKÄUFEN UND BERGBAULIZENZEN ZU TEILEN.

Es ist der Rhythmus des sozialen Lebens, die Vielzahl der Alltagshandlungen und Rituale, der die Grundlage der Kategorie Zeit bildet. Eine Napaljarri-Frau, eine der 700 Bewohner von Lajamanu, verbringt einen Teil ihres Tages bei Traumzeit-Ritualen. Jeden Tag putzt sie die Schule und füttert ein Emu-Junges, daß sie aufzieht. Wenn sie Zeit dafür findet, malt sie Acrylbilder – den Grünen-Papageitraum und den *Karntawarranyungu*-Traum. Seit 1986 werden in Lajamanu Acrylbilder von Dreamings gemalt, die dann in Alice Springs, Darwin, Adelaide, Melbourne, Perth und Übersee verkauft werden. Es wird darauf geachtet, daß durch die Acrylmalerei keine geheimen Trauminhalte veröffentlicht werden. So kann ein Acrylbild nie als eins zu eins einer Traumzeiterzählung gelesen werden, sondern ist immer eine Übersetzung der Warlpiri-Kultur für ein westliches Publikum. Was passiert an einem ganz normalen Tag in Lajamanu noch? Die Kinder besuchen die Schule und lernen dort neben Warlpiri auch Englisch, Mathematik und andere westliche Kulturtechniken. In Yuendumu können sie bei der Warlpiri Media Association (Warlpiri Mediengesellschaft) auch das Herstellen von Videofilmen, den Umgang mit dem Internet, das Gitarre- oder Schlagzeugspielen u.v.m. erlernen. Die Männer und Frauen von Lajamanu schlendern herum, malen, machen ein Schläfchen, sehen sich Videos an oder spielen Karten. „Freizeit" gibt es genug. Der Mangel an bezahlten Arbeitsplätzen, schlechte Schulbildung und Diskriminierungen lassen die meisten Warlpiri erwerbslos bleiben. Ihres Landes beraubt, an fremde Orte zwangsumgesiedelt, leben die Warlpiri heute nicht mehr als Nomaden im Busch, sondern in festen Häusern an einem fixen Ort, und sind wie wir Europäer auf Kleidung und Produkte aus den Lebensmittelgeschäften angewiesen, die in Lajamanu fünfmal teurer sind als beispielsweise in Sydney. Reisen zu Ritual-Treffen, Mal-Treffen und Treffen mit Bergwerksgesellschaften sind ebenfalls notwendig. Daher brauchen sie Geld. Waren noch vor einigen Jahren die Kinderbeihilfe, das Arbeitslosengeld oder die staatliche Sozialhilfe hauptsächliche Geldquellen, so sind heute der Verkauf von selbstgemachten Acrylbildern und Einnahmen aus Bergbaulizenzen weitaus lukrativer. Gelegentliche Jagd nach Waranen und das Sammeln von *ngayaki* – wilden „Tomaten" – bessern den Speisezettel auf. Natürlich gibt es zu diesen beiden Naturgegebenheiten auch das dazugehörende Dreaming.

Das Leben und der Umgang mit der Traumzeit und den westlichen Zeitkonzepten faßte die Ethnologin Barbara Glowczewski in ihrem Buch „Träumer der Wüste" (1991) mit folgenden Worten zusammen: „Das Leben in Lajamanu, das ständig zwischen einem gewissen anhaltenden Einfluß der Stammesgesetze und einigen aufgepfropften Neuerungen technischer und bürokratischer Art hin und her schwankte, hatte etwas Surreales an sich. Die geographisch isolierte und raschen Veränderungen ausgesetzte Gemeinde erinnerte an einen kleinen Planeten, dessen Bewohner Tag für Tag Regeln erfinden müssen, um all das einzugliedern, was von außen auf sie einströmt. Diese Art unentwegtes Rollenspiel löst aber ganz und gar keine geschäftige Hektik aus, sondern läßt den Eindruck entstehen, die Warlpiri hätten es nie eilig und verbrächten ihr Leben mit Warten und ziellosem Herumschlendern. Das kann einem auf die Nerven gehen, läßt man sich aber tiefer auf das ein, worum es ihrem Stamm geht, so erweist sich dieses Leben als Kunst."

NEUIRLAND / PAPUA NEUGUINEA

„Am 25. Juni 1616 entdeckten die holländischen Seefahrer Le Maire und Schouten Neuirland", steht in Geschichtsbüchern geschrieben.

Wie wurde dieser Tag möglicherweise in Neuirland erlebt? „Die Sonne stand im Zenit, als ich das herannahende Schiff erblickte. Meine Schwester kam gerade vom Wasserholen zurück. Es war ein Tag während der Trockenzeit und das Meer ruhig, wie zu dieser Jahreszeit üblich. Seit dem letzten Malangganfest in Kavieng waren 7 Vollmonde vergangen. In zwei Tagen würde wieder Vollmond sein, und mit ihm die Palolowürmer auftauchen. Es gab Nahrung – Taro[1], Bananen, Sago[2] und Schweine – in Fülle, und in Kapsu fand eine Malangganfeier für Marambas Großmutter statt. Bis das Schiff seinen Anker auswarf, hatte ich 5 Taroknollen geschält."

Die europäische Geschichtsschreibung orientiert sich zur Bestimmung des Zeitpunktes der Ankunft der ersten Europäer auf Neuirland am gregorianischen Kalender, dessen Basis Sonne, Mond und der Beginn der Zeitrechnung – Christi Geburt – sind. Die Bewohner Neuirlands, die zu diesem Zeitpunkt noch nichts von Christi Geburt wußten, hätten mit der Zeitangabe 25. Juni 1616 absolut nichts anfangen können. Sonne (Sonnenuhr und -kalender), Mond (Lunarkalender), Regen- und Trockenzeit (Jahreszeiten), die Palolo-Würmer (Tierkalender), welche einen Jahreszeitenwechsel ankündigen, die Tätigkeit des Taroknollenschälen (Zeitmeßeinheit), das Wasserholen (periodische Tätigkeit, die den Tag gliedert) wurden in Neuirland als Zeitmeßsysteme zur Datierung von Ereignissen verwendet. In Kombination angewendet, ergaben diese Zeitmeßsysteme hochdifferenzierte präzise Kalender. Im Gegensatz zur Uhrzeit – der abstrakt mechanisch-physikalischen Zeit – orientierte sich die Zeitmessung der Neuirländer an Objekten wie Sonne und Landschaftsformen (= Horizontkalender), die nur genau dort in Neuirland so zu finden waren. Auch die Zeit, die für das Taroknollenschälen benötigt wird, variiert je nach Person, die diese Tätigkeit durchführt. Bei Zeitangaben, die sich an Tätigkeiten orientieren, werden kürzere oder längere Dauer mitbedacht. Solche Zeitangaben sind im Gegensatz zur Uhrzeit immer nur Circa-Angaben. Pünktlichkeit auf die Minute ist daher nicht möglich! D. h. zusammengefaßt, daß Zeitmessungen und Zeitrechnungen, die sich an Objekten und Tätigkeiten orientieren, an bestimmte Orte und eine bestimmte soziale Gruppe gebunden sind, sie sind Systemzeiten. Zu große individuelle Abweichungen von der Systemzeit werden – wie gleich zu lesen sein wird – durch Rituale vermieden.

Heutzutage verwenden Neuirländer und Neuirländerinnen neben den tradierten Zeitrechnungen ebenso wie wir Mitteleuropäer den gregorianischen Kalender und orientieren sich nach der Uhr, der Schulbesuch – vor drei Generationen eingeführt – und die Berufstätigkeit in der Industrie erfordern dies. Uhrzeit oder Kalendertag werden in industriellen Gesellschaften meist als Formalkategorien gesehen, die allen Menschen gleichermaßen vorgegeben sind. Im konkreten Erleben und Handeln jedoch kann Zeit vielerlei bedeuten. Dies zeigt sich zum einen in der Vorstellung davon, was Zeit ist; und zum anderen gibt es viele Möglichkeiten, mit Zeit umzugehen. Beide Aspekte – Zeitkonzept und Umgang mit Zeit – variieren von Kultur zu Kultur und innerhalb von Kulturen. Warum sind Zeitkonzepte und der Umgang mit Zeit kulturell oft so verschieden?

Säkulare oder religiöse Vorstellungen und soziales Handeln bestimmen die Zeitkonzepte und den Umgang mit der Zeit in einer Gesellschaft. Auf Basis der neuirländischen Mythen wird auch heute noch durch Alltagshandeln und Rituale das ortsgebundene ganzheitliche Zeitkonzept weitergegeben und verinnerlicht. NeuirländerInnen, die in der Hauptstadt Kavieng arbeiten und leben, kommen zu den Ritualen in ihre Dörfer zurück. Durch gemeinsames Handeln entwickeln und bestätigen sie soziales Zugehörigkeitsgefühl und ein verbindliches Zeitkonzept.
Der Alltag, Jahres- und Lebenszyklus der NeuirländerInnen wird durch viele verschiedene Rituale unterteilt, die sowohl christlichen als auch traditionellen Ursprungs sind: Am Anfang des Lebens steht heute auch in Neuirland meist die Taufe.
Noch vor 80 Jahren veranstalteten neuirländische Mütter beim ersten Gehen ihres Kindes ein Fest für die Frauen ihres Dorfes, „Essen für das Kind" genannt, bestehend aus Bananen, Taro, Fisch und einem Schwein. Man sagte dabei: „Der Mond läuft, das Kind läuft".

HÜTTE MIT TANZMASKEN. NÖRDLICHES NEUIRLAND UM 1900

Das Essen des Palolo-Wurmes und das Baden in Meerwasser erfüllt Kinder mit Lebenskraft. Der Palolo-Wurm, der nur einmal im Jahr Anfang Juli während der Sonnwende in einer Vollmondnacht an den Küsten auftaucht und dann in großen Körben gefangen wird, wird mit lebensspendenden Energien assoziiert. Am Tag nach dem nächtlichen Fang werden die Kinder an den Plätzen im Meer gebadet, an welchen der Palolo-Wurm gefangen wurde.
Werden heute die christliche Kommunion und Firmung gefeiert, so prägen weiterhin auch Pubertätsfeiern für Mädchen und Jungen diesen Lebensabschnitt. Mittels dieser Initiationsrituale werden beide Geschlechter auf ihre sozialen Aufgaben innerhalb der Dorfgemeinschaft und des Clans vorbereitet. Initiationsfeiern finden gleichzeitig mit Malangganfeiern statt.

Malangganfeiern sind besondere Rituale, die in Neuirland am Ende eines Menschenlebens stehen. Ein Malangganfest ist das letzte Fest innerhalb des neuirländischen Begräbniszyklus. Stirbt ein Mensch, so wird der Leichnam gewaschen, geschmückt und in einer dreitägigen Feier betrauert und bestattet. Meist Jahre später findet dann die Malangganfeier für einen oder mehrere Verstorbene gleichzeitig statt. Die für die Feiern angefertigten hölzernen Malangganskulpturen werden als „Haut" verstanden, welche den verwesten Körper der verstorbenen Person ersetzen und ein Behältnis für deren Lebensenergie darstellen. Diese Lebensenergie wird während des Festes auf die Hinterbliebenen übertragen. Die Verstorbenen bleiben Mitglied der Dorfgemeinschaft und des Clans, bekommen aber durch die Malangganfeiern ihren neuen sozialen Platz in der Ahnenreihe zugewiesen. Ihre bisherige soziale Rolle in der Gemeinschaft nehmen nun andere Personen ein. Die Nachkommen einigen sich bei der Malangganfeier über die Verteilung des Erbes (Grundbesitz/Prestige/Autorität) und das Recht über die Weiterverwendung von Malangganmustern. Das Recht auf Wiedergabe der Muster in Malangganskulpturen wird im zeremoniellen Austausch übertragen, welche die Ausstellung der Malangganskulpturen begleiten. Festgehalten und ausgedrückt werden erbrechtliche Vereinbarungen in hölzernen Skulpturen, durch Tänze und Gesänge. Daher ist auch die Herstellung von Malangganschnitzereien – Skulpturen und Masken – für jede Malangganfeier unerläßlich. Nicht mittels Alphabet und schwarzer Tinte auf Papier, sondern mit geschnitzten und farbigen Symbolen wird so auf Holz Geschichte geschrieben. Die verwendeten Schnitzmotive stammen aus der Mythologie. Es sind dies u.a. Nashornvogel, Dogonvogel, Eule, Fisch, Schwein, Adler, Fischadler, Hahn, Schlange. Die Malanggankunst stellt im weitesten Sinn ein Modell sozialer Unsterblichkeit dar. Als ein Modell eines sozialen Sich-Erinnerns spielt die Malanggankunst eine aktive Rolle in der Gestaltung und Legitimation intergenerationeller und gruppenübergreifender Beziehungen. Die Malangganschnitzereien sichern den Fortbestand der Geschichte unabhängig von alltäglichen Unsicherheiten, wie sie sich bei Hochzeit, Geburt und Tod manifestieren. Die Vergangenheit ist in der Skulptur eingekapselt, aber nicht vergessen – es ist eine interpretierte und konstruierte Vergangenheit.
Wie merken sich nun die Neuirländer die vielen Musterkombinationen, die manchmal erst in Intervallen von zwanzig oder dreißig Jahren reproduziert werden? Anhand von räumlichen Gegebenheiten (Bäume, Felsen...), die in der Mythologie

HOLZFIGUR. NEUIRLAND 1895, KAT.NR. 8.9.

SCHAUHÜTTE MIT SCHNITZWERKEN FÜR DAS „MALANGGAN“ GENANNTE TOTENFEST. NÖRDLICHES NEUIRLAND UM 1910 (?)

eine Rolle spielen, werden in einer Art Gedächtniskarte die Symbole und deren Geschichten wiedererinnert. Da dieses Wiedererinnern durch Menschen geschieht, die im hier und heute leben, unterliegen auch die Gedächtniskarten und die Mythologien einem sozialen Wandel. Geschehnisse in der Vergangenheit können in die Mythologie eingebunden oder aus dem sozialen Gedächtnis gestrichen werden. So findet sozialer Wandel Eingang in die Organisation von Raum und Zeit.

Wie wird nun schlußendlich der Zeitpunkt für eine Malangganfeier fixiert? Die Vorbereitungszeit für eine Malangganfeier kann bis zu zwei Jahre dauern. Die eigentliche Feier dauert dann rund eine Woche. Eine Malangganfeier bringt große Ausgaben mit sich. Nahrung und Unterkünfte für die Gäste regen die Wirtschaft an, indem große Mengen von Muschelgeld in Umlauf gebracht werden. Besucher, Malangganschnitzer und Tänzer müssen mit Speisen (Schweinefleisch, Bananen, Taro...) und Genußmittel (*Betel*) versorgt werden. Die Festbesucher sollten Zeit finden, um zur Feier kommen zu können. Den idealen Zeitraum zur Fixierung einer Malangganfeier stellt die Trockenzeit von Juni bis Oktober dar. Der genaue Zeitpunkt für den Beginn der Malangganfeier wird jeweils sozial ausgehandelt, während Christi Geburt auch in Neuirland immer am 24. Dezember gefeiert wird.

Konnten die Neuirländer bei der Ankunft von Le Maire und Schouten noch nichts mit dem Datum 25. Juni 1616 anfangen, so ist dies heute, wie wir gesehen haben, keineswegs mehr der Fall. Das christliche und industriell-säkulare Zeitkonzept sowie das neuirländische Zeitkonzept existieren neben- und miteinander, solange die jeweiligen Rituale gefeiert werden. Denn die Zeit entsteht, ist und vergeht nur durch menschliches Handeln.

ANMERKUNGEN

[1] stärkehaltige Knolle

[2] Stärkemehl aus Palmenmark

LITERATUR

Gingrich, Andre: Südwestarabische Sternenkalender. Eine ethnologische Studie zu Struktur, Kontext und regionalem Vergleich des tribalen Agrarkalenders der Munebbih im Jemen. Wiener Beiträge zur Ethnologie und Anthropologie Band 7. Wien: WUV Universitätsverlag 1994.

Gingrich, Andre: Erkundungen. Themen der ethnologischen Forschung. Wien: Böhlau 1999.

Glowczewski, Barbara: Träumer der Wüste. Leben mit den Ureinwohnern Australiens. Wien: Promedia 1991.

Johnson, Vivien: Aboriginal Artists of the western desert – A Biographical Dictionary. Roseville East: Craftsman House 1994.

Krämer, Augustin: Die Malanggane von Tombarra. 1925.

Küchler, Susanne: Malangan: art and memory in a Melanesian society (1987) In: MAN; Vol. 22, No.2, June 1987, pp. 238–255.

Kunze, Albert: Hopi und Kachina. Indianische Kultur im Wandel. München 1988.

Loftin, John D.: Religion und Hopi Life in the twentieth century. Bloomington, Indiana 1991.

Maletzke, Gerhard: Interkulturelle Kommunikation: zur Interaktion zwischen Menschen verschiedener Kulturen. Opladen: Westdt. Verlag 1996.

Malotki, Ekkehart: Hopi Time: a linguistic analysis of the temporal concepts in the Hopi language. Berlin – New York – Amsterdam 1983.

Meyer, Anthony: Oceanic Art. Köln: Könemann 1995.

Müller, Klaus E.: Zeitkonzepte in traditionellen Kulturen, in: Müller, Klaus E./Jörn Rüsen (Hg.), Historische Sinnbildung. Problemstellungen, Zeitkonzepte, Wahrnehmungshorizonte, Darstellungsstrategien. Reinbeck: Rowohlt 1997, S. 221–239.

Napaljarri, Peggy Rockman & Yimikirli: Warlpiri Dreamings and Histories, hg. v. Lee Cataldi. San Francisco: Harper Collins Publisher 1991.

Schlegel, Alice: Männliches und Weibliches im Denken und Handeln der Hopi, in: Arbeitsgruppe Ethnologie Wien (Hg.): Von fremden Frauen. Frausein und Geschlechterbeziehungen in nichtindustriellen Gesellschaften. Frankfurt a.M. 1989.

Stephen, Alexander M.: Hopi Journal; ed. by Elsie Clews Parsons; 2 Bde. Washington 1936.

Stöhr, Waldemar: Kunst und Kultur aus der Südsee. Sammlung Clansmeyer. Melanesien – Köln: Rautenstrauch-Jost-Museum für Völkerkunde 1987.

Taylor, Penny (Ed.): After 2000 Years. Photographic essays of Aboriginal and Island Australian Today. Cambridge: Cambridge Univ. Press 1988.

2 CHRONOLOGIE UND GEDÄCHTNIS

NAtürlicher kunst der Astronomei/ Des weitberümpten M. Johannen Kunigspergers/ kurtzer begriff. Von natürlichem influß der Gestirn/ Planeten/ vnd XII. Zeychen ꝛc. Was einem iedē dabei zuwissen fürderlich sei/ Sich also darnach in der Natur nötigen übungen zuhalten hab/ Mit einem beigelegten Kalender/ vnd was dazů dienlich/ nach anzeyg Registers dem Kalender nachgsetzt.

¶ Getruckt zů Straßburg/ Im M. D. XXIX. iar.

„Der Mensch ist der Träger der Geschichte"

(Theodor Schieder)

„All unsere Wahrnehmungen von uns selbst und der Welt werden über die Art vermittelt, wie wir uns Zeit vorstellen, wie wir sie erklären, benutzen, erfüllen"

„Jede Kultur hat ihre eigenen, einmaligen zeitlichen Fingerabdrücke. Ein Volk kennen, heißt, die Zeitwerte kennen, mit denen es lebt"

(Jeremy Rifkin)

Die Tatsache, daß Völker, Zivilisationen und Kulturen verschiedene Auffassungen von Zeit haben, die ihrerseits einer geschichtlichen Entwicklung unterliegen, ist unserer schnellebigen und mit geographischen Zeitzonen international genormten, modernen Welt nicht allgemein bewußt; sie sollte allerdings den Historikern vertraut sein. Aus verständlichen Gründen, vor allem wegen der umfangmäßigen Beschränkung, ist es jedoch auch hier nicht möglich, unser großes, universalkulturelles Thema in globaler Sicht zu behandeln. Und selbst bei Konzentration auf den abendländisch-christlich-europäischen Bereich müssen wir uns im folgenden mit dem Herausgreifen einiger Aspekte, Tendenzen und Beispiele begnügen.

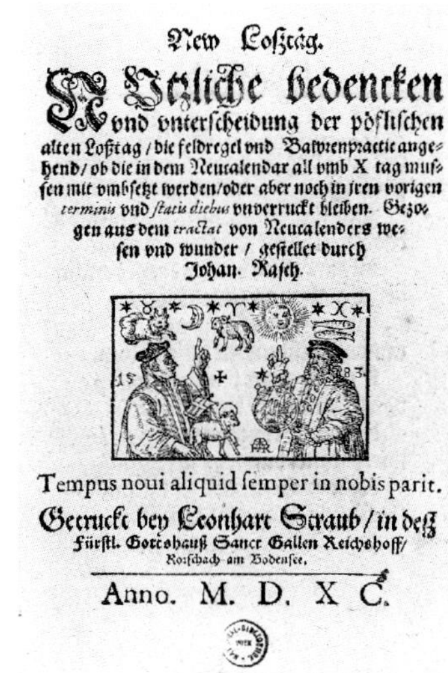
New Losztag.
Nützliche bedencken vnd vnterscheidung der pöflischen alten Loßtag / die feldregel vnd Bawrenpractic angehend / ob die in dem Neucalendar all vmb X tag müssen mit vmbsetzt werden / oder aber noch in jren vorigen terminis vnd statis diebus vnverruckt bleiben. Gezogen aus dem tractat von Neucalenders wesen vnd wunder / gestellet durch Johan. Rasch.
Tempus noui aliquid semper in nobis parit.
Getruckt bey Leonhart Straub / in deß Fürstl. Gottshauß Sanct Gallen Reichshoff / Rorschach am Bodensee.
Anno. M. D. X C.

NEW LOSZTAG. HOLZSCHNITT, DRUCKSCHRIFT, RORSCHACH 1590, KAT.NR. 10.2.8.

I.

Wenn man davon ausgeht, daß jeder Mensch Geschichte im Ablauf der Zeit erlebt, gestaltet und erleidet, so ist damit eine ganz persönliche Zeiterfahrung verbunden. In archaischen und weniger entwickelten Kulturen wurde und wird der Mensch zuvorderst auf die unterschiedlichen Rhythmen der Natur verwiesen, in erster Linie wohl auf die Entwicklung des menschlichen Lebens von der Geburt zum Tod, die in Fauna und Flora eine natürliche Parallele findet. Großen Eindruck auf die Menschen machten und machen aber auch die Gestirne, besonders die Sonne, die im Zusammenspiel mit den Bewegungen der Erdkugel den Rhythmus von Tag und Nacht sowie der Jahreszeiten bewirkt.

Für viele Menschen und Kulturen war und ist damit auch ein grundlegender Lebens- und Arbeitsrhythmus gegeben, der ebenso wie die Abfolge der Menschenalter (Generationen) gewisse, freilich nicht sehr genaue Möglichkeiten zur zeitlichen Einordnung von Ereignissen bietet. Voraussetzung dafür ist die Fähigkeit des menschlichen Gedächtnisses zur Erinnerung, durch die auch Ereignisse von besonderer Wirkkraft und Eindringlichkeit bei den betroffenen Menschen die Funktion von zeitlichen Fixierungspunkten bekommen können. Was auf diese Weise in wenig entwickelten Kulturen mühevoll einigermaßen geordnet werden kann, ist Erlebnisgeschichte.

Dieser auf das eigene Erleben beschränkte Zeithorizont kann jedoch durch die Erinnerung bzw. durch Erzählungen anderer Personen auf frühere Zeiten, vor dem eigenen bewußten Wahrnehmen, ausgeweitet werden. Für die so entstehende mündliche Tradition bietet sich innerhalb der Familie oder Sippe eine Zeitrechnung, nach der durch Eigennamen gekennzeichneten Generationenfolge Eltern – Großeltern – Urgroßeltern – Ahnen, geradezu an. Diese archaische Zeitrechnung nach Generationen wurde dadurch von der individuellen Geschichte der kleinen gesellschaftlichen Gruppierung auf die Ebene der „großen Politik" gehoben, daß alle Familien bzw. Sippen eines Stammes bzw. Volkes einen gemeinsamen Richter, Führer, Herzog oder König anerkannten, der entsprechend seiner höheren Stellung, seines höheren Ansehens und besonders seiner zumeist aus der Sphäre des Göttlichen hergeleiteten Abkunft auf eine viel bedeutendere Ahnenreihe verweisen konnte. Die Zeitrechnung nach Herrschern bzw. Herrschergeschlechtern war für alle Untertanen sowohl verständlich als auch verbindlich; sogar heute sprechen Historiker noch von der Zeit der Agilolfinger, Karolinger, Ottonen, Salier, Babenberger etc. Wenn man sich solcherart früher die Zeit als eine Kette von Menschengenerationen verdeutlichte, so bedeutete das auch, daß man sich der ständigen Bedrohung der menschlichen Existenz bewußt war, da nicht nur der einzelne Mensch starb, sondern auch die Sippen und Geschlechter vor dem Aussterben nicht gefeit waren. Schließlich kannte auch die sagenhafte Welt der germanischen Götter eine finale „Götterdämmerung".

Entwickelte abendländische Kulturen, für die Schriftlichkeit charakteristisch ist, haben neben der mündlichen Tradition von Mythen, Sagen und Geschichte zur Geschichtsschreibung und Geschichtsphilosophie gefunden. Während Homer die mythische Frühgeschichte noch ohne Zeitgefühl und ohne zeitliche Ordnung schilderte, wollten die griechischen „Väter der Geschichtsschreibung", Herodot und Thukydides, im 5. Jahrhundert v. Chr. bewußt die Vergangenheit in ihrem zeitlichen Rahmen erforschen, ordnen und darstellen, ersterer die Geschichte der vergangenen zwei Jahrhunderte, letzterer als eine Art Zeitgeschichtsschreiber die Geschichte des Peloponnesischen Krieges. Damit wären wir bei den Eigenheiten der europäischen Geschichtsschreibung, die hier natürlich nicht in ihrer ganzen Entwicklungsbreite dargelegt werden kann, sondern nur anhand ausgewählter Beispiele, ausgehend von dem Fragenkomplex, wie der Historiker mit der Dimension Zeit umgehen kann und soll.

II.

Theodor Schieder hat als erste Aufgabe der historischen Kritik das Datieren geschichtlicher Ereignisse, d. h. ihr Fixieren im Zeitablauf, genannt. Dazu bedarf es einer einheitlichen, möglichst genormten Zeitrechnung, die es vor dem Ende des 19. Jahrhunderts für unsere Welt nicht gegeben hat. Mit der Vielzahl der kulturell, regional, örtlich und zeitlich verschiedenen Zeitmessungs- und Datierungssysteme, die in den sogenannten Kalendern (abgeleitet von den lateinischen Kalenden, dem ersten Tag eines Monats) ihren Ausdruck gefunden haben, und ihrer Umrechnung beschäftigt sich eine eigene, früh entwickelte wissenschaftliche Disziplin, die heute als historische Hilfswissenschaft in Anspruch genommen wird, die Chronologie. Unser heute gebräuchlicher Kalender – wer weiß schon, daß gegenwärtig weltweit noch immer etwa 40 verschiedene Kalender im Gebrauch stehen? – geht auf den sogenannten Julianischen Kalender zurück, der von Julius Cäsar am 1. Januar 45 v. Chr. eingeführt und im Jahre 7 n. Chr. von Kaiser Augustus erstmals reformiert worden war. Die römische Zeitrechnung begann mit dem Jahr, an dem der Sage nach die Stadt Rom gegründet worden war, nach allgemeiner Übereinkunft 753 v. Chr. Danach wurden die Jahre „seit der Gründung der Stadt" (ab urbe condita) datiert. Demgegenüber gründete die griechische Zeitrechnung auf der älteren Epochenzählung seit der ersten Olympiade im Jahre 776 v. Chr., wobei man nach den im Abstand von vier Jahren veranstalteten Olympiaden datierte. Als gegen Ende des 4. Jahrhunderts Kaiser Theodosius den heidnischen römischen Festkalender durch den christlichen ersetzte, schuf er „die Voraussetzung dafür, daß die europäische Welt einen auf dem christlichen Jahr beruhenden einheitlichen Kalender besitzt, der den Bedürfnissen einer universalen Gesellschaft gerecht wird" (G. J. Whitrow). Die Idee, die Geburt Christi zur Grundlage der Zeitrechnung zu machen, stammt von dem gelehrten römischen Mönch Dionysius Exiguus (525), zum Durchbruch verholfen haben ihr jedoch erst die chronologischen und historiographischen Schriften seines angelsächsischen Standesgenossen Beda Venerabilis (gest. 735). Als zweiseitige Zählweise „vor und nach Christus" fand die christliche Zeitrechnung dann in der Neuzeit allgemeine Verbreitung. Sie ist bekanntlich trotz verschiedener Säkularisierungsversuche – z. B. „vor und nach unserer Zeitrechnung", „before present" – bis heute in Gebrauch.

Da der christliche Festkalender sowohl von der Sonne als auch vom Mond abhängt – z. B. seit dem Konzil von Nicäa (325) Feier des Osterfestes am Sonntag nach dem ersten Vollmond nach der Frühlings-Tagundnachtgleiche –, ergaben sich bei der Berechnung mancher Festtage nach dem Julianischen Kalender im Laufe der Zeit verschiedene zeitliche Abweichungen. Diese wurden 1582 durch die von Papst Gregor XIII. veranlaßte und nach ihm benannte Gregorianische Kalenderreform korrigiert, so daß der Frühjahrsbeginn auf den 21. März fiel. Außerdem wurden die Schaltjahre neu geregelt und der 1. Januar als Jahresbeginn festgesetzt. Dieser neue Kalender verbreitete sich mit Ausnahme der protestantischen Länder rasch in Europa. In der Folge wurden bezeichnenderweise im Zusammenhang mit revolutionären politischen Umwälzungen vereinzelte kurzfristige Versuche unternommen, völlig neuartige eigenständige Kalender einzuführen: 1790 ein französischer Revolutionskalender (bis 1806 in Gebrauch), 1922 eine faschistische Ära durch Benito Mussolini in Italien (bis 1943) und 1929 ein russischer Revolutionskalender durch Josef Stalin (bis 1940).

NEUER KALENDER (NATÜRLICHER KUNST DER ASTRONOMEI). STRASSBURG 1529, KAT.NR. 16.2.2.

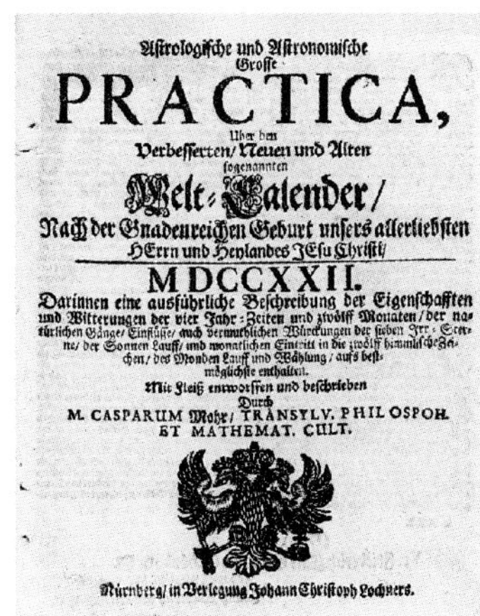

VERBESSERTER NEUER UND ALTER WELT-CALENDER. NÜRNBERG 1722, KAT.NR. 10.3.1.

III.

Theodor Schieder hat des weiteren betont, wie wichtig, aber auch wie problematisch das Messen der Dauer geschichtlicher Vorgänge für die historische Erkenntnis ist. „Die meisten Völker – wie primitiv sie auch sein mögen – verfügen über eine Methode der Zeitmessung und Zeitrechnung. Diese gründet sich entweder auf die in der Natur beobachteten periodischen Veränderungen von Klima, Flora und Fauna oder auf astronomische Phänomene, wie sie uns durch einfache Beobachtung der Gestirne bekannt sind" (G. J. Whitrow). So lassen sich Tag und Jahr durch Zählung wiederkehrender Naturerscheinungen messen, die Tageszeit ist aus der Position der Sonne zu ersehen und die Jahreszeit kann mit Hilfe der Auf- und Untergänge der Sterne ermittelt werden. Eine weitere natürliche Maßeinheit bilden die zyklischen Mondphasen (Monat), die sich allerdings nicht genau mit dem Sonnenjahr übereinstimmen lassen. Der Julianische Kalender teilte daher das Jahr willkürlich in zwölf Monate von unterschiedlich langer Dauer. Die Unterteilung von Tages- und Nachtzeit in je zwölf gleichlange Abschnitte geht auf die Ägypter zurück, die Untergliederung dieser 24 sogenannten Temporalstunden in 60 Minuten zu je 60 Sekunden auf hellenistische Astronomen.

Technische Geräte zum Messen der Zeit waren seit dem Altertum der einfache Schattenstab (Gnomon) der Griechen, die Sonnenuhr (erste öffentliche in Rom 263 v. Chr.) und die relativ komplizierte Wasseruhr (erste öffentliche in Rom 158 v. Chr.). Im Mittelalter kamen hinzu die mechanische Uhr, die gegen Ende des 13. Jahrhunderts erfunden worden sein dürfte, und im 14. Jahrhundert die Sanduhr, von denen erstere bis in unsere Zeit von größter Bedeutung für Gesellschaft und Zivilisation werden sollte. Während die mechanischen Zeitmesser anfangs nur die Zeit durch Glockenschläge verkündeten, bedeutete die Erfindung der Pendeluhr im 17. Jahrhundert den Durchbruch zur genauen Messung und Anzeige in Stunden, Minuten und Sekunden. Parallel zur technischen Weiterentwicklung wandelte sich der gesellschaftliche Einfluß der Uhren: aus den anfänglichen Kirchen- und öffentlichen Uhren des Spätmittelalters wurden allmählich auch Haus- bzw. Standuhren, dann tragbare Taschenuhren und schließlich im 20. Jahrhundert Armbanduhren. Die Uhren kamen den Menschen „im Laufe der Geschichte immer näher" (Robert Levine), gleichzeitig bestimmten sie in immer stärkerem Maße ihr Zeitgefühl und den Rhythmus ihres täglichen Lebens. Es ist jedoch nicht richtig, im Gegensatz dazu den Menschen des Mittelalters „eine gewaltige Gleichgültigkeit gegenüber der Zeit" (Marc Bloch) zu attestieren. Auch diese Menschen hatten in allen Gesellschaftsschichten bis hinunter zu den sogenannten einfachen Leuten ein ausgeprägtes Zeitgefühl und – wie Arnold Esch gezeigt hat – vor allem ganz persönliche Datengerüste (z. B. Heirat, Tod des Ehepartners, Niederkunft, Geburt und Tod der Kinder, Abschluß von Pachtverträgen, Dienst- und Amtsantritt etc.), wie etwa Zeugenaussagen und Verhörprotokolle beweisen. Hier sind aber beispielsweise ebenso zu nennen die auch der zeitlichen Orientierung dienenden Annalen (Jahrbücher) als spezifische Ausformung der mittelalterlichen Geschichtsschreibung. Nicht zuletzt müssen wir annehmen, daß die Angehörigen des christlichen Kulturkreises auf irgendeine Weise unter dem ständigen Druck der drohenden Endzeit des Jüngsten Gerichts gestanden sind. Daß jedoch generell der Alltag durch die mechanischen Uhren eine nachhaltige Disziplinierung und Beschleunigung erfahren hat, steht völlig außer Zweifel. Als erste entdeckten die spätmittelalterlichen Stadtbürger und Kaufleute die uns Heutigen geläufige Tatsache, daß Zeit Geld sein kann.

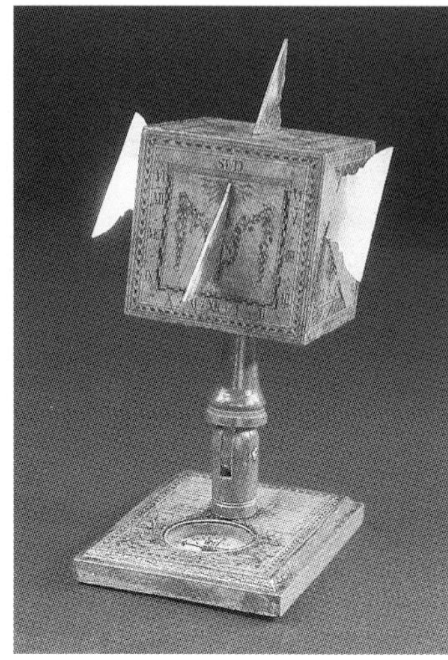

WÜRFELSONNENUHR, 18. JHDT., LINZ, OÖ. LANDESMUSEUM

IV.

„Historische Erkenntnis ist" – wie Theodor Schieder ausgeführt hat – „immer Unterscheidung geschichtlicher Einheiten im Zeitverlauf und gleichzeitig Zusammenfassung von Einzelerscheinungen zu geschichtlichen Einheiten in der Zeit". Dabei geht es nicht um die gleichmäßigen, rechnerisch bestimmten und wertneutralen Maßeinheiten unseres Zeitrechnungssystems Tag – Woche – Monat – Jahr, sondern um jene größeren „Zeiträume", die auf Urteil und Wertung der Historiker beruhen. In dieser Hinsicht bilden bereits die dem Dezimalsystem entspringenden Einheiten Jahrzehnt und Jahrhundert fließende Übergänge, werden sie doch nicht selten von Historikern charakterisierend verwendet, etwa im Sinne von „das Jahr-

LEBENSTREPPE „AUFF UND NIDERGANG DESS MÄNNLICHEN ALTERS". KÖLN, NACH 1650, KAT.NR. S 1.4.

LEBENSTREPPE „AUFF UND NIDERGANG DESS WEIBLICHEN ALTERS". KÖLN, UM 1650, KAT.NR. S 1.5.

zehnt / Jahrhundert des / der ..." oder z. B. „das 18. Jahrhundert" oder besonders „das dunkle (= 10.) Jahrhundert". Noch deutlicher wird das Problem historischer Periodisierung im Falle der Gliederung der Geschichte in Epochen (das Wort stammt aus dem Griechischen und bedeutet die Zeit zwischen Punkten des Anhaltens). Sie entstehen heute in der Regel durch Konvention der Historiker, die die Merkmale eines historischen Zeitabschnittes kritisch herausarbeiten und sich über die herausragenden Charakteristika bzw. die vorherrschenden Tendenzen in wissenschaftlicher Diskussion einigen. Daß es aber auch die wertneutralen Gliederungen z.B. nach Herrschergeschlechtern gibt, wurde bereits erwähnt. Geschichtliche Epochen sind letztlich Hilfskonstruktionen der Historiker, die das Verständnis der Geschichte erleichtern. Sie können kürzer (z. B. „Das Zeitalter des Dreißigjährigen Krieges") oder länger sein (z. B. „Das Zeitalter des Absolutismus") oder auch weltgeschichtliche Dimension haben. Wie in früheren Zeiten verschiedene Historiographen, Philosophen und Theologen die Weltgeschichte gegliedert haben, soll im folgenden eine kleine Auswahl andeuten.

So bezeichnete der Grieche Heraklit (um 500 v. Chr.) den Zeitraum zwischen Entstehung und Untergang bzw. Neuentstehung der Welt als das „große Jahr". Hesiod (um 700 v. Chr.) gliederte die Geschichte der Menschheit in fünf Epochen: die „goldene Rasse" unter der Herrschaft des Kronos, das Helden-, Silber-, Bronze- und Eisenzeitalter. Der christlich-römische Theologe und Geschichtsphilosoph Augustinus (354-430) unterschied in Parallele zu den sechs Schöpfungstagen der Bibel und den sechs Lebensaltersstufen des Menschen sechs Weltalter, deren letztes die Zeit von Christi Geburt bis zum Ende der Welt umfaßt. Der lateinische Kirchenlehrer Hieronymus und der Schriftsteller Orosius (5. Jh.) verwiesen gemäß dem Buch Daniel auf die Abfolge von vier Weltreichen: der Babylonier, der Meder und Perser, der Mazedonier und des Imperium Romanum. Im hohen Mittelalter erkannte die theologische Geschichtsdeutung des Joachim von Fiore (gest. 1202) drei Zeitalter bzw. „Reiche": des Vaters = des Alten Testamentes, des Sohnes = des Neuen Testamentes und des Hl. Geistes = des ewigen Evangeliums (ab der Mitte des 13. Jahrhunderts). Wenig später teilte der Franziskaner Bonaventura die Geschichte der Kirche in drei Abschnitte: die „erste" Zeit der Urkirche (Apostel und ihre Schüler), die „mittlere" Zeit (Kirchenväter und gelehrte Theologen) und die „letzte" Zeit (von Gott gesandte Bettelmönche). Und schließlich entstand gegen Ende des Mittelalters in der italienischen Renaissance jene Dreigliederung der abendländischen Geschichte, die den Begriff eines „mittleren Zeitalters" (medium aevum, media tempestas) hervorgebracht hat. Diese Dreiteilung in alte, mittelalterliche und neue Geschichte (Historia antiqua, medii aevi, nova) hat sich allerdings erst seit dem Ende des 17. Jahrhunderts durchgesetzt und wurde seither „zum Leitmodell der Großperiodisierungen der europäischen Geschichte, das – trotz mancherlei Einwänden – bis heute modifiziert die Vorstellungen beherrscht" (Ernst Voltmer). Das 1998 vollendete moderne Standardwerk „Lexikon des Mittelalters" erschließt beispielsweise den Zeitraum von ca. 300 n. Chr. bis um 1500, obwohl Anfang und Ende der mittelalterlichen Epoche in der Geschichtswissenschaft heftig diskutiert werden und man das Mittelalter heute verschiedentlich bis in das 18. und 19. Jahrhundert reichen läßt.

Aus der umfangreichen wissenschaftlichen Diskussion über die Problematik des traditionellen europäischen Periodisierungssystems mit Antike, Mittelalter und Neuzeit sei hier nur ein Aspekt herausgegriffen: die aktuelle Frage nach dem Ende der „Neuzeit", die ja als Epoche nicht unendlich dauern kann. Theodor Schieder hat darauf hingewiesen, daß sich hinter dem gebräuchlichen dreigliedrigen Prinzip „eine gewissermaßen säkularisierte Geschichtstheologie" verberge, da es „hinter der Neuzeit… eigentlich keinen neuen Welttag geben" könne. Dieses Problem hat die moderne Geschichtswissenschaft vorerst pragmatisch (und kurzfristig) dadurch gelöst, daß sie als jüngste Epoche die „Zeitgeschichte" eingeführt hat, die man in der Regel mit dem Jahr 1918 beginnen läßt. Das grundsätzliche Problem der geschichtlichen Weiterentwicklung in der Zeit wurde dadurch jedoch nur hinausgeschoben. Kein Wunder also, daß sich seiner die Kulturphilosophen angenommen haben, die entweder eine neue vierte Epoche als „Nach-Neuzeit" (Romano Guardini: Neuzeit = das Zeitalter der Persönlichkeit, Nach-Neuzeit = das Zeitalter der Person) bzw. „Postmoderne" oder überhaupt ein sogenanntes „Posthistoire" postuliert haben.

V.

Es zeigt sich also, daß es, um die verschiedenen Epochengliederungen richtig verstehen zu können, notwendig ist, die jeweils zugrundeliegende Vorstellung vom Gesamtverlauf der Geschichte, d.h. die Geschichtsauffassung bzw. -philosophie, zu kennen. Um das Jahr 40 v. Chr. faßte etwa der griechische Historiker Diodoros die antiken Anschauungen wie folgt zusammen: „Unter den hervorragendsten Gelehrten und Geschichtsschreibern sind bis heute zwei Vorstellungen vom Ursprung der Menschheit verbreitet. Die eine Schule, die von der Voraussetzung ausgeht, daß der Kosmos ungeworden und unvergänglich ist, erklärt, daß die menschliche Rasse schon immer existiert habe und daß es niemals eine Zeit gegeben habe, da sie neu erstanden sei. Die andere Schule, die an die Erschaffung des Kosmos und seine mögliche Vernichtung glaubt, postuliert, daß auch der Mensch erst zu einem bestimmten Zeitpunkt erschaffen worden sei". Heute unterscheidet man in der abendländischen Geistesgeschichte ebenfalls zwei grundsätzliche Konzeptionen vom zeitlichen Ablauf der Geschichte: die antike Ansicht von der ewigen Wiederkehr des Gleichen, die zur zyklischen Vorstellung von Aufstieg, Höhe und Verfall weiterentwickelt wurde, und die lineare, zielgerichtete Zeitidee des Christentums, die in dem begrenzten Zeitraum zwischen der Erschaffung der Welt durch Gott und deren Untergang am Tag des Jüngsten Gerichts die Verwirklichung des göttlichen Heilsplanes sieht. Dazu kommen die verschiedenen Zeitkonzepte der modernen Naturwissenschaften und der modernen Philosophie, die beim heutigen Wissensstand noch kein einheitliches Bild ergeben.

Die christliche Weltzeit wird zwar durch die Geburt und den Tod Christi grundlegend zweigeteilt, läßt aber in ihrem Gesamtverlauf durchaus verschiedene Deutungsmuster zu. So etwa die pessimistische Sicht vom Altern der Menschheit im Laufe von sechs Weltaltern bei Augustinus oder das fortschrittsgläubige Geschichtsbewußtsein Joachims von Fiore, der in der Entwicklung der drei Reiche Gottvaters, des Sohnes und des Hl. Geistes einen Aufstieg von Furcht und Knechtschaft über Glaube und

Gehorsam zum Höhepunkt der Geschichte in Liebe, Freude und Freiheit sah. Besondere Bedeutung gewann im Mittelalter das Konzept des Hieronymus und des Orosius von der Abfolge der vier Weltreiche, da man das letzte, das Imperium Romanum, fiktiv auf das Kaisertum Karls des Großen und seiner fränkisch-deutschen Nachfolger ausweitete (translatio imperii). In der Neuzeit traten unter dem Einfluß der Astronomie wieder zyklische Geschichtsauffassungen in den Vordergrund, die im 17. Jahrhundert in eine mechanistische Naturkonzeption von einem uhrwerksähnlichen Universum mündeten. Mit der Aufklärung gewann der moderne Fortschrittsgedanke Oberhand – z. B. sah Antoine Condorcet einen Aufstieg der Menschheit in zehn Etappen von der Primitivität zur Herrschaft der Wissenschafter, wobei er sich selbst und seine Zeit in den 9. Abschnitt einordnete, aber in der Folge sind auch Hegels Idealismus und der Sozialismus von Karl Marx als „säkularisierte Erlösungslehren" zu erwähnen.
Gewaltige Auswirkungen auf das Geschichtsbewußtsein erbrachte der rasante Fortschritt der Naturwissenschaften seit dem 19. Jahrhundert. Charles Darwins Evolutionstheorie verstärkte nicht nur die Auffassung von der linearen Ausrichtung der Zeit, sondern mutete seinen Zeitgenossen auch eine ungeheure Ausweitung des Zeithorizontes zu. Hatte man seit dem Mittelalter auf Grund der Angaben des Alten Testamentes ein Alter der Welt vor Christi Geburt von wenigen tausend Jahren errechnet (z.B. Eusebios von Cäsarea 5198 Jahre, Beda Venerabilis 3952 Jahre), so waren die Schätzungen seit dem 17. Jahrhundert, vor allem als Folge geologischer Erkenntnisse, beträchtlich erhöht worden (z.B. Buffon 75.000 Jahre, Diderot Jahrmillionen), erreichten durch Darwin aber ein Ausmaß von hunderten Millionen Jahren. Die moderne Atomphysik bietet dagegen bekanntlich einen noch viel größeren zeitlichen Rahmen; das Alter der Erde und der Sonne wird heute auf 4,5 bis 5 Milliarden Jahre geschätzt, das unserer Galaxie auf 10 bis 16 Milliarden Jahre und dasjenige des Universums auf 10 bis 20 Milliarden Jahre seit dem sogenannten „Urknall", um nur das bekannteste der bisher formulierten theoretischen Modelle zu nennen. Innerhalb dieser Zeiträume mutet die Geschichte der Gattung Mensch mit einer Spanne von über 4 Millionen Jahren geradezu winzig an.

DER KOMET, WELTUNTERGANGS-KALENDER. WIEN 1857, KAT.NR. 10.7.1.

VI.

Natürlich hat man schon in früherer Zeit verschiedentlich versucht, auch den Zeitpunkt des Weltunterganges vorherzusagen oder zu berechnen, der nach christlichem Glauben von Gott bestimmt ist. Diesbezügliche Erwartungen vieler Menschen in den als besondere Epochenjahre empfundenen Jahren 1000 und 1500 – ähnliche Verhaltensweisen kleiner Gruppen zeichnen sich auch im Hinblick auf das Jahr 2000 ab – haben sich jedenfalls ebensowenig erfüllt wie viele andere Prophezeiungen. Uns Heutigen bietet jedoch die moderne Astrophysik, die uns unter anderem lehrt, daß Zeit nicht absolut ist, daß sich das Universum ständig ausdehnt, daß die Raumzeit gekrümmt ist und daß es im Weltall zeitlose „Schwarze Löcher" gibt, dadurch eine ungefähre Vorstellung vom möglichen Ende des Zeithorizonts, daß sie ein Erlöschen der Sonne in etwa 5 bis 10 Milliarden Jahren annimmt. Dies würde auch das Ende der Welt bedeuten. Doch wie immer die Entwicklung des Universums verlaufen wird, ob so lange auf der Erde Leben und insbesondere menschliches Leben

existieren wird, erscheint aus heutiger Sicht fraglich. Das Aussterben der Menschheit hätte jedenfalls auch ein Ende der Geschichte zur Folge.
Von diesem Ende unterscheidet sich das von einer Reihe moderner Kulturphilosophen seit den siebziger Jahren unseres Jahrhunderts propagierte „Ende der Geschichte" grundsätzlich deshalb, weil dieses kein Ende der Welt, sondern ein „Ende vom Sinn" meint. „Das Ende der Geschichte als Posthistoire bedeutet, daß der historische Prozeß zivilisatorischer oder kultureller Änderungen bzw. Fortschritte zu Ende und die Periode qualitativer Wandlungen zugunsten einer zukunftslosen Sicherung des Erreichten abgeschlossen ist" (Georg Essen). Besondere Beachtung hat zuletzt Francis Fukuyama (1989 und 1991/92) gefunden, weil er seine umstrittene These vom Ende der Geschichte mit dem Zusammenbruch des Kommunismus bzw. des real existierenden Sozialismus verbunden hat. „Die Vorstellung, daß die menschliche Geschichte dann ihr Ende erreicht habe, wenn es keine Alternativen mehr zum gegenwärtigen politischen und ökonomischen System gibt", ist allerdings nach Ansicht von Jürgen Moltmann ein Fehlschluß. Oder wie jüngst Roman Sandgruber in einem Essay bemerkt hat: Das Ende des Kalten Krieges bedeutete nicht das Ende der Geschichte, sondern vielmehr deren Rückkehr mit einer Vielzahl bereits überwunden geglaubter Probleme.

VII.

Wenn man die globale Geschichte der Menschheit und die verschiedenen neben- und nacheinander existierenden, sich unterschiedlich schnell entwickelnden Kulturen bedenkt, ist es nicht zuletzt unter dem Einfluß des vorherrschenden eurozentrischen Weltbildes auch in unserer „vernetzten" Zivilisation noch schwierig, sich einen einzigen historischen „Strom der Geschichte" vorzustellen. Theodor Schieder hat deshalb gezweifelt, „ob es möglich sein wird, ... einen für alle Völker gemeinsamen Rahmen geschichtlichen Selbstverständnisses auch wissenschaftlich-empirisch zu schaffen". Im Hinblick auf die Zeit hat man gerade im Falle der Kulturen – Geschichtsdenker wie Oswald Spengler und Arnold Toynbee sahen in ihnen Organismen, die wachsen, aufblühen und untergehen – das Phänomen der „Gleichzeitigkeit des Ungleichzeitigen" (Hans Freyer) entdeckt. „Heute gilt als communis opinio, daß – entgegen der Vorstellung von ihrem Wesen nach voneinander abgrenzbaren Groß-Epochen – der Gang der Geschichte für die verschiedensten Lebensbereiche nur in einer Vielzahl von Bewegungen und Prozessen mit unterschiedlichen Geschwindigkeiten und Rhythmen, Phasenverschiebungen und Interferenzen begriffen werden kann, dem nicht mehr mit einem banalen Dreierschema, sondern nur noch mit ‚multipler Periodisierung' beizukommen ist" (Ernst Voltmer).

Abschließend sei noch ein weiteres fundamentales Zeitproblem aus der Werkstatt des Historikers kurz angesprochen, nämlich das der historischen Perspektive, dessen die Geschichtsforschung vor dem 18. Jahrhundert nicht gewahr worden ist. Das Bewußtsein der Zeitgebundenheit seiner Arbeitsweise und seiner Erkenntnisse muß jedoch den Historiker nicht beunruhigen, da er „schließlich von den Impulsen (lebt), die er aus seiner Gegenwart erhält; erst die Zeitbedingtheit gibt ihm die

Chance und die Aufgabe, Geschichte immer wieder neu zu schreiben" (Ernst Voltmer). In jedem Falle hat er aber, wie Arnold Esch formulierte, seine Verpflichtung ernstzunehmen, „die Menschen erst aus der Nähe zu verstehen, bevor er sie aus der Ferne beurteilt".

LITERATUR

Borst, Arno, Computus. Zeit und Zahl in der Geschichte Europas (Kleine Kulturwissenschaftliche Bibliothek 28, 1990).

derselbe, Die karolingische Kalenderreform (Schriften der Monumenta Germaniae Historica 46, Hannover 1998) bes. 1-99.

Dux, Günter, Die Zeit in der Geschichte. Ihre Entwicklungslogik vom Mythos zur Weltzeit (Suhrkamp-Taschenbuch Wissenschaft 1025, Frankfurt am Main 1992).

Esch, Arnold, Zeitalter und Menschenalter. Die Perspektiven historischer Periodisierung, in: Historische Zeitschrift 239 (1984) 309ff.

Essen, Georg, „Posthistoire" als Herausforderung für die Theologie, in: Orientierung 62 (1998) 190ff.

F., L., Das Jahr 2000 und die Zeitrechnung. Eine Auswahl der Kalender der Welt, in: INSAR – Information Summary on Archives 6 (1998/99) 6f.

Grotefend, H. – Ulrich, Th., Taschenbuch der Zeitrechnung des deutschen Mittelalters und der Neuzeit (Hannover 1991[13]).

Gurjewitsch, Aaron J., Das Weltbild des mittelalterlichen Menschen. München 1986[3]. 98ff.

Haeusler, Martin, Das Ende der Geschichte in der mittelalterlichen Weltchronistik (Beihefte zum Archiv für Kulturgeschichte 13, Köln – Wien 1980).

Hawking, Stephen W., Eine kurze Geschichte der Zeit. Die Suche nach der Urkraft des Universums (rororo science 8850, Reinbek bei Hamburg 1991).

Jahrhundertwenden – Endzeit- und Zukunftsvorstellungen vom 15. bis zum 20. Jahrhundert, hg. v. Manfred Jakubowski-Tiessen – Hartmut Lehmann – Johannes Schilling – Reinhart Staats (Veröffentlichungen des Max-Planck-Instituts für Geschichte 155, Göttingen 1999).

Koselleck, Reinhart, Vergangene Zukunft. Zur Semantik geschichtlicher Zeiten (Suhrkamp-Taschenbuch Wissenschaft 757, Frankfurt am Main 1989).

Levine, Robert, Eine Landkarte der Zeit. Wie Kulturen mit Zeit umgehen. München – Zürich 1998[2].

Moltmann, Jürgen, Ende der Utopie – Ende der Geschichte?, in: Orientierung 58 (1994) 98

Rifkin, Jeremy, Uhrwerk Universum. München 1988.

Sandbothe, Mike, Die Verzeitlichung der Zeit. Grundtendenzen der modernen Zeitdebatte in Philosophie und Wissenschaft. Darmstadt 1998.

Schieder, Theodor, Geschichte als Wissenschaft. Eine Einführung. München – Wien 1968[2].

Voltmer, Ernst, Das Mittelalter oder wie die Gegenwart sich ein Bild von der Vergangenheit macht ..., in: Herrschaft, Kirche, Kultur. Beiträge zur Geschichte des Mittelalters. Festschrift für Friedrich Prinz zu seinem 65. Geburtstag, hg. v. Georg Jenal unter Mitarbeit von Stephanie Haarländer (Monographien zur Geschichte des Mittelalters 37, Stuttgart 1993) 553ff.

Weyembergh, Maurice, Das Ende der Geschichte in heutiger Sicht, 2 Teile, in: Orientierung 60 (1996) 197ff. und 209ff.

Whitrow, G. J., Die Erfindung der Zeit. Hamburg 1991.

ZEIT DER KLÖSTER – ZEIT DER STÄDTE

GERHARD DOHRN-VAN ROSSUM

Die mittelalterlichen Klöster gelten seit langem als Orte von Pionierinnovationen auf dem Gebiet der modernen Zeitorganisation und der Zeitmessung. Für die Entwicklungsgeschichte der Verhaltensformen der modernen Industriegesellschaften gilt das monastische Leben als Einübung in Regelhaftigkeit, Askese und Disziplin. Autoritatives Vorbild aller Mönchsregeln in der lateinischen Christenheit war seit dem 9. Jahrhundert die Regel des Hl. Benedikt. Sie ordnet die Führung eines gemeinschaftlichen gottgeweihten Lebens in Demut und Gehorsam. Unter der Anleitung und dem Befehl des Abts lebten die Mönche weitgehend abgeschlossen von der meist ländlichen Umwelt unter Verzicht auf die Verfolgung von Eigeninteressen, auf persönliches Eigentum und auf persönliche Zeitverfügung. Die Regel gliedert die Zeit im Kloster liturgisch und unterscheidet neben den Jahreszeiten und den Fastenzeiten, die Monate, die Wochentage und die Tagesstunden. Das Jahr ist die größte Zeiteinheit; nach seinem Ablauf beginnt ein neuer Zyklus.

Nach der Regel ist der Tag die zentrale Gliederungseinheit. Er ist nahezu lückenlos eingeteilt in Gottesdienste, Meditation, Lesungen, Arbeit, Mahlzeiten und Schlafperioden. Gemäß dem Psalmvers „Siebenmal am Tag singe ich dein Lob" ist der Tag, und gemäß dem Vers „Um Mitternacht stehe ich auf, um dir zu lobsingen" ist die Nacht gegliedert. Die Dauer der drei Hauptteile des Tages (Gottesdienst und Lesung, Arbeit, Schlaf) beträgt im Jahresdurchschnitt jeweils etwa sieben moderne Stunden. Die klösterliche Zeitordnung sollte sich von der Zeit der Welt unterscheiden, Kloster und Außenwelt trennen, und insofern war ein anderes Zeitbewußtsein im Kloster gleichsam Programm. Auch wenn sich in Einzelheiten alltagspraktische Parallelen zur umgebenden Agrargesellschaft erkennen lassen, die Unterschiede bleiben deutlich genug. Gleichförmigkeit und Redundanz in bezug auf Jahr und Tag und der kollektive Lebensvollzug erzeugten eine besondere Rationalität und erforderten eine besondere Disziplin, mit der vor allem jegliche Muße vermieden werden sollte. Die Kirche hatte früh die römische Tagesteilung mit der doppelten Folge von je zwölf Tages- und Nachstunden, deren Dauer mit der Jahreszeit wechselte (Temporalstunden), übernommen und die Liturgie der Gebetszeiten entsprechend gestaltet. Daneben benutzte die antike Astronomie auch die gleichlangen Stunden als vierundzwanzigsten Teil des Volltages (Äquinoktialstunden). Für das tägliche Leben spielte diese Teilung aber keine Rolle. Die Gebetszeiten richteten sich nach den vier Hauptabschnitten des Tages. Diese Anordnung lag nahe, da im Neuen Testament mit wenigen Ausnahmen nur die dritte, die sechste und die neunte Tagesstunde und der Sonnenauf- und -untergang als Tageszeitangaben benutzt werden. Als vorgeschriebene Gebetssequenz wurden Matutin, Prim, Terz, Sext, Non, Vesper, Komplet auch als kanonische Stunden (Horen) bezeichnet. Während des Mittelalters wurden die Hauptgebetszeiten auch von den Glocken der Kirchtürme in den Städten signalisiert und so bestimmte das Horengeläut auch den städtischen Lebensrhythmus. Die Gebetsstunden waren allerdings nicht strikt an die Tagesstunden gebunden. Tagesstunden und die nach ihnen benannten Gebete bzw. Offizien konnten zeitlich auseinanderdriften. So ist z. B. die Non während des Mittelalters vom Nachmittag an den Mittagspunkt gerückt und hat die Sext faktisch verdrängt. Bei aller Dichte kommt die Regelung des klösterlichen Tageslaufs mit erstaunlich wenigen Zeitan-

KALENDER DES JOHANNES VON GMUNDEN, HOLZSCHNITT, 1442, KAT.NRR. 10.1.5./6.

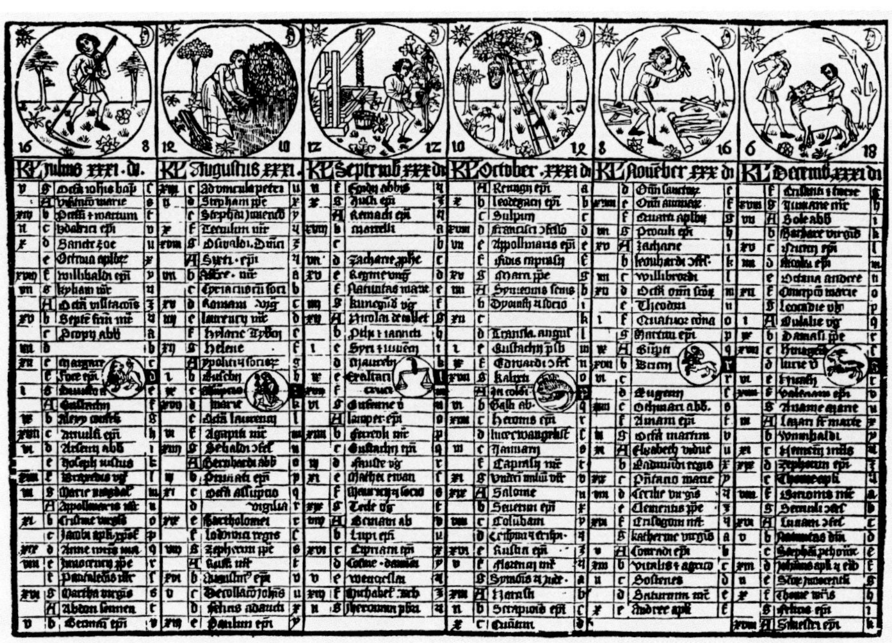

gaben aus. Der Beginn der Offizien wird nicht an einen Zeitpunkt, sondern an ein Signal gebunden. Die Dauer der Offizien ist nicht durch eine Frist, sondern durch die vorgeschriebenen liturgischen Elemente bestimmt. Die übrigen Elemente des Tages werden zeitlich angeschlossen oder in verbleibende Zwischenräume gelegt. Dabei kommt es weniger auf bestimmte Zeitpunkte, wohl aber auf die vorgeschriebene Reihenfolge an. Von der Offizien- bzw. Horensequenz unabhängige Zeitangaben mit Temporalstunden tauchen im Regeltext nur an zwei Stellen auf, bei der nächtlichen Weckzeit im Winter und bei der Regelung der Arbeitszeiten. Die Regel mahnt zwar ständig zur gemeinsamen und pünktlichen Befolgung ihrer zeitlichen Vorschriften. Sie sieht außerdem ein besonderes Amt für die Beobachtung und Tageszeit und die Anzeige der Gebetszeiten vor. Aber die implizierte Pünktlichkeitsvorstellung ist von der modernen Vorstellung ganz verschieden. Der Tagesrhythmus wird im Interesse des gemeinsamen Vollzugs elastisch gestaltet. Ist der Weckzeitpunkt versäumt worden, wird die Liturgie der Vigilien verkürzt. Um Zuspätkommenden den Anschluß zu ermöglichen, wird der zweite Psalm der Vigilien sehr langsam und mit Pausen gesungen. Unpünktlichkeit wird zwar geahndet, aber nicht als Versäumnis abstrakter Zeitpunkte, sondern als Verstoß gegen die Einfügung in den kollektiven Verhaltensrhythmus.

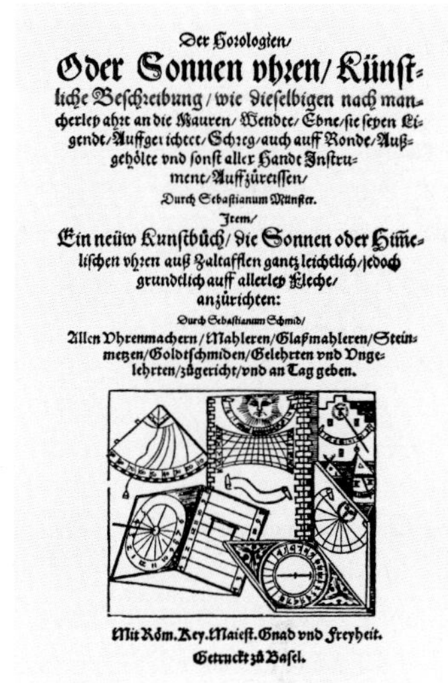
Der Horologien/
Oder Sonnen vhren/ Künstliche Beschreibung/ wie dieselbigen nach mancherley ahrt an die Mauren/ Wendte/ Ebne/ sie seyen Ligendt/ Auffgerichtet/ Schreg/ auch auff Ronde/ Außgehölte vnd sonst aller Handt Instrument/ Auffzureissen/
Durch Sebastianum Münster.
Item/
Ein neüw Kunstbůch/ die Sonnen oder Himmelischen vhren auß Zaltafflen gantz leichtlich/ jedoch grundtlich auff allerley Fleche/ anzůrichten:
Durch Sebastianum Schmid/
Allen Vhrenmachern/ Mahleren/ Glaßmahleren/ Steinmetzen/ Goldtschmiden/ Gelehrten vnd Vngelehrten/ zůgericht/ vnd an Tag geben.
Mit Röm. Key. Maiest. Gnad vnd Freyheit.
Getruckt zů Basel.

VERSCHIEDENE SONNENUHREN. HOLZSCHNITT, BASEL 1579, KAT.NR. 26.1.1.

Die regelgerechte Befolgung der klösterlichen Zeitordnung hängt an zwei kritischen Zeitpunkten, die sich ohne ganz spezielle Vorkehrungen nicht ermitteln lassen. Der Festzyklus des Kirchenjahres ist an den beweglichen Ostertermin gekoppelt, den die Christenheit einheitlich begehen wollte. Dieser wiederum ist an einen astronomischen Zyklus gebunden und ließ sich bis zur kalendarischen Festlegung des Termins für die Gesamtkirche nur durch Beobachtungen und Berechnungen ermitteln. Der andere nur für die monastische Zeit kritische Punkt ist der Beginn der nächtlichen Vigilien, der möglichst nahe an Mitternacht liegen sollte, aber doch so, daß die Mönche ausreichend schlafen konnten. Im Sommer mußten die Vigilien so beendet werden, daß die Matutin mit der Dämmerung beginnen konnte. Für die Winterperiode schreibt die Benediktsregel vor, daß die Ruhe der Mönche etwas länger als die halbe Nacht dauern und daß die Mönche zur achten Stunde der Nacht aufstehen sollten. Dieser und nur dieser Zeitpunkt hat den Kommentatoren viel Kopfzerbrechen gemacht. Hat Benedikt den Anfang, den Beginn oder irgendeinen Zeitpunkt während der achten Stunde gemeint? Wie läßt sich die achte Stunde nachts ermitteln? In den großen gelehrten Kommentaren galt gerade diese Stelle als dunkel, schwierig und kaum befriedigend auszulegen. Bis zum Ende des Spätmittelalters tauchen nur bei der Erläuterung dieser Stelle und bei den Ausführungen zu den Pflichten des Sakristans klösterliche Uhren („horologia", d. h. Zeitmeßvorrichtungen in einem weiten Sinn) auf. Zur Ermittlung dieses Zeitpunkts achteten die Sakristane oder Küster seit der Spätantike auf den Hahnenschrei und auf den gestirnten Himmel, teils mit, teils ohne Beobachtungsgerät, wie das seit dem 11. Jahrhundert aus dem islamischen Raum übernommene Astrolab. Sie zählten die seit Beginn der Dunkelheit gebeteten Psalmen, ließen genau gewogene Kerzen abbrennen oder benutzten die von römischen Gerichten und Militärlagern bekannten einfachen Auslaufwasseruhren (Klepsydren). Während des Tages wurden primitive Sonnen-

ASTROLABIUM. LINZ, ELIAS VON LENNEP, 1680/90, KAT.NR. 16.1.1.

uhren unterschiedlicher Art beobachtet. Daß im Mittelalter auch schon Sanduhren bekannt waren, ist dagegen ein verbreiteter Irrtum. Alle diese meist primitiven, aber durchaus zweckentsprechenden Zeitmeßvorrichtungen wurden „Uhr" (horologium/ Stundenweiser, Stundennehmer) genannt, und das macht, weil dieser Allgemeinbegriff technische Änderungen eher überdeckt und Überreste nicht vorhanden sind, die Verfolgung des technischen Wandels schwierig.

Kontinuierlich mehren sich nun seit der Jahrtausendwende die Hinweise, daß in den Klöstern an der Verbesserung der antiken, teilweise auch aus der islamischen Überlieferung bekannten Wasseruhrentechnik gearbeitet wurde. Durch Überlaufgefäße wurde der Wasserfluß verstetigt; mit Hilfe von Schwimmern, Rollen, Seilen und Gewichten wurden Wecksignale akustisch ausgelöst und wohl auch Zifferblätter und Zeiger bewegt. Im 13. Jahrhundert werden die klösterlichen Wasseruhren zahlreicher, größer, schwerer und aufwendiger ausgestattet. Das Wecksignal wurde auf eine Glocke gegeben, auf einer Glocke repetiert – das kennt man heute noch als Weckerrasseln – oder mit einem Glockenspiel mit einer einfachen Melodie verbunden. Alle diese als Wecker und kaum zur kontinuierlichen Zeitbeobachtung gebrauchten klösterlichen Wasseruhren waren technisch anfällig, notorisch unzuverlässig und schwierig zu regulieren. Am Ende des 13. Jahrhunderts tauchen dann Uhren auch außerhalb von Klöstern auf. Im Jahr 1271 ist in einem astronomischen Lehrbuchkommentar von bisher vergeblichen Versuchen der "artefices horologiorum", also offenbar schon spezialisierterer Handwerker die Rede, den Ablauf einer Welle mit einem Seilgewicht so mit der Dauer eines Volltages zu synchronisieren, daß diese Uhr auch für astronomische Beobachtungen tauglich wäre. Das klingt nach einer unmittelbar bevorstehenden Erfindung, aber die Entwicklung ging einen ganz anderen Weg, weil die in dieser Zeit entwickelten Uhren mit mechanischen Hemmungen solchen Präzisionsanforderungen damals keinesfalls und auch in den nächsten zweihundert Jahren nicht genügten. Als Antrieb und Zeitnormal für hinreichend genaue Weckvorrichtungen, für regelmäßig ausgelöste Glockenspiele oder Monumentaluhren mit Figuren-Automaten und den damals sehr beliebten einfachen astronomischen Simulationen zu didaktisch bzw. liturgisch-erbaulichen Zwecken taugten sie aber durchaus. Innerhalb dieses uhrentechnischen Innovationsschubs in Europa seit dem Ende des 13. Jahrhunderts wird nirgends von der Hemmung als einer beachtlichen Neuerung berichtet. Das ändert sich erst mit einer Folgeinnovation: der Entwicklung des automatischen Stundenschlags, mit der Einführung eines neuartigen öffentlichen Zeitsignals.

Rasche Zunahme der Bevölkerung und innere Differenzierung kennzeichnen die europäische Städtelandschaft seit dem Hochmittelalter. Parallel dazu läßt sich die Differenzierung der innerstädtischen Signalsysteme verfolgen. Das Leben der Städter, einer weitgehend illiteraten Gesellschaft, wurde damals weniger durch Hinweistafeln und Schilder als durch akustische Signale geregelt. Mit der Größe einer Stadt nahm auch die Zahl der Glocken und die Vielfalt der Glockensignale zu. Je nach Anlaß, Zweck und Adressatenkreis wurde mit Hilfe von Glockenzeichen angekündigt, mitgeteilt, gemahnt, gewarnt, eingeladen, verboten oder vorgeschrieben. Glocken richteten sich an die Städter insgesamt, an die wehrfähigen oder die ratsverpflichteten Bürger. Sie regelten die Tätigkeit der Wächter, der Wirte, der Fischer, der Lohnarbeiter, der Markthändler, der Wiederverkäufer, der Hirten usw. Dazu kamen die Gottesdienste und Gebetsrufe der Hauptkirche, der Gemeindekirchen und der Klöster, die Glocken der Korporationen mit eigenen Herrschaftsrechten, etwa der Zünfte und der Universitäten, und unter Umständen die Glocken großer Baustellen oder Werften. Die alltägliche akustische Kulisse einer mittelalterlichen Großstadt wirkte auf Fremde wie ein buntes und verwirrendes Dauergeläut, für die Einheimischen war sie nicht nur ein vertrautes Erkennungszeichen ihrer Stadt, sondern auch ein sehr leistungsfähiges Kommunikationssystem. Seit wann man sich nun auf den städtischen Türmen der regelmäßigen Signale mechanischer Uhren bediente, ist nicht ganz sicher. Verstreute Hinweise auf einen, vielleicht noch nicht kontinuierlichen städtischen Stundenschlag, auf eine städtische Uhr oder auf besoldete Uhrwärter finden sich v.a. in Oberitalien seit dem Beginn des 14. Jahrhunderts. Eine Mailänder Chronik berichtet dann zum Jahre 1336 von einer „wunderbaren Uhr" auf dem Turm von San Gottardo, die die vierundzwanzig Stunden des Tages und der Nacht nach ihrer Zählzahl auf eine große Glocke schlüge, dergestalt, daß in der ersten Stunde einmal, in der zweiten zweimal, in der dritten dreimal und so fort geschlagen würde. Die Unterscheidung der einzelnen Stunden sei für Menschen aller Stände von großer Wichtigkeit. In Italien war also offenbar das automatische Stundenschlagwerk entwickelt und sofort als eine technische Sensation empfunden worden. Dieses Schlagwerk ist ein mit dem Uhrwerk verbundener, eher noch komplizierterer Mechanismus mit Zahnradübersetzungen und geschwindigkeitsregulierenden Windflügeln, an dem sich mittels der sogenannten Schloßscheibe eine beliebige Läutsequenz durch Kerben programmieren läßt. Er machte, wie die Zeitgenossen voller Staunen feststellten, die schwere Arbeit der Glöckner „von selbst", „ohne menschliche Arbeit", „scheinbar belebt". Erst diese Uhrwerke wurden als eine großartige neue Erfindung gefeiert. Sie waren die ersten von Europäern gebauten Automaten.

Die Verbreitung dieser Neuerung erfolgte rasch innerhalb von zwei Generationen. Um 1400 hatten fast alle europäischen Städte eine öffentliche Uhr. Die statistische Auswertung der frühen öffentlichen Uhren zeigt, daß das Jahrzehnt 1370–1380 eine ausgesprochene Boomphase mit zweistelligen Zuwachsraten war. In Tulln in Niederösterreich war im Jahre 1372 der Stadtschreiber Konrad von dem Schmied und Uhrmacher Niklas Swaelbl aus Breslau, der vorher dort, in Troppau (Opava) und Schweidnitz (Swidnica) stundenschlagende Uhren gebaut hatte, erschlagen worden. Im Anschluß an die Gerichtsverhandlung mußte der Uhrmacher einen Sühneeid, die Urfehde, schwören. Richter und Rat hatten ihm als Buße eine persönliche Romwallfahrt auferlegt. Außerdem sollte er für die Pfarrkirche der Stadt eine Uhr mit einem Schlagwerk („arloy das an sich selber slach") bauen. Wenn beides bis Michaeli des folgenden Jahres geschehen sei, sollte Niklas Swaelbl frei sein. Was den Meister überhaupt nach Tulln geführt hatte, wissen wir nicht. Er hat die Uhr offenbar fertiggebaut, denn im nächsten Jahr ist er wieder in Breslau tätig. Die Stadtväter in Tulln haben eine ungewöhnliche Gelegenheit genutzt, sich der Dienste eines Fachmanns zu versichern und ihrer Stadt nur zwei Jahre nach der Weltstadt Paris eine Schlaguhr zu verschaffen. Im nahen Wien wird es um diese Zeit eine Turmuhr gegeben haben, ein Uhrmacher Hannemann, „magister arloyorum", wird jedoch erst im Jahre 1377 erwähnt. Im Jahre 1417 wurde dann in Wien auch ein Stundenschlagwerk durch den Meister Hans aus Prag installiert. Die neue Schlagwerktechnik ließ sich praktisch nicht auf die ungleichlangen Temporalstunden einstellen. Daher wurde erst durch die Schlagwerke der Übergang zu den gleichlangen Stunden im stadtöffentlichen Leben möglich und auf lange Sicht unvermeidlich. Der Gebrauch der modernen, gleichlangen Stunden im stadtöffentlichen Leben folgte der Verbreitung der stundenschlagenden Turmuhren von Italien aus innerhalb Europas dann praktisch zeitgleich, aber in zunächst ganz verschiedenen Formen. Nach der Italienischen oder Großen Uhr begann die Zählung der vierundzwanzig Tagesstunden ungefähr eine halbe Stunde nach Sonnenuntergang. „Vierundzwanzig Uhr" bezeichnete also den Beginn der letzten hellen Tagesstunde. Die italienische Form der Stundenzählung wurde für eine Übergangszeit auch in Böhmen, Polen, Schlesien und in Österreich übernommen. Vereinzelte Stundenangaben nach der Großen Uhr finden sich im Jahre 1385 in den Sitzungsakten der Wiener Artistenfakultät, die Akten der medizinischen Fakultät belegen dann wie auch private Aufzeichnungen von Wiener Bürgern den Übergang zur mitteleuropäischen Form schon zu Beginn des 15. Jahrhunderts. Nach der Kleinen oder Halben Uhr, die in Mittel- und Nordeuropa üblich wurde, zählte man beginnend um Mitternacht zweimal zwölf Stunden. Der Sonnenhöchststand, der Mittagspunkt lag immer bei zwölf Uhr. Das italienische System scheint eindeutig älter, weil es das bewegliche Ende des natürlichen Lichttages noch berücksichtigt. Es hatte allerdings beträchtliche praktische Nachteile: Vierundzwanzig Glockenschläge brauchen mehr Seillänge, beanspruchen das Schlagwerk mechanisch stärker und lassen sich gerade am hellen Tag weniger leicht mitzählen. Außerdem mußten die Uhren ständig nach Augenschein oder Tabellen nachkorrigiert werden. Für die Kleine Uhr genügten einfache Korrekturen mit Hilfe einer Sonnenuhr zur Mittagszeit. Für die Gangkontrolle wurden außerdem die ebenfalls um die Mitte des 14. Jahrhunderts auftauchenden Sanduhren benutzt. Sanduhren waren – das ist heute fast vergessen – bis weit ins 18. Jahrhundert ein für alle Kontroll- und Befristungszwecke preiswerter, geräuschloser und zuverlässiger Ersatz für mechanische Uhren. Sie ließen für eine oder mehrere Stunden oder für Stundenbruchteile, das heißt halbe, viertel, drittel oder achtel Stunden, kalibrieren.

Nach verbreiteter Auffassung markiert die Einführung der öffentlichen Uhren und der Gebrauch der modernen Stunden den Übergang von der „Zeit der Kirche" zur „Zeit der Kaufleute". Aber waren die großen Kaufleute wirklich die Initiatoren oder besonders interessierte Nutzer dieser Innovation? Haben sich kirchliche Institutionen gegen diese Neuerungen gesträubt? Noch bevor sie überhaupt praktische Erfahrungen mit der neuen Uhrzeit machen konnten, waren die Stadtbürger vom Prestigewert und vom zukünftigen Nutzen der öffentlichen Uhren überzeugt. Politischen Konsens für diese nicht billige Investition zu beschaffen, war nie problematisch. Innerhalb der Städte sind nirgends einzelne Gruppen, etwa die Kaufleute, zu erkennen, denen die öffentlichen Uhren besonders am Herzen gelegen hätten. Auch als

Nutzer treten Kaufleute nirgends hervor. Umgekehrt gab es auch keinen Widerstand etwa seitens der Kirchen. Diese verhielten sich vielmehr durchweg kooperativ, wenn es zum Beispiel um den Umbau oder die Zugänglichkeit der Kirchtürme ging. Wenn man also überhaupt für diese Innovation ein vorausgehendes Bedürfnis unterstellen will, dann ist es die Stadt, nicht als eine meist von Kaufleuten dominierte Bürgergemeinde, sondern als verdichtete, hochgradig arbeitsteilige Sozialformation, innerhalb derer allmählich der Gebrauchswert eines zunächst vielleicht nur neugierhalber, und weil die anderen Städte genauso handelten, beschafften Geräts erkannt worden ist. In den europäischen Städten hat sich dann auch ein Bewußtsein dafür entwickelt, daß das städtische Leben eine besondere, von der ländlichen Umgebung verschiedene Zeitordnung hatte. Um 1410 ließ ein anonymer Autor einen englischen Predigermönch sagen, daß ebensowenig wie die Gestirne die irdischen Kreaturen beherrschten – es ging gegen die Astrologen! –, die Uhren die Menschen in den größeren und kleineren Städten regierten. Vielmehr „regierten" sich die Menschen in den Städten mit Hilfe der Uhren selbst. Was hat das damals bedeutet? Der neue Schlag der Uhrglocke war innerhalb der vieltönigen akustischen Kulisse der spätmittelalterlichen Stadt zunächst nichts weiter als ein zusätzliches Signal, ein Angebot, von dem man Gebrauch machen konnte oder auch nicht. Es gab noch keine zeitlichen Regelungsprobleme, die man nicht auch ohne Uhr hinreichend handhaben konnte. Man konnte sich weiterhin „bei Sonnenaufgang", „nach der Frühmesse", „nach dem Essen", „zur Vesperglocke", „auf die Nacht" oder eben gelegentlich auch zu einer Zeit nach der neuen Uhr verabreden. Daher muß man von sehr langfristigen und meist anonymen, d. h. zeitgenössisch nicht bemerkten Verhaltensänderungen ausgehen.

Wo und wie, wie rasch sind die neuen Möglichkeiten der Terminierung und Befristung nun genutzt worden? Welche neuen Formen des Umgangs mit der Zeit konnten sich stabilisieren? Zunächst ein zwiespältiger Befund aus Chroniken und notariellen Protokollen, Aufzeichnungen, die über lange Zeiträume mit genauen Daten und häufig mit Tageszeitangaben geführt worden sind. Sie enthalten Tageszeitangaben in großer Zahl schon seit der Mitte des 13. Jahrhunderts. Die wachsende Bedeutung tageszeitlicher Präzisierung läßt sich also schon vor dem Auftauchen der neuen Zeitmesser verfolgen: ein kleines Indiz für den Wandel des Zeitbewußtseins um die Wende zum 14. Jahrhundert, auch unabhängig von der Geschichte der Uhren. Nahezu zeitgleich mit der Verbreitung der Uhren beginnen dann Chronisten und Notare nach der neuen Stundenrechnung zu datieren, die Notare oft demonstrativ, indem sie zum Beispiel nicht „in der achten Stunde", sondern „in der achten Uhrstunde" schreiben und gelegentlich auch den Standort der Uhr genau bezeichnen. Daraus folgt nun aber nicht, daß diese professionellen Autoren sich besonders rasch und dauerhaft auf die neue Form der Zeitangabe umgestellt hätten. Es zeigt sich vielmehr, daß, sobald die öffentlichen Uhren ihren Neuigkeitswert verloren hatten, die Chronisten und Notare wieder zu den alten Formen der Tageszeitangaben, „um die Non", „zur Vesper" etc., zurückkehren oder solche Angaben ganz unterlassen. Solange sie neu war, haben sie der Uhr Reverenz erwiesen, aber ein Bedürfnis nach größerer tageszeitlicher Präzisierung war damals offenbar noch nicht vorhanden. Andere und dauerhaftere Spuren der neuen Stundenrechnung lassen sich in zahlreichen Ordnungen für städtische Rats- und Gerichtsgremien verfolgen. Die Stadtbürger hatten politische Mitspracherechte erkämpft, aber zugleich hatte sich der Aufgabenbereich der städtischen Verwaltungen enorm ausgeweitet. Die hohe Ehre, als Handwerker in einem städtischen Gremium zu sitzen, hatte sich vielfach als eine immer zeitaufwendigere, meist unbezahlte Pflicht entpuppt. Die Folge: Seit dem Spätmittelalter wurde die Sitzungsdisziplin städtischer Gremien immer schlechter. Zahlreiche neue Rats- und Gerichtsordnungen sehen seit dem Ende des 14. Jahrhunderts nicht nur Diäten vor, sondern präzisieren die Sitzungszeiten auch durch Uhrzeitangaben und setzen Geldstrafen für unpünktliches Erscheinen fest – Zuckerbrot und Peitsche. Der Rat begann also nicht mehr am frühen Morgen oder nach einem Gottesdienst und schloß nicht mehr vor dem Ende des Marktes oder mit der Mittagsglocke. Er tagte nach der Uhrzeit. Uhrzeitangaben für Beginn und Ende einer Gremiensitzung boten die Möglichkeit, diese zeitlich von anderen städtischen Terminen und Signalen zu entkoppeln und ihre Dauer nach Bedarf und ohne Rücksicht auf andere Termine zu variieren. Zur Sicherung der Pünktlichkeit waren Uhrzeiten weniger gut geeignet, weil die Sitzungen natürlich nicht genau mit dem Schlag der Uhrglocke begannen und kleinere Zeiteinheiten nur selten angezeigt wurden. Daher wendete man bei Sitzungsbeginn ein „Viertelstundenglas", nach dessen Ablauf Diätenkürzungen fällig wurden. In Wien beschafften die Uhrwärter der Stephanskirche die Sanduhren für das Rathaus. Diese Form der uhrzeitunabhängigen, aber dennoch abstrakten und objektiven Pünktlichkeitskontrolle wurde in zahlreichen Gremien – man denke an das „akademische Viertel" – bis zum Ende des 18. Jahrhunderts bzw. bis zur Verbreitung privater Uhren mit Minutenzeigern beibehalten. Die seit dem 15. Jahrhundert in den Ordnungen städtischer Schulen auftauchenden Uhrzeitregelungen begrenzten zunächst die Dauer des täglichen Unterrichts und setzten die Arbeitszeit der Lehrer fest. Eine gewisse Koordination der Schulzeit mit der übrigen städtischen Zeitordnung war notwendig, weil die Lehrer vielfach auch Küsterdienste zu versehen hatten, und die Schüler bei Gottesdiensten und Beerdigungen, die ebenfalls zeitlich fixiert wurden, singen mußten. War die Unterrichtszeit durch zwei Uhr-Stunden begrenzt, lag es nahe, auch dessen Teile in gleiche Abschnitte, eben Schulstunden, einzuteilen. Aber das Auftauchen der Stundenpläne im Gefolge der neuen Zeitmesser ist nur scheinbar eine belanglose formale Neuerung. Stundenpläne waren vielmehr eine zeitorganisatorische Antwort auf neue Probleme der Gestaltung der Unterrichtsinhalte und der Didaktik. Der aus dem Hochmittelalter übernommene Lehrbetrieb an Universitäten und Schulen war durch einen gestuften Kanon nacheinander durchzunehmender lateinischer Autoren geprägt. Rissig wurde das alte Lehrplangefüge durch die Vermehrung der Wissensbestände. Die ständige Vermehrung der zu lesenden Bücher erzeugte zunehmenden Zeitdruck, der bei den humanistischen Autoren seit dem 14. Jahrhundert zu einem Dauerthema wird. Nach den Vorstellungen dieser Autoren war dem Zeitdruck nur durch Methode und zeitliche Ordnung zu begegnen. In diesem Zusammenhang tauchen Überlegungen auf, die Lehrinhalte nicht mehr nach ihrer Wichtigkeit oder Schwierigkeit zu ordnen, sondern allen bedeutsamen Gegenständen bestimmte Zeiten zuzuweisen und deren

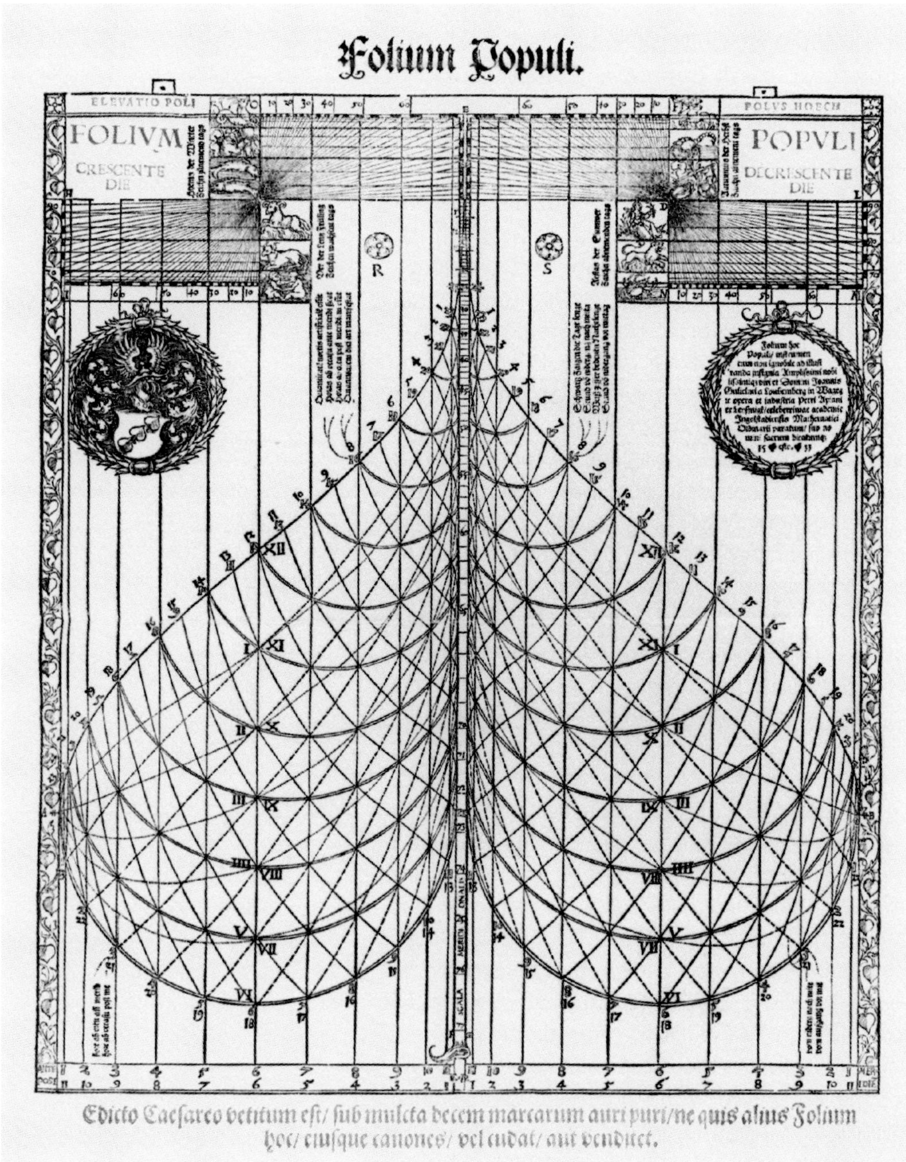

FOLIUM POPULI (UHRTAFEL). HOLZSCHNITT, INGOLSTADT 1533, KAT.NR. 16.2.4.

Einhaltung zu protokollieren. Befristete Einheiten beim Selbststudium oder Unterricht sind gegenüber der Vielfalt der Inhalte, ihrem Rang oder ihrer Schwierigkeit neutral. Sie erlauben eine abstrakte und freie Organisation unter den Bedingungen knapper Zeit. Für einen besonders wichtigen oder neuen Lehrgegenstand brauchte man nicht mehr ein neues Lehrbuch oder eine andere Lehrmethode. Es genügte zunächst die Zuweisung einer oder zweier Zeiteinheiten, eben Schulstunden. Daß diese zeitorganisatorische Regelung dann auch Didaktik und Lehrbücher veränderte, bedarf keiner Erläuterung. Wo die Anfänge abstrakter Befristung von Studium und Lehre zu suchen sind, ist noch nicht ganz deutlich. Das älteste bisher bekannte Zeugnis ist eine Illustration in einer im Jahr 1395 in Coburg entstandenen Handschrift des Pentateuch, die eine Unterrichtsszene mit einer Sanduhr zeigt. Jüdische Schulordnungen des 15. Jahrhunderts sehen ausdrücklich die Beschaffung von Uhren und Sanduhren zur Befristung des Unterrichts, aber auch zur Arbeitszeitkontrolle bei den Lehrern vor. Nach der Reformation findet sich Entsprechendes in Dutzenden von Schulordnungen. Seit dem Beginn des 16. Jahrhunderts werden abstrakte Befristungstechniken auch auf den Predigtkanzeln üblich oder vorgeschrieben. Luther hat die Stunde als ein vernünftiges Maß der Predigt empfohlen, und aus seinen Tischreden ist der Ausspruch überliefert: „Lange predigen ist kein kunst, aber recht und wol predigen, lehren, hoc opus, hic labor est" – Inhalt vor Dauer. An den zahlreichen Predigtbefristungsvorschriften der nachreformatorischen Zeit fällt die Vielfalt der Begründungen auf. Den Predigern sollte – meist gegen ihren Willen – eine Frist nicht nur aus didaktischen oder theologischen Gründen gesetzt werden, sondern auch, weil andernfalls die Leute von ihrer Erwerbsarbeit, von ihrem Herrendienst, ihren politischen Pflichten abgehalten würden. Die Schwangeren sollten nicht beschwert und Heizkosten für die Kirche gespart werden. Befristung sollte die Prediger auch von allen unnützen Tautologien, Historien, Kontroversien und Streitpunkten fernhalten, Exempel und Zitate in fremden Sprachen vermieden werden. Jeden einzelnen dieser vielfältigen Zwecke hätte man auch mit anderen Mitteln eventuell sogar besser verfolgen können. Durch abstrakte Befristung ließen sich alle zugleich und in einer für Prediger und Zuhörer leicht zu kontrollierenden Form erreichen.

Schon vor dem Auftauchen der mechanischen Uhren und der abstrakten Stundenfristen im 14. Jahrhundert hatten sich die hergebrachten Vorschriften über den Beginn und das Ende der Arbeitszeit – das Wort „Arbeitszeit" gibt es erst seit Beginn des 19. Jahrhunderts! – und über die Dauer der Pausen vielerorts als nicht konfliktfest erwiesen. Zwar blieb der Lichttag die Grundeinheit für alle Formen von Tagelohnarbeit und ihre Bezahlung, aber sein Beginn und sein Ende ließen beträchtlichen Interpretationsspielraum. Für die meisten begann der Arbeitstag auf Befehl des Meisters in der Werkstatt, des Bauern auf dem Hof oder des Vorarbeiters auf der Baustelle. Für Tagelöhner blieb aber eine Reihe von Fragen offen: Muß die Arbeitsabsprache vor Sonnenaufgang erfolgen? Sollen die Zu- und Abgänge in der Dämmerung oder im Hellen erfolgen? Ist es hell, wenn man einen Mann auf der Straße erkennt oder wenn die Sonne am Himmel steht? Ist, falls ein Glockenzeichen vorgeschrieben ist, dem Küster dieser oder jener Kirche auch zu trauen? Eine erste Reaktion auf die sich an solchen Fragen entzündenden Konflikte war die Entkopplung der Arbeitszeitvorschriften sowohl von den Grenzen des Lichttages wie von anderen Elementen der städtischen Zeitordnung. Überall da, wo in großem Umfang Tagelohnarbeit geleistet wurde, in der städtischen Textilindustrie, auf Baustellen, in den stadtnahen Weinbergen, installierte man zunächst besondere Werkglocken, die Tagesarbeitszeit und Pausen signalisierten. Mit dem Auftauchen der öffentlichen Uhren wurden die Arbeitszeiten nach Uhrstunden angegeben und die Pausen vielfach mittels Sanduhren befristet. Dadurch änderte sich die Dauer der täglichen Arbeitszeit zwar lange nicht, aber ihre Kontrolle war objektiver und damit gerechter und konfliktfester geworden. Nur bei den Vorschriften über das Arbeitsende im Sommer läßt sich gelegentlich eine Tendenz erkennen, das Arbeitsende vor den Sonnenuntergang zu legen. Damit entsteht in Ansätzen eine Zeit, die man später „Freizeit" nennen wird. Die Dauer des Tagewerks schwankte mit den Jahreszeiten, im Norden mehr, im Süden weniger, und entsprechend schwankte auch der Lohn. Natürlich ließ sich das Tagewerk teilen; die Bezahlung von Tageshälften, seltener auch Tagesdritteln oder Vierteln war geläufig. Auffälligerweise hat aber das biblische Gleichnis vom Weinbergarbeiter, der erst in der elften Tagesstunde – nach dem alten System der ungleichen Stunden! – zur Arbeit erscheint und dennoch den vollen Tagelohn erhält, die mittelalterlichen Kommentatoren nicht zu Erörterungen darüber geführt, wie man den Lohnanteil des Weinbergarbeiters genauer hätte berechnen können. Im Bereich der Textilarbeit zeigt sich nun im 14. Jahrhundert, daß die simplen Tagesteilungen nicht mehr ausreichten, und an den spätmittelalterlichen Großbaustellen zeigen sich bedeutsame Auswirkungen der neuen Zeitmeßtechnik für die Arbeitszeitkontrolle und den Arbeitslohn. In Orvieto war seit 1364 eine besondere Uhr für die Dombaustelle in Betrieb, und ihr Wärter mußte die geleistete Arbeitszeit laufend registrieren. Auch an der 1387 eröffneten Dombaustelle in Mailand wurden Sanduhren zur Pausenkontrolle und mechanische Uhren zur Ermittlung der Schlechtwetterabzüge eingesetzt. Die laufende Uhrzeitkontrolle der Arbeitszeit diente nicht nur der Lohnberechnung, sondern auch der Ermittlung der Stückkosten für das Sägen einzelner Marmorblöcke. Ganz vereinzelt wurden auch schon einzelne Arbeitsstunden bezahlt. Zur ausdrücklichen Gleichsetzung von Zeit und Geld ist es zwar noch nicht gekommen. Im 15. Jahrhundert taucht dann aber in Endres Tuchers Nürnberger Baumeisterbuch der Ausdruck „stuntgelt" in der Bedeutung von bezahlter Pausenarbeit oder strafweisem Lohnabzug auf. Auch die gleichzeitigen Abrechnungen von englischen Großbaustellen machen deutlich, daß der moderne Stundenlohn sprachlich und sachlich aus der Bezahlung durchgearbeiteter Pausen, das heißt sanduhrbefristeter „Stunden" oder Überstunden entstanden ist. Es sei aber darauf hingewiesen, daß alle Formen stundenweiser Bezahlung bis ins 19. Jahrhundert seltene Ausnahmen geblieben sind. Mechanische Uhren und Sanduhren und der durch sie ermöglichte Gebrauch abstrakter Fristen haben schon im Spätmittelalter neue Möglichkeiten eröffnet, über Arbeitszeit zu verhandeln, sie konfliktfest zu regeln und in, wie man heute sagt, für beide Seiten transparenten Formen zu kontrollieren. Daß die moderne Stundenrechnung eine wesentliche, damals aber noch keineswegs selbstverständliche Voraussetzung vernünftiger Neuordnungen war, wird zu Beginn des 16. Jahrhunderts im zweiten Buch der „Utopia", die Thomas Morus in der geschäftigen Metropole Antwerpen verfaßte, deutlich angesprochen. Da heißt es, daß die Utopier den Tag in vierundzwanzig gleichlange Stunden teilten und nur sechs davon der Arbeit widmeten. Dies sei möglich, weil alle notwendige Arbeit durch Heranziehung der bisher Müßigen, v. a. des Klerus und des Adels, in weit kürzerer Zeit als bisher geleistet werden könnte. Mit der Kritik am unbemessenen Arbeitstag verbindet Morus den deutlichen Hinweis auf die Voraussetzungen vernünftiger sozialer Ordnung: moderne Zeitmessung und Zeitrechnung.

Hinsichtlich des alltäglichen sozialen Umgangs mit der Zeit hat sich vom Spätmittelalter bis an das Ende des 18. Jahrhunderts erstaunlich wenig verändert, obwohl sich während dieser Zeit auf dem Gebiet der Uhrmacherei teilweise künstlerisch interessante, v.a. aber bedeutende technische Fortschritte zeigen. Die Einführung des Pendels als Zeitnormal für große Uhren seit dem 17. Jahrhundert, die Kompensation von Temperaturschwankungen durch Legierung von Metallen, neue Formen der Hemmung ermöglichen Quantensprünge der Präzision; die Einführung der Spiralfeder als Unruhe bringt recht präzise Zeitmesser auch in private Hände. So sehr die Wissenschaftler und die Hochseenavigation von den neuen Chronometern profitierten, und so sehr die Uhrmacher als Techniker wie als Manager moderner arbeitsteiliger Produktionsformen ins öffentliche Bewußtsein rückten, das Zeitempfinden des sog. „gemeinen Mannes" wurde erst durch die zu Beginn des 19. Jahrhunderts einsetzende Entwicklung der Eisenbahnen berührt. Trotz der zunächst noch sehr moderaten Verkehrsgeschwindigkeiten, erweckte die Eisenbahn bei den Zeitgenossen sofort das Gefühl, der „Zug der Zeit" bzw. der „Zeitgeist" sei der sich unendlich beschleunigende Fortschritt in Wirtschaft und Technik. Erst in dieser Zeit der Fahrpläne erlernen Privatleute den Gebrauch der Minuten und die Politik beschäftigt sich mit nationalen, dann internationalen und Weltzeitstandards. Durch die Zeitmessung im Sport wird das breite Publikum mit den Sekunden vertraut. Das völlig neue Konzept des Geschwindigkeitsrekords macht uhrengemessene Leistungen über Generationen vergleichbar, ein Phänomen von andauernder Faszination bei abnehmender Anschaulichkeit.

Für die Zeiterfahrung und das Zeitbewußtsein setzt sich ein seit dem 14. Jahrhundert zu beobachtende Trend aber fort: Wir lernen immer mehr und sehr verschiedenartige Sachprobleme (Machtfragen, Verteilungsfragen, Wertfragen ebenso wie Navigations- und Kommunikationsfragen) als Zeitfragen umzuformulieren und damit durchschaubaren, verhandlungsfähigen, u. U. auch gerechteren Lösungen näherzubringen. Es mag sein, daß wir uns mit den Uhren viele Sorgen eingehandelt haben, sicher scheint aber auch: ohne einen kreativen Umgang mit der Zeitmessung und den Uhren werden wir sie nicht wieder los.

LITERATUR

Karl Uhlirz: Zur Geschichte der Uhren in Wien (1380–1699), in: Blätter des Vereins für Landeskunde von Niederösterreich (1380–1699) 25 (1891), S. 177–205.

Franz Lehner: Die mittelalterliche Tagesteilung in den österreichischen Ländern (Quellenstudien aus d. hist. Seminar der Universität Innsbruck, Heft 3), Innsbruck 1911.

Gerhard Dohrn-van Rossum: Geschichte der Stunde. Uhren und moderne Zeitordnungen, München 1992.

HEILIGE JAHRE

MICHAEL MITTERAUER

Die Vorstellung, daß bestimmte Zeiten besonders heilig sind, findet sich weltweit in Kulturen der Vergangenheit und Gegenwart. Vor allem sind es heilige Tage, die im Ablauf des Jahreszyklus, aber auch der Woche oder des Monats, als religiös besonders bedeutsam gedacht und dementsprechend festlich begangen werden. Im Tagesablauf können wieder bestimmte Tageszeiten als besonders heilig gelten. Ebenso werden Einheiten von einer Mehrzahl von Tagen als heilige Zeiten aufgefaßt. Über den Jahreszyklus hinaus können heilige Zeiten in – regelmäßigen oder unregelmäßigen – Abständen von mehreren Jahren auftreten. Auch ganze Jahre, die als heilig angesehen werden, kommen vor. Im interkulturellen Vergleich gesehen begegnet jedoch dieser Typus heiliger Zeiten relativ selten.
Im europäischen Christentum haben sich verschiedene Formen heiliger Jahre entwickelt. Eine von ihnen hat jedoch so überragende Bedeutung erlangt, daß auf sie die allgemeine Bezeichnung als Eigenname übergegangen ist. Wenn wir heute von einem „Heiligen Jahr" sprechen, so ist jenes jeweils 25. Jahr eines Jahrhunderts gemeint, das der Papst in Rom durch die Öffnung der „Porta Santa" im Petersdom am Weihnachtstag in feierlicher Weise eröffnet und durch eine analoge Zeremonie am folgenden Weihnachtstag wieder beschließt. Dieses im Spätmittelalter entstandene Heilige Jahr der katholischen Kirche stellt also tatsächlich eine heilige Zeit dar, die den ganzen Zeitraum eines Jahres erfaßt. Das unterscheidet es von scheinbar analogen Formen, bei denen in Abständen einer Mehrzahl von Jahren heilige Zeiten gefeiert werden.

Solche Formen begegnen schon in der Antike mehrfach. Die wohl bekannteste sind die Olympischen Spiele, die alle vier Jahre beim Zeusheiligtum von Olympia auf der Peloponnes abgehalten wurden. Die Olympiade als der Zeitraum zwischen der Feier dieser Spiele wurde zur Grundlage einer religiös fundierten Zeitrechnung, der Olympiaden-Ära. Das Jahr, in dem jeweils in Olympia Spiele gefeiert wurden, war aber nicht als ganzes heilig. Die heilige Zeit beschränkte sich auf wenige Tage im August oder September, in denen das Fest abgehalten wurde. Im alten Ägypten feierten König und Volk dreißig Jahre, nachdem der Pharao durch seine Inthronisation zum Sohn des Gottes Re geworden war, das „Cheb-sjed", das „Dreißigjahrfest". Die Zahl 28 bzw. 30 stand für den periodischen Lauf des Monds. Sie wurde von einer Periode von Tagen auf eine Periode von Jahren übertragen – ein Modell, das sich häufig bei der Feier heiliger Zeiten in größeren Zeitintervallen findet. Aber nicht das ganze dreißigste Jahr war heilige Zeit, nur der Jahrestag der Thronbesteigung. Im antiken Rom wurden – wohl in etruskischer Tradition – nach Ablauf eines „Saeculum" die „Ludi saeculares" gefeiert. Als „Saeculum" galt ursprünglich eine variable Zeitspanne, die an der Dauer des Menschenlebens bemessen wurde. Wenn der letzte einer „Saat von Menschen", d. i. des Geburtsjahrgangs, der die letzte Säkularfeier miterlebt hatte, verstorben war, dann sollte die nächste abgehalten werden. Der Abstand zwischen den „Ludi saeculares" wurde jedoch im Lauf der Entwicklung formalisiert und mit hundert Jahren festgelegt – ein Intervall, das allerdings aus aktuellen politischen Anlässen immer wieder abgeändert wurde. Die religiös geprägten Spiele dauerten nur drei Tage. Auch bei diesen Säkularfeiern im alten Rom erstreckt sich die heilige Zeit also nicht auf das ganze Jahr.

Als einzige Parallele zum Heiligen Jahr der römischen Kirche kann aus der Antike das jüdische Jobeljahr angeführt werden, zu dem auch begriffliche und inhaltliche Zusammenhänge bestehen. Das von den Päpsten seit dem Spätmittelalter ausgerufene „Heilige Jahr" wird seit seinen Anfängen als „annus iubilaeus", als Jubeljahr bezeichnet. Der Zusammenhang mit dem alttestamentlichen Vorbild ist offenkundig. Im Buch Levitikus, dem dritten der fünf Bücher Mose, heißt es (25,8): „Du sollst sieben Jahreswochen, siebenmal sieben Jahre zählen; die Zeit von sieben Jahreswochen ergibt für dich neunundvierzig Jahre. Im siebten Monat, am zehnten Tag des Monats sollst du das Signalhorn ertönen lassen, am Versöhnungstag sollt ihr das Horn im ganzen Land ertönen lassen. Erklärt dieses fünfzigste Jahr für heilig und ruft Freiheit für alle Bewohner des Landes aus! Es gilt euch als Jubeljahr. Jeder von euch soll zu seinem Bodenbesitz zurückkehren, jeder soll zu seiner Sippe heimkehren. Dieses fünfzigste Jahr gilt euch als Jubeljahr. Ihr sollt nicht säen, den Nachwuchs nicht ernten, die nichtbeschnittenen Weinstöcke nicht lesen. Denn es ist ein Jubeljahr, es soll euch als etwas Heiliges gelten." Wie beim Heiligen Jahr der römischen Kirche von Weihnachten an, erstreckt sich hier ab dem Versöhnungstag die heilige Zeit auf ein ganzes Jahr. Das „Widderhorn", mit dem am Versöhnungstag jedes fünfzigsten Jahres die heilige Zeit angekündigt wurde, hieß „jobel". Die Bezeichnung des jüdischen Jubeljahres, des christlichen „annus iubilaeus" und schließlich davon auch des modernen Jubiläums ist von diesem Widderhorn abgeleitet.
Der Levitikustext verweist auf den Zusammenhang des Jubeljahres mit einem zweiten Typus von heiligem Jahr, der im alten Israel gefeiert wurde, nämlich dem Sabbatjahr. Alle siebenmal sieben Jahre sollte das Jobeljahr ausgerufen werden. Seine Grundlage ist das Sabbatjahr, das alle sieben Jahre begangen wurde. Das Sabbatjahr überträgt die Heiligkeit des siebenten Wochentages auf das siebente Jahr. Siebenmal sieben Jahre bedeutet eine zusätzliche Steigerung der Heiligkeit. Dem Termin des Jubeljahres liegt ein Analogiedenken zwischen heiligen Jahren und heiligen Tagen zugrunde. Das für den Bund zwischen Gott und seinem auserwählten Volk zentrale Gebot der Sabbatheiligung bildet den Ausgangspunkt.

Das Sabbatjahr ist aus dem Brauch entstanden, im siebenten Jahr den Boden nicht zu bestellen und abzuernten , sondern brach liegen zu lassen. Damit sollte Gott als der eigentliche Eigentümer des Landes anerkannt werden. Aus diesem agrarischen Brachjahr entwickelte sich das soziale Erlaßjahr, wie es im Buch Deuteronomium beschrieben wird (15, 1-16; 12-18): Die Brache wurde auf wirtschaftliche Rechtsgeschäfte übertragen. So kam es zur Forderung nach Ruhenlassen bzw. Loslassen von Schuldfordungen an den Bruder aus dem eigenen Volk während des siebenten Jahres, bzw. nach Freilassung von hebräischen Sklaven, die sich infolge der fortschreitenden Überschuldung selbst in die Schuldknechtschaft hatten begeben müssen. Nach der Rückkehr aus der babylonischen Gefangenschaft kam es zu einer Neuregelung. Die agrarwirtschaftliche und die soziale Komponente wurden getrennt. Die erste blieb mit dem Sabbatjahr verbunden, die letztere ging auf das mit größerem Zeitabstand eingerichtete Jobeljahr über, wie es im Buch Levitikus beschrieben wird. Das biblische Jubeljahr ist also seinem Ursprung nach eine sakralrechtlich geregelte soziale bzw. ökonomische Institution.

Die agrarwirtschaftliche Wurzel des Sabbatjahrs als Brachjahr macht klar, warum sich die heilige Zeit in diesem Fall auf ein ganzes Jahr erstreckte. Das Jobeljahr als weiterentwickelte Form des Sabbatjahres behielt die Dauer der geheiligten Zeit bei. Im Vergleich zu heiligen Zeiten anderer Kulturen der Antike, die im Abstand von mehreren Jahren festlich begangen wurden, wird der Sondercharakter der heiligen Jahre im alten Israel deutlich. Weder im Sabbatjahr noch im Jobeljahr gab es eine kultische Gemeinschaftshandlung, wie sie etwa die Olympischen Spiele der Griechen oder die „Ludi saeculares" der Römer darstellten. Die sakralrechtlich vorgeschriebenen Aktivitäten waren vielmehr individuell zu verrichten – das Nichtbestellen des Bodens, die Freilassung von Sklaven, der Erlaß von Schulden. Dementsprechend konnten sie über den Zeitraum eines ganzen Jahres verteilt erbracht werden. Im Rahmen einer Typologie von heiligen Zeiten sind heilige Jahre dieser Art etwas ganz anderes als religiöse Feste, die im Abstand von mehreren Jahren abgehalten werden.

Auch die heiligen Jahre, wie sie sich im Mittelalter in der westlichen Christenheit ausgebildet haben, gehören zu diesem besonderen Typ von heiligen Zeiten. Auch bei ihnen steht nicht eine große kultische Gemeinschaftshandlung im Mittelpunkt des Geschehens. Die heilsbedeutsamen Handlungen werden vielmehr individuell verrichtet und können so auf den Zeitraum eines ganzen Jahres verteilt werden. Ein allgemeiner Grundsatz wird bei einer solchen typologischen Betrachtung erkennbar: Die Heiligkeit heiligen Zeiten ist im Kontext heilsbewirkender Handlungen zu sehen. Kultisches Gemeinschaftshandeln führt in der Regel zu heiligen Zeiten, die an bestimmte Tage gebunden sind. Heilige Jahre weichen von diesem Typus ab. Die geforderten religiösen Handlungen machen eine Kopräsenz der Gläubigen nicht notwendig.

DAS RÖMISCHE JUBELJAHR

Zwischen jüdischen und christlichen heiligen Jahren gibt es nicht nur typologische Parallelen, sondern auch begriffliche und inhaltliche Zusammenhänge. Begrifflich ist die Verbindung offenkundig: Die Bezeichnung „annus iubilaeus"/Jubeljahr, die von Anfang an für das heilige Jahr der Päpste gebraucht wird, ist auf das Alte Testament zurückzuführen. Die Bezugnahme Jesu auf das Jobeljahr gab auch im Neuen Testament einen Anknüpfungspunkt. Nach dem Bericht des Lukasevangeliums (Lk. 4, 16ff) schlug Jesus bei seinem ersten Auftreten in Galiläa in der Synagoge seiner Heimatstadt Nazareth die Stelle im Buch Jesaja auf, wo geschrieben steht: „Der Geist des Herrn ruht auf mir, denn er hat mich gesalbt. Er hat mich gesalbt, um den Armen die Heilsbotschaft zu bringen, um den Gefangenen die Befreiung und den Blinden das Augenlicht zu verkünden, um die Zerschlagenen in Freiheit zu setzen und ein Gnadenjahr des Herrn auszurufen". Schwieriger ist die Frage inhaltlicher Zusammenhänge zu beurteilen. Im sogenannten „Buch der Jubiläen" aus dem ersten Jahrhundert vor Christus wird die Abfolge der Jobeljahre in ein apokalyptisches Geschichtsbild eingeordnet. Sie würden solange weitergehen, bis das Volk Israel von aller Schuld, aller Untreue, allem Irrtum erlöst sei. Das Jobeljahr gewinnt hier den Charakter einer Bußzeit, der Talmud fügt dem hinzu, daß dieses Jahr mit vollkom-

mener Sündenvergebung verbunden sei. Er fordert den Büßenden auf, eine Pilgerfahrt zu unternehmen. In solchen weiterentwickelten Formen war das jüdische Jobeljahr von den wesentlichen Inhalten christlicher heiliger Jahre des Spätmittelalters nicht weit entfernt. Pilgerfahrt zu heiligen Orten zu einer bestimmten heiligen Zeit als Voraussetzung für den Nachlaß von Sünden bzw. Sündenstrafen war ja auch hier das wesentliche Element. Der Gedanke der „remissio", also des Erlasses von Schuld bzw. von Schulden, stellte ganz allgemein eine Brücke zu älteren Formen des Jobeljahres her. Im Bemühen um Legitimation ihres Jubeljahres aus der Heiligen Schrift haben Päpste diesen Gedanken immer wieder bemüht. Trotz solcher ideeller Verbindungslinien und inhaltlicher Parallelen ist an einen unmittelbaren Kontinuitätszusammenhang zwischen jüdischen und christlichen heiligen Jahren nicht zu denken. Deutlich zeigen das die Ereignisse, die im Jahr 1300 zur Einrichtung des Heiligen Jahres in Rom geführt haben.
Am 1. Jänner 1300 füllte sich die Peterskirche in Rom mit Pilgern. Besondere Erwartungen hatten sie herbeigeführt. Es hieß, daß das beginnende hundertste Jahr besondere Kraft habe. Wer die Basilika der Apostelfürsten aufsuche, dem sei der vollkommene Nachlaß seiner Sünden versprochen. Die Kurie wurde von diesem plötzlichen Pilgerzustrom völlig überrascht, ebenso von den Hoffnungen der Gläubigen. Man wußte nichts von solchen Traditionen. Auch Nachforschungen in alten Büchern konnten die Situation nicht klären. Nun wurde der Papst aktiv. Am 22. Februar, dem Fest der Cathedra Petri, publizierte Bonifaz VIII. die Bulle „Antiquarum habet fida relatio". Sie wurde den Erwartungen der Gläubigen gerecht, ging jedoch über den unmittelbaren Anlaßfall weit hinaus. Der vollkommene Ablaß wurde für die Pilger dieses Jahres gewährt, und zwar rückwirkend ab dem Weihnachtstag, nicht ab dem 1. Jänner, wie es dem Volksglauben entsprochen hätte. Fremde Pilger hatten zumindest durch 15 Tage wenigstens einmal täglich die Kirchen beider Apostelfürsten aufzusuchen, um den vollkommenen Ablaß zu gewinnen, Römer durch 30 Tage. In jedem hundertsten Jahr sollte auch in Zukunft ein solches Gnadenjahr stattfinden. Obwohl sich Bonifaz das Jobeljahr des Alten Testaments zum Vorbild nahm, wich er von den 50-Jahre-Intervallen bewußt ab. Zwei Gründe waren nach zeitgenössischem Bericht dafür maßgeblich – einerseits der Volksglaube, der den Anstoß zur Einrichtung des Heiligen Jahres gegeben hatte, andererseits die Überlegung, kein Mensch sollte zweimal in seinem Leben durch die Pilgerfahrt nach Rom in einem Heiligen Jahr einen vollkommenen Ablaß gewinnen können.

Die Ereignisse zu Beginn des Jahres 1300 die zur Einrichtung der Heiligen Jahre in Rom führten, lassen zumindest zwei treibende Kräfte erkennen. Sicher kam Papst Bonifaz VIII. ein maßgeblicher Anteil an der Entstehung der neuen Institution zu. Daß er, wie späterhin viele seiner Nachfolger, mit der Ausrufung des Heiligen Jahres spezifische Interessen des Papsttums verband, kann wohl nicht bezweifelt werden. Eine Erklärung nur aus solchen Interessen wäre aber sicher eine Verkürzung des Sachverhalts. Der unmittelbare Anstoß zur Schaffung dieses spezifischen Typus einer heiligen Zeit ging von einer Volksbewegung aus. Ihr gegenüber war der Papst zunächst bloß reagierend. Und erst in dieser Reaktion spielt das biblische Vorbild des Jobeljahres für die Entstehung des Jubeljahres der römischen Kirche eine Rolle.

Bonifaz VIII. war nicht der erste, der nach dem Beispiel des Alten Testaments einen Jubelablaß verkündete. Im Jahr 1220 ließ Erzbischof Stephan Langton von Canterbury die Reliquien seines 50 Jahre zuvor am 29. Dezember 1170 ermordeten Vorgängers Thomas Becket aus seinem Erdgrab in der Krypta der Kathedrale in einen Prunkschrein in einer neuerrichteten Kapelle erheben. In einer Predigt aus diesem Anlaß erklärte er die Zahlenkonstellation des Jahres 1220 mit Bezug auf den Levitikus-Text. Die Jubiläumszahl 50 sei die Zahl des Erlasses. Der heilige Thomas würde dadurch, daß er im 50. Jahr nach seinem Tod transferiert wurde, sichere Hoffnung geben, daß er bei Gott die Gnade der Vergebung für die Gläubigen erlange. In diesem Jubelablaß von Canterbury glaubte die Forschung das entscheidende Vorbild für das römische Jubeljahr gefunden zu haben – zumal sich Verbindungslinien zwischen dem Kreis um Stephan Langton und Talmud-Gelehrten der Zeit nachweisen ließen. Gegen eine solche Ableitung wurde ins Treffen geführt, daß schon dreißig Jahre zuvor in Bamberg die Translation eines Heiligen, nämlich die des 1139 verstorbenen Bischofs Otto, ebenfalls im 50. Jahr nach seinem Tod stattgefunden hatte und auch bei diesem Akt von den Zeitgenossen ein Zusammenhang zwischen „iubilaeum" und „remissio" in Anlehnung an das Alte Testament hergestellt wurde. Auch weitere Beispiele deuten darauf hin, daß schon vor dem großen Jubelablaß von 1300 eine mit dem 50. Jahr verbundene Jubiläumsfrömmigkeit herrschte. Alle diese Zeugnisse können freilich nur erklären, warum das 50-Jahr-Intervall des jüdischen Jobeljahres in dieser Zeit solche Bedeutung gewann. Damit ist die Entwicklungslinie angesprochen, die zu jenem institutionellen Rahmen führte, den Papst Bonifaz VIII. 1300 für das Heilige Jahr in Rom vorgab. Die Volksbewegung, der er damit Rechnung trug, hatte aber wohl darüber hinausgehende Wurzeln.
Kollektive Großwallfahrten sind ein Phänomen, das sich schon lange vor 1300 nachweisen läßt. Zunächst handelt es sich um einen Ausdruck millenaristischer Endzeiterwartungen. Solche Großwallfahrten begegnen im 11., 12. und 13. Jahrhundert in verschiedenen Jahren, denen von Autoren und Predigern eine besondere Bedeutung beigemessen wurde – keineswegs nur in 50- oder 100-Jahres-Intervallen. So war etwa das Jahr 1260, das von Joachim von Fiore als Beginn des dritten Zeitalters, des Zeitalters des Heiligen Geistes, vorausgesagt wurde, ein Jahr besonders intensiver Laienbewegungen. Als örtliches Ziel solcher Großwallfahrten hatte nicht nur Rom besondere Bedeutung, wie das zu Beginn des Jahres 1300 der Fall gewesen zu sein scheint. Rom war zwar seit alters ein wichtiges Pilgerziel, vor allem zum Fest der Apostelfürsten Petrus und Paulus am 29. Juni, seine führende Stellung im Wallfahrtswesen der westlichen Christenheit erlangte es jedoch erst nach dem Verlust des Heiligen Landes. Das ursprüngliche Ziel der Großwallfahrten, mit dem zu bestimmten heiligen Jahren besondere Heilserwartungen verbunden wurden, war sicherlich Jerusalem.

Eine starke Zunahme von Großwallfahrten nach Jerusalem in bestimmten besonders bedeutsam geglaubten Jahren läßt sich vor allem seit der Jahrtausendwende beobachten. Mit einer spezifischen Bedeutungszuweisung an Jahrhundert- oder Jahrtausendschwellen im heutigen Verständnis hat das freilich nichts zu tun. Das Jahrhundert wurde damals noch gar nicht als eine besondere Zeiteinheit interpretiert, schon gar nicht in religiösem Sinn. Anders lagen die Dinge beim Jahrtausend. Das Millennium hatte durch die Nennung dieser Zeitspanne in der Apokalypse religiöse Bedeutsamkeit. Vielfältige Ängste und Hoffnungen waren mit ihm verbunden. Den Menschen des Hochmittelalters ging es jedoch in ihren millennaristischen Erwartungen nicht um die runde Zahl des Kalenderjahres, sondern um die seit bestimmten Ereignissen im Leben Jesu verstrichene Zeit. So wurde Jerusalem im Jahr 1033, als seit dem Tode Jesu tausend Jahre vergangen waren, in viel stärkerem Maße Ziel von Massenwallfahrten als im Jahr 1000, in dem die Geburt Jesu Bezugspunkt millennaristischer Vorstellungen war. 1064 steigerte sich neuerlich der Zustrom der Pilger. In diesem Jahr fiel der Ostersonntag auf den 26. März, den man damals für den Kalendertag des Todes Christi hielt. In einer solchen Konstellation heiliger Zeiten erblickte man eine besondere religiöse Bedeutsamkeit des ganzen Jahres, so daß sich viele auf den Weg ins Heilige Land machten. So konnten unterschiedliche Deutungsmuster in bestimmten Jahren Heilserwartungen wecken, die religiöse Erregung bewirkten und zu Volksbewegungen bzw. Massenwallfahrten führten. Solche Großwallfahrten sind eine wichtige Vorstufe der Kreuzzüge, die von den Zeitgenossen als eine besondere Form der Wallfahrt aufgefaßt wurden. Mit ihnen verband der Papst seit 1095 den Kreuzzugsablaß. Die Heilserwartungen an die bewaffnete Wallfahrt nach Jerusalem erhielt damit eine sehr konkrete Form – für die Entwicklung des Ablaßwesens ein wichtiger Schritt. Als ein halbes Jahrhundert nach dem Ersten Kreuzzug neuerlich zur Kreuzfahrt aufgerufen wurde, sprach Bernhard von Clairvaux, der große Propagator dieses Unternehmens, von einem „annus ... placabilis Domino et vere iubilaeus". Der Jubeljahrbegriff ist hier also eindeutig auf die Jerusalem-Fahrt bezogen. Es gibt auch Hinweise, daß die besondere Bedeutung der Zahl 50 als Symbol der Vergebung, der Versöhnung und der ewigen Ruhe – begründet nicht zuletzt auch durch die Aussagen des 50. Psalmes und die Frist zwischen der Auferstehung Jesu und der Ausgießung des Heiligen Geistes – in Jerusalem lebendig war. Die von den Kreuzfahrern erweiterte Grabeskirche wurde am 15. Juli 1149 eingeweiht, am 50. Jahrestag der Einnahme der Stadt im Ersten Kreuzzug. Die Grabeskirche war jener heilige Ort in der heiligen Stadt, mit dem seit alters der Glaube verbunden war, sein Besuch mache von allen Sünden frei: So finden sich in Jerusalem viele Vorformen und Parallelen, die zum Verständnis jener Ereignisse beitragen helfen, die im Jahr 1300 zur Einrichtung des Heiligen Jahres in Rom geführt haben.

Entgegen den Bestimmungen Papst Bonifaz VIII. vom 22. Februar 1300, ließ Clemens VI. schon 1350 ein zweites Jubeljahr mit vollkommenem Ablaß feiern. Ein solches Jubeljahr sollte ab nun alle fünfzig Jahre stattfinden. Bei dieser Regelung hatte der Papst das biblische Vorbild für sich. Sie hielt aber ebenso nicht lange. Urban VI. legte 1389 ein Intervall von 33 Jahren fest und begründete dies mit der Lebensdauer Christi. Ausgangspunkt sollte gleich des folgende Jahr 1390 sein, das zum Jubeljahr erklärt wurde. Das nächste fand dementsprechend 1423 statt. Die neuen Termine scheinen nicht voll akzeptiert worden zu sein. Im Vergleich zu 1350 ließ der Pilgerzustrom nach Rom deutlich nach. Er setzte 1450 wieder verstärkt ein, als dieses Jahr zum Heiligen Jahr erklärt wurde. Zu einer neuerlichen Veränderung der Intervalle kam es unter Papst Sixtus IV. Er verkündete für 1475 ein Jubeljahr und bestimmte, daß ab nun Heilige Jahre in 25-Jahresabständen stattfinden sollten. Dabei blieb es dann weiterhin durch die Jahrhunderte bis zur Gegenwart. Offizielle Begründung dieser endgültigen Festlegung des Intervalls war die „Kürze des menschlichen Lebens". Jeder Christ sollte zumindest einmal im Leben die Chance haben, einen vollkommenen Ablaß zu gewinnen.

Der starke Wechsel in den Terminen der Heiligen Jahre in Rom während des Spätmittelalters zeigt, daß die biblische Grundlage in der Festlegung keine allzu große Rolle spielte. Der Levitikus-Text diente als Legitimation, wenn es paßte, wurde aber dann auch wieder vernachlässigt, wenn andere Interessen im Vordergrund standen. Über das Mittel der Gewährung eines vollkommenen Ablasses für die Rompilger setzten die Päpste den jeweiligen Termin nach ihrem Gutdünken fest. Wie sie über die Heiligkeit von Personen oder Orten entschieden, so auch über heilige Zeiten. Diese im interkulturellen Vergleich einmalige Entscheidungsgewalt über heilige Zeiten ist Ausdruck der ebenso einmaligen Machtfülle, die das Papsttum mit den Reformen des Hochmittelalters erlangt hatte. Nicht zufällig ist es Bonifaz VIII. gewesen, der die Tradition des Heiligen Jahres begründete – jener Papst, der den Machtanspruch des Papsttums in geistlichen wie in weltlichen Belangen zu einem einmaligen Höhepunkt führte.

ANDERE HEILIGE JAHRE DER WESTLICHEN CHRISTENHEIT

Heilige Jahre blieben im Spätmittelalter nicht auf die heilige Stadt Rom beschränkt. Auch in anderen großen Pilgerzentren wurden in größeren Zeitabständen Jubeljahre abgehalten, in denen in gleichem oder ähnlichem Ausmaß Ablaß gewonnen werden konnte wie in Rom. Neben dem schon erwähnten Canterbury ist in diesem Zusammenhang vor allem Santiago di Compostela zu nennen, das als Ziel von Fernwallfahrten wohl ebenso durch den Rückgang der Jerusalem-Wallfahrt profitierte wie Rom. Für die Terminfrage interessant erscheint, daß hier nicht in regelmäßigen Abständen besonders gefeiert wurde, sondern immer in den Jahren, in denen das Jakobsfest auf einen Sonntag fiel. Das war im Durchschnitt etwa vierzehnmal im Jahrhundert der Fall. Die der Terminwahl zugrundeliegende Idee ist klar. Der Sonntag ist als Tag des Herren heilig, der Jakobstag als der Tag des örtlichen Reliquienheiligen. Eine Koinzidenz der beiden Festtage bedeutete eine Potenzierung der Heiligkeit, die auf das ganze Jahr wirkend gedacht wurde. Es war dies eine ganz andere Methode, besonders heilige Zeiten zu konzipieren – eine Methode, die freilich keineswegs nur lokal beschränkt Anwendung fand. Auf den jeweiligen Patron und seinen Festtag bezogen findet sie sich in verschiedenen südfranzösischen Wallfahrtsorten, in Montmajour, Comminges, Le Puy sowie St. Jean in Lyon. Analogien zu dieser Berechnungsweise begegnen schon 1064 bei der Jerusalem-Wallfahrt. In Santiago fand 1182 eine Königswallfahrt zu einem solchen Jakobssonntagsfest statt und bereits 1126 wurde eine Königsurkunde bei analoger Konstellation „beato iubilei anno tempore" datiert. Der biblische Begriff Jobeljahr/Jubeljahr scheint hier schon früh auf ein heiliges Jahr ganz anderer Berechnungsart angewendet worden zu sein.

Aachen als der wichtigste Wallfahrtsort des Reiches verfügte zwar im Spätmittelalter nicht über ein heiliges Jahr mit vollständigem Ablaß wie Rom und Santiago, auch hier gab es jedoch besonders geheiligte Zeiten über mehrjährige Distanz. Die großen „Heiltumsfahrten" – das sind Pilgerfahrten, bei denen die Reliquienschätze der Kirche öffentlich ausgestellt wurden – fanden jeweils alle sieben Jahre statt. Dieser Brauch ist für die Mitte des 14. Jahrhunderts gesichert, könnte aber schon ins 13. Jahrhundert zurückgehen. Nach dem Vorbild von Aachen entstanden „Heiltumsfahrten" mit einem Intervall von sieben Jahren in Trier, Cornelimünster, Maastricht, Tongern, Alteneyck, Düsseldorf und anderen Orten des Niederrheingebiets. Sieben von ihnen wurden nach dem Vorbild der sieben Hauptkirchen Roms zu einer Einheit zusammengefaßt. Über den Ursprung des auch sonst im Reich nachweisbaren Siebenjahreszyklus von „Heiltumsfahrten" ist nichts bekannt. Dem Intervall nach erscheint eine Entsprechung zum biblischen Sabbatjahr gegeben, dem Inhalt nach allerdings nicht. Ein Anklang an das biblische Jobeljahr läßt sich in Deutschland bei Wallfahrtszyklen nirgendwo finden. Dieses scheint vorbildgetreu bloß in Canterbury nachgeahmt worden zu sein.
Schon diese wenigen Streiflichter auf heilige Jahre des Spätmittelalters machen deutlich, daß damals eine neue und relativ starke Tendenz bestand, an bestimmte Jahre in größerem Zeitabstand besondere Heilserwartungen zu richten. Wie diese besonders heilbringenden Zeiten zu berechnen waren, darüber gab es allerdings wenig Übereinstimmung. Das biblische Vorbild des jeweils nach 50 Jahren gefeierten Jobeljahres war durchaus nicht allgemein verbindlich. Die Päpste selbst brachten neben diesem Modell verschiedene andere ins Spiel. Darüber hinaus gab es verschiedene regionale Varianten. Heilige Jahre waren ja durch ihren Charakter als Wallfahrts- und Ablaßjahre prinzipiell ortsgebunden. Das durch ein Jubeljahr bewirkt gedachte Heil konnte nicht an einem beliebigen Platz der christlichen Ökumene gewonnen werden, sondern nur an einem ganz bestimmten. Auch das vom Papst für Rom proklamierte Heilige Jahr war in diesem Sinn kein universales, sondern ein lokales. So gab es in der Westkirche im Spätmittelalter eine bunte Vielfalt heiliger Jahre, die keineswegs miteinander übereinstimmten. Ein gemeinsames Bewußtsein, daß nach Ablauf einer bestimmten Zahl von Jahren ein besonders heilbringendes wiederkehre, war offensichtlich nicht gegeben.

Die Tendenz zur Ausbildung von besonderen heiligen Jahren ist im Kontext einer umfassenderen Tendenz der spätmittelalterlichen Frömmigkeit zu sehen, Heil über die Beobachtung bestimmter heiliger Zeiten zu gewinnen. Im Vordergund standen dabei die großen Festtage im Ablauf des Kirchenjahres. Neben den Herrenfesten aus altchristlicher Tradition nahmen damals die Heiligenfeste an Bedeutung zu. Die Kraft des Heiligen glaubte man nicht mehr nur über räumliche Nähe zum Ort seiner Reliquien gewinnen zu können, sondern auch zeitlich durch die Feier seines Festtages. Über den Glauben an die besondere Wirkkraft des Heiligen an seinem Tag gewann der Heiligenkalender an Bedeutung. Die damals aufkommende Datierung nach Heiligenfesten ist Ausdruck eines wesentlich veränderten religiösen Zeitbewußtseins. Analog zu solchen Veränderungen in der Konzeption des Jahresablaufs kam es auch zu einer Sakralisierung der Wochentage, die diesen je unterschiedliche religiöse Bedeutsamkeit verlieh. Durch die besondere Heiligung des Sonntags als Tag des Herrn war ja eine sakrale Sinngebung des Wochentagszyklus seit alters grundgelegt. Heilige Zeiten im Tagesablauf, die im Spätmittelalter zunehmend an Bedeutung gewannen, orientierten sich an der Vergegenwärtigung bestimmter Stationen im Leben Jesu. Heilige Zeiten des Tages, der Woche, des Jahres konnten auf einen traditionellen Kontext zeitlicher Gliederung zurückgreifen. Über das Jahr hinausgehend war das nicht der Fall. Man mußte größere Einheiten konstruieren, für die in der überkommenen Zeitrechnung kein Ansatzpunkt gegeben war. Als Grundlage solcher Konstruktionen wählte man Analogiebildungen – Analogien zum heiligen Tag der Woche, zur Lebensdauer Christi, zum Jobeljahr des Alten Bundes. Aus keiner dieser Analogien konnte man überzeugend die besondere Heiligkeit eines bestimmten Jahres ableiten. Das Dilemma des „richtigen" Zeitintervalls blieb ungelöst.

Die im Spätmittelalter wesentlichste Heilswartung an ein Heiliges Jahr war der Gewinn eines vollkommenen Ablasses. Das Ablaßwesen entwickelte sich in der Westkirche während des Hochmittelalters als Auswirkung der Umgestaltung des Bußwesens. Mit dem Übergang von der öffentlichen zur privaten Buße wurden Sündenvergebung und Bußstrafen voneinander getrennt. Die Ableistung bzw. der Nachlaß der Bußstrafen entwickelte sich losgelöst vom Bußsakrament weiter. Der als „Ablaß" bezeichnete Nachlaß der Bußstrafen unterlag genauso wie die Sündenvergebung der Schlüsselgewalt der kirchlichen Amtsträger, des Bußpriesters, des Bischofs, letztlich des Papstes. Dieser Ablaß wurde jedoch nun in gesonderter Form gewährt. Eine neue Entwicklung trat ein, als Papst Urban II. den Ablaß mit der Kreuzzugzugsidee verband. Auf der Synode von Clermont verkündete er 1095, gleichzeitig mit dem Aufruf zum Ersten Kreuzzug, einen vollkommenen Ablaß für alle Kreuzfahrer. Auch dem Umfang nach war das gegenüber der bisherigen Praxis begrenzter Nachlässe von Bußstrafen eine Neuerung.
Der Kreuzzugsablaß als vollkommener Ablaß war seinem Ursprung nach eine außergewöhnliche und einmalige Sache, die nur einem sehr beschränkten Personenkreis zugute kam – nämlich jenen, die zur bewaffneten Wallfahrt nach Jerusalem aufbrachen. Das Bedürfnis, einen Ablaß zu gewinnen – speziell einen vollkommenen – war aber allgemein groß und nahm immer mehr zu. Einer der wichtigsten Faktoren in dieser Entwicklung dürfte die Entfaltung des Fegefeuerglaubens gewesen sein. Der Mediävist Jacques le Goff, der dem Fegefeuer als Ort der Reinigung eine große Studie gewidmet hat, formuliert diesbezüglich: „Im Jubeljahr 1300 feierte es seinen Triumph, denn in ihm traf das Bedürfnis der Massen der Gläubigen und die Vorschriften der Kirche zusammen". Nach diesen Vorschriften sollte der vollkommene Ablaß seinen einmaligen und außergewöhnlichen Charakter bewahren. Bei der Festsetzung der Termine Heiliger Jahre wurde immer wieder betont, daß ein solcher Ablaß nur einmal im Leben zu gewinnen sein sollte. Wollte man den Charakter des vollkommenen Ablasses als außergewöhnlich und einmalig aufrechterhalten, so bedurfte es heiliger Zeiten in größeren Zeitabständen. Wie das Ablaßwesen insgesamt bleiben deshalb Heilige Jahre eine spezifische Einrichtung der Westkirche. Auch andere wesentliche Bedingungen sind nur hier gegeben – der Fegefeuerglaube, der Kreuzzug als bewaffnete Wallfahrt, das Papsttum als zentrale

Instanz mit einem universalen Anspruch auf Binde- und Lösegewalt. So sind heilige Jahre – trotz ihrer allen christlichen Kirchen gemeinsamen Grundlage im Alten Testament – eine spezifische Erscheinung der westlichen Christenheit geblieben.

Durch die Bezeichnung „annus iubilaeus" sind die im Spätmittelalter eingerichteten Heiligen Jahre der römischen Kirche begrifflich mit den Jubiläen der Neuzeit verbunden. Inhaltlich haben sie jedoch mit diesen wenig gemeinsam. Und auch entwicklungsgeschichtlich lassen sich nur schwache Verbindungslinien erkennen. Jubiläen im heutigen Verständnis des Wortes sind historische Gedenktage. Auch sie haben letztlich religiöse Wurzeln. Ihre wesentliche Grundlage bilden jedoch nicht heilige Jahre, sondern heilige Tage. Jubiläen als historische Gedenktage haben sich aus den Anniversarien entwickelt, also aus den jährlich gefeierten Erinnerungstagen an ursprünglich religiöse und später allgemein historische Ereignisse und Personen. Als solche Gedenktage über das Jahr hinaus nach größeren Zeitabschnitten gefeiert wurden, spielte dabei das Intervall von fünfzig Jahren in der Tradition des jüdischen Jobeljahres bzw. des päpstlichen Jubeljahres eine wesentliche Rolle. So wurde auch die Bezeichnung übernommen.

JUBELJAHR UND JUBILÄUM

Die entscheidenden religiösen Wurzeln der Jubiläen im modernen Wortverständnis sind nicht in der katholischen, sondern in der protestantischen Christenheit zu suchen. Maßgebliche Bedeutung kommt dabei den in größeren Zeitabständen gefeierten Reformationsjubiläen zu, wie sie sich in Anschluß an den jährlich gefeierten Reformationstag entwickelt haben. Die historische Orientierung solcher Gedenktage entspricht dem spezifisch protestantischen Geschichtsbewußtseins. Das charakteristische 50-Jahre-Intervall der protestantischen Jubiläen ist wohl unmittelbar am alttestamentlichen Vorbild orientiert. Sicher spielt jedoch auch das Denken in Jahrhundert-Einheiten bei der Entstehung dieser Jubeljahre neuen Typs eine Rolle, wie es sich seit der frühen Neuzeit immer mehr durchsetzte. Aus den protestantischen Reformationsjubiläen bzw. aus den Jahrhundertfeiern allgemein haben sich die Jubiläen der neueren Zeit entwickelt, wie sie primär von Staaten und Nationen, aber auch von verschiedenen anderen gesellschaftlichen Großgruppen und Institutionen gefeiert werden. Ihr wesentlicher Inhalt ist Gedenken an historische Personen und Ereignisse, also Feiern von Geschichte. Mit Pilgerfahrt und Ablaßgewinn, den essentiellen Elementen des Heiligen Jahrs in Rom, haben sie nichts gemeinsam.
Die Heiligen Jahre der Päpste in Rom haben die Jahrhunderte hindurch ihre im Spätmittelalter grundgelegte Eigenart bewahrt. Sicher ist im Lauf der Neuzeit manches hinzugekommen, insbesondere in der Ausgestaltung der Feierlichkeiten, die in Rom während dieser Jahre abgehalten wurden. Den Charakter von Jubiläen im Sinne historischer Gedenkveranstaltungen haben sie dadurch jedoch nicht angenommen. Was an Bezügen zur Vergangenheit hergestellt wurde, geht nicht über die zentralen Themen christlicher Memorialkultur hinaus, so etwa die aus Anlaß des Heiligen Jahres 1525 eingeführten Passionsspiele im Kolosseum oder die barocken Inszenierungen biblischer Berichte, die 1650 in der Jesuitenkirche Il Gesú und auf der Piazza

Navona erfolgten. Auch das 19. und 20. Jahrhundert brachten diesbezüglich nichts grundsätzlich Neues. Das Jubeljahr der Päpste in Rom wurde nicht zu einem Jubiläum im modernen Verständnis, bei dem es um ein Feiern von Geschichte geht. Daß die römischen Jubeljahre im Prinzip nichts mit historischem Gedenken zu tun haben, zeigen die Anlässe von außerordentlichen Heiligen Jahren, wie sie seit der frühen Neuzeit immer wieder proklamiert wurden. Stets ging es um aktuelle Anlässe, etwa die Bekehrung der Protestanten, das Gelingen des Konzils von Trient, die Rückkehr der Kirche Englands, die Erhaltung des Kirchenstaats, die Einführung des Dogmas von der Unbefleckten Empfängnis Mariens etc. Erst im 20. Jahrhundert werden ansatzweise historische Bezüge erkennbar, so beim Heiligen Jahr 1929, das aus Anlaß des Priesterjubiläums Papst Pius' XI. ausgerufen wurde. Die außerordentlichen Heiligen Jahre 1933 und 1983 galten dem Gedenken des Kreuzestodes und der Auferstehung Jesu, die man ins Jahr 33 datierte.

Das Heilige Jahr 2000 steht im Spannungsfeld traditioneller Ablaßjahre auf der einen Seite, historischer Gedenkkultur und Jahrhundertschwellenstimmung auf der anderen. Die Verkündigungsbulle Papst Johannes Pauls II. vom 29. November 1998 bietet unterschiedliche Anknüpfungspunkte. Das Thema Jubiläumsablaß wird unter den vierzehn Punkten der Bulle erst an neunter und zehnter Stelle angesprochen. Allerdings ist ein ausführlicher Anhang den Bedingungen gewidmet, wie dieser Ablaß gewonnen werden kann. Hier wird die im Spätmittelalter entwickelte Ablaßtheologie in ihren Grundzügen zusammengefaßt und die überkommene Form der Ablaßgewährung bestätigt. Neu ist die Erweiterung der Pilgerziele, an denen der Ablaß gewonnen werden kann – in Rom etwa auch durch den Besuch der Katakomben, außerhalb Roms vor allem in der Grabeskirche in Jerusalem, der Geburtsbasilika in Bethlehem bzw. der Verkündungskirche in Nazareth, aber auch in Bischofskirchen anderwärts, sowie für Kranke, Alte und Gebrechliche überall auf der Welt. Insgesamt wird das Heilige Jahr hinsichtlich der örtlichen Bezugspunkte universal konzipiert, allerdings mit zwei besonderen Zentren, nämlich Rom und dem Heiligen Land. Neu ist daran auch die Erweiterung jener religiösen Handlungen, durch die der Jubiläumsablaß gewonnen werden kann, über Sakramentenempfang und Besuch bestimmter Kirchen hinaus. Als solche Handlungen, durch die die erforderliche Bußgesinnung unter Beweis gestellt werden kann, gelten nun auch der Verzicht auf Alkohol, auf Rauchen bzw. andere Formen der Abstinenz. Das traditionelle Moment der Pilgerschaft spielt ebenfalls in der Bulle eine wesentliche Rolle. Es wird jedoch nicht mehr nur im engeren Wortverständnis der Wallfahrt gedeutet, sondern auch in einem weiteren bzw. einem metaphorischen Sinn, etwa als Pilgerfahrt ins dritte Jahrtausend. Damit ist die Verbindung zu historischen Rückblicken hergestellt bzw. das Thema Jahrhundert- und Jahrtausendschwelle angesprochen.

Historische Themen nehmen insgesamt in der päpstlichen Bulle zum Heiligen Jahr 2000 breiten Raum ein. Ihr Stellenwert kommt auch in der Reihung solcher Themen zum Ausdruck. Gegenüber dem Thema Jubiläumsablaß werden sie vorrangig behandelt. Gleich der erste Absatz der Bulle enthält die bezeichnende Formulierung: „Die Geburt Jesu in Bethlehem ist nicht ein Ereignis, das der Vergangenheit übergeben

werden kann. Tatsächlich steht die ganze Menschheitsgeschichte in Bezug zu ihm."
Diese und viele andere Stellen der Bulle ließen die Deutung zu, daß der Papst das Jahr 2000 als ein Christusjubiläum im neuzeitlichen Verständnis des Jubiläumsbegriffs verstanden wissen will. Gegenüber der ursprünglichen Zielsetzung und der Jahrhunderte langen Entwicklung der Heiligen Jahre in Rom wäre das ein neues Konzept.
Die Programmatik der Verkündigungsbulle und die tatsächliche Realisierung des Heiligen Jahres sind sicherlich nicht ident. Die Geschichte der Heiligen Jahre zeigt, daß ein vorgegebenes Programm nicht immer von jenen Menschen angenommen wurde, für die es bestimmt war. Sicher wird im Jahr 2000 gefeiert – weltweit, aber gerade auch in Rom. Ob im Sinne der historischen Tradition, nach aktualisiertem Konzept oder auch in einem ganz anderen Verständnis, das werden die Menschen entscheiden, die diesen Anlaß begehen.

ANMERKUNG

Der Beitrag stellt eine Zusammenfassung von Überlegungen und Analysen dar, die der Autor in zwei umfangreichen Publikationen vorgelegt hat: Millennien und andere Jubeljahre – Warum feiern wir Geschichte? (Wiener Vorlesungen im Rathaus, Band 65, Wien 1998), und: Anniversarium und Jubiläum. Zur Entstehung und Entwicklung öffentlicher Gedenktage, in: Emil Brix/Hannes Stekl (Hg.), Öffentliche Gedenktage in Mitteleuropa, Wien 1997, S. 23–90. Bezüglich weiterführender Literatur sei auf diese beiden Veröffentlichungen verwiesen.

DER NEUNTE NOVEMBER. KALENDERDATEN ALS CHIFFREN DER MACHT

THOMAS MACHO

Kalender und Datierungen werden häufig als *diachrone* Systeme analysiert. Im Rahmen solcher Analysen kann der Status von Chroniken, Historien und Genealogien plausibel bestimmt werden: sie legitimieren den temporalen Standort der Herrscher, ihre Abstammung von einem sakralen Ursprung. Sie verschmelzen die Biographie der Machthaber mit der Geschichte von den Triumphen und Erfolgen eines bestimmten Verwandtschaftssystems; und sie ernennen den lebenden König zum Repräsentanten einer ruhmreichen Tradition. Als *diachrone* Konstruktionen werfen die Kalender und Datierungen keine nennenswerten Probleme auf. Anders gesagt: sie bleiben anfällig für Fälschungen und Irrtümer. Nicht umsonst wird bis heute über die pharaonischen Regierungszeiten gestritten; und auch die Lebensdaten, ja gar die Existenz Karls des Großen wurden jüngst erst heftig bezweifelt.[1] Alle „dark ages" der Geschichtswissenschaft dürfen mit Skepsis als mögliche Resultate eines Fehlers der Chronisten – oder gar als Spuren eines „Priesterbetrugs" – betrachtet werden.

Kalenderwissenschaftliche Innovationen verdanken sich seltener den Zwängen der Diachronie, als vielmehr den *Synchronisierungsansprüchen* jedes Systems zur zeitlichen Datierung. Die meisten Kalender müssen verschiedene Perioden synchronisieren: an erster Stelle die historische Zeitrechnung (beispielsweise die zyklische Wiederkehr politisch-religiöser Feste) und die astronomischen Rhythmen (beispielsweise Jahreszeiten oder Mondphasen). Pointiert gesagt: alle Kalender sind – dem älteren Wortsinn nach – „Revolutionskalender", sofern sie sich an den Umläufen der Gestirne, – wiederum dem älteren Wortsinn nach – „orientieren". Die zweite Synchronisierungsleistung, die den Kalendern regelmäßig abverlangt wird, betrifft schlicht andere Kalender. Sobald abweichende Kalendersysteme nicht mehr einfach ausgelöscht und vergessen werden können, müssen sie ineinander „übersetzt" werden. Die Herrschaft des *Imperium Romanum* über die Provinz Palästina erforderte gewisse Synchronisierungen des jüdischen Mondkalenders mit dem römischen Sonnenkalender; lokale Kalender und Zeitzonen mußten immer wieder den Amts- und Kommunikationsstrukturen von Großreichen angepaßt werden (was Harold A. Innis in seinem inspirierten Essay „A Plea for Time" von 1950 an zahlreichen Beispielen demonstrierte.[2]) Die Rede von „Zeitzonen" annonciert schließlich, was als eine dritte Integrationsaufgabe von Kalendern beschrieben zu werden verdient: nämlich die Verschränkung von topo- und chronographischen Darstellungssystemen. Funktionsfähige Daten benötigen Ortsangaben: *333 – bei Issus Keilerei.* Kalender brauchen Karten (und umgekehrt), was nicht nur an der Geschichte der Seefahrt exemplarisch gezeigt werden könnte.[3]

Der folgende Text will die häufig unterschätzten symbolischen Leistungen von Datierungstechniken und Kalendern in drei Abschnitten kommentieren. Zunächst werde ich (erstens) von den Möglichkeiten, besser gesagt: von den Schwierigkeiten sprechen, Kalenderdaten als Codierungen von Ereignissen aufzufassen. Danach werde ich (zweitens) die wechselvolle Geschichte des zu Unrecht als „deutsches Schicksalsdatum" qualifizierten *9. November* skizzieren, um zum Abschluß (drittens) die kulturelle „Umwertung" der Neun am Leitfaden eines Textes zu charakterisieren, der seinerseits gerade erst zweihundert Jahre alt geworden ist: nämlich Georg Christoph Lichtenbergs „Rede der Ziffer 8 am Jüngsten Tage des 1798sten Jahres, im grossen Rat der Ziffern gehalten".

DATEN ALS ZEUGEN

Datumsangaben sind Zahlenkombinationen, die wir heute gewöhnlich auf Ereignisse beziehen. Nicht selten sind es gewaltsame Ereignisse, die in Gestalt von schlichten Ziffern unsere Geschichtsbücher strukturieren: ein Sieg in der Schlacht, ein Attentat, eine Revolution, ein Märtyrertod. Daneben stehen Geburts- und Sterbetage, glückliche oder katastrophale Zufälle, überraschende Sternstunden oder traumatische Zusammenbrüche. Wir sind so sehr daran gewöhnt, die Idee des Datums aus der Idee des Ereignisses abzuleiten, daß leicht aus dem Blickfeld geraten könnte, wie modern diese Assoziation eigentlich ist. Die Mehrzahl der Hochkulturen hat die Ereignishaftigkeit der Kalenderdaten geradezu zwanghaft geleugnet, um die – notorisch zum *Kairos* aufgewerteten – Zeitpunkte eines höheren Sinns verdächtigen zu können. Schon in Ägypten wurde eine differenzierte Semantik der Kalenderdaten veranstaltet. Herodot berichtet im zweiten Buch der „Historien", die Ägypter hätten „herausgefunden, welcher Gottheit jeder Monat und jeder Tag heilig ist und welches Schicksal einem jeden Menschen, je nachdem, an welchem Tag er geboren ist, in seinem Leben beschieden werde, auf welche Art er sterben und von welcher Natur und Eigenschaft er sein werde." So geben die entdeckten Kalender Ägyptens Auskunft über befürchtete oder erwünschte Lebensperspektiven: Wer beispielsweise am 9. Phaophi (Oktober) geboren wurde, durfte auf ein hohes Alter hoffen; wer dagegen zu einem Geburtstag am 23. Phaophi verurteilt war, mußte damit rechnen, von einem Krokodil gefressen zu werden. Der 14. Tag des Athyr (November) galt als Vorzeichen drohender Ermordung, der 23. Tag desselben Monats disponierte zum Tod bei einem Schiffbruch.[4]

Auch die kulturellen Eliten lesen gelegentlich – so unterstelle ich frech – ein Horoskop. Sie folgen damit implizit einer Tradition, die davon ausgeht, daß Daten wie *Keywords* zu einem geheimen Plan decodiert werden können. Zahlenkombinationen erschließen die Mysterien der Ontologie. Aus der pythagoräischen Schule stammt das Motto, welches jeder astrologisch-zahlenmystischen Spekulation – bis in die Gegenwart – vorangestellt werden könnte: „Alles entspricht der Zahl." Denn „groß und vollkommen vollendet und alles bewirkend und göttlichen und himmlischen sowie menschlichen Lebens Anfang sowie Anteil nehmende Führerin ist die Kraft der Zahl. [...] Denn ohne diese (Kraft) ist alles unbegrenzt und undeutlich und unklar."[5] Nur eine differenzierte Zahlensemantik schützt vor dem Blick ins Chaos, vor einer Konfrontation mit dem Unbegrenzten, Undeutlichen, Unklaren. Zahlen und Kalenderdaten müssen *gelesen* werden, sie müssen *bedeuten*: diese Bedeutung wurde einerseits durch mathematische Permutationen (beispielsweise Potenzierung oder Quersummenbildung), andererseits durch die Behauptung von Korrespondenzen zwischen Zahlen und Buchstaben ermittelt. Griechische, lateinische, arabische oder hebräische Buchstaben repräsentierten bekanntlich Zahlwerte (und umgekehrt); Zahlen ließen sich daher mühelos in sinnstiftende Buchstabenkombinationen verwandeln, während Worte und Sätze in Zahlensequenzen konvertiert werden konnten.

Noch im 19. Jahrhundert wurden in der arabischen Kultur Sinnsprüche zu Datierungen verwendet. Der „Buchtitel *Bagh u bahar*, „Garten und Lenz", zeigt mit seinem Zahlwert an, daß dieses unterhaltende Werk im Jahre 1216 der islamischen Zeitrechnung, das ist 1801-2 unserer Ära, verfaßt worden ist. Und mit einem passenden Wort oder Spruch konnte das Todesdatum einer Persönlichkeit angegeben und der Verstorbene treffend charakterisiert werden."[6] Die Zahlensymbolik fungierte als Ordnungsmacht gegen die Wahrnehmung des „Unbegrenzten, Undeutlichen, Unklaren". Anders gesagt: sie widerstand der Idee von einem intimen Zusammenhang zwischen Datum und ereignishafter Kontingenz. Daten sollten als *Zeichen* interpretiert werden (wie der Vogelflug, die Orakelsprüche der Pythia oder die Eingeweide von Opfertieren), – durchaus im Sinne Herodots, der an der bereits zitierten Stelle der „Historien" von den Ägyptern sagte, sie hätten „Zeichen von dem Zukünftigen [...] mehr beachtet als alle anderen Menschen zusammen. Nämlich wenn ein Zeichen geschieht, so schreiben sie es auf und achten auf den Ausgang, und wenn dann späterhin einmal wieder solch ein Zeichen geschieht, so erwarten sie, daß es denselben Ausgang haben werde." Zwar mögen diese Erwartungen gelegentlich enttäuscht worden sein; doch provozierten die Fehlschläge keine Revision des Versuchs, die Daten und Zahlen als Codierungen himmlischer Absichten zu traktieren.

Erst die säkulare Mathematik verabschiedete mit der Vorstellung unterschiedlicher Zahlenqualitäten auch die Hoffnung auf einen strategischen Hintersinn kalendarisch manifestierter Zahlenkombinationen; was sie ermöglichte, war die konstitutive Verschränkung von Kalenderdaten und Ereignissen ohne Anspruch auf tiefere, gleichsam heilsgeschichtliche Bedeutung. Unter diesem Gesichtspunkt ist der folgende Text aus dem 17. Jahrhundert moderner, als sich auf den ersten Blick erraten läßt; er schildert die Erfahrung einer „Erleuchtung", die dem Autor unvermittelt widerfuhr und seinen Wunsch nach Gewißheit auf unüberbietbare Weise erfüllte. Aber die erworbene *certitude* blieb so restlos subjektiv und unhintergehbar wie das cartesische *cogito*. Der Text beginnt mit einer präzisen Datierung: „Montag, den 23. November, Tag des heiligen Klemens, Papst und Märtyrer, und anderer im Martyrologium. Vorabend des Tages des heiligen Chrysogonos, Märtyrer, und anderer. Seit ungefähr abends zehneinhalb bis ungefähr eine halbe Stunde nach Mitternacht FEUER ‚Gott Abrahams, Gott Isaaks, Gott Jakobs', nicht der Philosophen und Gelehrten. Gewißheit, Gewißheit, Empfinden: Freude, Friede."[7] Diese Zeilen notierte ein Mathematiker im Jahre 1654 auf ein Blatt Papier, das er anschließend in seinen Rock einnähte. Erst nach seinem Tode wurde das sogenannte *Memorial* von der Dienerschaft entdeckt.
Die exakte Datierung verrät, nicht weniger als der Versuch, die Differenz zwischen Erfahrung und Schrift durch die Vereinigung von Papier und Kleid zu verringern, daß die externen Deutungen – vielleicht auch: die möglichen Relativierungen – der „Feuernacht" im Horizont einer theologischen Ordnungsmatrix gescheitert waren. Die Erfahrung sollte *unbedingt* gelten, darin war sie der cartesischen „Meditation" von 1641 verwandt; ihre unbedingte Geltung wurde durch das protokollarische Gewicht des Datums gleichsam bezeugt. Aber weder erklärte der 23. November

1654 die Offenbarung des alttestamentarischen Gottes, noch vermochte die erworbene *certitude* ein Licht auf die Montagsnacht vor nahezu 344 Jahren werfen. Die Zeugenschaft des Datums, die das Ereignis überhaupt erst konstituiert und ermöglicht, entspringt keiner argumentierbaren Überzeugung; und umgekehrt gewinnt das Ereignis sein Prestige gerade nicht aus irgendeiner mathematischen Operation. Die Kontingenz des „Feuers" und der exakten Datierung verstärken einander wechselseitig. Die Grundlosigkeit der beschriebenen Erfahrung spiegelt sich in einer sinnlosen Zahlenkombination. Losgelöst von einer Person oder einer konkreten Situation spricht die Sequenz *23. November 1654* buchstäblich von nichts; sie könnte jeden denkbaren Kontext bezeichnen. Das Datum codiert ein *Hier und Jetzt* ohne Inhalt; es verschluckt alle Bestimmungen.

Auf dem Gang durch einen Friedhof begegnen wir zahllosen Erinnerungssteinen, die an nichts mehr erinnern: beschriftet mit Namen und Daten verweigern sie alle Auskünfte. „Das Datum ist ein Zeuge", sagt Jacques Derrida. Aber es zeugt von nichts. Auch der Tod ist nur ein Datum, leicht verwechselbar mit dem Datum der Geburt. Lebensdaten, Sterbedaten, Zeiten der Regierungen, Zeiten der Umstürze und Revolutionen, Zeiten der Kriege, Zeiten des Friedens. Im Geschichtsunterricht mußten die Daten auswendig gelernt werden; denn kein Datum unterhält lesbare Beziehungen zu einem bestimmten Ereignis. Aus *333* folgt bloß ein unsäglicher Reim, der das dreimalige *ei* der genannten Zahlen nachzuäffen scheint, – doch kein Wissen über die Schlacht bei Issus. Jedes Datum zerstört, was es zu bewahren scheint. „Indem es die Vernichtung dessen, was es dem Vergessen entreißt, riskiert, kann es jederzeit das Datum von nichts und niemanden werden, ein Wesen ohne das Wesen der Asche, wobei man eines Tages nicht einmal mehr darum weiß, was ein einziges Mal unter einem aufgebrauchten Namen da war. [...] Es gehört zum stets beschädigten Wesen des Datums, nur dann lesbar und erinnerungsfördernd zu werden, wenn es das, was es bezeichnet haben wird, löscht und dadurch jedesmal niemandes Datum wird."[8] Daten erinnern – wie Eigennamen oder Denkmäler – das Vergessen: sie bilden ein Zeichen für die stumme Gewalt kontingenter Ereignisse, ohne diese Ereignisse jemals eindeutig *meinen* und unverwechselbar bezeichnen zu können. Daraus läßt sich folgern, daß Kalenderdaten Ereignisbegriffe fördern und unterstützen, auch und gerade weil sie niemals Ereignisse codieren können, – sondern allenfalls andere Kalenderdaten.
Davon hat insbesondere jener Poetologe der Kalenderdaten gesprochen, dem Jacques Derrida seine eben zitierte Studie gewidmet hat: *Paul Celan*. Der Geburtstag des Dichters fiel auf einen 23. November – den 23. November 1920; es ist nicht unwahrscheinlich, daß der von Datierungen geradezu besessene Celan das *Memorial* Pascals kannte.[9] Derrida betont, daß Celan alle seine Gedichte in der Reinschrift zu datieren pflegte;[10] zur Veröffentlichung gelangten freilich – mit wenigen Ausnahmen, zu denen das berühmte, von Peter Szondi kommentierte Berliner Gedicht „Eden"[11] gehört – nur jene Daten, die in die Gedichte selbst eingesickert waren, etwa der dreizehnte Februar oder der zwanzigste Januar. Celan wußte, daß die Datierung seinen poetischen Ansprüchen nur bedingt genügen konnte; denn kein Datum hält fest, nicht einmal um den Preis der eigenen Tilgung, was es an ein

singuläres Ereignis (auch der Niederschrift eines Gedichts) bindet. Alle Daten verweisen vielmehr wie Jahresringe – ein Bild, das Derrida in seiner Celan-Studie mehrfach verwendet – auf andere Daten. So kann der 13. Februar auf das Jahr 1934 (und den Arbeiteraufstand in Wien), auf das Jahr 1936 (und den Wahlsieg der spanischen *Frente popular*) oder auf das Jahr 1962 (und das Begräbnis der Opfer eines O.A.S-Anschlags in der Métro-Station Charonne) bezogen werden.[12] Daten sind gespenstisch vieldeutig. „Ein Datum ist verrückt", sagt Derrida, „es ist niemals das, was es ist, oder was es sagt, daß es sei; es ist immer mehr oder weniger als das, was es ist."[13]
Diese Sätze gelten in herausragendem Maße für den zwanzigsten Januar, um den sich die zentrale Datumsrede Celans – die Ansprache zur Entgegennahme des Büchner-Preises im Oktober 1960 – drehte. An diesem Tag ging Lenz ins Gebirg, wie der erste Satz der fragmentarischen Novelle Büchners bezeugt.[14] Der zwanzigste Januar bildete den Ausgangspunkt des fortschreitenden Wahnsinns: die Geschichte einer „Erleuchtung" der anderen Art. Und Celan erinnert in seiner Rede – in der sich die Datierungen und Verweise jagen, Zitate von Zitaten (von Malebranche zu Kafka und Benjamin) mit dem „Akut" des Heutigen, der epiphanischen „Atemwende", versehen werden[15] – an seine eigene Geschichte von einem „Gespräch", die er im August 1959 verfaßt hatte, und in der ein Jude „wie Lenz, durchs Gebirg" geht, um seinen Doppelgänger zu verfehlen.[16] Der zwanzigste Jänner ist das zentrale Datum für Celan, ein Datum für den gefährdeten Dichter, ein Datum für den Juden, der des Tages gedenkt, an dem eine Konferenz in Berlin beschloß, nicht nur das Leben der jüdischen Bevölkerung, sondern auch deren Geburts- und Sterbedaten auszulöschen, um sie in Fleisch und Akten durch Nummern zu ersetzen. Die Konferenz wurde bekanntlich am *Wannsee* durchgeführt: an einem Ort, dessen Name an den Wahnsinn und an die Frage nach den Daten erinnert. In manchen Schlüsselgedichten aus dem Band „Die Niemandsrose" von 1963 – „Tübingen, Jänner" oder „Huhediblu" – scheinen die Worte zu stocken, angesichts solcher Übereinkunft des Wahns mit dem Wann; ein Mensch „mit dem Lichtbart der Patriarchen" kann nur noch lallen: „Wann, wannwann, / Wahnwann, ja Wahn, – / Bruder / Geblendet, Bruder / Erloschen, du liest, / dies hier, dies: / Dis- / parates-: Wann / blüht es, das Wann, / das Woher, das Wohin und was / und wer".[17]

DER NEUNTE NOVEMBER

Vielleicht waren die Umwege über den 23. November und den 20. Januar notwendig, um die Frage nach dem *9. November* angemessen entwickeln zu können. Auch sollte die Grundthese meines Textes bereits sichtbar geworden sein, bevor sie an der Serie von *9. November*-Daten bewährt wird, die ich in den folgenden Passagen vorzustellen gedenke: die These nämlich, daß Datierungen weniger Ereignisse codieren als vielmehr andere Datierungen, und daß die codierten Augenblicke des Umbruchs (vom Staatsstreich bis zur Revolution, vom Putschversuch bis zum Pogrom, vom Heldentod in offener Feldschlacht oder vor dem Erschießungskommando bis zum Fall der Berliner Mauer) auch Auskunft geben über die strukturelle Gewaltsamkeit der Kalendercodierungen selbst, die sich stets gegen konkurrierende Kalendercodes richten. Ich rekapituliere, was halbwegs bekannt ist,

und in den meisten Reden und Festtagsartikeln zur Wiederkehr des 9. November nachgelesen werden kann: daß dieser Tag als ein deutsches „Schicksalsdatum" des 20. Jahrhunderts bezeichnet werden müsse, das einerseits die Katastrophen des Faschismus, symbolisiert im vergeblichen „Marsch auf die Feldherrnhalle" vom 9. November 1923 und in der landesweiten Pogromnacht vom 9. November 1938, andererseits die Siege und Niederlagen des Sozialismus, symbolisiert durch die „Novemberrevolution" vom 9. November 1918 und den Zusammenbruch des DDR-Sozialismus vom 9. November 1989, gewissermaßen unter das Dach eines gemeinsamen Gedenktags versammelt. Ich will nicht leugnen, daß mir diese Art von Zusammenfassung, die inzwischen auch Eingang in Bücher[18] und Internet-Adressen gefunden hat, mäßig sympathisch ist, und zwar nicht allein, weil sie fragwürdige Analogien erzeugt, sondern auch, weil sie als „Schicksal" tabuisiert, was häufiger einer konkreten Datums- und Kalenderpolitik zugerechnet werden darf.
Der erste neunte November, von dem heute zu reden wäre, verweist nicht nur auf einen zweifachen Umsturz: auf eine Revolution und einen Staatsstreich (nach dem zehnten Jahrestag dieser Revolution), sondern auch auf einen Umsturz des Kalenders. Denn dieser erste neunte November bildet zwar das Datum, an dem die französische Revolution in gewisser Hinsicht abgeschlossen wurde, aber auch das einzige Datum, das bis heute an den zwölfjährigen Versuch erinnert, die einzigartige Bedeutung dieser Revolution durch einen reformierten Kalender zu definieren. Ich spreche vom *achtzehnten Brumaire* des achten Jahres der „ère des Français": dem Tag, an dem Napoleon – nach traditioneller Lesart am 9. November des Jahres 1799 – die Macht ergriff und in einem unblutigen Staatsstreich das Direktorium der Republik stürzte. Karl Marx hat diesen Tag bekanntlich ein halbes Jahrhundert später gewürdigt, indem er dessen „Wiederholung" durch Louis Bonaparte, am 2. Dezember 1851, als weltgeschichtliche „Karikatur" geißelte; dabei mußte er freilich zugestehen, daß es zum Wesen aller Umstürze rechnet, den proklamierten Neubeginn durch historische Kostüme zu legitimieren – und sich also von vornherein als jene „Farce" zu inszenieren, die nach Hegels Wort erst der „Tragödie" folgt.[19] Diese These gilt sogar für die französische Kalenderreform vom 24. November 1793, die den Beginn der neuen Zeitrechnung auf die Aequinoktien des Jahres 1792 zurückdatierte, und folglich ihr antigregorianisches Dokument auf den vierten *Frimaire* (den Reifmonat) des Jahres zwei setzte. Demnach wurde der König in der „Niemandszeit" zwischen altem und neuem Kalender geköpft...
Mit guten Gründen läßt sich annehmen, daß der 9. November 1799 nicht nur in seiner pseudonymischen Gestalt als 18. Brumaire des Jahres VIII reüssierte. Einerseits richtete sich – zumindest in den ländlichen Gebieten – religiöser Widerstand gegen die Ersetzung des Sonntags durch den *Decadi*, andererseits waren auch die Städter mit der Verlängerung der Arbeitszeiten von sechs auf neun Tage nur mäßig zufrieden. Obendrein wurden bald astronomische und mathematische Einwände artikuliert: Lalande und Laplace, die ehemaligen Parteigänger der republikanischen Zeitrechnung, hielten den Kalender schon vor seiner endgültigen Abschaffung am 31. Dezember 1805 für ein gescheitertes Projekt.[20] Die Kalenderdaten prominenter „Revolutionsmemoiren" ließen die „neue Zeit" – und mit ihr die alte Kalenderrechnung – nicht selten gleich mit Bonapartes Proklamation zum Ersten Konsul be-

ginnen; so springen die (fiktiven) Memoiren der Pariser Henkerdynastie Sanson von der Hinrichtung Babeufs (am 8. Tag des *Prairial*, des Grasmonats im Jahre V) direkt zur Ära Napoleons, die sofort nach alter, gregorianischer Zeitrechnung datiert wurde.[21] Der Korse selbst – mit seiner Leidenschaft für die Zehn, von der noch zu reden sein wird – mag allenfalls an den Jahrestag des 10. November 1793 gedacht haben, als knapp vor Einführung des Revolutionskalenders das „Fest der Vernunft" in Paris zelebriert wurde; wollte er denn nicht im Namen der „Vernunft" das „Epos der Revolution" abschließen und zu den prosaischen Geschäften der Regierung übergehen?[22]

Halten wir fest: der achtzehnte Brumaire des Jahres 1799 behauptete sich im kulturellen Gedächtnis Europas nicht nur als Datum eines Staatsstreichs, sondern auch als Datum einer entscheidenden Wende im Krieg um Kalenderdaten; und es fällt schwer, den Einfluß präziser zu qualifizieren, den nicht nur die napoleonischen Kriege und Modernisierungsmaßnahmen, sondern auch dieses Datum auf die deutsche Geschichte genommen hat. Zunächst war es freilich kein 9. November, der gute Aussichten hatte, zum deutschen Nationalfeiertag aufzusteigen, sondern vielmehr der 18. Oktober der „Völkerschlacht" bei Leipzig (im Jahr 1813), in der Napoleon entscheidend geschlagen wurde. Die ersten Nationalfeste, die Friedrich Ludwig Jahn bereits 1810 (wie Rousseau in seinem später geradezu kanonisierten Brief an D'Alembert von 1758[23]) – als unverzichtbare Medien der Bildung von Nationalstaaten – gefordert hatte, wurden als „Oktoberfeste" begangen. Das prominenteste „Oktoberfest" wurde am 18. und 19. Oktober 1817 auf der Wartburg bei Eisenach veranstaltet: damals wurde sowohl der dreihundertste Jahrestag der Reformation gefeiert, als auch der militärische Triumph über Bonaparte.[24] Zuvor hatte Ernst Moritz Arndt – nach detaillierten Recherchen in den „franzosenfreundlichen" Rheingebieten – die Einführung patriotischer Festtage vorgeschlagen: er selbst favorisierte einen Gedenktag der mythischen „Hermannsschlacht", aber natürlich auch den 18. Oktober oder den 2. Februar, den Todestag Andreas Hofers.

Erst in der Mitte des 19. Jahrhunderts – in einer Zeit, die heute unter dem Monatstitel des „Vormärz" abgehandelt wird – kam es zu einer Renaissance des neunten November. Den Kontext dieser Renaissance bildete ein latent aufrührerischer, staatskritischer Geniekult, der von lokalen Vereinen besonders in Stuttgart, Breslau und Leipzig gepflegt wurde. Friedrich Schillers Geburtstag (am 10. November) wurde seit Anfang der Vierzigerjahre mit einem Umzug am 9. November begonnen und als bürgerliches Oppositionsfest inszeniert. Nicht umsonst wurde nach 1848 ein massiver politischer Druck auf die Schillervereine ausgeübt; 1854 wurden die „Preußischen Regulative" erlassen, die den Junglehrern in den Ausbildungsseminaren sogar die Privatlektüre (!) der Klassiker – von Lessing bis Schiller – verboten. Während der Breslauer Schillerkult von Hoffmann von Fallersleben initiiert wurde, betätigte sich der spätere Abgeordnete der Frankfurter Nationalversammlung in der Paulskirche, der Buchhändler Robert Blum, als Organisator der Leipziger Schillerfeiern. Die Identifikation mit dem Klassiker mag ihm nicht schwergefallen sein, – teilte er doch mit dem Dichter nicht nur die politischen Ideale der frühen Dramen, sondern auch den Geburtstag am 10. November. In seiner Ansprache zum ersten

Leipziger Schillerfest am 9. November 1840 bejubelte Blum den Mut der „Räuber", „die Freiheit, die der gegebene Staat nicht gewährt, in den Wäldern" zu suchen, „wo sie einen eigenen Staat gründen". Und er pries den Dichter als „ehernen Leuchtturm", der in den „Ozean der Geschichte" hinausrage, weil er einer „tatendurstigen, freiheitsmutigen Jugend" den Weg gewiesen habe. Blum erklärte das Geburtstagsfest – wohlgemerkt: implizit auch seinen eigenen Geburtstag! – zum „Fest des Vaterlandes", „Fest der Menschheit" und einer „schöneren, besseren Zukunft".[25]
Im Kampf um diese „schönere, bessere Zukunft" fuhr Blum als Delegierter der linken Paulskirchenfraktion am 17. Oktober 1848 nach Wien, um dort die Aufstände zu unterstützen; ab dem 25. Oktober beteiligte er sich als Kommandant der ersten Kompanie des Elitekorps an der militärischen Verteidigung der österreichischen Hauptstadt, die am 1. November von den kaiserlichen Truppen (unter dem Oberbefehl von Fürst Windischgrätz) eingenommen wurde. Am 4. November wurde Blum im Gasthof „Stadt London" verhaftet, vor ein Kriegsgericht gestellt, zum Tode verurteilt und am 9. November 1848 – vor mehr als 150 Jahren – in der Brigittenau erschossen. Die überraschende Hinrichtung wurde zum Märtyrertod verklärt; fortan konnte der 9. November nicht nur als Vorabend des Schillergeburtstags, sondern auch als Todestag Robert Blums erinnert werden.[26] Nach mehr als zehn Jahren der Verbote wurde vom 9. bis zum 11. November 1859 ein nationales Fest zu Schillers hundertstem Geburtstag veranstaltet, in dessen Rahmen auch Gedenkfeiern für Blum abgehalten werden sollten; ein Teil der geplanten Veranstaltungen durfte freilich nicht durchgeführt werden: denn schließlich wußte auch die preußische Polizei, was im „Kladderadatsch" als satirischer Dialog „in einer Berliner Weißbierstube" formuliert wurde: „In Wirklichkeit soll es ja doch man bloß ein Erinnerungstag an die rothe *Republik* sin. Mein Sohn hat es mehrfach nachgeschlagen: 1793 am 10. November war das Fest der Vernunft in Paris, wo sie ein leicht gekleidetes Frauenzimmer als höchstes Wesen darstellten; am 10. November 1848 Sperrung aller Clubs in Berlin durch *Hinkeldey*; und so geht es am 10. November durch die ganze Weltgeschichte: – *Schiller is bloß vorjeschoben.*"[27]

Schon an der Schillerfeier von 1859 läßt sich eine Art von Konkurrenz um das heikle Datum erkennen: der Wahrnehmung Schillers als Idol der „roten Republik" läßt sich die Wahrnehmung Schillers als Symbolfigur der Einigung des Reichs gegenüberstellen. Von 1871 an wurde Bismarck (auch im Rückblick auf die Novembertage von 1859) als „Erbe" Schillers gewürdigt, während umgekehrt Schiller als „Bismarck im Reich der Geister" qualifiziert werden konnte.[28] Diese politische Konkurrenz um die Tage zwischen dem 8. und dem 10. November sollte sich im 20. Jahrhundert fortsetzen. Dabei macht es freilich wenig Sinn, bloß die „Novemberrevolution" und den „Hitlerputsch" gegenüberzustellen – und deren jeweilige Bezugsdaten zu vergessen. Die eilige Proklamation der Republik durch Philipp Scheidemann in Berlin fand, höchst passend, beinahe am ersten Jahrestag der russischen Oktoberrevolution statt: Oktober- und Novemberrevolution sind nämlich lediglich durch ein Jahr und einen Tag voneinander getrennt – abgesehen von jenen Tagen, die Papst Gregor XIII. im Zuge einer – seit 1582 mit seinem Namen verbundenen – Kalenderreform

„erwirtschaftete". Da Rußland erst zu Beginn des 18. Jahrhunderts – durch ein Edikt Zar Peter des Großen – den Julianischen Kalender einführte (während die meisten anderen europäischen Staaten bereits den gregorianischen Kalender angenommen hatten), fand die Revolution vom 26. Oktober 1917 (nach russisch-julianischer Zeitrechnung) eigentlich am 8. November 1917 (nach gregorianischer Lesart) statt.

Die engere datumspolitische Vorgeschichte des Münchner Putschversuchs durch Hitler und Ludendorff wiederum begann nicht im Winterpalais, sondern an der Westfront des Ersten Weltkriegs. Kurz nach dem 9. November 1914 wurde in Flandern die 6. Reserve-Division, ein schlecht ausgebildetes Regiment von Freiwilligen, fast völlig aufgerieben. Die militärstrategische Irrelevanz dieses Opfers – es ging um eine wenig bedeutsame Begradigung der Front bei Ypern – wurde verblüffend schnell ideologisch kompensiert: der Todesmut der jungen Studentendivision, die laut Wehrmachtstagebuch „unter dem Gesange „Deutschland, Deutschland über alles" gegen die erste Linie der feindlichen Stellungen"[29] vorgeprescht sei, wurde auf den Titelseiten der meisten Tageszeitungen am 11. und 12. November 1914 frenetisch bejubelt und gefeiert. Schon in der Zwischenkriegszeit fand das Mythologem der „Langemarck-Jugend" eine beachtliche Verbreitung: von Thomas Manns „Zauberberg" (1924) bis zu Ernst Jüngers „Arbeiter" (1932), in dem Langemarck zum Valmy des 20. Jahrhunderts stilisiert wurde, von Rudolf Bindings „Kriegstagebuch" (1925) bis zu Hitlers „Mein Kampf", in dem die flandrischen Fronterfahrungen mit der Erzählung aus Langemarck verschmolzen wurden. Auf der Landsberger Festung schrieb Hitler, nach dem gescheiterten Putschversuch, was seinen persönlichen 9. November geprägt habe: „Aus der Ferne aber drangen die Lieder an unser Ohr und kamen immer näher und näher, sprangen über von Kompanie zu Kompanie, und da, als der Tod gerade geschäftig hineingriff in unsere Reihen, da erreichte das Lied auch uns, und wir gaben es nun wieder weiter: Deutschland, Deutschland über alles, über alles in der Welt!"[30] Langemarck bildete den „Gegenort" zu Weimar, von dem aus die datumspolitische Opposition zur Novemberrevolution artikuliert werden konnte – etwa anläßlich des zehnten Jahrestags der Republik, den Hans Schwarz auf einer Langemarck-Feier der Greifswalder Studentenschaft mit folgenden Sätzen kommentierte: „Die Toten [von Langemarck] aber stehen draußen, im Vorhof der Feier, mit der eine Niederlage verschwiegen wird. Und sie können auch niemals den 9. November lieben."[31] Die „Liebe" zum 9. November wurde erst nach 1933 durchgesetzt, als die Langemarck-Feiern mit dem „Blutfahnen"-Kult um die Toten des „Marsches auf die Feldherrnhalle" von 1923 assoziiert werden konnten.

UMWERTUNG DER NEUN

Die Liste der 9. November-Daten ist lang. Dabei habe ich noch kaum über den 9. November 1938 gesprochen, über den 9. November 1974, als der inhaftierte RAF-Aktivist Holger Meins – nach fast zweimonatigem Hungerstreik – starb, über den 9. November 1989. Und ich bin fast sicher, die Serie ließe sich mühelos erweitern. Scheinbar bezeugt sie die Praxis der Codierung von Konflikten, Kriegen und gewaltsamen Momenten durch deren Datierung; doch wie bereits gezeigt werden

konnte, beziehen sich die Daten häufiger auf andere, rivalisierende Daten, als auf die Ereignisse selbst. Daten werden durch Daten neu codiert, chiffriert und entziffert, ausgelöscht und umbesetzt. Sie arrangieren sich mit Kalenderreformen (wie der julianischen oder der gregorianischen Reform), mit Kalenderumstürzen (wie in Frankreich und später – zwischen 1929 und 1941 – in der Sowjetunion), mit der Transformation von Kirchen- und Heiligenkalendern in Genie- und Prominentenkalender (wie sie heute in jedem Fernsehstudio verwendet werden, aber schon von Auguste Comte mit seinem „Calendrier positiviste" von 1849, empfohlen wurden), mit den politischen Fest- und Gedenkkalendern seit 1848. Daten reagieren auf Daten. Darum bleibt es zuletzt unwichtig, ob jeder 9. November tatsächlich an einem 9. November konstituiert wurde: die Schillerfeste wurden zwar am 9. November eröffnet, aber am 10. November gefeiert; die russische Oktoberrevolution ereignete sich am 8. November, während von der Proklamation der deutschen Republik erst am 10. November berichtet wurde. Die Reichspogromnacht fand zwischen dem 9. und 10. November statt; und die mythisierte Schlacht bei Langemarck muß sich – nach den Eintragungen im Kriegstagebuch und den Zeitungsberichten – zwischen dem 8. und 11. November 1914 ereignet haben.
Doch kommt es auf diese Details nicht an; 9. November bleibt 9. November. Der 9. November ist eine kulturelle, eine kalenderpolitische Konstruktion, die den Standpunkt des Historikers Fritz Stern ein bißchen naiv erscheinen läßt, wenn er behauptet: „Daß viermal in diesem Jahrhundert gravierende Ereignisse der deutschen Geschichte auf denselben Tag – den 9. November – fielen, ist Zufall. Das Datum war ein Zufall, während die Ereignisse in der Geschichte gründeten, die niemals frei ist von Kontingenz, sondern stets offen ist und die immer auch einen anderen Verlauf hätte nehmen können."[32] Daten sind Zeugen solcher Kontingenz, die sie zugleich spiegeln *und* verleugnen: die Magie des 9. November verdankt sich der Empfindung, es *könne* gar kein anderer Tag gewesen sein, an dem das Ereignis x oder y eingetreten sei. Eben diese Empfindung hat zwar mit den Ereignissen gar nichts zu tun, womöglich aber mit Erscheinung und Gestalt des Datums selbst. Aus dieser Hypothese ergibt sich eine Frage: die Frage nach dem Status des 9. November, jenseits der Ereignisse, die er – als Datum – zu bezeichnen vorgibt. So wie sich die kulturelle Einrichtung von Ausnahmezeiten – „Zeiten zwischen den Zeiten", von den Quatembernächten bis zu den revolutionären *Sansculotiden* – immer auch auf kalendermathematische Zwänge der Synchronisierung verschiedener Perioden zurückführen läßt, kann nach den Zahlen gefragt werden, die sich in einem Datum manifestieren.
Daten sind Zahlenkombinationen. Und Zahlenkombinationen müssen auch zahlengeschichtlich interpretiert werden. Das Datum „9. November" referiert auf die *Neun*, die sich sowohl in der Zählung des Monatstags als auch im Monatsnamen artikuliert (sofern wir einmal davon absehen, daß der römische November nach der Einführung von Januar und Februar zum elften Monat aufgestiegen ist). Auch die meisten Jahreszahlen – 1799, 1848, 1859, 1918, 1938, 1989 – betonen die Neun oder wenigstens die Acht, als die Nachbarzahl der Neun, von der im Zusammenhang mit der bereits angekündigten Satire Lichtenbergs noch die Rede sein wird. Was hat es mit dieser Neun auf sich? Im System der nach symbolischen Qualitäten differen-

zierten Zahlen nimmt sie eine besondere Stellung ein: sie ist die potenzierte Trinität, das Zeichen der Fruchtbarkeit und der Geburt, die Zahl der Musen und der kosmischen Sphären. Der weise Laotse soll im Alter von 9 x 9 Jahren geboren worden sein, Platon im Alter von 9 x 9 Jahren gestorben. Die Neun ist die Engelszahl; in dieser Bedeutung hat sie Dante in seiner „Divina Commedia" thematisiert, während er in „Vita Nuova" von Beatrice sagte, „diese Zahl" – die Neun – habe „ihr wahres Selbst" gebildet.[33] Die „Neunheit", so argumentierte noch Giordano Bruno in seiner Schrift „De Monade" von 1591, „ist die Zahl der Erkenntnis des Intelligiblen und der Weisheit".[34]

Die Ideengeschichte der Mathematik hat sich von solcher Zahlensymbolik ebenso verabschiedet wie von den Versuchen, die Qualitäten der Zahlen aus deren Beziehungen zu Buchstaben oder zu geometrischen Figuren abzuleiten (wie sie beispielsweise der Nolaner zu jeder Zahl entwarf, die er in seinem Traktat abhandelte). Spätestens seit dem 17. Jahrhundert begann die Neun ihr trinitarisches, engelhaftes, philosophisches Prestige einzubüßen; sie sank von einer qualitativ „heiligen" Zahl zu einer bloß quantitativen Größe herab. Doch trug ihr diese „Umwertung" ein neues Gewicht ein; dieses Gewicht hing mit der „Nichtzahl" zusammen, die weder Dante noch Bruno erwähnten, und die erst langsam in die abendländische Rechenkunst eintreten sollte. Wir dürfen nicht vergessen: die ubiquitäre Zahlensymbolik entsprang auch der Praxis, Daten nicht mit indoarabischen Ziffern, sondern mit Buchstaben zu notieren. Erst Gerbert de Aurillac erlernte als Mönch in Spanien jene arabischen Rechenmethoden, die er später an der Domschule zu Reims unterrichtete. Als Erzbischof von Ravenna wurde er im Jahr 999 zum Papst gewählt, und als Sylvester II. war der Mann, dem wir die ersten Schritte zur Einführung der indoarabischen Zahlenschrift verdanken, just im apokalpyseverdächtigen Milleniumsjahr an der Regierung. Freilich hätte auch er – Erfinder einer neuartigen Rechenmaschine, die den römischen Abakus ablöste – die Jahreszahl eintausend noch nicht anschreiben können: die „runde" Zahl – die „Chiffre" schlechthin, das Zeichen der Leere: die Null – wurde erst ab dem zwölften Jahrhundert eingeführt; auf dem Abakus von Gerbert wurde die Null nicht notiert, sondern lediglich durch eine freigelassene Stelle angezeigt. Bis zur Neuzeit blieb die Null – das „signifizierte Nichts"[35] – ein unheimliches Symbol, dessen Verwendung gelegentlich sogar verboten wurde. Noch im 15. Jahrhundert wurde sie als *umbre et encombre*, als „dunkel und unklar" angesehen, und der Name *Null* verwies darauf, daß sie *nulla figura*, also kein geometrisierbares Zeichen, sei.
Wo die Null auftauchte, verschwanden die Zahlenqualitäten. Die Durchsetzung des Dezimalsystems als universale Ordnungsmatrix brachte die ehemals „heiligen" Zahlen zum Verschwinden. Nicht umsonst erkämpfte die französische Revolution – wenige Jahre nach dem Sturm auf die Bastille – eine gültige Neubestimmung von Maßen und Gewichten auf der Basis des Dezimalsystems; nicht umsonst bemühte sie sich um einen dekadischen Kalender. Eine der schönsten Satiren Lichtenbergs, ich habe sie bereits mehrfach angekündigt, beleuchtet den „Dezimalfuror" der Nationalversammlung, indem sie die parlamentarischen Diskussionen auf einen „Rat der Ziffern" überträgt. In diesem Rat führt den Vorsitz: natürlich die Null; und die

Ziffer Acht hält ihre – kalendertheoretisch inspirierte – Abschiedsrede zum Ende des Jahres 1798 (und zur Frage des ersten Jahres im neunzehnten Jahrhundert). Diese Rede beginnt mit einem großen Loblied auf die Null, in dem es heißt: „War es nicht die Nulle, die die Jahre zählte, ehe noch Zeit und Zahl waren, und dann wieder zählen wird, wenn diese nicht mehr sein werden? [...] War Sie es nicht, die den großen Gedanken faßte, die 1 zur 10, 100, 1000, etc. zu erheben und dann, durch eine leichte Schwenkung, wiederum zu 0,1; 0,01; 0,001 etc. zu erniedrigen, wie man eine Hand umwendet? [...] So wurde die Nulle endlich Schöpferin des großen Dezimalsystems und der großen Zehnfingrigkeit, die, wenn nicht Admiral Nelson, der bekanntlich nur fünf Finger hat, den Lauf der Taten hemmt, sich mit ihren zehn Fingern alles unterwerfen wird. Denn ihr müßt wissen, daß die große Nation [...] dieses Dezimalsystem mit der ihr eignen Kraft und Barschaft an Taten unterstützt und mit dem Feldgeschrei: „Friede dem Einmaleins und Krieg allen Tafeln, Sonnenuhren und Zifferblättern der ganzen Welt", von Westen nach Osten zieht. Oh! wie habe ich während meines Präsidiums auf der Einerbank oft gelächelt, wenn man von Bonapartes geheimen Absichten sprach und die hauptsächlichste darunter vergaß, nämlich: den Berg Sinai zu erobern, eine Druckerei auf demselben anzulegen und so das Dezimalsystem über die ganze rechnende Welt zu verbreiten."[36]

Im „Rat der Ziffern" herrscht Gleichheit, unter dem Vorsitz der „Nulle". Und die Acht erntet Heiterkeit, als sie sich mit ihren alten Zahlenqualitäten vorzustellen bemüht: „Doch damit ihr seht, daß ich meinen Wert kenne und meinen Stammbaum studiert habe, so müßt ihr allerdings wissen: Ich bin unter euch allen erstens die vollkommenste gerade Zahl (große Stille); bin zweitens unter euch allen der einzige wahre Würfel (spöttisches Lächeln von der Präsidentin und der Eins); bestehe drittens aus zwei gleichen Quadraten (die Präsidentin lächelt fort); bin viertens, was das sonderbarste ist, zugleich der Würfel der Zahl, deren doppeltes Quadrat ich bin; und diese Zahl ist fünftens die ewige unverwerfliche Schiedsrichterin über alles Gerade und Ungerade im unermeßlichen Reiche der Zahlen von vorn und hinten und in alle Ewigkeit. (Spöttisches „Amen!" von einigen; tiefe Verbeugung der Schwester Zwei.) Daher mich auch, ohne Ruhm zu melden (heimliches Gickeln), die gütige Natur nach ihrer anbetungswürdigen, ewigen Weisheit im Range der arithmetischen Größe zwischen dich, Quadrat aller guten Dinge, hochverehrliche Neune, und dich, hochwürdige apokalpytische Sieben, von Ewigkeit her gestellt hat. Ja, wenn ich alles dieses zusammennehme, so fühle ich mich kühn genug, geradeheraus zu sagen, daß keine unter euch allen, in Rücksicht auf Naturgabe, sich mit mir messen kann als unsere erhabenste Präsidentin, die Nulle. (Lautes Gelächter. „Sehr naiv", riefen einige; „sehr wahr", andere; und eine hatte sogar die Verwegenheit, „ancora" zu rufen. Dieses brachte die Rednerin sichtbarlich auf, und sie fuhr mit einiger Heftigkeit fort:) Pfui, schämt euch! Ist das eine Aufführung für ganze Zahlen? Oder befinde ich mich vielleicht unter einer Rotte nichtswerter Dezimalbrüche, wovon man unendliche Reihen wegwirft und am Ende den ganzen mächtigen Verlust mit einem paar Pünktchen oder einem etcetera ersetzt? (Große Stille, weil man wohl fühlen mochte, daß man mehr die Präsidentin als die Acht beleidigt hatte.)"[37]

Im „Rat der Ziffern" herrscht Gleichheit; neben der Null könnte allenfalls die Neun eine bessere Position beanspruchen: aber nicht als das „Quadrat der guten Dinge", sondern als die „Vorzahl" der Null, als die Zahl des Umschlags in die nächsthöheren Register. Die Neun ist im Dezimalsystem ganz buchstäblich die „Revolutionszahl". Insofern, so könnte geschlossen werden, bezeichnet das Neunerdatum in mathematischer Hinsicht, was dem 9. November gleichsam extern regelmäßig zugesprochen wird: ein Datum der „Wendepunkte" zu bilden, ein Datum der „Umstürze und Veränderungen".[38] Bemerkenswert ist freilich, daß die Ordnung des Dezimalsystems in beinahe allen Bereichen des Zählens und Messens durchgesetzt werden konnte, – nicht jedoch auf dem Felde der Kalenderrechnung. Seit dem 24. November 1793 waren alle Entwürfe zu einer umfassenden Kalenderrevolution dekadisch inspiriert; doch sie unterlagen dem seit der babylonischen Zeitrechnung etablierten, offenbar höchst stabilen Sexagesimalsystem des Kalenders. Also versammelt das Neunerdatum nicht allein die Zahlen der Revolution (des Umschlags zur Null, zum neuen Anfang der Emanzipation), sondern auch die bevorzugten Zahlen einer konservativen Kalendermathematik. Der 9. November, so ließe sich abschließend – und mit Lichtenbergischer Zuspitzung – behaupten, eignet sich ebensogut für Datierungszwecke der Revolution wie der Gegenrevolution; er feiert die Energien des Umsturzes wie die Kräfte der Beharrung, den Tod wie die Geburt, den (dezimalen) Nullpunkt wie zugleich die Macht der (sexagesimalen) Tradition. John D. Barrow macht darauf aufmerksam, daß die Zahl Neun in vielen Sprachen mit dem Wort für neu verwandt zu sein scheint; er führt diesen Zusammenhang auf „digitale" Fingerzählverfahren zurück, bei denen der Daumen (gleichsam als „Zeigefinger") ausgeklammert blieb, so daß mit beiden Händen lediglich bis zur Acht gezählt werden konnte.[39] Die Neun wäre dann die *neue* Zahl, die den Achterraum sprengt; mit übertriebener Zuspitzung dürfen wir folgern: Die Neuzeit ist – als die Zeit der Revolutionen – die „Neun-Zeit".

ANMERKUNGEN

1 Vgl. Gunnar Heinsohn / Heribert Illig: *Wann lebten die Pharaonen?* Grundlagen für eine Neuschreibung der Geschichte Ägyptens und der übrigen Welt. Gräfelfing: Mantis 1997[2]; Heribert Illig: *Das erfundene Mittelalter.* Die größte Zeitfälschung der Geschichte. Düsseldorf: Econ 1997[4].

2 Vgl. Harold A. Innis: *Ein Plädoyer für die Zeit.* In: *Kreuzwege der Kommunikation.* Ausgewählte Texte. Herausgegeben von Karlheinz Barck. Übersetzt von Friederike von Schwerin-High. Wien/New York: Springer 1997. Seite 120–146.

3 Vgl. Edmund Leach: *Kultur und Kommunikation.* Zur Logik symbolischer Zusammenhänge. Übersetzt von Eberhard Bubser. Frankfurt/Main: Suhrkamp 1978. Seite 63.

4 Vgl. Herodot: *Neun Bücher der Geschichte II,82.* Übersetzt von Heinrich Stein und Wolfgang Stammler. Essen: Phaidon o.J. Seite 150 und 711 (Anmerkung 66).

5 Zitiert nach: *Die Vorsokratiker.* Ausgewählt und übersetzt von Jaap Mansfeld. Stuttgart: Reclam 1987. Seite 147 (30) und 145 (28).

6 Franz Carl Endres / Annemarie Schimmel: *Das Mysterium der Zahl.* Zahlensymbolik im Kulturvergleich. Köln: Eugen Diederichs 1984. Seite 17–18.

7 Blaise Pascal: *Über die Religion und über einige andere Gegenstände.* Übersetzt und herausgegeben von Ewald Wasmuth. Frankfurt/Main: Insel 1987. Seite 248.

8 Jacques Derrida: *Schibboleth.* Für Paul Celan. Übersetzt von Wolfgang Sebastian Baur. Wien: Passagen 1986. Seite 71 und 78–79.

9 Zumindest zitiert er Pascal an einer Schlüsselstelle der „Meridian"-Rede, und auch die berühmte Metapher vom „Denken des Herzens" war ihm gewiß vertraut. Vgl. Otto Pöggeler: *Spur des Worts.* Zur Lyrik Paul Celans. Freiburg/Brsg./ München: Karl Alber 1986. Seite 265.

10 Vgl. Jacques Derrida: *Schibboleth.* A.a.O. Seite 38.

11 Vgl. Peter Szondi: *Celan-Studien.* Frankfurt/Main: Suhrkamp 1972. Seite 114–115.

12 Vgl. Jacques Derrida: *Schibboleth.* A.a.O. Seite 47–56.

13 *Ebenda.* Seite 82.

14 Vgl. Georg Büchner: *Lenz.* In: *Sämtliche Werke nebst Briefen und anderen Dokumenten.* Herausgegeben von Hans Jürgen Meinerts. Gütersloh: Bertelsmann o.J. Seite 115 und 518.

15 Vgl. Paul Celan: *Der Meridian.* In: *Gesammelte Werke.* Band III. Herausgegeben von Beda Allemann und Stefan Reichert. Frankfurt/Main: Suhrkamp 1983. Seite 192 und 198.

16 Vgl. Paul Celan: *Gespräch im Gebirg.* In: *Gesammelte Werke.* Band III. A.a.O. Seite 169.

17 Paul Celan: *Die Niemandsrose.* In: *Gesammelte Werke.* Band I. Herausgegeben von Beda Allemann und Stefan Reichert. Frankfurt/Main: Suhrkamp 1983. Seite 226 und 275–276.

18 Vgl. Johannes Willms (Hrsg.): *Der 9. November.* Fünf Essays zur deutschen Geschichte. München: Beck 1994.

19 Vgl. Karl Marx: *Der achtzehnte Brumaire des Louis Bonaparte.* In: *Ausgewählte Werke.* Moskau: Verlag Progress 1972. Seite 99.

20 Vgl. Hans Maier: *Die christliche Zeitrechnung.* Freiburg/Brsg./Basel/Wien: Herder 1991[2]. Seite 52–53.

21 Vgl. Henri Sanson: *Tagebücher der Henker von Paris 1685–1847.* Zweiter Band. München: Beck 1983. Seite 287–332.

22 Vgl. Peter Sloterdijk: *Der starke Grund, zusammen zu sein.* Erinnerungen an die Erfindung des Volkes. Frankfurt/Main: Suhrkamp 1998. Seite 14.

23 Vgl. Jean-Jacques Rousseau: *Brief an Herrn D'Alembert.* Über seinen Artikel „Genf" im VII. Band der Enzyklopädie und insbesondere über den Plan, ein Schauspielhaus in dieser Stadt zu errichten. Übersetzt von Dietrich Feldhausen. In: *Schriften.* Band I. Herausgegeben von Henning Ritter. Frankfurt/Main: Fischer 1988. Seite 462–474.

24 Vgl. Joachim Bauer: *Studentische Festerwartungen.* Das Wartburgfest 1817. In: Enno Bünz / Rainer Gries / Frank Möller (Hrsg.): *Der Tag X in der Geschichte.* Erwartungen und Enttäuschungen seit tausend Jahren. Stuttgart: Deutsche Verlags-Anstalt 1997. Seite 145–168.

25 Robert Blum: *Briefe und Dokumente.* Herausgegeben von Siegfried Schmidt. Leipzig: Reclam 1981. Seite 12–14.

26 Vgl. Manfred Hettling: *Totenkult statt Revolution.* 1848 und seine Opfer. Frankfurt/Main: S. Fischer 1998. Seite 52–75.

27 Vgl. Rainer Noltenius: *Schiller als Führer und Heiland.* Das Schillerfest 1859 als nationaler Traum von der Geburt des zweiten deutschen Kaiserreichs. In: Dieter Düding / Peter Friedemann / Paul Münch (Hrsg.): *Öffentliche Festkultur.* Politische Feste in Deutschland von der Aufklärung bis zum Ersten Weltkrieg. Reinbek bei Hamburg: Rowohlt 1988. Seite 242.

[28] *Ebenda.* Seite 255.

[29] Zitiert nach: Uwe-K. Ketelsen: *„Die Jugend von Langemarck".* Ein poetisch-politisches Motiv der Zwischenkriegszeit. In: Thomas Koebner / Rolf-Peter Janz / Frank Trommler (Hrsg.): *„Mit uns zieht die neue Zeit".* Der Mythos Jugend. Frankfurt/Main: Suhrkamp 1985. Seite 70.

[30] Adolf Hitler: *Mein Kampf.* München 1932[12]. Seite 180–181. Zitiert nach Uwe-K. Ketelsen: *„Die Jugend von Langemarck".* A.a.O. Seite 73.

[31] Hans Schwarz: *Die Wiedergeburt des heroischen Menschen.* Berlin 1930. Seite 5 und 23. Zitiert nach Uwe-K. Ketelsen: *„Die Jugend von Langemarck".* A.a.O. Seite 82. – Just am 9. November 1938 erschien übrigens die Berliner Ausgabe des „Völkischen Beobachters" mit einem Leitartikel, der den „Manen des 9. November" gewidmet war – und in gesperrter Schrift konstatierte: „Heute sind die Toten vom 9. November die wahren Sieger in der Abwehr des Dolchstoßes von 1918 geworden."

[32] Fritz Stern: *Vier Tage im November.* In: Johannes Willms (Hrsg.): *Der 9. November.* A.a.O. Seite 82.

[33] Vgl. Franz Carl Endres / Annemarie Schimmel: *Das Mysterium der Zahl.* A.a.O. Seite 180–196.

[34] Giordano Bruno: *Über die Monas, die Zahl und die Figur* als Elemente einer sehr geheimen Physik, Mathematik und Metaphysik. Herausgegeben von Elisabeth von Samsonow. Hamburg: Felix Meiner 1991. Seite 136.

[35] Vgl. Brian Rotman: *Signifying Nothing.* The Semiotics of Zero. Stanford: Stanford University Press 1987.

[36] Georg Christoph Lichtenberg: *Rede der Ziffer 8 am Jüngsten Tage des 1798sten Jahres,* im grossen Rat der Ziffern gehalten. In: *Werke.* Ausgewählt und herausgegeben von Hans Friederici. Berlin/Weimar: Aufbau-Verlag 1978[3]. Seite 298–299.

[37] *Ebenda.* Seite 297–298.

[38] Vgl. Bernd Jonas: *Der 9. November in der deutschen Geschichte.* Internet-Adresse: *http:/www.uni-sb.de/~gg14rhah/lexikon/neunte/9-nov.htm.* Gießen 1998.

[39] Vgl. John D. Barrow: *Ein Himmel voller Zahlen.* Auf den Spuren mathematischer Wahrheit. Übersetzt von Anita Ehlers. Reinbek bei Hamburg: Rowohlt 1999.

3 DIE OKZIDENTALE ZEIT

ZEIT UND ERWARTUNG. DIE HEILSGESCHICHTE: EINE MEISTERERZÄHLUNG DES ABENDLANDES

wolfgang müller-funk

DER ANFANG DER DINGE

Mythen sind Geschichten vom Ursprung und sie zeigen zugleich damit, was Mythen sind: „Der Substanz des Mythos liegt weder im Stil noch in der Erzählweise oder der Syntax, sondern in der Geschichte, die darin erzählt wird." Bereits Schelling hat in seiner „Philosophie der Mythologie" vom selbstredenden „tautegorischen" Charakter des Mythos gesprochen[1], davon also, daß der Mythos eine permanente Selbstthematisierung beinhaltet, die um den „unendlichen Mangel an Seyn" kreist und als eine Wahrheit in sich anzusehen ist. Der Philosoph Günther Anders beschreibt diese „primäre" Leerstelle in einer kosmologischen Humoreske folgendermaßen:

„Der Gott Bamba hatte bereits seit beträchtlichen Äonen gethront, als es ihm klar zu werden begann, daß er es lange nicht mehr würde aushalten können. Er war das Einzige, das war. Von niemandem gekannt, von niemandem geliebt, von niemandem bestätigt, echolos herumzuexistieren, das war mehr, als was selbst ein Gott sich zumuten konnte. Die Ohren dröhnten ihm von Stille und Ewigkeit…
Dann packte ihn Angst, … weil er plötzlich die unausdenkbare Möglichkeit vor sich sah, daß der Umschlag seines leeren Seins in die Leere des Nichtseins eines Tages endgültig sein könnte; daß Frau Nu, die uralte Göttin der Mißgunst und der Leere, die Gelegenheit seines Absinkens einmal dazu benützen würde, um ihn wortlos und so, als wäre er nie dagewesen, in der Tiefe zurückzubehalten und den Triumph ihrer Alleinherrschaft von neuem auszukosten. Irgend etwas hatte er also zu unternehmen, irgend etwas, um diesem Triumph zuvorzukommen, in Gang zu setzen. Und er wußte sogar, was. Er sah es bereits vor sich. Denn Bilder sind ja Kinder des Mangels. Und was nottut, das erträumt man ja. Immer sah er also das Gleiche vor sich: Das Ding, das nicht Er war; das Ding, das Ihm geweiht war; das Ding, das Ihn liebte, das Ihn rühmte, Ihn hielt und unterhielt. Sogar einen Namen hatte er dem Ding schon gegeben. ‚Welt' wollte er es nennen."[2]

Die Schöpfung als Notwehr gegen das andrängende Nicht-Sein, als Ausbruch aus göttlicher Langeweile und Einsamkeit: die ironische Identifikation mit dem Schöpfergott und der verqueren kosmischen Ausgangssituation erfolgt aus dem Geist der Entmythologisierung und läßt doch die existentielle Logik des mythischen Geschehens intakt, darin besteht der Witz der Andersschen Geschichte, die ihre Nähe zu Schelling und zur Existenzphilosophie schwerlich zu verleugnen vermag.
Mythos, das bedeutet für den nach-mythischen Menschen, sich die Gegensätze, wie sie der binäre Code der Sprache in das Bewußtsein der Menschen eingräbt, vor Augen zu führen: Licht und Dunkel, Oben und Unten, Himmel und Erde, Mann und Frau, Sonne und Mond, Flüssiges und Festes. Der kosmogonische Mythos erzählt, wie aus einer uranfänglichen Einheit Vielheit entsteht. Sein Plot lautet: ich erzähle, wie alles anfing. Am Anfang war. Dieser Anfang wird rituell erinnert und stiftet zweierlei: ein kollektives Gemeinschaftsgefühl und Zeit: die Zeit des Anfangs, die mythische Zeit, die Zeit des Festes, in der der Anfang wiederholt, wiedergeholt wird. Damit stiftet er ein übermenschliches Geschehen, das eines in der Zeit ist. Jeder Mythos ist einer der Zeit: über das Geworden-Sein der Welt, eine Geschichte auch des Erzählens. Erzählen ist eine Geschehensabfolge in der Zeit. Indem der Mythos

von der Erschaffung der Welt berichtet, stiftet er die Urgeschichte des Erzählens. Aus dem leeren Nichts des Anfangs entsteht die Vielfalt der Welt: davon erzählt der Mythos. In der jüdischen Kabbala schafft Gott erst ein Nichts, er zieht sich zu einem Punkt zusammen, um sodann sich gleichsam entäußern zu können.[3] Die Benennung des Anfangs bringt den Akt des Erzählens erst hervor: ohne Anfang kein Erzählen.

Die mythische Zeit ist, wie Peter Gendolla hervorhebt, jene, in der sich die Entfaltung des Vielen aus dem Ureinen vollzog, die Gegensätze aus der Einheit entstanden. So beschreibt der Mythos die Entstehung der Zeit aus einem unvordenklichen Anfang des Nichts.[4] Diese formale Eigentümlichkeit des Mythos erklärt auch die verblüffende Ähnlichkeit zwischen den Mythen der Völker, die bereits Schelling aufgefallen ist.[5] Mircea Eliade beschreibt zum Beispiel die Mythologie der südindischen Bhil, in der der Anfang der chronologische Ausgangspunkt für die Entwicklung der Vielfalt der Erscheinungen ist, jener Anfangspunkt, der im Akt des Ritual magisch erneuert wird: „Die meisten dieser rituellen Heilungsgesänge beginnen mit der Erinnerung an die Kosmogonie. Ein Beispiel: ‚Zu Anfang, zu der Zeit, als die Himmel, die Sonne, der Mond, die Sterne, die Planeten und die Erde noch nicht erschienen waren, als noch nichts erschienen war...' Und man erzählt die Erschaffung der Welt, die Entstehung der Dämonen und das Auftauchen der Krankheiten und schließlich die Epiphanie des Urschamanen Dto-mba, der die notwendigen Heilmittel brachte ..."[6]
Geschichte und Mythos werden nicht selten als Gegensatz gedacht, doch indem der Mythos Zeit entbindet und konstituiert, enthält er die Möglichkeit der Geschichte als Aus- und Aufbruch in sich. Die zeitliche Abfolge ist es, die den Mythos zu einem Text mit einer narrativen Struktur, mit einer linearen Abfolge von Geschehnissen macht. So hat Aristoteles den Mythos rein formal bestimmt und mit der Erzählung gleichgesetzt.[7] Zwar läßt sich das Spätere vor dem Früheren erzählen, aber die Ordnung der Dinge ist nicht beliebig umkehrbar: die sieben Schöpfungstage der Genesis bringen das markant zum Ausdruck.

Geschichte heißt zunächst einmal: Entlassen-Sein aus einer Anfänglichkeit, der Mythos beläßt es zumeist beim post-histoire zeitloser Zeit (Schelling): das, was kosmogonisch geschehen ist, liegt hinter der kollektiv das mythische Geschehen erinnernden Menschheit, die nunmehr in einer gestreckten Gegenwärtigkeit lebt. Der kosmogonische Prozeß, den der Mythos beschreibt, ist abgeschlossen. Was sich wiederholt, ist die zyklische Erinnerung, die die Erzählgemeinschaft konstituiert: „... die Mythen erinnern ständig daran, daß grandiose Ereignisse auf der Erde stattgefunden haben und daß diese ‚ruhmvolle' Vergangenheit sich teilweise zurückgewinnen läßt. Die Nachahmung des paradigmatischen Gestern hat auch einen positiven Aspekt: der Ritus zwingt den Menschen, seine Grenzen zu transzendieren, sich neben die Götter und die mythischen Heroen zu stellen, um ihre Taten zu vollbringen. Direkt oder indirekt führt der Mythos zu einer ‚Erhöhung' des Menschen."[8]
Strukturell bietet der Mythos einen Ausgang aus der Abgeschlossenheit an, der Geschichte im emphatischen Sinn eröffnet: die Rückkehr in die Nichtgeschichte. Am Ende stünden dann – in freilich neuer Perspektive – der Anfang als die Überwindung

der im kosmogonischen Prozeß ausgebildeten Gegensätze. Die christlich-jüdische Heilsgeschichte mitsamt ihren Vorläufern und gnostischen Parallelbildungen beschreibt eine solche Figur, die im übrigen vom infiniten Fortschritt, vom Vorstoß in unbekannte Regionen des Nicht-für-Möglich-Gehaltenen zu unterscheiden ist.
Der klassische mythische Erzähler ist einer, der im Nachhinein, vom Ende her erzählt, wie alles anfing. Wie alles Erzählen ist auch das mythische genetisch: „... in allem, was ein organisch Werdendes ist, wird der Anfang erst dem Ende klar." (Schelling)[9] Wenn auch unklar bleibt, woher sein Wissen und die Voranfänglichkeit und Uranfänglichkeit der Welt und ihrer Erscheinungen stammt, so ist seine Erzählperspektive unproblematisch. Erzählt wird immer, wenn das Geschehen zu seinem Ende gekommen ist. Deshalb bedarf die Erzählposition im mythischen Umfeld keiner expliziten Markierung und Legitimation.

DER „MYTHOS" VOM ENDE DER ZEITEN

Auf den ersten Blick sieht es so aus, als ob der „Mythos" vom Ende der Welt ein Spiegel, ein Pendant eben jenes klassischen Mythos vom Anfang aller Dinge wäre, wie er formal, auf seine bare Struktur reduziert, auch in der modernen physikalischen Kosmogonie, der Urknalltheorie, vorliegt. Wer zum Ende hin erzählen will, der hat es ungleich schwerer, obschon Anfang und Ende jene beiden Punkte sind, zwischen die jede Erzählung gespannt ist: auch das sogenannte offene Ende etwa in der short story der Nachkriegszeit impliziert ein Ende, im Zweifelsfall außerhalb des fixierten Textes. Sie rechnet mit einem aktiven Leser, der die Geschichte selbst an ein Ende bringt.

BILDHOLZSCHNITT VON HANS HOLBEIN D. J., PROPHET JESAIA DARSTELLEND

DER EVANGELIST JOHANNES. DETAIL AUS DÜRERS APOKALYPSE-HOLZSCHNITT, KAT.NR. 37.8.

Die thematische Konzentration auf das Ende schlechthin führt zu einer entscheidenden Umkehrung: die abendländische Heilsgeschichte, wenn sie denn überhaupt einen Mythos darstellt, ist ein Zukunftsmythos, der beschreibt, wie am Ende der Zeiten die Welt wieder ganz und heil wird. Mit Zukünftigkeit und Telos, strukturellen Möglichkeiten erzählten Daseins in der Welt, kommt ein Moment ins Spiel, das traditionelles Erzählen überschreitet und zugleich den Horizont des Zukünftigen öffnet, so wie sich für den apokalyptischen Johannes, das „Medium" der Offenbarungsbotschaft, immer wieder der Himmel auftut und Gottes Herrlichkeit offenbar wird.
Es gibt eigentlich keinen Erzähler, der über das absolute Ende zu berichten vermag (übrigens eine Crux jeder rückblickenden Autobiographie), von einem Ende, das kein Danach mehr kennt, wie es einer der unzähligen Engel in der Johannes-Apokalypse verkündet: „daß hinfort keine Zeit mehr sein soll". Das Abendland hat eine Meistererzählung hervorgebracht, deren Pointe darin besteht, daß nach ihr keine Erzählung, kein Erzählen mehr möglich ist, weil es keine Zeit mehr gibt. Die Zeit bildet jedoch die Voraussetzung für das Erzählen, für die Abfolge von Handlungssequenzen. Weil das so ungeheuerlich ist, muß auch die Geschichte vom Ende der Zeiten und dem Ende allen Erzählens so monströs und superlativisch ausfallen. Was im Sinne einer literarischen Wertung problematisch an der Johannes-Apokalypse erscheint, die Redundanz, der Überschuß an Handlungen (die katastrophale Vernichtung der Erde und ihrer Bewohner findet gleich dreimal mit unterschiedlichen symbolischen Inventar statt), die unzähligen Attribute Gottes, der himmlischen Heerscharen und ihrer teuflischen Widersacher, die fast mathematische Markierung des Raumes und seiner Grenzen, die unübersichtliche Zahl übrigens – im Gegensatz zum klassischen Mythos, der ja eine manische Benennungswut entfaltet, um die Welt von der er erzählt, in Besitz zu nehmen – namenloser Engelswesen und Monstren, die rein formal eine Atmosphäre des Irrealen und der Entwirklichung der Welt stiften, das manische Spiel mit der Zahl (der Sieben, der Vier, der Zwölf) und der Analogismus, das ästhetisch-rhetorische Überschäumen, all das wird zum Indiz für das Unwahrscheinlichste, das möglich wird: das Ende der Zeiten, die Rettung von Außen.

Bekãtnus Thomas
Müntzers etwa Pfarrer zu
Altstat/vnd yetzo in dem
Auffrurischen hauffen
zu Franckẽhausen
befunden/ge
schehenn
in der güete Pfyntz
tag nach Can
tate. Anno
1525

BEKANTNUS. DRUCKSCHRIFT, ALTSTADT, THOMAS MÜNZER, 1515, KAT.NR. 24.2.4.

Der Plot der Geschichte, deren Ausgangspunkt erst am Ende erzählt wird, die Herrschaft Babylons, ist vergleichsweise simpel und hat durchaus Verwandtschaft nicht zuletzt mit dem Zauber-Märchen, das der russische Formalist Vladimir Propp[10] in den 20er Jahren auf seine formalen Bedingungen hin untersucht hat: auf der Welt herrscht eine Macht des Bösen, die durch die „Hure Babylon" allegorisiert und symbolisiert (der Leser hat die Wahl) wird: sie steht für die maximale Selbstbezüglichkeit einer gottvergessenen Menschheit, die es nur auf materielle Güter, Repression, Unterdrückung und schrankenlose Sinnlichkeit abgesehen hat. Die eigentliche Sünde besteht aber nicht so sehr in den diversen sinnlichen Ausschweifungen als solchen, sondern in dem irrigen Glauben, daß die Heimat des Menschen auf Erden ist. Die Gottvergessenheit, die Aufgabe des Vorbehalts gegen die Welt ist der eigentliche Frevel, die Sünde wider Gott. Vielleicht ist – Indiz dafür wäre die weibliche Markierung Babylons, die sich jedem hingibt und keine Schranken kennt – die

symptomatische Krise, von der die Vision ihren Ausgangspunkt nimmt, auch eine Krise der „Entgrenzung", wie dies René Girard genannt hat: Bilder einer bedrohten bzw. zerstörten sozialen Ordnung, in der die traditionellen Unterschiede nicht mehr gelten, ein Zustand, der von Krankheiten, Naturkatastrophen und Epidemien begleitet wird.[11]
Symptomatisch ist diese Krise, weil sie auf eine Umkehr, auf eine Wiederkehr, auf eine Umwälzung („Revolution") verweist. Das Narrativ der Apokalypse folgt durchaus dem berühmten Vers Hölderlins: „Wo die Gefahr wächst, wächst das Rettende auch." So stimmt der moralische Niedergang dieser imperial-babylonischen Welt die Minderheit jener Menschen, die nicht in dem sündigen Zustand der Hure Babylons leben, fast heiter und froh. Sie ist wie ein verabredetes Zeichen zwischen Gott und seinen „Knechten".
Johannes ist ein expliziter, d. h. persönlich hervortretender Erzähler, der Rechenschaft ablegt über sein Wissen und über seine unmögliche Erzählposition. Das prophetische Sprechen steht nur für die Verlegenheit eines in Erzählung gefaßten Daseins, das Ende, hier das absolute Ende einer kollektiv gedachten Menschheit, vorwegzunehmen. Diese künstliche, simulierte, real unmögliche Erzählperspektive des Johannes wie aller Propheten ist die des zweiten Futurs. Johannes erzählt, was geschehen sein wird. Und er rechtfertigt diese vorweggenommene Geschichte des absoluten Endes dadurch, daß er einen allwissenden Erzähler ins Spiel bringt: Gott selbst und seine Konfiguration in Jesus Christus.
Während die Engel als mediale Instanzen wirksam sind, die das futurische Geschehen vom Himmel auf die Erde transportieren, wird der visionär träumende Apokalyptiker zum Medium im innermenschlichen Kontext. Er, der Empfänger himmlischer Nachrichten (Offenbarungen), ist der Sender einer Botschaft, die sich explizit an einen Empfänger richtet, sieben christliche Gemeinden in Asien. Die Heilsgeschichte ist hier so konzipiert, daß sie sich nicht potentiell an alle Menschen richtet, sondern an einen klar bezeichneten Teil.

Johannes gibt auch den Ort des himmlischen Empfangs an: die Insel Patmos, von der aus er seine Botschaft, seinen „Mythos" an die sieben Gemeinden richtet, die wiederum pars pro toto für die damalige judenchristliche Welt stehen, die sich unter der Herrschaft der „Hure Babylon" befindet.
In Analogie zu Vladimir Propps strukturaler Analyse des Zaubermärchens lassen sich folgende Geschehenselemente des ursprünglichen apokalyptischen Narrativs festhalten:

Offenkundiger Ausgangspunkt ist, daß Gesetze und Verbote übertreten worden sind. Die Person, die dies betrifft, ist ein kollektives Subjekt, die Menschheit, die offenkundig in zwei Hälften zerfällt, in jenen gefährdeten, bedrohten Teil, der noch – wenn auch inkonsequent – an den Geboten des himmlischen Vaters festhält und in jene Majorität, die diese in ihrer Selbstherrlichkeit offenbar mißachtet. Nur dieser kleinere Teil der Menschheit ist ein Opfer und Gegenstand der Rettungsaktion durch einen Helfer, der mit entsprechenden machtvollen Zuschreibungen ausgestattet ist: er hat eine mächtige Stimme, weißes Haar, seine Füße sind aus goldenem Erz und

ein scharfes Schwert entfährt seinem Mund, was noch einmal die Macht seines Wortes dokumentiert.
Der Bote dieses namenlosen Gebieters, der mit Jesus Christus identifiziert werden kann, der Apokalyptiker von Patmos, verliest die an die sieben Gemeinden von Ephesus, Smyrrna, Pergamon, Thyatia, Sardes, Philadelphia, Laodicea verfaßten Mahnbriefe des göttlichen Auftraggebers.

Zum erstenmal nimmt Johannes Einsicht in eine Welt, die sowohl nachzeitig wie jenseitig ist: Er sieht den prächtigen Thron Gottes umgeben von 24 kleinen Thronen und vier märchenhaften immerwachen Augenwesen („sie waren außenherum und inwendig voll Augen, und sie hatten keine Ruhe, Tag und Nacht"), die zum Teil an irdische Lebewesen erinnern (Löwe, Stier, Mensch, Adler). Die Fülle der Zuschreibungen ist ein Indiz für das Überwältigende des finalen Wunders und signalisiert das alle Vorstellungskraft Übersteigende. Dem Lamm, ebenfalls als Schimäre imaginiert, ist es vorbestimmt, das geheimnisvolle Buch der Zukunft zu entsiegeln, das wiederum eine katastrophische Sequenz im Futur Perfekt vorwegnimmt: der Leser des Textes erfährt, was geschehen sein wird. Das Buch der sieben Siegel ist Teil einer raffinierten Spiegelungstechnik: es ist das Buch im Buch, die Handlung in der Handlung: Im ersten Kapitel („Siegel") kommt es zum Auftritt des sieghaften Helden (Reiter mit weißem Pferd und Krone, der Held, vergleichbar mit dem Zaubermärchen), im zweiten begegnen wir einer rächenden Gestalt (feuerrotes Pferd), im dritten einem Richter (schwarzes Pferd), im vierten dem Tod als Instanz der Vernichtung und der Hölle (fahles Pferd), im fünften haben die Seelen der geretteten Märtyrer ihren Auftritt, im siebten Kapitel nimmt die Katastrophe ihren Lauf. Der katastrophische Geschehensablauf (Sequenz) wird angehalten (Retardierung). 144.000 Menschen, je 12.000 aus den 12 Stämmen Israels (die freilich nunmehr auch die Vielfalt der ganzen Welt und ihrer Völkerschaften versinnbildlichen), deren Gesichter zuvor von einem Engel mit einem Zeichen versehen worden sind (die Markierung ist nebenbei bemerkt ein durchgängiges Handlungsmotiv im Zaubermärchen), versammeln sich um den Thron Gottes, vertauschen den Platz auf der irdischen Bühne mit dem im himmlischen Zuschauerraum, erst dann wird das siebte Siegel geöffnet, das wiederum bestimmte Katastrophenszenarien (Sintflut, Sodom) wiederholt und die klassischen Plagen (Donner, Blitz, Erdbeben, Verbrennen der Erde, Vergiftung des Meeres, das sich mit Blut füllt, Vertilgung der Lebewesen, Heuschrecken) zitiert. Im 11. Kapitel wird das Ende der Zeiten verkündet, was in der Logik der Erzählung nicht daran hindert, das Katastrophenszenario noch einmal zu wiederholen: diesmal sind es nicht die Posaunentöne des Himmels, die sich unten, auf der Erde, der Handlungsbühne, zu terrestrischen Katastrophen auswachsen, sondern Schalen des Zorns, die über die Rest-Menschheit ausgegossen werden, die ihrem Unheil und ihrer Vernichtung entgegensieht.
Nun erst kommt es in diesem übersteigerten Geschehen zum ersten Finale (12. Kapitel). Ort der Handlung ist diesmal der Himmel. Ein „Weib mit der Sonne bekleidet", den Mond unter ihren Füßen, tritt auf (als Maria identifizierbar, aber nicht benannt), das von einem Riesendrachen bedroht wird, der am Ende vom Engel Michael besiegt wird. Der Kampf wird auf der Erde wiederholt und führt zum Unter-

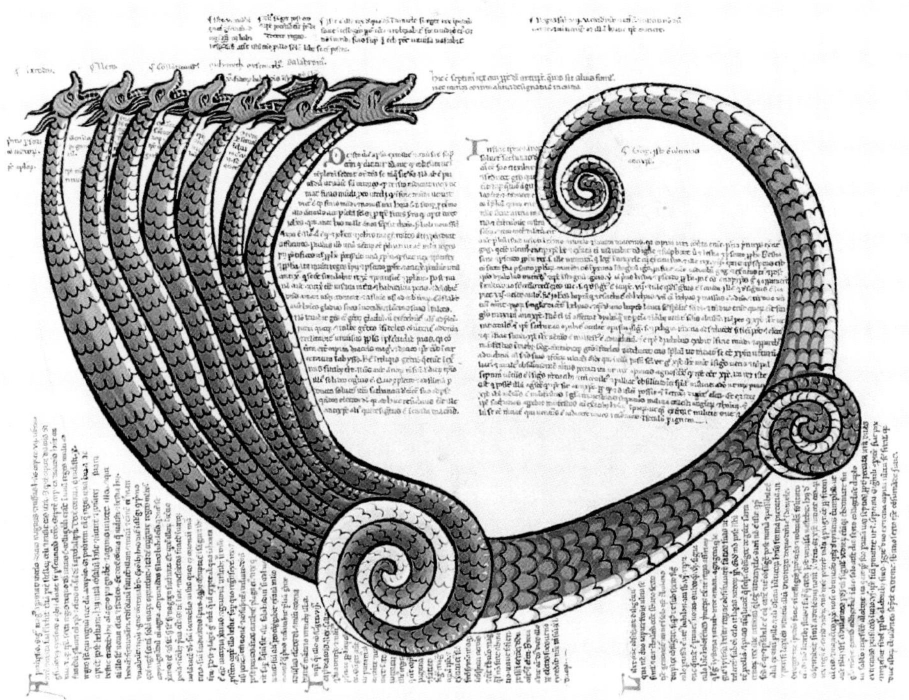

SIEBENKÖPFIGE SCHLANGE, AUS: LIBER FIGURARUM. DRUCKSCHRIFT, TORINO, JOACHIM VON FIORE, KAT.NR. 24.1.1.

gang Babylons. Der böse Gegenspieler wird im Abgrund festgebunden und es herrscht Jubel bei der himmlischen Zuschauerschar, die in Erwartung eines neuen Himmels und einer neuen Erde ist. Dem Motiv, daß der Held die gerettete Prinzessin heiratet, entspricht das ewige Einvernehmen zwischen Gott und der Menschheit, die seine „Knechte" sind, ein neuer Bund, Einheit zwischen Mensch und Gott. „Die Romane endigen gern", wie Friedrich Schlegel einmal formuliert hat, „wie das Vaterunser anfängt: mit dem Reich Gottes auf Erden."[12]

Das Motiv der Wiederholung wird ein letztes Mal eingesetzt, denn nach tausend Jahren wird sich der böse Gegenspieler losreißen, am Ende jedoch besiegt, wiederum ein aus dem Zaubermärchen (und mittlerweile auch aus etlichen Erfolgsfilmen) bekanntes Motiv der Verlängerung der Erzählung, die noch einmal für Hochspannung sorgt, indem sie das glückliche Ende scheinbar noch einmal in Frage stellt und dadurch den triumphalen Ausklang steigert.
Was die Apokalypse von den Proppschen Zaubermärchen unterscheidet, ist neben dem Einsatz an ästhetischen Mitteln, eine ausgefeilte Erzählerperspektive, die offenkundig zum einen die unmögliche Erzählsituation des dem Ende vorgreifenden Erzählers bedenkt, zum anderen aber den rhetorischen Appell an die apokalyptische Erzählgemeinschaft einschließt. Der Erzähler ist es auch, der dafür einsteht, daß das Wunder Teil einer Realität ist und nicht dem Sprachspiel des Märchens entspringt.

OPERA OMNIA. DRUCKSCHRIFT, FRANCISCI ASSISIATIS, PARIS 1641, KAT.NR. 24.2.

SANCTI
FRANCISCI
ASSISIATIS
MINORVM PATRIARCHÆ;
NEC NON
S. ANTONII
PADVANI
EIVSDEM ORDINIS,
OPERA OMNIA:

POSTILLIS ILLVSTRATA, EXPOSITIONE Myſtica in ſacram Scripturam nuſquam impreſſâ, & in eamdem Concordia Morali, locupletata.

Opera & labore R. P. IOANNIS DE LA HAYE Pariſini, Eccleſiaſtæ Regij, nec non in Gallia, Minorum Procuratoris Generalis.

ADIECTA VTRIVSQVE SANCTI VITA ET ELOGIA.

CVM INDICIBVS AMPLISSIMIS, PRIMO RERVM memorabilium: altero ſacræ Scripturæ.

PARISIIS;
Apud CAROLVM ROVILLARD, viâ Iacobęâ,
ſub ſigno Floris Lilij.

M. DC. XLI.

CVM PRIVILEGIO REGIS, & APPROBATIONE DOCTORVM.

Allein die strukturelle Anlage der apokalyptischen Erzählung macht ihre psychoästhetische Wirksamkeit begreiflich:

1. Sie allegorisiert und verdichtet das Heilsgeschehen zu einem Menschheitsdrama mit durchaus kathartischer Wirkung.
2. Indem sie eine Privilegierung der Leserschaft vornimmt, verspricht sie dieser exklusiv einen Anspruch auf Heil und auf die Aufdeckung aller Geheimnisse dieser Welt.
3. Sie erzählt, wie die Schwächeren und Bedrückten dank externer und exterrestrischer Helfer siegreich aus der Auseinandersetzung mit den bösen bedrückenden Mächten hervorgehen, für die es kein Erbarmen und keine Gnade gibt; ihnen wird sogar die Erfüllung des Wunsches zu sterben verweigert.
4. Indem sie die subjektiv oder objektiv ungünstigste Situation als Zeichen für die Wende, den turning point wählt (eine beliebte Technik epischen Erzählens), wird die Verzweiflung in Erwartungsenergie umgepolt.
5. Indem die Nähe des zeitlichen Endes verheißen wird, führt dies zu einer historischen Privilegierung des apokalyptisch gestimmten Menschen. Wie Hans Blumenberg am Beispiel des nazistischen Endzeitdenkens gezeigt hat, kommt dabei – bewußt oder auch nicht – der Wunsch ins Spiel, das eigene Lebensende und das Weltende zusammenzudenken. Mein Tod fällt mit dem Ende der Welt und dem Ende der Zeiten zusammen: die Auserwähltheit ist immer auch eine zeitliche: „Nicht überlebt werden zu können, ist der Trost, der an der Mitteilung hängt, man würde zwar – wie ohnehin durch den Tod – verlieren müssen, was man an der Welt und in der Welt hat – aber in und mit dem Verlust aller. Nun wäre dies immer noch kein Inbegriff von Hoffnung, hätten nicht Apokalypsen ihren Zusammenhang mit negativen Bewertungen, ja mit Dämonisierungen der bestehenden Welt, die nur die eine Lösung zuzulassen scheinen: den Untergang. Er würde, was auch immer auf ihn folgt, jedenfalls keinen Zuwachs an Unerträglichkeit bringen."[13]
6. Indem sie die Entsiegelung aller Geheimnisse beinhaltet, hält sie eine absolute Gewißheit nicht nur des Heils, sondern der Beschaffenheit der Welt bereit. Der französische Philosoph Jacques Derrida betont im Gegensatz zu der vereinseitigten umgangssprachlichen Bedeutung der Apokalypse als einer globalen Menschheitskatastrophe das Pathos der Wahrheit, das im hebräischen Wort „gala" wie im griechischen Wort „apokalyptein" steckt: eine durchaus sexuell konnotierte Enthüllung und Entdeckung des bislang Verborgenen (zum Beispiel des Geschlechtsteils). Derrida geht soweit zu behaupten, daß das abendländische Verständnis von Wahrheit untrennbar mit dem apokalyptischen Denken verknüpft sei: „Die Wahrheit selbst ist das Ende, die Bestimmung, daß die Wahrheit sich enthüllt, ist die Vollendung des Endes. Die Wahrheit ist das Ende und die Instanz des jüngsten Gerichts. Die Struktur der Wahrheit wäre hier also apokalyptisch, und aus diesem Grunde gibt es keine Apokalypse, die nicht wieder Wahrheit der Wahrheit wäre."[14]

Die apokalyptische Erzählung ist eine dramatische und forcierte Version christlich-abendländischer Heilsgeschichte. Nicht alle Versionen der abendländischen Eschatologie besitzen ein derart pointiertes Finale. Die Amtskirche hat nicht selten vor der revolutionären Absage an die Welt, der radikalen Gegenüberstellung von Gut und Böse, sowie dem Ausmaß der Katastrophe in der apokalyptischen Erzählung zurückgeschreckt und sie dadurch zu entschärfen getrachtet, daß sie spätestens seit Augustinus[15] das Heilsgeschehen, wie es die Apokalypse bildreich beschwört, transformierte: in ein innerseelisches Geschehen verwandelte.

Georg Wilhelm Friedrich Hegel's

Vorlesungen

über die

Philosophie der Geschichte.

Herausgegeben

von

Dr. Eduard Gans.

Dritte Auflage

besorgt

von

Dr. Karl Hegel.

Die Weltgeschichte ist nicht ohne eine Weltregierung verständlich.

Wilhelm von Humboldt.

Mit Königl. Würtembergischem, Großherzogl. Hessischem und der freien Stadt Frankfurt Privilegium gegen den Nachdruck und Nachdrucks-Verkauf.

Berlin, 1848.

Verlag von Duncker und Humblot.

GEORG WILHELM FRIEDRICH HEGEL, VORLESUNGEN ÜBER DIE PHILOSOPHIE DER GESCHICHTE, BERLIN 1848, KAT.NR. 24.3.1.

In diesem Sinne war auch Robert Musil ein augustinischer Denker, als er den katastrophischen Geschehnissen in diesem Jahrhundert, die wieder und wieder in der narrativen Folie eines apokalyptischen Geschehens dargestellt worden sind (von Carl Orff bis Thomas Manns „Doktor Faustus"), ein inneres tausendjähriges Reich entgegengesetzt hat; die sexuell gefärbte, inzestuöse unio mystica des Geschwisterpaares Ulrich/Agathe, die „letzte Liebesgeschichte, die es überhaupt geben kann": „Sie wußte nicht, warum sie damit den Namen des Tausendjährigen Reiches verband. Es war ein gefühlshelles Wort und war beinahe faßbar wie ein Ding, blieb aber dem Verstand unklar. Deshalb konnte sie mit dieser Vorstellung umgehen, wie wenn das tausendjährige Reich in jedem Augenblick anbrechen könnte. Es wird auch das Reich der Liebe genannt, das wußte Agathe ebenfalls; doch erst als letztes dachte sie daran, daß beide diese Namen schon seit den Zeiten der Bibel überliefert werden und das Reich Gottes auf Erden bedeuten, dessen nahe bevorstehender Anbruch in völlig wirklicher Bedeutung gemeint ist. ... ‚Man muß sich darin ganz still betragen', sagte ihr eine Eingebung. ‚Man darf keinerlei Verlangen Platz lassen; nicht einmal dem, zu fragen. Auch der Verständigkeit muß man sich entäußern, mit der man Geschäfte besorgt. Man muß seinen Geist aller Werkzeuge berauben, und daran hindern, wie ein Werkzeug zu dienen. Das Wissen ist von ihm abzutun und das Wollen; der Wirklichkeit, und des Begehrens, sich ihr zuzuwenden, muß man sich entschlagen. Ansichhalten muß man, bis Kopf, Herz und Glieder lauter Schweigen sind. Erreicht man so aber die höchste Selbstlosigkeit, dann berühren sich schließlich Außen und Innen, als wäre ein Keil ausgesprungen, der die Welt geteilt hat. ...!'"[16]

In der mystischen Zeiterfahrung wird das Heilsgeschehen individualisiert und als innere Erfahrung vorweggenommen. Bezeichnet der Kreis die mythische Zeiterfahrung und der Vektor, die gerichtete Linie, die geschichtliche Zeiterfahrung, so der Punkt die Erfahrung jedweder mythischer Zeitlosigkeit, die jene der eigentlich unvorstellbaren Ewigkeit vorwegnimmt.[17] Psychodynamisch besehen schwächt die punktuelle mystische Erfahrung den linearen apokalyptischen Erwartungsdruck, weshalb die Kirche sich geschichtlich mit Mystikern sehr viel leichter getan hat als mit den chiliastisch-revolutionären Strömungen, die aus ihr entsprungen sind und das Dasein der weltlich-heimatlich gewordenen Kirche expressis verbis in Frage stellen.

Je mehr sich die Kirche als weltliche Macht etablierte, desto entschiedener verabschiedete sie sich von einem dezidierten Ende der Zeiten. Gleichzeitig aber, und dies beschreibt Jacob Taubes in seiner „Abendländischen Eschatologie", verlagerte sich das Heilsgeschehen ganz auf die Zeitachse: das ganz Andere jenseits der Geschichte, das Ende der geschichtlichen Zeit, befindet sich in einem räumlichen Diesseits und ist ein mehr oder minder weit entfernter Zeitpunkt in der Zukunft. Der Fortschrittsglauben seit dem 18. Jahrhundert ist eine völlig abgeschwächte Form der Heilsgeschichte: mit dieser hat er nur die Idee gemeinsam, daß die Geschichte ein gerichteter, auf ein Ziel hin orientierter Prozeß ist, der freilich unabschließbar bleibt und der schon rein strukturell nicht – wie modifiziert auch immer – an den Anfang zurückführt, sondern immer weiter von ihm fort.

Demgegenüber weist die klassische messianische Erzählung jene Struktur auf, wie sie etwa die Kabbalistik des Isaak Luria im 16. Jahrhunderts ausgebildet hat: „In den drei großen Symbolen ist dieser neue Mythos Lurias konzentriert, in der Rede vom *Zimzum* oder der Selbstbeschränkung Gottes, von der *Schebira* oder dem Bruch der Gefäße, und vom *Tikkum,* der harmonischen Ausgestaltung, aber auch Ausbesserung und Restauration des Makels der Welt, der sich von jenem Bruch herleitet ... Die Kabbalisten sagen es nicht direkt; aber es ist implizite in ihrer Symbolik gelegen, daß dieses Zurücktreten des göttlichen Wesens in sich selbst eine tiefste Form des Exils, der Selbstverbannung ist. Im Akt des *Zimzum* werden die richtenden Gewalten, die in Gottes Wesen in unendlicher Harmonie mit den „Wurzeln" aller andern Potenzen vereinigt waren, gesammelt und an einen Punkt, eben in jenem Urraum, konzentriert, aus dem sich Gott zurückzieht. Die Idee der immer weiter fortschreitenden Ausscheidung und Ausschmelzung dieser richtenden Gewalten, in denen das Böse letzten Endes schon in Gott mitgesetzt ist, bestimmt bei Luria selbst den esoterischen Charakter des folgenden Prozesses als einer Reinigung des göttlichen Organismus von den Elementen des Bösen."[18]

So ist im jüdisch-christlichen Bezugssystem das Spezifische an der Geschichte, daß sie von vornherein eine Heilsgeschichte ist, die sowohl Mensch wie Gott betrifft. An Lurias kabbalistischer Geheimlehre wird auch die Grundstruktur der Erzählung vom Ende der Dinge deutlich, insbesondere jene Dreiteilung, die so charakteristisch für das abendländische Denken ist, die sich in Joachim von Fiores Lehre von den drei Reichen ebenso findet wie in Hegels Dialektik, dessen Triade (These, Antithese, Synthese) auch den Begründer des wissenschaftlichen Sozialismus nachhaltig beeinflußt hat. Die Apokalypse beschreibt vor dieser triadischen Grundstruktur nur den letzten Akt eines Heilsgeschehens, das eine Geschichte zwischen Gott (dem Weltgeist, der Geschichte) und den Menschen, eine Geschichte, in der Gott das Alpha und das Omega ist, der Gott des Anfangs und des Endes, darstellt:

Anfang der Dinge (Akt der Schöpfung)

Geschichte (Vervielfältigung, Verselbständigung, Drama der Freiheit, Vergänglichkeit Entzweiung, Loslösung, Emanzipation)

Ende der Zeiten (Wiederherstellung der Einheit, Ende der Geschichte)

ZUR GENESE DES HEILSGESCHICHTLICHEN DENKENS

Jede Erzählung, jede narrative Anordnung läßt sich als raumzeitliches Kontinuum beschreiben: sie ist in ein bestimmtes raumzeitliches Umfeld eingelassen, das ihre Entstehung ermöglicht und sie wird in historische Kontexte integriert, in denen das Narrativ wieder aufgegriffen, variiert und neu erzählt wird. Die Möglichkeit, das irdische Dasein als ein menschheitserlösendes Drama zu erzählen, ist in die Struktur des Mythos eingeschrieben und in die ihn inszenierende gesellschaftliche Praxis, das Ritual, eingebaut: der magischen Wiederholung des Anfangs kommt eine heilende Kraft zu. Wie alles Erzählen ist auch das mythische „erlösend" und wirkt befreiend. Mythen sind überaus wirksame Sinngebungsinstrumente, deren treibendes, aber zumeist verschwiegenes Motiv es ist, Neues abzuwehren, das als eine Bedrohung der durch den Mythos gegebenen Ordnung angesehen wird. Um den Kreis des Mythischen zur Linie und damit zur unkontrollierbaren Zukunft hin zu öffnen, bedarf es ganz bestimmter religiöser, politischer und kultureller Bedingungen. Im Nachhinein muß es wie ein ungemeiner Zufall erscheinen, daß die Menschheit jemals aus dem Kreis mythischer Auffassungen herausgetreten ist, die über Zigjahrtausende unsere emotionale und mentale Befindlichkeit geprägt hat (so unwahrscheinlich wie der Umstand, daß die Menschen in die Welt der modernen Naturwissenschaften eingetreten sind). Wie wirksam das Zeit- und Weltempfinden des Mythischen gewesen ist, läßt sich allein an seiner bloßen Dauer ermessen; im Vergleich dazu nimmt sich unsere moderne Weltauffassung, die, bei aller Fortdauer des Mythischen in der Moderne, einen Außenblick auf die mythische Welt eröffnet, lächerlich kurz aus. Oder um ein anderes anschauliches Beispiel zu geben: wie unendlich fremd muß den „heidnischen" Menschen der hellenistischen Zeit, den Stoikern, Epikureern und Pyrrhonikern in ihrer durchaus geschichtslosen „Sorge um sich" (Foucault)[19] das aufgeregte, hysterische Treiben jener ersten Christen angemutet haben, deren sehnlichster Wunsch es war, nicht nur die ersten, sondern auch die letzten Christen auf Erden zu sein (woraus sich auch ihr asketisches und sexualfeindliches Gebaren erklären mag, galt es doch alle sozialen Verbindungen mit der bestehenden Welt aufzukündigen, statt neue einzugehen, wie sie Ehe und Kinder mit sich bringen).

Der englische Kulturhistoriker Norman Cohn, der sich über Jahrzehnte mit Phänomenen wie Chiliasmus, Messianismus und apokalyptischem Denken beschäftigt hat, unternimmt in seinem 1993 erschienenen Buch „Cosmos, Chaos and Apocalyptic Faith" (deutsch: „Die Erwartung der Endzeit – Vom Ursprung der Apokalypse", 1997)[20] den Versuch, diesen Einbruch heilsgeschichtlichen Denkens in die Welt statisch-mythischen Denkens zu beleuchten. Cohn nimmt die ägyptische Welt und ihren mythologischen Kosmos zum Ausgangspunkt. Es handelt sich dabei um eine politische Theologie, in deren Mittelpunkt die Angst vor dem Chaos steht. Die geordnete Welt ist, nach ägyptischer Auffassung, aus dem Urchaos, aus dem finsteren Urgewässer entstanden, und es besteht die Gefahr, daß sie wieder in diese Welt der Unordnung zurückversinken muß. Um dies zu verhindern, bedarf es der Maat, des gerechten Ausgleichs, der Harmonie und Gerechtigkeit. Der Begriff hat Norman Cohn wie auch Jan Assmann[21] zufolge seinen Bedeutungshof mit den Jahrhunderten erweitert. Im Kern geht es um den Erhalt eines fragilen Gleichgewichts und um die Abwehr des Neuen. Der Pharao und seine Beamten gelten als die Garanten dieser weisen gesellschaftlichen Ordnung. Infolge des mythischen Kontextes ist der ägyptische Herrscher ein Gottkönig. Aber gerade wegen der beanspruchten Göttlichkeit des Herrschers ist dessen Position labil und gefährdet, durch

Naturkatastrophen wie durch den Krieg: „Für eine ethnozentrische Gesellschaft gab es keine nachhaltigere Bestätigung der Ordnung der Welt als den Sieg im Krieg."[22] Wenn dieser ausbleibt, muß die herrschende Klasse nicht bloß aus zynischem Machtkalkül, sondern aus Systemzwang diese Niederlage vergessen machen oder in einen Sieg ummünzen. Oder siegreiche Schlachten gar erfinden, die den königlichen Helden in eine heroische Linie mit den Göttern stellen. Cohn erwähnt aber noch einen anderen strukturellen Ausweg aus diesem Dilemma einer frühen politischen Theologie: „Diese Sicht Pharaos und seiner Rolle war derart fraglos, daß nicht einmal die Eroberung durch eine fremde Macht sie umstürzen konnte. Im Gegenteil, jeder ausländische König, der in Ägypten zur Herrschaft gelangte, wurde als wahrer Pharao angesehen, wenn er bereit war, sich die pharaonischen Titel zuzulegen und den Göttern Ägyptens zu dienen. Sowohl der persische Eroberer Kambyses als auch Alexander der Große waren einsichtig genug, sich dem zu fügen. Die ausländischen Regenten, die diese Erwartungen nicht erfüllten, wurden als Werkzeuge des Chaos abgestempelt: ihre Regierungen bedeuteten eine vorübergehende Abwesenheit Pharaos und der Maat, einen vorübergehenden Sieg des Chaos."[23]

Wie aber wenn ein kleines Gottkönig-Reich, eingezwängt zwischen mächtigen Nachbarn, von diesen bedrängt, unterworfen und geknechtet wird? Dies war der Fall Israels. Warum aber überlebte Jahwe diese Ketten von Niederlagen, während seine königlichen Emissäre längst ihrer politischen Macht verlustig gegangen waren? Wie läßt sich im Rahmen einer traditionellen politischen Theologie der immer spürbarere Niedergang Israels nach dem 7. Jahrhundert vor Christi Geburt erklären, die schließlich in der vollständigen „Demütigung" (Cohn) endete? Die Erklärung, die die „Jahwe-Allein"-Bewegung in der zweiten Hälfte des siebten vorchristlichen Jahrhunderts formulierte, machte aus der Not eine Tugend, brach aber damit, zunächst wohl ganz unbeabsichtigt mit herkömmlichen Weltbildern: „Wie, wenn der Schutzgott Jahwe sein Volk dafür strafte, daß es ihm die ausschließliche Verehrung verweigerte? Für manche besaß der Gedanke unwiderstehliche Überzeugungskraft, ja er bereitete einer völlig neuen Theodizee den Weg. Jahwe war so ein großer Gott, daß er die Geschicke ganzer Völker lenken konnte – und er benutzte seine Macht, um sein Volk zu demütigen. Die Könige von Assyrien und Babylon, die doch so überwältigend und mächtig wirkten, waren nichts als Werkzeuge, mit denen er die Israeliten bestrafte. Außerdem hatten die Israeliten es nicht besser verdient: einerlei welches Unglück sie ereilte, es wurde als ein weiterer Beweis für Jahwes Gerechtigkeit wie auch seine Macht hingestellt. Das war etwas Neues. Ständig wiederholte göttliche Bestrafung, verhängt ganz explizit für die ständig wiederauftretende nationale Apostasie – eine solche Deutung der politischen Ereignisse und des Laufs der Geschichte hat in den anderen Kulturen der Alten Welt nicht ihresgleichen."[24]

Dieses Erklärungsmodell macht plausibel, warum Jahwe immer wieder vor den falschen Göttern warnt, es sind nicht selten jene der größeren, militärisch überlegenen Völker. Ursache und Wirkung sind gleichsam vertauscht: die vernichtenden militärischen Niederlagen und die gänzliche Unterwerfung des Volkes Israels (Babylonische Gefangenschaft) legt in traditionellen Weltbildern die Übernahme der Götter der siegreichen Völker nahe. In der biblischen Deutung wird jedoch der Ab-

fall von Gott zur Ursache der verheerenden Niederlagen, die als Bestrafung des Gottesvolkes gedeutet werden. Von der politischen Theologie der Apokalypse ist man an dieser Stelle nicht mehr weit entfernt.
Dazu bedarf es indes noch einer zweiten Handlungssequenz: der Aussicht, daß die Prüfungen und Leiden irgendwann einmal ein Ende haben werden und am Horizont der Zukunft ein rettender Gottkönig, der Messias, erscheint, der von einem Gott gesandt wird, der nicht nur straft und züchtigt, sondern auch am Ende der Zeiten erlösen will. Die Idee des kosmischen Weltenkampfes zwischen den guten und den bösen Mächten hat, wie Cohn meint, in babylonischer Zeit Eingang in das jüdische Denken gefunden. Die extreme Polarisierung zwischen Gut und Böse spiegelt die mythische Vorliebe für das Kontrastive wieder, für die Entstehung der Gegensätze aus einem einheitlichen Uranfang. Gut und Böse ist eine binäre Opposition so wie männlich und weiblich, Licht und Dunkel, Ordnung und Chaos, Oben und Unten, Wasser und Erde usw. Die scharfe Frontstellung erlaubt massenpsychologisch gesehen eine mobilisierende Feindbildung; auch in der einstigen Weltreligion des Zarathustra, die einen strukturell ähnlichen Bruch mit der indischen Kosmogonie der Veden vollzog wie das Judentum mit der ägyptischen politischen Theologie, hat dieser übrigens im Zoroastrismus zumeist weit entfernte Endkampf stets zwei Dimensionen: er verweist auf ein Telos, ein Ziel einer kollektiven Menschheitsgeschichte (den Sieg des guten Gottes Ahura Mazda über Angra Mainyu), dieser Kampf zwischen Gut und Böse spielt aber auch im Alltag des gläubigen Zarathustra-Anhänger eine maßgebliche Rolle: jede gute Tat ist ein kleiner Sieg im Kampf des guten gegen den bösen Gott. Von außen besehen wird deutlich, wie viel Religion mit politischer Pädagogik gemein hat.

**DIE WIEDERERZÄHLTE APOKALYPSE:
HEILSGESCHICHTE POST CHRISTUM NATUM**

Wie alles Erzählen und wie alle überlieferten Texte, so lebt auch das heilsgeschichtlich-apokalyptische Narrativ davon, daß es wieder und wieder erzählt, stets aufs Neue variiert und modifiziert wird. So werden die raumzeitliche Unbestimmtheit und die Vieldeutigkeit des Geschehens in der apokalyptischen Textur des Johannes in den unruhigen Jahrhunderten seit 1200 zum Ausgangspunkt eines erstaunlichen geistig-religiösen „recyclings". Die Entschlüsselung des Drachens, der apokalyptischen Reiter und der Hure Babylons wechseln je nach Ort und Zeit. Schon bei Johannes ist etwa die Bezeichnung der babylonischen Hure zum einen ein Erinnerungsverweis auf die babylonische Gefangenschaft der Juden, zum anderen aber auf das römisch-spätantike Imperium. Andere jeweils den Zeitumständen passende Zuschreibungen werden folgen: für Joachim von Fiore ist der stauffische Kaiser der Satan, für die Reformatoren avanciert der römische Papst systemlogisch zum Anti-Christ, die Hure Babylon wird zur symbolischen Folie für den Kommunismus des 20. Jahrhunderts („Das Reich des Bösen") wie für den verhaßten Kapitalismus des 19. Jahrhunderts, der eine breite Blutspur von Kolonialkrieg, Repression, Ausbeutung und Vernichtung hinterläßt, aber doch einer neuen heilen Welt (dem Sozialismus) den Weg bahnen soll. Im 19. Jahrhundert wird der Jude im Lager der extremen Rechten zum heimlichen Regenten und Satan dieser Welt. Sowohl die

LA VITA DELL'ABBATE GIOACHINO. KUPFERSTICH, VENEDIG 1589, KAT.NR. 24.1.

russischen Pogromtschiks als auch die deutschen Nationalsozialisten sahen es als ihre moralisch-„religiöse" Pflicht an, dieses Übel aus der Welt zu schaffen. Die heroische Auserwähltheit und die Größe der heilsgeschichtlichen Aufgabe, die nicht ohne Verdrehung und Manipulation (Rassenwahn) vom Volk Israels auf die deutsche Herrenrasse übertragen wird, scheint jener kollektiven Untat der Shoah den Weg

gebahnt zu haben. In gewisser Weise stand der Nationalsozialismus in perverser Weise unter dem Bann messianischen Denkens, eine böse Umkehr der Dinge, die kaum gedacht wird. Auch im Hinblick auf seine Affinität für apokalyptisch-heilsgeschichtliche Erzählmomente ist der Nationalsozialismus der falsche Bruder des Sozialismus gewesen, wie es der eigenwillige Marxist Alfred Sohn-Rethel einmal genannt hat. Aber auch der reale Sozialismus, insbesondere in Gestalt des Stalinismus, der für seinen heilsgeschichtlichen Weg zum Kommunismus über Berge von Leichen ging (angefangen von Kapitalisten, über Kulaken bis zu allen Arten von Abweichlern), hat eine bestimmte Interpretation und Erzählweise der Heilsgeschichte nachhaltig desavouiert. Während das historische Israel Niederlagen erlitt, an denen es sich aufzurichten trachtete, bedeutete der Stalinismus ein systembedingtes, selbstproduziertes Leid, dessen Kompensation im Kommunismus zunehmend hohl und unglaubwürdig anmutete.
Norman Cohns kritischer Vorbehalt (wie auch jener Karl Löwiths)[25] haben indes damit entscheidend zu tun. Aber selbst dieser vernichtende Zugriff auf das apokalyptische Denken ist, wie das Werk von Jacob Taubes und Walter Benjamin vor Augen führt, nicht imstande, die Dignität des messianischen Grundgedankens und ihrer Geschichtsphilosophie endgültig zu diskreditieren: das Eingedenken unabgegoltenen Unrechts und Unheils, die Hoffnung auf Überwindung, auf Transzendenz des Unerträglichen.
Während Löwiths, Voegelins und Cohns Annäherungen an das eschatologische, d. h. endzeitliche Denken (in der Spannbreite von der Apokalyptik über die Gnosis und die häretischen Bewegungen des Mittelalters bis zu den „Mythen" des 19. und 20. Jahrhunderts) skeptisch grundiert sind, verfolgt der in Wien geborene Religionsphilosoph Jacob Taubes wie vor ihm Gershom Scholem und Walter Benjamin eine an Heidegger, Kierkegaard und dem deutschen Idealismus orientierte Lesart, die letztendlich das messianische Denken angesichts der vulgären und prekären Verdrehungen rekonstruiert und rehabilitiert. Taubes ordnet dem jüdisch-christlichen Endzeitdenken den Vorrang der Zeit vor dem Raum und der des Ortes vor dem Auge zu, während er das griechisch-hellenistische Denken mit dem Primat des Sehens und des Raumes identifiziert.
Erst mit dem jüdisch-christlichen Denken erlangt Zeit für die Menschen ihre volle Bedeutung: Zeit als Geschichte, das heißt als ein Phänomen, das auf ein Ende des Kollektivsubjekts Menschheit hin ausgerichtet ist. Der Begriff der Offenbarung drückt Schelling zufolge „ein Geschehen, einen Vorgang in der Zeit" aus, ein „actuelles Verhältnis".[26] In der „Einsinnigkeit" und „Nichtumkehrbarkeit" gründet der Sinn der Zeit wie des Lebens. Nicht nur bedingt die Zeit die Geschichte, sondern umgekehrt enthüllt sich das Wesen der Zeit erst in der Geschichte: „Die Zeit entsteht, wenn die Ewigkeit des Ursprungs verloren und die Ordnung der Welt dem Tode verfallen ist. Die Zeit ist der Fürst des Todes, wie die Ewigkeit der Fürst des Lebens ist. Das Ineinander und Auseinander von Tod und Leben vollzieht sich in der Geschichte."[27]

Die Geschichte ist also der Schauplatz des Kampfes, an dessen Ende der Tod und die Zeit überwunden werden. Aber die Geschichte ist nicht sinnlos, sondern ein Drama

der Freiheit. Nur durch den Eintritt in die Geschichte, den Ab-Fall von Gott ist Freiheit möglich, zugleich aber ist die Ewigkeit das Element der Freiheit, der Freiheit von der zeitlichen Beschränkung. Diese absolute Freiheit, wie sie die apokalyptische Erzählung philosophisch impliziert, ist im Abendland auf dreifache Weise thematisiert worden, als theistisch-transzendente Metaphysik (Gott und die Welt), die die absolute Freiheit in ein Jenseits der endlichen Varianten der Freiheit verlegt, als pantheistisch-immanente Schau wie im Deutschen Idealismus (Gott in der Welt), der Gott, Vernunft und Welt miteinander verschmilzt und als atheistisch-materialistische Geschichtsauffassung, in der sich der kreatürlich-gebrechliche Mensch selbst zum „Absoluten" aufschwingt (Gott wird in der Welt).
Immer aber bleibt die Geschichte der Schauplatz, auf dem sich der Mensch offenbart, deswegen nennt Taubes auch die Offenbarung „das Subjekt der Geschichte": „Der Weg des Menschen in der Zeit ist die Geschichte als Offenbarung des Menschen". Bei Taubes handelt es sich um eine Geschichte, die politisch und religiös imprägniert ist. Insofern nimmt er auch die radikalen ideologischen und vulgären Vereinnahmungen der Apokalypse zurück. Das Ende der Zeit bleibt ein unabdingbarer Bezugspunkt für eine Geschichte, in der der Mensch als spirituelles wie als politisches Wesen, Freiheit realisiert. Taubes' Apokalyptiker ist ein kosmischer Revolutionär, dessen Welt stets eine ganz andere, jenseitige ist. Diese radikal gedachte Freiheit ist aber nur möglich, indem sich der apokalyptische Mensch sowohl von Gott abgrenzt, seinen eigenen Weg geht und zugleich wie der Gnostiker, der davon ausgeht, daß die Welt nur von einem bösen, mindestens aber einem eigenmächtigen Schöpfer geschaffen worden sein kann, auf seinem prinzipiellen Vorbehalt gegenüber der Welt beharrt: „Die Apokalyptik verneint die Welt in ihrer Fülle. Das Gesamt der Welt umklammert die Apokalypse negativ. Gesetz und Schicksal sind die Grundfesten des Kosmos. Kosmos aber bedeutet seit der Antike immer harmonisches Gefüge. Weil aber im Kosmos Ordnung und Gesetz herrscht, weil das Schicksal oberste Macht im Kosmos ist, deshalb, so schließt die Apokalypse in ungeheurer Umkehrung, ist der Kosmos die Fülle des Schlechten. Die Welt ist eine Totalität, welche sich abgrenzt gegen das Göttliche, eine Selbstständigkeit Gott gegenüber. Die Welt ist das Gegengöttliche und Gott ist das Gegenweltliche. Gott ist in der Welt unbekannt und fremd. Indem Gott in der Welt erscheint, ist er für die Welt neu."[28]

Die Apokalypse ist die radikalste Version der abendländischen Vorstellung, daß die Geschichte auf ein Ziel gerichtet ist, das den Zustand der jeweiligen Gegenwart übersteigt. Bei Taubes ist dieses Telos die Voraussetzung für Geschichte als einem zeitlich gerichteten sinnvollen Phänomen: „Die Apokalyptik ist revolutionär, denn sie schaut die Wende nicht in unbestimmter Zukunft, sondern ganz nahe. Darum ist apokalyptische Prophetie zukünftig und doch ganz gegenwärtig. Das telos der Revolution bindet die chaotischen Gewalten, die sonst alle Formen und die gesetzten Grenzen überschreiten würden. Auch Revolution hat ihre Formen und ist 'in Form', gerade wenn sie erstarrte Formen, die Positivitäten der Welt erschüttert. Das apokalyptische Prinzip vereinigt in sich eine Gestalt zerstörende und eine gestaltende Macht. Je nach Situation und Aufgabe tritt eine der beiden Komponenten hervor, keine aber darf fehlen. Fehlt das dämonisch zerstörende Element, so kann die erstarrte Ordnung, die jeweilige Positivität der Welt nicht überwunden werden. Wenn aber im zerstörenden Element nicht der „neue Bund" durchscheint, so sinkt die Revolution unvermeidlich ins leere Nichts."[29]

Begriffe wie Post-Moderne und Post-Histoire haben so besehen eine ganz und gar nicht triviale Bedeutung: sie meinen auf verschiedene Weise einen Zustand der Menschheit, die nicht länger in angespannter heilsgeschichtlicher Erwartung lebt, sondern die die Geschichte als Heilsgeschehen hinter sich gelassen hat, ohne daß das rettende messianische Ende eingetreten wäre. Daß Taubes ein vehementer Gegner der Postmoderne war, läßt sich bereits aus seiner „Abendländischen Eschatologie" ablesen: denn für ihn ist auch Freiheit an die Geschichte geknüpft, denn die Geschichte ist jener metaphysisch gedachte Raum, in dem der Mensch überhaupt Freiheit erwirken kann. Das Ende der Geschichte bedeutet für Taubes daher auch das Ende der Freiheit, einer Freiheit, die freilich so überspannt ist wie sein Geschichtsbegriff.

DAS DRITTE REICH

Ernst Bloch war einer der ganz wenigen Marxisten und Intellektuellen der Weimarer Republik, der den Nationalsozialismus nicht bloß als schieren Reflex auf die Interessen des Spätkapitalismus gesehen hat, nicht als etwas Exterritoriales, sondern als eine fatale Erbschaft abendländischen Denkens. Ihm fiel der religionsgeschichtliche Vorlauf des Terminus vom „Dritten Reich" ins Auge. Oberflächlich besehen kam die Dreizählung von der Abfolge des alten (römisch-deutschen) Kaiserreiches, des Wilhelminischen und des nun kommenden dritten nationalsozialistischen Reiches. Aber schon die Heils-Rufe der Nazis legten einen unbedachten religiösen Hintergrund nahe, den Bloch denn auch freigelegt hat: „Vor allem aber werden am

TABOR. KUPFERSTICH, FRANKFURT/M., MATTHEUS MERIAN, 1650, KAT.NR. 24.2.5.

‚Dritten Reich' uralte Bilder rezent..., leichter pervertierbare, desto erstaunlicher funkelnde. Der Terminus ‚Drittes Reich' hat fast alle Aufstände des Mittelalters begleitet oder wie man es damals nannte: das 'Reich des dritten Evangeliums' – es war ein leidenschaftliches Fernbild und führte ebensoviel Judentum wie Gnosis mit sich, ebensoviel Revolte der Bauernkreatur wie vornehmste Spekulation. Nach dem Evangelium des Vaters im Alten Testament, nach dem Evangelium des Sohnes im Neuen kommt das dritte Evangelium, als das des Heiligen Geistes: so hatte der Abt Joachim von Fiore im XIII. Jahrhundert, ja bereits Origines, der Kirchenvater, die bessere Zeit verkündet, und so war die Weissagung in den Bauernkriegen lebendig geblieben. Heute lebt davon nur die Phrase, doch im selben Maß wie die Not in den alten Schichten gestiegen ist, auch wie Bierdunst explosibel wurde, hat die Phrase gezündet, und ein Geisterzug pervertierter Erinnerungen zieht durch das halbproletarische ‚Volksgedächtnis'."[30]
Diese Passage aus dem Werk eines marxistischen Theoretikers verdient einen Kommentar. Zum einen macht sie die Wirksamkeit eines latent bewußten kulturellen Gedächtnisses geltend, in dem Symbolkomplexe und Narrative als Medium wie als „Message" wirksam sind. Indem Bloch den Nationalsozialismus als eine wie auch immer „pervertierte" Fortführung des „Mythos" vom Dritten Reich" des Joachim ansieht, stellt er ihn in einen Kontext mit einem Narrativ, das am Anfang der geistig-politisch unruhigen Jahrhunderte (von 1200–1517) steht und dem die Funktion eines Initials zukommt. Ernst Benz, einer der einschlägigen Joachim-Forscher, hat in diesem Zusammenhang von der „Ideologie der beginnenden Neuzeit" gesprochen.[31] Der Nationalsozialismus steht, wie sein symbolisches und narratives Inventar zeigt, auf eine merkwürdige Weise in der Tradition der neuzeitlichen Revolutionen.

Es ist nicht ganz sicher, wann Joachim von Fiore, dessen Leben im Dunklen liegt, seine visionäre Erleuchtung erlebt hat. Einer Legende zufolge soll ihm die Erleuchtung zu seinem Hauptwerk während einer Pilgerreise nach Jerusalem gekommen sein: auf dem Berg Tabor (eine Gruppe von radikalen tschechischen Spiritualen und Revolutionären wird der auf einer Anhöhe gelegenen Stadt, in der sie ihren radikalkommunistischen Gottesstaat errichten, den Namen Tabor geben und sich selbst als Taboriten bezeichnen). Joachim und all die revolutionären spirituellen Bewegungen, die ihm nachfolgen werden, reaktivieren und variieren ganz bestimmte prophetisch-apokalyptische Erzählungen – von Moses bis zum Apokalyptiker Johannes – aus dem biblischen Kontext und nehmen darin ganz bestimmte Positionen ein. Nie also geht es um eine rein theoretische Aufnahme von Ideen, sondern auch um die Übernahme und Modifikation von Lebenshaltungen: gegenüber rein theoretischen Texten haben Narrative den Vorteil, das sie beides transportieren: Theorie und Lebensvollzug. Sie vermitteln geistige Haltungen und geben bestimmte Rollen vor, die durchgespielt werden.
Indem Joachim den prophetischen Diskurs fortsetzt, tritt er ein in die erzählerische Welt der Bibel. Um 1190 verläßt er das Kloster der Zisterzienser im Tal von Corazzo, dessen Abt er zuvor gewesen war, und steigt hinauf ins Sila-Gebirge, um dort eine Einsiedlergemeinschaft zu gründen, „den Keim eines neuen, strengen Ordens"[32], der vom Geist der Visionen des Joachim erfüllt ist. Der Berg ist der klassische Topos

medialer Eingebung. Der Berg ist ein erhabener und privilegierter, gottnaher und menschenferner Ort: technisch gesprochen gibt es dort den besten und ungestörten Empfang. Die zeitliche Vorausschau wird durch die räumliche Supervision versinnbildlicht.

Wie Johannes, der erste apokalyptische Erzähler, so teilt auch sein spiritueller Nachfolger die Umstände seiner in die Zukunft gerichteten Erzählung der Menschheitsgeschichte mit. Nicht zufällig fällt der Zeitpunkt, als Joachim die für seine Vorstellungswelt so entscheidende Frage der Trinität durch höhere Eingebung zu lösen imstande ist, auf Pfingsten, das Fest des Heiligen Geistes, den der in den Himmel auffahrende Gottessohn den Menschen hinterlassen hat: „So nahm ich mir vor, an diesem Tage einige Psalmen zu singen zu Ehren des Heiligen Geistes (und) wegen der großen Ehrwürdigkeit und Feierlichkeit des Tages. Dabei hoffte ich, daß mir an diesem Tage selbst etwas geschenkt würde von dem, der allen reichlich gibt und (niemanden) zurückweist. Während ich die Kapelle betrat und den allmächtigen Gott vor dem heiligen Altar anbetete, befiel mich eine Art von Zögern im Glauben an die heilige Dreifaltigkeit (indem) es mir zu verstehen und zu glauben schwierig (schien), daß alle Personen ein Gott und Gott alle Personen sei. Da dies geschah, betete ich inbrünstig, und in meinem Schrecken wurde ich heftig angetrieben, den Heiligen Geist anzurufen, dessen heilige Feier wir begingen, daß er selbst sich würdigte, mir das heilige Geheimnis der Dreifaltigkeit zu zeigen, in dem uns alle Kenntnis der Wahrheit vom Herrn versprochen wurde. Während ich dies sagte, fing ich an zu psalmodieren, um die vorgenommene Zahl (von Psalmen) zu erreichen. Sogleich trat mir das Bild des zehnsaitigen Psalters vor die Seele und in diesem sah ich das Geheimnis der Dreifaltigkeit so klar und offen, daß ich alsbald zu dem Ausruf hingerissen wurde. 'Wo ist ein so mächtiger Gott, wie du es bist, o Gott!'"[33] Die Offenbarung des Heiligen Geistes im Kloster Casa Mari hat sich wohl zwischen 1190 und 1195 abgespielt, und sie sollte folgenreich für die Geschichte des Abendlandes sein, das mit dieser Offenbarung in die Neuzeit einzutreten begann. Die Vision des strengen Asketen Joachim, dessen Vorliebe für die Johanneische Apokalypse möglicherweise mit seiner Kenntnis des orthodoxen Christentums zusammenhängt, das er auf seiner Pilgerfahrt nach Jerusalem kennengelernt hatte, sollte sich als folgenreich erweisen. Joachim löste das Geheimnis der Trinität dadurch, daß er diese auf die menschheitliche Heilsgeschichte projizierte. Joachim gibt der Heilsgeschichte eine trinitarische Struktur, die zugleich die drei Aspekte der Zeit wiedergibt: Vergangenheit – Gegenwart – Zukunft. Die drei Seiten des einen Gottes werden in einer von Zahlenspekulationen, Symbolismus und Analogie gesättigten grandiosen Spekulation zu drei aufeinanderfolgenden Stadien im Geschichtsverlauf: „Endlich gibt es drei Weltzustände (Status) ..., den ersten, in dem wir unter dem Gesetz waren, den zweiten, in dem wir uns jetzt befinden, in der Gnade; den dritten, den wir in Bälde erwarten, in noch reicherer Gnade, denn Gnade gab er uns über Gnade, Glaube für die Liebe und beide gleicherweise (Johannes 1.16). Der erste Status war in der Wissenschaft, der zweite zum Teil in der Weisheit, der dritte in der Fülle des Wissens. Der erste Zustand im knechtlichen Dienst, der zweite im Sohnesdienst; der dritte in der Freiheit. Der erste in den Plagen, der zweite im Werk, der dritte in der

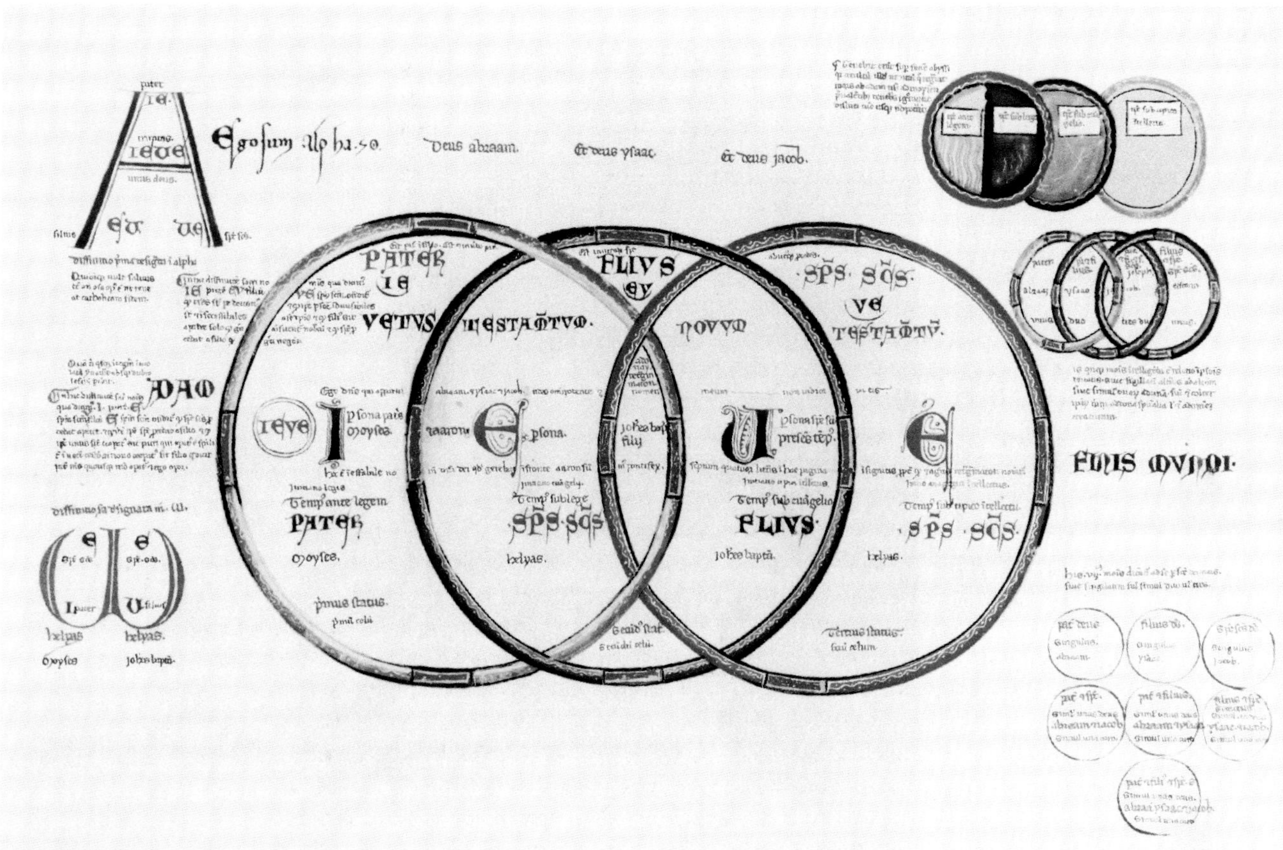

DARSTELLUNG DER TRINITÄT, AUS: LIBER FIGURARUM. DRUCKSCHRIFT, TORINO, JOACHIM VON FIORE, KAT.NR. 24.1.2.

Kontemplation. Der erste in der Furcht, der zweite im Glauben, der dritte in der Liebe. Der erste ist der Zustand der Knechte, der zweite der der Freien, der dritte der der Freunde. Der erste der Knaben, der zweite der Jünglinge, der dritte der der Greise. Der erste beim Sternenlicht, der zweite in der Morgenröte, der dritte in der Helle des Tages. Der erste bringt Nesseln hervor, der zweite Ähren, der dritte Weizen. Der erste Wasser, der zweite Wein, der dritte Öl … Daher gehört der erste Status zum Vater, der der Schöpfer von Allem ist. Der zweite (Status) gehört zum Sohn, der sich gewürdigt hat, Fleisch anzunehmen, damit er darin fasten und leiden könne, um so den Zustand des ersten Menschen zu erneuern, der gefallen war, indem er aß. Der dritte (Status) gehört zum heiligen Geist, von dem der Apostel sagte (2. Kor.3.17): ‚Wo der Geist des Herrn ist, da ist Freiheit.'"[34]

Die Geschichte, die als eine zwischen Gott und Mensch gedacht ist, hat nun eine entscheidende Facette hinzubekommen. Nicht nur treibt die Geschichte, das Ergebnis menschlichen Eigensinns und Abfalls von Gott, auf ein kathartisches und erlösendes Ende hin, sondern sie ist auch ein stufenweiser Aufstieg zu Gott, der freilich durch dramatische Einbrüche und Auftritte von zahlreichen Anti-Christ-

Gestalten (in der Epoche ist dieser Widersacher der römisch-deutsche Kaiser Friedrich II, der sich indes selbst als eine Erlösungsfigur im Sinn der apokalyptischen Erzählung konfiguriert) geprägt ist. Bis zu Joachim und auch noch bei Augustinus gibt es keine menschliche Entwicklung im Fortgang der Geschichte zwischen kosmischem Anfang und erlösendem Ende: Phasen von Gottferne und Gottnähe, von Abfall und Rückkehr, von Vergessen und Wiedererinnerung lösen einander ab, bis dann am Ende der Zeiten und dank der solitären Tat des Gottmenschen Jesus Christus die Geschichte sich durch die endzeitliche Erlösung auflöst. Bei Joachim wird zum erstenmal in aller Klarheit die Idee einer humanen wie übrigens auch göttlichen Entwicklung im Verlauf einer in ihrer Entfaltungslogik festgelegten Geschichte ausgesprochen: die Geschichte ist eine der Freiheit, der Freiheit zu Gott. Das Maß des menschlichen Zugewinns drückt sich im Abstand aus, der zwischen Sklaven und Sohn, zwischen diesem und dem erwachsenen freien Mann, zwischen Gehorsam, Gnade und Liebe besteht. An die Stelle des blinden Gehorsams tritt die Gnade und später die Liebe aus freien Stücken. Die Geschichte wird hier zum ersten Mal eine Geschichte der Freiheit und einer zunehmenden Vergeistigung, einem Abschied von der materiellen Welt. Eine aufsteigende Linie der Geschichte wird sichtbar, die später bei durchaus gottfernen Denkern wie Comte und Marx ihre Fortsetzung finden sollte.

GEORG WILHELM FRIEDRICH HEGEL, UM 1880, KAT.NR. 24.3.

Das Denken des frommen und gelehrten Apokalyptikers Joachim, und das ist bereits den theologischen Widersachern seiner Zeit aufgefallen, enthält ein revolutionäres Ferment, das gegen die Kirche selbst gewendet werden kann und nach dem Tod des Abtes von Fiore auch gegen diese gewendet worden ist. In seiner fast nach Belieben verlängerbaren analogischen Reihe entspricht dem ersten Reich des Vaters das Alte Testament, der Alte Bund und die Synagoge, dem zweiten Reich das Neue Testament, der Neue Bund (Abendmahl) und die römisch-petrinische Kirche, dem dritten Reich entspricht der heilige Geist – aber welche Form der Verbindung zwischen Gott und Mensch und welche Form der Kirchlichkeit existiert in diesem neuen Zeitalter? Aus dem Postulat eines neues, dritten Gottesreiches mußte fast zwangsläufig die revolutionäre Forderung nach einer neuen Form von Kirche formuliert werden. Die römische Papstkirche war der legitime Ausdruck des zweiten Reiches, aber sie entspricht beim Eintritt in die neue Zeit nicht mehr den geschichtlichen Gegebenheiten – so die naheliegende Schlußfolgerung der nachfolgenden franziskanischen Spiritualen. Indem sich Joachim an der Schwelle zweier Zeiten sah, am Ende des Zweiten und vor dem Beginn des Dritten Reiches, das er auf 1260 ansetzte, konnte er Loyalität und Veränderungswillen miteinander verbinden. Alles hatte seine Zeit. Man kennt solche Argumente aus säkularen Geschichtsdoktrinen wie dem Marxismus; dort wird die Legitimität etwa der bürgerlich-kapitalistischen Gesellschaft auf ein bestimmtes Stadium im Verlauf der Geschichte beschränkt. Joachim starb nicht als Häretiker, wohl aber wurden jene Schriften über die Drei-Reiche-Lehre nach seinem Tod auf den päpstlichen Index gesetzt. Jacob Taubes hat Joachims geistesgeschichtliche Position, seine Loyalität gegenüber dem Papst mit Hegels Treue zum preußischen König verglichen: die franziskanischen Spiritualen, die Joachims Lehren radikalisieren und verbreiten werden (und zeitweilig in Franz

KARL MARX, UM 1880, KAT.NR. 24.3.2.

von Assisi die Lichtgestalt des Dritten Reiches sehen) entsprächen in diesem Vergleich den Junghegelianern (bis zu Marx), die den politisch zahmen philosophischen Meister revolutionär überbieten.[35]
Joachims Berechnungen über den Beginn des letzten dritten Weltzustands sind aufschlußreich. Sie verdanken sich zum einen komplexen Generationsberechnungen (42 Generationen à 30 Jahre), zum anderen aber ergibt sich seine Abweichung von den naheliegenden drei Mal tausend Jahren dadurch, daß er Übergangszeiten ansetzt, deren zeitliches Maß er auf rund 200 Jahre veranschlagte. So enden die drei Weltzustände niemals abrupt, sondern der Anfang des Neuen bereitet sich im Alten vor: damit differenzierte Joachim die Auffassung von Anfang und Ende im Binnenraum der Geschichte.
In einer Hinsicht erweist sich Joachim, der die Zukunft des Weltverlaufs und seine Zielrichtung aus erhöhter Perspektive erfahren hatte, im Vergleich zu seinem endzeitlichen Denkverwandten Hegel, dessen Geist-Geschichte der Welt eines endzeitlich geprägten schwäbischen Pietismus entsprang, als radikal: er sah die Beschaffenheit der neuen Welt vor dem Ende der Zeiten, er sah das Kommen eines Engelspapstes im Zentrum einer neuen vergeistigten Welt: Einer Welt, in der es nicht nur Klöster gibt, sondern die selbst ein Kloster und nur ein Kloster ohne weltlichen Außenraum ist, ein Kloster, das in strenger Hierarchie und in Analogie zur Siebenzahl von Schöpfung und Apokalypse sieben verschiedene sakrale Räume (Oratoria) beherbergt. Der „Plan des Neuen Ordens, der zum dritten Zustand gehört nach dem Vorbild des himmlischen Jerusalems, sieht insgesamt sieben Abteilungen vor:

Im Zentrum das Oratorium der heiligen Gottgebärerin Maria, das Heilige Jerusalem, mit den Attributen Taube, Geist des Rates, Nase, Sitz Gottes. Darum gruppieren sich wiederum, der Dreizahl folgend, die Petrus, Paulus und Johannes zugeordneten Oratorien, die in der Joachimitischen Tradition zuweilen auch die drei Stadien der Heilsgeschichte versinnbildlichen. Das Oratorium des Heiligen Johannes des Evangelisten und aller jungfräulichen Heiligen mit den Attributen Adler, Geist der Weisheit, Auge ist den eremitisch lebenden heiligen Männern vorbehalten, die sich radikalem Fasten unterziehen, während im Oratorium des Petrus (Löwe, Geist der Stärke, Hand) die zarteren und älteren Brüder wohnen, die die strengen asketischen Regeln der johanneischen Brüder nicht aushalten. Den dritten inneren Kreis des neuen Klosters bildet das vierte Oratorium des Heiligen Paulus und aller heiligen Kirchenväter (Attribute: Mensch, Geist der Erkenntnis, Ohr), die die geistige Lehre erforschen und weitergeben.
Im fünften Oratorium des Heiligen Stephanus und aller Heiligen Märtyrer (Attribute: Ochse, Geist der Wissenschaft, Mund) leben die arbeitenden Brüder, die die Lebensgrundlage einer asketischen Gesellschaft sicherstellen. Daran schließt sich – in gehörigem Abstand – das sechste Oratorium des Heiligen Johannes des Täufers und aller Propheten (Attribute: Hund, Geist der Frömmigkeit, Fuß) an, während das letzte Oratorium (Oratorium des Heiligen Patriarchen Abraham und aller Heiliger Patriarchen, Attribute: Lamm, Geist der Furcht, Leib) von den Laien bewohnt wird, die als einzige verheiratet sind und Nachkommen haben und ganz offenkundig auch jene Außenstelle des Klosters bilden, in der die Frauen leben.

Joachims Vision einer idealen Welt nimmt wesentliche Momente vorweg, die für die nachfolgenden neuzeitlichen Utopien eines Morus, Bacon und Campanella so charakteristisch sind, dabei tritt als unbeabsichtigtes Nebenprodukt der eigentumslose, kommunistische Charakter dieses Dritten Reiches hervor. Dieser ergibt sich weniger aus einem sozialrevolutionären Impetus, den man Jahrhunderte später bei Taboriten und Wiedertäufern antreffen wird, sondern allein aus der radikalen Absage an eine Welt des Komforts, des Reichtums und des Genusses. So wenig wie möglich zu sich nehmen und zu besitzen, wird zum Zeichen der Gottesnähe in einer Gesellschaft, in der die programmatische Armut tendenziell egalitär verteilt wird. Wenn man so will, steckt darin ein gerütteltes Maß an Realitätssinn: Kommunismus ist der adäquate Verteilungsmodus einer programmatisch auf Armut eingestellten Gesellschaft, die das Leben in der jenseitigen Welt einübt und vorwegnimmt. Von ihrem Ausgangspunkt war die Geburt des neuzeitlichen revolutionären Denkens asketisch. Und die Freiheit, von der Taubes spricht, war so radikal und absolut gedacht, daß sie auch eine Freiheit von den Bedürfnissen des Körpers und der Welt beinhaltet. Als eine Arche Noah hat Joachim die Welt als Kloster konzipiert,[36] gerüstet für das nun nicht länger aufgeschobene Ende, das mit der Sintflut schon in die Heilsgeschichte hereinleuchtete, mit Menschen, die gerüstet sind, von der Vielfalt der materiellen Welt Abschied zu nehmen und die sich nach einem Heiligen Geist sehnen, der sie, der Differenz und Vielfalt der Körperlichkeit ledig, in seine abstrakte und unifizierende Einheit einschließt: die Vergeistigung, die zunehmende Entmaterialisierung war das eigentliche Ziel, das sich für die apokalyptische Erzählgemeinde am Ende der Zeiten enthüllt und das durch die technische Welt mit ihrer Tendenz zu Mathematisierung und Entmaterialisierung, wie etwa im Computer, seinen jüngsten Niederschlag gefunden hat. Marshall McLuhan, der Guru des Neuen Medienzeitalters, war ein gläubiger Katholik, der in den Medien eine Bestätigung dafür gesehen hat, daß wir in die Ära des Heiligen Geistes eingetreten sind. McLuhan geht davon aus, daß die psychische Konvergenz, die durch die elektronischen Medien ermöglicht werden, „could create the universality of the consciousness forseen by Dante when he predicted that the men would continue as no more than broken fragments until they were unfied into an inclusive consciousness. In a Christian sense, this is merely a new interpretation of the mystical body of Christ; and Christ after all, is the ultimate extension of man. I expect to see the coming decades transform the planet into an art form; the new man, linked in a cosmic harmony that transcends time and space, will ... himself ... become an organic art form. There is a long road ahead, and the stars are only way stations, but we have begun the journey."[37]
Entgegen aller Beteuerungen vom Ende einer Geschichte, die in all ihren Varianten (religiösen wie säkularen) ein zielgerichtetes Geschehen hin zu einer entmaterialisierten zweiten, spirituellen anderen Welt impliziert, wird die Fortdauer der Heilsgeschichte im Kern der modernsten Technik sichtbar: in den Neuen Medien wie in der Biotechnologie.

ANMERKUNGEN

1 Friedrich Wilhelm Joseph Schelling, Ausgewählte Schriften, Historisch-kritische Einleitung in die Philosophie der Mythologie(1842), in: Ausgewählte Schriften, Bd. 5, hrsg. von Manfred Frank, Frankfurt/M. 1985, S.13–104.

2 Günther Anders, Erzählungen. Frühe Philosophie, Frankfurt/M., 1978, S.7.

3 Gershom Scholem, Zur Kabbala und ihrer Symbolik, Frankfurt/M. 1973, S.146–171.

4 „Es ist die Entstehung der Zeit aus der Unzeit, die so beschrieben wird, eine Sprachgeburt. Der Mythos löst den Konflikt, den jede Sprache stellt: daß etwas vor ihr sein muß, was doch erst durch sie unterschieden wird, indem er ein 'Aus sich selbst'. erfindet. Diese Selbstdifferenzierung, die Erzeugung des Selbst aus sich, entsteht keineswegs aus dem Nichts, creatio ex nihilo. Vielmehr handelt es sich um die Erfindung des Subjekts, eines Autors der Sprache ... Der kosmogonische Akt der Selbstabspaltung einer ewigen Langeweile oder plötzliche Realisierung eines Herzensgedankens erzeugt die Gegensätze, die neue Gegensätze aus sich hervorbringen, das Trockene und Feuchte, Heiße und Kalte, Himmel und Erde, Leben und Tod – eine unabschließbare Kette, die sich in den Mythen der unterschiedlichsten Kulturen wiederfinden läßt. Nur in der Art, wie sie die Gegensätze zueinander organisieren, lassen sich die Kulturen voneinander unterscheiden. Die dualen Vorstellungsreihen stabilisieren die erste Idee oder Urzeugung des Selbst, des Doppelten aus dem Einen, indem sie es vervielfachen, den Urmythos mit immer neuen Mythen bekleiden." Aus: Peter Gendolla, Zeit. Zur Geschichte der Zeiterfahrung, Köln 1992, S. 11 f; klassisch: Claude Lévi-Strauss, Strukturale Anthropologie Bd. I, übersetzt von Hans Naumann, Frankfurt/M. 1967, S. 226–254.

5 F.W.J. Schelling, Historisch-kritische Einleitung, a.a.O., S. 71.

6 Mircea Eliade, Mythos und Wirklichkeit. Aus dem Französischen von Eva Moldenhauer, Frankfurt/M. 1988, S. 35.

7 Ich verweise hier auf die Analyse von Paul Ricoeur, in ders., Zeit und Erzählung, Bd. 1: Zeit und historische Erzählung. Aus dem Französischen von Rainer Rochlitz, München 1988, S. 54-86.

8 Mircea Eliade., a.a.O., S. 143.

9 F.W.J. Schelling, Philosophie der Mythologie (1842), a.a.O., Bd. 6, S. 292.

10 Vladimir Propp, Die Bedeutung von Struktur und Geschichte bei der Untersuchung des Märchens. Übersetzt von Linde Birk und Karl Eimermacher, München 1972.

11 René Girard, Das Heilige und die Gewalt. Aus dem Französischen von Elisabeth Mainberger-Ruh, Frankfurt/M., 1992, S. 62–103.

12 Friedrich Schlegel, Schriften zur Literatur, Kritische Fragmente, hrsg. von Wolfdietrich Rasch, München 1970, S. 8.

13 Hans Blumenberg, Lebenszeit und Weltzeit, Frankfurt/M. 1986, S. 78 f.

14 Jacques Derrida, Apokalypse. Aus dem Französischen von Michael Wetzel, Wien 1985, S. 64, vgl. S. 15.

15 Aurelius Augustinus, Vom Gottesstaat. Aus dem Lateinischen von Wilhelm Thimme, München 1991, Bd. 2, S. 584, S. 598–629, bes. 598.

16 Robert Musil, Der Mann ohne Eigenschaften, Gesammelte Werke, hrsg. von Adolf Frisé, Reienbek 1978, S. 1234 f.

17 Es ist evident, daß derart punktuelle Ewigkeitserfahrung und – antizipation selbstverständlich nicht auf die christliche Religionskultur beschränkt ist, sondern sich auch im Buddhismus, Islam (Sufismus) und anderen Religionen finden.

18 Gershom Scholem, a.a.O., S. 148 f.

19 Michel Foucault, Der Gebrauch der Lüste, Sexualität und Wahrheit 2, übersetzt von Ulrich Raulff und Walter Seitter, Frankfurt/M. 1989, S. 7–45.

20 Die komplette bibliographische Angabe lautet: Norman Cohn. Die Erwartung der Endzeit – Vom Ursprung der Apokalypse. Aus dem Englischen von Peter Gillhofer und Hans-Ulrich Möhring, Frankfurt/M. 1997.

21 Jan Assmann, Ma'at. Gerechtigkeit und Unsterblichkeit im Alten Ägypten, München 1990.

22 Norman Cohn, Die Erwartung der Endzeit, a.a.O., S. 34.

23 ders., a.a.O., S. 37 f.

24 ders., a.a.O., S. 219.

25 Norman Cohn, Die Sehnsucht nach dem Millenium. Apokalyptiker, Chiliasten und Propheten im Mittelalter. Aus dem Englischen von Eduard Thorsch, Freiburg 1970; Karl Löwith, Weltgeschichte und Heils-

geschehen. Die theologischen Voraussetzungen der Weltgeschichte, Stuttgart 1953; Eric Voegelin, Wissenschaft, Politik und Gnosis, München 1959.

[26] F.W. J. Schelling, Historisch-kritische Einleitung, a.a.O. Bd. 5, S. 151.

[27] Jacob Taubes, Abendländische Eschatologie, München 1991, S. 4; vgl. auch: Massimo Cacciari, Zeit ohne Kronos. Essays. Übersetzt von Reinhard Kacianka, Klagenfurt 1986, S. 15–38.

[28] ders., a.a.O., S. 10.

[29] ders., a.a.O., S. 10.

[30] Ernst Bloch, Erbschaft dieser Zeit, Frankfurt/M. 1962, S. 63.

[31] Ernst Benz, Ecclesia spiritualis. Kirchenidee und Geschichtstheologie der franziskanischen Reformationen, Stuttgart 1934, S. 1–48.

[32] Herbert Grundmann, Neue Forschungen über Joachim von Fiore, Marburg 1950, S. 47.

[33] Joachim von Fiore, Das Reich des Heiligen Geistes, übersetzt von Rose Birchler, hrsg. von Alfons Rosenberg, Bietigheim 1977, S. 73.

[34] ders., a.a.O., S. 82 f.

[35] Jacob Taubes, Abendländische Eschatologie, a.a.O., S. 90–98.

[36] Joachim von Fiore, a.a.O., S. 133–148.

[37] zit. nach: Mark Dery, Escape velocity. Cyberculture at the End of the Century, London 1996.

ZEIT HEISST FRIST. SPUREN CHRISTLICHER NERVOSITÄT IM ABENDLÄNDISCHEN KULTURPROGRAMM

ADOLF HOLL

Der jüdische Wanderprediger, dessen Geburt unsere Zeitrechnung bestimmt, scheint es sehr eilig gehabt zu haben. Im ältesten christlichen Evangelium, dem nach Markus, taucht insgesamt 41 mal ein Wörtlein auf, das leicht zu überlesen ist: *euthys*. Nur ein Füllwort ist das, am Beginn mancher Sätze, überleitend von einer Episode zur nächsten – alsbald, gleich darauf, unverzüglich, sofort.
Das Wörtlein bringt ein scharfes Tempo in das Leben des Jeschua (Jesus). Er muß atemlos von einem Termin zum nächsten hetzen, ein Jahr lang ungefähr, bis es mit ihm zu Ende ist. Kaum ist der Mann aus dem Wasser des Jordan gestiegen, nach seiner Taufe, zerteilt sich *alsbald* der Himmel, sinkt die Taube herab, erschallt die gebieterische Stimme von oben. Und *sofort* wirft der Geist Gottes den Erkorenen in die Wüste. *Gleich darauf* lassen der Fischer Schimon und sein Bruder ihre Netze am Ufer des Sees Kinneret liegen und laufen dem Jeschua nach, der ihnen zugewinkt hat. Und *unverzüglich* betritt Jeschua am Schabbat die Synagoge von Kapernaum, woselbst ein Besessener *sofort* loszuschreien beginnt.
Und so weiter kreuz und quer durch das Galil, dann nach Tyrus und Sidon, hinunter nach Jericho und schließlich zum Osterfest hinauf nach Jeruschalajim, wo das letzte *euthys* die Auslieferung des bereits Verhafteten an Pontius Pilatus beschleunigt, in der Früh des Karfreitags, der Jeschua ans Kreuz bringen wird.

Den Grund für die Atemlosigkeit erfährt man ebenfalls aus dem Markus-Evangelium: Diese Generation wird nicht vergehen, ehe das alles geschehen sein wird.
Das alles – damit ist der Weltuntergang gemeint. Ehe er eintritt, muß das Evangelium den Völkern gepredigt werden. Deshalb die große Eile.
Daß Jesus so gedacht und geredet hat, gilt unter den heutigen Bibelgelehrten als ausgemacht. Um festzustellen, daß sich Jesus geirrt hat, genügt ein Blick aus dem Fenster.
Widerlegt ist damit die christliche Einstellung zur Zeitlichkeit noch lange nicht. Sie hat eine Art von Termindruck in die Köpfe der Menschen gebracht, eine Orientierung am Künftigen, die den alten Zivilisationen (Ägypten, China, Indien) vollkommen fremd war. „Zeit heißt Frist", hat der aus Wien gebürtige Religionsphilosoph und ordinierte Rabbiner Jacob Taubes (1923–1987) geschrieben. „Wer christlich zu denken glaubt und dies ohne Frist zu denken glaubt, ist schwachsinnig".[1]
Aber auch irreligiöse Menschen kommen mittlerweile nicht ohne Terminkalender durchs Leben, weltweit. Die Nervosität des Nazareners hat sich durchgesetzt.

Die Idee einer (besseren) Zukunft ist zuerst in Israel aufgekommen, und daß sie die Lebensweise nomadisierender Viehzüchter voraussetzt, darf angenommen werden. Nur widerwillig ließ der wanderlustige Gott Israels sich in einen Tempel einsperren. Seine Getreuesten fand er unter den jüdischen Oppositionellen, Hauslosen, Aufrührern der letzten Jahrhunderte vor der Zeitenwende, als das Gelobte Land unter fremde Herrschaft geraten war. Unter diesen Frommen begann in der zweiten Hälfte des 2. Jahrhunderts vor Christi Geburt das Buch Daniel zu zirkulieren, unter der Hand zunächst, denn es sagte allen Weltreichen den baldigen Untergang voraus.
Gelesen wurde die Schrift als Enthüllung (*apokalypsis*) dessen, was vom Ewigen längst geplant war – also der bislang verborgen gebliebene Sinn des Weltgesche-

hens, mit einer überaus zuversichtlichen Perspektive, nämlich der baldigen Errichtung eines ewigen Königreichs Gottes, selbstverständlich ohne ausländische Besatzungstruppen. Ausgeschmückt mit Wundergeschichten (Daniel in der Löwengrube) und phantastischen Visionen (Engel, Monster), fand die Schrift ihr Publikum, wurde nachgeahmt und begründete eine neue literarische Mode im Judentum, voll von Esoterik, Zahlenspekulationen, Schauungen, Weissagungen und Terminen für den Anbruch des Neuen Zeitalters.
Auch unter dem Anhang des Herrn Jesus fand sich ein Autor, der den apokalyptischen Stil mit Bravour beherrschte. In den letzten Jahren der Regierung des Kaisers Domitian, also um das Jahr 95 nach Christus herum, brachte er seine „Apokalypse des Jesus Christus" zu Papier und adressierte sie an sieben Christenvereine in namentlich angeführten Städten Kleinasiens (der heutigen Türkei) unter dem Namen des Apostels Johannes. Die Schrift verbreitete sich rasch im christlichen Untergrund des römischen Imperiums, wurde später als göttliche Offenbarung approbiert und erhielt ihren Platz am Ende der Bibel.
Dort gehört sie auch hin. Denn in ihr ist von den letzten Dingen (*ta eschata*, wovon „Eschatologie" abgeleitet ist) die Rede, vom Kampf des Antichrist gegen die Kinder Gottes, vom himmlischen Jerusalem, das auf die Erde herabsteigt, vom ewigen Frieden, von der Verdammnis der Bösen. Ja, ich komme bald, wurde von Drüben gerufen, und die Christenschar kannte die Antwort: Dein Reich komme.

Für den Verfasser der Johannes-Apokalypse war der irdische Jesus zu einer furchterregenden Erscheinung geworden, deren Stimme wie das Rauschen mächtiger Wasserfälle klang, deren Augen der Feuerflamme glichen und deren Füße aus glühendem Eisen gemacht schienen. Die Stimme der Erscheinung habe er selbst gehört, schrieb der Autor gleich zu Beginn, an einem Sonntag auf der Insel Patmos, als er in eine Verzückung geriet.
Ab dem fünften Kapitel hat sich Jesus in ein geschächtetes Schaf verwandelt, ausgestattet mit sieben Hörnern und sieben Augen, an insgesamt 28 Stellen des wüsten Textes, als monströse Hauptfigur, die keinen Spaß versteht. Der Zorn des Lammes ist gewaltig, wird betont. Kaum hat es die ersten vier Siegel der Buchrolle geöffnet, in der das Geschick der Menschheit verzeichnet ist, beginnen die Rösser der apokalyptischen Reiter zu traben, und was sie bringen, ist nicht besonders erfreulich. Pest, Hunger und Krieg kommen über die Menschheit, das Trinkwasser wird bitter, die Sterne fallen vom Himmel wie unreife Feigen vom Baum, die Könige der Erde verstecken sich in den Höhlen der Berge.
Der Tiefenpsychologe Carl Gustav Jung hat die Johannes-Apokalypse als ausgedehntes Gespinst von Ressentiments gelesen, als Orgie von Haß, Zorn und blinder Zerstörungswut, die sich in phantastischen Schreckbildern austobt, allenfalls vergleichbar der Krankengeschichte schwerer Psychosen[2]. Dabei war der berühmte Seelenforscher weit davon entfernt, ekstatische Religiosität mit Wahnsinn gleichzusetzen. Er wußte, daß sich eine Weltreligion schwerlich dem Geschnatter von Irren verdankt. Jung verstand sich als Arzt. Wer schizophrene Wahnbildungen untersucht hat, meinte Jung, weiß über das Vorkommen archetypischer Motive in der Seele von Menschen, die von Mythologie nie etwas gelesen haben.

VATICINIA PONTIFICUM (PROPHETIEN ÜBER DIE PÄPSTE), OBERITALIEN, UM 1410/15, KAT.NR. 22.12.

Ein Kollege Jungs, der aus Prag stammende Psychiater Stanislav Grof, ist im Verlauf seiner Tätigkeit ebenfalls auf jene kollektiven Ur-Bilder gestoßen, die Jung Archetypen nannte. Grof arbeitete zuerst mit LSD, dann mit Hyperventilation (beschleu-

nigtem Atmen). Die Beteiligten gelangten dabei in veränderte Bewußtseinslagen und erlebten das Trauma ihrer Geburt noch einmal, mitsamt den Ängsten und Beklemmungen, die den Weg der Leibesfrucht ans Licht der Welt begleiten. In seiner Schilderung des Bildmaterials, das während derartiger Zustände gesichtet wird, erwähnt Grof ausdrücklich apokalyptische Eindrücke – Drachen, Engel und Teufel. Erst ganz zum Schluß wird es dann hell, wie in den letzten beiden Kapiteln der Johannes-Apokalypse, wo die Braut des Lammes aus dem Himmel herniedersteigt, als goldene Stadt mit zwölf perlenschimmernden Toren [3].
Zwischen psychotischer Störung und ekstatischer Mystik zieht Grof keine scharfe Grenze. Lediglich die Befähigung, das Erfahrene ins Alltagsleben zu integrieren, läßt er als Unterscheidungsmerkmal zwischen klinischem und religiösem Geschehen gelten.
Auch heute noch, dies die Folge aus den Befunden der beiden Nervenärzte, vermag die Lektüre der Johannes-Apokalypse jene elementaren Gefühle zu mobilisieren, die zur Grundausstattung menschlichen Seelenlebens gehören. Wenn die Lektüre mit permanent knurrendem Magen erfolgt, noch dazu in einem nervösen Kollektiv, dann kann sie zur Gewalttätigkeit führen. Die Jahrhunderte zwischen dem hohen Mittelalter und der nationalsozialistischen Ergriffenheit haben die Gefährlichkeit der Johannes-Apokalypse zur Genüge dokumentiert.

So steht es in einem Buch, das in der Ära des Kalten Krieges erschien und eine dicke Linie von der Johannes-Apokalypse bis zu den beiden Totalitarismen des 20. Jahrhunderts zog[4]. Der zentrale Wunschinhalt, mit dem sich die Studie befaßt, taucht im 20. Kapitel der Johannes-Apokalypse auf, wo ein Engel den Satan in Ketten schlägt „für tausend Jahre". In der Fachliteratur werden die vielen Bewegungen, die sich von dieser Stelle inspirieren ließen, „chiliastisch" (vom griechischen *chilioi* = tausend) oder „millenaristisch" (vom lateinischen *mille*) genannt.
Das Mittelalter, schreibt Norman Cohn, der Verfasser der Studie, hatte von den Juden und den ersten Christen einen Schatz von Weissagungen geerbt, eine Fülle von Lehren über die endgültige Bestimmung der Welt, die Vorstellung von einem prophezeiten Tausendjährigen Reich, das eine ebenso glückliche wie vollkommen gute Menschheit hervorbringen würde. Es bleibt eine Tatsache, daß sich die elenden und unzufriedenen Massen immer wieder irgendeinem Milleniumspropheten in die Arme warfen.
Die Revolten mußten scheitern – angefangen von den Rotten eines gewissen Tanchelm aus Brügge in den ersten Jahrzehnten des zweiten Jahrtausends bis zu den Täufern von Münster anno 1535, mit denen Cohn seine Darstellung endigen läßt. Sie alle galten als Wildlinge des Glaubens und hatten die damals mächtige Klerisei gegen sich, besonders wenn sie zu den Waffen griffen. In der mittelalterlichen Christenheit des Westens konnte die Lektüre der Johannes-Apokalypse sehr unangenehme Konsequenzen haben. Der Glaube ans Tausendjährige Reich galt den geistlichen Behörden als verdächtige Ketzerei [5].

Die folgenreichste Beschäftigung mit dem letzten Buch der Bibel verdankt sich der Erleuchtung, die einen italienischen Mönch überkam, zu Ostern 1183, in der (bis heute bestehenden) Abtei Casamari südöstlich von Rom. Dort hatte sich Abt Joachim aus dem kalabresischen Kloster Corazzo als Gast einquartiert. In seiner Zelle lag eine Abschrift der Johannes-Apokalypse. In der Mitte der Nacht zum Ostermontag, so der fromme Mann, fuhr ich aus dem Schlaf, und wie in einem inneren Kampf begannen meine Gedanken um die Geheimnisse der Apokalypse zu kreisen. Da plötzlich, wie ein innerer Augenaufschlag, ward mir der vollständige Sinngehalt der Bibel offenbar, der innere Zusammenhang ihrer beiden Testamente.

Daraufhin verfaßte Abt Joachim drei umfängliche Werke, die ihn zum wichtigsten Geschichtstheologen nach dem Kirchenvater Augustinus machten. Was Joachim in seinem *Liber Concordiae*, der *Expositio in Apokalypsim* und dem *Psalterium decem chordarum* niederschrieb, bestimmt bis heute den Schulunterricht in den historischen Fächern:

Erstens, die Geschichte macht Sinn.
Zweitens, die Geschichte verläuft in drei aufeinander folgenden Perioden.
Drittens, die Geschichte gehorcht dem Gesetz des Fortschritts.

Abt Joachim nämlich gliederte den Ablauf der Menschheitsgeschichte seit Adam und Eva in drei Zustandsformen (*status*), entsprechend den göttlichen Personen der allerheiligsten Dreifaltigkeit. Gottvater hatte den Gang der Dinge bis Christi Geburt bestimmt. Von diesem Zeitpunkt an war Gottsohn mit der Regierung der Zeitläufte befaßt. Gott Heiliger Geist, bislang eher im Hintergrund tätig, war für die letzten Tage der Menschheit an der Reihe, ab 1200 etwa, wie Joachim berechnete, und möglicherweise stand der Beginn des Dritten Reichs mit dem Jahr 1260 ins Haus.

Joachim von Fiore, wie er (nach seiner Klostergründung San Giovanni in Fiore) genannt wird, starb 1202, höchst angesehen, als Berater von Päpsten und Kaisern. Zwar verurteilte das Vierte Laterankonzil (1215) eine Streitschrift Joachims, attestierte ihm aber seine prinzipielle Rechtgläubigkeit.

Die Werke Joachims hatten schon einigen Staub angesetzt, als sie 1241 ins Gepäck eines Abtes aus dem Orden des seligen Joachim kamen, der die Folianten vor den Truppen Friedrichs II. von Hohenstaufen retten wollte. Der Mann fand Unterschlupf im Franziskanerkonvent von Pisa, wo sich alsbald ein paar helle Köpfe, bibelbelesene Theologen und Redemeister, über die Abhandlungen beugten, aus Neugier zunächst, aber bald mit wachsender Faszination. Denn der Alte aus Kalabrien, so stellte sich heraus, hatte mit großer Hellsicht die Umrisse der Gestalt des heiligen Franz von Assisi erspäht, ihr den Namen eines Neuen Herzogs (*novus dux*) zugeteilt und damit die Führungsrolle der Franziskaner für den Marsch ins Reich der Freiheit sichergestellt.

Einer der Theologen aus Pisa, ein gewisser Fra Gerardus, veröffentlichte daraufhin in Paris eine Schrift unter dem Titel einer „Einführung in das ewige Evangelium". Sie wurde 1256 als häretisch gebrandmarkt und brachte ihren Autor für den Rest seines Lebens ins Gefängnis. Die Idee vom Dritten Reich jedoch, das demnächst anbrechen sollte, ließ sich nicht einsperren. Sie verbreitete sich in Oberitalien, Südfrankreich und Katalonien, unter Notaren und Ärzten, aber auch unter bildungshungrigen Frauen, die Latein gelernt hatten und die Bibel in volkssprachlichen Übersetzungen verbreiteten.

THOMAS MÜNZER. KUPFERSTICH, ALSTED, P. STOLBERG, 1525, KAT.NR. 24.2.3.

Auf den Punkt gebracht wurde das neue Zeitgefühl durch den aus Südfrankreich stammenden Franziskanertheologen Pierre de Jean Olieu (1248–1298). Er lehrte die Heraufkunft des dritten und letzten Weltalters, in welchem die Papstkirche verschwinden würde, die ohnehin zu einer Satanskirche geworden war. Aus dem bislang gültigen Zweitakt der Menschheitsgeschichte (vor und nach Christi Geburt) wurde für Olieu ein Zeitplan in drei Takten, nicht jenseitig konzipiert, mit dem Ewigen Leben als endgültigen Zustand, sondern innerweltlich dynamisiert, als Entwurf einer diesseitigen Zukunftsvision ohne Prälaten und Barone.

Für die frühbürgerlichen Schichten klang diese Botschaft wie ein neues Evangelium. Besonders in Italien, wo das kapitalistische Wirtschaften seine ersten Gehversuche machte, fiel es auf fruchtbaren Boden. In Florenz lieferte Olieu der Signoria die nötigen Argumente, um Anleihen aufzulegen, gegen das kirchliche Zinsverbot. In Mailand wurde, wenige Jahre nach dem Tod Olieus, die erste mechanische Uhr installiert. Die Neuzeit hatte begonnen.

Was ihr noch fehlte, war ein revolutionäres Szenario, das die prinzipielle Absetzbarkeit gekrönter und gesalbter Herrscher gestattete, womöglich mit göttlicher Billigung.

Im Juli 1524 zog der Prediger und Seelsorger Thomas Münzer, Pfarrer im sächsischen Allstedt, sein bestes Gewand an. Er war auf das Schloß bestellt, um vor dem Bruder und Mitregenten des Landesfürsten eine Probepredigt zu halten. Der Herzog hatte auch seinen Sohn, den Kurprinzen Johann Friedrich mitgebracht, der wie sein Vater und sein Onkel der lutherischen Sache anhing und an theologischen Fragen interessiert war.

Münzer, katholisch geweihter Priester und Magister der Freien Künste, war 35 Jahre alt und seit kurzem verheiratet, was dem geltenden Recht widersprach. Auch sonst galt der Mann als unruhiger Geist. Ehe er loslegte, las er den hohen Herren das zweite Kapitel des Buches Daniel vor, in welchem die Audienz Daniels vor dem großmächtigen König Nebukadnezar in Babylon geschildert wird. Der Gottesmann klärt den Herrscher über die Hinfälligkeit irdischer Machtverhältnisse auf, woraufhin sich der König vor dem Propheten zu Boden wirft.

Ach liebe Herren, gab Münzer seinen erlauchten Zuhörern zu bedenken, wie hübsch wird Gott mit der eisernen Stange die alten Töpfe zerschmeißen. Darum, allerteuerste Regenten, lernt euer Urteil recht aus dem Munde Gottes.

Ihre Schwerter, fuhr Münzer fort, hätten die Fürsten nur deshalb anvertraut erhalten, um die Abgöttischen nicht länger leben zu lassen, wie geschrieben im Buch Exodus, 22. Kapitel. Seid also keck, schloß Münzer, und vertilgt die Gottlosen. Widrigenfalls ihr Regiment, ohnehin laut Daniel auf tönernen Füßen stehend, baldigst zerschmettert würde. Das konnten sich die Fürstlichkeiten nach dem Gesagten leicht ausrechnen. Erstaunlicherweise ließen sie den Prediger nicht verhaften. Drei Wochen später verschwand Münzer ohnedies aus Allstedt und schlug sich zu den aufständischen Bauern. Er wurde ein knappes Jahr später gefaßt und enthauptet.

Seine Fürstenpredigt, als Flugschrift verbreitet, wurde fleißig gelesen. Als der Allstedter Pfarrer mutig vor die hohen Herren trat, hielt er sich an ein Skript, das schon oft inszeniert worden war, auch im Buch Daniel, das einen geistesmächtigen Gottesboten vor den babylonischen Wüterich stellte. Das Skript war zuerst vor dem ägyptischen Pharao in Szene gegangen, mit dem Mann Moses als Anwalt der Israeliten und der Forderung: Laß mein Volk ziehen.

Daß der Exodus aus der Fronherrschaft schließlich glückte, ist die entscheidende Befreiungsnachricht der Bibel. Im Zeitalter der Reformation wurde sie von radikalen Theologen wie Münzer politisch verstanden, als prinzipielle Gleichsetzung jeglicher Machthaberei mit dem Pharaonentum, dem es sich zu widersetzen galt.

Damit hatte das christliche Abendland ein Szenario revolutionärer Art, eine Erzählung, die sich weitersagen ließ und deren Struktur jedes Kind verstand: Wir klagen über Unterdrückung; wir hoffen – gegen jede bisherige Erfahrung – auf Befreiung; wir müssen uns zusammentun; wir wollen eine bessere Welt[6].
Ohne dieses biblisch inspirierte Skript gäbe es weder demokratische Verfassungen noch Menschenrechte. Das wünschenswerte Tempo beim Kampf um die Befreiung aus feudalen Abhängigkeiten hat Münzer apokalyptisch nervös ausgedrückt: Es ist allerhöchste Zeit.

Die Übersetzung der biblischen Ungeduld in konkrete politische Verfassungen (allgemeines Wahlrecht, Trennung von Kirche und Staat, Gewaltenteilung) ist dann von reformierten Christenmenschen in Angriff genommen worden – exemplarisch während der „glorreichen Revolution" in England, wobei erstmals ein gekrönter König dem Henker überantwortet wurde, am 30. Januar 1649. Die Frommen, denen der Gang der Dinge in der Alten Welt trotzdem zu langsam war, wanderten nach Amerika aus, wie in ein neues Gelobtes Land, das keiner Könige mehr bedurfte. Im Jahr 1776 schlug Benjamin Franklin vor, das Amtssiegel der Vereinigten Staaten solle Moses mit erhobenem Stab und das im Meer ertrinkende ägyptische Heer zeigen.
Danach schien das apokalyptische Fieber nur noch Außenseiter zu erhitzen – Mormonen, Adventisten, Pfingstler. Für die Bevölkerungsmehrheit in den USA war die Zeit zwar immer noch knapp bemessen, drückte sich jedoch hauptsächlich in Geldeswert aus: Time is money.

Im alten Europa dagegen köchelte die eschatologische Nervosität weiter, auch unter aufgeklärt irreligiösen Zeitgenossen, besonders wenn sie politisch engagiert waren. „Das ist unser Beruf", schrieb Friedrich Engels 1842, „daß wir das Schwert um die Lenden gürten und unser Leben fröhlich einsetzen in den letzten heiligen Krieg, dem das tausendjährige Reich der Freiheit folgen wird"[7]. Zwei Jahre später lernte Engels in Paris Karl Marx kennen. Die beiden Feuerköpfe veröffentlichten 1848 ihr „Manifest der Kommunistischen Partei". Die Bourgeoisie, so stand in dem berühmt gewordenen Text zu lesen, produziert vor allem ihren eigenen Totengräber; ihr Untergang und der Sieg des Proletariats sind unvermeidlich.
Um festzustellen, daß Marx und Engels geirrt haben, genügt ein Blick in die Zeitung. Abermals hat sich herausgestellt, wie in den ersten Jahrzehnten der christlichen Endzeiterwartung, daß der Bräutigam die Hochzeitsgesellschaft warten läßt. Der einzige Rat, den das Evangelium in dieser Situation bereithält, appelliert an die Verläßlichkeit der Knechte, deren Herr sich verspätet hat. Auch in der Geschichte des Marxismus-Leninismus, mit dem die halbe Welt eine Weile schwanger ging, mußte die Verwirklichung der klassenlosen Gesellschaft immer wieder verschoben werden. Den Parteikadern ließ sich nicht viel mehr sagen, als daß die Zeit mitunter recht langsam vergeht. Nach 1989 wurde der Termin für die Ankunft des kommunistischen Reiches der Freiheit auf den Sankt Nimmerleinstag verschoben – wie der Weltuntergang für die Christengemeinden nach dem Tod des letzten Apostels. Sehr viel länger als hundert Jahre läßt sich die gespannte Erwartung auf den finalen Umschwung offensichtlich nicht durchhalten.

Während sich der Marxismus-Leninismus als Wissenschaft (miß)verstand, kam die nationalsozialistische Apokalypse eher als politische Religion über die Welt[8]. Wer ist dieser Mann? Halb Plebejer, halb Gott! Tatsächlich der Christus, oder nur Johannes? Das schrieb Joseph Goebbels in sein Tagebuch, nachdem er Hitlers „Mein Kampf" gelesen hatte. Die Aufgabe, mit der Jesus begann, sagte Hitler 1926, die er aber nicht zu Ende führte, werde ich vollenden.
In der nationalsozialistischen Propaganda war der Glaube an das Tausendjährige Reich fest verankert. Vor dessen Heraufkunft war Krieg angesagt: „Siegt der Jude mit Hilfe seines marxistischen Glaubensbekenntnisses über die Völker dieser Welt", schrieb Hitler, „dann wird seine Krone der Totentanz der Menschheit sein, dann wird dieser Planet wieder wie einst vor Jahrmillionen menschenleer durch den Äther ziehen... So glaube ich heute im Sinne des allmächtigen Schöpfers zu handeln: indem ich mich des Juden erwehre, kämpfe ich für das Werk des Herrn"[9]. Damit war „der Jude" als Inbegriff der gegengöttlichen Kräfte ins apokalyptische Szenario eingesetzt, und „der Führer" als Racheengel über den Gaskammern.
Nach 1945 notierte Elias Canetti: „Der Zusammenbruch der Deutschen geht einem näher, als man es sich zugestehen mag. Es ist das Maß der Täuschung, in der sie gelebt haben, das Riesenhafte ihrer Illusion, das Blindmächtige ihres hoffnungslosen Glaubens, was einem keine Ruhe gibt... Wo sind sie denn jetzt, diese unzähligen, blühenden, strotzend gesunden, einfältigen, marschierenden, dekorierten Versuchstiere für Glauben, abgerichtet zum Glauben? Was bleibt von ihnen übrig?"[10] Für Canetti war die Frage des Glaubens die größte, die unheimlichste, die es für uns Menschen gibt. Er ahnte, daß die Frage am ehesten durch die Beobachtung der Abspaltungen, Zuspitzungen, Verirrungen des Glaubensimpulses zu beantworten sei. Obwohl Canetti alle Eigenschaften eines religiösen Menschen an sich wahrnahm, spürte er auch einen inneren Zwang, dem Gehege jedes Glaubens wiederum zu entkommen. Er wollte neugierig bleiben – vielleicht auch deshalb, um nicht verstummen zu müssen.

Am Ende des zweiten Jahrtausends nach Christi Geburt ist demnach ein leiser Zweifel an der merkwürdigen Atemlosigkeit erlaubt, die der Nazarener unter die Leute gebracht hat. Der Zweifel ist alt. Er läßt sich bis zum islamischen Orden der Karmaten zurückverfolgen, die 899 am Persischen Golf regierten, Mekka überfielen und den Schwarzen Stein der Kaaba mitnahmen. In Tunesien errichteten sie ein unabhängiges Kalifat. Die Bruderschaft verlangte von ihren Adepten, sich auf der siebenten und letzten Stufe der geheimen Initiationen ausdrücklich von Moses, Jesus und Mohammed zu distanzieren. Es sind Drei, so heißt es in einer Kurzfassung dieser Unterweisung, welche die Menschheit verdorben haben: ein Hirte, ein Arzt und ein Kameltreiber. Und der Kameltreiber war von den Dreien der ärgste Taschenspieler [11].
Zur Zeit Friedrichs II. von Hohenstaufen war die Rede von den drei Menschheitsbetrügern im ganzen Mittelmeerraum verbreitet. Gemeint waren Moses, Jesus und Mohammed.

ANMERKUNGEN

[1] Jacob Taubes, Abendländische Eschatologie. München 1991.

[2] Carl Gustav Jung, Antwort auf Hiob, in: Gesammelte Werke, Band 11. Zürich 1963, 470–490.

[3] Stanislav Grof, Geburt, Tod und Transzendenz. München 1985, 56–58; 109–124; 290–300.

[4] Norman Cohn, Das Ringen um das Tausendjährige Reich. Revolutionärer Messianismus im Mittelalter und sein Fortleben in den modernen totalitären Bewegungen. Bern 1961 (überarbeitete Neuauflage Reinbek 1988). Vgl. auch Norman Cohn, Die Erwartung der Endzeit. Vom Ursprung der Apokalypse. Frankfurt am Main 1997.

[5] Vgl. Adolf Holl (Hrsg.), Die Ketzer. Hamburg 1994.

[6] Vgl. Michael Walzer, Exodus und Revolution. Frankfurt am Main 1995, 142.

[7] Karl Marx – Friedrich Engels, Gesamtausgabe (MEGA) Band I/2. Berlin 1976, 225f.

[8] Vgl. Michael Ley, Genozid und Heilserwartung. Zum nationalsozialistischen Mord am europäischen Judentum. Wien 1993.

[9] Adolf Hitler, Mein Kampf. München 1934, 69f.

[10] Elias Canetti, Die Provinz des Menschen. Aufzeichnungen 1942-1972. München 1973, 82.

[11] Louis Massignon, La légende „De tribus impostoribus" et ses origines islamiques, in: Revue de l'histoire des Religions 1920 (82), 74–78.

FRANZ HUBMANN

Unter ‚Prophetie' versteht man ganz allgemein die Fähigkeit, mit der Welt der Götter zu kommunizieren, sei es, daß man selbst aktiv ist und die Götter befragt, oder daß man passiv Botschaften der Götter empfängt und weitergibt. In dieser Funktion ist sie ein Teilbereich im großen Feld der Mantik, die sich insgesamt mit der Beziehung der über- oder unterirdischen Welt, der Welt der Götter und Dämonen, mit der Welt der Menschen beschäftigt und diese Beziehung deuten oder auch beeinflussen kann. Damit aber eine solche Kommunikation stattfinden kann, müssen verschiedene Voraussetzungen erfüllt sein. Zu diesen gehört, daß man an die Existenz dieser verschiedenen Welten glaubt, und zwar als getrennte und wesenhaft verschiedene, und weiters, daß die himmlische Welt mit ihren Bewohnern auf die irdische Einfluß nimmt und diesen Einfluß auch erfahrbar macht. Die normale Form der Einflußnahme ist die der Erhaltung und Sicherung des Laufes der Ereignisse in der irdischen Welt, daß es also ‚mit rechten Dingen' zugeht – im Bereich der Natur genauso wie im Bereich der Gesellschaft und im Leben jedes einzelnen. Solange diese Ordnungen feststehen, kann sich der Mensch zurechtfinden und in Ruhe leben. Darum wird der Mensch auch alles daransetzen, diese Ordnung nicht zu gefährden. Wenn aber Ereignisse auftreten, die nicht der üblichen Ordnung entsprechen, wenn Krankheit, Seuchen, Mißwuchs, Hungersnot, Krieg u. a. m. hereinbrechen, dann ist die Ordnung offensichtlich gestört und es muß nach den Ursachen geforscht werden. Es müssen die Götter befragt werden, warum sie zürnen und wie der Zorn aufgehoben werden kann. Aber nicht nur bei Unglücksfällen, sondern auch anläßlich von entscheidenden Übergängen im Leben des einzelnen oder der Gemeinschaft wird man die Götter befragen, ob der Schritt gewagt werden kann, ob die Götter ihn gutheißen. Solche Anfragen oder Nachforschungen sind natürlich nicht jedermanns Sache, sondern vielmehr die von Spezialisten, welche den rechten Umgang mit der über- oder unterirdischen Welt kennen. Nur sie können die Götter zu einer Antwort bewegen und diese Antwort auch deuten. Darum ist leicht einzusehen, daß sich diese Vermittler zwischen himmlischer, irdischer und unterirdischer Welt mit der Zeit nicht nur zu Spezialisten für einzelne Teilbereiche entwickelten, sondern damit auch gesellschaftlich eine Sonderstellung erreichten. Diese verschaffte ihnen eine Art von Einfluß auf die Gesellschaft, den die regulären Institutionen nicht ausüben können. Solange diese Spezialisten auf der Seite der Machthaber stehen, bleibt die Gesellschaft stabil. Wenn es aber zu einem Machtkampf – sozusagen zwischen den weltlichen und den geistlichen Institutionen – kommt, dann führt das in der Regel zu schweren Erschütterungen der gesellschaftlichen Ordnung. Die Geschichte der Menschheit ist voll von Beispielen solcher Kämpfe[1]. Einen Sieger auf Dauer gibt es offenbar nicht, und die Hoffnung auf ein Ende der Kämpfe ist gering, wenn nicht gar müßig.

DIE BIBLISCHE EINSTELLUNG ZU PROPHETIE UND MANTIK

Was soweit ganz allgemein über Mantik und deren Ausdifferenzierung gesagt wurde, ist in einem weiteren Schritt zu illustrieren an dem, was die Bibel davon enthält und in welchem Ausmaß sie Anteil hat an dem, was ihre Umwelt davon praktiziert. Die schon von Cicero in seinem Werk „De divinatione" vorgenommene Unterscheidung zwischen instrumentaler und medialer Mantik empfiehlt sich als

Leitfaden für die Darstellung. Allerdings ist vorweg zu sagen, daß in der Bibel im wesentlichen nur die mediale Mantik, also jene Form, in der die Vermittlung aufgrund der besonderen psychischen Fähigkeiten des Mittlers geschieht, in den Blick kommt. Die instrumentale Mantik hingegen, welche ihre Erkenntnisse aus dem Einsatz verschiedenster Hilfsmittel, der Benützung diverser Orakel, der Beobachtung von Naturerscheinungen oder gar aus der Befragung von Totengeistern bezieht, wird massiv abgelehnt, als Götzendienst bekämpft und unter Strafe gestellt. Wesentlichen Anteil an dieser Einschränkung hat das Buch Deuteronomium. In seinem Gesetzesteil findet sich ein Abschnitt, der sich mit verschiedenen gesellschaftlichen Ämtern befaßt (Dtn 16,18 – 18,22); in ihm wird neben Richter, König und Priester auch vom Propheten gehandelt. Dieses sogenannte Prophetengesetz sei als erstes vorgestellt.

Das deuteronomische Prophetengesetz (Dtn 18,9–22)
Gleich zu Beginn des Gesetzes liest man folgende rigorose Einschränkung: „Wenn du in das Land kommst, das der HERR, dein Gott, dir gibt, dann sollst du nicht lernen, es den Greueln dieser Nationen gleichzutun. Es soll unter dir niemand gefunden werden, der seinen Sohn oder seine Tochter durchs Feuer gehen läßt, keiner, der Wahrsagerei treibt, kein Zauberer oder Beschwörer oder Magier oder Bannsprecher oder Totenbeschwörer oder Wahrsager oder der die Toten befragt. Denn ein Greuel für den HERRN ist jeder, der diese Dinge tut. Und um dieser Greuel willen treibt der HERR, dein Gott, sie vor dir aus" (Dtn 18, 9–12)[2].
Der hinter Mose stehende Gesetzgeber gibt mit dieser Vorschrift ganz deutlich zu erkennen, daß er sehr wohl um die ganze Breite der mantischen Praktiken Bescheid weiß. Wenn er sie aber so nachdrücklich als Götzendienst verbietet, dann muß man annehmen, daß wenigstens manche dieser Praktiken da und dort ausgeübt wurden. Solches Tun gefährdet seiner Ansicht nach die Reinerhaltung der eigenen Religion. Denn wenn man die von anderen Völkern geübten vielfältigen Formen der Wahrsagung benützt, übernimmt man gleichzeitig auch die dazugehörige religiöse Vorstellungswelt. Zu dieser gehört eine ebenso vielfältige Götterwelt, sodaß man in der Ausübung dieser Künste notwendigerweise in die Vielgötterei gerät. Für Israel gibt es nach der strengen Konzeption des Deuteronomiums nur einen einzigen Gott (vgl. Dtn 6,4; u. a.), daher kann es auch nur eine, nämlich die diesem Gott eigene Form der Kommunikation geben. Welcher Art diese ist, sagt der Text anschließend ganz klar: Als Israel am Gottesberg Horeb war, offenbarte sich Gott im Wort, aber das Volk vermochte das Reden Gottes nicht zu ertragen. Darum traten die Ältesten an Mose heran und baten ihn, Mittler des Gotteswortes zu sein, damit sie am Leben blieben (vgl. Dtn 5, 23–29). Damals hat Gott der Bitte entsprochen und gleichzeitig die Art und Weise grundgelegt, in der er auch in Zukunft zum Volk reden wird: „Einen Propheten wie dich will ich ihnen aus der Mitte ihrer Brüder erstehen lassen. Ich will meine Worte in seinen Mund legen, und er wird zu ihnen alles reden, was ich ihm befehlen werde" (Dtn 18, 18).

Mit dieser Zusage ist festgelegt, daß für Israel jede Kommunikation Gottes nur über das Wort erfolgt, das er einem Propheten in den Mund legt. Jede andere Form von

Offenbarung gerät daher von vornherein in den Verdacht, nicht von Israels Gott zu stammen. Propheten, die sich auf Träume berufen, verkünden unter Umständen nur Hirngespinste (vgl. Jer 23, 25–28!). Der wahre Prophet aber, bei dem das Wort Gottes ist, steht in der Nachfolge des Mose. Er wird deshalb immer im Sinne der Tora reden, die Gott durch Mose gegeben hat. Denn Gott wird sich nicht selbst widersprechen, indem er einem Propheten Worte in den Mund legt, die nicht mit der Tora vereinbar sind. Wenn daher jemand auftreten sollte, der ohne Autorisierung durch Gott oder nicht im Sinne der Tora spricht, so gilt für diesen Menschen: „Doch der Prophet, der sich vermessen sollte, in meinem Namen ein Wort zu reden, das ich ihm nicht befohlen habe zu reden, oder der im Namen anderer Götter reden wird: dieser Prophet muß sterben" (Dtn 18, 20).

Die angedrohte Konsequenz ist sicher hart, aber das Gesetz will verhindern, daß sich jemand leichtfertig das Amt eines Propheten anmaßt. Wer es trotzdem tut, muß damit rechnen, daß er sein Leben verliert. Da aber nicht gesagt wird, daß sich diese Konsequenz sofort einstellt, bleibt Falschprophetie durchaus eine reale Möglichkeit, und es stellt sich die Frage: Wie können dann die Zuhörer einen falschen Propheten von einem echten unterscheiden? Für diesen Fall gibt das Prophetengesetz folgendes Kriterium an die Hand: „Und wenn du in deinem Herzen sagst: ‚Wie sollen wir das Wort erkennen, das nicht der HERR geredet hat?', wenn der Prophet im Namen des HERRN redet, und das Wort geschieht nicht und trifft nicht ein, so ist das das Wort, das nicht der HERR geredet hat. In Vermessenheit hat der Prophet es geredet; du brauchst dich nicht vor ihm zu fürchten" (Dtn 18, 21–22).

Daß die Erfüllung ein eindeutiges Kriterium der Echtheit eines im Namen Gottes gesprochenen Wortes sein kann, wird niemand bezweifeln. Auch heute noch mißt man Voraussagen an dem, was eintrifft. Allerdings hat dieses Kriterium den Nachteil, daß es erst im Nachhinein anwendbar ist. Zum Zeitpunkt der Weissagung selbst vermag es die Unsicherheit über die Wahrheit der Botschaft nicht wegzunehmen. Die Angst bleibt im Fall von Unheilsankündigungen solange gegenwärtig, bis sich die Weissagung endgültig erledigt hat. Wann aber ist das der Fall, wenn kein konkreter Zeitpunkt angegeben ist? Deshalb bleibt die Frage drängend, ob es überhaupt Kriterien gibt, welche treffsicher echte von falscher Prophetie unterscheiden lassen. Oder sind „echte" Weissagungen letztlich von Natur aus solche, die sich gar nicht auf Einzelereignisse festlegen lassen?

Man sieht, das Prophetengesetz kann zwar Formen von Mantik ausgrenzen und verbieten sowie die für Israel einzig gültige Form der Tora-konformen Wortoffenbarung festschreiben, aber es schafft damit längst nicht alle Probleme aus der Welt.

Dieses Prophetengesetz paßt gut in den Zusammenhang der religiösen Reform, die unter König Joschija im 7. Jhdt. v. Chr. durchgeführt wurde. Ziel der Reform war die allgemeine Ausrichtung nach dem damals überraschend im Tempel gefundenen „Buch des Gesetzes" (Vgl. 2Kön 22, 8ff.). In diese Erneuerung mußte offenbar auch der Bereich der Mantik einbezogen werden. Der Grund muß wohl eine längere und höchst ambivalente Erfahrung mit Propheten und Weissagern aller Art gewesen sein. Anders wäre nicht einsichtig, warum eine derartig rigorose Einschränkung der Mantik vorgenommen wird. Sicherlich wollte man die eigene Religion, insbesondere

den Glauben an die Einzigkeit JHWHs für Israel vor gefährlichen Einflüssen schützen, welche im weiten Bereich der Mantik vielfach lauerten. Aber man fragt sich, ob der Prophetie nicht ihr freies systemkritisches Charisma dadurch herausgebrochen wurde, daß man sie so eng an die Tora band. Wollten gewisse Kreise, vielleicht Priester, den Einfluß der Propheten zurückdrängen, indem sie diese einer institutionellen Kontrolle unterwarfen? Steht somit ein Machtkampf zwischen Priester und Prophet hinter diesem Gesetz? So manche Stellen beim Propheten Jeremia deuten in diese Richtung. Da greift auf der einen Seite Jeremia die Priester und die „Handhaber der Tora" massiv an, weil sie ihre Aufgabe schlecht erfüllen (vgl. Jer. 2,8; 5,5; 5,31; 6,13f., 8,8f. u. a.). Auf der anderen Seite sind es Priester (und auch Tempelpropheten), die Jeremia wegen seiner Verkündigung anklagen oder gar körperlich quälen (vgl. Jer 20,1ff.; 26,8f.; u. a.). Vielsagend ist Jer 29, 24ff.: Demnach schickte ein gewisser Schemaja einen Brief an den Priester Zefanja mit dem Inhalt „Der Herr hat dich anstelle des Priesters Jojada zum Priester bestellt, damit du im Hause des Herrn achtgibst auf jeden verrückten Propheten und ihn in Block und Halseisen legst. Warum bist du also nicht gegen Jeremia aus Anatot eingeschritten, der sich bei euch wie ein Prophet gebärdet?"
Eine solche Einstellung gegenüber Propheten, wie sie hier zum Ausdruck kommt, findet sich in der Bibel noch öfter; sie zeigt gut, daß die offiziellen Organe dem Phänomen der Prophetie nicht nur skeptisch gegenüberstanden, sondern es auch zurückzudrängen suchten.
Der als Einstieg gewählte Blick auf das Prophetengesetz und seinen möglichen Hintergrund macht nun neugierig darauf, was das Alte Testament insgesamt über Prophetie berichtet.

DIE BIBLISCHEN ZEUGNISSE ÜBER PROPHETEN UND IHR WIRKEN[3]

Pentateuch: Der „Prophet" Abraham
Bei kursorischer Lektüre des Textes findet man, daß Abraham der erste ist, der „Prophet" genannt wird. Als nämlich der König von Gerar – irregeführt durch die Aussage Abrahams: „Sie ist meine Schwester" – dessen Frau zu sich holen läßt und dadurch objektiv ein grobes Unrecht begeht, greift Gott ein. Er erscheint dem König in der Nacht, klärt die wahren Umstände auf und erklärt, daß das unwissend begangene Unrecht bereinigt werden könne, wenn Abraham für den König bete, „denn" – so heißt es im Text – „er ist ein Prophet" (Gen 20,7).
„Prophet"-Sein wird hier offenbar gleichgesetzt mit „Fürbitter"-Sein; das entspricht, wie man weiß, tatsächlich einer wichtigen Funktion eines wahren Propheten (vgl. 1Kön 13,6; Jer 27,18; Makk 15, 14 u. a.). Hier wird sie aber sekundär auf Abraham als den Stammvater des Volkes übertragen, um ihn besonders auszuzeichnen, denn andere prophetische Tätigkeiten werden von ihm nicht berichtet. Interessanter erscheint jedoch der Umstand, daß den Stammvätern Israels, Abraham, Isaak und Jakob, Gott häufig erscheint und mit ihnen spricht. Diese Gottesbegegnungen sind bisweilen stark an prophetische Traum- und Visions-Schilderungen angeglichen (vgl. bes. Gen 15,1.12–16; Gen 28, 10–16 u. a.) und weisen die Patriarchen ebenso als Empfänger göttlicher Offenbarungen aus wie die Propheten.

Aber die Botschaften, die sie empfangen, beziehen sich nicht wie bei den Propheten auf andere Personen, sondern betreffen sie selbst und ihre Nachkommen. Damit fehlt dieser Kommunikation ein wesentliches Charakteristikum der Prophetie.

Der „Prophet" Mose

Die nächste Gestalt in der Bibel, welche als Prophet betrachtet werden kann, ist natürlich Mose. Er ist gemäß den biblischen Überlieferungen der Mittler des Gotteswortes schlechthin. Durch ihn empfängt das Volk die Weisung, die Tora, welche die Grundlage des Bundes zwischen Gott und dem Volk ist und durch Gebote und Verbote das Leben des Volkes vor Gott und untereinander regelt. Aus diesem Grund hat man Mose auch einen „Religionsstifter" genannt. Darüberhinaus ist Mose auch als Fürbitter für sein Volk bezeugt. Durch seinen Einsatz vermag er die Auslöschung des Volkes zu verhindern. Denn als das Volk das goldene Kalb herstellte und den eben geschlossenen Bund brach, wollte Gott Mose zum Stammvater eines neuen Volkes machen. Mose aber stellte sich dagegen und erreichte bei Gott die Aufhebung des Unheils (vgl. Ex 32, 1–14). Ist Mose aber wegen der Vermittlung der Tora und wegen seiner machtvollen Fürbitte nur ein Prophet im üblichen Sinn? Zeigt nicht das schon zitierte Prophetengesetz, daß die Stellung des Mose eine ungleich höhere ist? Worauf gründet sich diese Sonderstellung?
Im Buch Numeri ist uns eine Begebenheit berichtet, nach welcher Aaron und Mirjam sich dagegen auflehnen, daß Mose der einzige Empfänger göttlicher Offenbarungen sein soll: „Und sie sagten: Hat der HERR etwa nur mit Mose geredet? Hat er nicht auch mit uns geredet?" (Num 12,2).

Gott reagiert auf diese Auflehnung der prominenten Geschwister, indem er erscheint und in einem feierlichen Spruch die Streitfrage entscheidet: „Und er sprach: Hört doch meine Worte. Wenn ein Prophet des HERRN unter euch ist, dem will ich mich in einem Gesicht zu erkennen geben, im Traum will ich mit ihm reden. Nicht so mit meinem Knecht Mose. Er ist treu in meinem ganzen Haus; mit ihm rede ich von Mund zu Mund, im Sehen und nicht in Rätselworten, und die Gestalt des HERRN schaut er..." (Num 12, 6–8).
Mit diesem Spruch ist unzweifelhaft klargestellt, daß Gott sich Mose ungleich direkter geoffenbart hat als je einem Propheten. Würde man also Mose mit den Propheten gleichsetzen, so entspräche das nicht seiner wahren Stellung. Denn kein Prophet kann je den Rang des Mose erreichen und niemals wird ein Prophetenwort die Autorität der von Mose vermittelten Tora übersteigen.
Nun entstehen aber Texte wie dieser nicht zufällig und in einem luftleeren Raum, sondern sie dienen immer auch den Interessen der Gruppen, die dahinterstehen. Aus diesem Grund muß man vermuten, daß dieser Text, der das „Mose-Amt" so eindeutig über das „Propheten-Amt" stellen will, am ehesten von Leuten ausgeht, welche für die Weitergabe und die konkrete Anwendung der Tora zuständig sind.[4] Sie stufen damit ihre Aufgabe unter Berufung auf Mose deutlich höher ein als jene, welche den Propheten zukommt, die nur fallweise und nur für eine bestimmte Zeit und Hörerschaft ein Wort Gottes auszurichten haben. Dazu vertreten sie die Ansicht, daß der prophetische Wortempfang längst nicht die Eindeutigkeit an sich

hat, wie die Art und Weise, in der Gott mit Mose kommunizierte. Auch wenn also Mose typische prophetische Funktionen ausübt, er ist dennoch unvergleichlich mehr. Darum schreibt man für ihn auch folgenden Nachruf: „Und es stand in Israel kein Prophet mehr auf wie Mose, den der HERR gekannt hätte von Angesicht zu Angesicht, mit all den Zeichen und Wundern, mit denen der HERR ihn gesandt hatte, (sie) im Land Ägypten, Pharao und an all seinen Knechten und an seinem ganzen Land zu tun..." (Dtn 34,10–11).
Der Tenor dieser Texte liegt damit eindeutig auf der Linie des oben besprochenen Prophetengesetzes.

Der „Seher" Bileam[5]
Im Buch Numeri, Kap. 22 – 24, finden wir noch eine ausführliche Erzählung über einen Mantiker. Als die Stämme Israels die letzte Station der Wüstenwanderung erreicht hatten und „in den Steppen von Moab jenseits des Jordan bei Jericho lagerten" (Num 22,1), da schickte der König von Moab aus Furcht vor diesem großen Volk Boten in das Zweistromland zu einem gewissen Bileam ben Beor mit der Bitte: „...komm doch, verfluche mir dieses Volk! Denn es ist stärker als ich. Vielleicht gelingt es mir, daß wir es schlagen und ich es aus dem Land vertreibe. Denn ich habe erkannt: wen du segnest, der ist gesegnet, und wen du verfluchst, der ist verflucht" (Num 22, 6).
Diese Bitte des Königs macht uns also mit einem Menschen bekannt, dem der Ruf vorangeht, daß er mit seinem Wort übernatürliche Kräfte in Bewegung setzen kann. Er stellt diese seine Fähigkeit anderen Menschen zur Verfügung und wird für diesen Dienst gut bezahlt. Seine Heimat ist bezeichnenderweise Mesopotamien, das klassische Land der Mantik und der Beschwörung.
Der weitere Verlauf der Erzählung, der merkwürdig verzögerte Aufbruch, weil Gott zunächst die Erlaubnis zum Mitgehen verweigert (vgl. Num 22,9ff.), und die dramatische Begegnung mit dem Engel Gottes unterwegs, bei der sich die Eselin des Sehers sensibler zeigt als der Seher selbst (vgl. Num 22,21–35), können hier nicht besprochen werden. Hinzuweisen ist jedoch kurz auf die eigentlichen Orakel des Bileam, denn sie enthalten entscheidende Verweise auf das Selbstverständnis der Mantiker. Den dritten, wie auch den vierten Spruch leitet Bileam folgendermaßen ein: „Es spricht Bileam der Sohn Beors, und es spricht der Mann mit ‚geschlossenem' Auge. Es spricht der, der die Worte Gottes hört, der ein Gesicht des Allmächtigen sieht, der niederfällt mit enthüllten Augen..." (Num 24, 3–4; vgl. auch V. 15–16).
In dieser Charakterisierung klingt nicht nur das bekannte Motiv vom blinden Seher an – „der Mann mit geschlossenem Auge"-, sondern es wird vor allem das betont, was einen Seher von allen anderen Menschen unterscheidet, daß er nämlich die Worte Gottes zu hören und Visionen zu empfangen imstande ist. In der Auskunft, daß er „niederfällt mit enthüllten Augen" vermutet man noch einen Hinweis auf seinen außergewöhnlichen psychischen Zustand in Ekstase oder Trance. In diesem Zustand ist er gleichsam von Gott in Beschlag genommen und zum Werkzeug der Offenbarung gemacht.

DIE SCHRIFTPROPHETEN[6]

Der allergrößte Teil an prophetischen Überlieferungen ist in den Büchern enthalten, welche einzelnen Propheten zugeschrieben werden und somit den Anspruch erheben, das zu enthalten, was sie verkündet haben. Die moderne Bibelwissenschaft konnte allerdings nachweisen, daß diese Bücher keine protokollarischen Sammlungen von einzelnen Worten und Auftritten darstellen, sondern vielmehr theologische Kompositionen, die sich wohl auf echte Worte stützen, aber sie zugleich fortschreiben und zu einem Buch verarbeiten mit dem Anspruch, daß das so überlieferte Wort weiterhin gehört (und gelesen) werden soll. Indem das ursprünglich in eine bestimmte Zeit und Situation hinein gesprochene Wort des Propheten bei der Verschriftung gewöhnlich fast gänzlich ort- und umstandslos in diese Sammlungen eingebunden wird, wird es gleichzeitig auf seinen zeitlos gültigen Gehalt reduziert und der Perspektive zugeordnet, welche die „Herausgeber" dem Buch geben. Bisweilen ist die Gestaltung der Sammlung so weitreichend, daß es fast nicht mehr möglich ist, den Propheten, der dem Buch den Namen gibt, und seine originäre Verkündigung zu rekonstruieren. Das Buch Jesaja ist dafür ein gutes Beispiel, denn es enthält mit Sicherheit Worte, die aus vier Jahrhunderten stammen. Die Bibelwissenschaft wollte diesem Umstand dadurch gerecht werden, daß sie die Kunstnamen „Deutero-" und „Trito-Jesaja" für die späteren Teile (Kap. 40–55, bzw. 56–66) erfand, aber mit der Zerteilung des Buches geriet oft auch die Gesamtperspektive aus dem Blick. Insgesamt will nämlich das Buch gelesen werden als eine große Vision, welche die Verkündigung des Propheten Jesaja aus dem 8. Jhdt. v. Chr., daß Juda und Jerusalem einen Reinigungsprozeß durchlaufen müssen, an dessen Ende erst erneut das Heil Gottes stehe (vgl. Jes 6,11–13), bis über die Zeit des babylonischen Exils hinaus (6. Jhdt.) ausdehnt und den Nöten und Ängsten der Heimkehrzeit (5. Jhdt.) damit begegnen will, daß sie den Blick letztlich auf den „neuen Himmel" und die „neue Erde" lenkt, welche die Vollendung des so zaghaft angebrochenen Heiles sein sollen (vgl. Jes 66,22).

Die Bücher der Propheten Jeremia und Ezechiel haben zwar zeitlich einen engeren Rahmen, aber der jeweils umfaßte Zeitraum ist bei ihnen auch in der Weise gestaltet, daß aufbauend auf den Grundtenor der ursprünglichen Verkündigung eine Zukunftsperspektive entwickelt wird. Jeremias Verkündigung beispielsweise kippte offenbar von anfänglichen Hoffnungen auf eine schon anbrechende Restauration (vgl. vor allem Kap. 30–31) um zur traurigen Gewißheit, daß das gegenwärtige Staatswesen einer Katastrophe zusteuert (vgl. 4,5ff.; 4,15ff.; 6,1ff.; 9,9ff.; 9,19ff., u. a.) und daß erst jenseits dieser Krise ein Neubeginn stattfinden kann (vgl. 23,1–4.5–7; 24,1–10; 32,14–15.36–44; 33,6–9.10–13.14–26; u. a.), wenn Gott Babylon heimsucht und sein Volk befreit (vgl. Kap. 50–51). Eine magisch anmutende Zeichenhandlung – Jeremia fertigt eine Unheilsschrift gegen Babylon an, welche im Eufrat versenkt werden soll (vgl. 51,59–64) – unterstreicht noch diesen Zielpunkt; die Deutung lautet: „So wird Babel versinken und nicht wieder hochkommen wegen des Unheils, das ich über es bringe...".

Jene Theologen, welche das Prophetenbuch letztlich gestalteten, faßten den Umstand, daß der größere Zeitraum der Verkündigung Jeremias von großen politischen Umwälzungen geprägt sein werde, in einem Wort zusammen, das Gott dem

Propheten schon bei der Berufung in den Mund gelegt habe und das die universale Wirkkraft beschreiben sollte, welche von der Verkündigung Jeremias ausgehen werde: „Und der HERR streckte seine Hand aus und rührte meinen Mund an, und der HERR sprach zu mir: Siehe, ich lege meine Worte in deinen Mund. Siehe, ich bestelle dich an diesem Tag über die Nationen und über die Königreiche, um auszureißen und niederzureißen, zugrunde zu richten und abzubrechen, um zu bauen und zu pflanzen." (Jer 1,9–10).

Ezechiel befindet sich bei seiner Berufung bereits in babylonischer Gefangenschaft. Er wurde offenbar nach der Kapitulation Jerusalems im Jahre 597 v. Chr. mit der Oberschicht nach Babel weggeführt (Ez 1,2–3 vgl. auch Jer 29,1–2). Seine Botschaft ist, daß dieser Fall Jerusalems noch nicht das Ende von Gottes Zorn ist, sondern daß vielmehr noch Schlimmeres bevorstehe, nämlich die Zerstörung von Stadt und Tempel. Die Gestalter seines Buches haben diesem Ziel insofern Rechnung getragen, als sie mit der Ankunft des Boten, der den Gefangenen in Babel die Einnahme Jerusalems berichtet (vgl. Ez 33,21–22), die Unheilsverkündigung Ezechiels beenden und jenen Teil beginnen lassen, der die Erneuerung und Auferstehung des Volkes (– vgl. bes. die großartige Vision von der Wiederbelebung der Totengebeine Kap. 37 –) und die Neugestaltung des Tempels, der hl. Stadt und des Landes (vgl. Kap 40–48) höchst detailliert ansagt. Durch die unter der Perserherrschaft tatsächlich mögliche Heimkehr der Weggeführten und die Wiedereinweihung des Tempels hat sich Ezechiels Verkündigung ähnlich bewahrheitet wie die des Jeremia, aber die Erfüllung blieb im einzelnen doch weit hinter der visionär erschauten Zukunft zurück. Darum bleiben diese Hoffnungsbilder, welche z.T. schon die Propheten selbst, aber mehr noch ihre „theologischen Schüler" für die Zeit nach dem Gericht Gottes entworfen haben, auf weitere Geschehnisse hin offen und halten so auch die Erwartungen der Leser lebendig. Denn das bisher Erfüllte ist der Rückhalt für die Hoffnung, daß auch das noch Ausstehende kommen wird. Darum kann Gott den Verbannten in Babel verkündigen lassen: „Das Frühere, siehe, es ist eingetroffen, und Neues verkündige ich. Bevor es aufsproßt, lasse ich es euch hören" (Jes 42,9; vgl. 48,5f.). Ähnlich klingt die Ansage der Wende in der Sprache des Jeremiabuches: „Siehe, Tage kommen, spricht der HERR, da säe ich das Haus Israel und das Haus Juda: Samen von Menschen und Samen von Vieh. Und es wird geschehen, wie ich über sie gewacht habe, um auszureißen, abzubrechen, niederzureißen, zugrunde zu richten und zu vernichten, ebenso werde ich über sie wachen, um zu bauen und zu pflanzen, spricht der HERR." (Jer 31,27f.).
Den ersten Anstoß für eine Verwandlung des punktuellen Gotteswortes für eine bestimmte Stunde in eine aufrecht bleibende Botschaft legten anscheinend die Propheten selbst. Mehrere Momente haben mitgewirkt; zum einen der Umstand, daß das Wort selbst schon auf einen größeren Zeitraum ausgerichtet war und daher dokumentiert werden sollte für den Zeitpunkt der Erfüllung. Daß auch Zweifel und Ängste dadurch zerstreut werden sollen, kann hinzukommen. Denn Gott antwortet auf die Klage des Propheten Habakuk folgendermaßen: „Schreibe das Gesicht auf, und zwar deutlich auf die Tafeln, damit man es geläufig lesen kann. Denn das Gesicht gilt erst für die festgesetzte Zeit, und es strebt auf das Ende hin und lügt

nicht. Wenn es sich verzögert, warte darauf; denn kommen wird es, es wird nicht ausbleiben." (Hab 2,2–3; vgl. Jes 8,16; 30,8).

Einen anderen Grund zeigt die Erzählung von Jer 36; die Gesamtheit der Worte Jeremias soll auf Geheiß Gottes auf eine Rolle geschrieben und dem Volk vorgelesen werden. „Vielleicht wird das Haus Juda auf all das Unheil hören, das ich ihnen zu tun gedenke, daß sie umkehren, jeder von seinem bösen Weg und ich ihre Schuld und ihre Sünde vergebe" (Jer 36,3).
Die Verlesung, die später sowohl vor dem Volk im Tempel wie auch vor dem König in seinem Winterhaus erfolgt, erinnert klar an die Verlesung jenes Gesetzbuches, das man unter König Joschija im Tempel fand und das eine religiöse Erneuerung auslöste. Der jetzige König aber läßt sich nicht rühren von dem Wort, sondern verbrennt es vielmehr, was zur Folge hat, daß Gott nun das angekündigte Unheil wahrmachen wird (vgl. Jer 36,27–32). Denn die Ablehnung von Jeremias Wort ist deshalb so schwerwiegend, weil er nach dem Ausweis des Berufungsberichtes der „Prophet wie Mose" ist (vgl. Jer 1,7.9 mit Dtn 18,18) und daher seine Buchrolle eine Autorität hat, die dem „Buch des Gesetzes" ähnlich ist. Das heißt, nicht nur die Verkündigung des Wortes durch Jeremia geschieht in Nachfolge von Mose, sondern auch die Verschriftlichung. Damit ist der Weg frei, daß die mit der Zeit entstehenden Bücher der Propheten zur Tora des Mose hinzutreten und einen weiteren Teil des Kanons bilden können. In dieser Stellung zeigen sie einerseits sehr massiv, daß „Israel" (daß die von Gott angesprochene Menschheit) sich immer wieder dem „Anspruch" Gottes verweigert und damit das eigene Unheil heraufbeschwört. Sachlich geht es dabei um dieselben Unrechtsfelder, welche die Propheten in den Geschichtsbüchern auch schon benannt haben. Wesentlich anders ist nur der Adressat, denn nun wird nicht allein der König angesprochen, sondern vielmehr das ganze Volk verantwortlich gemacht, darum wird das Unheil auch alle erfassen. Das heißt, die Tora verurteilt das Verhalten Israels, und die Propheten machen das Urteil offenbar.

Auf der anderen Seite aber bleiben die Propheten und ihre Bücher nicht beim Aufweis der Schuld und des Versagens stehen, sondern sie reden vielmehr von einem „neuen Exodus" (vgl. Jes 40,1ff.; 43,16ff.; 48,20f.; u. a.), einem „neuen Bund" (Jer, 31,31–34), einem idealen Herrscher (Jes 11,1ff.; Ez 34,23f., u. a.), ja einer Neuschöpfung des Menschen (Ez 36,26–28) und seiner Welt (Jes 11,6ff.) und sagen damit an, daß die Beziehung zwischen Gott und der Welt zu ihrem Ziel kommen kann. Daß es diese Möglichkeit gibt, ist letztlich auch in der Tora des Mose grundgelegt, wenn Gott einerseits der Menschheit nach der Flut die Zusage gibt, „daß nie mehr alles Fleisch ausgerottet werden soll durch die Wasser der Flut, und nie mehr soll es eine Flut geben, die Erde zu vernichten" (Gen 9,11), und andererseits Abraham am Ende der unheimlichen „Versuchung" in Gen 22 nochmals eidlich versichert, was er am Anfang schon verheißen hat, nämlich: „in dir sollen gesegnet werden alle Geschlechter der Erde" (Gen 12,3b). Das heißt, die Tora ist nicht nur Gesetz, sondern auch Verheißung, daß Gott seine Treue nicht aufkündigt.
Diese eidlich versicherte Treue ist der Quell der prophetischen Zukunftshoffnung

und -ansage. Daher ist diese Ansage auch niemals ein Mittel der Ängstigung, sondern vielmehr eine Botschaft des Trostes und Aufforderung zum Durchhalten in Zeiten äußerster Bedrängnis. Gerade solche Zeiten nötigen Menschen zum Schrei nach dem Eingreifen Gottes, doch ist in biblischer Tradition dieser Schrei nie getrennt von dem Bewußtsein, daß die Bedrängnis auch vom Menschen verursacht ist und daher auf Schuld hinweist. Prophetische Verkündigung und prophetisches Schrifttum ist daher erst dann richtig verstanden, wenn dieser Zusammenhang von Schuldaufweis und Eingeständnis der Schuld als Voraussetzung jeder Hoffnung auf Heil nicht zerrissen wird.[7]
Die Bindung der Prophetie an die Tora, die schon im Prophetengesetz gefordert war, erweist sich offenbar als nötiges Regulativ, damit die Hoffnung nicht in Schwärmerei ausartet, sondern aufruht auf dem Streben nach Recht und Gerechtigkeit. Aufgabe echter Prophetie ist es dann, die Gegenwart kritisch zu durchleuchten und auf die Verwirklichung von Recht und Gerechtigkeit zu pochen, damit Gottes Verheißungen sich verwirklichen können. Auf dieser Linie liegt, grob gesagt, auch das jüdische Prophetenverständnis.

Das Neue Testament und die daran anschließende christliche Theologie verstehen die Propheten dagegen primär als Weissager des Messias und der Zeit des Heiles, die in Jesus angebrochen ist. Ihre große Wertschätzung der Propheten beruht darauf, daß sich die Weissagungen erfüllt haben. Doch als scharfe Kritiker ihrer Zeit werden die Propheten kaum mehr wahrgenommen, außer in der Polemik gegenüber den Juden. Sind die Propheten nach diesem Verständnis ganz auf die Zukunft ausgerichtet, dann ist natürlich ihre Bindung an die Tora hinfällig, zumal diese in der Zeit des Evangeliums ohnehin ihre unbedingte Gültigkeit verloren hat. Damit fehlt einer echten christlichen Prophetie die entsprechende Basis für eine radikale Gegenwartskritik. Der ihr verbliebene Raum ist somit noch kleiner, scheinbar beschränkt auf die Art der Erfüllung noch ausständiger Verheißungen – dieser Bereich aber gedeiht gut! Jedenfalls wundert es nicht, daß die Prophetie in der christlichen Theologie praktisch keine Rolle spielt[8]. Mit Nelly Sachs möchte man daher gerne am Ende fragen:

„Wenn die Propheten einbrächen
durch Türen der Nacht…

Ohr der Menschheit
du nesselverwachsenes,
würdest du hören?"

ANMERKUNGEN

[1] Für den Bereich der Spätantike vgl. die höchst aufschlußreiche Studie von Fögen, Marie Theres, Die Enteignug der Wahrsager (stw 1316), Frankfurt a.M. 1997.

[2] Die Bibel wird hier in der Regel zitiert nach der Elberfelder Bibel, revidierte Fassung, 3. Aufl., Wuppertal 1986.

[3] Vgl. dazu Blenkinsopp, Joseph, Geschichte der Prophetie in Israel, Stuttgart 1998 sowie Koch, Klaus, Die Profeten I: Assyrische Zeit, 3. Aufl., Stuttgart 1995 und Grabbe, Lester L., Priests, Prophets, Diviners, Sages: A Sociohistorical Study of Religious Specialists in Ancient Israel, Valley Forge 1995.

[4] Vgl. dazu Crüsemann, Frank, Die Tora. Theologie und Sozialgeschichte des alttestamentlichen Gesetzes, München 1992, bes. 76–131.

[5] Allgemein zu den Bileamüberlieferungen innerhalb und außerhalb der Bibel vgl. Greene, John T., Balaam: Prophet, Diviner, and Priest in selected Ancient Israelite and Hellenistic Jewish Sources, in: SBL-Seminar Papers 1989, 57–106.

[6] Zur Einführung vgl. Jeremias, Jörg, Das Proprium der alttestamentlichen Prophetie, in: ThLZ 119 (1994), 483–494; für Einzelheiten vgl. Rendtorff, Rolf, Theologie des Alten Testaments. Ein kanonischer Entwurf, Bd.1: Kanonische Grundlegung, Neukirchen-Vluyn 1999, bes. 146–244.

[7] Es darf aber nicht verschwiegen werden, daß die Hoffnung nicht vor Enttäuschung gefeit ist, weil der Messias zögert oder Gott nicht eingreift. Die jüdische Glaubensgeschichte kennt viele solche Fälle, Auschwitz ist ein jüngster davon. Zur Diskussion darüber vgl. u. a. Brocke, Michael/Jochum, Herbert (Hg.), Wolkensäule und Feuerschein. Jüdische Theologie des Holocaust (Kaiser-Taschenbücher 131), Gütersloh 1993.

[8] Vgl. einführend dazu Hvidt, Niels Christian, Prophecy and Revelation. A Theological Survey on the Problem of Christian Prophecy, in: Studia Theologica 52 (1998), 147–161 und: Das Problem der christlichen Prophetie. Niels Christian Hvidt im Gespräch mit Joseph Kardinal Ratzinger, in: Internationale katholische Zeitschrift Communio 28 (1999), 177–188.

LITERATUR

Blenkinsopp, Joseph, Geschichte der Prophetie in Israel. Von der Sesshaftwerdung im Land bis zur hellenistischen Zeit, Stuttgart 1998.

Fögen, Marie Theres, Die Enteignung der Wahrsager. Studien zum kaiserlichen Wissensmonopol in der Spätantike (stw 1316), Frankfurt a. M. 1997.

Gasper, Hans/Valentin, Friederike (Hg.), Endzeitfieber. Apokalyptiker, Untergangspropheten, Endzeitsekten (Herder-Spektrum 4522), Freiburg 1997.

Gordon, Robert P., „The Place Is Too Small for Us". The Israelite Prophets in Recent Scholarship, Winona Lake 1995.

Grabbe, Lester L., Priests, Prophets, Diviners, Sages: A Sociohistorical Study of Religious Specialists in Ancient Israel, Valley Forge 1995.

Jahrbuch für Biblische Theologie 14: Prophetie, Neukirchen-Vluyn 1999.

Janzen, Wolfram, Wahrsagen. Schicksalsbefragung und Zukunftsdeutung (Unterscheidung), Stuttgart 1994.

Koch, Klaus, Die Profeten I. Assyrische Zeit (Urban TB 280), 3. Aufl. Stuttgart 1995.

Koch, Klaus, Die Profeten II. Babylonisch-persische Zeit (Urban TB 281), Stuttgart 1980.

Lang, Bernhard, Wie wird man Prophet in Israel? Aufsätze zum Alten Testament, Düsseldorf 1980, bes. 11–79.

Petersen, David, The Roles of Israel's Prophets (JSOT-Suppl. 17), Sheffield 1981.

Wilson, Robert R., Prophecy and Society in Ancient Israel, Philadelphia 1980.

ERWIN POKORNY

1498 erschien in Nürnberg mit Albrecht Dürers Holzschnittfolge zur Apokalypse oder Geheimen Offenbarung des Johannes, dem letzten Buch der Bibel, ein zeitlos faszinierendes Meisterwerk. Der 27jährige Künstler druckte und verlegte die fünfzehn, rund 39 x 28 cm großen Holzschnitte in einer deutschen und einer lateinischen Buchausgabe, betitelt: „Die heimlich offenbarung johannis" bzw. „Apocalipsis cum figuris". 1511 druckte er eine zweite Lateinauflage, in der er den kalligraphisch geschnittenen Titel mit einer Darstellung des Autors und seiner Vision der apokalyptischen Frau ergänzte.

Der erste, auf die Vorrede folgende Holzschnitt illustriert noch nicht die Apokalypse, sondern zeigt Johannes vor Kaiser Domitian, der ihn in siedendem Öl foltern läßt und danach auf die Insel Patmos, den Ort seiner Visionen, verbannt (Abb. 2). Diesem Holzschnitt folgen auf der Vorderseite jedes Blattes die vierzehn eigentlichen Illustrationen, die sog. Figuren, auf die Dürer vor den entsprechenden Kapiteln sowie am Ende jeder Textseite hinweist (vgl. Kat.-Nrr. 37.1. – 37.14.). Die Verweise waren notwendig geworden, da es Dürer schon nach wenigen Seiten nicht mehr schaffte, die ganzseitigen Holzschnitte dem gegenüberliegenden Text inhaltlich richtig zuzuordnen, was dazu führte, daß sich etwa die Textstelle zur 14. Figur vor der 12. Figur befindet. Diese relative Selbständigkeit der Holzschnitte wird besonders in den raren Einzelblättern deutlich, die Dürer ohne Text als qualitativ hochwertige Probe- oder Sonderdrucke abzog.

Bei der Auswahl der Textstellen und ihrer bildlichen Umsetzung orientierte sich Dürer hauptsächlich an der von seinem Taufpaten und Nachbarn Anton Koberger 1483 in Nürnberg gedruckten neunten deutschen Bibel, deren Buchholzschnitte aus der fünf Jahre älteren Kölner Bibel stammen (Abb. 1). Er spaltete viele der bei

ANONYM: JOHANNES IM ÖL/JOHANNES AUF PATMOS/JOHANNES ERBLICKT DIE SIEBEN LEUCHTER. HOLZSCHNITT DER KÖLNER BIBEL VON CA. 1478/79 (ABB. 1)

Koberger auf nur acht Bilder zusammengezogenen apokalyptischen Szenen wieder auf, kombinierte sie neu, deutete bloß an oder ließ sie überhaupt weg. Beispielsweise fehlt die Vermessung von Gottes Tempel und Altar: „Und ein ror ist mir gegeben geleich einer rut…" (Offenb. 11). Dürer deutet diese Vision jedoch in seiner 8. Figur an, indem er den Altar Gottes oberhalb des schwörenden Lichtengels in den Himmel stellt (Kat.-Nr. 37.8.). Möglicherweise hielt der kleinere Engel, der von dort zu Johannes herabfliegt, in der Entwurfszeichnung den genannten Rohrstab in seiner geschlossenen Hand, den aber der ausführende Formschneider durch die gleichlaufende Parallelschraffierung des Hintergrundes leicht übersehen haben konnte.

ALBRECHT DÜRER: JOHANNES IM ÖL. HOLZSCHNITT ZUR APOKALYPSE, 1498 (ABB. 2)

Von Anton Koberger, dem erfolgreichsten Druckerverleger seiner Zeit, erhielt Dürer nicht nur die wichtigste Inspirationsquelle für sein Illustrationsprogramm, sondern auch den Bibeltext und die Schrifttypen. Darüber hinaus ließ er sich von zwei weiteren, reich illustrierten Koberger-Drucken beeinflussen: dem „Schatzbehalter" (1491) und der Schedelschen „Weltchronik" (1493), deren Entstehung Dürer in seinen Lehrjahren bei Michael Wolgemut (1486–89) zum Teil noch miterlebt hatte. Ähnlich wie in einigen der großformatigen „Figuren" des „Schatzbehalters", teilt Dürer mehrere Apokalypse-Holzschnitte in zwei Zonen: eine meist aus unmittelbarer Nähe geschilderte himmlische Szenerie und einen darunter liegenden tiefenräumlichen Bereich der Erde, von der im Apokalypse-Text mehrmals die Rede ist. Dürer illustriert sie mit idyllischen Landschaften, während sie im „Schatzbehalter" noch nach mittelalterlicher Sichtweise in einer sphärischen Kugel steckt (Abb. 3; vgl. Kat.-Nrr. 37.2., 37.6., 37.10.).
Jeder der Holzschnitte trägt Dürers Monogramm, was darauf schließen läßt, daß sich Dürer seiner epochalen Leistung in der Weiterentwicklung der Holzschnittkunst durchaus bewußt war. Das ungewöhnlich feine, ornamental aufgewühlte Lineament – man erkennt förmlich die Federstriche der auf dem Druckstock ausgeführten Vorzeichnung – erlaubte Details und Lichteffekte, wie sie in der Druckgraphik bis dahin allein dem Kupferstich vorbehalten waren. Selbst auf Kreuzschraffuren wollte Dürer nicht verzichten, obwohl sie im Holzschnitt äußerst mühsam zu schneiden sind. Diese handwerklichen Neuerungen sowie Qualitätsschwankungen in manchen Details geben Anlaß zu der Vermutung, daß der Meister an manchen Stellen selbst das Messer führte und sich nicht immer an die traditionelle Arbeitsteilung zwischen Zeichner und Formschneider hielt.

MICHAEL WOLGEMUT: CHRISTUS VOR GOTTVATER, DER IHN „AUFF DISS ERTREICH" ENTSENDET (23. FIGUR). HOLZSCHNITT AUS DEM „SCHATZBEHALTER", 1491 (ABB. 3)

Dürers wichtigste stilistische Voraussetzungen waren die Kupferstiche des Elsässers Martin Schongauer (um 1435–1491) und des Norditalieners Andrea Mantegna (1431–1506). Mantegna vermittelte ihm vor allem die Schwere und das Pathos der italienischen Renaissancefigur, während ihm Schongauer die Errungenschaften der Altniederländer – naturnahe Plastizität und Stofflichkeit – näherbrachte. Die Synthese dieser beiden Stilrichtungen bewirkt in Verbindung mit der ornamentalen, ebenfalls auf Schongauer fußenden Bildstruktur, daß Dürers Apokalypse-Holzschnitte einerseits als dekorative Reliefs, andererseits als Fenster in eine andere Wirklichkeit erlebt werden können. Außerdem verarbeitete Dürer zahlreiche Detailmotive aus Schongauers umfangreichem graphischen Œuvre, das ihm Vorlagen für ganze Figuren oder auch nur einzelne Teufelsköpfe bot. Von Dürers selbständigen Naturstudien, die ihm seine „Apokalypse" zu verlebendigen halfen, ist nur die „Venezianerin" von 1495 erhalten geblieben (Abb. 4). Diese in der Graphischen Sammlung Albertina aufbewahrte Federzeichnung diente als Vorlage für die reichgeschmückte „Hure Babylon" im vorletzten Holzschnitt (vgl. Kat.-Nr. 37.3.).

ALBRECHT DÜRER: VENEZIANISCHE KOSTÜMSTUDIEN (AUSSCHNITT). FEDER, AQUARELLIERT, WIEN, GRAPHISCHE SAMMLUNG ALBERTINA (ABB. 4)

GAB ES EINEN ANLASS?

Niemand weiß heute, warum Dürer gerade die Apokalypse als Thema für seine erste große Holzschnittfolge wählte und sie in einem Zug – in schätzungsweise zweijähriger Arbeit – zu Ende brachte, während er die Arbeit an der „großen Passion" jahrelang liegenließ. Mit der nahen Jahrhundertwende hatte dies jedenfalls nichts zu tun. Vielmehr sind apokalyptische Ängste und Heilserwartungen das ganze Mittelalter hindurch zu beobachten, besonders aber im 14. und 15. Jahrhundert, als man Lepra und Pest, Naturkatastrophen und Hungersnöte, Religionskriege und Türkeneinfälle nicht bloß als Geißel Gottes, sondern zunehmend als Zeichen der nahen Endzeit deutete. Als solche wurden auch ungewöhnliche Himmelserscheinungen, Mißgeburten und Planetenkonjunktionen interpretiert, getreu dem Evangelium nach Lukas: „Es werden Zeichen sein...". Die im 15. Jahrhundert stark zunehmende Popularität solcher Vorstellungen beruhte nicht zuletzt auf den neuen Massenmedien Holzschnitt und Buchdruck, die selbst wiederum Produkte eines neuen Zeitgeistes waren.

Eine allgemeine Unsicherheit, die auf die schleichende Unterminierung der mittelalterlichen Gesellschaftsordnung zurückgeführt werden kann, nährte apokalyptische Erwartungen. Zum Beispiel glaubte man, daß nur ein beständiges Kaiserreich die Ankunft des Antichrist bzw. den Beginn der Endzeit hinauszögern könnte. Dementsprechend groß war 1453 das Entsetzen über die osmanische Eroberung der Kaiserstadt Konstantinopel, wo nun ein heidnischer „Türkenkaiser" residierte. Dies geschah ausgerechnet zu einer Zeit, als das „Heilige Römische Reich" von 1439 bis 1493 mit Kaiser Friedrich III. einen äußerst schwachen Schutzherren besaß. Man setzte daher große Hoffnungen auf Friedrichs Sohn und Nachfolger Maximilian, dessen politische Erfolge an der negativen Grundstimmung aber wenig änderten, denn immer neue Katastrophen brachen über das Reich herein.

Um die Mitte der 1490er Jahre gab es gleich mehrere Anlässe, welche den Visionen des Johannes beängstigende Aktualität verliehen. Nach Mißernten und Hungersnöten zog 1494 wieder einmal die Pest durch Deutschland; allein Nürnberg zählte 9.700 Tote. Dürer verbrachte daher den Winter 1494/95 in Venedig, was für seine weitere künstlerische Entwicklung von essentieller Bedeutung sein sollte. Den strenggläubigen, aber höchst neugierigen und innovativen Künstler mußte das luxuriöse Leben in der reichen Lagunenstadt tief beeindruckt haben. So hielt er mit staunend forschendem Auge den verschwenderischen Schmuck und die kostbaren Kostüme von Orientalen und Kurtisanen fest, die er später in seiner moralisierenden Apokalypse verarbeitete.

Venedig erlaubte Dürer eine intensive Auseinandersetzung mit der Kunst der Renaissance und der Antike, die ihm einerseits die traurige Vergänglichkeit alles Schönen, andererseits die Beständigkeit ästhetischer Werte und Regeln vor Augen führte. Diesem Milieu ist es vermutlich zu verdanken, daß Dürer die Möglichkeit entdeckte, mit einer Kombination aus nordischem Naturalismus und italienischem Pathos selbst farblosen Holzschnitten unerhörte Lebendigkeit zu verleihen. Auch Dürers Themenwahl dürfte davon beeinflußt worden sein, denn schließlich bot ihm die effektvolle, immer aktuelle Apokalypse die beste Gelegenheit, das neu erworbene Wissen und Können unter Beweis zu stellen.

Kaum war Dürer 1495 nach Nürnberg zurückgekehrt, als Europa von einer neuen „Geißel Gottes" heimgesucht wurde, die das allgemeine Bedürfnis, diffuse Kollektivängste in Bilder zu bannen, noch steigerte: die Syphilis. Die in Deutschland als böse Blattern oder französisches Übel bezeichnete Geschlechtskrankheit wurde moralisch, astrologisch und medizinisch diskutiert. Für ein 1496 datiertes Flugblatt des Nürnberger Stadtarztes Dietrich Ulsen, der die Krankheit auf eine Planetenkonjunktion von 1484 zurückführte, schuf Dürer die erste bekannte Darstellung eines Syphilitikers. Ähnlich wie diese Epidemie wurden viele tatsächliche oder nur befürchtete Katastrophen mit unheimlichen Naturphänomenen, die man als bedeutungsvolle Zeichen deuten konnte, in Verbindung gebracht. Die humanistischen Autoren befanden sich damit in der Tradition des römischen Prodigienglaubens, wobei es zwischen archaischem Volksglauben und neuer bürgerlicher Bildung noch keine klare Trennung gab. Der Astrologe Johann Lichtenberger verfaßte mit seiner 1488 erschienenen „Pro[g]nosticatio", in der er unter anderem eine Türkenschlacht vor Köln prognostizierte, einen Bestseller, der zwischen 1488 und 1526 zehn Auflagen erlebte und sicherlich auch Dürer sehr beeindruckte. Ähnlich erfolgreich waren Sebastian Brants illustrierte Flugblätter, in denen er die neuesten Nachrichten von Meteoren und Mißgeburten mit moralisierenden Deutungen kommentierte. Die von Brant 1496 als Warnung an die zerstrittene Nation publizierte Zwillingsmißgeburt einer Sau veranlaßte Dürer sogar zu einem kunstvollen Kupferstich (Abb. 5). Zu dieser Zeit arbeitete er bereits an seiner Apokalypse.

Dürers Interesse für apokalyptisch deutbare Kuriositäten bekunden auch seine Skizzen des sog. Kreuzregens (1503) und seines Traumes einer Sintflut (1525), die anläßlich einer Planetenkonjunktion von 1524 tatsächlich erwartet worden war. Für diesen Traum könnte bereits Martin Luther von Bedeutung gewesen sein, von dem 1522 eine Predigt zu den Zeichen des Jüngsten Tages erschienen war. Im selben Jahr – 1522 – veröffentlichte Luther seine Übersetzung des Neuen Testaments. Darin ließ der Reformator bezeichnenderweise ausschließlich die Geheime Offenbarung des Johannes illustrieren.

DIE WIRKUNG

Der Erfolg von Dürers „Apokalypse" war gewaltig. Bereits 1502 erschien in Straßburg ein von Hieronymus Greff geschnittenes Plagiat der gesamten Folge. Auch in anderen Straßburger Drucken von 1502 – in Vergils „Aeneis" oder Sebastian Brants

„Heiligenleben" – finden sich Kopien einzelner Figuren (Abb. 6). Wirkungsgeschichtlich interessanter sind aber die freien Kopien, die Lukas Cranach der Ältere und seine Werkstatt für Luthers Bibelübersetzung von 1522 schufen. Luthers Bestseller führte in den deutschen Verlagen zu einer wahren Inflation entsprechender Buchholzschnitte, in denen zum Teil auch direkte Rückgriffe auf Dürer festzustellen

ALBRECHT DÜRER: DIE WUNDERBARE SAU VON LANDSER. KUPFERSTICH, WIEN, GRAPHISCHE SAMMLUNG ALBERTINA (ABB. 5)

ANONYM: DIE HIMMELFAHRT MARIAE (AUSSCHNITT MIT DEM KNIENDEN JOHANNES). HOLZSCHNITT AUS SEBASTIAN BRANTS „HEILIGENLEBEN", STRASSBURG 1502 (ABB. 6)

sind. Als Illustratoren beauftragte man namhafte Künstler: Hans Burgkmair (1523), Hans Holbein (1523), Hans Schäufelein (1523), Georg Lemberger (1524), Barthel Beham (1524), Hans Sebald Beham (1526), Anton Woensam von Worms (1526), Erhard Schöm (1528, ca. 1534), Erhart Altdorfer (1533), Matthias Gerung (1544–1558), Hans Brosamer (1551), Virgil Solis (1560), Jost Amman (1564) und Tobias Stimmer (1576). Der einzige als Wandgemälde ausgeführte Apokalypse-Zyklus blieb im südböhmischen Slavonice (Horní nám. 517) erhalten, er entstand um 1568 unter dem Einfluß der Illustrationen von Virgil Solis.

Dürers Holzschnitt-Apokalypse beeindruckte auch außerhalb Deutschlands. Ihr neuartiger Stil wurde von Erasmus von Rotterdam und Giorgio Vasari hoch gerühmt. In Venedig erschienen 1516 Holzschnittkopien von Zoan Andrea Vavassore. In Frankreich diente sie als Vorlage für Buch- und Glasmalereien, in Brüssel für Tapisserien, in Griechenland für Ikonen. Selbst in den manieristischen Apokalypse-Stichen des Jean Duvet (1555) bleibt der Einfluß Dürers deutlich spürbar. Über die als Künstlervorlagen sehr verbreiteten Bibelholzschnitte Jost Ammans, die beispielsweise die Kupferstich-Apokalypse des Niederländers Gerard Groeningen (1571) oder die Illustrationsstiche der Merian-Bibel (1630) beeinflußten, wirkten Dürers Kompositionen bis ins 19. Jahrhundert.

ANONYM: DIE VIER APOKALYPTISCHEN REITER. HOLZSCHNITT DER KÖLNER BIBEL VON CA. 1478/79 (ABB. 7)

DIE VIER APOKALYPTISCHEN REITER

Aufgrund ihrer außergewöhnlichen Qualitäten stellt Dürers Apokalypse nicht zuletzt für Kunsthistoriker und andere Interpreten ein beliebtes Untersuchungsobjekt dar. Dabei gehört das Hauptaugenmerk meist dem suggestivsten Holzschnitt der Serie: den vier apokalyptischen Reitern, die Dürer zu einer äußerst dynamischen, todbringenden Phalanx zusammenschloß (Kat.-Nr. 37.3.). So wurde etwa der monumentalste dieser Reiter als Kaiser Maximilian (Chadraba 1964) oder als blinde Gerechtigkeit (Perrig 1987) interpretiert, obwohl er mit seiner Waage ganz dem Text entspricht, wonach er Teuerung und Hunger verkörpert. Mit Juwelenkollier und Pelzkragen wollte ihn Dürer eher als einen jener rücksichtslosen Handelsherren charakterisieren, die aus den zeitgenössischen Hungerkatastrophen Kapital schlugen, und damit seinen reichen Landsleuten einen mahnenden Spiegel vor Augen halten.
Ähnlich wie dieser Holzschnitt wurde mitunter die gesamte Folge in unserem Jahrhundert über- oder fehlinterpretiert. Beispielsweise sah Max Dvorák in Dürers Apokalypse ein gegen Rom gerichtetes Revolutionslied, ungeachtet der Tatsache, daß bereits in den älteren Bibelholzschnitten Päpste und Mönche, Kaiser und Bürger unterschiedslos von den Kriegern Gottes niedergemetzelt werden (Abb. 7).

Bei aller Texttreue ging Dürer des öfteren über den Bibeltext hinaus, wenn er seine Aktualität betonen wollte. Zum Beispiel kleidete er die mit Bogen und Schwert bewaffneten Reiter als türkische Krieger, so wie er auch im einführenden Holzschnitt den Christenverfolger Domitian als „Türkenkaiser" darstellte (Abb. 1). Mit Vertretern außereuropäischer Völker veranschaulichte er jedoch auch die weltweite Gültigkeit der Apokalypse, indem er etwa den Opfern des Sternenfalls in der 4. Figur einen verängstigten Turbanträger hinzufügte oder in der 5. Figur unter den 144.000 Auserwählten den Kopf eines Schwarzafrikaners erkennen ließ.

Nicht weniger Eigenwilligkeit bewies Dürer in der Darstellung des Todes, der entgegen der ikonographischen Tradition einen Dreizack mit sich führt. Die ungewöhnliche Waffe erklärt sich zweifellos aus der Nähe zur Hölle, die getreu dem Text den Tod begleitet, wobei der humanistisch interessierte Künstler wohl weniger an die Feuergabel eines Höllenteufels dachte als an jenen Dreizack, den in der Antike mitunter auch der Gott der Unterwelt trug.

HANS HOLBEIN DER JÜNGERE: DER ENGEL SPERRT SATAN IN DEN ABGRUND. BUCHHOLZSCHNITT AUS: „DAS GANTZ NEÜW TESTAMENT...", BASEL 1523 (ABB. 8)

Dürer liebte doppelbödige Rätsel und blieb dabei ein virtuoser Illustrator. Wenn Johannes zu den vier Reitern schreibt: „Und ihnen wurde die Macht gegeben über ein Viertel der Erde, Macht zu töten durch Schwert, Hunger und Tod und durch die Tiere der Erde", dann berücksichtigt Dürer jene Tiere der Erde insofern, als er die Pferde mit grimmigen Blicken und gefletschten Zähnen über die Menschheit stürmen läßt. Ihre aggressive Dynamik resultiert nicht zuletzt aus dem gewölbten Profil ihrer Köpfe, neben denen frühere Schlachtrosse an Karussellpferdchen erinnern. Ansätze dazu finden sich in Dürers Zeichnung eines Reiters im British Museum oder in Schongauers Stich eines Hl. Georg, doch erst Dürers Studien nach der Natur sowie sein unmittelbarer Kontakt mit Italien und der Antike ermöglichte diese überzeugende Veranschaulichung von Kraft und Schwere, die an römische Reliefdarstellungen denken läßt.

DER ENGEL MIT DEM SCHLÜSSEL ZUM ABGRUND

In der 14. und letzten Figur breitet sich links im Hintergrund das vom Himmel herabgekommene „neue Jerusalem" aus, das Johannes von einem Berg aus überblickt (Offenb. 21). Dürer machte daraus eine sehr irdische Stadtansicht, ähnlich den deutschen Veduten in der Schedelschen Weltchronik. Sogar eine Turmruine ist zu sehen, die möglicherweise vom Wiederaufbau nach historischen und apokalyptischen Zerstörungen zeugen soll.

Im Vordergrund dieser geheimnisvollen Szenerie sehen wir den Engel mit dem Schlüssel zum Abgrund und den gefesselten Satan, auf die sich eine zwei Blätter vorher zu lesende Textstelle bezieht (Offenb. 20):

ANONYM: APOKALYPSE-HOLZSCHNITT DER 10. DEUTSCHEN BIBEL, STRASSBURG 1485 (ABB. 9)

„Und ich sah einen engel absteigen von dez himel. der het den schlüssel des abgrunds und ein grosse ketten in seiner hand. und er begrif den [...] teufel [...] und band in durch tausent iar. und ließ in in den abgrunt [...]. Und nach disen dingen muß er ein kleyne zeit auffgeloset werden."

Die traditionelle Deutung dieses Holzschnittes als „Einlochung" des Teufels, mit der das „Tausendjährige Reich" anbricht, erweist sich bei näherer Betrachtung als nicht unbedingt zutreffend. Dürer könnte auch seine Freilassung nach Ablauf der tausend Jahre gemeint oder eine Andeutung beider Aktionen beabsichtigt haben. Indem der Teufel seinen Fuß auf die Erdoberfläche setzt, scheint er jedenfalls aus dem Abgrund heraufzusteigen, ähnlich wie Christus in zeitgenössischen Darstellungen sein Grab verläßt. Zwar kann nicht ausgeschlossen werden, daß der Teufel rückwärts ins Loch steigt, doch wird ein Abstieg in der Regel anders dargestellt (Abb. 8).

Auch im letzten Holzschnitt der Straßburger Bibel von 1485 – eine freie Kopie nach der Bibel Kobergers – scheint der Teufel grinsend aus dem Abgrund heraufzukriechen (Abb. 9). Ob auch Dürers transsexuelles Monstrum lacht, bleibt unklar. Sein Maul könnte ebenso gut brüllen, seine weiß gelassenen Augen könnten gequält zum Engel hin verdreht sein oder aber glühend den Betrachter fixieren. Falls Dürer tatsächlich die Befreiung des Teufels in den Vordergrund rückte, so konfrontierte er den zeitgenössischen Betrachter mit der beunruhigenden Möglichkeit, daß der Endkampf des Bösen schon längst im Gang sein könnte und der Jüngste Tag unmittelbar bevorsteht.

LITERATUR

Chadraba, Rudolf: Dürers Apokalypse. Eine ikonographische Deutung. Prag 1964.

Döring, Thomas: Dürers Apokalypse und ihre Wirkung (Ausstellungskatalog). Herzog Anton Ulrich-Museum, Braunschweig 1994.

Dvorák, Max: Kunstgeschichte als Geistesgeschichte. Studien zur abendländischen Kunstentwicklung. München 1924.

Flechsig, Eduard: Albrecht Dürer. Sein Leben und seine künstlerische Entwicklung. Bd. I. Berlin 1928.

Juraschek, Franz: Das Rätsel in Dürers Gottesschau. Die Holzschnittapokalypse und Nikolaus von Cues. Salzburg 1955.

Panofsky, Erwin: Das Leben und die Kunst Albrecht Dürers. München 1977 (engl. Erstausgabe 1943).

Perrig, Alexander: Albrecht Dürer oder die Heimlichkeit der deutschen Ketzerei. Die Apokalypse und andere Werke von 1495 bis 1513. Weinheim 1987.

Schneider, Cornelia: Die Apokalypsen-Illustrationen des frühen Buchdrucks, in: Blockbücher des Mittelalters. Bilderfolgen als Lektüre (Ausstellungskatalog). Gutenberg-Museum, Mainz 1991, S. 119–140.

Talkenberger, Heike: Sintflut. Prophetie und Zeitgeschehen in Texten und Holzschnitten astrologischer Flugschriften 1488–1528. Tübingen 1990.

4 DIE „LEERE“ ZEIT

Wenn man der Bedeutung der Zeit und der Modellbildung zu diesem Thema in der Renaissance nachgehen will, tut man zunächst nicht schlecht daran, die Situation etwa zwischen 1450 und 1600 in einer allgemeinen Perspektive in den Blick zu nehmen. „Zeit" als Thema und Begriff kann immer nur im Kontext einer Epoche angemessen rekonstruiert werden, philosophisch gesprochen als funktional auf andere systemische Größen Bezogenes, wobei sowohl Konsequenzen aus den Konzepten der Zeit auf allgemeinere Bereiche gefolgert werden können, wie auch umgekehrt aus sich verändernden gesellschaftlichen Prozessen Transformationen des Zeitbegriffs und der Praxis der Zeitmessung herzuleiten wären. Schon bei oberflächlicher Betrachtung zeigt sich die Renaissance als Epoche gewaltiger Umbrüche und tiefgreifender Umgestaltungen; ein aufsteigendes Bürgertum, durch die neue ökonomische Bedeutung des Handels in einer sich verstädternden Kultur gestärkt, etabliert sich neben dem Adel, die soziale Mobilität steigt, gleichzeitig ereignet sich mit der Erfindung der Druckerpresse eine die Neuzeit nachhaltig prägende mediale Revolution, die ihrerseits zur Bedingung des ersten großen, unter anderem auch mit Hilfe von Drucksorten und Flugblättern geführten Meinungskrieg werden sollte, nämlich zur Bedingung der konfessionellen Auseinandersetzungen im 16. Jahrhundert und zu ihrem traurigen Höhepunkt im 30jährigen Krieg.

Man kann wohl allgemein sagen, daß kritische Phasen von einem erhöhten Bedarf an Grundlagendiskussion indiziert werden; vor allem geht es auch immer darum, die jeweilige Gegenwart entweder in symbolischen oder durch die Raum-Zeit-Achsen gegebenen Koordinaten zu verorten, also auszusagen, *wo* und *wann* man sich innerhalb des Kontinuums der sogenannten „Welt" befindet. Wenn auch die zur Debatte stehende Epoche sich nicht auf den hypnotisierenden Effekt der Zeitenwende beziehen kann, wie dies sowohl die Bewegung des Chiliasmus wie die neuen Prophetien vor dem Jahr 2000 getan haben und tun, so ist sie doch als Reformation und Transformation so weit auffällig, daß sie Blumenberg wohl zu Recht als „Schwellenzeit" bezeichnet hat. „Geschichtlichkeit" wird etwa zu einem neuen Thema insofern, als zum ersten Mal handfeste Zweifel daran auftauchen, ob die biblischen Ereignisse tatsächlich in ein und dieselbe Reihe mit den politischen Fakten einer jüngeren Gegenwart zu stellen seien. Der Exodus aus dem Haus einer Offenbarungsreligion mit universellen Geltungsansprüchen ermöglicht nun einen öffentlichen Umgang mit Zeit, der nicht mehr ausschließlich durch die sakralen und agrikulturellen Riten und Praxen definiert ist.

In der Philosophie der Renaissance werden die im Hochmittelalter entworfenen Modelle zur Zeit, die sich mit dem Vordenker Duns Scotus auf der markanten Linie einer radikal abstrakten Zeitauffassung bewegt hatten, modifiziert und eher anthropologischen, nicht mehr ausschließlich theologischen oder geistmetaphysischen Prämissen unterstellt[1]. Ewigkeit und Unendlichkeit als göttliche Zeit und Ursprung des Geistes werden in immanentistischen Denkfiguren in die Bewegung des Intellekts selbst hineingezogen. In einer Art Gegenbewegung zum Hauptinteresse des Mittelalters – der Herabkunft des Gottes – wird nun die Erhöhung des Menschen gedacht, was in der von Giovanni Pico della Mirandola verwendeten Formel vom

Menschen als „Deus in terris" (Gott in der Welt) seinen Ausdruck findet. In der Renaissance als erster großer Profanierungsbewegung – man denke an die an die Sakralbauten angelehnte Repräsentationsarchitektur, die Entstehung einer volkssprachlichen Literatur, die mit der „Demokratisierung" von Text und Sprache einherging, man denke an die neue Bewegungsfreiheit des Kapitals jenseits der sakralen Thesaurusfunktionen – konzentrieren sich die Untersuchungen auf die Möglichkeiten der Entfaltung des Einen im Vielen, was dann diesem Vielen als Raum einer universalen Materie einen neuen theoretischen Rang, ja sogar Vorrang einräumt.

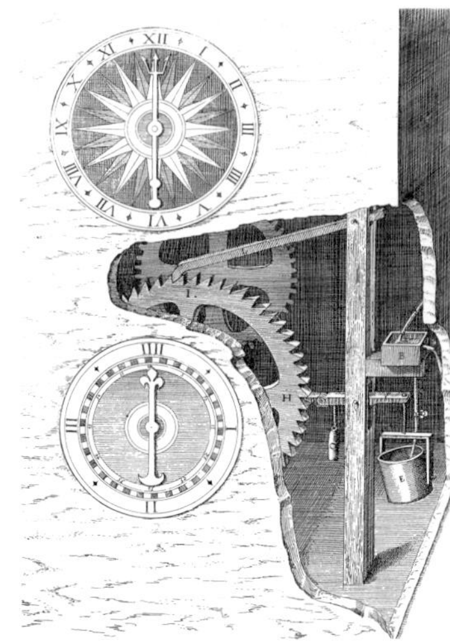

OBERFLÄCHE EINER UHR MIT EINBLICK IN DIE VERBORGENE, HYDRAULISCH BETRIEBENE MASCHINERIE, FRANKREICH 1615

Auf der Ebene einer Kunst der Zeitmessung schlägt sich dieses neue Interesse zunächst in der Beschäftigung mit der Sonnenuhr nieder. Wer in ihr nur ein primitives Gerät anerkennen will, verkennt die Komplexität der Voraussetzungen, die ein einigermaßen präzises Funktionieren dieses Gerätes bedingen. Und es entginge ihm die großartige symbolische Dimension, die der Sonnenuhr insofern eignet, als sie ihre Funktion dem gelenkten Schatten verdankt. Kircher wird seine umfassende Arbeit zur Sonnenuhr von 1647 „Die große Kunst von Licht und Schatten" nennen[2] und ihr damit einen Status verleihen, der noch über die praktische Relevanz dieses Uhrentyps hinausgeht. In der Sonnenuhr wird die Macht des Schattens verherrlicht, des Schattens, dessen präzise Kenntnis nicht nur die Kenntnis der mundanen Maschinerie einschließt. Der Schatten ist der Schlüssel zur wissenschaftlichen und zur Mentalitätsgeschichte der Renaissance und der Frühen Neuzeit, so daß Giordano Bruno in Berufung auf den Magier Cecco d'Ascoli sagen konnte: „Wenn du den Schatten hättest, hättest du die ganze Sache." Der Schatten, den die Sonne durch Vermittlung des wahren Prototyps aller Indices auf eine plane Fläche wirft, nämlich durch Vermittlung des mit Kunst errichteten Gnomon, gehört zur Familie der wissenschaftsfähigen Schatten, die sich in der astronomischen Konstellation von Sonne, Mond und Erde entweder auf die Sonne oder auf den Mond zeichnen. Wissen und Orientierung sowie schließlich Zeit als gemessene Zeit entstehen durch den Schatten selbst, der nun den Rang eines Prinzips sui generis einnimmt. Er ist nicht mehr ontologisch definiert als „Abwesenheit des Lichts" (absentia lucis, privatio lucis), wie dies ein thomistischer Artikel formuliert. Er bildet selbst eine primäre ontologische Kategorie, die nichts weniger als eine unerhörte Aufwertung der Welt, der materiellen Welt und der Materie bedeutet, als deren Statthalter der Schatten fungiert. Der Prozeß der Aufwertung des Schattens in dieser Weise läßt sich in der philosophischen Entwicklung zwischen der an der coincidentia oppositorum (Koinzidenz der Gegensätze) orientierten Spekulation des Nikolaus von Kues und der Gedächtnisphilosophie Giordano Brunos nachzeichnen; Brunos erste mnemotechnische Schrift trägt den Titel „de umbris idearum", „Über die Schatten der Ideen",[3] und präsentiert sich als"Kunst des Schattens", also als eine Art philosophisch umgemünzte Sonnenuhrtheorie.

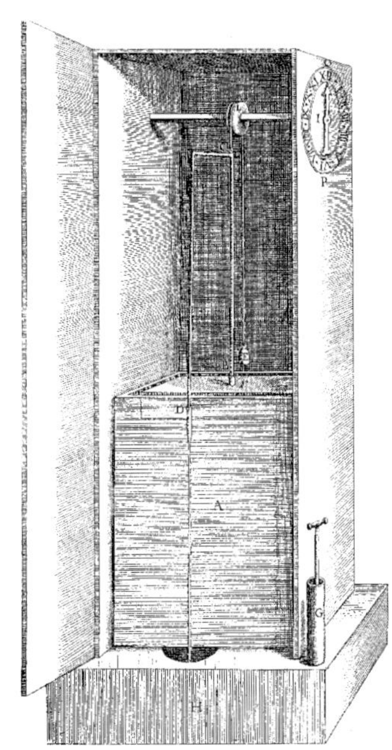

HYDRAULISCH BETRIEBENES UHRWERK. DAS ZIFFERBLATT BLEIBT STETS GLEICH UND ERINNERT AN DIE OBERFLÄCHE EINER SONNENUHR, FRANKREICH 1615

Daß die Zeigerfunktion selber, der Michel Serres in „Les Origines de la Géométrie"[4] einige wichtige Bemerkungen gewidmet hat, eine noetische Spitzenstellung einnimmt, wird auch in der Rettung des Zeigers als solchem auf den Oberflächen von Uhren und anderen Meßinstrumenten nach dem Abdanken der Sonnenuhr

ANLEITUNG ZUR HERSTELLUNG EINER SONNENUHR. TEXT UND DIAGRAMM AUS: VALENTINO PINI: FABRICA DEGL'HOROLOGI SOLARI, VENEDIG 1598

Libro Secondo. 25

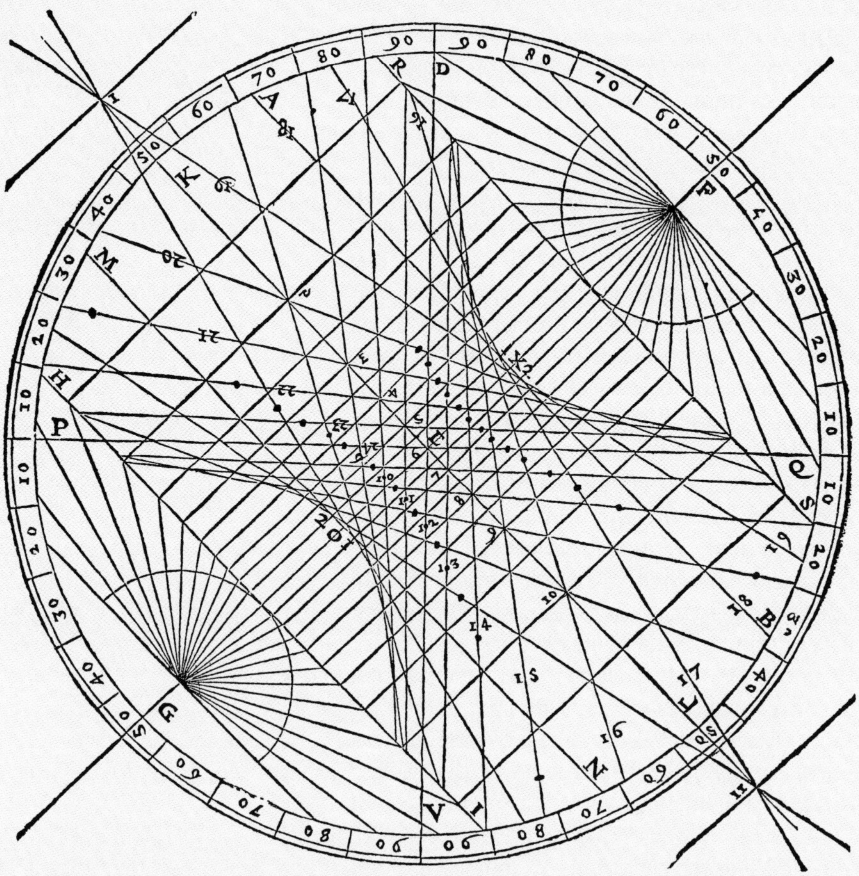

F G, laquale dimoſtrarà l'Aſſe del mondo, & queſta ſia tagliata dall'altra K L, ſignificante l'Equinottiale, ad angoli retti, nel centro E, nel quale, ponendo un piede del compaſſo, & l'altro ſopra alla F G, ſi termini, di quà, & di là dalla E, à libera voglia, la longhezza del ſtile, & ſia E X, & E O, & per li punti O, & X, ſi tirino le due rette linee A B, & M N, paralelle all'Equinottiale, ſeruirà la prima per l'hora 18. Italiana, & l'altra per la 6. Babilonica. Sopra à queſte nel-l'iſteſſa diſtanza di cõpaſſo, ſi produchino l'altre due R S, & H I, cõtingenti delli duoi ſemicircoli F, & G, cõ l'iſteſſa apertura di cõpaſſo, ſopra di eſſe deſcritti: & l'vno, & l'altro, come ſi vede, dourà eſſere diuiſo in 24. parti vguali, tirãdo dal loro cẽtro, ꝑ li punti delle diuiſioni, rette linee, le quali vadino a finire sù le loro contingenti R S, & H I, & poi di là, di doue toccano, nelle prefate contingenti, ſi faccia no, da un punto all'altro corriſpõdẽte, cadere perpẽdicolari all'Equinottiale, ſi come moſtrano la R H, & la S I, che coſi facẽdo verrãno ad eſsere deſcritte l'hore, & mezz'hore dell'horologio volgare Meridiano, nel quale la F G, che rappreſenta

Hore uolgari nell'horologio meridiano.

G l'Aſſe

deutlich. Im Zeiger verdichtet sich die Kompetenz des Ur-Indikators Zeigefinger mit den heißen Qualitäten von Pfeilen und optischen Strahlen. Überhaupt bleibt in der Renaissance, die ja bezüglich ihrer Favorisierung des Optischen, des Sehens und des Sichtbaren, d. h. in erkenntnisphilosophischer Konsequenz des Raumes, keine Zweifel offenläßt, die Zeit auf merkwürdige und manchmal schräge Weise – wie wir noch genauer sehen werden – von der Kategorie des *Sichtbaren* abhängig. Jedenfalls teilt sich die Maschinerie endgültig in zwei das Imaginarium der Neuzeit und der Frühen Moderne beherrschenden Hemisphären: in den versteckten und rätselhaften Mechanismus einerseits und in die Benutzeroberfläche andererseits. So teilt die Räderuhr zumindest von außen unmißverständlich mit, daß sie noch in die Genealogie desjenigen gehört, das gelehrt hat, wie man Zeit diagrammatisch projiziert, also in die Familie des Gnomon. Der wandernde Schatten des Zeigers, die mobile Linie, die die Flächen überstreicht und sich im Raster der Koordinaten zu anderen, algorithmisch gekrümmten Linien in wißbare Verhältnisse setzte, wird seinerseits zum Vater aller Dinge insofern, als sich von seiner erschöpfenden geometrischen Behandlung die Lehre von den infinitesimalen Differenzen herleitet. Während also die Uhren selbst längst sich einem anderen Innenleben verschrieben hat, zerbrechen sich nicht die geringsten unter den Mathematikern weiterhin den Kopf, wie man die mit dem Schatten der Sonnenuhr gegebenen Probleme auf elegante Weise lösen könnte.[5] Der Faden, der an papierenen Sonnenuhrmodellen den wandernden Schatten darstellt, führt zurück in das Labyrinth der großen, mystisch geladenen Aufgabe der Bestimmung des Verhältnisses zwischen dem Geraden und dem Gekrümmten. Im Faden, der gleichsam eine verflüssigte Linie ist, werden die Potenzen beider geometrischer Urqualitäten als vereinigt imaginiert. Am Beispiel der Sonnenuhr und der Spekulationen, die an den von ihr aufgeworfenen Fragen entwickelt worden sind, sieht man sehr schön, wie der Horizont der Inventionen entlang der klassischen oder mythisch gewordenen *casse-têtes* (Kopfzerbrechen verursachende Rechenaufgaben) verläuft, wobei man eben avancierte und differenzierte Lösungen erarbeitet, die sich schließlich derart in den Vordergrund spielen, daß ihre Herkunft oder ihr Anlaß zunehmend verdrängt werden. Der Fall Kepler sei für dieses procedere der Renaissance als paradigmatisch genannt.

Ich möchte nun vier mir als wesentlich erscheinende Konfigurationen oder Problemstellungen innerhalb der Zeitdiskussion und innerhalb der Theorie und Praxis der Zeitmessung der Renaissance und Frühen Neuzeit beleuchten. In einem ersten Ausgriff möchte ich die Beziehungen zwischen Astronomie und Zeitmessung in der Renaissance thematisieren, wobei der Effekt der kopernikanischen Wende berücksichtigt werden soll. Zum Zweiten möchte ich die zeitspekulativen und zeitpolitischen Töne in der religiösen Stimmung der Renaissance beschreiben, d.h. also die eschatologischen und apokalyptischen Vorstellungen, die ihren Ursprung lange vor der Renaissance haben, in der eigentümlichen Verdichtung, in der sie das 16. Jahrhundert prägen, in den Blick nehmen. Drittens soll von einer philosophischen und von einer alltagsgeschichtlichen Warte aus ein Licht auf das Problem mnemotechnisch effizienter Zeitmodelle in der Renaissance angegangen werden, wobei das Augenmerk hier vor allem auf der Inszenierung und Halluzination der Anfänge liegen wird. Abschließend soll noch kurz über das Verhältnis zwischen Zeitmaß und Arbeitseinheit nachgedacht werden, über den Pluralismus der Zeitformen und über die Zergliederung der Zeit angesichts einer in der Renaissance mit optischen Mitteln erzeugten Beschleunigung im Raum.

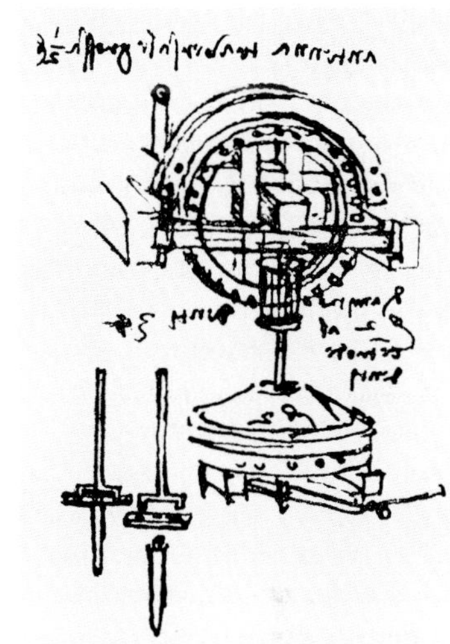

TRANSMISSION EINES MÜHLRADES MIT BANDBREMSE, NACH EINER ZEICHNUNG VON LEONARDO DA VINCI, KAT.NR. 28.7.

ASTRONOMIE UND ZEIT

Der Zusammenhang zwischen planetarer Bewegung und Zeit bildet die Basis der ältesten bekannten Methoden der Zeitmessung, die natürlich auch in der Renaissance und in der Frühen Neuzeit reflektiert werden. Die Sonnenbewegung als ein prä-kopernikanisches Faktum bildet die Voraussetzung für die Zeitmessung mittels einer Sonnenuhr, weshalb diese als die klassische Uhr vor der astronomischen Revolution gelten kann, auch wenn sie, wie oben gesagt, auf der Ebene intrikater mathematischer Problemstellung in gewisser Weise überlebt. Die Astronomen der Renaissance sind selbstverständlich als Kalendermacher engagiert, Kepler betätigt sich überdies auf der Basis seiner astrologischen Kenntnisse als Meteorologe. Die wissenschaftliche Revolution der Neuzeit findet in der Astronomie statt, die Astronomen – die zugleich Metaphysiker, Physiker, Optiker und Mathematiker sind – bilden die Avantgarde des neuen Wissens.[6] Die Transformation der geltenden Weltmodelle in der astronomischen Grundlagendiskussion der Renaissance und der Frühen Neuzeit kommt einer „Revolution des Baus" gleich, also dem Abriß eines alten Hauses des Seins und seinem vollständigen Um- bzw. Neubau. In dem neuen Haus gehen aber auch die Uhren anders. Die alte Welt war als ein System gedacht gewesen, das um eine durch die Weltmitte verlaufende Achse angelegt war; die noch ältere Form einer Welt, die sich um den als Achse eingesetzten Weltenbaum aufhielt, war bereits in einigen mythologisch-kosmologischen Entwürfen durch das Modell einer ebenfalls um eine Achse angeordnete, aber eben rotierende Mühle ersetzt worden. Die Mühle war die bis in das Hochmittelalter geltende Vorstellung der kinetischen Organisationsform der Großen Welt, eine aus der frühen Mechanisierung der Arbeitswelt überkommene Idee einer prozessualen Form, die das Regelwerk des kosmischen Systems einsichtig machen konnte. Auf der Ebene der astronomischen Diskussion des 16. Jahrhunderts spielt das Modell der Mühle kaum mehr eine Rolle. Die Metaphern, die zur Erläuterung des Weltkonstrukts zum Einsatz kommen, sind die der Architektur, der musikalischen, harmonikalen Komposition. Kepler bemüht einmal sogar das Bild von einem Reiter, der von einer Hornisse verfolgt wird, um das dynamische Verhalten der Planeten zu charakterisieren. Interessanterweise findet sich gegen Ende des 16. und zu Beginn des 17. Jahrhunderts eine Metapher, die wohl vereinzelt schon früher Verwendung gefunden hatte, mit einem neuen kognitiven Reiz besetzt: die Idee der Welt als Uhr[7]. Diese Idee tritt bis ins 20. Jahrhundert einen ungeahnten Siegeszug an, der erst durch die Erfindung digitaler Technik gebremst wird. Selbst Schrödinger löst erst dann den ungeheuren Aufschwung der Genetik im 20. Jahrhundert aus, als er seine Rede von Genom als „innerem Uhrwerk" durch die von der „verborgenen Schrift" ersetzt. In diesem Augenblick hatte die Räderuhr ihre Wirksamkeit als Denkmodell verloren.

GOTISCHE KONSOLUHR, 16. JHDT., MIT GEHWERK, STUNDENSCHLAG- UND VIERTELSTUNDENSCHLAGWERK, KAT.NR. 28.1.

Wie ist nun der Zusammenhang zwischen Welt, Zeit und Uhr, also genauer zwischen Welt und Mühle, Mühle und Uhr, Uhr und Welt zu denken? In den Mechanismus, der den Zeiger antreibt, geht die Idee von der Mühle ein. Die Zahnräder, die einen ersten Bewegungsanstoß weiterleiten, sind in beiden Fällen – in dem der Mühle und in dem der Räderuhr – die wesentlichen Elemente. Im Modell der Welt als Mühle konnten die zentralen (um das Weltzentrum) und die exzentrischen Bewegungen und ihre gegenseitige funktionale Abhängigkeit erklärt werden; in der komplizierten Feinmechanik der Räderuhr und in den mit ihr möglich werdenden Automaten, also in einer aufgestuften Form des Prinzips Mühle, liegt das Konzept eines unendlich zu entfaltenden kinetischen Impetus vor. Die Erfindung der Hemmung, eine großartige mechanische Neuerung, die allerdings bald von der Bildfläche verschwindet, um im 19. Jahrhundert wieder neu entdeckt zu werden, erlaubt überdies eine präzise mechanische Zergliederung der Bewegung in konstitutive Intervalle, d.h. jene Segmentierung von Bewegung, ohne die sie nicht als Kontinuum darstellbar wäre. In der Räderuhr wird gewissermaßen das Rätsel der kosmischen Mühle auf mechanische Weise gelöst, man könnte sagen: in ihr wird der zeitgebende Schwung um die Weltachse (die makrokosmische Zeit) *säkularisiert.* Die Erfindung der Räderuhr ist der Ausdruck der Zerrüttung der imaginären Intimbeziehung zwischen der für die Agrikultur wesentlichen Zeit „nach der Sonne" und der Bewußtseinszeit. Die Aufgabe der Zeitmessung wird nun einer unabhängigen Instanz, einem Mechanismus von unüberbietbarer Konstanz und Sturheit, übertragen. Die Metapher von der Welt als Mühle war eigentlich eine sakrale gewesen; in der Räderuhr selbst ist das Ende des sakralen Symbolismus erreicht, zugleich aber hebt ein neuer Symbolismus an, der Symbolismus der Funktion und damit der Welt der neuen Transformatoren von Lebenszeit in Arbeitsenergie. In der Uhr wohnt kein Gott, in ihr hausen bestenfalls noch Dämonen.

Natürlich werden gut gehende Uhren, vor allem gut gemachte Uhren, zum Statussymbol, zum kaiserlichen Sammelobjekt, zum thaumatologischen Objekt, Inventarstück von Wunder- und Kunstkammern. Man übertreibt wohl kaum, wollte man die Uhr als den Fetisch des Ingenium des 16. und 17. Jahrhunderts bezeichnen. Deswegen überrascht es auch nicht, daß schließlich die Uhr in ihrer vollendeten Form auf die Gestalt des Kosmos (zurück)übertragen wird. Daß die Welt eine Uhr sei, wird zum Gemeinplatz, der nicht zuletzt in Descartes eine Stimme findet. Unter dem sanften Schatten der großen Uhr wird in der Folge erstens die Mechanisierung der Arbeit vorangetrieben, und zweitens der erwähnte Effekt einer Säkularisierung der Zeit auf der Ebene des menschlichen Bewußtseins neu abgebildet. Daß möglicherweise das, was wir unter Zeit verstehen, nichts anderes sei als die kognitive Qualität „Endlichkeit", hatte sich bei Duns Scotus bereits angedeutet. Der Bruch des Denkens der Zeit mit der aristotelischen Gleichung *Zeit = planetare Bewegung* bereitet nun zunehmend den Boden für die spekulative bewußtseinsphilosophische Reflexion bis hin zu Kants Zeit als Form der inneren Anschauung und dem Husserlschen inneren Zeitbewußtsein. Die natürliche und die menschliche Zeit sind nicht mehr aufeinander Bezug nehmende Kategorien. Die Bewußtseinszeit ist die Verlaufsform, unter der das Denken seine eigenen Operationen verwaltet, also die Form, unter der sich das *discurrere* (Diskurs, von: durchlaufen) als diejenige Weise des Erkennens ereignet, die nicht des „simul et semel" (zugleich und auf einmal)

ALBRECHT DÜRERS TRAUMGESICHT, AQUARELL, KAT.NR. 30.2.

oder des „nunc stans" (Jetzt im Stillstand) mächtig ist. Der Geist als explicatio (Ausfaltung) der Eins, als Zählen (numerus numerans), hier hört man das Ticken einer inwendigen Uhr, eines Mechanismus von der Art des „automaton spirituale", von dem Spinoza spricht. Dieser innere Automat verrichtet sein Werk ganz ohne Beihilfe der Wandelsterne oder der Sonne. Es genügt, daß seine Unruh durch eine gewisse Feder, die der Maschinerie den Bewegungsimpuls zuführt, in Gang gesetzt worden ist, durch jenen „ressort", der in der La Mettrieschen Rede vom Maschinenmenschen für den Lebensgeist steht.

Für den Zusammenhang zwischen planetarer, solarer Zeit und die Zeit des Bewußtseins verliert die Kultur der Renaissance die lebensweltliche Basis, die Agrikultur. Das Projekt, das Duns Scotus mit der Ableitung einer theogenen Zeit aus dem archimedischen Punkt des Ewigen begonnen hatte, findet seine säkulare, „urbane" Fortsetzung in den Philosophien einer neuen, post-augustinischen Innerlichkeit, in der die Natur des Geistes sich von der Natur der Gestirne absetzt. Die Kategorie Zeit verliert ihren primären ontologischen Status, zugleich entdeckt man die Pluralität geltender Zeitmodelle, mit anderen Worten: Man entdeckt, daß Zeitmodelle kulturell vermittelt sind, also kontingent.

ESCHATOLOGIE UND APOKALYPTIK

Die bis in kosmologische Dimensionen instabile und tendenziell pluralistische Kultur der Frühen Neuzeit begünstigt die Ausbildung radikaler religiöser Positionen[8]. Für die zweite Generation der Humanisten werden die auf die Omnipotenz des imaginierenden und phantasierenden Geistes gegründeten philosophischen Thesen ihrer Vorgänger fragwürdig, es setzt eine religiös motivierte Reaktion ein, die bis ins beginnende 18. Jahrhundert hinein in stets neuen Varianten forciert wird. Als Beleg für diesen Vorgang können die Schriften der beiden Grafen von Mirandola angeführt werden, Onkel Giovanni und Neffe Gianfranceso. Gianfrancesco bricht mit der offensiven Philosophie des Onkels, mit dessen universaler und idealer Versöhnungspolitik im Namen der Imagination und nimmt die Religion wieder buchstäblich. Dort, wo der alerte Skeptizismus etwa von Suarez ein mündiges, im Offenen operierendes Denken eingefordert hatte, setzt Gianfrancesco wieder die alleinige Autorität der Heiligen Schrift ein, für ihn die einzige Instanz, die in der allgemeinen Verwirrung und Unsicherheit, auch im neugierigen Kontakt mit anderen Religionen, die richtige und wahre Imagination zu liefern imstande ist.

Die judäochristliche Tradition fußt auf einem prophetischen und apokalyptischen Unterbau, an dem immer dann eifrig weitergebaut wird, wenn die Legitimation des status quo, d. h. die Legitimation der Amtskirche, in Frage gestellt wird. Die Frühe Neuzeit wird nun auffällig, insofern sie einer Unzahl schillernder prophetischer Figuren als Bühne dient, einer Vielfalt neuer Prophetien, die in mehr oder weniger expliziter kritischer Bezugnahme auf die korrumpierte Kirche den wahren Sinn der Schrift zu beherzigen suchen und ihrer extremistischen Homiletik vor allem dadurch Nachdruck verleihen, daß sie auf ein nahendes Ende verweisen. In einer gewissen Fortsetzung der chiliastischen Strömungen des frühen Mittelalters und der Äonenspekulation des Joachim von Fiore wird die Vorstellung allgemein, daß nun das Ende der Zeiten gekommen sei. Kurz vor dem Untergang der Welt sich zu befinden – dieses Phantasma trieb die Prediger zu unerhörter Dramatik in ihren Reden, wie es auch zugleich die eingebaute Sicherung für den Erfolg dieser Reden bei den Zuhörern war.[9] Nur noch kurz, während der verbleibenden Zeit, umzukehren, Buße zu tun und sich nichts anderem mehr als der Betrachtung der heiligen Dinge zu widmen, das schien für viele durchaus machbar. Vor dem Hintergrund einer sich weiterhin endlos in der Zeit ausbreitenden Welt hätte die reformatorische Mahnung beträchtlich an Eindringlichkeit verloren. Im übrigen waren die Verkündigungen des baldigen Endes von seltenen Himmelserscheinungen begleitet, beispielsweise von den Kometen des Jahres 1618, die als göttliche Zorneszeichen gedeutet wurden.[10] Möglicherweise war die grundsätzlich von neuem gestellte Frage, deren Beantwortung sich die Astronomen widmeten – Wo sind wir, wenn wir in der Welt sind? – nur eines der Symptome einer tiefgreifenden Weltbildkrise, die die Renaissance und die Frühe Neuzeit erfaßt hat: Die Idee, der Himmel habe sich gegen die Erde verschworen, der Himmel werde zu Ende gehen und das Ende der Zeiten einläuten, diese uranische Katastrophenstimmung scheint ein anderer Ausdruck für dieselbe Krise zu sein. Im gleichen Atemzug nämlich, d.h. während der Proklamation des Weltuntergangs durch Luther oder Calvin, sucht man nach dem Anfang der Zeit, entwirft man die Anfänge der Welt und des Menschengeschlechts in einer Art spiegelbildlicher Projektion. Da, wo man im Diffusen am verschwindenden Horizont ein Weltende wahrzunehmen bereit war, sah man, womöglich vom selben Standort aus, am selben verschwindenden Horizont, goldene Anfänge der Zeiten leuchten. Mit

LUTHERSTUBE AUF DER WARTBURG BEI EISENACH. EIN AUF DEM SAURIERWIRBEL KNIENDER LUTHER STEHT ALS PREDIGER DES NAHENDEN ENDES FÜR DIE IMAGINÄRE KORRESPONDENZ ZWISCHEN ANFANG UND ENDE DER ZEITEN.

anderen Worten: Die negative Projektion des bevorstehenden Endes wurde durch die kompensatorische Projektion eines goldenen Anfangs in weit zurückliegender Ferne ergänzt.

Genauso wie es eine Evidenz für das nahe Ende zu geben scheint, liegen auch Ansätze zu einer Wiederbelebung des goldenen Anfangs vor, und zwar insbesondere im Rahmen der Inszenierung des Herrschers – oder der Herrscherin im Falle der Königin Elisabeth von England[11]. Der princeps wird zum Prinzip innerhalb einer Prinzipiengemeinschaft, d. h. innerhalb eines Götter- oder Heroenkollektivs. Der princeps der Renaissance, um ein neues Selbstverständnis jenseits des Gottesgnadentums bemüht, unterstellt sich als eine Art Avatar seinem Double, dem mythischen Patron. Das ist ein Vorgang, der bis hin zum Absolutismus der kleinen und großen Könige verfeinert und ausgebaut worden ist. Der princeps wird so in der Tat zum Anfang eines von ihm gestifteten Weltalters bzw. einer Ära. Er ist die Vergegenwärtigung der Ur-Heroen des Goldenen Zeitalters und trägt die Insignien seiner Würde als Platzhalter eines göttlichen Charakters.[12] Die Höfe von Florenz, Mantua, und Ferrara, sowie die von Prag und Heidelberg, stilisierten sich jeweils als der Neue Olymp, in dem die unendliche Distanz zwischen mythischer und politischer Zeit aufgehoben wurde. Die markanteren unter diesen Figuren – zum Beispiel Cosimo de Medici, Isabella d'Este, Friedrich von der Pfalz, waren großartige Kenner der antiken und spätantiken Literatur und Anhänger eines universalistischen Neu-

Heidentums, in dem ägyptische, griechische, römische und christliche Weisheitslehren fusionierten.

SAURIERWIRBEL, SOGENANNTER FUSSSCHEMEL MARTIN LUTHERS

Die Zeitform, um die es hier geht, ist die mythische oder symbolische Zeit, die Zeit einer heilsgeschichtlich bestimmten Ebene, auf der sich die Spekulation über die Weltalter, wie sie die Romantik wiederaufnimmt, eingeschrieben hat. Es geht weniger um Zeit in einem technischen, meßbaren Sinn, als vielmehr um Anfang und Ende als imaginäre Ränder des Unvorstellbaren, nämlich der gesamten Ausdehnung der Welt und des mit ihr gemeinten Sinns. Die Wirkung solcher Anfänge und Enden hing davon ab, in welchem Maße sie als Appell an die Vorstellungskraft ihren Adressaten zu erreichen vermochte, so daß dieser sich in politischer oder religiöser Hinsicht unter einen propagandistischen Horizont einzufügen bereit war, und zwar in Wort und Tat. Die Zeit imaginierter oder halluzinierter Anfänge oder Enden ist die virtuelle Zeit, die projizierte Zeit, wobei der Umstand von Interesse scheint, daß die Anfänge üblicherweise als hoch und positiv, die Enden naturgemäß als Untergänge, Niedergänge, als Degeneration angesehen wurden. Das ist bis in die romantische Geschichtsphilosophie so, das findet sich leicht modifiziert in jüngeren Kulturtheorien.

Daß die Renaissance und die Frühe Neuzeit sich auf symbolische Formen von Anfang und Ende der Zeit beruft, scheint also keineswegs besonders originell zu sein. Allerdings wirft die Art und Weise, wie dies geschieht, ein Licht auf die kulturelle Motorik der Renaissance. Die beschriebene symbolische Aufladung von Anfang und Ende in der vorliegenden Intensität mag einen Rückfall in die Archaismen kollektiver Gedächtnisorganisation bedeuten. Sie macht aber in jedem Fall sichtbar, daß der Umbau der allgemeinen Orientierungssysteme in der Renaissance zu einer Destabilisierung im status quo geführt hat, und zwar derart, daß Formen der symbolischen Projektion von Zeiten und Zeitaltern, von Anfängen und Enden, die inhaltlich eigentlich in starkem Kontrast zur Entwicklung der „säkularen" Zeitmessung, der Astronomie und der Kalendermacherei der Renaissance stehen, die Funktion eines doppelten oder zweiten Bodens erfüllen, der verhindert, daß man ins Grundlose stürzt. Die ernsthafte Beschäftigung mit dem Gedächtnis, die nach Frances Yates geradezu als Charakteristikum der Renaissance gelten kann, scheint also auch von hierher, von der Aussetzung bisher geltender Ordnungskriterien, dem Aufschwung symbolischer Zeiten und der apodiktischen Setzungen von Apriori und Aposteriori motiviert gewesen zu sein.

DIE MNEMOTECHNIK DER RENAISSANCE: ANFÄNGE UND PRINZIPIEN

Die unübersehbare Fülle mnemotechnischer Traktate der Renaissance widmet sich zum großen Teil einem Gedächtnis, das vor allem ein Problem hat: daß es möglicherweise nicht so funktioniert, wie es könnte. Die Gedächtnisregeln, die aufgestellt werden – oft auch nur von bekannten Prätexten abgeschrieben und nur geringfügig weiterentwickelt oder verändert –, dienen der Praxis des Erinnerns, und da insbesondere, in der guten Tradition der griechischen und römischen Rhetoren, auf das Erinnern der topoi einer Rede. Die Schwierigkeiten, die sich in diesen Texten allerorts einstellen, beruhen vor allem darauf, daß es für die Kultur der Renaissance nicht ausgemacht ist, welchem Leitmedium sie in ihren Gedächtnisübungen am meisten vertrauen soll, der Architektur oder lieber der Schrift. In jedem Fall geht es um die klare und präzise Bestimmbarkeit und Wiederbestimmbarkeit von Diskursformen, also Durchlauf- und Verlaufformen, die natürlich immer auch eine zeittheoretische Konnotation haben. Die Zeit, die hier gemeint ist, läßt sich ohne Schwierigkeiten als die Gedächtniszeit erkennen, d.h. daß man dort, wo die Mnemotechniker auf der Ereigniszeit operieren – wenn sie etwa Angaben machen wie: nach der großen Überschwemmung von 1612, am Vorabend von St. Stephanus Märtyrer – nicht glauben soll, dies seien Affirmationen einer naiven Weltordnung. Es ist vielmehr so, daß diese Daten einer tradierten Markierungstechnik von Ereigniszeit in Bezug auf die Funktionsfähigkeit des Gedächtnisses konkurrenzlos bleiben muß, und zwar einfach deshalb, weil das Gedächtnis selbst eine Art atavistischer Apparat ist, der ohne die Regeln und Gewohnheiten von gestern und vorgestern nicht in Gang gesetzt werden kann. Aus diesem Grund kommt unter Umständen noch einmal das Kirchenjahr zu Ehren, ebenso wie andere Vorstellungen aus dem Fundus historischer Imaginationen wie – im Falle Rossellis – die himmlische und die höllische Sphäre mit ihren Geographien und Kalendarien.

Gesteht man zu, daß mentale, psychische bzw. Bewußtseinsprozesse immer mit einem bestimmten Zeitindex ablaufen, dann wird auch umgekehrt einsichtig, daß Zeit selbst markiert werden muß, daß es die Reihe von Ereignissen ist, die Zeit erfahrbar macht. Dieser Aspekt der Datierung gewinnt noch einmal an besonderer Bedeutung in dem Moment, wo die mechanische Zeitmessung das Gefühl vermittelt, alle inneren Evidenzen in bezug auf die Zeiläufte seien ausgesetzt. An diesem Punkt beginnt sich kulturelle Zeit von kosmischer Zeit ebenso abzusondern, wie dies im Falle der Bewußtseinszeit gegenüber der natürlichen Zeit der Fall war. Wie das Gedächtnis auf einer Reihe von zur Wahl stehenden Modellen künstlich stimuliert werden kann, so stehen auch in Hinblick auf eine Orientierung in der Zeit verschiedene Wege offen. Die Renaissance legt im übrigen in den Traktaten der Mnemotechniker Rosselli[13], Petrus von Ravenna[14] und Giordano Bruno den Grund zu der viel später sich als Grundlage moderner tiefenpsychologischer Theorien bewährenden Annahme, daß die Kindheit als Zeit der Ersteinschreibungen gewissermaßen das heroische Zeitalter des Gedächtnisses bildet. Daß das Frühere höher im Rang steht als das Spätere, daß also das Frühere unter dem Horizont der Gedächtniszeit wie ein Prinzip Konstitutionsleistungen erbringt, das alles erklärt sich aus dieser Regel.

Bruno faßt die Mnemotechnik-Debatte des 16. Jahrhunderts zusammen und schließt sie in einer Art Summe der Mnemophilosophie ab. In der bereits erwähnten Schrift „Über die Schatten der Ideen" verfaßt er, durchaus mit dem Sinn der Epoche für Rubriken begabt, lange Listen mit den wesentlichen Erfindungen und den Namen der Erfinder, die als kulturelle Genealogie oder auch als Genealogien des Denkens anzusehen sind. Diese Genealogien verlaufen in zwei kombinatorisch effektiven Kolumnen von Rhegima (in panem castanearum) und Osiris (in agriculturam) beispielsweise über Abraam (circumcidit), Atlas (in Sphaeram), Epicur (in animi libertatem), Anaxagoras (in chaos) bis hin zu Melicus (in memoriam). Die Entdeckung des Gedächtnisses vollendet die Reihe jener Erfindungen, die die Menschheitsgeschichte selbst als Gedächtnis definieren. Das Prinzip der Gedächtnisdisposition ist die Reihe (series), die auch algorithmisch (jeder soundsovielte) Verwendung finden kann.

Die zwischen Mnemotechnik und Geschichtsschreibung oszillierenden Versuche der Renaissance, den Anfang der Zeit und der Menschen zu bestimmen, enden zwar zumeist noch in Berufung auf die Autorität der Schrift und deren Rede von den Anfängen, zugleich aber gewinnen die über die griechisch-römische und hellenistische Welt zunächst nach Italien gelangenden Ideen an Einfluß. Die Vorzeit, der abyssus, der Abgrund oder Ungrund der Zeit, der sich jeder Erinnerung entzieht, das ist ein Thema, das die Denker hypnotisch fesselt. Zu großen Teilen verläuft die Beschäftigung mit diesem Thema parallel zur Rekonstruktion der ursprünglichen Weisheit, also zum Projekt der *prisca philosophia*. Beide, sowohl die neuplatonische und platonisierende Bewegung der Renaissance wie der philologisch operierende Humanismus interessieren sich für die Frage, ob es in der Vorzeit einen Bestand an genuin menschlichem, aber höchst adäquatem Wissen gegeben habe, und wo dieses Wissen die Beschädigungen erfahren habe, die es derzeit aufweise. Dieses Forschen entspringt einem außerordentlich pessimistischem Urteil über die Gegenwart, die als status corruptionis (Zustand der Verderbnis) dargestellt wird. Die Verderbnis ist aber nicht nur eine der Zeitläufte, die sich immer mehr zum Schlimmen hin neigen, sondern auch des Intellekts, der an einer Art fundamentaler Amnesie leidet: Er kann sich nicht mehr an die Wahrheit erinnern. Als die Schwelle, an die das Denken stößt, bzw. das große und unüberwindliche Hindernis, das in den Spekulationen zum verborgenen Anfang auftaucht, wird die Sintflut identifiziert. Es kursiert ein Mythos, der die Sintflut dafür verantwortlich macht, daß der Zustand ante lapsum (vor dem Sündenfall) nicht mehr zugänglich sei. Die Sintflut steht für jene kollektive Katastrophe, die das Bewußtsein in eine helle und in eine dunkle Hälfte gespalten hat. So gesehen wird jede Mnemotechnik zur Therapie des Sintfluttraumas. Alternativ zur Sintflut kommt die Geschichte vom Turmbau zu Babel zum Einsatz, die ebenfalls die Begründungslast für einen unbefriedigenden status quo zu tragen hat. Eine Vorliebe für das Motiv des Turms von Babel läßt sich an den Autoren bemerken, die eher aus den grammatischen und philologischen Schulen kommen[15]. Hier ist es dann die Zerstörung der Adamssprache, der die Verantwortung für den Verlust der in dieser Ursprache einst aufgehobenen Wahrheit unterstellt wird. Alle existierenden Sprachen wären demnach Fragmente der ersten, von Gott selbst dem Protoplasten verliehenen Sprache, die zugleich mit der verlorenen Wahrheit wiederherzustellen ist. Auf diesem zeit-mythologischen Hintergrund konvergieren in der Renaissance und in der Frühen Neuzeit die Forschungslinien zum Gedächtnis und zur Universalsprache. Während sie in den stegano- und polygraphischen Arbeiten des Abtes Johannes Trithemius und in den lullistischen, kombinatorischen mnemotechnischen Schriften Giordano Brunos noch ein wenig nebeneinanderher laufen, sind sie schließlich in den großen Summen Athanasius Kirchers vollständig vereinigt.

RAUM UND ZEIT

Auch wenn offenkundig die Renaissance schon bei oberflächlicher Betrachtung keinen Zweifel daran läßt, daß sie sich des Themas Zeit intensiv annimmt und sogar epochemachende Neuerungen ins Spiel bringt, so scheint mir doch die Beobachtung ihrer Fixierung auf den Raum einige Bemerkungen zu erfordern. Die Charakteristik der Renaissance war ja, wie Panofsky herausgearbeitet hat, die Perspektive, also die Entdeckung optischer, den Raum konturierender und erschließender Gesetze. Der Vorrang der Perspektive aus erkenntnislogischer Sicht gründete sich auf den Umstand, daß sie gewissermaßen das aggressive tool einer instantanen Vermessung der Raumtiefe darstellte; die im Rahmen perspektivischer Abbildung vorgeführten Gegenstände vermochte das Auge mit jener unüberbietbaren Geschwindigkeit zu erfassen, die nur dem göttlichen Geist vorbehalten gewesen war. Die Verfeinerung optischer Fertigkeiten in der Renaissance, d. h. das Training von Erkenntnisformen, die gleichsam mit Lichtgeschwindigkeit zur Sache bzw. zum Ziel kommen, setzen der Zeit insofern zu, als sie diese als eine Kategorie, deren Bestand gegen Null zu treiben ist, herabwürdigen. Die mittelalterliche Impetuslehre wird derart überdreht, daß nun nicht mehr geduldig beobachtet wird, wie sich ein Bewegungsanstoß allmählich in der Zeit fortpflanzt; der Bewegungsanstoß hat so auszufallen, daß eine unendliche Distanz im Nu überwunden wird, was heißt, daß die Momente, die sich während der Vollendung der Bewegung aneinanderreihen, zu einem mehr oder weniger ununterschiedenen Klumpen verschmelzen und die Zeit an Kontur verliert. Panofsky hat in seiner Analyse nicht gesehen, daß die vorzugsweise optische Erkenntnisform, wie sie die Renaissance ins Spiel bringt, ein Bewegungsmodell erzwingt, das richtig mit dem Phänomen *Beschleunigung* beschrieben wird. Alle Bewegungen, insofern sie modern sind, gehorchen also dem neuen Imperativ der Beschleunigung, während die neue Zeitmeßkunst in der gleichförmigen mechanischen Repetition von Zahnradschwüngen aufgeht. Für dieses schwierige Gegeneinandergehaltensein von Beschleunigung (bzw. Retardation) im Raum – als Beispiel seien die elliptoiden Planetenbewegungen bei Kepler zitiert – und der Gleichförmigkeit des Zeitablaufes gibt es keine Lösung: Ein Raum-Zeit-Integral ist noch in weiter Ferne. Auf einer imaginären oder phantasmatischen Ebene scheint es vielmehr so, daß die Entdeckung der Beschleunigung im Raum und die neue Lust an ihr sich auf die Zeit nachteilig auswirkt, und zwar dergestalt, daß durch das Prinzip Beschleunigung Zeit buchstäblich getötet oder annihiliert wird.

ANMERKUNGEN

[1] s. dazu: Éric Alliez: Les Temps Capitaux, Tome I Récits de la conquête du temps, Préface de Gilles Deleuze, Paris 1991, bes. III: 1300 La Capture de L'Être.

[2] A. Kircher: Ars magna lucis et umbrae. Romae: Ludovico Grignani 1645.

[3] Giordano Bruno: De umbris idearum. In: Opera latine conscripta. Zweiter Band. Erster Teil. Stuttgart-Bad Canstatt: Friedrich Fromann Verlag 1961.

[4] Paris 1991; s. dazu auch: Elisabeth Samsonow: Geo-Pictura. Landvermessungsmarken als Elemente des malerischen Raumes bei Jan van Eyck, in: Christiane Kruse/Felix Thürlemann (Hg.): Poträt – Landschaft – Interieur. Jan van Eycks Rolin-Madonna im ästhetischen Kontexte, Tübingen 1999, S.93–113D.

[5] Erwähnt seien die Sonnenuhrtraktate von Hermann Witekind, Andreas Schöner, Sebastian Münster, Oronce Finé und Giovanni P. Gallucci, in denen geometrische, astronomische und konstruktionstechnische Probleme abgehandelt und dargestellt werden.

[6] s. Elisabeth v. Samsonow: Die Erzeugung des Sichtbaren. Die philosophische Begründung naturwissenschaftlicher Wahrheit bei Johannes Kepler, München 1987.

[7] Johannes Kepler schreibt 1605 in einem Brief: „Mein Ziel ist es zu zeigen, daß die himmlische Maschine nicht eine Art göttliches Lebewesen ist, sondern gleichsam ein Uhrwerk, insofern nahezu alle die mannigfaltigen Bewegungen von einer einzigen, ganz einfachen magnetischen Kraft besorgt werden, wie bei einem Uhrwerk alle Bewegungen von dem so einfachen Gewicht. Und zwar zeige ich auch, wie diese physikalische Vorstellung rechnerisch und geometrisch darzustellen ist."

Zit. nach: „Der Wandel des Weltbildes zur Zeit der ersten Sternwarten im Spiegel von astronomischen Modellvorstellungen und Planetarien". In: L. v. Mackensen (Hg.): Die erste Sternwarte Europas, ihre Uhren und Instrumente. Kassel 1979, S. 112.

[8] s. dazu: Alois Hahn: Unendliches Ende: Höllenvorstellungen in soziologischer Perspektive, bzw. Rüdiger Bubner: Geschichtsverstehen in Abschlußformen, in: Karlheinz Stierle und Rainer Warning (Hg.): Das Ende. Figuren einer Denkform=Poetik und Hermeneutik XVI, München 1996.

[9] Vgl. dazu etwa die Schriften und Predigten des Wiedertäufers Bernhard Rothmann, der 1534 im Königreich zu Münster, jenem apokalyptischen Experiment, in dessen Verlauf sich eine sektenartige Gruppierung als endzeitliche Gesellschaft organisierte, eine wichtige Rolle einnahm (Die Schriften Bernhard Rothmanns. Bearbeitet von Robert Stupperich. Münster: Aschendorffsche Verlagsbuchhandlung 1970).

[10] Diese Kometen lösten eine wahre Flut von Publikationen aus. Vgl. etwa G. Dantiscanus: Cometa orientalis. Kurze und eygentliche Beschreibung des neuen Cometen usw. Frankfurt: Sigismund Latomus 1619 und C. Uttenhofer: Judicium de nupero cometa Astrologo. Historicum. Kurzer Bericht und Erklärung usw. Nürnberg: Simon Halbmayer 1619.

[11] s. dazu: Frances A.Yates: The Rosicrucian Enlightenment, London 1972, bes.: I A Royal Wedding: The Marriage of the Princess Elizabeth with the Elector Palatine.

[12] Ein gerade in bezug auf das Moment der Gründung als Anfang interessantes Beispiel ist die Idealstadt Sabbioneta, die in der Po-Ebene liegt und von den Gonzagas erbaut wurde. In den Fresken des fürstlichen Palastes finden sich einerseits Darstellungen der Geschichte des Dädalos, Urbild des Architekten und Erfinders, und Szenen aus der Aeneis von Vergil, die ja mit der Gründung des antiken Roms durch den geflohenen trojanischen Helden endet. Vgl. G. Confurius: Sabbioneta oder die schöne Kunst der Stadtgründung. Frankfurt a. M. 1991.

[13] Cosmas Rosselli: Thesaurus artificiosae memoriae, concionatoribus, Philosophis, Medicis, Iuristis, Oratoribus, Procuratoribus etc. (...), Venetiis 1579.

[14] i. e.: Petrus Tommai: Phoenix seu artificiosa memoria, Vicenza 1600.

[15] eta: Konrad Gesner: Mithridates de differentiis linguarum veterum tum quas hodie apud diversas rationes in toto orbe terrarum in usu sunt, Tiguri 1555.

WIE DIE ZEIT DER UHR ZU EINEM SYMBOL „GUTER MORAL" UND „HOHER ZIVILISATION" WURDE

ERHARD CHVOJKA

Während der Jahre 1320 bis 1324 stand das französische Pyrenäendorf Montaillou wegen angeblicher häretischer Aktivitäten im Rahmen der Albigenserbewegung vor der Anklage der Inquisition der Diözese von Pamiers.[1] Die schriftlichen Aufzeichnungen des Prozesses machen deutlich, daß im Zug der Verhandlungen zwei Formen des Zeitverständnisses aufeinandertrafen, die kaum gegensätzlicher sein konnten. Im Bestreben, das ketzerische Verhalten der Dorfbewohner zu beweisen, versuchte das kirchliche Gericht eine möglichst genaue Rekonstruktion der Aktivitäten der Dorfgesellschaft während der vorangegangenen dreißig Jahre zu erstellen.
Um konkrete Daten im langfristigen Zeitlauf zu bestimmen, verwendeten die Schreiber der Inquisition kalendarische Daten wie. z. B. „2. April 1320" oder „26. Dezember 1321". Für den Alltag wiederum bedienten sie sich der mit Hilfe der Sonnenuhr gemessenen Zeit der sogenannten „kanonischen Horen", wie sie in mittelalterlichen Klöstern in Gebrauch war. Der Sonnentag wurde dabei, in Anlehnung an die Zeitmessung der Antike, von der „Prim" bis zur „Duodecim" in zwölf Stunden unterteilt. Insbesondere auch die Pfarrer von Montaillou verwendeten bei ihren Aussagen in der Regel Begriffe wie „Tertie" oder „Non", um Zeitpunkte im Tagesablauf zu bestimmen.[2] Der Klerus bediente sich also verschiedener abstrakter Systeme, um Zeit zu definieren.

Der Bevölkerung von Montaillou war mit diesen Systemen hingegen überhaupt nicht vertraut. Wenn es im Rahmen der Aussagen um die Datierung bestimmter Ereignisse ging, verwendeten die Betroffenen nicht etwa kalendarische Größen, indem sie z. B. „das war 1301" oder „im Jahr 1316" sagten, sondern berichteten stattdessen – aus der Sicht der Inquisitoren – nur „vage" von Dingen „vor drei oder vier Jahren", oder meinten z.B. „es mag gut zwanzig Jahre her sein, zwanzig oder auch vierundzwanzig Jahre, daß...".[3] Die Menschen in Montaillou kamen bei ihren Schilderungen auch sehr gut ohne das Gliederungsprinzip der Wochen und Wochentage aus. Oft kehrte bei ihren Zeitangaben das „halbe Jahr" wieder, das dem halbjährlichen Rhythmus der Wanderschäfer von der Sommer- zur Winterweide und umgekehrt entsprach.[4] Ganz allgemein spielten konkrete Naturvorgänge bei der Zeitwahrnehmung der Dorfbewohner eine vorrangige Rolle. Der Zeitpunkt eines bestimmten Gespräches wurde von Alazais Munier rückblickend folgendermaßen umschrieben: „Guillemette Benet und ich saßen unter der Ulme – es war um die Zeit, da die Ulmen eben ihre Blätter entfaltet hatten."[5] Vergangene Zeiten wurden in Montaillou in der Regel nur in ihrem Verhältnis zu bestimmten Ereignissen und Inhalten definiert. Ein Dorfbewohner erzählte z.B.: „Das war, als die Häretiker in Montaillou tonangebend waren, ehe die Inquisition in Carcassone sie alle einkerkerte."[6]
Bezüglich der Zeitlichkeit des Alltags beschrieb die bäuerliche und handwerkliche Bevölkerung Montaillous Zeitpunkte und -strecken meist in deren Verhältnis zu den Mahlzeiten wie Mittag- oder Abendessen oder aber mit Formulierungen wie „nach Sonnenuntergang", „zur Stunde, da man im ersten Schlaf liegt", oder „als der Hahn dreimal gekräht hatte". Erst vereinzelt waren Elemente klerikaler Zeitbestimmung eingeflossen. Der Dorfbewohner Arnaud Sicre etwa bezeichnete einen kurzen

Vorgang mit der Umschreibung „die Zeit, die man braucht, um zwei Paternoster zu sagen". Gebräuchlicher waren jedoch Vergleiche, wie sie z. B. der Schäfer Bernard Marty benutzte: „Die Zeit, in der man eine Viertelmeile geht.[7]
Die landwirtschaftlich tätigen Dorfbewohner zogen generell naturimmanente Vorgänge heran, die einen Bezug zwischen der Zeit und ihrem qualitativen Inhalt herzustellen vermochten. Zeit wurde von ihnen eher als materielle Qualität denn als abstrakte Quantität empfunden. Konkrete Zeitpunkte wurden nicht als Bestandteile einer linearabstrakten Zeitstrecke empfunden, sondern benötigten eine inhaltliche Definition. Nur dieses Prinzip machte aus der Sicht der Dorfbevölkerung Sinn. Das Inquisitionsgericht rechnete die Angaben dann in seine spezifischen Zeitsysteme wie den Kalender oder die kanonischen Horen um – ein oftmals kompliziertes Unterfangen.
Am Beginn des Spätmittelalters existierten also in der europäischen Gesellschaft parallel nebeneinander unterschiedlichste Formen der Zeitrechnung und des Zeitempfindens. Kamen deren Vertreter miteinander in Kontakt, konnte das nicht unwesentliche Mißverständnisse und Konflikte zur Folge haben. Im 20. Jahrhundert hingegen konnten Europäer derartige Erfahrungen meist nur mehr anläßlich der Konfrontation mit außereuropäischen Kulturen machen. Der britische Gouverneur von Kenia in der Zwischenkriegszeit, Sir Philipp Mitchell, formulierte sein Erstaunen über die Andersartigkeit afrikanischen Zeitbewußtseins folgendermaßen: „Bevor die Europäer das Land in Besitz nahmen, gab es, mit Ausnahme des an der Küste gesprochenen Suaheli, in keiner Sprache von Abessinien bis Transvaal die Möglichkeit, „am 1. Januar 1890" oder „um 2.30 Uhr nachmittags" zu sagen."[8]
Mitchells Schilderung erinnert frappant an die Verhältnisse in Montaillou um 1320. Im Gegensatz zu den südfranzösischen Inquisitoren des frühen 14. Jahrhunderts besaß er allerdings keine Möglichkeit mehr, Erfahrungen innerhalb der eigenen, englischen Gesellschaft um 1930 mit der Existenz verschiedenartiger Zeitrechnungssysteme zu machen. In Europa hatte mittlerweile die Zeit der Uhr und des Kalenders eine umfassende Monopolstellung in sämtlichen gesellschaftlichen Bereichen erlangt.

SONNENUHR-WANDGEMÄLDE IN SPITTAL A. D. DRAU, 1745, KAT.NR. 26.10.

Was war in dieser Hinsicht im Lauf von sechs Jahrhunderten geschehen? In Europa war ein langer Prozeß der Ver(uhr)zeitlichung der Gesellschaft abgelaufen. Bereits zur selben Zeit als Montaillou vor dem Inquisitionsgericht stand, kämpften in den wohlhabenden flandrischen und nordfranzösischen Gewerbestädten die Arbeitskräfte der florierenden Textilindustrie auf der Basis der eben eingeführten Zeit der mechanischen Räderuhr um ihre Arbeitszeitbedingungen. In Gent wurde 1324 im Kloster St. Peter eine Glocke angebracht, deren Schlag die täglichen Arbeitsstunden der Tuchwalker angeben sollte. In Amiens kam Philipp VI. 1335 einem Gesuch des Bürgermeisters und der Räte nach, eine für die gesamte Stadt gültige Regelung zu beschließen, daß mit einer „Werkglocke" bestimmt werden sollte, „...wann die Arbeiter des Werktagmorgens die Arbeit aufnehmen (...) und auch wann sie des abends ihre Arbeit für den Tag beenden sollten."[9] Derartige Ordnungen existierten in den dreißiger und vierziger Jahren des 14. Jahrhunderts z. B. auch in den Städten Gent, Douai, St. Omer, Abbeville und Montreuil. Der Zeitpunkt des Glockenläutens

AUSSCHNITT AUS DEM DECKEL EINES ORGELKLAVIERS, FREDERICK VAN VALCKENBORCH, NÜRNBERG 1619

lag zwar jeweils etwa im Bereich des Sonnenauf- und -unterganges, wurde aber nominell bereits nach den Stunden der neuen, abstrakten Uhrzeit der Räderuhren auf den Rathaus-, Kirch- oder Uhrtürmen definiert.[10] Innerhalb weniger Jahrzehnte geriet die Arbeitsbevölkerung der aufstrebenden Handelsstädte unter das Regime der abstrakten Zeit der Räderuhr.

Im österreichischen Raum finden sich uhrzeitliche Bestimmungen über die Dauer der täglichen Arbeitszeit städtischer Handwerksgesellen seit dem frühen 15. Jahrhundert. Für die Wiener Neustädter Schlosser wurde die tägliche Arbeitszeit der Gesellen 1436 mit 5 Uhr morgens bis 8 Uhr abends festgesetzt. In der Ordnung der Wiener Maurer und Steinmetze 1435 war die Arbeitszeit von 8 Uhr früh bis 7 Uhr abends bestimmt.[11]

Der Durchdringung verschiedenster Bereiche des täglichen Lebens durch die Uhrzeit hatten sich schon sehr früh nicht nur die zahlreichen Zunfthandwerker, sondern praktisch sämtliche Schichten der Stadtbevölkerung unterzuordnen. Uhrzeitliche Regelungen bestimmten das Öffnen und Schließen der Stadttore, die Marktzeiten und die Sperrstunden der Gaststätten. Zudem wurden in größeren Städten – meist seit der Mitte des 16. Jahrhunderts – auch die Zeiten der kirchlichen Meßfeiern nach der Uhr geregelt. In manchen Städten – wie etwa in Nürnberg – waren sogar die Zeiten, in denen die von der Stadt amtlich zugelassenen Bettler ihrem Gewerbe nachgehen durften, uhrzeitlich bestimmt.

„Stadt" stand im Verständnis des Spätmittelalters und der Frühneuzeit als Synonym für eine Gesellschaft mit strikter uhrzeitlicher Ordnung. Städte setzten dementsprechend einiges daran, dieses Bild zu pflegen. Bereits im Spätmittelalter wetteiferten benachbarte Städte oft um den Besitz der aufwendigeren und moderneren Stadtuhr. Ein bis heute allgemein bekannter Bereich, in dem sich Städte schon früh bewußt als Horte guter Uhrzeitordnung inszenierten, war die Institution der Nachtwächter. Vom 14. bis zum 18. Jahrhundert, gelegentlich sogar noch bis ins 19. Jahrhundert, zogen diese durch die nächtliche Stadt, um jede volle Stunde ihren Gesang: „Hört ihr Leut und laßt euch sagen: Unsere Uhr hat ... geschlagen!" anzustimmen.[12]

Der städtischen Gesellschaft des Spätmittelalters und der Frühneuzeit galt die uhrzeitliche Ordnung des öffentlichen wie auch des privaten Lebens als Ausdruck höchster Moral. Der Stadtbürger, der sein öffentliches Ansehen nicht verlieren wollte, mußte sich den neuen Zeitnormen unterordnen und sie zu seinen eigenen machen. Die Disziplinierung geschah, wenn nötig, auch mit Hilfe drastischer Maßnahmen. Ratsherren etwa hatten zu den Ratsversammlungen pünktlich zum Glockenschlag der Uhr zu erscheinen. Wer zu spät kam, wurde meist mit Geldstrafen belegt. Dabei war es üblich, unmittelbar nach dem Glockenschlag eine Kerzenuhr zu entzünden. Das Ausmaß des Strafgeldes richtete sich nach dem Abbrennstand der Kerze.[13]

Der prototypische frühe Vertreter des neuen, (uhr)zeitbewußten Stadtbürgertums war vor allem der italienische Humanist der ersten Generation um 1400. Er war entweder selbst Kaufmann oder der Geschäftswelt nahestehend und organisierte sein Leben wie seine Geschäfte nach einem exakten Zeitplan. Der Architekt und

UHRGEMÄLDE VON PAOLO UCELLO, 1436, FLORENZ, DOMINNENRAUM, KAT.NR. 27.8.

Schriftsteller Leon Battista Alberti (1404–1472) aus Florenz war ein typisches Beispiel für diese neue Lebensweise. 1433 legte er für seinen Tagesablauf folgende „stagione delle faciende" fest: „...wer die Zeit gut anzuwenden weiß, der wird bald Herr über jedes beliebige Tun sein. Nie bin ich müßig, ich fliehe den Schlaf und lege mich erst nieder, wenn ich vor Ermattung umsinke. Um alles in guter Ordnung zu vollbringen, was vollbracht werden muß, mache ich mir morgens, wenn ich aufstehe, einen Zeitplan: Was werde ich heute zu tun haben? Viele Dinge: Ich werde sie aufzählen, denke ich, und jedem weise ich dann seine Zeit zu: dies tue ich heute morgens, das nachmittags, das heute abend; und auf diese Weise vollbringe ich meine Geschäfte in guter Ordnung, fast ohne Mühe ..., abends überdenke ich mir alles was ich getan habe ehe ich mich zur Ruhe lege, ... lieber will ich den Schlaf verlieren als die Zeit."[14] Eine völlig neue Zeitnutzungsethik unterstreicht also die profitorientierte Einstellung des städtischen Bürgertums zu Arbeit und Zeit. Die ersten Ansätze frühkapitalistischer Wirtschaftsführung hatten in der mechanischen Uhr ihre technische und im neuen Zeitbewußtsein ihre ethische Entsprechung gefunden. In dieser Hinsicht ist auch die vielzitierte Bemerkung von Lewis Mumford zu verstehen, der bereits 1934 meinte: „The clock, not the steam-engine is the key-machine of the modern industrial age."[15]

Für die kleine Gruppe des städtischen Handelsbürgertums besaß die neue Qualität der abstrakten Uhrzeit einen unmittelbaren, praktischen Wert. In Verlängerung dessen entwickelte sich die neue Uhrzeit denn auch sehr rasch zu einem allgemeinen Symbol für hohe Moral und Ethik, sowie im Lauf der Frühneuzeit bald auch zu einem Synonym für „Modernität" und „Zivilisiertheit". In diesem Kontext strebten sehr bald auch viele andere Gruppen der Gesellschaft danach, sich bzw. ihre Lebensführung im Sinne „guter" uhrzeitlicher Ordnung zu inszenieren und entsprechend zu repräsentieren. Wer diesem „mainstream" nicht folgte, geriet unter die scharfe, ausgrenzende Kritik der sich als „zeitbeflissen" verstehenden Gruppen.
Bereits im 16. und 17. Jahrhundert läßt sich z. B. ein vom Bürgertum lancierter Diskurs beobachten, der alle anderen Stände als „weniger zeitbeflissen" charakterisiert. Dies betrifft einerseits pauschal die sogenannten „Unterschichten", andererseits aber z.B. auch den Adel. Im Lauf des 16. und 17. Jahrhunderts fanden Zimmer- und Taschenuhren in den wohlhabenden Schichten der Bevölkerung zunehmend großen Absatz, vielfach nicht zuletzt deshalb, weil sie als vorrangige Accessoirs einer „modernen Lebensweise" galten. Auch zahlreiche Adelige hatten eigene Uhren erstanden – allerdings hatte sich in bürgerlichen Kreisen seit dem 17. Jahrhundert die Annahme verbreitet, daß viele Adelige zwar Taschenuhren um den Hals trugen (wie damals allgemein üblich), sich diese aber bei näherer Betrachtung oft als leere Uhrengehäuse entpuppten. Die Adeligen wären also lediglich am Statussymbolcharakter der Uhren, nicht aber an der uhrzeitlichen Ordnung des Lebens interessiert, lautete die Kritik des Bürgertums.[16]

RATSSCHREIBER JOHANN NÜRNBERGER (1599–1667), AUF SEINE TASCHENUHR ZEIGEND DARGESTELLT.

Eine besonders hohe Stilisierung der eigenen hohen Zeitmoral betrieben die Meister des städtischen Zunfthandwerks. In den Wiener Zünften etwa lief die Zusammenkunft der Meister eines Gewerbes idealtypischerweise nach folgendem Schema ab: Die Versammlungen fanden im allgemeinen vierteljährlich, an den sogenannten Quatembersonntagen, am Nachmittag statt. Eine bestimmte Stunde, oft in der Ordnung des jeweiligen Handwerks fixiert, markierte den offiziellen Beginn. Wenn diese Stunde von der verbindlichen Uhrglocke (z. B. auf dem Rathaus oder dem Stephansdom) geschlagen wurde, wurde eine sogenannte „Reißuhr", eine Sanduhr mit Viertelstundenmessung, aufgestellt. Wenn diese abgelaufen war, begann die Sitzung. Zunftmitglieder, die bis zu diesem Zeitpunkt noch nicht erschienen waren, erhielten in der Regel eine empfindliche Geldstrafe.
Auch die Linzer Fleischerordnung von 1604 schreibt den Meistern anläßlich der vierteljährlichen Zusammenkunft ein pünktliches Erscheinen vor: „da aber einer oder mehrere auf dieselb stundt nit khommen sonder ohne genuegsambe ursachen, solang die reissuhr, die man deshalb zusonderheit aufsezt, durchgerunnen, ausbliebe, der solle jeder umb zwen schilling zwelf pfenning in die ladt (die Zunftlade, E. C.) gestrafft werden."[17]

Die Lohnarbeitskräfte des städtischen Handwerks, die Gesellen, kamen – zumindest anfänglich – in erster Linie durch Disziplinierungsmaßnahmen seitens der Zunftmeister in Kontakt mit den neuen Normen der Abstraktzeit. Meist handelte es sich dabei um Vorschriften bezüglich der Arbeitszeit. Erste derartige Regelungen und Ordnungen hatte es bereits im Lauf des 14. und 15. Jahrhunderts gegeben. Im Lauf des späteren 16. und frühen 17. Jahrhunderts verschärfen sich die Bestimmungen hinsichtlich der Einhaltung der Arbeitszeit nochmals drastisch. Nun finden sich immer häufiger Versuche zur Durchsetzung eines Zeit- und Arbeitsverhaltens, bei dem Pausen und Arbeitszeiten strikt nach der Uhr getrennt waren.
Die Handwerksordnung der Steinmetze und Maurer in Wiener Neustadt aus dem Jahr 1689, die auch die entsprechenden Gewerbe im „selbigen Umcrais" miteinschloß, enthält eine genaue Regelung der Arbeitszeit für die „Polierer und Gesellen": „inmassen dan auch die gesellen, von georgi an bis michaelis, alsbald der tag anbricht, sich zur arbeit verfüegen und dan um 7 uhr zum fruehstuck, um 11 uhr zum mittagmahl und um 3 uhr zur jausen gehen; auch länger nit als ein halbe, ausgenommen zu mittags ein ganze stund, dabei verbleiben, sondern sich alsobalden widerumen zur arbeit stellen sollen. Von michaelis bis georgi sollen sie kein jausen haben, sondern morgens um 8 uhr zum fruehstuck bis auf halbe neune und 12 uhr zum mittagmahl gehen, alda bis auf ein uhr die stund halten, darnach zur arbeit treten und folgents bis zu ende des tages verbleiben. Wollte sich aber einer des widersezen, so solle er an keinen ort gefürdert werden."[18]
Auch die Handwerksordnung der Tuchscherer aus dem Jahr 1714, die nominell für sämtliche Zünfte in Nieder- und Oberösterreich galt, enthält eine Bestimmung, welche die Arbeitszeit betraf: „ein alhier in arbeit stehender gesell solle täglich frühe um vier uhr zur arbeit aufstehen und bis siben uhr abends arbeiten, dergestalten doch, dass denen gesellen um siben uhr vormittag, nachmittag aber um drei uhr über eine viertl stund zum brodessen verlaubet, ganze stunde aber nach solch vollendetem brodessen ohne ursach und aus faulheit zuverzehren verboten sein solle."[19]
Standen die Gesellen also vollends unter dem strengen Regime der hohen Ansprüche zunftmeisterlicher Uhrzeitordnungen? Dieser eben vielleicht entstandene Eindruck muß anläßlich eines Blickes auf die einschlägigen Quellen der Gesellenverbände stark relativiert werden. Auch zahlreiche Gesellenbruderschaften hatten für den Ablauf ihrer regelmäßigen Versammlungen regelrechte „Drehbücher" entworfen, in denen eine strikte zeitliche Ordnung einen ganz besonderen Stellenwert einnahm. So gaben sich z. B. die Linzer Beutlergesellen 1622 selbst eine Ordnung, in der sich eine wirklich außergewöhnlich radikale Sanktionierung von Unpünktlichkeit findet: „wo aber ainer eine viertl stundt daryber ausbleiben wurde, solle vor jede viertl stund zur straff ein wochenlohn verfallen sein."[20] Anhand eines Vergleiches der Bestimmungen bezüglich zeitlicher Abläufe wird deutlich, daß es in frühneuzeitlichen Städten zwischen Meistern und Gesellen – zumindest auf der Formalebene – einen symbolischen Wettstreit um die „strikteste" Zeitordnung gab. Beide Seiten trachteten offenbar danach, die jeweils andere als in zeitlichen Belangen nachläßiger und somit implizit als „unmoralischer" aussehen zu lassen.
Innerhalb städtischer Gemeinschaften der Frühneuzeit läßt sich also ein intensiver „symbolischer Wettlauf" um die höchste Zeitmoral beobachten. Nach außen hin

grenzten sich Städte als räumliche und soziale Einheit wiederum symbolisch durch äußerst genaue und komplizierte uhrzeitliche Ordnungen für die Öffnung und Schließung ihrer Tore von der „zeitlich indifferenten" ländlichen Umgebung ab. In Wien etwa existierte seit 1571 eine „Ordnung auf die Stadt Thör und wie es mit Auf- und zu Spörrn durch die Schlisshendler gehalten werden soll." Seit 1703 war eine deutlich entkomplizierte Regelung in Kraft. Ende des 18. Jahrhunderts wurde die uhrzeitliche Ordnung der Öffnung und Schließung endgültig aufgehoben.[21]
Dieser Entwicklungsprozeß spiegelt nicht zuletzt auch den sukzessiven Verlust der Monopolstellung der Stadt als „Ausnahmeraum", an dem allein die moderne Uhrzeit herrscht, wider. Das entsprechende Selbstverständnis städtischer Gesellschaften, oft schon vom 16. bis zum 18. Jahrhundert mehr ein Mittel zur Konstruktion von Differenz gegenüber der ländlichen Umgebung denn konkrete Realität, war zuletzt auch formal einfach nicht mehr aufrechtzuerhalten. Dennoch galt der städtischen Bevölkerung, aber etwa auch weltlichen und kirchlichen Grundherren, „ländlich-bäuerliches" Zeitverhalten und -bewußtsein als „unterentwickelt". Vor allem der Großteil der Stadtbevölkerung ging noch während der gesamten Frühneuzeit davon aus, daß sich Landbewohner erst mit ihrem Eintritt durch das Stadttor bewußtseinsmäßig unter das ihnen fremde Regime der Uhrzeit begaben. Vielfach herrschte unter Städtern die Meinung vor, daß Bauern gegenüber der Uhrzeit „unwissend" oder gar „tölpelhaft" indifferent wären.
Tatsächlich spielte aber auch im Alltag sowie im Selbstverständnis der Landbevölkerung die Präsenz der Uhrzeit schon im Lauf der Frühneuzeit eine nicht unwesentliche Rolle. Zur Illustration bietet sich z.B. die Betrachtung der Sage „Die Eroberung der Stadt Horn durch die Bauern im dreißigjährigen Krieg" an. Der Stoff ist bereits seit dem späten 17. Jahrhundert als in der Bevölkerung des niederösterreichischen Wald- und Weinviertels bekannt und verbreitet belegt. Die Geschichte lautet folgendermaßen: „Als die Schweden die Stadt Horn besetzt hatten, beschlossen die Bauern, sie aus der Stadt zu vertreiben, und lagerten um diese. Die Schweden hatten den Plan, um 12 Uhr Mittags beim Geläut der Glocken einen Ausfall zu unternehmen, um die Bauern zu überrumpeln. Die Bauern hatten dies allerdings aus der Stadt erfahren. Sie baten daraufhin den Horner Kirchdiener, daß er schon um 11 Uhr zu Mittag läuten solle. Das geschah. Die beim Mahle sitzenden Schweden waren nicht gerüstet, verwirrt über den unerwarteten Glockenschlag, und gerieten in der Eile des Aufbruchs in Unordnung. Die Bauern, die auf die Geschehnisse wohl vorbereitet waren, drangen in geordneten Scharen durch die von den Schweden geöffneten Stadttore in die Stadt und schlugen die Feinde in die Flucht. – In dankbarem Gedenken an diesen gelungenen Überfall wird seither im Waldviertel um 11 Uhr vormittags länger geläutet."[22]
Es ist für unsere Betrachtungen des ländlichen Zeitbewußtseins relativ unerheblich, ob die Geschichte wirklich der historischen Realität entspricht. Entscheidend ist, daß es in einer bereits im 17. Jahrhundert im bäuerlichen Milieu erzählten Sage *die Bauern selbst* sind, die auf den „Trick mit der Uhrzeit" kommen. Dieser Umstand läßt darauf schließen, daß sich gerade auch die ländlich-bäuerliche Bevölkerung der Frühneuzeit in ihrem Selbstverständnis als mit der Uhrzeit und ihrer Anwendung absolut vertraut betrachtete.

DIE HAND ALS SONNENUHR. HOLZSCHNITT AUS: ASTRONOMIA TEUTSCH, FRANKFURT/M. 1551, KAT.NR. 15.1.

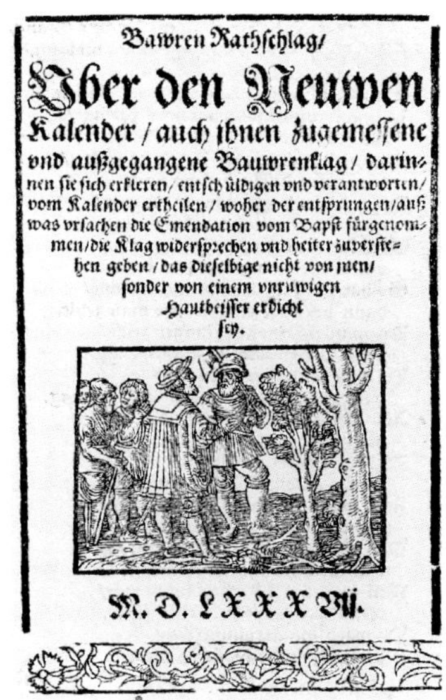

Bawren Rathschlag/
Uber den Neuwen
Kalender / auch jhnen zugemessene
vnd außgegangene Bauwrenklag / darinnen sie sich erkleren / entschüldigen vnd verantworten / vom Kalender ertheilen / woher der entsprungen / auß was vrsachen die Emendation vom Bapst fürgenommen / die Klag widersprechen vnd heiter zuverstehen geben / das dieselbige nicht von jnen / sonder von einem vnruwigen Hautbeisser erdicht sey.
M. D. LXXXVII.

BAWREN RATHSCHLAG ÜBER DEN NEUWEN CALENDER. HOLZSCHNITT, 1587, KAT.NR. 10.2.5.

Dieser Befund korreliert auch mit der bereits in der Frühneuzeit auffallend starken Durchdringung des ländlichen Raumes mit Uhren. Aus Quellen unterschiedlichster Art geht wiederholt hervor, daß zahlreiche Dörfer in Mitteleuropa schon im 17., spätestens aber im 18. Jahrhundert öffentliche mechanische Räderuhren, meist auf den Dorfkirchtürmen, besessen haben müssen. Ein derartiger Hinweis ist z. B. ein Eintrag aus dem Jahr 1668 im Pfarr- und Herrschaftsarchiv Klein-Mariazell, einer Herrschaft südlich von Wien. Darin wird für die Ortschaft Inzersdorf folgende Stiftung vermerkt: „Mathias Scheydl, Rentschreiber zu Walpertstorf, und Sophia seine ehewürthin stiften aus andacht todtsangst J. Christi ein viertl weingarten in Neuberg genant Herzoburger gebirg zur S. Peterskirche zu Inzerstorf, das alle taag um 12 uhr mit der grossen gloken ein zeichen mit 3 absäzen zur gedächtnus der todtsangst J. Christi gegeben werde."[23]
Selbst in kleineren Dörfern des südlichen Wiener Beckens stellen also Schlaguhren in den Dorfkirchen in der zweiten Hälfte des 17. Jahrhunderts durchaus keine Seltenheit mehr dar. Für den ländlichen Raum lassen sich auch auf der formalen Ebene zahlreiche Zeugnisse finden, in denen die abstrakte Uhrzeit eine zentrale Rolle spielt. Bäuerliche Untertanen waren in der Frühneuzeit nicht zuletzt im Rahmen ihrer Verpflichtungen zur Arbeitsleistung für die Grundherrschaft in Kontakt mit uhrzeitlichen Bestimmungen gekommen. Gelegentlich kam es dabei zu erheblichen Konflikten. In der Folge eines Streites mit seinen Untertanen ließ der Gutsherr von Wormlage in der Niederlausitz im Jahr 1724 die Sonnenuhr von der Dorfkirche abreißen. Die Untertanen klagten in diesem Zusammenhang: „Und damit wir in der Zeit der Sonnen irreten, hat uns der Herr von Rackel die Sonnenuhr von der Kirchen wegreißen und in Stücken zuhauen lassen. Und ließ der Herr unterweilen im Winter umb 9 Uhr anstatt 12 Uhr die Mittagsglocke läuten, damit wir eher zu Hoffe fahren müßten, daß aniezoaber aus dem halben Wintertag auch ein ganzer Tag geworden, so daß wir Bauren es weder mit den Handdiensten noch mit dem Gespahn es ausstehen können und dadurch ganz ruiniert werden."[24]
Bäuerliche Untertanen wehrten sich in der Frühneuzeit wiederholt gegen die Manipulationsversuche der Grundherren im Bereich der Zeitregelungen der Robotdienste. Das im Jahr 1724 von der Domänenkammer Strelitz für das Amt Stargard in Pommern erlassene „Regelment der Hoff-Dienste" versuchte, dieser Art der Übervorteilung der Bauern durch die Junker einen Riegel vorzuschieben. Verschiedene Leistungen, die die Untertanen zu erbringen hatten, wurden möglichst genau beschrieben. Die Definition der täglichen Arbeitszeit und der nach der Uhrzeit bemessenen Pausen wurde mit der ausdrücklichen Bemerkung versehen: „dabey denen Unterthanen freigelassen wird, ein richtiges Stundenglas mit auf das Feld zu nehmen und sich danach zu richten."[25] Die ländliche Bevölkerung stellte sich also in der Regel nicht mehr gegen uhrzeitliche Bestimmungen schlechthin, sondern agierte beim Kampf gegen versuchte Übervorteilungen bereits selbst im Rahmen der neuen Zeitmeßtechnik.
Ein Beispiel für den Einfluß der Uhrzeit auf den ländlich-bäuerlichen Bereich im österrreichischen Raum ist etwa die Arbeitsordnung für die Tagelöhner der im bürgerlichen Besitz befindlichen Weingärten in der Umgebung der Stadt Hainburg aus dem Jahr 1678. Darin wird die tägliche Arbeitszeit der Weinhauer sehr genau

definiert: „alle und jede hauer und taglöhner oder weingartarbeiter sollen mit früer tagzeit und sobalt sie nur sehen können in dem weingarten sein und zu arbeiten anfangen; und zu abent mit sonnenidergang oder wann sie nicht mehr sehen können, aus den weingarten gehen."[26]
Diese Bestimmungen entsprachen noch durchaus dem traditionalen bäuerlichen Arbeitstag, der sich idealtypischerweise an Sonnenauf- und -untergang orientierte. Darauf aufbauend wird den Arbeitskräften aber auch bereits der Konnex „Zeit ist Geld" vermittelt: Aufgrund der unterschiedlichen Dauer der täglichen Arbeitsstunden im Lauf des Jahres erhielten sie im Winter einen niedrigeren Tageslohn als im Sommer. Zudem beinhaltete die Arbeitsordnung aber auch noch weitere explizite Bestimmungen und Maßnahmen zur Disziplinierung des alltäglichen Zeitverhaltens der Weinbauern. Diese sollten „länger nicht dann von ailf bis zwölf uhr essen, auch von Michaeli bis Mitfasten (von 29. Sept. bis etwa Mitte März, E.C.) kein frühstück oder jausenzeit machen; Den somer langen tag, aber längist von mitfasten biss Michaeli zuraiten, soll allein ein früe- und jausenbrot zugenisen erlaubt sein und darbei kein stund zugebrauchen, noch sich gesaumt oder verzogen werden."[27]
Die Schläge der Uhr – verbindlich sind in diesem Fall wohl die Uhren der Stadt Hainburg – bilden die Grundlage der Mittagspause. Der nachfolgende Satz, der für die langen Lichttage der Sommerszeit weitere Pausen für Frühstück und Jause vorsieht, schließt quasi „profylaktisch" gleich die Mahnung zur Einhaltung einer „straffen Arbeitsweise" mit ein. Die entsprechende Formulierung könnte ebensogut aus jeder zeitgenössischen zünftisch-städtischen Handwerksordnung stammen.

Etwa 150 Jahre später spiegelt sich in der Klage eines Weingartenbesitzers aus der Untersteiermark in einem öffentlichen Organ der steirischen Landwirtschaftsgesellschaft ein Konflikt zwischen ihm und den von ihm beschäftigten Weinbauarbeitern. Franz Laurenz Prieger beklagt sich im Jahr 1839 über das Arbeitszeitverhalten der sogenannten „Weinzierle", welche angeblich „die schönsten Stunden des Tages auf ihren Äckern zubringen würden und gewöhnlich erst nachdem sie sich auf den zu ihrer Benützung zugewiesenen Gründen müde gearbeitet haben, in den vom Herrn bezahlten Taglohn gehen, nicht selten die letzten bei der Arbeit erscheinen, und am ersten nach der Uhr sehen, um solche wieder verlassen zu können ..."[28] Priegers Klage läßt jedenfalls darauf schließen, daß beide Seiten einander offenbar die ständige Bereitschaft zur Übervorteilung des Anderen im Bereich der Zeitordnung unterstellten. Priegers Äußerung selbst läßt sich ziemlich leicht einordnen. Sein Angriff auf die Weinzierle ist in erster Linie aus seiner Position als Unternehmer zu verstehen, der seine eigenen Interessen gegenüber denjenigen der Arbeitskräfte (moralisch) überbewertet. Er legitimiert seine Kritik daher – was für einen Arbeitgeber des frühen 19. Jahrhunderts nicht weiter ungewöhnlich ist – mit einem Verweis auf die „schlechte Arbeitszeitmoral" der Arbeitskräfte.
Seine Anklage verweist aber auch noch indirekt auf verschiedene andere Elemente der Zeitordnung und des Zeitverhaltens im südsteirischen Weinbau. Ganz offensichtlich war die tägliche Arbeitszeit der TagelöhnerInnen im südsteirischen Weinbau um 1840 formal wirklich nach der Uhrzeit geregelt – so wie dies etwa auch schon in Hainburg Ende des 17. Jahrhunderts der Fall gewesen war. Gerade auf der

formalen Ebene scheint aber vom 17. Jahrhundert bis zum Beginn des 19. Jahrhundert nochmals eine nicht unwesentliche Veränderung stattgefunden zu haben. Im niederösterreichischen Hainburg des 17. Jahrhunderts fungierten als Begrenzung des Arbeitstages Sonnenauf- und -untergang. Für die Südsteiermark der ersten Hälfte des 19. Jahrhunderts ist aber der Anschuldigung Priegers, die Arbeitskräfte würden „am ersten nach der Uhr sehen", um das vorgeschriebene Arbeitsende nur ja nicht zu versäumen, zu entnehmen, daß nicht nur die Pausenzeiten, sondern nun auch bereits Anfang und Ende der Arbeit nach der Uhrzeit geregelt waren.[29]
Unklar bleibt allerdings dennoch, ob ländliche Tagelöhner um 1840 während des Arbeitstages tatsächlich „ständig nach der Uhr" sahen. Besaßen sie überhaupt eine solche? Oder schauten sie vielleicht nach der Kirchturmuhr des Dorfes? Entscheidend ist in diesem Bereich von Priegers Klage aber vor allem, daß er die Weinzierle keineswegs etwa als gegenüber der Uhrzeit an sich indifferent oder gar ablehnend kritisiert, sondern sie als „überaus raffiniert" in ihrem Bestreben darstellt, ihn *innerhalb* des Systems der uhrzeitlichen Ordnung übervorteilen zu wollen.[30] Spätestens im Lauf des 19. Jahrhunderts waren schließlich sämtliche entscheidenden Bereiche der mitteleuropäischen Gesellschaft der „Veruhrzeitlichung" unterworfen worden. Leben, Denken und Handeln nach der Zeit der Uhr stellte nunmehr endgültig für alle Personen einen „gemeinsamen Nenner" ihrer Mentalität dar.

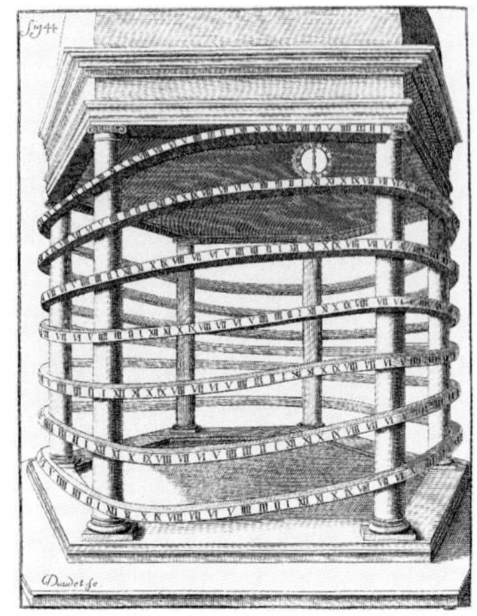

WOCHENUHR. KUPFERSTICH, LYON 1719, KAT.NR. 27.5.

Dennoch darf in dieser Hinsicht keinesfalls vergessen werden, daß die Stilisierung der Uhrzeit zu einem Symbol für hohe Moral, Zivilisiertheit und Modernität noch im Lauf der Frühneuzeit lange Zeit fast ausschließlich innerhalb des männlichen Bereichs erfolgt war. Die Konstruktion unterschiedlicher „Zeitcharaktere" für die beiden Geschlechter hat eine lange Tradition. Schon im Mittelalter werden bestimmte Elemente der Zeitlichkeit, vor allem die Aspekte der „Geruhsamkeit" und der „Gemächlichkeit", etwa im Rahmen von Allegorien, ausdrücklich weiblich konnotiert. So wird z. B. in illuminierten Handschriften der um 1400 entstandenen Épître d'Othéa der Christine von Pisa die „Attrempance" als eine weibliche Figur dargestellt, die regulierend in das Räderwerk einer Uhr eingreift. Männliche Personifizierungen der Zeit in der bildenden Kunst betreffen hingegen „Rasantheit" und Macht. Immer öfter erscheint in der Frühneuzeit etwa der mächtige „Vater Zeit", oder auch Chronos, der seine Kinder verschlingt.[31]

Daß Männer sich selbst als „Herren der Zeit" und damit gleichzeitig als „Wächter guter Ordnung" verstanden, wird auch im privaten Bereich vor allem des Stadtbürgertums sehr früh sichtbar. So schreibt etwa der Basler Bürger Thurneiser im Jahr 1582 in einem Brief an seine Frau: „Die Kinder lasse mir Morgens nicht länger dann bis umb sechs Uhren schlafen. Zeuch sie säuberlich, erstlich den Mundt, Hend und Augen mit frischem Waser zu waschen und zu reinigen, nach dem Gebet und folgends zur Arbeit. Die Malzeit halte mir zu rechter Zeit, umb zehn Uhr. Morgens gibt man den Kindern und Gesinde eine gute Suppen und die gibt man ihnen täglich, denn sie seind junk und müssen zu essen haben. Derhalben gebührt ihnen um Acht Uhren die Suppen, um zehn die Mittagsmalzeit und Abends um drei das Abendbrot, um fünf Uhr gibt man ihnen das Nachtmal."[32]

Bereits am Ende des 16. Jahrhunderts verhält sich somit ein bürgerlicher Hausvater ganz entsprechend dem in der Frühneuzeit wiederholt angeführten Motto, daß der „Vater einer Hausuhr gleichet". Er fühlt sich für den gesamten Bereich der zeitlichen Ordnung des Tagesablaufs des Hauses, vor allem aber für den der Kinder absolut zuständig bzw. verantwortlich.

Lediglich in Einzelfällen scheinen Frauen im Rahmen des Prozesses der „Veruhrzeitlichung" der Gesellschaft in den Quellen auf. Eine interessante Eintragung enthält in dieser Hinsicht das Ausgabenbuch der böhmischen Stadt Eger im Jahr 1613. Ein Meister Reinstein erhält 20 Gulden und 28 Kreuzer dafür, daß er die Uhr „sambt den Viertteilstunden" neu einrichtet und überholt, während seine Frau, wie getrennt vermerkt ist, 28 Groschen dafür erhält, daß sie während der viertägigen Reparatur, mit Hilfe einer kleinen Zimmeruhr, die schon seit längerer Zeit zur Kontrolle der großen Uhr in der Turmstube stand, die vollen Stunden vom Rathausturm aus anschlägt.[33] Die aus der Sicht der (männlichen) städtischen Obrigkeit ausgesprochen wichtige Tätigkeit der Kontrolle und des Schlagens der „offiziellen" Zeit wird also in diesem Fall ganz explizit einer Frau überlassen!
Einen Hinweis darauf, daß etwa auch eine Taschenuhr in der Frühneuzeit durchaus als standesgemäßes Requisit einer bürgerlichen Hausmutter betrachtet wurde, liefert ein im Historischen Museum Krems ausgestelltes Porträtgemälde.[34] Darauf ist eine nicht mehr eindeutig zu identifizierende Frau zu sehen, die offenbar dem wohlhabenden Stadtbürgertum entstammt. Sie trägt in ihrer linken Hand gut sichtbar eine goldene Taschenuhr mit Stundenzeiger. Die weiters dargestellten Utensilien wie ein Kräuterbuch, eine Medizinflasche und eine Apothekerwaage lassen darauf schließen, daß die Frau dem Kreis der Apotheker zuzurechnen ist.[35] Die Darstellung wirft jedenfalls die Frage auf, ob nicht vor allem am Beginn der Frühneuzeit etwa neben dem Hausschlüssel vielleicht auch die Taschenuhr „auf dem Weg war", zu einem Symbol der Kontrolle über das Hauswesen und damit zu einem der typischen Requisiten der Hausmutter zu werden.

Das 18. Jahrhundert bekräftigt aber schließlich wieder ganz eindeutig die Konnotation von Uhrenbesitz und „Männlichkeit". So werden etwa ab 1740 erstmals ganz explizit Uhren für Frauen angefertigt, die auch ausdrücklich als „Damenuhren" bezeichnet wurden und meist besonders klein und z. B. reich mit Blumenornamentik verziert waren.[36] Bis dahin hatte es nur „Uhren schlechthin" gegeben. Es bedurfte keiner besonderen Betonung, daß es sich dabei um „Männeruhren" handelte – dies verstand sich von selbst.
Die symbolische Verbindung von Männlichkeit und Zeitkontrolle wird in besonders deutlicher Form sichtbar im Zusammenhang der Entstehung des Brauches, jungen Männern anläßlich des Ereignisses der Firmung bzw. der Konfirmation Taschenuhren zu schenken. Bei dieser im Bürgertum seit der Zeit um 1700 zu beobachtenden Sitte handelt es sich um eine ganz besonders aussagekräftige Form der Initiation. Als zentraler Gegenstand des symbolischen Eintritts in die Gesellschaft der erwachsenen Männer fungiert nicht zufällig die Uhr, deren Besitz sowohl die individuelle Kontrolle über die Zeit impliziert, als auch in der Folge dazu ermächtigt, die als typisch männ-

liches Verhalten bzw. Privileg erachtete Zeitkontrolle über andere auszuüben. Es muß als nicht minder signifikant gelten, daß der Brauch des Schenkens einer Firmungsuhr erst im Lauf der ersten Jahrzehnte des 20. Jahrhunderts – also mit mehr als zweihundertjähriger „Verzögerung" – auch auf junge Frauen ausgedehnt wurde.

Der Prozeß der „Veruhrzeitlichung" der europäischen Gesellschaften erstreckt sich mittlerweile bereits über gut 700 Jahre. Es wäre allerdings unangebracht, aus heutiger Sicht eine eindeutige Linearität dieses Vorganges konstruieren zu wollen. Ebensowenig kann von einer „gleichmäßigen Geschwindigkeit" der Entwicklung die Rede sein. Je genauer man die konkreten Verhältnisse untersucht, desto mehr erweist sich die Notwendigkeit einer äußerst differenzierten Beschreibung. Betrachtet man allerdings die Ausgangssituation, ist der Kontrast zur Gegenwart gewaltig. Das vorläufige Resultat der Entwicklung besteht jedenfalls in einer nahezu vollständigen Durchdringung des Alltags durch das Ordnungsprinzip der abstrakten Zeit der Uhr.

ANMERKUNGEN

1 LeRoy Ladurie, Emmanuel, Montaillou. Ein Dorf vor dem Inquisitor. Frankfurt am Main/Berlin 1980.

2 LeRoy Ladurie, Montaillou, S. 299.

3 LeRoy Ladurie, Montaillou, S. 302.

4 LeRoy Ladurie, Montaillou, S. 300f.

5 LeRoy Ladurie, Montaillou, S. 301.

6 LeRoy Ladurie, Montaillou, S. 302.

7 LeRoy Ladurie, Montaillou, S. 299f.

8 Bartlett ,Vernon, Brief aus Afrika. Kontinent ohne Geschichte, in: Der Monat 59/1953, S. 504.

9 LeGoff, Jacques, Die Arbeitszeit in der „Krise" des 14. Jh.: Von der mittelalterlichen zur modernen Zeit, in: Für ein anderes Mittelalter. Berlin/Frankfurt/Wien 1983. S. 31f.

10 Landes, David, Revolution in Time. Clocks and the Making of the Modern World. Cambridge (Mass.), 73.

11 Uhlirz, Karl, Urkunden und Regesten aus dem Archive der k.k. Reichshaupt- und Residenzstadt Wien, Teil 1 (1289-1439), in: Jahrbuch der kunsthistorischen Sammlungen des allerhöchsten Kaiserhauses, Bd.16, Wien 1895, S. CLXXXI.

12 Trojan, Jan, Hlasni a ponocni v čechach a na moravě jako zpěvaci a hudebnici (17.–19. stoleti), in: Český Líd, 83, 1993, Heft 2, S. 109–119.

13 Wendorff, Rudolf, Zeit und Kultur. Geschichte des Zeitbewußtseins. Opladen 1980, 145.

14 Landes, David, Revolution in Time, S. 91ff.

15 Mumford, Lewis, Technics and Civilization. New York 1934, 14.

16 Mayr, Otto, Uhrwerk und Waage. Autorität, Freiheit und technische Systeme in der frühen Neuzeit. München 1986, S. 35f.

17 OÖLA Linz, Landschaftsakten, Bd. 823, P 7.

18 ÖStA, Verwaltungsarchiv, Saalbuch 93 fol. 139ff.

19 ÖStA, Hofkammerarchiv, Orig. Pgmt. Fol. 30.

20 OÖLA Linz, Landschaftsakten, Bd. 827, P 6.

21 Otruba, Gustav, Freizeit in der vorindustriellen Periode, in: Mensch und Freizeit, hrsg. v. Rainer Zitta. Wien 1977, 20.

22 Süß, Karl, Unser Horner Gau in Geschichte und Sage. Horn 1920, 44f.

23 Pfarr- und Herrschaftsarchiv Klein-Mariazell, Fasz. 2/I/1, No. 47.

24 Lehmann, Richard, Quellen zur Lage der Privatbauern in der Niederlausitz im Zeitalter des Absolutismus. Berlin 1957, 71.

[25] Bosse, Walter, Die Verhältnisse der Kammer als Domanialbehörde im Lande Stargard (1755-1806). Rostock 1930, 111f.

[26] ÖStA, Verwaltungsarchiv, Saalbuch 76, fol. 662ff.

[27] ÖStA, Verwaltungsarchiv, Saalbuch 76, fol. 662ff.

[28] Prieger, Laurenz Franz, Erfahrungen und Bemerkungen über den Weinbau in der Steiermark, in: Verhandlungen und Aufsätze, hg. von der k.k. Landwirtschaftsgesellschaft, Hft. 9/1839, 232f.

[29] Schwarzkogler, Ileane, Zwischen Mur und Drau. Der Weinbau des 19. Jahrhunderts in der ehemaligen Untersteiermark im Spiegel zeitgenössischer Berichte und Reportagen, in: Weinkultur, hrsg. v. Kulturreferat der Steiermärkischen Landesregierung. Graz 1990, 201.

[30] Chvojka, Erhard, Zeitbewußtsein und Uhrenbesitz in ländlichen Milieus des 19. Jh. Bilder von Modernität und Traditionalität im Widerstreit, in: Neue Blicke. Historische Anthropologie in der Praxis, hrsg. von Erhard Chvojka, Richard van Dülmen, Vera Jung. Wien/Köln/Weimar 1997, 301–305.

[31] Panofsky, Edward, Father Time, in: Studies in Iconology. New York 1939.

[32] Seifart, Karl, Zur Sittengeschichte des 16. Jahrhunderts, in: Zeitschrift für deutsche Kulturgeschichte 4/1859, 769.

[33] Siegl, Carl, Die Geschichte der Egerer „Stadtuhr". Ein Beitrag zur Geschichte der Uhren nach Egerer Ausgabsbüchern. Sonderdruck aus: Egerer Jahrbuch, Jg. 1904, 8.

[34] Kühnel, Harry, Wohnen und Leben in niederösterreichischen Städten nördlich der Donau 1500–1650, in: Zwischen Herren und Ackersleuten. Bürgerliches Leben im Waldviertel 1500–1700, Ausstellungskatalog. Horn 1990, 89.

[35] Anonym, Porträt einer Dame; fälschlich als Kopie des Porträts der Gattin des Landmarschalls Ulrich von Dachsberg bezeichnet. Historisches Museum der Stadt Krems.

[36] Wien, ÖNB Bildarchiv, z. B.: Damentaschenuhr um 1770, D 3.720a B(C), oder „Damenuhr" um 1800, D 41.173 A(B).

ZEITERZEUGUNG UND ZEITSINN. VON DER PENDELUHR ZUM „SCHNELLSTEN GEDANKEN“

WOLFGANG PIRCHER

Alles Leben äußert sich in Bewegung. Was sich von selbst bewegt, ist beseelt – so die einfachste Bestimmung des Lebendigen seit der griechischen Antike. Was bewegt wird, die tote Materie, hat keine „Zeit“. Ihr wird zwar ein Werden und Vergehen zugeschrieben, also ein Sein in der Zeit, aber Zeit „hat“ nur ein lebendiges Bewußtsein, das Zeit in der Bewegung wahrnimmt und daran auch interessiert ist. Zeit ist die innere Verknüpfung äußerer Geschehnisse, die als Phänomene unserer Wahrnehmung gegeben sind. Die Frage erhebt sich, was unserer Wahrnehmung überhaupt und wie zur Disposition steht. Die instrumentelle Technik versucht diesen Bereich unserer Wahrnehmung auszudehnen und dies nicht nur nach der Seite der ruhenden Beobachtung (Teleskop, Mikroskop) sondern auch hinsichtlich der zeitlichen Struktur von Ereignisfolgen, der numerischen Quantifizierung und der Präzision der Messung. Die Wahrnehmung intellektualisiert sich mit einem technischen Hilfsmittel, dem Meßgerät, wobei die zu messende Naturerscheinung in den technischen Parametern abgebildet wird, weil das Meßgerät nur messen kann, wofür es ausgelegt wurde. Diese Abbildung ist natürlich eine Reduktion, es wird nicht schlechthin alles, sondern nur besonderes gemessen. Schließlich kann sich das Meßgerät auf das messende Individuum zurückwenden und so wie man mit dem Metermaß auch seine eigene Größe messen kann, so ist das auch bei komplizierteren Sachverhalten möglich, so etwa bei der zeitlichen Struktur der Wahrnehmung selbst.

DIE MECHANISCHE HERSTELLUNG DER SEKUNDE

Es ist nicht so sehr die Erfahrung, welche eine gewichtige Rolle beim Aufbau der neuzeitlichen Wissenschaften spielt, sondern das Experiment, jene durch Theorie geleitete Beobachtung erzeugter Tatsachen. Theorie und Experiment ergänzen einander, so wie die eine aus den erhaltenen Tatsachen neue Frage aufwirft, so versucht das Experiment immer wieder Antworten zu finden, aber auf Vorgaben, die in der Theorie formuliert werden. Sodann ist der mathematische Charakter der neuzeitlichen Wissenschaft entscheidend, was das Experiment nötigt in strikt quantitativer Weise zu antworten. „Oder – was das gleiche ist – die Welt des Mehr oder Weniger unseres Alltags wird ersetzt durch ein Universum der Maße und der Präzision.“[1] Präzision, das heißt für uns heute fast unmittelbar: präzise Meßinstrumente. Die Geschichtsschreibung der Naturwissenschaft vergißt allzu leicht diese eminente Abhängigkeit von technischen Geräten, die im 19. Jahrhundert Bereich um Bereich eroberten: neben der Physik auch die Physiologie und die Psychologie.

Für die Formulierung eines der wichtigsten Gesetze der neuzeitlichen Physik, dem Fallgesetz, ist die Bestimmung des konkreten Wertes der Beschleunigung von Wichtigkeit. Galilei geht dieses Problem auf indirekte Weise an, da er keine Möglichkeiten der direkten Messung hatte. Seine Versuche mit schiefer Ebene und Pendel liefern ihm aber nicht das gewünschte Resultat, da er insbesondere nicht imstande war die exakte Zeit zu messen, die ein Körper braucht, um eine bestimmte Strecke zurückzulegen. Der von Galilei gelegentlich angesprochene Vergleich mit dem Pulsschlag läßt naturgemäß kein verläßliches Resultat erhoffen, auch das von ihm vorgestellte Wassergefäß für die Zeitmessung, dessen Abflußmenge schließlich gewogen wurde, stellte alles andere als eine befriedigende Zeitmessung dar. Um den mathematisch formulierbaren Gesetzen über die Bewegung der Körper einen empirischen Sinn zu geben, war es also notwendig ein hinreichend genaues Instrument zur Zeitmessung zur Verfügung zu haben, wobei hinreichend genau die Größenordnung einer Sekunde meint. In der Pendelbewegung fand Galilei das Versprechen einer Lösung seines Problems, tatsächlich benutzt er aber das Pendel bei seinen Experimenten nicht, obwohl er „die Isochronie des Pendels – die eigentliche Grundlage aller modernen Zeitmessung – entdeckt hat…"[2]

Ohne weiteres ist das Pendel auch keine Uhr, es braucht mehr dazu, was sich bei den Schwierigkeiten kenntlich macht, ein Pendel herzustellen, das eine Sekundenschwingung aufweist. Es ist Pater Giambattista Riccioli, der zunächst nachzuprüfen versucht, ob Galileis Behauptung von der Isochronie der Pendelschwingungen und das von ihm aufgestellte Verhältnis der Länge des Pendels zur Schwingungsperiode richtig sind. Sodann versucht Riccioli die Periode eines gegebenen Pendels so genau wie möglich zu bestimmen, um so ein Zeitmeßgerät zu erhalten, das der Bestimmung der Fallgeschwindigkeit nützlich ist. Mit einer Wasseruhr als Vergleichsinstrument prüft er die beiden Aussagen zum Pendel von Galilei und bestätigt sie. Damit kommt man der Konstruktion eines präzisen Zeitmessers etwas näher, denn mit den Pendelschwingungen sind im Prinzip gleiche Zeiteinheiten, Zeitatome gegeben. Man muß aber die Schwingungsdauer eines bestimmten Pendels selbst wiederum messen, um zu wissen um welche Zeiteinheit es sich bei seiner Schwingung handelt. Ricciolis Versuche ein Sekundenpendel zu konstruieren, scheitern alle, denn im Vergleich zur Himmelsuhr (Sonne oder Sterne) weichen die gezählten Pendelschläge immer von den errechneten ab.
Aber selbst wenn es ihm gelungen wäre ein Pendel mit Sekundenschlag zu bauen, bliebe es unbefriedigend die Schläge immer zählen zu müssen. Man muß eine Vorrichtung finden, die die Schläge automatisch addiert und diese Addition auf einen Blick sichtbar macht, kurzum eine Uhr mit Anzeige. Dieses gelingt dem überragenden holländischen Mathematiker, Physiker und erfindungsreichen Mechaniker Christiaan Huygens. Auch er, ein Schüler von Descartes, macht Versuche zur Bestimmung der Fallgeschwindigkeit und er verwendet dazu ebenfalls ein Pendel. Die von ihm schließlich konstruierte Pendeluhr verpflanzt das Pendel nicht einfach in eine herkömmliche Räderuhr, sondern er löst gleichzeitig das Problem der wirklich isochronen Schwingung des Pendels, die entlang eines Kreisbogens nicht gegeben ist. Dazu mußte er eine neue geometrische Theorie entwickeln, die der Abrollfiguren. In seinem berühmten Buch über die Pendeluhr sagt Huygens in der Einleitung: „(A)ls ein sicheres und gleichmäßiges Zeitmaß ist das einfache Pendel nicht anzusehen, da weitere Ausschläge mehr Zeit erfordern als engere; mit Hilfe der Geometrie habe ich aber eine bisher unbekannte Aufhängungsweise des Pendels gefunden; ich habe nämlich die Krümmung einer gewissen Kurve untersucht, die in geradezu wunderbarer Weise geeignet ist, die erwünschte Gleichmäßigkeit herbeizuführen. Nachdem ich diese Aufhängungsart bei Uhren angewendet hatte, wurde deren Gang so gleichmäßig und sicher, daß nach zahlreichen Versuchen zu Lande und zu Wasser nunmehr feststeht, daß diese Uhren der Sternkunde und der Schifffahrt die größte Sicherheit verschaffen. Die erwähnte Linie ist dieselbe, wie sie ein

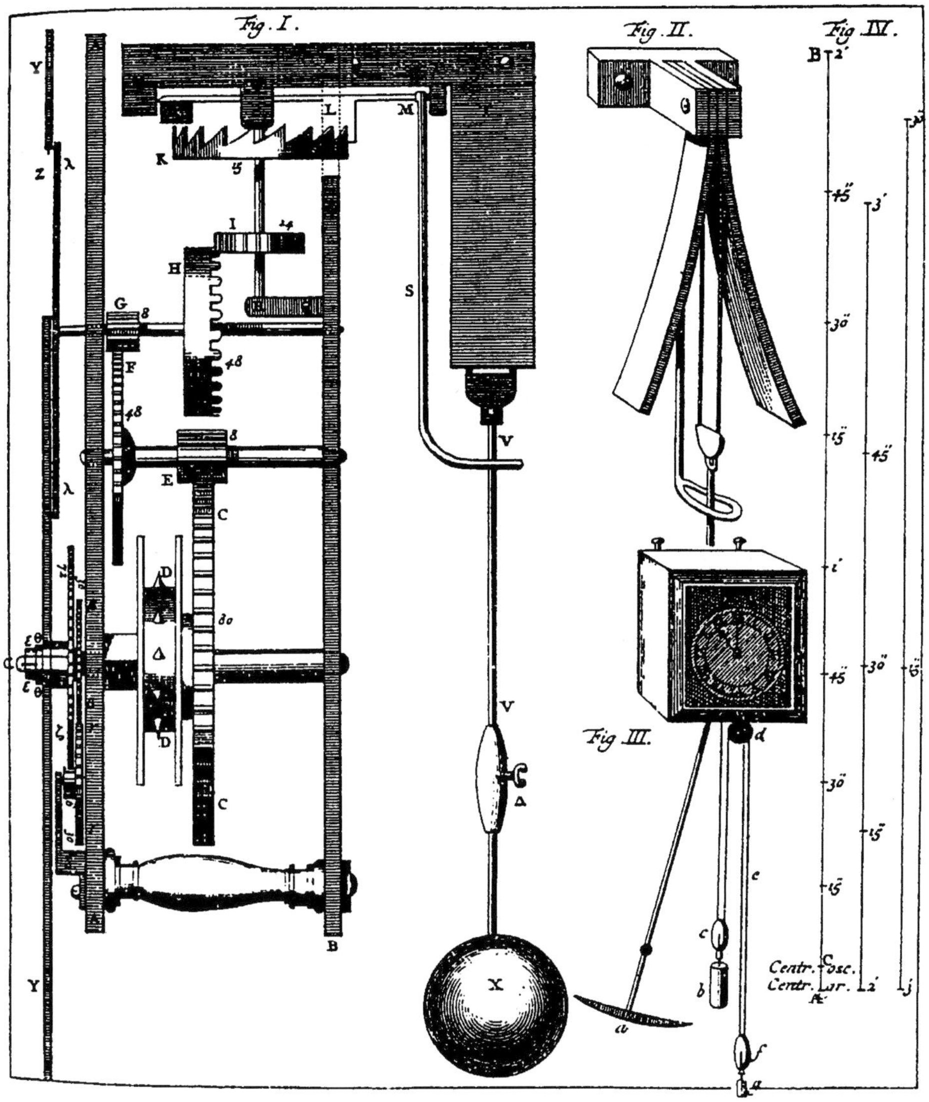

DARSTELLUNG DER PENDELUHR VON HUYGENS (1673). TAFEL AUS SEINEN ŒUVRES COMPLÈTES, BD. 18

im Umfang eines laufenden Rades befestigter Nagel bei dessen fortlaufender Drehung in der Luft beschreibt; von den Mathematikern ist sie Zykloide genannt und wegen vieler anderer Eigenschaften sorgfältig untersucht worden, von mir aber wegen ihrer schon erwähnten Verwendbarkeit zur Zeitmessung, die ich entdeckt habe, während ich sie aus rein wissenschaftlichem Interesse untersuchte, ohne etwas Derartiges zu ahnen."[3]

Eine Zusammenfassung mit anderen Worten findet sich bei David Speiser: Ziel des Buches von Huygens ist „die Konstruktion einer Präzisionsuhr, und zwar unter Ausnutzung der Gesetze der Mechanik. Was heißt dies genau? Die Funktion einer

Uhr besteht darin, den Ablauf der Zeit in gleiche Teile zu zerlegen. *Aber*: Was bedeutet *hier* gleich? Wie können wir diese Gleichheit nachprüfen, da wir ja nie zwei Zeitabschnitte direkt vergleichen können? Wir brauchen dafür einen Mechanismus (oder auch einen Chemismus), der einen Zeitabschnitt auf eine Strecke oder einen Winkel abbildet. Geschieht diese Abbildung durch einen Mechanismus, so wird deren Gültigkeit, d.h. die Exaktheit der Uhr, nur durch die universelle Gültigkeit der Gesetze der Mechanik gewährleistet. HUYGENS wählt als Mechanismus das *Pendel*, welches durch die Schwere und durch das, was NEWTON später die Trägheit nennt, reguliert wird. Die Periode des Pendels ist also die Zeiteinheit. Aber jedes Pendel verliert durch die Reibung Energie. Es wird also weniger hoch zurücksteigen, seine Elongation wird sich verkleinern und die Periode damit sich ändern. Nur, wenn die Pendelmasse sich auf einer solchen Kurve bewegt, daß die Periode unabhängig von der Elongation wird, verschwindet diese Schwierigkeit." Durch eine Art Backenkonstruktion, an die die Pendeschnur sich anschmiegt, nötigt Huygens das Pendel von der Kreisbahn abzugehen und entlang einer Zykloide zu schwingen und damit isochron. „Die Zykloide ist die Kurve, die ein Punkt auf einem Kreis beschreibt, wenn dieser auf einer Geraden abrollt. Um die Isochrone zu erhalten, genügt es, die Zykloide an der Geraden zu spiegeln, d. h. sie umzukehren, so daß sie konkav gegen oben zu ist und der Körper in einem ihrer Bögen hin und her oszilliert."[4]
Grundlegend für die neuzeitliche Wissenschaft und Technik in Bezug auf die Zeit ist die Zerlegung des kontinuierlichen Zeitflusses in gleiche Elemente. Der Fluß der Zeit, wie er sich dem Erleben darbietet, wird in eine Serie diskontinuierlicher Ereignisse zerlegt, wobei diese hergestellt werden müssen, um in jenem Meßbereich, den die neuzeitliche Mechanik verlangte, als Maßstab dienen zu können. Man könnte sagen, daß das Kontinuum sich nun auf das Gleichbleibende, nämlich den kontinuierlich fortlaufenden gleichbleibenden Takt, verschob, der zugleich das Kontinuum rechenbar machte.

MIKROSKOPIE DER ZEIT
Am 13. Dezember 1850 hält der Physiologe (und spätere berühmte Physiker) Hermann Helmholtz in der physikalisch-ökonomischen Gesellschaft von Königsberg einen Vortrag, der sich neben den neueren technischen Methoden zur Messung kleiner Zeitteile auch mit von ihm angestellten Versuchen zur Messung der Geschwindigkeit der Reizfortpflanzung im Nerv beschäftigt. Sein Interesse ist auf die Messung „schnell vorübergehender Vorgänge des lebenden Körpers"[5] gerichtet, die der einfachen menschlichen Wahrnehmung wegen ihrer Geschwindigkeit entgehen. Durch Versuche erhärtet, nimmt Helmholtz eine Zehntelsekunde als Grenze an, alles was diese Zeitspanne dauert oder gar noch kürzer ist, kann nur mehr durch technische Hilfsmittel genau gemessen werden. Zwei verschiedene Techniken sind dabei in jüngster Vergangenheit entwickelt worden, die Helmholtz beide verwenden wird: einmal die „graphische Methode", womit eine Zeitspanne in eine räumliche Strecke verwandelt wird, sodann die elektromagnetische Ablenkung. Beide Verfahren sind von der Artillerie zur Messung der Geschwindigkeit der Projektile verwendet worden. Helmholtz weist insbesondere auf Werner Siemens hin, der ein passendes Instrument konstruiert hatte.

Im Oktober 1845 berichtete Siemens von Versuchen der Artillerie-Prüfungs-Commission in Berlin, die Anfangsgeschwindigkeit der Geschosse direkt zu messen. Der dazu verwendete Apparat sollte eine Uhr sein, die „sich zur Angabe sehr kleiner Zeittheile eignete und durch magnetische Kraft engagirt und arretirt werden könnte."[6] Damit sollte die Flugzeit des Projektils über eine kurze Strecke gemessen werden, wozu die Ablesung von 1/1000 sec. notwendig war. 1842 suchte man das Starten und das Anhalten des Uhrzeigers durch Elektromagneten zu lösen, deren anziehender Anker den Zeiger an das Uhrwerk ankoppelte und wieder trennte, nachdem das Geschoß beide Schaltvorgänge selbst ausgelöst hatte. Die Verbindung von elektromagnetischen mit mechanischen Schaltwerken verhinderte allerdings eine Meßgenauigkeit, welche die Konstruktion der Uhr prinzipiell schon gestattete. Siemens, schon ganz auf der Seite der Elektrizität, schlug die Entfernung des mechanischen Teils vor, worauf besagte Commission allerdings nicht einging. Durch sinnreiche Einrichtungen sollte hier der elektrische Strom (Siemens spricht vom 'Funken') den Zeiger unmittelbar starten und stoppen, also in ein mechanisches Uhrgetriebe regelnd eingreifen.
Die Genauigkeit der Messungen konnte weiter erhöht werden durch die Ersetzung des Uhrwerks durch einen schnell und gleichmäßig rotierenden Zylinder, auf den der elektrische Funke direkte Markierungen setzte. Siemens spricht dabei vom „elektrischen Chronoskop"[7], wobei allerdings die Zeit nicht wie bei den Zeigern abzulesen, sondern in der graphischen Umsetzung abzumessen und umzurechnen war. Damit ließ sich nach seinen Angaben die Genauigkeit der Zeitmessung auf beachtliche 0,00001 Sekunden steigern. Nach den Worten von Helmholtz gelang es Siemens die „Zeit bis auf Vierzigtausendtheile einer Sekunde zu bestimmen"[8].
Da das zu messende Geschoß selbst den Meßvorgang bewerkstelligte, kann man von einem selbstaufzeichnenden Instrument, einem Meßautomaten sprechen. Schon bald nach Siemens veröffentlicht der Mediziner Carl Ludwig 1847 einen Aufsatz, wo er über Blutdruck-Messungen mittels einer technischen Vorrichtung schreibt, die später als Kymograph (Wellenschreiber) bezeichnet wird.[9] Hinter diesem griechischen Kunstwort verbirgt sich der bekannte rotierende Zylinder, der von einem Schreibstift an der Oberfläche berührt wird, wodurch in der Rußbeschichtung Spuren sichtbar werden. Dieses Gerät wird zum Symbol für den Aufschwung der im 19. Jahrhundert als „Königswissenschaft" bezeichneten Physiologie.
Hermann Helmholtz verfolgt die Entwicklung dieser Meßtechniken sehr aufmerksam und er faßt sie in die Worte zusammen: „Sie sehen, daß die Mikroskopie der Zeit die des Raumes bei weitem überflügelt hat."[10] Dieses Zeitmikroskop wendet Helmholtz auf seine physiologischen Untersuchungen, die herauszufinden trachten, wieviel Zeit das Informations- und Steuerungssystem lebender Organismen braucht, um die Botschaften an den Ort ihrer Wirksamkeit zu bringen. Es ist das Zusammenspiel von Nerven und Muskeln, welches hier in Betracht kommt. „Im lebenden Körper empfängt der Muskel die Anregung zu seiner Thätigkeit von den in ihm verbreiteten Nervenfäden, diese wieder die ihrige vom Gehirn; hier ertheilt ihnen der geheimnißvolle Einfluß des Willens einen Anstoß unbekannter Art, welcher längs der ganzen Länge der Faser sich fortpflanzt, und im Muskel angekommen, seine Thätigkeit erregt. Modernisiren wir das Bild des Menenius Agrippa, der die hungernden

Plebejer durch eine kluge Vergleichung des Staates mit dem menschlichen Körper zu beschwichtigen wußte, so dürfen wir die Nervenfäden nicht unpassend mit den electrischen Telegraphendräthen vergleichen, welche einmal augenblicklich jede Nachricht von den äußersten Grenzen her dem regierenden Centrum zuführen, und dann ebenso dessen Willensmeinung nach jedem einzelnen Theile des Ganzen zurückbringen, um daselbst in Ausführung zu kommen. Die Hauptfrage, welche ich zu entscheiden bemüht gewesen bin, ist die: Vergeht eine angebbare Zeit bei der Beförderung einer solchen Nachricht, welche von den entfernten Enden der empfindenden Hautnerven oder den Nervenausbreitungen in den Sinnesorganen nach dem Gehirne hineilt, oder einer solchen, welche der Wille vom Gehirn durch die motorischen Nervenfäden zu den Muskeln hinsendet?"[11]

In seinem Experiment ersetzt eine galvanische Batterie den Willen und damit auch das Gehirn. Der elektrische Strom reizt den Muskel (eines Froschschenkels), der sich daraufhin zusammenzieht. Das alles wird von einem Zeiger auf einer rotierenden Trommel als Ablenkung aufgezeichnet. Helmholtz gelang es schließlich zu zeigen, daß eine meßbare Zeit vergeht, bevor der Nerv das empfangene elektrische Signal an den Muskel weiterleitet – die Nervenleitgeschwindigkeit. Das Meßgerät, welches Helmholtz eigens zu diesem Meßzweck konstruiert, nennt er Myograph (Muskelschreiber).

HELMHOLTZSCHES MYOGRAPHION ZUR BESTIMMUNG DER NERVENLEITGESCHWINDIGKEIT, KAT.NR. 31.5.

Theodule Ribot gibt eine kurze Darstellung der verwendeten Meßtechnik: „1850 mass Helmholtz genau die Zeit, welche das Nervenprincip gebraucht, um einen Nerven von bestimmter Länge zu durchlaufen. Er reizte den Nerven in der Nähe des Muskels und liess mittels eines Schreibhebels an einen durch ein Uhrwerk getriebenen Cylinder diese Bewegung aufzeichnen. Da die Umlaufsgeschwindigkeit des Cylinders genau bekannt war, so konnte er die zwischen dem Reize und der Contraction des Muskels verstrichene Zeit genau berechnen. Dann reizte der den Nerven an einer von dem Muskel entfernteren Stelle, und indem er diese Contraction abermals aufzeichnen liess, konnte er constatiren, dass jetzt zwischen Reiz und Contraction eine grössere Zeit verstrichen war. Diese Verlangsamung gestattete dann wieder eine Berechnung der Geschwindigkeit des Nervenprincips."[12]

Jeder lebende Organismus ist also eine zeitverbrauchende Maschine, die gegenüber den Reizen der Außenwelt nicht in der Gleichzeitigkeit lebt. Jeder Reiz muß in die Schaltzentrale, das Gehirn, übermittelt werden und empfängt von dort seine Antwort, die an das entsprechende Organ gesendet wird. Entsprechend der körperlichen Organisation braucht also eine Reizung der Zehe eine längere Übermittlungsdauer als ein Geräusch, das auf das Ohr trifft, welches wesentlich näher beim Gehirn liegt. Helmholtz tröstet uns: „Glücklicher Weise sind die Strecken kurz, welche unsere Sinneswahrnehmungen zu durchlaufen haben, ehe sie zum Gehirn kommen, sonst würden wir mit unserm Selbstbewußtsein weit hinter der Gegenwart und selbst hinter den Schallwahrnehmungen herhinken; glücklicher Weise also sind sie so kurz, daß wir es nicht bemerken und in unserm practischen Interesse dadurch nicht berührt werden. Für einen ordentlichen Wallfisch ist es vielleicht schlimmer; denn aller Wahrscheinlichkeit nach erfährt er vielleicht erst nach einer Secunde die Verletzung seines Schwanzes, und braucht eine zweite Secunde um dem Schwanz zu befehlen, er solle sich wehren."[13]

SERIENPHOTOGRAPHIE: SPRUNG AUS DEM STAND, ETIENNES-JULES MAREY, UM 1882

E. J. Marey wird die „graphische Methode", wie er das Meßverfahren der selbstaufzeichnenden Geräte nennt, aufgreifen, erweitern, systematisieren und schließlich in ein anderes Aufzeichnungsverfahren, das der Serienphotographie, überführen. In seiner Vorlesungsreihe am Collège de France 1869 „Du mouvement dans les functions de la vie" (Von der Bewegung in den Lebensfunktionen) präsentierte er eine eindrucksvolle Batterie solcher Instrumente: Kymograph, Myograph, Sphygmograph, Cardiograph, Hemodrograph, Pneumograph, Thermograph und einen tragbaren Polygraph. Man kann hier ein Wort von Francis Bacon variieren: Alles was aufzeichenbar ist, aufzeichnen und was nicht aufzeichenbar ist, aufzeichenbar machen.

Neben der Visualisierung und Quantifizierung von Zeiteinheiten, die unseren Sinnen entgehen, hat die graphische Methode für Marey noch einen anderen Wert, sie ist eine universelle Sprache, ähnlich der musikalischen Notation. Die gesprochenen Sprachen sind nicht präzise genug um Phänomene abzubilden und gleichzeitig errichten sie linguistische und soziale Barrieren. Dagegen bilde die graphische Methode nach Marey die Phänomene unmittelbar und für jedermann verständlich ab. Wie Helmholtz spricht auch Marey von „Mikroskopen der Zeit" oder allgemeiner von „Chronographen" (Zeitschreiber). Hier fügt sich die „Chronophotographie", wie Marey die Serienphotographie nannte, nahtlos an.[14]

Wenn die Natur in der Sprache der Geometrie spricht, wie Galilei behauptete, so verstehen wir sie nicht ohne weiteres, auf alle Fälle nicht präzise genug. Technische Konstruktionen leisten für uns Übersetzungsarbeit, d. h. sie bereiten jene Phänomene, die unserer Wahrnehmung entgehen, so auf und zu, daß unsere Sinne sie erfassen können. Meßgeräte sind somit Übersetzungsgeräte. Die selbsttätige Aufzeichnung natürlicher Phänomene verlangt nach komplizierten technischen Vorrichtungen. Als gegen Ende des 19. Jahrhunderts die Popularität der graphischen Methode abnimmt, versucht Marey deren Standardisierung durch eine internationale Kommission zu erreichen, um aus der graphischen Methode das zu machen, was er mit „expression naturelle, langue universelle" (natürlicher Ausdruck, universelle Sprache) angesprochen hatte. Aber die Standardisierung macht die Instrumente nicht „transparent", sie werden dadurch auch nicht zu neutralen Übermittlern von „natürlichen Botschaften", sie funktionieren nicht „von sich aus".[15]

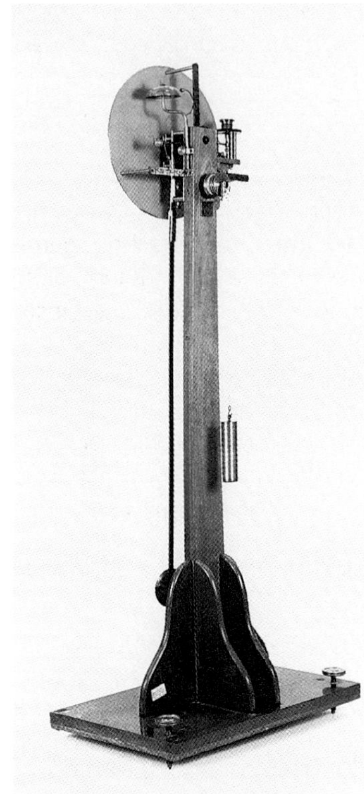

PENDELAPPARAT ZUR DEMONSTRATION DER ZEITVERSCHIEBUNG NACH WILHELM WUNDT, KAT.NR. 33.1.

DER SCHNELLSTE GEDANKE

Ein vermeintlicher Beobachtungsfehler in der Astronomie gab geraume Zeit später Anlaß zu Überlegungen über die Schnelligkeit des Gedankens. 1797 verschätzte sich der Assistent der Sternwarte in Greenwich bei der zeitlichen Bestimmung des Durchgangs der Sterne durch den Meridian um 0,5 bis 0,8 Sekunden. Zumindest war es die Meinung seines Chefs, daß er aus Nachlässigkeit den Sternendurchgang um diese Zeitspanne zu spät notiere, was seine Entlassung zur Folge hatte. Nach der damals gebräuchlichen Methode wurde ein Teleskop verwendet, in welchem ein sehr feiner Faden aufgespannt war und man notierte den Augenblick, wo der Stern den Faden kreuzte, zu welchem Zweck man ein Sekundenpendel benutzte. Der beobachtende Astronom hatte also zwei Sinnesdaten in Beziehung zu setzen: das, was er sah, den Durchgang des Sterns durch den Meridian, sowie das, was er an Schlägen vom Sekundenpendel hörte. Da der Stern selten mit dem Sekundenschlag den Faden kreuzt, sondern ein wenig verschoben, muß der Astronom eine Schätzung anstellen. Etwa fünfundzwanzig Jahre nach dem Ereignis in Greenwich entdeckte der deutsche Astronom Bessel, im Vergleich seiner Beobachtungen mit denen anderer Astronomen, einen typischen Schätzfehler, die „persönliche Gleichung". Über einen längeren Zeitraum hinweg gibt es eine feststehende zeitliche „Verschätzung", die aber kalkulierbar und daher bei der Beobachtung in Anschlag zu bringen ist.

Wieder geraume Zeit später – auch die Wissenschaft hat ihre Eigenzeit – wird dieses Phänomen zur Grundlage einer psychologischen Theorie. Wilhelm Wundt, der schon 1862 als Assistent an der Universität von Heidelberg unter Hermann Helmholtz Versuche zur Bestimmung der Reaktionszeit gemacht hatte, greift diese Problematik 1863 auf. In der dritten Vorlesung seines Buches „Vorlesungen über die Menschen- und Thierseele"[16] behandelt Wundt das Verhältnis von Denken und Zeit und er führt seine Überlegungen schließlich zur Messung des „schnellsten Gedankens". Das Denken, das über sich selbst nachdenkt, sieht sich selbst wie im Spiegelbild. „Wir besitzen ein sicheres Maß unseres Denkens in der Zeit, die uns zu vergehen scheint. Daß wir nicht denken, merken wir nur daran, daß uns die Zeit fehlt. Denken und Zeit gehen stets mit einander. Wo das Denken beginnt, da fängt auch die Zeit an, und wo das Denken aufhört, da steht auch die Zeit still. *Denken und Zeit sind einerlei*. Dies ist die Antwort auf die Frage, die wir uns stellten. Aber diese Antwort ist keine Antwort. Statt der Frage: was ist das Denken? Haben wir nur die andere: *was ist die Zeit*?"[17]

Für alle Zeitmessung, auch die astronomische, ist Zeit immer schon vorausgesetzt, in den Worten Wundt's bedeutet das, „daß man die Zeit selber schon hat." Diese muß aber immer schon gemessen sein, denn eine „Zeit ohne Maß ist ebenso undenkbar wie ein Raum ohne Ausdehnung."[18] Um etwas zu messen braucht es einen zu messenden Gegenstand, ein Maß und einen Messenden. Ohne weitere Hilfsmittel nimmt sich der Mensch selbst zum Maß. „Und was mißt er mit diesem Maß? Die Zeit ist keine Uhr, kein Kalender, auch nicht die Bewegung des Mondes und der Erde. Alles außer uns ist die Zeit nicht. Es bleibt wieder nur übrig zu sagen: *die Zeit ist der Mensch*. Der *denkende* Mensch ist es, der da mißt, und er ist zugleich das Maß und der Gegenstand seiner Messung. Die Zeit ist die einzige Messung, die sich von selber vollzieht, denn der Gedanke ist das einzige Maß, das *sich mit sich selber* mißt.- Der Gedanke ist unser *natürliches* Zeitmaß: die Uhr, der Kalender, selbst der Stand der Sonne am Himmel ersetzen dieses natürliche Maß durch ein *künstliches*."[19]

Was könnte die Einheit des Zeitmaßes des Gedankens sein? Wir können bei der Schätzung sehr kleiner Zeitgrößen eine gewisse Grenze nicht unterschreiten und diese Grenze wird von Wundt als die „natürliche Zeiteinheit" gefaßt, die gleich der kleinsten Zeit ist, die wir uns denken können. Um eine Messung anzustellen braucht es eine Einheit, wenn der Mensch sich selbst zum Maß nimmt, welcher Einheit folgt er dabei? „Was ist nun aber meine Zeiteinheit? Wenn die Zeit nicht außer mir, sondern in mir ist, so kann ich auch ihre Einheit nicht von außen her nehmen, sondern sie muß in mir, in meinem Denken gelegen sein. Der *schnellste Gedanke* ist die natürliche Einheit der Zeit, und mein Geist kennt nichts was schneller ist als *gedankenschnell*. – „[20]

Man wird sich an dieser Stelle der Faust-Sage erinnern. In den Faust-Fragmenten von Gotthold Ephraim Lessing ruft Faust durch magische Künste sieben Dämonen herauf und befragt sie nach ihrer Schnelligkeit. Der vierte Geist sagt von sich er „fahre auf den Strahlen des Lichts" und der fünfte Geist er sei so „schnell als die Gedanken des Menschen". Diesen Geist hat Wundt vermessen. Der schnellste ist schließlich jener, der so schnell wie der „Übergang vom Guten zum Bösen" sei, das ist aber nicht mehr die Sache der neuzeitlichen Wissenschaft.

ANMERKUNGEN

[1] Alexandre Koyré: „Ein Meßversuch", in: Leonardo, Galilei, Pascal. Die Anfänge der neuzeitlichen Naturwissenschaft, Frankfurt: Fischer 1998, S. 151–184, hier 153 f.

[2] a. a. O., S. 160.

[3] Christiaan Huygens: Die Pendeluhr. Horologium oscillatorium. Herausgegeben von A. Heckscher und A.v. Oettingen, Leipzig: Engelmann 1913, S. 3.

[4] David Speiser: Die Grundlegung der Mechanik in Huygens' Horologium Oscillatorium und in Newtons Principia; in: Kolumban Hutter (Hrsg.): Die Anfänge der Mechanik. Newtons Principia gedeutet aus ihrer Zeit und ihrer Wirkung auf die Physik, Berlin: Springer 1989, S. 23ff.

[5] Hermann Helmholtz: „Ueber die Methoden, kleinste Zeittheile zu messen, und ihre Anwendung für physiologische Zwecke", in: Königsberger Naturwissenschaftliche Unterhaltungen, 2. Band, 2. Heft, Königsberg: Bornträger 1851, S. 169–189.

[6] Werner Siemens: „Ueber die Anwendung des elektrischen Funkens zu Geschwindigkeitsmessungen", Annalen der Physik und Chemie, 66 (1845), 435–445, hier 436.

[7] a. a. O., S. 440.

[8] Hermann Helmholtz: „Ueber die Methoden, kleinste Zeittheile zu messen, und ihre Anwendung für physiologische Zwecke", in: Königsberger Naturwissenschaftliche Unterhaltungen, 2. Band, 2. Heft, Königsberg: Bornträger 1851, S. 169–189, S.175 f.

[9] C.Ludwig, „Beiträge zur Kenntnis des Einflusses der Respirationsbewegung auf den Blutlauf im Aortensysteme". Archiv für Anatomie, Physiologie und wissenschaftliche Medizin (1847), 242–302.

[10] Helmholtz, S. 177.

[11] a. a. O., S. 181. Am 15. Januar 1850 schreibt Helmholtz an Emil du Bois-Reymond über einen Versuch, der ihm „wegen unvollkommener Reizbarkeit der Frösche bisher nur einmal und zwar unsicher gelungen ist" und den er zusammenfaßt: „Höchst kurios ist es übrigens, daß überhaupt eine Zeit vergeht (etwa 0,015 Sekunden), ehe irgendeine Wirkung wahrzunehmen ist, auch bei unmittelbarer Reizung des Muskels durch den Strom und der allerzartesten Einstellung des Appates (sic)." Zitiert nach: Dokumente einer Freundschaft. Briefwechsel zwischen Hermann von Helmholtz und Emil du Bois-Reymond 1846-1894. Bearbeitet von einem Herausgeberkollektiv unter Leitung von Christa Kirsten, Berlin: Akademie 1986, S. 90. In diesem Brief findet sich auch eine Skizze des Meßverlaufs.

[12] Th. Ribot: Die experimentelle Psychologie der Gegenwart in Deutschland, Braunschweig: Vieweg 1881, S. 266. Tatsächlich spielte sich das Experiment komplizierter ab. Was Helmholtz zeigen konnte war, daß „sich die Fortpflanzungsgeschwindigkeit von Empfindungseindrücken auch beim Menschen im Prinzip messen läßt und wahrscheinlich von äußerst komplexen Randbedingungen abhängt. So ergaben sich in verschiedenen Organen unterschiedliche Werte, die zudem noch Temperaturschwankungen unterlagen. Verläßliche Meßwerte über die Größe der Geschwindigkeit liegen bis 1867 nicht vor. Helmholtz weiß, daß seine 1850 erstmals angegebenen Werte von den Messungen anderer Forscher erheblich abweichen, was den Einfluß nicht berücksichtigter Versuchsbedingungen und systematische Fehler vermuten läßt." (Gregor Schiemann: Wahrheitsgewissheitsverlust. Hermann von Helmholtz' Mechanismus im Anbruch der Moderne, Darmstadt: Wissenschaftliche Buchgesellschaft 1997, S. 267). Für unsere Darstellung sind diese Probleme unerheblich, weil die Zeitgenossen sie auch nicht sahen, sondern dieses Experiment geradezu als epochemachend behandelten.

[13] a. a. O., S. 189.

[14] Vgl. zu diesem Themenkomplex Soraya de Chadarevian: „Graphical Method and Discipline: Self-Recording Instruments in Nineteenth-Century Physiology", Studies in History and Philosophy of Science, Vol. 24, No. 2, pp. 267–291, 1993.

[15] Diese Kritik hat Chadarevian an Marey geübt.

[16] Wilhelm Wundt: Vorlesungen über die Menschen- und Thierseele, 2 Bände, Leipzig: Voß 1863.

[17] a. a. O., I, S. 27.

[18] a. a. O., S. 28.

[19] ebd.

[20] a. a. O., S. 30 f.

DIE POREN DER ZEIT – ZUR ZEITÖKONOMIE IN DER INDUSTRIEPSYCHOLOGIE HUGO MÜNSTERBERGS

Ramón Reichert

Im 19. Jahrhundert ist der Begriff der industriellen „Arbeitszeit" zutiefst von einem politischen Antagonismus durchdrungen, darin die Verfügbarkeit präziser und exakter Zeitmessung gleichermaßen zum Gegenstand von Fabriksdisziplin wie Arbeitskampf wird.[1]

Arbeitsteilung und Kooperation im Fabrikssystem der Industriellen Revolution beruhen auf der Hervorbringung einer neuen Zeitordnung, der Ära der industriellen Betriebszeit. Darin erhält der Bezug der Arbeiten aufeinander in der Werkhalle nicht nur eine räumliche Differenzierung wie sie bereits das Manufaktursystem des 18. Jahrhunderts kennzeichnete, sondern auch eine zeitliche, die den Takt der Arbeit regelt. Dieser industrielle Arbeitstakt *synchronisiert* die Teilarbeiten in der Fabrik und formt aus den ArbeiterInnen ein Kollektiv, das Marx als „produktiven Gesamtkörper"[2] bezeichnet.

Gleichzeitig mit dem allmählich in Fabrik und Manufaktur[3] auf dem gesetzlichen Diktat des „Normalarbeitstages" eingerichteten Produktionsverhältnis zwischen Arbeitgeber und Arbeitnehmer erscheint die in Stundeneinheiten entlohnte Nutzung der Arbeitskraft für den Herren der Produktion als zeitliche „Beschränkung". Die neue produktive Ordnung entwickelt eine Rhetorik des Mangels, darin die „Poren der Arbeitszeit", wie sie Karl Marx in seiner „Kritik der politischen Ökonomie" umschreibt, im Mittelpunkt stehen. Diese darin rhetorisch vorangetriebene „Verknappung" der Verfügbarkeit von menschlicher Arbeitskraft verhilft zur Geburt der technisch-apparativen Zeitordnung im Betrieb. Der Expertendiskurs über die exakte und präzise Meß- und Zählbarkeit der Arbeitszeit ersetzt die „wilden" Verhandlungen um Befehl und Gehorsam zur „Mehrstunde". Arbeit wird als Maß geldwertschöpfender Zeit „intensiviert". Marx über den Zusammenhang von „Arbeitszeitverkürzung" und „Intensivierung" der Arbeit: „Diese Zusammenpressung einer größren Masse Arbeit in eine gegebene Zeitperiode zählt jetzt als was sie ist, als größres Arbeitsquantum. Neben das Maß der Arbeitszeit als ‚ausgedehnter Größe' tritt jetzt das Maß ihres Verdichtungsgrads. Die intensivere Stunde des zehnstündigen Arbeitstages enthält jetzt so viel oder mehr Arbeit, d. h. verausgabte Arbeitskraft, als die porösere Stunde des zwölfstündigen Arbeitstages."[4]

In den 80er Jahren des 19. Jahrhunderts wird die Produktivkraft „Wissenschaft" und „Technologie" unter dem Schlagwort „Wissenschaftliches Management" (*scientific management*) in den großindustriellen Produktionsprozeß einbezogen. Damit einhergehend verfeinerte sich auch die Zerlegung der Arbeitskraft: Arbeit wird mit Hilfe der neuen Aufzeichnungsmedien Momentphotographie, wissenschaftlicher Kinematographie und elektrischer Chronoskopie in Mikrozeiten, die die Trägheit der menschlichen Retina unterlaufen, budgetiert und statistisch ausgewertet. Die experimentelle Zeitmessung am arbeitenden Menschen entfaltet sich an der Schnittstelle von Physiologie und Angewandter Psychologie und ihren naturwissenschaftlichen Methoden *Experiment*, *Messung* und *mathematischer Analyse*.

INDUSTRIAL EFFICIENCY

1912 veröffentlichte der an der Universität Harvard experimentelle Psychologie lehrende Hugo Münsterberg (geb. 1863 in Danzig, gest. 1916 in Harvard) sein epochales Werk „Psychologie und Wirtschaftsleben"[5], das ein Jahr später in den USA unter dem Titel „Psychology and Industrial Efficiency"[6] zum Bestseller avancierte. Mit dieser Programmschrift avancierte Münsterberg zum Pionier einer neuen Disziplin, der Industriepsychologie.[7]

Mit dem Leitsatz „Das psychologische Experiment soll planmäßig in den Dienst des Wirtschaftslebens gestellt werden"[8], rückt Münsterberg die gesamtwirtschaftlich relevante *Anwendbarkeit* in das Zentrum der Methodik experimentellen Wissens. Gültigkeit (Validität) und Zuverlässigkeit (Reliabilität) des psychologischen Experiments erweisen sich erst in ihrer gesellschaftlichen *Nützlichkeit*: „Unser einziges Thema ist: wie können wir psychologische Tatsachen ausnutzen, um bei der Erfüllung wirtschaftlich wertvoller Aufgaben Dienste zu leisten?"[9]. Die Methode, soziale Ordnungen als technisch herstellbar und regierbar zu begreifen, galt fortan als honorige Sendung der „Psychotechnik", eine Wortneuschöpfung, die 1903 von William Stern als Wissenschaft von der „Menschenbehandlung" eingeführt und von Münsterberg popularisiert und als Buchtitel verwendet wurde.[10] Die Psychotechnik bestimmte Stern als angewandte Optimierung der Beziehung von Mittel und Zweck – eine Definition, die Münsterberg als Inbegriff des Experiments übernahm: „so muß alles unter dem Gesichtspunkt der Kausalität gerückt werden"[11]. Dieses Prinzip der Kausalität mündet in der Psychotechnik in die Kausalbeziehung Mensch-Betrieb, „durch welche die Menschen zu Ursachen für die Verwirklichung der Enderfolge werden können"[12]. Die Nützlichkeit der Psychotechnik erwies sich in der Optimierung von Mittel und Zweck, die es ermöglichen sollte, die Produktion in der effizientesten Verfahrensweise *voraussagbar* aufzunehmen.

Bereits als Schüler im Leipziger Labor Wilhelm Wundts (1832–1920) beschäftigte sich Münsterberg mit der Frage der industriellen Anwendbarkeit von Ergebnissen praktischer Experimentalpsychologie.[13] Die methodischen Voraussetzungen für eine anwendungsorientierte Psychologie schuf Wundt. Zentraler Erkenntnisgegenstand war die Analyse des Reflexzusammenhangs zwischen spezifischen Muskelreflexen und Sinnesempfindungen und die Quantifizierbarkeit der menschlichen „Aufmerksamkeit", ein Forschungsinteresse, das während des 1. Weltkriegs für die wissenschaftlichen Auswahlverfahren von militärischem Personal eine zentrale Rolle spielen sollte. Die angewandten Methoden zur Erforschung der Fähigkeit der menschlichen Arbeitsleistung wurden von der späteren Ermüdungsforschung (hervorzuheben sind der Turiner Physiologe Angelo Mosso[14] und der Heidelberger Psychiater Emil Kraepelin[15]) aufgenommen. In den USA herrschte jedoch eine unvergleichbar größere industrielle Nachfrage nach exakter naturwissenschaftlicher Messung der datenverarbeitenden Produktivkraft „Humaner Faktor". 1892 wurde Münsterberg durch Intervention von William James (1842–1910), der Schlüsselfigur der Experimentalpsychologie in den USA, als Dozent und Leiter des psychologischen Laboratoriums an die Harvard University in Cambridge berufen. Aufgrund der zunehmenden Nachfrage der amerikanischen Industrie an wirtschaftspsychologischer Grundlagenforschung erhielt Münsterberg 1897 eine ordentliche Professur für den Lehrstuhl für experimentelle Psychologie.

HUGO MÜNSTERBERG UND STUDENTEN 1893 IM PSYCHOLOGISCHEN LABORATORIUM IN HARVARD MIT TACHISTOSKOPISCHEN VERSUCHS-ANORDNUNGEN FÜR AUFMERKSAMKEITSTESTS

Der Wundt-Schüler Granville Stanley Hall richtete bereits 1881 an der John-Hopkins-Universität in Baltimore das erste Psychologische Institut der USA nach dem Vorbild des Wundtschen Forschungslabors ein. Ein Schüler Halls, James McKeen Cattell, dem Münsterberg seine Schrift „Grundzüge der Psychotechnik" 1914 widmete (Cattell wird später Assistent von Münsterberg), gründete die „Psychological Corporations", die erste amerikanische Einrichtung mit der Zielsetzung, die Psychologie für private Zwecke nutzbar zu machen.[16] Im Jahre 1892 bestanden bereits 15 Institute, 1900 schon 26, d. h. mehr als im gesamten Europa der damaligen Zeit.[17] In Deutschland erreicht die psychotechnische Personalauslese Mitte der zwanziger Jahre ihre größte betriebswirtschaftliche Nachfrage: ca. 110 Industrieunternehmen führen 1926 psychotechnische Prüfungen der Reaktionszeiten, der Aufmerksamkeit oder der Gedächtnisleistungen durch; etwa die Hälfte dieser meist Mittel- und Großbetriebe haben eigene psychotechnische Prüfstellen eingerichtet, die überwiegend von Ingenieuren geleitet wurden.

„Alles wird darauf kommen", proklamiert Münsterberg, „daß die wissenschaftliche Betriebsleitung und das psychologische Laboratorium von vornherein einander näher rücken und gemeinsame Arbeit unternehmen."[18] 1893 wurde das „Harvard Psychological Laboratory" in Dane Hall im Rahmen der Universitätsausstellung bei der Weltausstellung in Chicago der Öffentlichkeit vorgestellt. Münsterbergs Kampagne für das nützliche Wissen erreicht schließlich auch die Aufmerksamkeit von Theodore Roosevelt, dem damaligen Vizepräsidenten Amerikas. Nach der Lektüre des Artikels „Productive Scholarship" in der Zeitschrift „Athlantic Monthly" schreibt Roosevelt dem Harvard-Professor einen emphatischen Brief, der nicht nur den Auftakt einer Freundschaft darstellt, sondern zugleich Münsterbergs Experimental-Psychologie mit einer nationalen Dankesschuld belasten wird.[19] Von nun an wird die experimentelle Zeitmessung die menschliche Produktivkraft zum Nutzen der gesamten Nation testen. Zwar habe der wirtschaftstechnische Psychologe „lediglich mit vollkommener, objektiver Unparteilichkeit"[20] einen bestimmten Kausalzusammenhang zu protokollieren, wie Münsterberg beteuert. Doch schließt diese Wissenstechnik die Bereitstellung von Regierungswissen nicht aus. Bereits in „Psychologie und Wirtschaftsleben" wird klargestellt, daß die Eignungsprüfung als Kriterium nationaler Effizienz zu verstehen ist, insofern „für jede wirtschaftliche Arbeitsleistung die geeignete Persönlichkeit zu finden ist".[21] In der 1914 verfaßten Schrift „Grundzüge der Psychotechnik" definiert Münsterberg Psychotechnik als jenen *Teil* der angewandten Psychologie, deren „Endziel" die Hervorbringung industriellen Regierungswissens „im Dienste der Kulturaufgaben" sein *soll*: „Der Fabrikant sucht seine Arbeiter so zu behandeln, daß in ihrem Bewußtsein der Wille zur größtmöglichen Anstrengung lebendig wird."[22]

DIE EXPERIMENTELLE SITUATION

Das Material der kausalen Psychologie ist nach Münsterberg ein „System von objektartigen Bewußtseinsinhalten"[23]. In der empirisch-wissenschaftlichen Psychologie

DER GROSSE STUDIENSAAL DES „HARVARD PSYCHOLOGICAL LABORATORY" IN DANE HALL

wird das Ich auf beobachtbare psychische Phänomene reduziert, denn unter der Bedingung, daß das Ich ein Wahrnehmungsobjekt darstellt, gilt es erst als beschreib-, zähl- und meßbar. Dies ist der methodische Kernpunkt, auf den Münsterberg die experimentalwissenschaftliche Beobachtung der individuellen 1. Sinnesempfindungen, 2. Wahrnehmungen und 3. Erinnerungsvorstellungen aufbaut.
Diese beobachtende Analyse der menschlichen „Denkkraft" stellt, nach eigenen Angaben, den Beitrag der Industriepsychologie zur betrieblichen Rationalisierung dar. Gleichermaßen fasziniert wie abhängig vom mechanischen Vokabular macht sich Münsterberg daran, den energetischen Kraftbegriff zu übersetzen, um die zentralen Objekte der kausalen Psychologie einer strengen Haushaltung zu unterwerfen: neben der „Denkkraft", gelten der „psychomotorische Prozeß" und der ersparnisorientierte „Impulsapparat" fortan als psychologische Prädikate, die durch Zerlegung an die hochgradige Arbeitsteilung des industriellen Arbeitsprozesses angepaßt werden können. Die psychologische *Denkkraft* wird in ihre „Bestandteile zerlegt und in bezug auf [ihre] Ursachen und Wirkungen erforscht".[24] So wie auch die Physik der Arbeit die Bewegung und die Zeit des Arbeitens in produktive Elemente übersetzt und mit diesen den industriellen „Arbeitstakt" komponiert, so zerlegt auch die Psychotechnik die menschliche „Denkkraft" in ihre Elemente, in akustische, visuelle, taktile oder auch olfaktorische Empfindungen, Wahrnehmungen und Gefühle, um sie in einen produktiven Kausalzusammenhang zu stellen: „Das psychophysische Experiment zeigt, wie der gesamte psychophysische Effekt von dem Charakter des Signals abhängt, so daß ein intensiveres Licht, eine schnellere Bewegung, ein höherer Ton, ein größeres Lichtfeld, ein stärkeres Geräusch oder eine kräftigere Berührung eine ganz andere Art der einsetzenden Bewegung hervorruft."[25]

Entscheidend für die Auslese des Personals ist nicht die Erfüllung der Zeitnorm, sondern die Lesbarkeit der individuellen „Abweichungen" und „Schwankungen", oder der unregelmäßigen „Pausen", die allesamt miteinbezogen werden in die mathematische Darstellung der „Lernkurven", der „Perioden" und der „Plateaus" der Sinnesempfindungen, der Wahrnehmungen von Raum und Zeit, der Assoziation, des Gedächtnisses und des Lernens: „Die persönlichen Einzelzüge wurden am Anfang der experimentellen Psychologie im Grunde noch als Störungen betrachtet, durch welche die allein wichtigen allgemeinen Gesetze verdunkelt wurden. Jetzt dagegen bilden gerade sie das Material der allersorgsamsten wissenschaftlichen Prüfung."[26]
In zahlreichen Variationen werden im Laboratorium in Harvard Versuchsanordnungen getestet, um Zeitwerte der „individuellen Bestleistung"[27] herauszufinden. Neben verschiedenen Versuchen, die sich auf die Reaktionszeit von Sinnesempfindungen beziehen (Leistungsfähigkeit des Farbensinns, der Tonhöhenunterscheidung oder der Druckempfindungen), werden im Harvard-Laboratorium auch die Raumform, die Zeitform, die Zahlform und die Bewegungsformen getestet. Im Bereich der Zeitwahrnehmung testet man die Wahrnehmungsfähigkeit von Zeitintervallen, drei scharfen, kurzen Geräuschen, die zwischen einer viertel Sekunde und einer halben Minute variiert werden. Die Fähigkeit, die Anzahl der Töne innerhalb einer Zeitein-

EXPERIMENTELLE EIGNUNGSTESTS IM PSYCHOLOGISCHEN LABORATORIUM VON HUGO MÜNSTERBERG, 1893

heit wahrzunehmen, bildet zusammen mit den anderen Messungen die Grundlage für die „Anpassung an die besonderen praktischen Forderungen des industriellen Lebens"[28]. Weitere Probeversuche testen Assoziation, Gedächtnis und Lernfähigkeit. Der Versuchsperson werden in einer bestimmten Zeitspanne optische, akustische und taktile Reize gezeigt, die sie zu beschreiben hat. Getestet wird dadurch die Fähigkeit zur schnellen Aufnahme von Information und deren Wiedergabe. In den Gedächtnisversuchen wird die Zeitspanne untersucht, die eine Versuchsperson benötigt, um sich wiederkehrende sinnlose Silben, Farben oder geometrische Figuren einzuprägen und aus der Erinnerung abzurufen. Diese psychologische Zeit der Informationsverarbeitung bildet ein Kriterium der Berufseignung wie sie beispielsweise in den Tests von Telephonistinnen zur Anwendung kam. „Die Versuchsperson hat eine Seite vor sich, auf der die zehn Zahlen neben zehn geometrischen Symbolen stehen und hat nun eine lange Reihe von vorgedruckten Zahlen einfach in die geometrischen Formen schriftlich zu übersetzen. Es wird geprüft, nach wie langer Benutzung dieser Umschreibesymbole eine vollkommene Gedächtniseinübung stattgefunden hat."[29]

In den Assoziationsexperimenten wird vom Versuchsleiter dem Prüfling ein Wort zugerufen, das mit dem ersten Wort beantwortet werden muß. Um individuelle Unterschiede für industrielle Aufgaben herauszuarbeiten, wird zwischen dem Sehen oder Hören des Wortes und dem Aussprechen der Assoziation mit Fünftelsekundenuhren gemessen. In der experimentellen Situation ist der arbeitende Mensch den Aufzeichnungsmedien, die der Experte im Versuch anordnet, als *Träger* von Eigenschaften unterworfen. Der durch unbewußte Reizwahrnehmungen *beeinflußten* Versuchsperson ist das Verstehen des eigenen Arbeitsvollzugs unmöglich. In der klassischen Form des tachistoskopischen Aufmerksamkeitsversuches zerhackt ein fotografischer Verschlußapparat oder ein herabfallender Vorhang das Gesichtsfeld der Versuchsperson in einem meßbaren Bruchteil der Sekunde. Dahinter befindet sich eine rotierende optische Scheibe, auf welcher in einem Sekundenbruchteil zusammenhängend oder nicht zusammenhängende Buchstaben, Zahlen, Worte, Figuren oder Bilder zu sehen sind. Die industrielle „Tüchtigkeit" wird durch die Zahl der von der Aufmerksamkeit erfaßten Elemente, sowie ihrer Lage und ihrer Beziehung zueinander, festgestellt. Für die genaue Messung der Reaktionszeiten benützt man in Harvard elektrische Zifferblattchronoskope, die Tausendstel oder Hunderstel der Sekunde anzeigen. Für schnelle Probeversuche wird Galtons Pendelinstrument verwendet, oder ein einfaches Chronoskop, bestehend aus zwei Gewichten, die an Fäden von verschiedener Länge schwingen. Die Finger der Versuchsperson ruhen beispielsweise auf Hebeln, das Bewegen der Fingermuskeln gilt hiebei als Antwort. Wenn das Loslassen des einen Gewichts als Reiz benutzt wird, und die Reaktionsbewegung das andere Gewicht losläßt, so gilt es für den Versuchsleiter, die Zahl der Schwingungen zu zählen, bis die Schwingungen beider Gewichte zusammenfallen und daraus die Zeit vom Reiz bis zur Reaktion zu berechnen.

EIN EXPERIMENT ZUR ERFORSCHUNG DER ERMÜDBARKEIT BEI DER LOKALISATION VON TÖNEN, 1893

Aufbauend auf der Lerntheorie von Hermann Ebbinghaus (1850–1902) führt Münsterberg Untersuchungen zur Behaltensleistung durch.[30] In den Versuchsanordnungen zur Prüfung der Schnelligkeit des Lernens benützt Münsterberg einen Apparat, „der aus zwei großen Scheiben besteht, die sich um dieselbe Achse drehen. Die vordere schwarze Scheibe hat dreißig feine radiale Schlitze, die hintere hölzerne Scheibe hat Vorrichtungen, um Buchstaben, Worte, Bilder an Stellen zu befestigen, die den Vorderschlitzen gegenüber liegen. Bei der Drehung der Achse sieht das Auge durch die Schlitze jedes Einzelbild für einen Augenblick in Ruhelage"[31]. In diesem Versuch zählt Münsterberg die Zahl der Wiederholungen, d.h. der Umdrehungen der Scheibe, die nötig sind, bis alle Elemente richtig erkannt sind. In der daraus abgeleiteten Lernkurve zeigt sich, daß die Zeit, die für ein bestimmtes Lernen benötigt wird, immer geringer wird. Ebbinghaus benennt diese Ökonomie des Lernens „Ersparnismethode". Im Harvard-Laboratorium bildet die durch die Versuchsperson „ersparte" Lernzeit das Kriterium der Aufmerksamkeitsleistung. Neben der „schnellsten" Leistung in Sekundenbruchteilen wird auch die effektivste Leistung innerhalb einer ausgedehnten Zeitspanne überprüft: die Frage, wieviele Einzelheiten in einem Bilde erkannt werden können, wenn es etwa zehn Sekunden lang der Aufmerksamkeit dargeboten wird, oder etwa der beliebte Laboratiumstest, bestimmte Buchstaben wie meistens das kleine *a* auf einer gedruckten Seite Text anstreichen zu lassen.
Für die Unternehmensführung stellt sich nicht nur das Problem der kurzen Anlernzeiten und der Automatisierung von Bewegungen, sondern auch das der effektiven „Anpassungsfähigkeit". In zahllosen Variationen testet Münsterberg, „wieweit eine Versuchsperson fähig ist, motorische Gewohnheiten anzunehmen und wieweit sie neuen Bewegungskoordinationen Widerstand entgegensetzt. Eine der einfachsten Formen des Versuches besteht darin, Karten so schnell wie möglich zu sortieren. Wird ein Pack Karten in vier Haufen nach den vier Farben verteilt und für jede Farbe ein bestimmter Platz vorgeschrieben, so wird sich schnell eine automatische Bewegungsgewohnheit entwickeln. Der Probeversuch hat nun festzustellen, wie viele Fehler sich einstellen oder um wieviel die Zeit verzögert wird, sobald für die vier Farben eine neue Anordnung der Plätze bestimmt wird."[32]

Neben vielen anderen Berufseignungstests (beispielsweise führt Münsterberg 1910 die ersten Straßenbahnertests durch) unterzieht Münsterberg für die „Bell Telephone Company" „telephoniebeflissene Mädchen"[33] mehreren experimentellen Ausleseverfahren, um ihre Berufseignung, das „schnelle Lokalisieren des richtigen Loches"[34], zu prüfen. Als beruflich „geeignet" gilt eine Persönlichkeit, die fähig ist, *konstant* ohne Übermüdung acht bis neun Stunden zu arbeiten, Ermüdungen frühzeitig zu erkennen und Arbeitspausen geschickt zu verteilen. „Die Steigerung der wirtschaftlichen Leistung durch bloßes Anspornen, durch Aufstachelung des Willens zu beschleunigter Muskeltätigkeit ist psychotechnisch falsch und für die nationale Gesamtwirtschaft [...] verderblich."[35] Anstelle der Schnelligkeitsmessung nach der Taylorschen Stoppuhr-Methode entscheidet sich Münsterberg für die Messung der rhythmischen Arbeitsleistung. Um den Arbeitsrhytmus optimal zu takten, unterteilt Münsterberg den Telephonanruf als Arbeitshandlung in vierzehn „psychophysische

Akte", die er zu einer Rangreihe zusammenfaßt. Diesen einzelnen Arbeitsschritten weist er bestimmte Normzeiten in Sekunden zu. Diese werden zu einer Gesamtarbeitszeit pro Telephonverbindung addiert. Schließlich werden die einzelnen Telephonverbindungen summiert und dem Leistungsmaß pro Stunde in einer Schwankungsbreite von 180 bis 230 Anrufe unterstellt. Das zentrale Kriterium optimierter Betriebszeit erschöpft sich nicht in der *möglichst schnell* ausgeführten Arbeit, sondern psychotechnisch geeignet und betrieblich effizient ist nur die *rhythmische* Arbeit: „Die rhythmische Tätigkeit bedeutet notwendigerweise *psychophysische Erparnis*. Die Wiederholung der Bewegung, wie der Rhythmus sie erlaubt, macht keine wirkliche Wiederholung des psychophysichen Impulses notwendig."[36]

APPARATE DES SOZIALEN

Basierend auf dem Begriff der menschlichen „Arbeitskraft" als mechanisches System elementarer physikalischer Äußerungen wird in der apparativen Sinnesphysiologie (Reaktionszeiten, Ermüdungskurven) der Krafteinsatz des „menschlichen Motors"[37] untersucht. Wissenschaftlicher Ausgangspunkt der Meßbarkeit der physikalischen Leistungsdaten der „Arbeitskraft" war die konzeptuelle Revolution der Physik durch die Thermodynamik um die Jahrhundertmitte des 19. Jahrhunderts. Im Zentrum steht das Gesetz der Rückführung aller Naturkräfte auf eine universale Energie oder Kraft, die in nutzbringende Arbeit umgewandelt werden konnte. Erst mit dem Konzept der dynamischen Gesetze der Kraft konnte der Mensch in der physikalischen Zeitmessung der Physiologie als energetische Arbeitsmaschine zählbar, meßbar und kalkulierbar werden. Die aus dem neuen Wissen ableitbaren Konsequenzen lagen nahe – ein fröhlicher Optimismus in Bezug auf die wissenschaftliche Nutzbarmachung des Menschen und der Gesellschaft als Kraftquelle wie alle anderen.
Die effektive Transformation eines Arbeitsbefehls in eine zwingende *Information* (Instruktion, Signal) bildet das Kernstück des physiologischen Experiments. In der Experimentalsituation der Psychologie wird zwar an diese Fragestellung angeknüpft, ihre Untersuchungsmethode entfernt sich jedoch entscheidend vom Konzept des Menschen als Energie- und Kraftmaschine, der nur mit „richtigen" Informationen gefüttert werden müsse. Anstattdessen fokussiert die experimentelle Psychologie die Seite der *Informationsverarbeitung* und mit ihr die persönlichen (im besonderen) und individuellen (im einzelnen) Unterschiede der *psychischen Disposition*. Allerdings steht bei dieser neuen Aufmerksamkeit für die persönliche Dimension des Unternehmens mehr zur Debatte als einfach nur das Interesse an der Steigerung der Produktivität. Das Verhältnis des Arbeiters zum Betrieb mit den Mitteln des psychologischen Sachverstandes meß- und zählbar zu machen, eröffnete eine neue Konzeption des Arbeiters, die darauf abzielte, nicht allein die „Lohnanreize", sondern systematisch und präzise die informellen „Motivbildungen" mit den Zielen der Unternehmung übereinzustimmen.

Gemeinsam ist den Apparaten der physiologischen und psychologischen Versuchsanordnungen indes ihr Nimbus, soziale Ordnungen technisch herzustellen. Vielfach wurden sie von ihren Konstrukteuren als Aufzeichnungssysteme beschrieben, mit

Hilfe derer die Leistung der Arbeit endlich „wertfrei", „neutral", „sachlich" und „gerecht" beurteilt werden konnte. Die apparative Ordnung der Arbeit galt darüber hinaus als technische *Leitmetapher* für die Lösung der Klassenfrage, für die Sicherung des sozialen Friedens und für die Steigerung der allgemeinen Wohlfahrt – der technische Aspekt erschien *übertragbar* auf sämtliche soziale Probleme. In der Rede vom Apparat wurde das Element der Ambivalenz weitgehend entfernt und an seine Stelle der gesetzmäßige „Sachverhalt" und „Tatbestand" gerückt, der die neue betriebliche Ordnung zu rechtfertigten hatte.
Jedoch sind die Aussagen über die diversen Leistungsdaten der Arbeitskraft bereits selbst *vermittelt*, „deren Rückmeldung aber nur über eine symbolische Codierung möglich ist, welche schon der ganzen Experimentalsituation vorausgesetzt ist."[38] Die „exakte" und „präzise" Chronometrie erfaßt die menschliche Arbeitsleistung nicht unmittelbar in ihrer formalen Faktizität, sondern setzt immer schon eine symbolische Operation voraus, die ihrer Meßbarkeit vorausgeht – wie es die *Anzeige* der Meßapparatur veranschaulicht. Die Beschränkung der „produktiven Leistung" des Denkens auf Meßprobleme *zeitlicher Vorgänge* birgt nach Ernst Cassirer einen unauflösbaren „paradoxen, nicht völlig verstandenen Rest" der experimentellen Psychologie. Denn außer acht gelassen bleibt die *symbolische Bedingheit* des empirischen Experiments – ihm geht eine symbolische Vermittlung voraus, die sich der anschaulichen Darstellung konstitutiv entzieht: „Freilich kann die Psychologie innerhalb der Grenzen ihrer Aufgabe, kraft deren sie lediglich das Denken als *zeitlichen Vorgang*, nicht aber den Inhalt des Gedachten beschreibt und zergliedert, diesen Prozeß der begrifflichen Sonderung nicht mehr in seiner Gesamtheit verfolgen und übersehen."[39]

ANMERKUNGEN

1 Vgl. Edward P. Thompsons Rekonstruktion des Zusammenhangs von Uhrzeit und Arbeitsdisziplin: Thompson, Edward P., Time, Work-Discipline, and Industrial Capitalism, in: Past and Present (38) Dezember 1967, S. 57–97.

2 Karl Marx: Das Kapital. Kritik der politischen Ökonomie. Berlin 1962, MEW, Bd. 23, S. 345.

3 Anfänglich im hochkapitalisierten England.

4 Marx, a.a.O., S. 432.

5 Hugo Münsterberg, Psychologie und Wirtschaftsleben. Ein Beitrag zur angewandten Experimental-Psychologie. Leipzig 1912.

6 Münsterberg, Psychology and Industrial Efficiency. Boston 1913.

7 In den aktuellen Lehrbüchern und Handbüchern zur Arbeits- und Organisationspsychologie figuriert Münsterberg als ihr Begründer. Vgl. exemplarisch: Lyndall F. Urwick, William B. Wolf (Hrsg.), The Golden Book of Management. Amacom 1984, S. 102-105; Erwin Roth, Organisationspsychologie, in: Enzyklopädie der Psychologie, hrsg. v. Deutsche Gesellschaft für Psychologie, Themenbereich D, Serie III, Band 3. Göttingen/Toronto/Zürich 1989, S. 19ff; Siegfried Greif, Heinz Holling, Nigel Nicholson (Hrsg.), Arbeits- und Organisationspsychologie. Internationales Handbuch in Schlüsselbegriffen. 2. Aufl. Weinheim 1998, S. 22ff.

8 Münsterberg, Psychologie und Wirtschaftsleben..., a.a.O., S. 1.

9 Ebd, S. 21.

10 Stern, William, Angewandte Psychologie. Beiträge zur Psychologie der Aussage. Mit besonderer Berücksichtigung von Problemen der Rechtspflege, der Psychiatrie und Geschichtsforschung, 1 (19), S. 4–45.

11 Brief an Max Dessoir, zit. n. Dessoir, Vorwort, in: Münsterberg, Hugo, Grundzüge der Psychotechnik. Leipzig 1914, S. XI.

[12] Münsterberg, Grundzüge der Psychotechnik. Leipzig 1914, S. 41.

[13] Wilhelm Wundt eröffnet Münsterberg den Zugang zu Philosophie und Psychologie, 1885 promoviert er in Leipzig Philosophie, 1887 in Heidelberg in Medizin. Nach dem Studium wird Münsterberg in Freiburg Privatdozent, wo er sich 1888 habilitiert und ein privates psychologisches Laboratorium aufbaut. Vgl. die umfassendste Biographie und Werkinterpretation Münsterbergs von Matthew Hale, Human Science and Social Order. Hugo Münsterberg and the Origins of Applied Psychologie. Philadelphia 1980. Zu Münsterbergs Forschungsarbeit in Deutschland 1863–1892 siehe Kapitel 2, S. 11–25.

[14] Angelo Mosso, La Fatica. Turin 1891.

[15] Emil Kraepelin, Die Arbeitscurve. Leipzig 1902.

[16] Johann C. Flugel, Probleme und Ergebnisse der Psychologie. Stuttgart 1950, S. 174.

[17] Angaben zit. n. Peter Hinrichs, Um die Seele des Arbeiters. Arbeitspsychologie, Industrie und Betriebssoziologie in Deutschland 1871-1945. Köln 1981, S. 74.

[18] Münsterberg, Psychologie und Wirtschaftsleben..., a.a.O., S. 113.

[19] Der Briefverkehr mit Roosevelt ist teilweise abgedruckt in den Memoiren von Margaret Münsterberg, Hugo Münsterberg. His Life and Work. New York/London 1922, S. 80ff.

[20] Münsterberg, Psychologie und Wirtschaftsleben..., a.a.O., S. 18.

[21] Ebd., S. 86.

[22] Münsterberg, Grundzüge der Psychotechnik..., a.a.O., alle Zitate S. 6.

[23] Ebd., S. 14.

[24] Münsterberg, Psychologie und Wirtschaftsleben..., a.a.O., S. 13.

[25] Ebd., S. 104.

[26] Münsterberg, Grundzüge der Psychotechnik..., a.a.O., S. 25.

[27] Ebd., S. 125.

[28] Ebd., S. 108.

[29] Ebd., S. 110.

[30] Hermann Ebbinghaus, Über das Gedächtnis. Untersuchungen zur experimentellen Psychologie. 1. Aufl., Leipzig 1885.

[31] Münsterberg, Grundzüge der Psychotechnik..., a.a.O., S. 114.

[32] Ebd., S. 126.

[33] Münsterberg, Psychologie und Wirtschaftsleben..., a.a.O., S. 65.

[34] Ebd., S. 64.

[35] Münsterberg, Grundzüge der Psychotechnik..., a.a.O., S. 371.

[36] Ebd., S. 381.

[37] Setzt zur Aufnahme von äußeren Kräften und Momenten (Lasten) das Stützsystem aus Knochen und Muskeln ein. Vgl. Anson Rabinbach, The human motor. Energy, Fatigue, and the Origins of Modernity. New York 1990.

[38] Wolfgang Pircher, Seelenapparate. In: Wunderblock. Eine Geschichte der modernen Seele, hrsg. v. Jean Clair, Cathrin Pichler, Wolfgang Pircher. Wien 1989.

[39] Ernst Cassirer: Substanzbegriff und Funktionsbegriff. Untersuchungen über die Grundfragen der Erkenntniskritik. Berlin 1910, alle Zitate S. 457f.

In unserer Sendereihe „Interviews zur rechten Zeit" bringen wir heute ein Gespräch mit dem prominenten New Yorker Medienforscher Max Hype. Regula Flickenschild hat sich mit ihm über Cyberspacetime unterhalten

REGULA FLICKENSCHILD:
Herr Hype, Sie haben unlängst geschrieben, die gegenwärtige Medienentwicklung würde ganz neue Bereiche des Denkens erschließen: Die Philosophie müßte sich den Herausforderungen von Internet und Cyberspace stellen. Sie könne sich nicht mehr auf Fixpunkte wie das cartesianische Cogito oder traditionelle Sozialstrukturen stützen. Der akademische Betrieb und die kritisch-prüfende Einstellung der herkömmlichen Theorie reizt Sie offensichtlich zum Widerspruch. Woher kommt Ihre Unzufriedenheit mit der bisherigen Erkenntnis- und Wissenschaftsphilosophie?

MAX HYPE:
Wir haben es mit einer historisch beispiellosen Entwicklung zu tun. Der deutsche Idealismus hatte die Vision eines Absoluten entworfen, das sich raum-zeitlich in der Weltgeschichte realisiert. Heute wird diese spekulative Vorgabe technisch umgesetzt. Die Vernetzung der Computer schafft die Grundlage für einen Qualitätssprung in der Noogenese, um ein Wort des Paläontologen und Theologen Teilhard de Chardins aufzugreifen. Die Noosphäre ist ein Zustand intensiver, wechselseitiger Durchdringung von Technik und Wirtschaft, Geist und Energie. „Die größten Weltreiche der Geschichte haben nie mehr als Teile der Erde bedeckt. Welche spezifisch neuen Auswirkungen kann wohl ein *Übergang zur Totalität* haben? ...Bisher haben wir nie etwas anderes gekannt, als daß der Geist sich in inselähnlichen Gruppen statischen Zustands auf dem Planeten bekundete. Was für ein Strom wird zünden, welche noch unbekannten Kraftfelder werden entstehen, wenn der Stromkreis plötzlich in sich geschlossen wird..." (Teilhard de Chardin *Die Zukunft des Menschen*. Olten 1963. S. 232)

REGULA FLICKENSCHILD:
Man könnte natürlich einwenden, daß Teilhards Beschreibung auch für einen Kurzschluß zutrifft.

MAX HYPE:
Da haben Sie sicher recht. Die militärisch-technischen Dispositive haben eine durchgreifende Säkularisierung der zitierten Theologumena bewirkt. Dennoch kann die Theorie des Cyberspace Teilhard als Vorgänger reklamieren. Er hat begriffen, daß wir mit einer neuen Erscheinungsweise von „Zeit" zu tun haben. Die globale Simultaneität der Datentransmission im Internet ist die handgreifliche Bestätigung der alten Lehre von der Omnipräsenz des Geistes. Information ist weitgehend autonom von Trägermedien und in digitalisierter Form weltweit praktisch ohne Verzögerung aufrufbar. Individuelle kognitive Akte werden zusehends dichter mit den Manifestationen kollektiver Intelligenz verwoben. Das Nervensystem der Einzelnen wird nach und nach durch Verschaltung in sozial-kybernetische Systeme abgelöst; ihre Funktionalität überformt Körper aus Fleisch und Blut. Das Internet löst alle zeitlichen,

räumlichen und logischen Grenzen auf, die Verfechter des klassischen Subjektbegriffs einmal für selbstverständlich gehalten haben. Ohne diesen Anhalt finden sich die Benutzerinnen und Benutzer digitaler Netze als Kreuzungspunkte ständig neu konfigurierter Distanzen; verwoben in die Matrix, die in einem weltumfassenden Adreßraum in gleicher Weise Handlungen, Datenpakete, Kommunikation und technische Pannen umspannt.

REGULA FLICKENSCHILD:
Können Sie unseren Hörerinnen und Hörern noch genauer erläutern, worin dieser Qualitätssprung besteht? Wir haben uns daran gewöhnt, nach Übersee zu telefonieren und im Fernsehen bei Flugzeugabstürzen in Thailand „dabei zu sein". In solchen tele-medial hergestellten Gegenwärtigkeiten verschwindet die Zeit als separate Meßgröße des Übertragungsprozesses, die Ko-Präsenz der Akteure ersetzt den Zeitablauf, innerhalb dessen eine Mitteilung „von hier nach dort" gelangt. Dennoch verschwindet die Ortsgebundenheit der Betroffenen weder am Telefon, noch vor dem Fernsehapparat.

MAX HYPE:
Ich spreche nicht von Phantasien, sondern vom handgreiflichen Alltag. Im sogenannten westlichen Kulturraum bestehen zwischen Tag und Nacht, körperlicher An- und Abwesenheit, Lokalität und Globalität keine gesicherten Grenzen mehr. Firmen verteilen ihre Mitarbeiterinnen in einem 24-Stunden Produktionszyklus rund um den Erdball. Die Angelpunkte des ehemals „gesetzten" Lebens verschwinden in der Schwerelosigkeit der kybernetischen Raum-Zeit. Immer deutlicher wird sichtbar, daß die informatischen Technologien zu Medien, d.h. Vermittlungsinstanzen unseres Selbst- und Weltverständnisses werden und uns dabei bis in die leiblichen Kapazitäten umkrempeln. Die endlos gebrochene Dispersion strategischer Diskurse im elektronischen Raum und die Bastardisierungen zwischen Biologie und Bastelei in Cyborgs bezeichnen die Voraussetzungen dafür, wie in Zukunft Welt verstanden werden muß.

REGULA FLICKENSCHILD:
Sollte zwischen Cyberspace und Internet nicht ein Unterschied gemacht werden? Dieser ist eine literarische Kreation, jenes eine immer stärker als Vehikel des Massenkonsums von Infotainment genutzte technisch-ökonomische Einrichtung. Wer sich z. B. die Abläufe einer Mailing List genauer ansieht, oder in den protokollierten Abfragen eines Webservers blättert, findet eher die endlose Wiederholung alter Motive und Verhaltensweisen, als innovative, geschweige denn revolutionäre, Umbrüche.

MAX HYPE:
Solche Details lenken vom Wesentlichen ab. Man kann jeder epochalen Entwicklung kleinteilig konstruierte Gegenbeispiele vorhalten. Die Weltraumfahrt oder die Kernphysik verlieren nicht an Bedeutung, bloß weil eine Rakete oder ein Reaktor explodiert. Die Vernetzung kultureller Ressourcen im Internet ist ein Paradigma gewor-

den, das millionenfache Wirkung zeigt. Im Internet machen die Beteiligten permanent selber das Programm. Sie bewegen sich in einem Mittelding zwischen körperverhafteter und elektronischer Zeit. Kommunikative Prozesse verlaufen quer zu Kontinenten und Kulturen, sie springen von Personen zu Programmen, die in Chats und MUDs zeitweilig die Rolle der Akteure übernehmen. Ob bestimmte Verzögerungen oder Beschleunigungen im Datenverkehr auf die Hardware, die Software, die Transmissionsqualität oder menschliche Reaktionsweisen zurückzuführend sind, wird undurchsichtig und letztlich auch unerheblich. In der Verschmelzung der Taktrate der Maschinen und des Rhythmus des Organischen liegt die Herausforderung, das Potential des Humanen neu zu konzipieren.

REGULA FLICKENSCHILD:
Herr Hype, wir danken für das Gespräch.

In unserer Sendereihe „Interviews zur rechten Zeit" bringen wir heute ein Gespräch mit der kalifornischen Computerwissenschaftlerin Genia Wire. Beat Schwarzmann hat sich mit ihr über die Zeitmessung im Internet unterhalten.

BEAT SCHWARZMANN:
Max Hype hat in unserer letzten Sendung die noch immer von der konventionellen Tageseinteilung bestimmte Zeit des Fernsehens von jener des Cyberspace unterschieden, in der das Individuum den gewohnten Arbeitsrhythmus verliert und zur energetischen Intervention im Pulsieren der globalen Simultaneität wird. Frau Wire, sie haben an der Entwicklung der systematischen Synchronisation der Maschinen im Internet mitgewirkt.[1] Wie sehen Sie diesen Unterschied?

GENIA WIRE:
Weltweit verteilte Computernetze stellen ganz andere Anforderungen an das Zeitmanagement, als Broadcast-Medien. Nehmen Sie als Beispiel ein Programm zur automatischen Abwicklung von Börsengeschäften. Es basiert auf einer Datenbank, welche die relevanten Notierungen aller maßgeblichen Handelsorte speichert. Sie wird ständig auf den neuesten Stand gebracht *und* als Entscheidungsgrundlage für Transaktionen benutzt, durch die sich die gespeicherten Werte mitunter schlagartig ändern. Diese Abläufe erfordern einen robusten und äußerst präzisen Zeitrahmen. Er muß gewährleisten, daß die Manipulationen der Datenbasis und die daraus resultierenden Veränderungen Schritt für Schritt nachvollziehbar und konsistent bleiben, obwohl die entsprechenden Eingaben an voneinander weit entfernten Orten und über störungsanfällige Verbindungen erfolgen. Ohne eine gemeinsame Zeitreferenz würde das internationale Finanzwesen, aber auch das System der Flugbuchungen zusammenbrechen.

BEAT SCHWARZMANN:
Wie wird dieser Uhrenvergleich eigentlich durchgeführt? Als Laie weiß man, daß die internen Uhren von Computern höchst unzuverläßig sind. Gibt es in diesem Gebiet

auch soetwas wie die zentrale Zeitangabe, nach der sich die Rechner im Internet einstellen lassen?

GENIA WIRE:
Damit treffen Sie gerade den Unterschied zwischen Fernsehen und Internet. Im ersten Fall können die Sendestationen, deren Anzahl relativ gering ist und die sowieso über einen bedeutenden technischen Apparat verfügen, recht einfach durch Direktzugriff auf ein nationales oder internationales Funksignal synchronisiert werden. Die sogenannten „primary time server" im Internet bedienen sich desselben Verfahrens. Doch dieses Vorgehen ist für das Netz insgesamt nicht praktikabel. Sie müssen sich das so vorstellen, als ob jedes TV-Gerät mit einer eigenen Funkuhr ausgestattet wäre. Auf eine solche Regelung konnten wir nicht warten. Außerdem würde sie – selbst angenommen jeder Computer wäre mit einer derartigen Vorrichtung ausgestattet – das Problem nicht beseitigen. Ausschlaggebend ist ja die Übereinstimmung der Zeit *zwischen* den Maschinen, sozusagen die Zeit des Internet, nicht jene der Standardbehörde. Ist die Funkuhr eines Knotens defekt, so enthalten alle Informationen, die durch diesen Knoten laufen, einen falschen Wert. Von jenseits des Systems läßt sich die Abweichung als Fehler beurteilen, aber die vorhin beschriebenen Transaktionen können sich nicht auf solche externen Instanzen verlassen. Es gibt keine Regelbehörde, die das hochverzweigte, kontinuierlich in Echtzeit ablaufende Kommunikationsgeschehen quasi anhalten könnte, um die fehlerhafte Komponente zu identifizieren. Die Aufgabe des „Network Time Protocol" besteht darin, ausgehend von designierten Referenzmaschinen die Synchronizität des Netzes mit internen Mitteln zu gewährleisten.

BEAT SCHWARZMANN:
Wenn ich Sie recht verstehe, heißt das, daß die Zeitmessung im Internet ständig von Fehlmessungen und Übertragungspannen gefährdet ist, weil das System sozusagen keine Zeit hat, die eigenen temporalen Zustände in der erforderlichen Präzision mit einer Außeninstanz abzugleichen. Wie bringen Sie es dennoch fertig, die notwendige Betriebsstabilität zu gewährleisten?

GENIA WIRE:
Im Internet muß tatsächlich damit gerechnet werden, daß zu jedem beliebigen Zeitpunkt irgendwo etwas kaputtgeht. Eine fest installierte Ordnungsmacht ist gegen diese Störungen chancenlos. Wir müssen davon ausgehen, daß Zeitdifferenzen zwischen den installierten Uhren im laufenden Betrieb nicht objektiv beseitigt werden können. Die an der Synchronisation beteiligten Maschinen organisieren sich selbsttätig in einem hierarchisch strukturierten Netz, in dem statistische Verfahren die Rangordnung der beteiligten „Partner" steuern. Schematisch gesprochen wird von der Annahme ausgegangen, daß sich die Fehlerhäufigkeit proportional zur Entfernung eines Computers zur Referenzmaschine seines Synchronisations-Subnetzes erhöht. Die Verläßlichkeit eines Zeiteintrages richtet sich also nach der Position des verursachenden Computers in einer Topologie, die aus Angaben über Primär-Server und einer komplexen Distanz-Metrik errechnet wird. Beim Ausfall

einzelner Netzverbindungen bzw. beim Auftreten massiver Zeitabweichungen rekonfiguriert sich das Sub-Netz. Wenn im Extremfall alle primären Zeitserver ausfallen, synchronisieren die Server der nächsten Stufe einander wechselseitig. Für diese Prozesse sind Grenzwerte vorgesehen. Übersteigt die errechnete Netzwerk-Distanz ein Limit, ist also die Entfernung zu einem Referenzpunkt zu weit, so wird die Maschine automatisch aus dem Synchronisationsnetz genommen.

BEAT SCHWARZMANN:
Die Zeit des Internet ist also eine emergente Qualität der Selbstorganisation des virtuellen Hyperkosmos.

GENIA WIRE:
Wie bitte?

BEAT SCHWARZMANN:
Sie haben uns soeben die Prinzipien genannt, denen entsprechend sich im Netz durch Mechanismen in sich selbst zurückgekoppelter Transmission eine autochthone Zeit etabliert.

GENIA WIRE:
Ich bin nicht sicher, daß ich Ihnen folgen kann. Die Selbstorganisation, von der ich sprach, hat nichts mit Virtualität oder neuartigen Qualitäten der Raum-Zeit zu tun. Es handelt sich darum, daß eine festgelegte Anzahl von Maschinen aufgrund dynamischer Berechnungen und diverser Korrekturmechanismen untereinander eine Hierarchie „aushandelt". Ich sollte das vielleicht etwas genauer erklären. Im einfachsten Fall bezieht ein Computer mittels NTP die richtige Zeit von einem Server. Der Klient sendet eine speziell formatierte Botschaft an den Server, der seinerseits die Adressen tauscht, die Zeitinformation aktualisiert, eine Reihe von Parametern neu berechnet, und die Informationspakete zurücksendet. Die Werte der Uhrenfrequenz, die Zeitverzögerung im Netz-Verkehr und die Taktabweichungen der erfaßten Zeitmesser werden in einer Datenbank erfaßt und bieten die Grundlage periodischer Updates der Netz-Topologie. Korrekturen auf lokalen Rechnern können sich der Daten mehrerer „primary time server" bedienen.

BEAT SCHWARZMANN:
Würden Sie diesen Vorgang nicht als die Erfindung einer neuen Zeitform bezeichnen? Als die Einrichtung einer sich selbst steuernden Weltzeit im Internet, die allen kommunikativen Interaktionen, und damit ihren unvorhersehbaren Resultaten, den Takt vorgibt?

GENIA WIRE:
Mein Geschäft ist die Entwicklung von Informations-Standards und Algorithmen, die sicherstellen, daß eine große Anzahl vernetzter Rechenmaschinen innerhalb akzeptabler Fehlergrenzen über ein gemeinsames Zeitmaß verfügen. Dabei ergibt sich die spezielle Schwierigkeit, daß der Datenverkehr über Transport-

strecken höchst unterschiedlicher Leistungsfähigkeit und Verläßlichkeit führt. Es ist unmöglich, die dadurch entstehende Streuung ohne komplexe statistische Berechnungen zu normalisieren. Weder die systematische Auswahl der stabilsten Uhren, noch die Einrichtung eines Filters, der in bestimmten Abständen einen Mittelwert der Zeitangabe errechnet und die abweichenden Extreme eliminiert, erweisen sich als optimale Lösung. Wir haben experimentell herausgefunden, daß die besten Ergebnisse von der Hypothese geliefert werden, jene Rechner, die in der Netz-Topologie den Time-Servern am nächsten liegen, lieferten die genaueste Zeit. In gewisser Weise kann man von einer „neuen Zeitform" sprechen, obwohl die beschriebenen Methoden im Kern schon im internationalen Telefonverkehr Anwendung finden. Innovativ ist der Adaptionsmechanismus, der es erlaubt, das System durch regelmäßigen Abgleich ausgewählter Daten in der heterogenen Umgebung des Internets stabil zu halten.

BEAT SCHWARZMANN:
Frau Wire, wir danken für das Gespräch.

In unserer Sendereihe „Interviews zur rechten Zeit" bringen wir heute ein Gespräch mit dem bekannten Wiener Logotherapeuten Vitus Reder. Klara Nachtweih hat ihn über das Zeitbewußtsein befragt.

KLARA NACHTWEIH:
Herr Reder, wir haben in unserer Serie zum Zeitbegriff von „Cyberspacetime" und vom „Network Time Protocol" gehört. Die Logotherapie wird für gewöhnlich nicht mit solchen spekulativen bzw. technischen Themen in Verbindung gebracht. Wie kommen Sie zu diesem Interessenschwerpunkt?

VITUS REDER:
Logotherapie dürfen Sie nicht zu eng fassen. Ganz allgemein handelt es sich dabei um begriffliche Arbeit zur Behebung von Behinderungen des psycho-kognitiven Bereiches. Wir wissen heute, daß solche Störungen sich negativ auf das persönliche Gesamtbefinden auswirken und darüber hinaus die Funktionsfähigkeit und Handlungsspielräume sozialer Gruppen beeinträchtigen. Nun hat sich – um auf Ihre Frage zurückzukommen – in den letzten Jahren ein neues Krankheitsbild entwickelt, das mich dazu brachte, dem Thema ,,Zeit`` erhöhte Aufmerksamkeit zu widmen. Diese Irritation wird durch unvorsichtiges Leseverhalten ausgelöst. Bei den Patienten führt die überlappende Lektüre von Beiträgen zur Philosophie der neuen Medien und von technischen Dokumentationen zu Schweißausbrüchen und Nervosität. In manchen Fällen kommt es zu depressiven Schüben oder – umgekehrt – zu aggressiven Ausbrüchen. Mit Ausrufen wie „Dieses cyber-philosophische Geschwätz ist der letzte Mist" oder „Waltet jedoch das Geschick in der Weise des Ge-stells, dann ist es die höchste Gefahr" stürzen sich die Betroffenen auf ihnen nahestehende Personen und versuchen, ihre Zustimmung zu erzwingen. Der Krankheitsverlauf kann aber auch damit beginnen, daß der Patient magische Formeln murmelt, z. B.

„das tertium datur einer mit sich selbst nie zusammenfallenden Medialität als Leerstelle, als Topik ortloser Platzverschiebung".

KLARA NACHTWEIH:
Wenn ich das recht verstehe, haben Sie eben drei verschiedene Symptom-Muster angesprochen. Erstens das Befremden von technisch orientierten Praktikerinnen über spekulative Anstrengungen, zweitens den messianischen Versuch, die etablierte Technik zu erschüttern und drittens eine Kombination zwischen beidem, die Entwicklung ontologisch-eschatologischer Perspektiven im Maschinenjargon. Handelt es sich dabei nicht um grundverschiedene Verhaltensweisen?

VITUS REDER:
Im Gegenteil! Mein therapeutischer Ansatz geht davon aus, daß es sich um die gleiche Behinderung handelt, nämlich um eine Störung des kognitiven Dissoziationsvermögens. Ich spreche von „para-konsistenter Epochalkonfusion" um anzudeuten, daß dieser Zustand jenseits normaler Verstehensmuster liegt und aus der Phantasievorstellung der Epochenschwelle resultiert, welche die alltägliche Urteilsfähigkeit außer Kraft setzt. Für gewöhnlich sind wir in der Lage, die Phantasmen des Cyberspace von den Vorkehrungen der Ingenieurswissenschaft korrekt zu dissoziieren. Das Problem besteht daher keineswegs im Auftreten derartig unterschiedlicher Diskurse. Es tritt vielmehr an jenen Stellen auf, an denen eine Person es unternimmt, diese Sprech- und Lebensformen mit transgressivem Verständnisanspruch zusammenzudenken.

KLARA NACHTWEIH:
Sie sprechen von „para-konsistenter Konfusion". Hängt das damit zusammen, daß die betroffenen Personen der Meinung sind, es gäbe einen Zustand jenseits der Funktionstrennungen des Alltagsdenkens?

VITUS REDER:
Personen schützen sich im Regelfall vor Desorientierungen, indem sie Widersprüche in ihrem Verhalten ausfiltern. Dadurch können sie sehr divergente Funktionszusammenhänge nebeneinander laufen lassen, z. B. Einkaufen im Supermarkt, am Flohmarkt und in der Benefizveranstaltung. Para-Konsistenz nenne ich den Versuch, über die etablierten Grenzen verschiedener Praktiken hinausreichende Regelvorgaben zu finden oder zu entwickeln. Im eben angeführten Beispiel gelingt es durchaus, für die drei stellenweise markant unterschiedenen Vorgänge dieselbe allgemeine Beschreibung, nämlich „Einkaufen", zu gebrauchen. Wir bewältigen die Divergenzen durch Einordnung in einem übergreifenden Rahmen. Bedenklichere Fälle von Para-Konsistenz treten auf, wenn die Suche nach einem solchen funktionsfähigen Rahmen mißlingt. Dann wird ein Wort bzw. eine Wortfolge in mehreren systematisch unverbundenen Zusammenhängen verwendet *und* der Eindruck erweckt, es würde sich auf eine gemeinsame Sache beziehen. Das führt zur Destabilisierung der Verständigungsbasis. Nehmen Sie den Gebrauch des Wortes „Zeit" im Kontext eines informatischen Handbuches und einer endzeitlichen Prognose.

Während Personen im Normalfall die beiden Vorkommen selbstverständlich dissoziieren, versucht die Risikogruppe, die Definitionen des „Network Time Protocol" mit Visionen über die Entwicklung der abendländischen Zivilisation zusammenzunehmen. Sowohl die so gewonnenen Behauptungen, als auch die Kritik an ihnen, setzen voraus, daß Algorithmen etwas mit Epochenschwellen zu tun haben.

KLARA NACHTWEIH:
Aber das ist doch ganz gebräuchlich! Wir sprechen vom „Atomzeitalter" oder vom „Zeitalter der Raumfahrt", um festzuhalten, daß aus technischen Entwicklungen grundlegende Veränderungen des Geschichtsablaufes entstehen können. Würden Sie solche Redeweisen ebenfalls als para-konsistent bezeichnen?

VITUS REDER:
Ich würde zwischen leichten und schweren Fällen von Para-Konsistenz unterscheiden. Am Beispiel des Einkaufens zeigte sich schon, daß wir durchaus in der Lage sind, moderate Widersprüche in einen umfassenderen Zusammenhang zu integrieren. Wenn es sich dazu noch um standardisierte Schlagworte handelt, sind die Anforderungen an einen praktikablen Wortgebrauch nicht sonderlich hoch. Wir sprechen auch vom „Zeitalter des Automobils" und meinen damit, daß dieses Fahrzeug tiefgreifende Veränderungen im Sozialverhalten bewirkt hat.

KLARA NACHTWEIH:
Meint jemand, der von „cyberspacetime" spricht, nicht etwas Ähnliches, nämlich die Auswirkungen der Digitalisierung im bisher vertrauten Lebensrhythmus?

VITUS REDER:
Das scheint mir nicht die richtige Diagnose. Natürlich kann der Terminus sehr verschiedenes bedeuten. In der Computerwerbung wird er nach anderen Regeln eingesetzt, als in der Literaturkritik. Mein Interesse gilt aber den schweren Fällen von Para-Konsistenz. Die Ablesung eines Tachometers läßt sich mit der gebräuchlichen Zeitrechnung des 20. Jahrhunderts einigermaßen gut koordinieren. Der Zusammenprall von NTP und Noosphäre ist ungleich fremdartiger. Wie soll das gedacht werden? Die Gedankenverbindung ist so willkürlich, als wollte jemand aus der Einführung von Kreditkarten darauf schließen, daß er in Zukunft ungleich mehr verdienen wird.

KLARA NACHTWEIH:
Wie behandeln Sie denn Klienten, die unter dieser Konfusion leiden?

VITUS REDER:
Die Logotherapie gibt Mittel an die Hand, einerseits kognitive Blockaden, andererseits unkontrollierbare begriffliche Verschmelzungen im therapeutischen Gespräch zu thematisieren und zu behandeln. Dabei wird stufenweise vorgegangen. Es hat wenig Sinn, den Symptombereich „Cyberspacetime" direkt anzusprechen. Den Klienten fehlt oft der Leidensdruck. Aussichtsreicher sind Versuche, die prinzipielle

Problematik anhand alltäglicher Episoden aufzuschlüsseln. Unlängst hatte ich ein Mitglied des österreichischen Alpinkaders als Patientin. Die therapeutische Intervention war daher auf die Erfahrungen einer Rennläuferin abgestimmt. Ich begann das Gespräch mit dem Hinweis auf ein Skirennen, das zwei Läuferinnen mit bis auf die Hundertstelsekunden gleicher Zeit gewonnen hatten. Dann stellte ich folgende Frage: Angenommen, die Zeitnehmung dieses Wettrennens hätte inoffiziell auch die Tausendstelsekunden erfaßt und eine Läuferin hätte dabei einen geringeren Wert erreicht, als die andere – wäre sie dann die echte Siegerin? Das ist ein typisches Para-Konsistenz-Problem. Im gegenwärtigen Reglement ist festgelegt, daß unter solchen Umständen eine ex aequo Plazierung gilt und daher zwei Gewinnerinnen anzunehmen sind. Preisgeld, Medaillen und Statistik beruhen auf diesem Standard. Er schließt den Gedanken, eine der zeitgleichen Konkurrentinnen könnte die alleinige Siegerin sein, als sinnlos aus. Der Rahmen ist natürlich veränderbar. Hätte eine genauere Zeitmessung gegolten, so wäre *eine* echte Siegerin ermittelt worden. Aber die kann man nicht mit Recht als Siegerin des faktischen Laufes betrachten. Genausogut könnte jemand auf die Idee kommen, die laufschnellste Sportlerin zur Siegerin zu erklären, obwohl sie ein Tor ausgelassen hat. Die sorglose Verschleifung zweier in diesem Punkt unvereinbarer Spielregeln erweckt den Eindruck, es stünde in unserer Macht, von einer oder zwei Siegerinnen in diesem Skirennen zu sprechen. Das ist jedoch unhaltbar. Eine solche Redeweise bedient sich der Fiktion, der Begriff der „Siegerin" ließe sich unabhängig von den jeweiligen Spielregeln gebrauchen. So wie es Theoretiker gibt, die den Ausdruck „Zeit" verwenden, um sich in ein- und derselben Geste auf Zeit im Internet und in Science-Fiction-Romanen zu beziehen. Beide Verwendungsweisen sind separat nützlich, der Schaden tritt an der Stelle auf, an der die fiktionalisierte Zeit unversehens in die Rolle technisch regulierter Zeit schlüpft und in dieser Position als Grund für solide Prognosen herhalten soll. Das gleicht dem Versuch, einer Konkurrentin den Titel abzuerkennen, weil sie in einem nach anderen Regeln geführten Wettkampf unterlegen wäre.

KLARA NACHTWEIH:
Aber Sie können doch den Zusammenhang zwischen den beiden Situationen nicht leugnen, in denen das Wort „Siegerin" verwendet wird. Nach einer Regeländerung würden wir selbstverständlich den alten Sinn in den neuen integrieren. Aus der Para-Konsistenz würde einfach eine leichte Verhaltensmodifikation. Wir würden sagen, daß es nach dem alten Reglement zwei Siegerinnen gegeben hätte. Was ist daran bedenklich, heute den Satz zu formulieren: „In fünf Jahren hätte diese Sportlerin das Rennen gewonnen"?

VITUS REDER:
Sie sprechen einen wesentlichen Punkt an. Ich bin nicht die Sprachpolizei und kann nichts verbieten. Mir ist – wie Ihnen – klar, daß leichte Fälle von Para-Konsistenz im Alltag unentbehrlich sind. Ohne sie wären wir zwanghaft an bestehende Rahmenvoraussetzungen gebunden und könnten keine kontrafaktischen Gedanken fassen. Ein Quantum Widersinn ist zum Überleben nötig. Es ist eine Frage der Dosierung. Bisweilen geht der Widersinn in Unsinn oder Wahnsinn über. *Welches* Rennen hätte

die Läuferin in fünf Jahren gewonnen? Sicher nicht jenes der vergangenen Saison. „Wishful thinking" ist keine Argumentationsstrategie. Wittgenstein schreibt in den *Philosophischen Bemerkungen*: „Nur wo eine Methode der Lösung ist, ist ein Problem... Einer Offenbarung entspricht keine Frage." (XIII, 149) Das Auftreten unbegreiflicher Ereignisse erschüttert das Denken und die menschliche Praxis. Ich rate davon ab, die Frage nach der Zeit in den neuen Medien als eine solche Erschütterung zu inszenieren.

KLARA NACHTWEIH:
Herr Reder, wir danken für das Gespräch.

ANMERKUNG

[1] Grundlagen des im Folgenden beschriebenen Protokolls hat D.L.Mills in den RFCs („Request for Comments") 1129 und 1305 mitgeteilt.

5 DIE ZUKUNFT DER ZEIT

FREMDZEIT – EIGENZEIT: AUF DER SUCHE NACH EINER KULTUR DER ZEIT

Helga Nowotny

Die 24-Stunden-Wirtschaft greift um sich. Unter den Börsen der Welt hat eben der Wettlauf darum begonnen, welche als erste rund um die Uhr für den Handel mit Wertpapieren offen halten wird. Elektronisch vernetzt kann sich dann jeder als sein eigener Börsenmakler betätigen – und das zu jeder Tages- oder Nachtzeit. Damit wird einerseits der Handel an der Börse in den offiziellen Status einer spekulativen Freizeitbeschäftigung erhoben, andererseits ist ein weiterer Schritt in Richtung einer Ökonomie getan, die nicht nur das Geld rund um die Uhr arbeiten läßt. Vorbei sind die Zeiten, als Schichtarbeit nur den „Männern unter Tag", den Bergwerksleuten, Bäckern oder Fabrikarbeitern als Notwendigkeit zugemutet wurde. Heute tritt zunehmend die Mittelschicht in deren Fußstapfen. Die neuen Kommunikations- und Informationstechnologien bieten uns ihre Verfügbarkeit ohne zeitliche Begrenzung an und damit sehen wir uns zunehmend gezwungen, uns ebenso zeitlich verfügbar zu halten. Der ökonomische Druck des internationalen Wirtschaftswettbewerbs drängt darauf, Investitions- und Fixkosten möglichst schnell zurück zu erhalten. In den USA arbeiten bereits zwei Fünftel aller Erwerbstätigen am Abend oder in der Nacht, in Schichtarbeit oder an Wochenenden. Das Ergebnis ist eine Verdichtung des zeitlichen Netzes, in dem Arbeit und Konsum, Freizeit und Zeit für Familie – Fremdzeit und Eigenzeit befangen sind.

Die Konsumindustrie hat längst erkannt, daß menschliche Wünsche und Bedürfnisse in einem Ausmaß stimuliert werden können, welches das Intervall zwischen Nachfrage und Befriedigung gegen Null tendieren läßt: der Konsumwunsch soll möglichst ohne Wartezeit instantan befriedigt werden. Die Deregulierung der Ladenöffnungszeiten hat nicht nur die Freizeitgewohnheiten an Sonntagen verändert. Die Beliebtheit der ‚shopping malls' und Einkaufszentren, die außerhalb der städtischen Ballungsräume entstanden sind und die in den USA zu den wenigen Orten gehören, in denen Geselligkeit noch öffentlich gepflegt werden kann, zeigt an, daß Konsumverhalten zum Ersatz für andere soziale Bindungen geworden ist. Längst vorbei sind die Zeiten, als das aufstrebende Bürgertum durch die Tugenden der ‚aufgeschobenen Befriedigung' charakterisiert werden konnte: durch bewußten Konsumverzicht und durch Sparen, durch Nüchternheit im Lebensstil und Habitus, durch ausgeklügelte Strategien, Vermögen anzuhäufen und zu investieren. Die industrialisierte Welt ist, so stimmen Historiker und Ökonomen überein, so reich geworden wie nie zuvor. Sie kann es sich leisten, rund um die Uhr zu konsumieren, zu spekulieren – aber auch rund um die Uhr arbeiten zu lassen und arbeiten zu wollen.

Auch die Globalisierung hat ihr zeitliches Netz inzwischen weit ausgelegt und uns darin eingefangen. Multinationale Konzerne wollen, ungeachtet der verschiedenen Zeitzonen, mit allen ihren über den Globus verstreuten Untereinheiten ständig verbunden sein. Eine in New York ansässige Software Firma schickt die Diagnosedaten, die tagsüber in ihren medizinischen Labors erhoben wurden, auf elektronischem Weg zwecks entsprechender Bearbeitung nach Bangalore in Indien, um sie am nächsten Morgen weiter verwenden zu können. Die Finanzmärkte der Welt sind längst auch zeitlich aufeinander abgestimmt und das Gesamtvolumen der Dienstleistungen, die global und zeitlich unlimitiert verfügbar sind, nimmt ständig zu. Die 24-Stunden-Wirtschaft kennt keine Pausen. Am Markt ist Zeit hinsichtlich der sachlichen und sozialen Reichweite ihrer Wirkung dem universelleren Medium Geld unterworfen.

Das war nicht immer so. Als die Zeit Gottes der Zeit der Händler wich, wie der französische Historiker Jacques LeGoff den Beginn des Frühkapitalismus in Europa kennzeichnete, begann die Auflösung einer kosmisch-theologischen Zeitordnung. „Vor achthundert Jahren", schreibt Adolf Holl, „begannen die Menschen in einigen europäischen Städten einen eigenartigen und bislang unerhörten Wunsch zu verspüren. Sie wollten wissen, wie spät es ist" (Holl, 1979). Damit entstand zugleich eine Ahnung von Zukunft, die sich dem menschlichen Gestaltungsvermögen gegenüber als offen erweisen würde. Die Dynamisierung dieses Zukunftshorizonts setzte vehement mit dem 18. Jahrhundert ein. Die Fortschrittsidee hielt Einzug in der westlichen Welt und verzeitlichte sie. Die dem Fortschritt innewohnende Bewegung, das Streben nach mehr, besser und schneller, das im großen Projekt der Modernisierung seinen Ausdruck und Niederschlag fand, breitete sich schließlich im Zuge der Kolonialisierung der übrigen Welt bis in die letzten Winkel der Erde aus. Dort erzeugte sie jenes eigenartige Gefälle von „verspäteter Modernisierung", das jede Form von kultureller Ungleichzeitigkeit in eine unerbittliche Ungleichheit verwandelte. Heute ist der naive Fortschrittsglaube in sich zusammengesackt. Doch die Bewegungsspirale der Moderne dreht sich in ihren postmodernen Ausläufern ungehindert weiter. Der „Geschwindigkeitsrausch", dem die Futuristen in der Zwischenkriegszeit huldigten und den die europäischen Reisenden, die in jenen Jahren den nordamerikanischen Kontinent besuchten, mit Erstaunen und Erschrecken registrierten, ist zum Alltag geworden, der keinerlei Gewöhnung mehr bedarf. Wenn die Menschen heute einen ‚unerhörten Wunsch' verspüren, dann ist es ein an Einfachheit kaum zu überbietender Wunsch – nämlich mehr Zeit für sich selbst zu haben. Es ist eine Art von Zeithunger, der die ansonsten mit materiellen Gütern so übersättigte westliche industrialisierte Welt befallen hat. Er verweist auf ein menschliches Grundbedürfnis, das zwar historischen Verwandlungen unterliegt, aber dennoch auf eine Balance zwischen fremdbestimmter und eigenbestimmter Zeit hinausläuft.
Doch wer bestimmt die Zeit?

Norbert Elias hat einmal auf die Masken verwiesen, die manche Stammesgesellschaften in ihren Ritualen verwenden. In den Augen der Teilnehmenden dieser Zeremonien „sind" die Masken im Moment der Vorführung die Götter oder Dämonen, die sie darzustellen haben – auch wenn alle wissen, daß „hinter" diesen Masken Menschen stecken. Die Masken verkörpern eine soziale Autorität und Wirklichkeit, die ihre Wirksamkeit durch den Glauben an sie und durch die Interaktion aller Beteiligten erhält. Die Macht des Rituals hält alle in ihrem Bann. Ähnlich verhält es sich mit dem Konstrukt der sozialen Zeit. Auch uns verführt die Maske der allgegenwärtigen Uhr und jene des Terminkalenders zu glauben, daß von ihnen ein unwiderstehlicher Zwang ausgeht, dem wir uns beugen müssen. Doch Zeit läuft nicht ohne unser Zutun ab. Sie widerspiegelt vielmehr die Bewegungsabläufe, an denen alle mitwirken. Als überaus mächtiges Symbol für dieses menschliche Zusammenwirken und die daraus resultierenden gegenseitigen Abhängigkeitsverhältnisse, geht von der Zeit jener vermeintliche Zwang aus, dem sich niemand entziehen kann. Und dennoch sind es wir Menschen, die ,Zeit machen', selbst wenn die deutsche Sprache keine Übersetzung für das englische Wort ,to time' kennt.

Der Zwang, der von der Zeit auszugehen scheint, hat zunächst ein unpersönliches Gesicht. Das Alltagsleben ist durchzogen von sozialen Zeitgebern, die seinen Ablauf strukturieren und vorgeben, die Terminkalender füllen und Koordinationsmechanismen regeln, durch die wir angehalten werden, unsere zeitlichen Verpflichtungen anderen gegenüber einzuhalten. Sie sagen uns, wann wir wo zu sein haben, mit wem und wie wir eine bestimmte Länge von Zeit zu verbringen haben. Historisch gesehen war die einschneidenste Regelung zweifellos die Umstellung von einer Zeitordnung, die der landwirtschaftlichen Produktion angemessen war, zu einer von der industriellen Revolution und dem Einzug der Maschinen bestimmten Arbeitszeit. Die Anzahl der Tages- und Wochenarbeitsstunden stieg steil nach oben und der Arbeitsrhythmus mußte fortan dem mechanischen Takt der Maschine angepaßt werden, statt sich nach den organisch bedingten und daher fließenderen Rhythmen der Natur auszurichten. Doch selbst als das Maschinenzeitalter sich zu ,flexibilisieren' begann und sich anschickte, die Menschen aus seiner vorwiegend quantitativ orientierten Zeitordnung zu entlassen, waren bis vor kurzem Arbeitszeit und Freizeit noch scharf voneinander getrennte, durchaus unterschiedliche Welten. Während sie sich kompensatorisch widerspiegelten, unterstanden doch beide dem Diktat einer abstrakt vorgebenen Zeitordnung, die überwiegend als fremdbestimmt empfunden wurde.

Doch der Blick in die Strukturen der ,Macht' wie des ,Machens' von Zeit endet hier nicht. Die offiziellen Zeitgeber waren nicht nur am Arbeitsmarkt tätig, sondern in vielen anderen Bereichen auch. Dazu gehören die Regelungen, die die Öffnungszeiten von Büros und Geschäften, von Ämtern und Dienstleistungen erfassen. Sie sagen uns, wann Kinder zur Schule gebracht oder abgeholt werden müssen, wann Geschäfte auf- oder zusperren, aber auch wann Steuererklärungen fällig sind, wann wir Ferien machen können oder wann unser Pensionsanspruch zu laufen beginnt. Auch der Bereich der Politik kann sich institutionellen Zeitzwängen und Zeitgebern nicht entziehen. Der die Politik in einschneidender Weise beherrschende Zeitzyklus der parlamentarischen Legislaturperioden prägt politische Inhalte und Strategien, verteilt Aufmerksamkeit und gestaltet die ,Karriere' der Themen, die Politik machen und mit denen Politik gemacht wird. In diesen und vielen anderen Regelungen begegnen wir dem unpersönlichen Gesicht der Macht, die in dem Konstrukt der sozialen Zeit steckt. Doch wer steckt hinter dieser Macht? Wer bestimmt die Zeit?

Sehen wir uns die feineren Strukturen des ,Machens' der Zeit an, die in deren ,Macht' resultieren. Zeit wird von Menschen gemacht und hat mit Macht zu tun, die Menschen übereinander mit Hilfe von Strategien der Zeit ausüben. Zeit verbindet und trennt – die Kämpfenden wie die Liebenden. Der strategische Einsatz von Zeit als zentraler Aspekt in der Entstehung von Macht und zum Zwecke ihrer Aufrechterhaltung zieht sich durch das gesamte gesellschaftliche Leben, von den zwischenmenschlichen Beziehungen bis zu den großen Institutionen und ihren eingebauten Beharrungstendenzen. Es beginnt beim Kind, das immer den gerade erlebten Bewußtseinszustand in das Zentrum seiner Zeitwahrnehmung setzt, in dem Unmittelbares auf Unmittelbares folgt. An der Periodizität seines Körpers entwickelt es seine ersten Zeitvorstellungen, aber auch seine ersten Strategien im Umgang mit Zeit und es lernt, diese als Mittel einzusetzen, um seine als allmächtig empfundene Umwelt vom eigenen Willen abhängig zu machen. So wird das zeitliche Intervall zum Grundelement der Strukturierung zwischenmenschlicher Beziehungen. Warten und warten lassen, versprechen, entscheiden, befristen – in unzähligen Variationen und Kombinationen lassen sich Kampfes- und Liebesbeziehungen dadurch gestalten. Der meisterlich strategische Umgang mit der Zeit offenbart sich im Intervall. Der Unterschied zwischen einem Geschäft und einem Geschenk liegt im zeitlichen Intervall – in der Länge der Zeit, in der eine Leistung mit einer Gegenleistung erwidert wird oder nicht. Auch das berühmte ‚Timing', der strategische Einsatz von zeitlichen Zufällen und Koinzidenzen, ist nicht von ungefähr eine Kunst, die in den Medien wie in der Politik, in der Werbung wie in der Liebe vorkommt.

Zeit ist ein soziales, von der Gesellschaft und ihren Individuen geschaffenes Konstrukt, das sich in Regelmechanismen, in Koordinations- und Synchronisationsmustern ausdrückt. Ein Unterschied zwischen vorindustrialisierten Gesellschaften und industrialisierten liegt darin, daß die Zeitraster, in die eine Industriegesellschaft eingebettet ist, zunehmend enger und vielfach miteinander verknüpft werden. Mehr Lebensbereiche werden zeitlich geregelt, eine allgemeine Beschleunigung des Tempos erfaßt sie und eine durchkalkulierende Zeitökonomie, die auf der Gleichsetzung von Zeit mit Geld aufbaut, hat andere Lebensformen verdrängt. Diese Zeitökonomie ist eng verbunden mit der Steigerung der Organisationsleistung dieser Gesellschaften, ihrer Koordinationsfähigkeit und letztlich ihrer Komplexität. Wissenschaft und Technik haben zudem eine Überfülle neuer Möglichkeiten geschaffen, die den fast unendlichen Wünschen und Bedürfnissen der Menschen entgegenkommen und sie dennoch nicht zu befriedigen vermögen.

Das Problem des eigenen Verfügens über Zeit taucht hier erneut auf. Allerdings nicht mehr so sehr im Gegensatz zwischen fremdbestimmter Zeit und Zeit, die man selbst strukturieren und einteilen kann, sondern als Widerspruch zwischen der Vielfalt der Möglichkeiten und der Beschränktheit der eigenen Lebenszeit. Trotz aller Ungleichheiten im Verfügen über Zeit, in der ‚Souveränität' im Umgang mit ihr, verbreitet sich das Gefühl des Zeitmangels angesichts der Fülle an alternativen Möglichkeiten – zu konsumieren, zu arbeiten, zu leben – generell. Jede Entscheidung, die getätigt wird, ist ebenso eine nicht genützte andere Möglichkeit. Den Menschen ist vor allem durch die modernen Kommunikationsmittel bewußter geworden, wie sie ihre Tage und Stunden sonst verbringen könnten. Sie erleben daher den Mangel an Zeit deutlicher. „Sie sind sich vermehrt bewußt, daß es andere Orte auf der Welt gibt, wo sie sein könnten, zusammen mit anderen Männern oder mit anderen Frauen, in anderen Zusammenkünften, bei anderen Konferenzen oder Ausstellungen, auf anderen Wanderwegen. Sie könnten andere Bücher lesen, in anderen Mondnächten", schreibt der englische Soziologe Michael Young (Young, 1988).

Damit verschieben sich zugleich die Grenzen zwischen fremdbestimmter und eigenbestimmter Zeit erneut. Denn paradoxerweise wird Eigenzeit erst durch die Zeit der anderen ermöglicht. Erst wenn eine gemeinsame Zeit als Referenzrahmen geschaffen ist, die weder ganz dem einen noch ganz dem anderen gehört, kann der Zwang der Zeit, wenn auch nicht gänzlich aufgehoben, so doch zumindest gelockert werden. Doch die Gefahr ist groß, daß sich die zuerst in der Gesellschaft lokalisierte, von anderen bestimmte Fremdzeit nun in den eigenen zeitgebenden Bereich verlagert. Der Zwang der Zeit wird dann zum selbstauferlegten Zwang. Und die Zeit der anderen, die Zeit mit den anderen, kann auch in der eigenen Vorstellung bestehen – als Wunsch und Phantasie, doch nicht weniger wirksam. Der unbändige Wunsch, der Kontrolle fremder Zeitgeber zu entkommen und sich nun autonom Zeit wieder ‚aneignen' zu können, weicht dann der ernüchternden Diagnose der ‚Selbstausbeutung'.

In seiner Studie über die ‚Beschädigung' des Menschen im Gefolge der neuen, ‚selbstbestimmten' Arbeitswelt schildert der amerikanische Soziologe Richard Sennett das Leben eines sozial und ökonomisch wohlsituierten und gut ausgebildeten amerikanischen Ehepaares, das die volle Last und Verantwortung ‚der persönlichen Folgen von Arbeit unter dem neuen Kapitalismus' zu spüren bekommt (Sennett, 1999). Der Arbeitsmarkt hält kaum mehr langfristige Stellen bereit, selbst ‚Jobs' werden durch ‚Projekte' oder ‚Arbeitsgebiete' ersetzt, die jede Arbeitskraft zu etwas Zufälligem machen. Der Verlust der Langzeitperspektive schadet nicht nur dem Einzelnen, der dem neuen Regime von Unsicherheit und sozialer Diskontinuität voll ausgesetzt wird, sondern unterminiert auch, wie Sennett zeigt, das Familienleben. Wie können Eltern, die in einer Kurzzeit-Gesellschaft leben, ihren Kindern jene längerfristig angelegten Richtlinien und Werte mitgeben, die so wesentlich für die Heranbildung einer gefestigten Identität sind? Werden, so fragt Sennett, nicht besonders jene Charaktereigenschaften von diesem Kurzzeit-Kapitalismus bedroht, die Menschen aneinander binden und ihnen ein Gefühl für ein gefestigtes, nachhaltiges Selbst geben?
Die Fremdbestimmung der Zeit ist also einer Form von Selbstbestimmung gewichen, die das Selbst in ein fragil zusammengesetztes Fragment von biographischen ‚Puzzle-Steinen' zu verwandeln droht. Der Konflikt zwischen industrialisierter Zeit und individualisierter Zeit, zwischen Arbeitszeit und Freizeit, ist anderen Konflikten gewichen. Es ist nicht mehr die Maschine mit ihren linearen, homogenisierten Zeitstrukturen, die als zeitliche Ordnungsmacht den Takt für das soziale Leben vorgibt. In einer früheren Arbeit habe ich die Auffassung vertreten, daß die Maschinenzeit durch die Entwicklungen und Leistungsfähigkeit der modernen Naturwissenschaften und Technik und ihren dominanten Zeitstrukturen abgelöst oder zumindest überlagert wurde. Zunehmend mehr von der wissenschaftlichen Erkenntnisarbeit, die im Labor stattfindet, fließt in die technischen Objekte und Verfahren, in Instrumente, Artefakte und die entsprechende Infrastruktur ein, die dann aus dem Labor heraus über den Markt in unser aller Leben eintreten. Diesen technischen Artefakten haftet etwas von der Laborzeit an. Was sie kennzeichnet, ist die kontinuierliche Präsenz der Objekte und ihre ständige zeitliche Verfügbarkeit. Sie sind rund um die Uhr vor-

handen und lassen sich in ihren zeitlichen Abläufen kontrollieren, programmieren, artikulieren. Lineare Sequenzen werden durch die weitaus komplexeren Zeitmuster einer nicht-linearen Dynamik abgelöst. Anders als noch im Zeitalter der Industrialisierung und ihrer Maschinen beginnt sich die Zeit nun zu vervielfachen: wir müssen zunehmend von Zeiten – im Plural – sprechen.
Die neuen technischen Möglichkeiten, die einen Raum eröffnen, der oft als ‚virtuell', als außerhalb des sonst vorherrschenden Wirklichkeitsraums angesehen wird, vermögen zwar die Zeit, die in der virtuellen Welt der Informations- und Kommunikationstechnologien vorherrscht, zu verdichten, zu beschleunigen, anzuhalten oder zu erstrecken, doch sie vermögen nicht (noch nicht?) uns der zeitlich-räumlichen Struktur der körperlichen und sinnlichen Existenz zu entheben. Im Gegenteil, je vielfältiger und unterschiedlicher die Zeiterfahrungen werden, je schneller und abrupter zwischen verschiedenen Lebenssphären und Zeitgefühlen, zwischen den virtuellen Welten und der unmittelbarsten, nahen Um-Welt gewechselt werden muß, desto größer werden auch die Anforderungen an sich selbst und an die individuelle Zeitgebung und Orientierung. Auf der Suche nach einer neuen Kultur der Zeit, in der neue Umgangsformen zu erlernen und neue Strategien zur Bewältigung der anstehenden Zeitprobleme zu erfinden und erproben sind, ist Einfallsreichtum gefragt.
Fest steht jedoch, daß sich Veränderungen nicht mehr nur auf *einer* Zeitachse abtragen lassen. Die Kultur einer neuen, variableren Zeitgestaltung zeichnet sich dadurch aus, daß in ihr, wie eine Studie über Zeitpraktiken und veränderte Umgangsformen mit Technik hervorhebt, die Zeit selbst als ein Spielraum interpretiert wird, der erlaubt, über Zeit bestimmen und verfügen zu können. Die Probleme, die mit Zeit und dem Umgang mit Zeit entstehen, werden ‚gelöst', indem je nach Situation unterschiedliche Zeitmuster und Bewältigungstrategien herangezogen werden. Dabei kommt der Gegenwart erhöhte Bedeutung zu: Vergangenheit und Zukunft stellen nicht mehr vorgegebene, feststehende Qualitäten auf einer Zeitachse dar, sondern werden als veränderbar begriffen. Sie werden jeweils anders ausgelegt und gedeutet, je nach aktueller Gegenwart (Hörning u. a., 1997).
Im Umgang mit der Vielfalt unterschiedlicher Zeiten entsteht paradoxerweise gerade ein Bedürfnis nach dem, was diese Vielfalt zunächst zu verneinen scheint: Eigenzeit. Just dann, wenn gesamtgesellschaftlich gesehen ein neuer Rationalisierungsschub unterwegs ist, der auf Flexibilisierung und Auflösung als zu starr empfundener zeitlicher und räumlicher Ordnungen setzt, just dann, wenn sich scheinbar nichts mehr den ökonomisch strukturierten Abläufen zu entziehen vermag, wächst ein neuer Anspruch gerade auf diese Zeit, die davon nicht zu erfassen ist: der Anspruch auf Eigenzeit. – Ist dieser Anspruch nur eine Illusion?

Wahrscheinlich haben noch nie zuvor so viele Menschen der westlichen Welt mit Zeit experimentiert wie heute. In der kulturellen Andersartigkeit der östlichen Mystik und ihres Zeitempfindens wird durch Meditation und Entspannung, durch das Konzept der Wiedergeburt oder das Anhalten des Augenblicks bewußt nach anderen Zeiterlebnissen und nach einem Entkommen aus dem Alltagsstreß gesucht. Doch die meisten Experimente sind weniger exotisch: sie finden im Spannungsfeld zwischen dem individuellen Bestreben, einen Bruchteil an Eigenzeit verwirklichen zu

können und jenen Notwendigkeiten statt, auf der gesellschaftlichen Ebene mit der Begrenztheit, die in einer erstreckten Gegenwart mit ihrer Überfülle an Möglichkeiten liegt, fertig zu werden. Ob und wie sich Eigenzeit sinnvoll aneignen läßt, ist abhängig von der sozialen Ausgangslage, von der individuellen Position innerhalb der gesellschaftlichen Hierarchien von Macht und Einkommen. Doch zunehmend ist die Tendenz sichtbar, durch eine Verlagerung der Fremdkontrolle in Selbstkontrolle, durch selbst gesetzte Leistungskriterien und zeitlichen Druck die selbst bestimmte Zeit zu unterwandern und in neue Abhängigkeit von der Zeit der anderen zu verwandeln. Die Maske, hinter der nicht „Zeit" als Gott oder Dämon, als „Zeit an sich", noch ausschließlich als physikalische oder biologische Zeit steckt, ist ein soziales Konstrukt, an dem wir alle, ob wir wollen oder nicht, beteiligt sind und mitwirken. Die Begrenztheit der scheinbar so unbegrenzten Möglichkeiten, die eine mit allen Raffinessen von Hightech ausgestattete Gegenwart zu bieten vermag, begreifen zu lernen und sie dennoch weise auszuschöpfen und gestalten zu wollen, ist eine individuell und kollektiv zu lösende Aufgabe.
Vergangene Kulturen kannten und praktizierten den Unterschied zwischen ‚heiliger Zeit' und profaner Zeit, der Zeit des Alltags. Das Industriezeitalter führte die Trennlinie zwischen Arbeitszeit und Freizeit ein, eine tiefgehende Bruchlinie, die das existentielle Zeitgefühl von Generationen prägte. Mit den Errungenschaften von Wissenschaft und Technik breitete sich die manipulier- und kontrollierbare Zeit des Labors in die Gesellschaft aus und bestimmt heute, in Informations- und Kommunikationstechnologien eingebettet, den weitergehenden Prozeß von Flexibilisierung und Globalisierung. In einer 24-Stunden-Wirtschaft verschwimmen selbst die Grenzen zwischen Fremd- und Eigenzeit. Die selbstbestimmte Zeit nimmt die Zeit der anderen in sich auf und die Zeit der anderen wird in Eigenzeit erfahren. Die Möglichkeitsräume sind weit offen, doch sie schärfen gleichzeitig den Blick auf die Begrenzungen. Das Ausbalancieren zwischen dem Wunsch nach Eigenzeit und seinen Chancen auf Umsetzung muß jeden Tag neu begonnen werden. Von der Entstehung einer neuen Zeitkultur sind wir noch weit entfernt. Doch wenn Zeit vorwiegend im Konflikt erfahrbar wird, sind wir auf einem guten Weg.

LITERATUR

Elias, Norbert, Über die Zeit. Frankfurt am Main, 1984.

Holl, Adolf, Der letzte Christ. Stuttgart, 1979.

Hörning, Karl H., Daniela Ahrens und Anette Gerhard, Zeitpraktiken. Experimentierfelder der Spätmoderne. Frankfurt am Main, 1997.

Nowotny, Helga, Eigenzeit. Entstehung und Strukturierung eines Zeitgefühls. Frankfurt am Main, 1989.

Sennett, Richard, The Corrosion of Character. The Personal Consequences of Work in the New Capitalism. New York, 1999.

Young, Michael, The Metronomic Society. Natural Rhythms and Human Timetables. London, 1988.

KEINE ZEIT

Peter Heintel

Aus vieler Munde hört man es: „keine Zeit", und angeblich lautet so sogar der Pensionistengruß. Wenn jemand sagt, er hat keine Zeit, was sagt er damit eigentlich? Zunächst wohl, daß er für andere nicht zur Verfügung steht, daß man mit ihm nicht „rechnen" kann, daß er anderwärtig beschäftigt, also vergeben ist. Also nur ein Ausdruck von normal-notwendiger Zeiteinteilung, von Prioritätensetzung, in der klar ist, daß man nicht ständig für alle und jedes Zeit hat, sich eben nicht verzetteln darf? Wäre es so, dürften wir mit dieser ständig vernehmbaren Wendung eigentlich kein Problem haben, uns höchstens dort oder da zurückgesetzt, eben nicht in die Priorität miteinbezogen fühlen. Für diese Normalität hören wir es aber zu oft: „keine Zeit...", und diese Häufigkeit macht nachdenklich.

Wenn man keine Zeit für dies und jenes hat, anderen mitteilen muß, daß man leider für sie nicht dasein kann, dann, so muß man logisch schließen, muß die Zeit doch woanders und für anderes verwendet werden. Der sagt, er habe keine Zeit, muß eigentlich viel Zeit haben, weil er sie anderen verweigert. Zeit wofür? Erstaunt vernimmt man im weiteren Umsehen, daß die, die keine Zeit haben, eigentlich bekannt dafür sind, daß sie anscheinend nirgendwo Zeit haben, daß alle von ihnen dasselbe hören. Wie geht das?
Umgekehrt findet man, wenn auch selten, immer noch Menschen, die haben Zeit, auch wenn sie tätig sind, und „mitten im Leben stehen." Woher nehmen sie diese? Sind sie fauler als die anderen, haben sie einfach weniger zu tun? Auch hier erstaunt man bei näherem Hinsehen. Anscheinend sind sie oft erfolgreicher als die anderen, jedenfalls stehen sie ihnen nicht nach. Wieso haben sie dann Zeit?
Wenn ich keine Zeit habe, dann heißt dies, daß sie mir entweder genommen wird, oder ich mir sie selbst nehme, oder es spielt beides zusammen und verstärkt sich gegenseitig. Wie aber wird mir Zeit genommen? Wer oder was bestimmt über *meine* Zeit? Gibt es überhaupt Zeit, die *nur* mir gehört?
Nicht einmal über meine eigene Lebenszeit kann ich souverän verfügen, denn sie hat einen fremdbestimmten Anfang und eben ein solches Ende. D. h., sie ist bereits in gewisser Weise genommen, sobald sie nur beginnt. So vergeht uns die Zeit auch gegen das Ende hin immer schneller, sie verfliegt förmlich und tatsächlich haben wir auch immer weniger nach vornehin. Und auch wenn wir gerne annehmen würden, es ginge immer so weiter, auch wenn wir unser zeitliches Ende verdrängen und so handeln, als wären wir unsterblich, es begleitet uns doch die dunkle Ahnung von Befristetheit. Es ist der Tod, der uns schließlich alle *unsere* Zeit nimmt, angesichts seiner wir berechtigt sagen können, „jetzt" habe ich keine Zeit mehr (für mich).

Vielleicht ist es aber gerade dieses Ende, daß nach vorne wirkt; vielleicht nehmen wir uns selbst die Zeit, weil sie uns letztlich doch von stärkerer Hand genommen wird. Ein eigentümliches Paradoxon tut sich auf: jede endlich zugemessene Zeit verlangt nach „Erfüllung"; sie will nicht einfach vergehen, ereignislos verstreichen. Wir fühlen uns aufgefordert, etwas Sinnvolles mit ihr zu tun, nicht einfach so hin, „umsonst" gelebt zu haben. Freilich, vieles müssen wir ohnehin tun, und keiner fragt uns danach, ob wir es wollen oder nicht, aber darüber hinaus finden wir uns auch in dem Streben, mit unserem Leben etwas rechtes „anfangen" zu wollen. Das nächste Paradox: das unerbittliche Ende zwingt zum Anfangen und dieses Anfangen begleitet als Anspruch das ganze Leben. Selbst wenn man meint in ruhigere, dauerhaftere Bahnen gekommen zu sein, immer wieder verlangt die Erinnerung an das Ende, auch wenn sie noch so leise ist, einen Neubeginn, zumindest plagt sie uns mit der Überlegung: „soll das alles gewesen sein?"

Als uns noch das lange, zeitlose Leben nach dem Tode versprochen war, als Unsterblichkeit und ewiges Leben uns den Horizont noch weit in die Ferne schob, hatten wir wohl das Ende noch nicht so gegenwärtig. Was uns hier (noch) nicht gegeben war, vielleicht war es im jenseitigen Leben zu erhalten; es genügte ein rechtschaffenes Leben, um der zukünftigen göttlichen Gnade anteilhaft zu werden. Man konnte sich hier Zeit nehmen, weil dann noch viel von ihr zu erwarten war. Das endliche Leben mußte sich nicht als ständig im Angesicht des Endes gefordert sehen. Im Hinblick auf das in alle unendliche Erfüllung Kommende konnte jetzt eigentlich nichts versäumt werden.

Uns ist aber unser Leben zur einmaligen, befristeten Gelegenheit geworden. Diese Tatsache erhöht den Druck. Was immer wir vermögen, wir müssen es hier und jetzt erledigen, danach ist keine Zeit mehr. Es steht uns nur *ein* Leben für „Selbstverwirklichung" zur Verfügung und in dieses müssen wir hineinpacken, was möglich ist. Dafür *müssen* wir uns Zeit nehmen und dies nimmt uns zugleich die Zeit. Andererseits vermögen wir so dem Tod vielleicht ein Schnippchen zu schlagen, indem wir ihm zeigen, daß wir uns von unserem Ende nicht so sehr beeindrucken lassen, daß uns seine Unausweichlichkeit nicht zur Lähmung und Ohnmacht wird, wir ihn sogar gewissermaßen damit überwinden, zumal es uns auch gelingen mag, Werke und Taten zu setzen, die uns selbst überdauern. Es zwingt uns der Verlust des ewigen Lebens auch, unser eigenes irdisches verlängern zu wollen, die Frist hinauszuschieben, um möglichst vieles noch tun und erleben zu können und es ist daher keine Seltsamkeit, wenn Pensionisten besonders wenig Zeit haben. Todesnähe aktiviert allemal noch alle und die letzten Kräfte, wenn man sich nicht schon aufgegeben hat. Gerade weil wir wissen, daß uns letztlich alle Zeit genommen wird, wollen wir jetzt von ihr möglichst viel. Der Jenseitsverlust *muß* gegen den Tod kämpfen und seinen Eintritt möglichst weit hinausschieben wollen, auch wenn es nur mehr Apparate sind, die aktiv sind und uns am Leben erhalten.

Wir haben also keine Zeit, weil wir sie uns selbst nehmen müssen, im doppelten Wortsinn. Wir müssen sie uns aber nehmen, bevor sie uns genommen wird. Keine Zeit haben hieße somit, sich aktiv gegen seine dahinrinnende begrenzte Zeit zu stellen, sich selbst zu verwirklichen und den eigenen Tod zu überwinden. Man kann dies als Omnipotenzphantasie brandmarken oder es gar als Flucht vor dem Tod verstehen. Dann wären die Phantasien einfach nur zu ernüchtern und Flucht und Verdrängung zurückzunehmen. So leicht macht es uns unser historisches Schicksal aber nicht: gerade weil wir die Macht des Todes anzuerkennen gelernt haben, weil sie bis zur möglichen Gattungsvernichtung vorangekommen ist, ist auch unser Leben in besonderer Weise oszillierend zwischen Flucht und Überwindung herausgefordert. Vielleicht haben wir tatsächlich nicht mehr viel Zeit?

Es scheint uns also schon im Fundament unserer Existenz an Zeit zu fehlen, schon dort wird sie uns genommen und deshalb nehmen wir sie uns auch selbst. Gegen diesen Akt eigener Auflehnung gegen unser Schicksal wäre also im Prinzip gar nichts zu sagen, allzu große Anstrengung kann aber hier ins Gegenteil umschlagen. Wir nehmen uns nicht mehr die uns zur Verfügung stehende Zeit für Erfüllung, Verwirklichung, Sinn, wir nehmen sie uns wirklich *weg,* mit gegenteiliger Folge; Selbstverlust, angekettet an eine fremdbestimmte Ereignisabfolge, blind geworden im Aktionismus, pausenlos tätig, jedes Innehalten vermeidend. Vielleicht täten wir das nicht, wären wir uns bloß selbst überlassen. Vielleicht würden wir dann vernünftiger haushalten. Denn eines scheint klar: pausenloser Daueraktionismus, in dem sich Ereignis an Ereignis reiht, läßt uns ja gar nicht merken, wo wir unser Leben wirklich nützen und wo nicht. Zu Sinn und Selbstverwirklichung gehören Innehalten, Denken und Genuß. In letzterem „genießen" wir die Bestätigung für das, was wir tun und diese müssen wir uns erst verschaffen. Von selbst stellt sie sich nicht ein. Auf einer neuen Ebene müßten wir uns Zeit nehmen, damit sie uns nicht durch unser eigenes blindes Tun genommen wird. Wir brauchen Zeit, damit wir unsere Zeiterfüllung, unser Sonst-nicht-Zeit-Haben genießen können; in letzterem einen Sinn finden. *Er*-füllte Zeit ist etwas anderes als *ge*-füllte Zeit. Warum neigen wir heute eher dazu, sie auszufüllen, ihr keine Zwischenräume mehr zu gönnen?

Es sind wohl nicht bloß die äußeren Umstände, die uns dazu bestimmen, zumindest dazu verführen, wie Arbeitsverpflichtungen, Leistungsanforderungen, unser ganzes ökonomisches Beschleunigungssystem, das ständig darauf aus sein muß, Zeit zu verdichten, Abläufe zu beschleunigen, denn „Zeit ist Geld", und es gewinnt der am Markt, der in gleicher Zeit mehr, besser und „innovativer" produziert. Es ist auch nicht unsere komplexer gewordene Entscheidungswelt, die viel mehr an Anforderung an den Einzelnen heranträgt, wahrscheinlich auch nicht unsere Welt der Überfülle an Ware, Information und sonstigem Angebot, die uns ständig in „Versäumnisangst" hält.

Zwar spielen all diese Phänomene zusammen und lassen uns nur allzu leicht in die Welt der Menschen ohne Zeit eintauchen, oder uns als ohnmächtig fühlen, dem hektischen Getriebe aus eigener Kraft zu entrinnen; vielleicht sind dies alles aber selbst nur einseitige Antworten auf die unbeantwortete Grundfrage: wie gehen wir alle zusammen mit unserer Zeit angesichts individuell befristeter Lebenszeit und erhoffter Gattungsunsterblichkeit um? Man könnte wohl vermuten, daß wir uns vor der Beantwortung dieser Frage drücken wollen, sonst hätten wir die Ökonomie mit ihrem Zeitverständnis nicht so dominant gemacht, hätten sie nicht in alle Lebensbereiche hereingelassen, so daß heute als seltsamer Sonderling, als Untüchtiger, als verdächtiger Lebenskünstler gilt, der sagt, er habe Zeit. Keine Zeit zu haben gehört nämlich zum Prestige und gibt dem Individuum Bedeutsamkeit, ohne daß es merkt, daß es längst in seinen Aktivitäten *als* Individuum zugrunde gegangen ist. Bedeutsamkeit wird ihm vielmehr für seine Entsprechung verliehen; es ist angepaßt, widerstandslos den Forderungen nach Beschleunigung ausgeliefert. Diese werden aber längst von Systemen verwaltet, denen zu entsprechen ist; *sie* wollen überleben und sich durchsetzen. Die befristete Lebenszeit der Individuen ist ihnen Nebensache,

umso besser für sie, wenn sie die Aktivität der Individuen für ihre Zwecke ablenken können. Was aber nur ablenkt und umleitet, verschafft letztlich weder Erfüllung noch Genuß.
Es scheint aber schwierig zu sein, sich auf eine andere Ebene des Zeitumganges zu begeben. Für uns Moderne gibt es dafür wenig Form und gemeinsame Gestalt. Die einen sind noch mit dem alten Jenseits verbunden, die anderen agieren über „Selbstauslöschung" und kosmologisches Universalversprechen. Für uns gilt es aber, beide Momente ernst zu nehmen, einmal die zur Tätigkeit auffordernde individuelle Befristetheit unseres Lebens, das Ernstnehmen des Todes, zum anderen das Bewußtsein, daß man nur zu einem erfüllten Leben kommt, wenn man diese Tätigkeiten immer wieder unterbricht, sich statt Zeit-*Nehmen*, Zeit wieder *gibt.* Hier ist uns viel selbst überlassen worden und oft fühlen wir uns dabei allein und im Stich gelassen. Letzteres zieht aber die bekannte Reaktion nach sich; man stürzt sich ins Getümmel und vermeidet in Zukunft zu viel mit seiner Zeit allein zu sein.
Vielleicht sollte man aber mit der Kritik unserer ablenkenden Zeitbeschleunigungssysteme vorsichtiger sein. Schließlich handelt es sich hier nicht um schicksalhafte Mächte, sondern um unsere eigenen Veranstaltungen. Worauf aber antworten sie, welchem Bedürfnis kommen sie entgegen? Könnte sich am Ende hier ein fataler Kreislauf eingerichtet haben? Eine „diesseitige Spirale", in der sich individuelles Ausschöpfen von befristeter Zeit mit einer Erweiterung des Angebotes dafür gegenseitig vorantreiben?

Waren viele unserer Wunschvorstellungen früher – auch aus Mangel an diesseitiger Befriedigungsmöglichkeit – an das Jenseits adressiert, mußten sie sich nach dessen Verlust an unsere Gegenwartszeit richten. Bedürfnisse und Bedürfniswidersprüche hatten Anspruch, *jetzt* beantwortet und gelöst zu werden. Sie duldeten keinen Aufschub und hinhaltenden Trost. Wir selbst mußten uns in tätige Verantwortung stellen, mußten uns anschicken, das bessere Leben selbst zu veranstalten. Und wir entwickelten eine konkrete Vorstellung von ihm, die uns unseren neuen Glücksvorstellungen gemäß schien: Gütervielfalt, Reichtum, zumindest ökonomische Abgesichertheit, leichtere Arbeit, höhere Bequemlichkeit sollten unser neues Leben sicherer und angenehmer ausgestalten. Zu ihm hin wollte man fortschreiten; von seiner Fähigkeit, Vernunft, Freiheit dabei uneingeschränkten Gebrauch machen. Es war wohl die große „faustische" Idee, selbst sein Schicksal in die Hand nehmen zu wollen, sich nicht mehr vertrösten und von unseren Grenzen einschüchtern zu lassen.
In Produkten, in Werken konnten wir eine zweite, uns gemäßere Schöpfung beginnen und in ihnen uns selbst verwirklichen, uns veräußern und erkennen. Sie waren auch als Antwort auf unsere Wünsche vorgesehen, als Lösungen für Bedürfnisse und deren innere Widersprüchlichkeiten. Als solche lösten sie die alten religiös-institutionellen Antworten ab. Sie standen sofort zur Verfügung, man konnte sie kaufen, sich in ihrem Eigentum als in seinem Eigenen zuhause fühlen.
Damit beginnt sich der Kreis zu drehen: die mit dem Todesende „überwert" gewordene, befristete Lebenszeit konnte sich aus eigener Kraft reicher, vielfältiger, ausgefüllter machen; zugleich fand sie in tätiger Produktion in ihrer Leistungsfähigkeit –

und sie war ja die einzige geworden – einen Ort irdischer Selbstverwirklichung. Das früher eher gemächlich dahintrottende Leben bekam seine Verdichtung, aus der gleichen Zeitspanne wurde „mehr" gemacht. So wurde sie dem Anschein nach nicht nur bedeutsamer, sondern irgendwie „länger."

Wir wissen dies auch heute noch in unserem subjektiven Zeitempfinden aufbewahrt: in der Erinnerung erscheinen uns auch die längsten Zeiträume, in denen nichts oder wenig geschieht, von kürzerer Dauer gewesen zu sein, als jene, in denen viel geschah. Bedenklich allerdings die Umkehr im gegenwärtigen Empfinden: hier vergeht uns ereignisreiche Zeit sehr rasch, während sich die Lange-Weile dahinzieht. Ein neuer Widerspruch wird sichtbar: erfüllter Zeit werden wir nur gewahr, wenn wir den Ablauf der Ereignisse unterbrechen, uns erinnern, zurückschauen, uns des Gewesenen versichern, indem wir es ver-innerlichen. Dazu kommen wir nicht, wenn wir eins ans andere schließen, also keine Zeit für uns haben und im Nu ist das Leben um, schneller als wir denken können und es ist gerade das nicht eingetreten, worauf wir aus waren: seine Verlängerung durch Erfüllung und Verdichtung.

Es ist aber gar nicht so leicht, aus dieser sich beschleunigenden „Immanenzspirale" herauszukommen. Schließlich wollen die Produktionssysteme doch auch nichts anderes, als unseren Wünschen entgegenkommen. Sie wollen dafür sorgen, daß wir womöglich alles, was wir wollen, hier und jetzt und ohne Aufschub zur Verfügung haben und wir verlangen auch danach, weil „man lebt schließlich nur einmal." Die Einmaligkeit muß genützt werden, sie wiederholt sich nicht. Läßt man etwas aus, so stellen sich Versäumnisgefühle ein. Womöglich gleichzeitig alles haben zu können und tun zu wollen, wäre das Ideal einer größtmöglichen Lebensverdichtung. Und Gleichzeitigkeit war immer auch ein Bild für Ewigkeit. In ihr ist auch alle dahinfließende Zeit aufgehoben. Keine-Zeit-Haben strickt am Muster dieser Gleichzeitigkeit. Zeit-Haben hingegen macht ihr Vergehen bewußt.

Die anfänglichen Zeiten von Produktion und Leistung waren noch arm an Möglichkeiten. Die Wünsche in ein Jenseits zu verschieben war aber ebenso schwierig. Das Jenseits mußte in diese Zeit verlegt werden und dies bedeutete Aufwertung der Zukunft. Man arbeitete für eine bessere Zukunft der Menschen, „unsere Kinder sollen es einmal besser haben." Aufschub und Trost richteten sich an den nächsten Generationen aus. Einmal wird es aber soweit sein... Tatsächlich schien das Programm voranzukommen. Niemals in der Geschichte gab es diesen Reichtum, niemals noch diese Gütermenge. Unser befristetes Leben ist (jedenfalls in unseren Gegenden) tatsächlich nicht nur länger, sondern reicher, vielfältiger, abwechselnder und dichter geworden. Wir leben in einer sogenannten „Multioptionsgesellschaft" und kommen mit den uns angebotenen Möglichkeiten nicht mehr mit. Ständig läuft an uns etwas vorbei, das wir gerne ergriffen hätten, und plötzlich dreht sich unser Empfinden, wir erkennen uns in einer Versäumnisgesellschaft nicht nur deshalb, weil unserem befristeten Leben etwas zu wenig angeboten wird, sondern weil es anscheinend ein Zuviel gibt, nach dem wir oft sehnsüchtig blicken, ohne es erreichen zu können. Aus anderer Richtung wird uns dabei wieder schmerzlich bewußt, was hätte in ihm überwunden werden sollen, nämlich die Endlichkeit und Befristetheit unseres Lebens, das eben „nur" eine beschränkte Aufnahmekapazität hat. Manche spornt dies an und sie steigern sich zur intensiveren Aufnahme. Ins Überschätzen der eigenen Annahme- und Verarbeitungsmöglichkeiten tritt Müdigkeit ein und begleitende Leere, die nicht zugelassen werden darf und weitertreibt. Ab nun hat man keine Zeit und wenn nicht Körper und „Natur" streiken, hat man bis zum Lebensende keine. Der komisch-paradoxe Schluß: man hat zeit seines Lebens keine Zeit gehabt, warum hat man dann gelebt?

Unser neuzeitlicher Globalversuch, unserem befristeten Leben mehr Dehnung und Bedeutung zu geben – durch Arbeit, Leistung und Produktion und *in* den Produkten unsere Wünsche beruhigen zu wollen – war von großartiger Einseitigkeit. Das scheint sich nun allmählich herauszustellen und es trifft uns unvorbereitet. Zwar können wir immer noch in eine Zukunft verschieben, was uns jetzt noch fehlt, wir ahnen aber, daß wir vielleicht zwar mehr und immer mehr bekommen könnten, der Quantität bestenfalls natürliche Ressourcengrenzen gesetzt sind, am gegenwärtigen Zuviel bemerken wir aber, daß dieses seltsamerweise nicht ausreicht, daß unbefriedigte Reste bleiben. Sind wir unersättlich-übermütig? Oder verlangen wir gegenüber dem unendlichen Angebot etwas ganz anderes, gegenüber der Quantität eine neue Qualität, die sich auf anderer Ebene bewegt? Überfordert scheinen wir am eigenen Programm zu ermüden, weil wir erkennen müssen, daß die Wünsche andere werden, daß sie Waren, Güter und Produkte nicht mehr ausschließlich befriedigen können. Und noch etwas scheint an diesem Programm nicht aufzugehen: es ist nämlich dieselbe Zeitverdichtungstendenz, die auf der anderen Seite viel (freie) Zeit schafft; eine Zeit, die ungenützt ist, die subjektiv als Last empfunden wird. Vordergründig haben „normale" Menschen immer weniger Zeit, sie sind es aber auch, die zusammen mit den wettbewerbsbedingten Rationalisierungen Menschen frei-setzen, d. h., ihnen einen Überfluß an Zeit zuteil werden lassen. Immer mehr Menschen werden außerdem älter und gehen früher freiwillig oder unfreiwillig in Pension. Weltweit gesehen gibt es ganze Landstriche, die nie die Chance haben werden, in den Arbeitsprozeß eingegliedert, je sagen zu können, sie hätten keine Zeit. Es handelt sich hier aber um eine entwertete Zeit, die sich für ihren Überfluß schämt, ihn verbirgt und verheimlicht. Und noch ein weiteres kommt hinzu: Zeitverdichtung im Sinne von quantitativer Auffüllung produziert immer Kurzfristigkeit. Je mehr Ereignisse ununterbrochen aneinander anschließen, umso kürzer müssen sie geraten und umso schneller aufeinanderfolgen. Sie müssen auch nicht mehr zusammenhängen, keinen inneren Bezug aufweisen. Die schnelle Abfolge ist wichtig, nicht die Aufeinanderfolge. In ihr gibt es auch kaum mehr Zusammenhang, das Individuum zerstreut sich in Angebote. Langfristigkeit aber verlangt Unterbrechung, Überlegung. Zusammenhangsdenken, womöglich über unsere individuelle Lebenszeit hinaus. Für sie brauchen wir Zeit, die wir uns aus dem fordernden Alltag nehmen müssen. Vielleicht können wir uns als Individuen dieser Langfristigkeitsforderung noch einigermaßen entziehen. Andererseits müssen wir in letzter Zeit angehäufte Probleme entdecken, deren Lösung Zeitdimensionen ins Kalkül ziehen muß, die vielleicht jenen des mittelalterlichen Kathedralenbaues vergleichbar sind. Wenn aber auch alle gesellschaftliche Systeme, ökonomisch „durchseucht", auf Zeitverdichtung und Beschleunigung setzen, was geschieht dann mit diesen Langzeitthemen?

LITERATUR

K. M. Geißler: Zeit „Verweile doch, du bist so schön!", Weinheim/Berlin 1997, 2.Aufl.

Peter Heintel: Innehalten – Gegen die Beschleunigung – für eine andere Zukunft, Freiburg/Basel/Wien 1999.

Marianne Gronemayer: Das Leben als letzte Gelegenheit, Darmstadt 1993.

IM SCHATTEN DER ZUKUNFT – EIN BEITRAG ZUM ZEITBEGRIFF DES AURELIUS AUGUSTINUS

RICHARD CORRADINI

Will man dem christlichen Zeitverständnis ein Attribut zuschreiben, das es in all seiner Komplexität und Variabilität charakterisieren soll, so ist es „dramatisch". Der *plot* menschlicher Existenz spielt sich auf zwei Bühnen ab: der der empirischen, historischen Welt und der der Verwirklichung der göttlichen Vorhersehung. Die Dramatik in diesem dualistischen Verständnis von Welt und Geschichte liegt in der Anerkennung der *voluntas*, des freien menschlichen Willens. Vergangenheit und Zukunft als Zeugnis der *actio divina* gewinnen daher gegenüber der vergänglichen, haltlosen Gegenwart als ihre sinnstiftenden, eschatologischen Voraussetzungen an Wert. Der Gegenwart als erlebter Zeit steht der Mensch in einer unüberwindbaren Fremdheit gegenüber. Dabei sind zwei axiomatische Grundbedingungen zu bemerken: Die christliche Zeit ist ein irreversibler Fluß, der zwar durch seine Ereignisse eine Zeiterfahrung suggeriert, letztlich aber über keine stabile Existenz verfügt. Ferner ist Zeit nicht durch sich selbst, sondern von einem Außen her begründet, dessen ungreifbare Logik in der Auflösung der Zeit besteht. In diesem universellen Theater hat Augustinus mit seinen Texten ein Zeichensystem etabliert, das für Jahrhunderte die Spielregeln christlicher Zeitphilosophie zu definieren schien.[1]
Der im Jahr 391 zum Priester und 396 zum Bischof von Hippo Regius geweihte Rhetorik- und Grammatiklehrer war wohl kaum jene einheitliche, sich ihrer historischen Verantwortung bewußte Figur, die sie einen ihrer Biographen als „Geschick der Menschheit" bezeichnen ließ.[2] Betrachtet man die Texte des Augustinus, so zeugen sie von einer Widersprüchlichkeit, die die labile soziale und kirchenpolitische Situation des 4. und 5. Jahrhunderts widerspiegelt. Peter Brown spricht von *face-to-face-communities*, womit er den beinahe dramatischen Versuch der spätantiken Gesellschaften charakterisiert, Kommunikation, Politik und Religion zu ordnen und zu stabilisieren. In diesem Spiel kam den heiligen Männern die Rolle sozialer Integrationsfiguren zu, die aber keineswegs klar umgrenzt war.[3] Vielmehr formierten die Auseinandersetzungen mit den zahlreichen Häresien und damit die Frage nach der *recta fides* die engen Spielräume eines Autors wie Augustinus. Der daraus resultierende Antwortcharakter seiner Texte erklärt die Widersprüchlichkeiten und Brüche, die beispielsweise den Versuch völlig obsolet werden lassen, eine einheitliche Zeit- oder Geschichtstheorie des Augustinus entdecken zu wollen.

PARADOX UND IMAGINATION

Mit der Frage „Was ist eigentlich Zeit?" eröffnet Augustinus in seinen *Confessiones* eine subtil rhetorisch geführte Analyse des Zeiterkennens, in der die unhinterfragbare, weil von Gott geschaffene Existenz der Zeit und die paradoxe Situation menschlicher Erkenntnisfähigkeit gegeneinander ausgespielt werden. Was ist uns, wenn wir sprechen, vertrauter und geläufiger als die Zeit? „Wenn mich niemand danach fragt, weiß ich es. Will ich es einem Fragenden erklären, weiß ich es nicht."[4] Die Selbstverständlichkeit, mit der das Symbol Zeit in der menschlichen Sprache verwendet wird, steht nicht nur im Widerspruch zur Unfaßbarkeit dessen, was die Architektonik der Vergänglichkeit vorschreibt, in der nichts Bestand hat. Auch die skeptische Sprache der Philosophie verneint die Annahme, Zeit sei eine primär anwesende Existenz, die der Welt ihren Rahmen und ihre Ordnung aufprägt. Vielmehr ist sie „so tief im Dunkel und bleibt erst neu zu entdecken."[5]

In mehreren Schritten, in denen die Zeit immer wieder mit der Ewigkeit Gottes kontrastiert wird, zeigt Augustinus die paradoxe Situation der Zeit auf. Zunächst wird die Aporie der Existenz von Zeit deutlich. Wenn Zeit in den Formen von Vergangenheit, Gegenwart und Zukunft existiert, so ist sie ein „nicht mehr", ein „nicht jetzt" und ein „noch nicht", also eine unvollkommene und durch ihr Nicht-Sein bestimmte Dreiheit.[6] Selbst der Augenblick als unendlich denkbares Zeitdifferential wird radikal ver*nicht*et, weil er über keinen Raum *(spatium)* verfügt und „quia tendit non esse."[7] Die Existenz der Gegenwart ist nur in ihrem Durchgang von einem „Noch-nicht-jetzt" in ein „Nicht-mehr-jetzt" festzuhalten. Die Folge dieser Annahme ist die Verlegung der Zeit in die (individuelle) Seele, den *animus*, dem die Fähigkeit zugeschrieben wird, die Formen des Vergänglichen als eine Dauer *(perdurans attentio)* wahrzunehmen.[8] An diesem Quasi-Ort werden die Dinge in ihrem Vorübergang *(praetereuntia)* verwandelt, werden in die Aula des Gedächtnisses geführt, in der sie ihre Auferstehung aus der Nicht-Existenz erfahren.[9] Dementsprechend sind die drei Zeiten auch keine bloßen Formen mehr, sondern Adjektive der Verwandlung jener Spuren *(vestigia)*, die die Welt in den *animus* eingeprägt hat.[10] Daher ist Zeit eine permanente Vergegenwärtigung als Erinnerung *(praesens de praeteritis memoria),* Anschauung (*praesens de praesentibus contuitus)* und Erwartung *(praesens de futuris expectatio)*.[11]
Die Zeit ist bei Augustinus eine innere Spur – radikal verschieden von der Momentabfolge der physischen Zeit –, die die Außenwelt in Bildern *(imagines)* (re)präsentiert und über den Vergleich ordnet. Sie ist nicht die Bewegung eines Objektes oder deren Maß, sondern die Konkretisierung der Vorstellung einer Bewegung.[12] Der Einbezug der Vergangenheit und Zukunft in die jeweils differente Gegenwart ermöglicht es der Seele, sich auf die Ordnung der Welt auszuspannen, sie zu erfassen. Indem die dreifache Gegenwart *(memoria, contuitus, expectatio)* und die *distentio animi* zusammengeführt werden, ist die Gegenwart als *praesentia* zu einer Zeitqualität geworden.[13] Während sich aber das real Präsente ins Dunkel *(occultum)* verliert und sich sein nur für einen Augenblick erleuchteter Sinnkontext auflöst, wird in der *attentio* eine irreale, imaginierte Gegenwärtigkeit aktualisiert, die sich dem Verschwinden in die Bedeutungslosigkeit entgegenstellt *(memoria)*. Zeit ist daher kein kontinuierlicher, homogener Fluß, sondern ein Spiel zwischen der von der Aufmerksamkeit abhängigen, diskreten Aktualisierung, die die Beschaffenheit des Zeitlichen strukturiert, und dem passiven Affiziertsein durch die *imagines*. In dem beinahe der Zeitlichkeit entfremdeten Gegenwartsverständnis enthüllt sich die radikale Diskontinuität der Zeit.[14]
Augustinus bringt mit seiner Bedachtnahme auf die dynamische Beziehung zwischen Vergangenheit, Gegenwart und Zukunft weniger eine psychologische Zeittheorie, sondern umreißt vielmehr genau das Problem der historischen Zeit, in der menschliches Handeln erzählt werden kann. Im Blickpunkt der *Confessiones* steht weniger die Frage nach der ontologischen Existenz der Zeit, sondern die nach einem Ort, an dem zwischen Mensch und Gott bzw. Mensch und Mensch Kommunikation stattfinden kann, also eine Frage nach der (heils)geschichtlichen Erfahrbarkeit dessen, was schon geschehen ist und was noch geschehen wird und dessen Relevanz für die Gegenwart. Der abstrahierende Begriff des *tempus* soll nicht verstellen,

daß „die Geschichte das gesamte Inventar der Ereignisse sein muß, die selbst durch die Zeit individualisiert werden."[15] Augustinus hat den Zeitbegriff auf die *memoria, attentio* und *expectatio* beschränkt, was vielleicht mit dem Entwurf großer Geschichtstheorien nichts zu tun hat. Aber wird nicht Zeit gerade nur in der historischen Zeit, die auf Extrapolationen, Verallgemeinerungen, Totalisierungen und Abstraktionen verzichtet, wahrnehmbar?

HOMOLOGIE UND ISOTOPIE

Augustinus unterscheidet zwischen der homologen Ebene des Seins der Zeit (= *esse*) und der isotopen Ebene ihrer Erfahrung, wobei die Homologie verborgen und ungreifbar ist, die Isotopie hingegen nicht die ganze Dimension des Phänomens Zeit ausschöpft. An der Unterseite der Existenz hängt die Auslöschung als ihr integratives Gegenteil. Die Zeit ist bedingt durch die *Nicht*-Zeit, wobei das *Nicht* kein anihilierendes, sondern ein kausales Gegenteil ausdrückt. Zur epistemologischen Lösung der Problematik bleibt ihm nur die Überschreitung der beiden Kategorien in der Fundamentierung durch die übergeordnete Ebene der *creatio ex nihilo*, für die die Zeit ein Verweiszeichen ist. Das zeit- und raumlose Außen (Gott) bewegt die Schöpfung in Zeit und Raum. Die Zeit ist sich also nicht selbst substantielle Ursache, sondern sie ist aufgehoben in der Ewigkeit *(praefiguratio)*, in der ihr Grundmoment – der Wandel – aufgehoben sein wird. Die „sich immerfort drehenden Kreise, die der Wahn sich erdichtet", sind durchbrochen.[16] Nichtsdestoweniger beginnt sich das christliche Universum einzurollen und auf sich zu konzentrieren: *Gott, das Wort, die Welt und das Ende*. Vom erschaffenden und zeitlosen Einen nehmen die schaffenden Ursachen *(natura)* ihren Ausgang, werden in der *creatio* verzeitlicht und verräumlicht und schließlich in ihrer nicht erschaffenen *praedestinatio* vollendet.

Einerseits ist die Zeit also eine Entrollung, an der der Mensch nur passiv Anteil hat, andererseits existiert Zeit nur im Vollzug der Vergegenwärtigung. In der hierarchischen Ordnung der Schöpfung steht der Mensch in der niedrigsten Stufe der *creata*, hat aber über seine Erkenntnis die Teilhaftigkeit an allen vier Stufen. Der Widerstand der Zeit, die an und für sich nur in ihren Spuren lesbar wird und sich mithin selbstverständlich *vertextet*, ist die Grundbedingung menschlicher Erfahrung. Die *anima* erfaßt den „Abgrund, zu dem die gesamte geistige Schöpfung in tiefer Finsternis geworden wäre, hättest Du nicht von Anbeginn gesprochen: Es werde Licht."[17] Das Mittelalter wagte den Versuch einer Interpretation der menschlichen Evolution in ihrer Gesamtheit.[18] Die erste Vertextung ist das *fiat lux*. *Gott/Wort/Welt/Ende* ist die Entfaltung des Zeit- und Raumlosen, eine Mitteilung, die nichts für sich behält, eine Entäußerung in ein Peiorativ. Der zeitlose Akt des Schaffens bildet die Rahmenbedingung für alles Werden, ist das formale Kriterium *in actu* für die Existenz eines jeden Phänomens – ein der Zeit und dem Raum enthobenes *Während*.[19]

Insofern die Zeit aber nicht ein in sich selbst begründetes, ständig auf sich selbst rekurrierendes Prinzip ist – ein Mythos des ewig sich Gleichenden –, wird sie zur historischen Zeit und damit zu einer Dimension des Einzigartigen, Unwiederbringlichen. Die Zeit ist keine Spur der Ähnlichkeiten, aus deren Perspektive sich alles Zukünftige nur als ein Teil des ohnehin schon Gewesenen darstellt. Sie wird zu einer

Spur der Differenz, in der jede Bewegung irreversibel auf ihr präfiguriertes Ende ausgerichtet ist. In dieser Differenz liegt die Dramatik der christlichen Zeit.[20]
Die substantielle menschliche Grundbedingung des Nicht-Wissens steht im dialektischen Gegensatz von Gedächtnis und Vergessen, deren Folge das Suchen ist. Die Suche vollzieht sich in einem unendlichen Zirkel, denn einerseits wird sie von der Wahrheit als existentielle Erfahrung ausgelöst, andererseits kann die Wahrheit erst in der Suche gefunden werden. Der Zirkel des *quaerere* ist ein ständiges Sich-in-Bewegung-Befinden, ein Moment menschlicher Innerlichkeit und doch ein Sich-im-Exil-Aufhalten *(peregrinatio)*. Dies aber meint zeitliche *distentio*, Verlorenheit in den Fluß der Ereignisse und der Zeit, und damit Fremdheit von sich selbst. Da jedes Finden eine neue Suche wie einen Schatten vor sich wirft, bleibt die differente Erfahrung des Ich in permanenter Bewegung. Nur in der vollkommenen Anspannung *(intentio)* würde sich das Intendierte dem Zeitlichen entheben und in ein endgültiges Finden auflösen.[21] Nur wenn die *memoria* mehr als ein bloß wahrnehmendes Zeitigen ist und sich selbst als ein Bei-sich-Sein hat *(memoria sui)*, kann sie Zeit erfassen. Der Umschlagpunkt des Erkennens ist der Zweifel als eine Radikalisierung der *memoria sui*. Wenn sich das Selbst *(intus)* zwar durch den Zweifel von der Veränderlichkeit der Außenwelt *(vicissitudo temporum)* absetzen kann, so zeigen Denken, Wollen und Vorstellen, daß das Ich bis in seine innersten Tiefen von der Wandelbarkeit und dem Zeitfluß erfaßt ist.[22] *Intellegere*, *velle* und *imaginari* sind existentiell niemals leer.
Das zeitigende Wissen des Menschen ist ein Paradox wie die Zeit selbst, denn einerseits hat sich der Geist in einer Selbstgegenwart, andererseits „weiß niemand, wie es um den Menschen steht."[23] In *De trinitate* wird die triadische Struktur dieser Selbstgegenwart genauer beschrieben. Die *notitia* bzw. der *intellectus* reflektiert als Subjekt-Bewußtsein den Geist *(mens)*, das wahrnehmende Bewußtsein *(memoria)*, die Vorstellungen *(imagines)* und den ordnenden Verstand *(ratio)*. Der freie Wille *(voluntas, amor)* realisiert die Beziehungen zwischen ihnen.[24] Im Unterschied zur dreifachen Selbstgegenwart Gottes ist die menschliche Selbsterkenntnis aber der Zufälligkeit der Zeit unterworfen: die subjektive *cogitatio* konkretisiert sich wie ein kurzes Flackern in der Dunkelheit.[25] Den 1. Korintherbrief des Paulus zitierend, schreibt Augustinus: „Es ist wahr, wir schauen jetzt nur durch den Spiegel das Geheimnis."[26] Die Zeit des Menschen bleibt ein anamnetisches Zeichen, ein Peiorativ der Spannung.[27] Sie ist eine Ökonomie der Auflösung *(dispensatio temporum)*, denn allein die Erwartung des Endes der Zeit verspricht die endgültige Enthüllung und übt damit die soziale Energie aus, die die Differenz zu überwinden gewährt.[28]
Die erfolgreiche Formation eines religiösen Diskurses war eine der bedeutendsten Kräfte des frühen Christentums, die die Fortsetzung des ohnehin schon existenten „impulse toward systematization of knowledge"[29] bedeutete, wodurch er die Möglichkeit bekam, die soziale Öffentlichkeit zu kontrollieren.

PARADOX UND ANALOGIE

Confessiones XI ist ein Infragestellen von prästabilisierten Codes, die man als alltagssprachlichen Umgang mit dem Begriff *Zeit* umschreiben könnte. Die Zeit stellt sich in den augustinischen Texten als relationsbedingte, rhetorische Variable für eine

Reihe von Kontexten dar, die, für sich allein genommen, keinen Aussagegehalt hat, sondern nur in der interpretativen Arbeit des Lesers ihre narrative Funktion erfüllt. Dies kann aber nur dann gewährleistet werden, wenn das *tempus* nicht als ein epistemologisches Kontinuum mit seinen spezifischen Abweichungen betrachtet wird, so als gäbe es eine stabile transhistorische Idee von Zeit, deren Modulationen das spezifisch Historische einer Epoche wären.[30] Indem der Begriff seiner gewohnten Verwendung enthoben und in einen anderen Kontext, nämlich den der rhetorischen *disputatio*, gestellt wird, beginnt er in einer anderen, entfremdenden Enzyklopädie mit anderen Begriffsumfeldern zu kookkurrieren, wie z. B. mit der skeptisch-philosophischen Frage nach der Zeit, der Auseinandersetzung mit den Manichäern, der Legitimation des Schöpfungsberichtes, dem labilen Status der Zukunft in der menschlichen *historia* oder der Frage nach der *actio divina* in der Geschichte. Ein Begriff bedeutet immer auch die möglichen Texte, in die man ihn einsetzen kann, wobei dieses Pendeln als die drei Aporien des *esse*, des *metiri* und der *distentio* des *tempus* dargelegt wird.[31]

Eines der wichtigsten sprachlichen Kompositionselemente der augustinischen Texte ist die typologische Exegese. Es ist kein Zufall, daß der erste der vier Schriftsinne, der quasi das Fundament der exegetischen Arbeit ausmacht, als *sensus ad litteram* bzw. *secundum historiam* bezeichnet wird. Aus den augustinischen Texten wird klar, daß die *historia* zwar keine eigene Disziplin darstellte, innerhalb der *artes liberales* jedoch als kritisch-textanalytische Methode fest verankert war.[32] Die Interpretationsmethode der Exegese kann ohne einen Begriff von Zeit und Geschichte nicht auskommen. Ihre zentralen Komponenten sind zum einen die *memoria* als Kapazität, Wissen und Sprache zu ordnen, zum anderen die *significatio* als Methode, mit der die Relationen innerhalb dieses *ordo* erklärt werden. Sind die propagierten Wahrheiten eines Diskurses immer referentiell, so wird im christlichen Diskurs eine *veritas aeterna et incommutabilis* beansprucht, deren wesentlicher Charakter in der Ambivalenz von Außersprachlichkeit *(signa obscura)* und Vermittlung *(signa data)* besteht.[33] Die sprachlichen Zeichen müssen aber ihrer Zugehörigkeit zu den *temporalia* wegen in ihrer Bedeutung erkannt *(inventio)* und textuell gehalten werden, um sie nicht zu verlieren. *Significatio* und *signa dare* werden somit zu einer zentralen Funktionsmöglichkeit der *memoria*, dem Speicher des Vorhandenen *(esse)*, das in seiner grundsätzlichen Zeichenhaftigkeit decodiert werden muß. Das *esse* der *res* als ursprünglich gedachte Einheit von Sprache und Welt wird bei Augustinus nie angezweifelt, es sei denn in der Form jener Rhetorik, wie sie in *Confessiones XI* auftritt.[34] Die Exegese ist ein komplexes Interpretationsmodell, das der Differenz zwischen der von Gott gegebenen Schrift und ihrer Vermittlung durch die menschliche Sprache gerecht zu werden sucht. Dabei erfordert die Rätselhaftigkeit der Schrift einerseits eine exakte Auslegung, andererseits muß sie das notwendige Merkmal eines heiligen Textes bleiben.[35] Die Unhinterfragbarkeit ihrer historischen Ereignishaftigkeit erfordert die Annahme eines *verbum*, auf das alles zurückgeführt werden kann. Es geht um die Organisation von Wissen und Sprache, deren Ziel keineswegs nur darin besteht, die kommentierten Aussagen zu legitimieren, sondern Sprache auf Sprache zu beziehen und damit einen zweiten Diskurs entstehen zu lassen, der die Interpretation als Sprechen über das Sprechen erlaubt.[36]

Für den mittelalterlichen Menschen war jedes Ding absurd, dessen Bedeutung mit seiner unmittelbaren Funktion und Erscheinungsform erschöpft wäre. Daraus entspringt das System der Symbolik und Allegorik, ein Diagramm an Proportionsbeziehungen.[37] Es ist letztlich ein abstrahierendes Denken, das Phänomene nach bestimmten Analogien, Homologien und Codes in ein System ordnet, an dessen kausalem Anfang immer *der Letzte* steht. Dieses Denken beruht aber auf der Notwendigkeit der Reibung zwischen dem Symbol und dem Bezeichneten, auf der Inkongruität, die die Phänomene vor der Negation ihrer Identität bewahrt. Die Symbolisierung des Universums *(creatio)* mit dem Prädikat *tempus* rettet es vor dem *abyssus universae spiritalis creaturae*, vor der Abgründigkeit der Inexistenz, hat aber das logische Problem zur Folge, daß die Zeit selbst ein analoges Zeichen und damit inkongruent wird. Diese Reibung ist der Reiz des symbolischen Denkens. Deshalb gibt es nichts Bezeichnungs- und nichts Beziehungsloses. Jedes Phänomen hat durch das analoge Denken eine Signatur. „Das System der Signaturen kehrt die Beziehung des Sichtbaren und Unsichtbaren um. Die Ähnlichkeit war die unsichtbare Form dessen, was aus der Tiefe der Welt die Dinge sichtbar machte."[38] Die Ähnlichkeit der Zeit ist auf zweifache Weise zu denken: die Zeit ist ein System der *similitudo*, bringt Phänomene in eine Relation, bildet ihre Form. Sie selbst ist aber auch ein Zeichen, das aus der Ähnlichkeit von Phänomenen/Ereignissen entspringt. Ihr Ort ist der *Text*, die reflektive *memoria*, die das Gedachte unter diskursiven Kriterien redupliziert und repräsentiert *(distentio animi)*. Da sich Ähnlichkeiten aber immer aufeinander beziehen, da die Ähnlichkeit selbst nur ein Zeichen ist, ergibt sich als Fundament dieses Denkens der universelle Grund, der alle Formen umspannt.[39] Innerhalb dieses Universums existiert zwischen den Wörtern und den Zeichen kein Unterschied in bezug auf Epistemologie und Erfahrung, Wissen und Tradition, weshalb sich die Welt der Phänomene und die der Verben unendlich überschneiden können. Die Zeit ist einer dieser Schnittpunkte im diagrammatischen Zeichensystem. Dabei gerät aber die Sprache selbst als Repräsentation dieses Systems in die Gefahr der Abdrift, beginnt, ein instabiles Zeichen zu werden. Zeit, Erkennen und Sprache sind voneinander abhängige Phänomene. Ohne der *causa prima* gibt es allerdings weder eine Vor-Zeitigkeit des Denkens und Sprechens noch ein Vor-Denken der Zeit.[40]

DAS FREMDE

Die erlebte Zeit wird somit zum integrativen Parameter menschlicher Existenz, dessen einziger Sinn darin besteht, sich selbst in der Erkenntnis seiner Nichtigkeit aufzulösen. Der intelligible Akt dieser Erkenntnis ist ebenso wie die Zeit selbst von Gott präfiguriert. Im Unterschied zu den Geschichtsoptimisten Tertullian, Origenes und Eusebius, die in der *Pax Romana* die Chance der Verwirklichung der Erlösungsgeschichte sahen, oder den Pelagianern, denen der symbolische Akt der Taufe als heilsgeschichtliche Grundvoraussetzung ausreichte, war für Augustinus die Zeit hoffnungs- und perspektivelos.[41] In seinem Werk *De civitate Dei* formulierte er die Unvereinbarkeit des vergänglichen, irdischen und des ewigen, göttlichen Reichs. In der Zeit verdeutlicht sich die unauflösbare Ambivalenz, daß sich einerseits die Schuldhaftigkeit der Menschen vergrößert, andererseits aber auch das Wissen um Gott wächst und die Menschen der Erlösungstat näherbringt. In der daraus resultierenden Machtlosigkeit bleibt den Menschen nichts anderes zu tun übrig, als sich auf die Vollendung der Zeiten durch die *interventio* Gottes zu konzentrieren. In der Spanne der Zeit spielt sich das universelle Drama christlicher Geschichte ab: Zwischen Entfremdung und Wiedererkennen, Vergessen und Erinnern, Schuld und Buße. In der menschlichen Geschichte ist der Mangel nicht wegzudenken, sodaß das Fremde immer auch ein Eigenes ist.

Durch die irdische Geschichte geht der Riß zwischen *actio* und *voluntas*, das Mal der Schuld verstellt den Menschen das *ipsius esse*.[42] Der einzig anerkannte Fortschritt spielt sich in der sich enthüllenden Wahrheit Gottes ab, die sich der menschlichen *voluntas* überschreibt. Durch ihre historischen Zeichen, wie z. B. die *incarnatio*, wird sie für die Menschen erkennbar, wenn sich das Firmament wie ein Buch entrollt.[43] Durch die *incarnatio* wird eine Logik etabliert, die die Differenz zum Anderen und die Fremdheit nicht nur nivelliert, sondern als notwendigen Ort der *eucharistia* (Verwandlung) anerkennt.[44] Das Unterschiedliche wird zum Ähnlichen durch den universellen Anspruch der *caritas*. Der in die Zeit zerstreute Mensch bleibt in der Spur der Differenz, die aber nicht nur Vernichtung, sondern auch Annahme und Aufmerksamkeit *(attentio, contuitus)* bedeuten kann. Die *dissimilitudo* zwischen dem Schöpfer und den *ad imaginem Dei* geschaffenen Menschen ist schlechthin *causa prima* und *movens* für die Differenz der *temporalia* und den Fortschritt der *historia*.[45] Zeit und Geschichte werden um die historischen Ereignisse des göttlichen Wirkens als integrative Momente gruppiert und erhalten somit eine transzendentale Bedeutung. Sie werden zur Fortsetzung der Genesis und zum Kommentar biblischer Geschichte, die sich im „Schatten der Zukunft" entfalten.[46]

ANMERKUNGEN

1 Da die Sekundärliteratur zu Augustinus unüberblickbar ist, sei hier auf das Augustinus-Lexikon, das im Auftrag der Universität Gießen und des Instituts der Deutschen Augustiner in Würzburg unter der Leitung von Univ.-Prof. Dr. Cornelius Petrus Mayer herausgegeben wird, verwiesen.

2 Joseph Bernhart, Augustinus. Bekenntnisse. München 1955, 943.

3 Peter Brown, The Body and Society. Men, Women and Sexual Renunciation in Early Christianity. Suffolk 1990, 104; ders., Power and Persuasion in Late Antiquity. Toward a Christian Empire. Madison 1992, 37ff.; ders., The Rise and Function of the Holy Man in Late Antiquity, in: Journal of Roman Studies 61 (1971) 81ff.; ders., Authority and the Sacred. Aspects of the Christianisation of the Roman World. Cambridge 1995, 22ff.

4 Confessiones XI, 14, 17 (Confessionum libri XIII, hrsg. Luc Verheijen, Corpus Christianorum, Series Latina 27, 1/1, 2, Turnhout 1981).

5 Conf. XI, 22, 28.

6 Conf. XI, 14, 17; 15, 18; vgl. Paul Ricoeur, Zeit und Erzählung I. Zeit und historische Erzählung. München 1988, 28; Cornelius Petrus Mayer, Die Zeichen in der geistigen Entwicklung und in der Theologie Augustins. Die antimanichäische Epoche (Cassiciacum 24, 2) Würzburg 1974, 161ff.; Johann Mader, Aurelius Augustinus. Philosophie und Christentum. St. Pölten-Wien 1991, 237; Kurt Flasch, Augustin. Einführung in sein Denken. Stuttgart 1980, 269; Ernst A. Schmidt, Zeit und Geschichte bei Augustin (Sitzungsberichte der Heidelberger Akademie der Wissenschaften, Phil.-hist. Kl. 3) Heidelberg 1985, 18.

7 Conf. XI, 14, 17 – 15, 20; vgl. Henri-Irénée Marrou, Das Janusantlitz der historischen Zeit bei Augustin, in: Zum Augustin-Gespräch der Gegenwart 1, hrsg. Carl Andresen. Darmstadt 1975, 362.

8 Conf. XI, 18, 23; 26, 33; 27, 36; vgl. Kurt Flasch, Was ist Zeit? Augustinus von Hippo. Das XI. Buch der Confessiones. Historisch-philosophische Studie. Text – Übersetzung – Kommentar. Frankfurt 1993, 355ff.

9 Conf. X, 17, 26; 21, 27.

[10] Conf. XI, 18, 23f.; 27, 35.

[11] Conf. XI, 20, 26; vgl. Odilo Lechner, Idee und Zeit in der Metaphysik Augustins (Salzburger Studien zur Philosophie 5) München 1964, 133ff.; Mayer, Zeichen 2 (wie Anm. 6) 162; Remo Bodei, Ordo Amoris. Augustinus, irdische Konflikte und himmlische Glückseligkeit. Wien 1993, 147; Friedrich-Wilhelm von Herrmann, Augustinus und die phänomenologische Frage nach der Zeit. Frankfurt 1992, 100; Joanne McWilliam Dewart, Augustine's Struggle with Time and History, in: Congresso Internazionale su S. Agostino nel XVI centenario della conversione. Roma 15–20 settembre 1986, Atti 2 (Studia Ephemeridis „Augustinianum" 25) Rom 1987, 474ff.

[12] De civitate Dei XI, 6 (hrsg. Bernhard Dombart-Alphons Kalb, CCL 47, 14, 1, Turnhout 1955); Conf. XI, 23, 29 – 24, 31.

[13] Conf. XI, 27, 34.

[14] Conf. XI, 20, 26. Vgl. Robert A. Markus, Der heilige Augustin über Geschichte, Prophetie und Inspiration, in: Zum Augustin-Gespräch der Gegenwart 2, hrsg. Carl Andresen. Darmstadt 1981, 171ff.; Brigitte Schmitt, Der Geist als Grund der Zeit. Die Zeitauslegung des Aurelius Augustinus. Diss. Freiburg 1967, 99; Flasch, Was ist Zeit (wie Anm. 8) 389; Mayer, Zeichen 2 (wie Anm. 6) 171f.

[15] Paul Veyne, Ein Inventar der Differenzen. Antrittsvorlesung am Collège de France, in: ders., Die Originalität des Unbekannten. Für eine andere Geschichtsschreibung. Frankfurt 1988, 35. Vgl. Jacques Le Goff, Geschichte und Gedächtnis. Frankfurt 1992, 102ff.; Reinhart Herzog, Non in sua voce – Augustins Gespräch mit Gott in den Confessiones, in: Das Gespräch, hrsg. Karlheinz Stierle-Rainer Warning (Poetik und Hermeneutik 11) München 1984, 213–250.

[16] De civ. Dei XII, 18; De trinitate II, 5, 9 (hrsg. W.J. Mountain, CCL 50, 16, 1, Turnhout 1968).

[17] Conf. XIII, 8, 9: „[...] abyssum universae spiritalis creaturae in profundo tenebroso, nisi dixisses ab initio: fiat lux [...]."

[18] Philippe Ariès, Zeit und Geschichte. Frankfurt 1988, 78; vgl. Robert A. Markus, The End of Ancient Christianity. Cambridge 1998, 48f.; Averil Cameron, Christianity and the Rhetoric of Empire. The Development of Christian Discourse (Sather Classical Lectures 5) Berkeley/L.A. 1991, 138.

[19] Conf. XII, 11, 14.

[20] Conf. XI, 29, 39.

[21] Conf. XI, 29, 39; 30, 40; XII, 11, 13. Vgl. Julia Kristeva, Fremde sind wir uns selbst. Frankfurt 1990, 92ff.; Cornelius Petrus Mayer, Prinzipien der Hermeneutik Augustins und daraus sich ergebende Probleme, in: Forum Katholische Theologie 1 (1985) 197–211; Alfred Schöpf, Augustinus. Einführung in sein Philosophieren. Freiburg 1970, 84f.

[22] De trin. X, 10, 14; De vera religione 39, 73 (hrsg. K.-D. Daur, CCL 32, 4, 1, Turnhout 1962); De civ. Dei XI, 26; Conf. XII, 11, 13; XIII, 11, 12. Vgl. Silvia Ferretti, Zur Ontologie der Erinnerung in Augustinus' Confessiones, in: Mnemosyne. Formen und Funktionen der kulturellen Erinnerung, hrsg. Aleida Assmann-Dietrich Harth. Frankfurt 1991, 356ff.; Herrmann-Josef Kaiser, Augustinus. Zeit und „memoria" (Abhandlungen zur Philosophie, Psychologie und Pädagogik 67) Bonn 1969, 117; Mader, Augustinus (wie Anm. 6) 235.

[23] Conf. X, 5, 7.

[24] De trin. IX, 4, 4; X, 11, 18; XIV, 6, 8; vgl. De libero arbitrio II, 14, 37 (hrsg. Wilhelm M. Green, CCL 29, 2, 2, Turnhout 1970); De civ. Dei XV, 22; Conf. X, 8, 12.

[25] Conf. IX, 10, 25; X, 30, 41.

[26] Conf. X, 5, 7. Vgl. 1 Kor 13, 12.

[27] Conf. XI, 4, 6; vgl. Mayer, Zeichen 2 (wie Anm. 6) 150ff.; Flasch, Was ist Zeit (wie Anm. 8) 364.

[28] Peter Brown, The Making of Late Antiquity. Cambridge-London 1978, 73.

[29] Cameron, Christianity (wie Anm. 18) 43, 123; vgl. Peter Burke, History as Social Memory, in: Memory. History, Culture and the Mind, hrsg. Thomas Butler. Basil Blackwell 1989, 99ff.

[30] Michel Foucault, Archäologie des Wissens. Frankfurt [5]1992, 246ff.; ders., Die Ordnung der Dinge. Frankfurt [9]1990, 25; Paul Veyne, Foucault: Die Revolutionierung der Geschichte. Frankfurt 1990, 44f.; Julia Kristeva, Die Revolution der poetischen Sprache. Frankfurt 1978, 30f.

[31] Umberto Eco, Lector in fabula. Die Mitarbeit der Interpretation in erzählenden Texten. München 1990, 18ff., 57; Kristeva, Revolution (wie Anm. 30) 53.

[32] Hans-Werner Goetz, Die „Geschichte" im Wissenschaftssystem des Mittelalters, in: Funktion und Formen mittelalterlicher Geschichtsschreibung. Eine Einführung, hrsg. Franz-Josef Schmale. Darmstadt 1985, 210; vgl. Laetitia Boehm, Der wissenschaftstheoretische Ort der historia im Mittelalter. Die Geschichte auf dem Wege zur „Geschichtswissenschaft", in: Speculum historiale. Geschichte im Spiegel von Geschichtsschreibung und Geschichtsdeutung, hrsg. Clemens Bauer (FS Johannes Spörl) Freiburg-München 1965, 675f., 688.

[33] De doctrina christiana I, 1, 2ff.; II, 2, 3ff. (hrsg. Joseph Martin, CCL 32, 4, 1, Turnhout 1962). Grundlegend: Mayer, Zeichen 2 (wie Anm. 6); Belford Darrell Jackson, The Theory of Signs in St. Augustine's De doctrina christiana, in: Revue des Études Augustiniennes 15 (1969) 9–49; Ubaldo Ramón Pérez Paoli, Der plotinische Begriff der 'ΥΠΟΣΤΑΣΙΣ und die augustinische Bestimmung Gottes als Subiectum (Cassiciacum 51) Würzburg 1990, 123ff.; Ulrich Wienbruch, „Signum", „significatio" und „illuminatio" bei Augustin, in: Der Begriff der Repraesentatio im Mittelalter. Stellvertretung, Symbol, Zeichen, Bild, hrsg. Albert Zimmermann (Miscellanea Mediaevalia. Veröffentlichungen des Thomas-Instituts der Universität zu Köln 8) Berlin-New York 1971, 76–93.

[34] De magistro III, 1, 6 – X (hrsg. Wilhelm M. Green, CCL 29, 2, 2, Turnhout 1970); De doctr. chr. I, 1, 1; De ordine II, 12, 35 (hrsg. Wilhelm M. Green, CCL 29, 2, 2, Turnhout 1970); De civ. Dei XV, 10, 17ff.; vgl. Robert A. Markus, St. Augustine on Signs, in: Phronesis 2 (1957) 66ff.; Ellen C. Caldwell, The loquaces muti and the Verbum infans: Paradox and Language in the Confessions of St. Augustine, in: Collectanea Augustiniana: Augustine, „Second Founder of the Faith", hrsg. Joseph C. Schnaubelt – Frederick Van Fleteren. New York 1990, 101ff.

[35] De doctr. chr. IV, 6, 9; Conf. XIII, 23, 33. Umberto Eco, Die Grenzen der Interpretation. München 1995, 123.

[36] De trin. XV, 11, 20; Conf. XI, 5, 7.

[37] Conf. XII, 28, 38; vgl. Umberto Eco, Kunst und Schönheit im Mittelalter. München [3]1995, 79ff.; Cornelius Petrus Mayer, Artikel „Allegoria", in: Augustinus-Lexikon 1, 2, hrsg. Cornelius Petrus Mayer – Karl Heinz Chelius. Basel-Stuttgart 1986, 233ff.

[38] Foucault, Ordnung der Dinge (wie Anm. 30) 57.

[39] Conf. XII, 25, 35; XIII, 24, 37. Vgl. Richard Corradini, Zeit und Text. Studien zum *tempus*-Begriff des Augustinus (Veröffentlichungen des Instituts für Österreichische Geschichtsforschung 33) Wien 1997, 136ff.

[40] Conf. XI, 14, 17; XIII, 10, 11; De quantitate animae 6, 11 (hrsg. Wolfgang Hörmann, CSEL 89, 1, 4, Wien 1984).

[41] Peter Brown, Die Entstehung des christlichen Europa. München 1999, 64ff.; Cornelius Petrus Mayer, Krisen und Umbrüche in der Geschichte des Christentums? Die krisenlose „historia sacra" und die „historia sacra" als Krise nach der Geschichtstheologie Augustins, in: Krisen und Umbrüche in der Geschichte des Christentums, hrsg. Wolfram Kurz-Rainer Lächele-Gerhard Schmalenberg (Gießener Schriften zur Theologie und Religionspädagogik 9) Gießen 1994, 73–92.

[42] De civ. Dei II, 24.

[43] Conf. XIII, 15, 16.

[44] Peter Brown, Der heilige Augustinus. Lehrer der Kirche und Erneuerer der Geistesgeschichte. Frankfurt 1973, 282ff.

[45] Conf. XIII, 22, 32; vgl. ebd. VIII, 1, 1: „De mea vero temporali vita nutabant omnia."

[46] De civ. Dei XVII, 1.

INZWISCHEN

manfred moser

1.

Inzwischen steht der Möbelwagen leer da. Gleich wird er zugemacht, fährt zur nächsten Adresse. Denn viele ziehen um, heute ist Monatsende, morgen Monatsanfang. Zwei Möbelpacker sind übrig. Außerdem die Familie, zwei Erwachsene, zwei Kinder und der Haufen. Die Bewohner der Gegend verlangsamen ihre Schritte, um zu sehen, was kommt. Was ist das für ein Haufen? Und was für eine Sorte Mensch? Wenn man genau hinsieht, kann man sich ungefähr ausmalen, welches Schicksal demnächst hereinbricht. Lärm? Geschrei? Trinkerei? Tanz jeden Abend und Frühstück zu Mittag? Schlimme Zeiten. Ein Klavier. Das Eigentum wirkt insgesamt nicht sehr gepflegt. Kartons, Kartons und nochmal Kartons, die meisten überfüllt, mit Büchern. Wahrscheinlich extremes Zeug. Und Spielzeug, Skibretter, Skistöcke. Gehören wohl den Kindern. Ein größeres, ein kleineres, Junge, Mädchen. Zerknautschte Luftmatratzen, mangelhaft gefaltete Gummiboote, Paddel. Vorhänge, wo sind die Vorhänge? Das Volk wird sicher hinter nackten Fensterscheiben wohnen wollen, rot beleuchtet. Oder hängt schon was oben? Nein, nichts. Kommunistenvolk. Stattdessen liegen ungehobelte Bretter herum, sogar Ziegel und Zementsteine. Von irgend einer Baustelle. Dann fertig gekaufte Regale, Töpfe mit Grünpflanzen, größere und kleinere Bilder, alle abstrakt, zwei Safarisessel, angesautes Rindsleder, schade ums Material, drei Fahrräder, zwei ziemlich kaputt, ohne Luft, vier Autoreifen, verbotene Spikes, fünf Schreibtische, fünf? Ein Eßtisch, antiquarisch, sechs Stühle zum Eßtisch, einer ohne Sitzpolster, Schafwollteppich, grob, schwarz weiß gestreift, hundert Lampen, tausend Weinflaschen, Radio, Fernseher, Videorecorder, Lautsprecherboxen, Boxhandschuhe, Sandsack, Wäscheständer, Schlagbohrer, kleine und große Sägen, Mistkübel, Kochkessel, Ehebett, Stockbett, Kissen, Steppdecken, Anoraks, Hosen, Mäntel, Bauernkasten, winzige Kommode, keine weiteren Schränke, da soll sich einer auskennen.

2.

So dringt der Pfeil der Zeit ins Sein und treibt Geschichten heraus. Sein wird seiend, die Verlaufsform ersetzt die ewige Form. Aber die Beobachtung hält kaum Tatsachen fest, sie ist vage und sprunghaft, der Quelle zu nah, sie hat überhaupt keinen Faden. Wenn Geschichten in der Weise zu fließen beginnen, laufen auch die Dinge davon, das eine Mal in Richtung der Magie, des faulen Zaubers, Plunders und Gekritzels, das andere Mal in Richtung der unerhörten Ereignisse, Novellen, oder der unnachahmlichen Werke, Novitäten. Ebenso können sie in zweierlei Richtungen zugleich davonlaufen, gegenläufig, rückwärts vorwärts, oder kreiselnd, quirlend, trudelnd, mehrfach seitwärts, zwischen den Linien. Eine solche Beobachtung ist lähmend, weil die Geschichten weder wirklich anfangen noch wirklich zu Ende gehen und weil man die Regeln nicht kennt. Allein vom Hörensagen weiß man dies und jenes, ohne es zu unterscheiden, zum Beispiel, daß die Dinge wandern und daß sie durch ihr wiederholtes stures Auftreten und die Art ihres Herumziehens Spuren hinterlassen. Die Eindrücke zeugen vielleicht von einem System. Manchmal staut sich das Material, klumpt zusammen, und plötzlich fliegen die Fetzen und Brocken wie aus einem Vulkan, oder das Ganze löst sich von selbst auf, zergeht harmonisch, und „mitten in einem Sommertag" fällt eine „Schneeflocke" nieder. Das letztgenannte Bild hat Musil erfunden. Es steht einem ähnlichen Bild nahe, dem „kleinen eingekratzten Strich" in den „Tafeln der Geschichte". Solche Hinweise klingen nicht aggressiv, greifen aber durchaus die Fundamente der Historiographie an. Unterhalb der einen großen Geschichte liegt nicht nur geordnete Zeit, sondern eine Topographie und, nach Musil, mindestens eine Kristallographie. Die Fragen müßten daher lauten: Wo sind Dinge? Und wie verhalten sie sich als Sachen? Jetzt wird die Beobachtung spannend. Ein mögliches Ungleichgewicht innerhalb der Hierarchie der Werte und Normen stört die Ruhe des Schreibers, kratzt und beißt, haut und sticht ihn. Seine Schrift ist einfach zu spät dran, nicht aktuell. Musil drückt es noch sanft aus: „Man fühlt, daß da die Begriffe an eine Grenze kommen, wo sie keinen Halt mehr finden."[1]

3.

Kant beginnt die kurze Abhandlung *Das Ende aller Dinge* mit einer Redensart: „Es ist ein, vornehmlich in der frommen Sprache, üblicher Ausdruck, einen sterbenden Menschen sprechen zu lassen: er gehe *aus der Zeit in die Ewigkeit.*"[2] Dem geflügelten Wort folgt die Deutung: es sei damit das „Ende aller Zeit" gemeint – wovon „wir uns freilich keinen Begriff machen". Wir überschreiten nicht die Grenze, die das Leben setzt, die Redensart ist verwaschen und ungenau. Eine weitere Deutung bestätigt das negative Resultat: „Dieser Gedanke hat etwas Grausendes in sich: weil er gleichsam an den Rand eines Abgrunds führt."[3] Der warnende Hinweis fügt jedoch etwas hinzu, die Anschauung. Damit setzt die eigentliche Argumentation ein: Wer ins Jenseits „versunken" ist, kehrt nicht zurück; wer noch lebt, möchte sich deshalb die Ewigkeit aus dem Kopf schlagen. Normalerweise gelingt das aber nicht, weil der Gedanke an das „Ende aller Zeit" seltsam attraktiv bleibt: „man kann nicht aufhören, sein zurückgeschrecktes Auge immer wiederum darauf zu wenden … er ist furchtbar – *erhaben.*"[4] Den Nährstoff für die Attraktion liefert die „Einbildungskraft", der Kant zugesteht, daß sie in der Dunkelheit „mächtiger als beim hellen Licht" wirke. Dunkel und Licht schließen einander nicht aus, sie ergänzen einander, trotzdem fehlt ein logisches Mittel, das beides umfaßt. Die „Vernunft" erzeugt sich aus solchem Grunde die „Idee" vom „Ende aller Dinge"[5]. Nur wenn wir Gegenstände annehmen, die „über unsern Gesichtskreis hinausliegen", sind wir in der Lage, „Urteile in praktischer Absicht" zu fällen. Wir tun das fortwährend, indem wir alle möglichen Gegenstände „in der Zeit" auf einen zeitunabhängigen „Endzweck" ausrichten. („Wodurch sie, die sonst gänzlich leer wären, objektive praktische Realität bekommen".) Der in Klammern eingeschobene Nebensatz kündigt viel Arbeit an, jede Menge Wissenschaft, „so haben wir ein *freies* Feld vor uns, dieses Produkt unsrer eignen Vernunft".[6] – Das sind, der Reihe nach, die Daten und Fakten der Forschung, eins nach dem andern, und, nach und nach, die Entwicklung zum Ganzen hin, alles ineins.

4.

Inzwischen füllt sich die Wohnung. Der Vormieter hat sie hinterlassen, als ob nichts gewesen wäre, Löcher zugegipst, Wände und Decken gestrichen, Böden gekehrt und alles Notwendige laut Vertrag abgehakt. Die Wohnung ist kalt und leer, sie darf die Partei wechseln. Und wieder darf, als ob nichts gewesen wäre, an der alten Stelle neues Leben stattfinden. Für die einziehende Partei ist die stabile Rechtslage dennoch höchst unbefriedigend, sie bietet nicht die geringste Gewähr, daß die neue Lebenspraxis objektiv und real wird. Unter welchen Umständen? Das Mädchen hat sich ihrer Puppe zugewandt, füttert und wickelt sie im Stiegenhaus. Der Junge hat, wie es ihm einfiel, sein Fahrrad aus dem Haufen aussortiert und ist kommentarlos, wie es ihm einfiel und auch passend erschien, verschwunden. Die Eltern kommen sich schuldig, sündig, ja krank vor, sie haben den reinen Ort betreten und beschmutzt. Beide fühlen es, ihre bloße Gegenwart wirft Licht auf jeden Dreck. Allein in ihren Urteilen unterscheiden sie sich. Ein Elternteil neigt mehr zu der Erklärung, daß die Gegenwart an der Vergangenheit hängt, die alte Partei war doch eine ekelhafte Partei, man muß den Dreck sofort entfernen. Dazu braucht man Lappen, Seife, Bürste, Drahtschwamm, Rasierklinge. – Das andere Elternteil neigt mehr zu der Erklärung, daß die Gegenwart an der Zukunft hängt, die neue Partei wird doch eine junge, mutige Partei sein, ihre Schlacken liegen vor dem Haus und behindern den Verkehr, man muß die Sperre sofort entfernen. Dazu rennt es treppab, treppauf, bricht Bahn, hilft, rettet, wo nichts zu helfen und nichts zu retten ist, stört. Das unheimlich unheimische Leben nimmt erst dann Züge einer noch primitiven Organisiertheit an, wenn einer der Möbelpacker in die Wohnung tritt: „Wo kommt der Hackstock hin?" Nun gilt es, zu entscheiden, das Ding hätte im Keller stehen sollen. Eines der Parteimitglieder, Frau oder Mann, egal wer, antwortet müde, mit der Hand durch den Flur zur Küche zeigend: „Dahin!"

5.

So oder so, entweder oder. Die Menschen machen ihre Geschichte selbst und aus freien Stücken, danach werden sie beurteilt. Das Urteil trifft nicht nur jede ihrer Handlungen am Ende oder ihr gesamtes Sündenregister zuletzt, im Himmel, sondern schon ihre Aktionen im Vorfeld. Wollen wir diesen Krieg, diesen Frieden, diesen Vertrag? Die Frage ist sinnvoll, solange die Tat, womit sich die Antwort erübrigen könnte, noch aussteht. Wir müssen es wissen, entweder oder. Alles, was daraus folgt, Sieg und Niederlage, Gewinn und Verlust, Coup und Pleite, hängt nur von der Kette unseres Willens ab. Wir müssen es sogar gewußt haben. Rechtzeitig. Man nennt das Konsequenz. Die klassische, besonders an historischen Determinanten interessierte Forschung liebt solche Entschiedenheit und übernimmt gern die zugehörige Logik. Geschichtemachen heißt: Konsequenzenmachen. Die Konsequenz des Konsequenzenmachens aber heißt: Flucht. Eine Flucht ist immer gegenläufig bewegt, in sich verspreizt, gefangen zwischen Plus und Minus, Polaritäten. Man rennt hin und her und kommt nicht an. Auf der einen Seite soll etwas verschwinden, zum Beispiel der Ort, wo man war oder gewesen sein könnte. Die Maxime lautet: „Weg damit!" Auf der anderen Seite soll man ein Ziel erreichen, zum Beispiel die Zukunft, das Paradies oder einen Park. Die Maxime lautet: „Nichts wie weg!" Den Maximen ist gemeinsam, daß sie keinen Inhalt preisgeben. Sie sind leer und treiben, kraft ihres inhaltlichen Mangels, den Fortschritt an. Es sind reine Fortschrittmacher. Der Prozeß hört deshalb nie auf. Dauernd finden sich neue Determinanten, weil die Polarität einmal angenommen ist, zündende Alternativen, dringende Termine, Plus und Minus, so oder so. Eine zweite Konsequenz aus der Konsequenz ist das Fehlen der Sequenz. Sie hat hier wirklich nichts verloren. Denn sie gehört zur Logik des Traums, des Schlafs, des Glücks, des Spiels, der Sucht, der Poesie. So oder nicht, statt Polarität herrscht Binarität, Eins oder Null. Die Konsequenz ist unterbrochen, gestört, wir bitten um Entschuldigung. – Sequenzen hängen nicht an der Kette des Willens, ihr Mittel ist die Ohnmacht. Und der Schnitt. Nick Knatterton lehrt, wie man richtig schneidet. Licht: „Inzwischen erlangten die Gangster ihr Bewußtsein wieder." Aus: „Kombiniere, mir wird schwarz vor Augen."[7]

6.

Kant fragt, warum die Menschen „überhaupt" ein Ende der Welt erwarteten und warum ein „Ende mit Schrecken"? Er beantwortet die Frage Punkt für Punkt. Die erste Erwartung knüpfe die „Dauer der Welt" an einen Zweck. Ohne irgend einen Zweck wirke die Schöpfung „wie ein Schauspiel, das gar keinen Ausgang hat, und keine vernünftige Absicht zu erkennen gibt"[8]. Die zweite Erwartung habe in der „Meinung von der verderbten Beschaffenheit des menschlichen Geschlechts" ihren Grund. Aus dem Schlimmen folge Schlimmeres, zuletzt das Schlimmste. (Wenn es so weiter geht!) Kant ahmt die volkstümlichen Drohgebärden nach, malt den Teufel an die Wand: „Daher sind auch die *Vorzeichen des jüngsten Tages* (denn wo läßt es eine durch große Erwartungen erregte Einbildunskraft wohl an Zeichen und Wundern fehlen?) alle von der schrecklichen Art. Einige sehen sie in der überhandnehmenden Ungerechtigkeit, Unterdrückung der Armen durch übermütige Schwelgerei der Reichen, und dem allgemeinen Verlust von Treu und Glauben; oder in den an allen Erdenden sich entzündenden blutigen Kriegen, u. s. w.: mit einem Worte, an dem moralischen Verfall und der schnellen Zunahme aller Laster, samt den sie begleitenden Übeln, dergleichen, wie sie wähnen, die vorige Zeit nie sah. Andre dagegen in ungewöhnlichen Naturveränderungen, an den Erdbeben, Stürmen und Überschwemmungen, oder Kometen und Luftzeichen." Es ist eine Katastrophe. (Klar, so geht es nicht weiter!) Die Konsequenz ergibt sich allerdings aus einer anschaulichen Sequenz, die von der Kette des Willens abgekoppelt ist und eigene suggestive Kraft entwickelt. Als Kette des Horrors. Im Horror liegt der Stoff zur Realsatire. Die Schrift *Zum ewigen Frieden* verdankt ihren Titel einem holländischen Wirtshaus, auf dessen Schild ein „Kirchhof gemalt war"[9]. Kant genießt den Witz, geht aber gleich zur Tagesordnung über. Jenen Lesern, die seine Gedanken „böslich" mißdeuten, prophezeit er „den ewigen Frieden" auf dem „großen Kirchhofe der Menschengattung".[10] Er wiederholt das Memento. Wenn sie nicht herauskämen aus ihrem „gesetzlosen Zustande", würden sie „den ewigen Frieden in dem weiten Grabe finden, das alle Greuel der Gewalttätigkeit samt ihren Urhebern bedeckt."[11]

7.

Inzwischen sind die Möbelpacker gegangen, und das alte Gerümpel türmt sich wie ein mächtiger einsamer Berg in der neuen Wohnung. Etwas stimmt nicht an dem Bild. Der gesetzlose Zustand, roher Besitzstand, muß Hausstand werden, weshalb jetzt eine entscheidendere Entscheidung fällig ist. Kein Ding bleibt da, wo es die

Möbelpacker abgeworfen haben, jedes wird verdrängt, verschoben, das Untere zuoberst, das Obere zuunterst und alles Durcheinander zerlegt, auseinandergelegt, ein wichtiger Schritt, die Analyse, dann in Kreisen gruppiert, Themenkreisen, Problemkreisen, in Kuben und Prismen perspektiviert, Lebenswelten, berufliche und persönliche Interessen, Klavierspielen, Hobbies, Winter, Sommer, und verdichtet, auch ein wichtiger, leider schwieriger Schritt, die Therapie, sie strebt nach Erfolg und zieht sich in die Länge und Breite, wegen des unsicheren Maßes, wegen der Dosis, Klötze oder Knicker, wegen der Nerven und wegen der Abstände, vielleicht eine Idee nach links, nach rechts, oder wegen einer ganz anderen, modernen, nein, postmodernen Idee: Wie wäre es, wenn man das Pianino gegen den Hackstock ... und die Couchecke freischwebend in der Mitte? An der Stelle muß jemand Sorge tragen, daß der Hausstand nicht in liberaler Willkür versinkt, jemand, der die Synthese rettet, am besten der Hausherr. Er hält seinem Volk einen Vortrag mit Stichworten wie Kosmos, unzerstörbar, Nägel, Köpfe, Institution, Füße, Tisch, Ökonomie, rein, raus, Semmeln, Brötchen. Das reicht. Spät abends sitzt das Volk in seiner selbst geschaffenen provisorischen Residenz, selbst geschafft, doch heimlich schon heimisch, berührt durch ein grenzenloses Heimatgefühl: „Es wird ... von nun an!" Und weil es diesen günstigen Platz fand und diesen günstigen Augenblick erwischte, der Ort hätte ja verflucht und die Zeit verschwendet sein können, bringt es der Schicksalsgöttin sein Opfer dar, öffnet eine Flasche Wein. Den Kindern gebühren Zwangskostproben, wegen der Symbolik. Die Naßzonen sind fertig eingeräumt, gleich werden die Schlafzimmer belegt. Die Eheleute entscheiden sich für ein drittes Kind.

8.

So ein Tag, so wunderschön wie heute, so grauenhaft ist das Morgen. Und so widerstreiten, bei aller Bewußtheit, Künftiges und Vergangenes, Periode und Episode, Linie und Phase, Strecke und Zyklus, Hitze und Kälte, Licht und Dunkel, die Gegenwart steht im Zwielicht. Ein trivialer Spruch empfiehlt: Eile mit Weile, genehmige dir einen Aufenthalt, dann bist du schneller. Aber wie, wo? Wo der Terminkalender gerade voll ist? Der Spruch hat trotzdem einiges an Realität für sich. Er setzt das Projekt des notbeladenen, mit nötigen und unnötigen Dingen überladenen, zum Tode führenden Lebens und das Projekt des ewigen Lebens in Beziehung. Uralter Wunsch, Sequenz und Konsequenz treffen sich, wenigstens in der Tendenz. Die Logik des Fortschritts kommt da nicht mit. Sie darf der Tendenz nicht einmal nachgeben, weil es der Ökonomie schadet. An der Kette des Willens hängen Sieg und Niederlage, Gewinn und Verlust, Coup und Pleite, polare Beziehungen, und an ihnen hängen immer Mühlen. Kriegsmühlen, Friedensmühlen, Vertragsmühlen. Die Apparate können kosten, was sie wollen, wenn sie nur meßbar und berechenbar bleiben. Stimmen muß vor allem die Relation von Input und Output, Einwurf und Auswurf. Man wirft Geld ein. Die Kriegsmühle wirft Bomben aus, die Friedensmühle Moral, die Vertragsmühle Politik. Ein Nebenprodukt der drei Mühlen ist die Kultur. Sie hat soweit den Markt erobert, daß es sich lohnt, spezielle Mühlen zu bauen, Gedächtnismühlen, Geschichtsmühlen. Die Apparate, Riesenapparate, werfen jedes Ding doppelt aus, Kopien, und jeden Text rückwärts vorwärts laufend, rückwärts zu den Affen, Drachen, Menschenfressern, Folterkammern, vorwärts zu den Ufos oder rückwärts zu den Ägyptern, Griechen, Kelten, Römern, Fahrstühlen, vorwärts zu den Klons usw. – Es ist viel. Jeden Tag, Geburtstag oder Todestag, die Jahre, Jahrhunderte, Jahrtausende nicht gezählt, gibt es ein Jubiläum, jeden Tag ist der Terminkalender voll. Nick Knatterton lehrt, wie man Eile und Weile doch glücklich verbindet: „Während der Industrielle heftig mit Sieglinde schäkert, flitzt Nick mit dessen Rolls-Royce zur Bülowstraße Nummer 7."[12]

9.

Kant erzählt die Geschichte der Menschen als Geschichte der Zwietracht. Der Ursprung ist nämlich entzwei, gesprungen. Es fing einmal gut an mit der Natur, Gott hat sie geschaffen, und es fing böse an mit der Freiheit, die Menschen haben ihre Chancen schlecht genützt. Selber schuld! Eine Quelle, deren Wasser in zwei Richtungen fließt, nährt die Ströme des Bösen und des Guten, und sie nähren die Entwicklung. Kant hofft, daß die Entwicklung „zwar bisweilen unterbrochen, aber nie abgebrochen sein werde"[13], und irgendwann ein „verborgener Plan der Natur"[14] zum Vorschein käme. Wie auch immer, die Konsequenz ist gar nicht faßbar, außer durch Sequenzen. Zu einer trostreichen Idee treten regelmäßig die trostlosesten Anti-Ideen: „Zu allen Zeiten haben sich dünkende Weise (oder Philosophen), ohne die Anlage zum Guten in der menschlichen Natur einiger Aufmerksamkeit zu würdigen, sich in widrigen, zum Teil ekelhaften Gleichnissen erschöpft, um unsre Erdenwelt, den Aufenthalt für Menschen, recht verächtlich vorzustellen. 1) Als ein *Wirtshaus* (Karavanserai), wie jener Derwisch sie ansieht: wo jeder auf seiner Lebensreise Einkehrende gefaßt sein muß, von einem folgenden bald verdrängt zu werden. 2) Als *Zuchthaus*; welcher Meinung die brahmanischen, tibetanischen und andre Weisen des Orients (auch sogar Plato) zugetan sind: ein Ort der Züchtigung und Reinigung gefallner, aus dem Himmel verstoßner, Geister, itzt menschlicher oder Tier-Seelen. 3) Als ein *Tollhaus*: wo nicht allein jeder für sich seine eigenen Absichten vernichtet, sondern einer dem andern alles erdenkliche Herzeleid zufügt, und obenein die Geschicklichkeit und Macht, das tun zu können, für die größte Ehre hält. Endlich 4) Als ein *Kloak*, wo aller Unrat aus andern Welten hingebannt worden. Der letztere Einfall ist in gewisser Art originell, und einem persischen Witzling zu verdanken ..."[15] Die Erzählung dauert länger, weil Kant die Pointe hinauszögert und dann spürbar auf der Zunge zergehen läßt. („Das ist der Abtritt für das ganze Universum.") Unerhört! Man höre! Daher die Zopfsätze. Wie Girlanden sind sie zwischen den Pfeilern des philosophischen Denkgebäudes aufgehängt, und von den Lampions schauen manchmal komische, manchmal tragische Gesichter.

10.

Inzwischen ist die alte Wohnung kalt und leer. Die alte Partei hatte sie hinterlassen, als ob viel gewesen wäre, viel Vergangenheit. Wo früher Bilder und Regale waren, stecken Nägel, Schrauben, Haken und Dübel. In miesen Löchern. Sie sind entweder völlig daneben oder halbwegs gelungen. (Wenn man ein Auge zudrückt, kann man sie gerade als Löcher ansprechen.) Wahrscheinlich hatte der Bohrer damals, als die Partei jung und mutig einzog, dauernd verrieben und drei bis vier Löcher für ein Loch gebohrt. Oder ganze Krater. Die Partei muß sich geschämt haben. Sie stellte den Bauernschrank vor den ärgsten Wandteil, die restlichen Schäden überdeckte sie mit Plakaten. Später, wie Geld ins Haus kam, mit Druckgrafiken, auch Ölbildern. Das ging noch, es war nicht grundsätzlich mies. (In modernen Wohnungen wird der Putz eher locker aufgetragen, er fällt ganz herunter, wenn man bohrt, zumindest besteht die Gefahr.) Total mies sieht das Umfeld der verstellten oder verdeckten Flächen aus. Das ist die Wand, die immer Wand war, nicht Hintergrund, geheimer Plan, nur immer Wand. Ein Theater. Ungehindert durch die Dinge im Vordergrund, hat sich das Leben objektiv auf der Wand niedergeschlagen, seine Schmiere abgeschlagen, eine einzige Biographie. Der Raum ist schwer gezeichnet. Die Zeichen bedeuten, es geht abwärts. Wo vorher viel war, ist jetzt nicht viel mehr oder viel weniger, sie bedeuten nur, nichts ist wie vorher. Alles in der Wohnung, in der Straße, in dem Viertel, in der Stadt, in dem Land, in der Welt geht hemmungslos abwärts. Ein Geruch, ein Gerücht, ein Heizkörper, Fensterfugen, offene Türen, ständig mußte man es dreimal sagen, Tür zu, ständig der Luftzug, und der Schweiß, tags, nachts, Arbeitsschweiß, Schlafschweiß, Fliegen, Motten, Mücken, das sammelt und mischt sich und ergibt den übelsten Nachruf. Waren nicht Raucher dabei? Was ist mit den Strahlen? Wasseradern? Haben die mal den Untergrund ausgependelt? Neue Wohnungsbewerber halten sich die Nasen zu. Schon das Atmen genügt, und der Raum kippt. Die Dinge kippen in die Zeit. Die Zeit kippt in die Materie. Die Materie kippt in den Müll.

11.

So oder anders, aus alt mach neu, man kann es ja nicht so lassen. Macht endlich Schluß, um endlich anzufangen, macht Tradition! Das ist die Wollust der Kultur. Die Schöpfung wiederholen, gut sein wie Gott am ersten Tag, vielleicht sogar besser als er am siebten, am Ruhetag. Man darf nur das Zitat nicht fürchten. Wenn der König seine Soldaten ausschickte, schickt die Geschichtsschreibung heute ihre Würmer aus. (Die Historiker verfertigen die dicksten Bücher, die Archive werden größer und größer.) Wenn die Bürger ihre Kinder und Frauen maßregelten, straften und oftmals töteten, überziehen die Staaten des Westens heute den Osten mit ihrer Moral. (Der Balkan zählt nicht eigentlich zu Europa, er hat nicht die nötige Reife bewiesen.) Wenn Händler den freien Markt und den Liberalismus entdeckten, herrscht heute Sachzwang. (Die Macht ist im Jenseits, der Fundamentalismus holt sie ins Diesseits zurück, natürlich mit Gewalt.) Wenn Büßer in Sack und Asche nach Santiago pilgerten, tragen gewöhnliche Schuldner ihre Kleider zum Waschsalon. (Die Gesellschaft verdankt ihr Heil der Reinigung, sie hat die Spuren ihrer kindischen Leidenschaften entfernt und einen Stil ausgebildet.) Wenn Propheten das Unheil kommen sahen und es nicht glauben wollten und schrien, kalkulieren die Prognostiker die Wahrscheinlichkeit des realen Niedergangs oder Aufstiegs. (Die Futurologie liefert die genauesten Abbilder, die Vorhersagen werden aktueller und aktueller.) Daraus folgt, die Rechnung stimmt immer. Kopf hoch! Immer sind die Determinanten umkehrbar, man kann also was machen. Man muß die Probleme nur in den Griff kriegen, Gürtel enger schnallen, Durststrecke, Talsohle usw. – Zur Zeit befinden wir uns leider ... aber die Zeichen der Zeit sprechen ... wir verstehen ... der Zeitgeist. Was für die Tradition gilt, ist reversibel und konvertibel, es setzt sich fort im Trend, der Kette der Impulse (Kicks): Haufenmachen (Access), Rechtmachen (Process), Nischenmachen (Recess), Saubermachen (Excess), Strichemachen und Punktemachen (Success). Es ist ein schnelles, langweiliges Spiel. Nick Knatterton lehrt, wie wir mit den Härten des Lebens, Tempo und Langeweile, locker fertig werden: „Während er mit dem Tonband aus dem Fenster springt, machen wir einen Sprung nach Capri.“[16]

12.

Kant teilt ein und aus. Das Einteilen hat beruhigende Wirkung: erstens „natürliches Ende“, zweitens „mystisches“ Ende, drittens „widernatürliches Ende“[17]. Man weiß, woran man ist. Für Unruhe sorgen jedoch die Klammersätze und Fußnoten. Man erinnert sich, von „gänzlicher Leere“ war die Rede. Inmitten der Fülle entwirft Kant seine Gegenbilder. Sofort dreht sich etwas, stürzt etwas ab, die Ordnung kehrt sich um. Ein hervorstechendes Bild betrifft die Aussicht, gefressen zu werden: „... der Unterschied der europäischen Wilden von den amerikanischen besteht hauptsächlich darin, daß, da manche Stämme der letzteren von ihren Feinden sind gegessen worden, die ersteren ihre Überwundene besser zu benutzen wissen, als sie zu verspeisen ...“[18] Ein Doppelbild. Das Motiv ist beiderseits der Fraß, allein der Stoffwechsel geht schneller oder langsamer. Aber das eine wie das andere zielt auf den Schwund des Lebens, den Konsum und den Umsatz. Das Bild gibt Anstoß zu ausgreifenderen Gedanken: Nicht nur einzelne Ehen, ganze Staaten sind durch das „Einverleiben“ bedroht. Kant sieht die Gefahr, „daß sich nämlich auch Staaten einander heuraten könnten ... teils als eine neue Art von Industrie, sich auch ohne Aufwand von Kräften durch Familienbündnisse übermächtig zu machen, teils auch auf solche Art den Länderbesitz zu erweitern.“[19] Die Fusion, Beweggrund der politischen und industriellen Entwicklung Europas, weist auf denselben Mangel hin. Es ist genug da. Aber nicht einmal die „Oberfläche“ der Erde, die „der Menschengattung gemeinschaftlich zukommt“[20], ist noch nutzbar. Man merkt, es wird eng. Kant empfiehlt, die Gemeinschaft möge der „Idee eines Weltbürgerrechts“ näherrücken, da nun „die Rechtsverletzung an *einem* Platz der Erde an *allen* gefühlt“ werde.[21] Wer nicht fühlen will, muß hören: Vanitas! Kant hätte ebenso sagen können: Eine Gemeinschaft, die den „ewigen Frieden“ nicht will, möge in den Boden versinken, den sie unter den Füßen verloren hat.

13.

Inzwischen hatten sich die Schüler an das Kreuz gewöhnt. Es befand sich auf den Wänden der ersten, zweiten, dritten und vierten Klasse, immer in gleicher Höhe und in gleicher Entfernung zur Tür. Es fehlte nie. Die Schüler wären auch nie auf die Idee gekommen, seinen Platz zu ändern. Man hätte es abhängen müssen, welche Vorstellung! Das Kreuz gehörte zu dieser Wand, die Wand gehörte zu dieser Klasse, die Klasse gehörte zu dieser Volksschule, die Volksschule gehörte der Kirche. Es zeigte den Schülern, was sie waren. Alle katholisch. – Inzwischen befanden sich an den Wänden der Gymnasialklassen hellere rechteckige Flecken aus alter Zeit. Das Geld zum Übermalen war noch nicht da, es floß in den Wiederaufbau. Die Flecken zeigten den Schülern nicht, was sie waren. Sie zeigten nur, daß da ein Bild gehangen hatte, und ein Lehrer vervollständigte den Hinweis, von Hitler. Kein neues Bild trat später an die Stelle der Flecken, weder von Heuss noch von Lübke oder Heinemann. Die Schüler hätten sie bestimmt verwechselt, Heussbilder, Lübkebilder oder Heinemannbilder gesehen und an ein Hitlerbild denken müssen. In den höheren Gymnasialklassen fehlte jegliches Bild der Staatlichkeit. Es gab nicht mal Wappen. Die inzwischen übermalten Wände zeigten den Schülern, wo sie waren, zwischen den Stühlen.

14.
So lebt die Wüste. Sie überschwemmt die Städte, sickert in die Straßen, Kanäle, Nerven, Muskeln und ins Hirn. Wehret den Anfängen, ruft die vereinigte Welt, macht Ordnung, wehret dem Chaos. Aber das geht nicht. Die Ordnung ist aus dem Chaos gewachsen und fällt ins Chaos zurück, sie kann die Spur nicht tilgen. Chaos heißt, altertümlich übersetzt, Intervall. Ein Spalt tut sich auf, das einander Widerstrebende kommt darin zusammen. Jede Ordnung ist anfällig für die Harmonie und schon rückfällig, denn der Spalt schließt sich, schnappt zu, wie es die Gottheit will. (Das Chaos war, altertümlich vorgestellt, heilig.) Das ist der Zwiespalt der modernen Ordnungssysteme. Sie produzieren das Unproduzierbare, kontrollieren das Unkontrollierbare, kalkulieren das Unkalkulierbare. Ein haltloses „Inzwischen" ist das Resultat. – Drei kurze Berichte. Je zwingender die sogenannten Marktmechanismen ins Leben eingreifen, desto zwangloser tönt das Wort „Freiheit". Das Handeln in „Freiheit" hat nun gar nichts Zwingendes, es obliegt dem Gutdünken einzelner. Wer den vorgegebenen Aktionsradius verschmäht, überläßt den Spekulanten das Feld. Inzwischen schuftet man sich blöd, fährt leere Kilometer, stellt sonderbare Dinge her. Die Zwischenfertigung ist unermeßlich. Je leichter die Schuld vom Subjekt abspringt, desto schwerer landet es beim Objekt. Inzwischen treibt sie sich an der Börse herum, gefangen im Zyklus der Schuld und der Schulden, Umschuldung, Schuldumverteilung (Recycling). Die Zwischenbilanz (Cash-flow) ist unermeßlich. Je weiter die Netze der Kommunikation reichen, desto enger werden die Gewebe der Interaktion. Handfeste Interaktion findet nach wie vor außerhalb, in geschützter Öffentlichkeit, statt. Inzwischen breitet sich innerhalb des Systems eine eher fadenscheinige, aber gefräßige Interaktion aus, das Spielen und Sporteln (Surfen), Schlafen mit offenen Augen (Computer), Wachen mit geschlossenen Augen (Handy), die Korrespondenz mit irgendwem. Die Zwischenzeit ist unermeßlich. Aristoteles lehrt: „Wir pflegen zu sagen, an den Dingen nage der Zahn der Zeit, die Zeit verbrauche alles, sie lasse vergessen, während wir nicht sagen, sie lasse uns etwas begreifen oder etwas jung und schön werden."[22]

15.
Kant wandte all sein Pathos gegen die Selbstvernichtung der Welt auf. Seine Motive und Symbole waren die gleichen, die auch der moderne, „zeitgenössische" Diskurs bietet. Sogar die Polaritäten sind ähnlich. Die Vielzahl der Gegensatzpaare läßt allerdings erahnen, daß das Denken nicht mehr so recht mitkommt. Sie sind, bei geringer Verschiebung, fast austauschbar: Internationalisierung versus Nationalisierung entspricht Globalisierung versus Regionalisierung entspricht Modernisierung

versus Restaurierung entspricht political correctness versus crime, error and terror. Man kann beliebig fortfahren, denn die Stichworte stehen auf dem gleichen Blatt, das eine als perversa imitatio des anderen. Zerfallen ist die Dialektik. Kants schöne Girlanden hängen ziemlich müde, und so sind auch die Argumente verloren. – Inzwischen haben die Wissenschaften einen neuen Gegensatzwirbel entfacht, als hätte die Philosophie versäumt, sich zu kümmern, und als wollten sie ihr die Wahrheit um die Ohren schlagen. Die Paare tragen daher althergebrachte Namen, zum Beispiel Determinismus versus Indeterminismus, Dualismus versus Monismus usw. – Und weil der Zeitfaktor nicht wegzudenken ist, erstrecken sich die Theorien bis zum Anfang und zum Ende der Dinge und darüber hinaus, bis in die Ewigkeit. Was beweisen sie dann? Daß die Zeit einen Anfang und ein Ende hat. Und daß vorher etwas gewesen ist und nachher etwas gewesen sein wird. Das Problem ist in beiden Fällen der Übergang, von der Leere zum Leben, vom Leben zur Leere, von potentiellen zu wirklichen Teilchen, von wirklichen zu potentiellen Teilchen, von der Unordnung zur Ordnung, von der Ordnung zur Unordnung, von der Ferne zur Nähe, von der Nähe zur Ferne, von der Schwere zur Leichtigkeit, von der Leichtigkeit zur Schwere usw. – Auf die natürlichste Weise verkrachten sich die Paare zu einem Zeitpunkt, wo das Universum unter der eigenen Last zusammenbricht und in einem Raumpunkt zusammenschnurrt oder anders, wo das Universum den Wärmetod stirbt. Rückkehr in den Feuerofen oder eisige Nacht und Schweigen.

ANMERKUNGEN

[1] Musil, Tonka, Gesammelte Werke Bd. 6, hrsg. von A. Frisé, Reinbek 1978, S. 280
[2] Kant, Werke in 6 Bänden, Bd. 6 hrsg. von W. Weischedel, Frankfurt/M. 1978, S. 175
[3] l. c., S. 184
[4] l. c., S. 175
[5] l. c., S. 181
[6] l. c., S. 182
[7] Knatterton, Alle aufregenden Abenteuer, aufgez. von M. Schmidt, Oldenburg 1983, passim
[8] Kant, l. c. S. 180
[9] l. c., S. 195
[10] l. c., S. 200
[11] l. c., S. 212
[12] Knatterton, l. c., S. 115
[13] Kant, l. c., S. 167
[14] l. c., S. 45
[15] l. c., S. 182
[16] Knatterton, l. c., S. 37
[17] Kant, l. c., S. 181
[18] l. c., S. 210
[19] l. c., S. 197
[20] l. c., S. 204
[21] l. c., S. 217
[22] Aristoteles, Physikvorlesung, Werke Bd. II, hrsg. von H. Flashar, Darmstadt 1979, S. 118

6 DIE ZEIT UND DIE KÜNSTE

„...das Bedeutendste bleibt, daß keiner vermag zu ergründen, wann und wo und wie urplötzlich über das Schicksal er zum Sturze kommt und es ihn erjagt auf des Todes Bahn. Diese Schicksalsbürde belastet so Herren als Knechte, Mann und Weib, den Reichen, den Armen, den Guten, den Bösen, alt und jung. – Oh leidige Zuversicht! Wie achten dein die Toren so wenig! Und wenn es zu spät ist, dann werden alle noch fromm. Und alles ist Eitelkeit über und über, eine Belastung der Seele. So laß uns endlich dein Klagen! Tritt in welchen Orden du willst, du findest Gebrechen findest in jedem Eitelkeit. – Kehr ab dich vom Bösen, tue das Gute, suche den Frieden und bleib dir getreu."

aus dem 32. Kapitel des „Ackermann aus Böhmen"
von Johannes von Saaz (Johannes von Tepl, gest. 1414)[1]

EINE MORALISIERENDE ZEITGEBUNG?

Beklemmender Zufall: ich unterbreche meine allabendliche Arbeit an diesem Artikel, um wieder einmal zu einem Krankenbesuch aufzubrechen – haste durch den abendlichen Stadtverkehr und versuche selbst im Krankenhauslift nochmals verzweifelt meine Gedanken zu sammeln, bemühe mich – vergeblich – um eine tröstende Grundstimmung, werde aber beharrlich an das bevorstehende unaufhaltsame Ende eines mir nahen Menschen erinnert. Zugleich aber beschleicht mich – wie schon die Wochen zuvor – abstumpfende Routine: zu lange schon liegt er im Krankenbett, zu deutlich schon der körperlich und geistige Verfall, zu einsilbig, aussichtslos der Versuch einer Konversation. Da treten mir aus dem Krankenzimmer die bekannten Ärzte plötzlich entgegen, versperren mir mit schweigenden Mienen den Zutritt. Ihr verzweifelter Versuch, nun die richtigen Worte zu finden, ist beklemmend und mit jeder Sekunde wird mir klarer: es ist aus. Vorbei. Während man mir Uhrzeit, Umstände und Ursachen des eben eingetretenen Todes einfühlsam mitzuteilen sucht, starre ich nur auf die dürre, geradlinige Zeile auf dem vom Elektroenzephalogramm emotionslos ausgedruckten Papierstreifen – die O-Linie oder Flatline als letztes Dokument, seltsam sterile Todessymbolik und Zeitlosigkeitsmetapher zugleich. Gleichzeitig sausen in rasender Geschwindigkeit Bilder von gemeinsamen Begegnungen durch meinen Kopf – immer wieder staccatoartig unterbrochen von dem einen Wort: „Tot". Mit dem Bewußtsein, daß seine irdische Zeit um ist, beschleicht auch mich urplötzlich die Frage, wieviel Zeit denn mir noch beschieden sei. Fast sarkastisch erscheint mir damit auch der gewählte Titel dieses Essays, an dem ich eben noch – mit akademischer Distanz – feilte, der mich jedoch nun blitzartig okkupiert. Wie in einem Trümmerfeld von Zeiten krame ich in meiner konfusen Situation hastig nach Erinnerungen und bemühe mich zugleich, diesem rasenden und zeit-disparaten Puzzle von Miniatur-Stimmungsbildern zu entkommen. Und plötzlich hat all mein Forschen nach Bildern von Zeitlichkeit, Unsterblichkeit und Ewigkeit beklemmende Aktualität. In Anbetracht des tief ins Kissen gesunkenen Hauptes mit den plötzlich wächsernen Inkarnat beschleicht mich die bange Frage, wieviel denn ungesagt, wieviel unbedankt, wieviel unverziehen, ungesühnt geblieben ist. Blieb denn die Zeit ungenützt? Oder haben wir dieser verstrichenen Frist das falsche Gewicht, nämlich das Antlitz der Traurigkeit anstatt der Freude und

Dankbarkeit gegeben? Das letztlich tröstliche christliche Bild, daß Gott gibt und Gott nimmt, behält in diesen Momenten auch in Hinblick auf die Zeit seinen Sinn: Gott hat uns Zeit gegeben, hat sich (für uns) Zeit genommen, um uns von ihr wieder zu lösen. Die Angst vor dem Sterben sowie die Ungewißheit über unser Los nach dem leiblichen Tod sind daher bis heute die beiden Pole, zwischen denen das verzweifelte Bemühen, Zeit sinnvoll zu nützen, mit immer neuer Intensität erfüllt wird.

NÜTZE DIE ZEIT – ABER WOFÜR?

Der Wettlauf gegen den Tod wird im Grunde schon mit unserer Geburt eingeläutet. Er erhält nicht erst seit Wirksamwerden der christlichen Heilslehre eine besondere Facette in Hinblick auf das Themenfeld Zeitlichkeit – Unsterblichkeit – Ewigkeit. Bereits in den frühen Kulturen, aus denen wir vielfach auch Personifikationen und Allegorien der Zeit, wie etwa den Schlangenring Uroborus als Ewigkeitssymbol (vgl. Kat.-Nr. 38.4.10.) oder die Gestalt des Zeitgottes Chronos (vgl. Kat.-Nr. 38.4.15.) entlehnt haben, wird diese quälende Ungewißheit nach Dauer und Ende des eigenen Lebens – und letztlich nach einem Weiterleben im Jenseits – thematisiert. Schon im frühen Gilgamesch-Epos wird dem mythischen König Gilgamesch durch Siduri, der „göttlichen Schenkin", bekundet, die bemessene Lebenszeit sinnvoll zu nützen – und zwar in Anbetracht des Todes von Gilgameschs Weggefährten Enkidu:

(Gilgamesch zu Siduri) „*Enkidu, den ich liebe, er ist zu Erde geworden. Sein Los nicht teilen will ich, den Tod. Zu dir, o Schenkin, erheb ich mein Antlitz; hilf, daß ich nimmer den Tod erschaue*!"

(Siduri zu Gilgamesch) „*Du wirst nicht finden, was du suchst! Die Götter schufen Menschen und bestimmten den Menschen das Todeslos. Gilgamesch, nütze die Zeit! Genieße der Tage bemessene Zahl! Füll dich mit Speise und köstlichem Trank und feiere Feste bei Tag und bei Nacht!*"[2]

Haben in dieser ältesten Dichtung der Menschheit auch bereits die Nichtigkeits- und Vergänglichkeitsthematik (= Vanitas) wie auch die Erinnerung an den Tod (= das Memento-mori) ihren Platz, so erhält hier jedoch die Vorstellung von der sinnvollen Nutzung der Lebenszeit einen überraschend hedonistischen Grundton: Feiern bei Speis und Trank, um damit die Angst vorm Unausweichlichen zu mildern? Sich zu freuen bei all unserer Mühsal? Ein solcher Tenor klingt im Buch des Predigers aus dem Alten Testament nach, das freilich an vielen Stellen ein Leben in Umkehr und Sühne einmahnt: *„Was ich als gut befunden habe und was als schön, ist das: Essen und Trinken und Genießen bei all der Mühe, womit einer sich abmüht unter der Sonne die kurze Zeit seines Lebens, die Gott ihm vergönnt hat; denn das ist sein Teil. Auch wenn Gott einem Reichtum und Schätze gibt und ihm gestattet, davon zu genießen, sein Teil hinzunehmen und sich zu freuen bei seiner Mühsal – das ist eine Gabe Gottes. Denn ein solcher denkt nicht viel an die Kürze seines Lebens, weil Gott ihm die Freude des Herzens gewährt." (Prediger 5, 17–19)*

ALLEGORIE DER VERGÄNGLICHKEIT MIT CHRONOS. ENTWURF FÜR EIN DECKENFRESKO, MARTIN KNOLLER (1725–1804), KAT.NR. 38.4.15.

Ja, Freude des Herzens – wo bist du geblieben? In Georg Friedrich Händels barockem Oratorium „The Triumph of Time and Truth" („Sieg der Zeit und Wahrheit"), das nach dem Textbuch des römischen Kardinals Panfili („Il Trionfo del Tempo e della Verità") um 1708 in Rom komponiert wurde und das Händel – bereits erblindet – erst 1757 dem Londoner Publikum als Oratorium vorstellte, stoßen wir bei den allegorischen Personen der Handlung neben dem Genius der Zeit, der Weisheit (oder Wahrheit), der Schönheit auch auf den Weltsinn, der mit der Gestalt des Betrugs in Erscheinung tritt: *„... Schwere Sorge, tief Verzagen, raubt dem Leben jed' Behagen, hüllt in Nacht uns finstrer Qual. Wer sich freut der kalten Schauer düstrer Trauer, kennt nicht heitrer Tage ... Nur der genießt des Lebens Frucht, der nimmer denkt an seine Flucht ..."*

Das barocke Bekehrungstheater sieht natürlich den effektvollen Untergang des Weltsinns und des Betrugs vor, der Genius der Zeit hingegen, der in Eintracht mit der Weisheit und der zur Wahrheit bekehrten Schönheit am Schluß erwartungsgemäß siegt, entläßt das geläuterte Publikum mit der eindringlichen Mahnung zur Umkehr: *„Was ist die flücht'ge Stunde? Sie kommt und geht! Denk an die Jahre die dir flohn; Denk', wenn du einst zu spät die Wahrheit schaust, denk' an erkannten Irrthums qualenvolle Pein."*[3]

Wen nimmt es daher Wunder, wenn ob so vieler Ermahnungen die eigene Lebenszeit über die Jahrhunderte hinweg kaum als Geschenk denn als Frist mit sprichwörtlichem todsicheren Ende begriffen wurde, einst vorwiegend als eine Frist mit dem einzigen Ziel verstanden, entsündigt diesem irdischen Leben zu entsteigen – um nicht den ständig angedrohten entsetzlichen (weil ewigen) Höllenqualen anheimzufallen. Die Verheißung nicht endender himmlischer Freuden mußte da schon viel eher vor den zu irdischen Denkmustern kapitulieren und eignete sich daher nur bedingt als moralische Motivationsquelle für einen verantwortungsbewußten Umgang mit der Zeit. Die Vorstellung einer säkularisierten Generation, nach dem Tod im Nichts auszulöschen, mindert keinesfalls das bittere menschliche Los. Lebenszeit gerät so in die ernüchternde Optik einer Gnaden- oder Galgenfrist:

CHRONOS UND VERITAS, SIMON TROGER, UM 1750, INNSBRUCK, TIROLER LANDESMUSEUM FERDINANDEUM

„... alles Leben nur Galgenfrist,
jedes Glück
Galgenfrist,
die beste Stunde
was weiter als Galgenfrist?..."

Gertrud Fussenegger
aus dem Gedicht „Scheitern"[4]

UNWIEDERHOLBARE HEILSGESCHICHTE

Mit dem Einzug des Christentums hat sich die Bewertung der eigenen Lebensdauer nachhaltig geändert: sie gilt nun in erster Linie als Chance, um sich schon im Diesseits himmlische „Guthaben" für ein ewiges Leben in himmlischer Herrlichkeit zu verdienen. Wichtige Voraussetzung für dieses theologisch-moralische Gedankengebäude bildet die christliche Zeitvorstellung, die von dem Gedanken ausgeht, daß die Ereignisse unwiederholbar seien und nicht wiederkehren, weil sonst auch die Bedeutung der einmaligen Erscheinung von Gottes Sohn und die endgültige Erlösung der Menschen in Frage gestellt wären. Und weil dieses Leben nicht wiederholbar erscheint, folglich aber ein Sterben in Todsünden ewige Höllenqualen nach sich zu ziehen droht, gilt diese Lebenszeit zugleich als einmalige Frist, um die Seele vor dem Verderben zu retten. Und sollte diese knapp bemessene Zeit nicht ausreichen, so werden diese Zeiten gleichsam „nachgekauft" – in Form von Ablässen und Stiftungen „auf ewige Zeiten". Damit sollte, wie dies seit dem Mittelalter nun üblich wurde, auch die Zeit nach dem eigenen Tod noch nachträglich heilstiftend umgewidmet, gleichsam die „Zeit nach der Zeit" genützt werden. Freilich blieb diese Möglichkeit nur einer kleinen feudalen Klientel vorbehalten. Gerade die Parabel von den klugen und törichten Jungfrauen (vgl. Kat.-Nr. 38.4.34.). – gemeinhin als Sinnbild für das Weltgericht bekannt und in der gotischen Portalplastik künstlerisch verortet – bildet eine besonders anschauliche Ermahnung zu ständiger Wachsamkeit bzw. zum sinnvollen Umgang mit der Zeit. Die klugen Jungfrauen entsprechen den Seligen, denen die Himmelspforte aufgeschlossen wird, die törichten den Verdammten, die ausgeschlossen von den Paradiesesfreuden bleiben: *„Dann wird es mit dem Himmelreich sein wie mit zehn Jungfrauen, die ihre Lampen nahmen und dem Bräutigam entgegengingen. Fünf von Ihnen waren töricht, und fünf waren klug. Die törichten nahmen ihre Lampen mit, aber kein Öl, die klugen aber nahmen außer den Lampen noch Öl in Krügen mit. Als nun der Bräutigam lange nicht kam, wurden sie alle müde und schliefen ein. Mitten in der Nacht aber hörte man plötzlich laute Rufe: Der Bräutigam kommt! Geht ihm entgegen! Da standen die Jungfrauen alle auf und machten ihre Lampen zurecht. Die törichten aber sagten zu den klugen: Gebt uns von eurem Öl, sonst gehen unsere Lampen aus. Die klugen erwiderten ihnen: Dann reicht es weder für uns noch für euch; geht doch zu den Händlern und kauft, was ihr braucht. Während sie noch unterwegs waren, um das Öl zu kaufen, kam der Bräutigam; die Jungfrauen, die bereit waren, gingen mit ihm in den Hochzeitssaal, und die Tür wurde zugeschlossen. Später kamen auch die anderen Jungfrauen und riefen: Herr, mach uns auf! Er aber antwortete ihnen: Amen, ich sage euch: Ich kenne euch nicht. Seid also wachsam! Denn ihr wißt weder den Tag noch die Stunde."* (Mt 25, 1-13).

Die Kirche gibt seitdem das Instrumentarium und die Regeln vor, die gemessene Zeit gottesfürchtig zu leben und zu nützen. Die knappe verbleibende diesseitige Zeit läuft ab – nutzlos für den Gottlosen, fruchtbar für den Gottesfürchtigen. Leben bedeutet damit gleichsam eine Galgenfrist für den Gottlosen, Bewährung für den Frommen. Zeit repräsentiert so auch das Kapital für den Gottesfürchtigen. Das Bild sollte sich aber deutlich wandeln: das ganze Mittelalter hindurch war entscheidend, wer in der Sterbestunde letztlich der Seele habhaft werden konnte: Gott oder der Teufel. Damit war genug dramatischer Stoff für beklemmende Szenarios geschaffen, die in den Händen von Künstlern vielerlei Ausprägungen erfahren sollten.

ARS MORIENDI

Die Regeln und Unterweisungen für ein gottgefälliges Sterben fanden seit dem Mittelalter in der Ars moriendi, der Sterbekunst, ihren Niederschlag. Die Kirche mühte sich ständig, neue Regeln und Hilfen bei der „Zurüstung für die Ewigkeit" zur Hand zu geben, die vor allem darauf abzielten, die Seele im vermeintlich entscheidendsten Moment des Lebens – der Sterbestunde – zu retten: ihre theologische Quintessenz sollte daher in der Ars moriendi ihren Niederschlag finden. Das Instrumentarium dieser Sterbenskunst lag freilich in den Händen der Theologen, nicht der Künstler. Wie man im Sterbebett zu liegen hatte, was gebetet werden sollte, welche kultischen Handlungen zu setzen waren, all das entschied die Kirche (siehe Kat.-Nr. 38.4.13.). Große Epidemien wie die sporadisch aufflammende Pestseuche, Kriege wie auch die generell hohe Sterblichkeitsrate haben besonders im Mittelalter tagtäglich den Tod – auch als Massenphänomen – vor Augen geführt und damit auch die bedrohende Angst, vielleicht ungesühnt dem ewigen Feuer der Hölle

anheimzufallen. Selbst die barocke Dramaturgie des „letzten Stündleins" mit ihrem bildhaft-allegorischen Repertoire ging noch von der mittelalterlichen Vorstellung aus, daß sich der Teufel an jedes Sterbebett hafte, um doch noch der Seele habhaft zu werden. Deshalb sei auch der kirchliche Beistand in diesem imaginären Kampf zwischen Himmel und Hölle unerläßlich. Die Entscheidung um die Seele fiel – nach diesem Vorstellungsmuster – im Sterbezimmer. Genährt wurde diese Vorstellung durch biblische Beispiele, in denen die Reue und damit die Rettung der Seele – wie etwa im Fall des rechten Schächers – erst im letzten Atemzug erfolgten: (der rechte Schächer zu Jesus) *„Jesus gedenke meiner, wenn du mit deiner Königsherrschaft kommst! – Und er* (Jesus) *sprach zu ihm: Wahrlich ich sage dir: Heute wirst du mit mir im Paradiese sein."* (Luk. 23, 42).
Die nur aus den apokryphen Quellen bekannten Sterbeszenen rund um den beispielgebenden Tod der Jungfrau Maria inmitten der Apostelschar oder das zumeist in Beisein Jesu und Marias geschilderten friedvolle Sterben des Nährvaters Joseph, visualisierten nur Verhaltenspostulate, die sich rund um die Sterbestunde im Laufe der Zeit eingenistet hatten und nun zur Nachahmung empfohlen wurden. Der Beistand der Kirche gewährleistete so die sinnvollste (da seelenheilbringende) Nutzung der versiegenden Lebenszeit.

Spätestens an der Wende vom Spätmittelalter zur Neuzeit wurde diesem theologischen Konstrukt erstmals mißtraut, wobei Pieter Brueghels Vision vom „Triumph des Todes", die seine Söhne mehrfach kopierten (siehe Kat.-Nr. 38.4.2.), wohl die kühnste und brutalste Gegenthese zum heil- und trostspendenden Sterbebild der Kirche entwirft. In Hinblick auf die zentrale Thematik dieser Zeit-Ausstellung fällt sofort ein Wesenszug auf: Zeitlichkeit wird in Brueghels eschatologischem Bild lediglich als Galgenfrist verstanden: dies gilt sowohl für die Sequenz mit dem Skelett, das im Bildmittelgrund mit den knöchernen Armen die Zeiger der dominierenden Turmuhr ersetzt, um gleichsam selbst den Lauf der Zeit vorzugeben, als auch für den matt hingesunkenen Monarchen am vorderen Bildrand links, der von einem der zahllosen Knochenmänner mit erhobenem Stundenglas gleichsam persönlich an die Universalität des unentrinnbaren Schicksals erinnert wird. Als wichtige Quelle der Inspiration fungiert die Apokalypse mit ihren eindringlichen Visionen der Endzeit: der Tod auf dem fahlen Pferd wie auch sein berittenes Gefolge sind als Hinweis auf die apokalyptischen Reiter zu sehen: *„Und ich schaute auf, und siehe da, ein fahles Pferd, und der darauf saß, dessen Name ist ‚Der Tod'; und der Herrscher des Totenreichs folgte ihm nach. Und es wurde ihnen Macht gegeben über den vierten Teil der Erde, zu töten mit dem Schwert und mit Hunger und mit Pest und durch die wilden Tiere der Erde"* (Off. 6, 8). Nicht minder deutlich ist der ikonographische Bezug zur Offenbarung des Johannes auch an den Episoden im Bildhintergrund, wie etwa an den untergehenden Schiffen (Off. 8, 9) oder der sich anbahnenden Finsternis (Off. 8, 12). Wenn Brueghel im Bildvordergrund rechts einzig und allein ein Liebespaar (noch) ungeschoren läßt vom grausigen Treiben des Todes (weil es ihn nicht sieht, oder vielleicht gerade ob seiner Anwesenheit nicht wahrhaben will) und dieses als liebestrunkene, sangeslustige und daher offensichtlich lebensfrohe Episode referiert, so werden wir in diesem Zusammenhang überraschenderweise auch an den oben bereits zitierten Rat des Gilgamesch-Epos' zurückverwiesen. Obgleich Brueghel auch dieser Episode das Merkmal der Unentrinnbarkeit aufzwingt, so blitzt doch eine Wende auf: Der Tod ist zwar Mitwisser menschlicher Lebensfreude, kann sie aber nicht unterbinden und muß vor der überschwenglichen Lebenslust der Spätrenaissance und des Barock insofern kapitulieren, als er sie auch in ihrer ausgelassen schwelgerischen Selbstinszenierung – als eine unter vielen Lebenshaltungen – zulassen muß.

VANITAS-DARSTELLUNG. SÜDDEUTSCH, MITTE 16. JHDT., KAT.NR. 38.4.1.

Die forcierte wissenschaftliche Annäherung an die Phänomene Krankheit und Tod wie auch die zunehmenden Befreiung aus der Umklammerung einer rein religiösen Weltsicht, förderten wohl das neue Selbstverständnis einer Generation, die das „Carpe diem" mehr als lebensbejahende Maxime, denn als Mahnung zu permanenter Bußfertigkeit und Reue verstanden wissen wollte. Im Zuge der Gegenreformation gelang es aber der Kirche, diese Ausdrucksmittel sehr rasch zu annektieren, um sie nun umgehend und nicht minder effektvoll inszenatorisch sowohl für Bekehrung, Sühne und Buße wie für die machtpolitisch so eminent wichtige Darstellung der triumphierenden Kirche, der „Ecclesia triumphans" zu nutzen. Tod und Leben werden dabei als Partner, die nicht zueinander gelangen können, aber einander bedingen, zu tragischem Pathos gesteigert.[5] Das barocke Zeitalter lud so in der Folge auch künstlerisch das Spannungsfeld zwischen Versuchung, Strafe und Erlösung mit neuer Intensität auf. Alsbald entspann sich sowohl auf katholischer, als auch auf protestantischer Seite ein theologisch-spitzfindiges und zudem (für uns heute) verwirrend-subtiles Allegorien- und Symbol-Repertoire. Die Mahnung an die Vergänglichkeit menschlichen Daseins (Vanitas) wie auch die Erinnerung an den Tod (Memento mori) als Fingerzeig, die kümmerlich kurze Lebenszeit heilstiftend zu gestalten (vgl. Kat.-Nr. 38.4.1./3.), bildeten bald einen Schwerpunkt barocker Ikonographie. In den vielschichtigen allegorischen Manifestationen wurde zum einen den Gläubigen einprägsam Vorfreude auf die versprochenen himmlischen Freuden bzw. Angst vor möglichen Höllenqualen im Jenseits bereitet und der nutzbringende Umgang mit der Zeit als Mahnung verstanden, zum anderen dem weltlichen Herrscher in der Apotheose ein ewig ruhmreicher Platz in der Geschichte (wenigstens mit den Mitteln der Kunst) zugesichert (vgl. Kat.-Nr. 38.4.7.) – ein Ansinnen, dem sich freilich auch der hohe Klerus nicht völlig zu entziehen vermochte. Neben der Bibel ist es vor allem die barocke Andachtsliteratur, die entscheidende Impulse für derartige Zeit-Gedankengebäude liefert: *„Was für ein Rausch, was für ein Nichts sind unsere Tage in unseren Augen, wenn die Vernunft sie zählt! Was für ein All, was für eine Ewigkeit, wenn sie der Glaube zählt! Herr, lehre mich meine Tage zählen, auf daß ich klug werde!"* (Johann Georg Hamann, 1730–1788).[6]

Im protestantischen Bereich avancierten die moralisierenden Schriften des niederländischen Volksdichters Jacob Cats (Brouwershaven 1577 – s'Gravenhage 1660) zur wichtigsten Erbauungsliteratur, die zu allen Lebenssituationen Stellung nimmt. Im Vorwort zur 1658 erstmals erschienenen und mit mehr als 400 Stichen ausgestatteten Cats-Gesamtausgabe („Alle de Wercken") streifte daher J. J. Schipper auch die Frage nach dem Sinn von Zeitlichkeit und ihrer moralisierenden Dimension,

VERGÄNGLICHKEITS- UND EWIGKEITSALLEGORIEN. KUPFERSTICH AUS: JACOB CATS „ALLE DE WERKEN", AMSTERDAM 1658, KAT.NR. 38.4.10.

indem er prominente Vorbilder einband: *„Es ist dem aufmerksamen Leser möglich zu sehen, wie alle irdischen Dinge wie Jugend, Wollust, Adel, Reichtum und Ruf mit der Welt zusammen untergehen, durch die Zeit dahingerafft: der Tod ist Herr der Zeit: und letzten Endes wird der Tod durch die Ewigkeit vernichtet: und so wird das berühmte Werk des italienischen Dichters Petrarca „Himmel und Erde" (über die sechs Triumphe – der Liebe, der Reinheit, des Todes, des Nachruhms, der Zeit und Ewigkeit) auf wenig Platz genauso deutlich dargestellt wie es obgenannter Herr Cats in seinem großen Werk behandelt hat."*

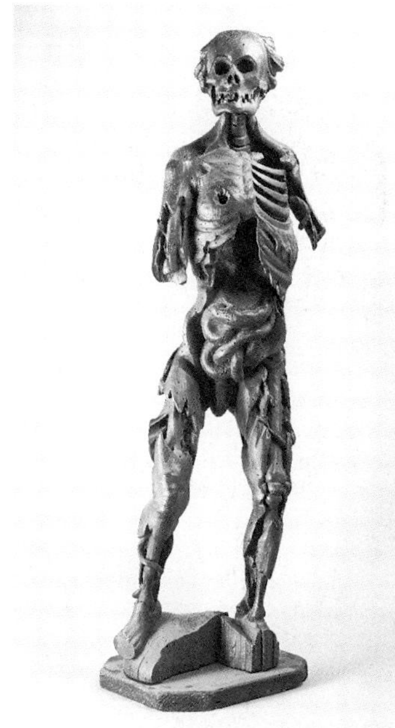

GERIPPE (VERMODERNDES TÖDLEIN), VOR 1700, KAT.NR. 38.4.26.

ZEIT, VERGÄNGLICHKEIT UND EWIGKEIT IM SPIEGEL DER SYMBOLE

Der barocke Mensch verstand die ihm von Gott zur Lebensgestaltung zur Verfügung gestellte Zeit – mehr als in den Epochen zuvor – als einen Schatz, der jedoch vielfach bedroht und auf die Probe gestellt schien. Er wuchs so gleichsam in die ihn umgebenden allegorischen Szenarios hinein, deren Chiffren er in der Regel wohl beherrschte. In der Tragödie „Cardenio und Celinde" des schlesischen Barockdichters Andreas Gryphius wird beispielhaft dieser Aspekt der flüchtigen Zeit, d.h. des Zeit-Ewigkeit-Verhältnisses literarisch verdichtet:

„Kein höher Schatz ist in der grossen Welt
Als nur die Zeit/ wer die nach Würden hält
Wer die recht braucht/ trotz Tod vnd Noth/ vnd Neid
Vnd baut jhm selbst den Thron der Ewigkeit."[7]

Das gängige Symbolrepertoire, dessen man sich bediente und das wir hier aus Platzgründen nur schlaglichtartig streifen wollen, basierte freilich auf wesentlich älteren Quellen. Zu den ältesten Symbolen der Ewigkeit zählt der Uroboros (Schlangenring), dem wir schon auf dem goldenen Sarkophagdeckel auf dem Grab des Tutanchamon begegnen.[8] Er versinnbildlicht die Unendlichkeit, die ewige Wiederkehr und den Abstieg des Geistigen in die psychische Welt, sowie seine Rückkehr zum Geistigen. Damit verkörpert der Uroboros auch den ständigen Wandel: Geburt, Tod und Auferstehung, aber auch den sich schließenden Kreis (siehe Kat.-Nr. 38.4.10.). Als ein weiteres altägyptisches Sinnbild für die unendliche Zeit, die Ewigkeit, gilt der aus dem antiken Schrifttum (Herodot) bekannte Phönix-Mythos, der vom sich selbst opfernden und neu erstehenden Phönix-Vogel erzählt und in der Folge als christologisches Sinnbild für Unsterblichkeit adaptiert wurde (vgl. Kat.-Nr. 38.4.10.). Als biblisches Symbol für verstreichende Individualzeit und ihre irdische Endlichkeit fungierte seit jeher das Licht der Öllampe, das in der Folge in der entzündeten Kerze seine Entsprechung finden sollte. Die eingangs erwähnte Jungfrauenparabel nach Matthäus 25,1-13 (siehe Kat.-Nr. 38.4.34) bildet die theologische Grundlage für dieses biblische Memento mori. Erst im Laufe des 14. Jahrhunderts entwickelte sich aus den Bemühungen, dem wesenlosen Tod eine Gestalt zu geben, die Darstellungstradition des als Leichnam oder Gerippe erscheinenden Todes (vgl. Kat.-Nr. 38.4.26./27.). Diese ersten Verwesungsphantasien entstanden zur Zeit der ersten großen Pestepidemien, denen tausende Menschen wahllos zum Opfer fallen. Das Massensterben wurde zum Alltagsszenario. Zu den assoziations-

TÖDLEIN MIT STUNDENGLAS UND PFEILEN, VOR 1700, KAT.NR. 38.4.27.

stiftenden Attributen des personifizierten Todes in der Bildkunst tauchte bald neben Pfeil und Bogen auch die erst seit dem 14. Jahrhundert in Europa verwendete Sanduhr – Symbol irdischer Endlichkeit – auf, um in der Folge zum zentralen Symbol-Vehikel aller Vanitas-Darstellungen aufzusteigen. Anders als bei der nur bei Tageslicht anwendbaren Sonnenuhr oder der kälteempfindlichen und daher nördlich der Alpen im Winter nur bedingt einsetzbaren Wasseruhren (Klepsidren), war die Sanduhr (oder auch Stundenglas) nur für Viertelstunden oder Stunden konstruiert, sodaß sie eine kurze, gleichsam persönliche Zeit zu messen vermochte. Im Gegensatz zur kommunalen Zeitgebung wie sie etwa die Turmuhren garantierte und die über die persönliche Erlebenszeit des Einzelnen hinausgeht (vgl. Kat.-Nr. 38.4.38.), markiert das Stundenglas eine knapp bemessene Zeitdauer. In der barocken Vanitas-Ikonographie signalisiert sie gleichsam den letalen Lebens-Countdown (siehe Kat.-Nr. 38.4.3.). Das Stundenglas wurde so neben der Sense zum wichtigsten Attribut sowohl von Chronos, dem antiken Gott der Zeit (sein zumeist geflügeltes Stundenglas verweist auf die flüchtige Zeit, vgl. Kat.-Nr. 38.4.14./24./32.), als auch von den verschiedenen Personifikationen des Todes. Lessing versuchte 1796 in seiner Abhandlung „Wie die Alten den Tod gebildet" vor dem Hintergrund seiner Antikenrezeption das erschreckende Gerippe des Todes durch den jungen und zumeist schönen Todesboten Thanatos mit der umgekehrten Fackel zu ersetzen, der mit seinem Bruder Hypnos (Schlaf) die Sterbenden (vgl. Kat.-Nr. 38.4.1.) übernimmt und sanft in die Welt der Toten hinüberbringt.[9] Damit wurden allerdings die althergebrachten moralisierenden Implikationen teilweise nur inflationiert. Religiöse Umkehr und Relativierung irdischer Wertkategorien (sowohl in sozialer wie auch religiöser Hinsicht) unter dem Damoklesschwert einer unberechenbaren Lebensuhr bilden die eigentliche Absicht dieser vor allem von der Kirche propagierten Bildtradition.

Im barocken Zeitalter, in dem das gesamte Leben in allegorischen Bildern seine Entsprechung zu finden schien, sollte das Thema der Vergänglichkeit und Nichtigkeit irdischer Pracht auch an der Dinglichkeit des täglichen Lebens exemplifiziert werden. Der niederländische Realismus sollte die solide künstlerische Basis für eine Sonderform der Zeit- und Vergänglichkeitsallegorie schaffen: für das Vanitas-Stilleben (Kat.-Nr. 38.4.4./5.), das neben den bereits genannten Attributen wie Stundenglas, Kerze, Totenkopf eine Reihe subtilerer Botschaften kennt. Blumen, vorzugsweise die seinerzeit so kostspieligen Tulpen, verweisen so auch auf die unaufhaltsame Vergänglichkeit der Schönheit, umgestürzte Gläser oder Essensreste auf die Vergänglichkeit des Genusses und Fliegen auf die Flüchtigkeit des Lebens (als Boten des Welkens und Verfaulens). Für die Vorstellung der sich von den Fesseln der irdischen Existenz befreienden Seele wird hingegen das Vorbild des sich aus der Raupe entwickelnden Schmetterlings bemüht. Skulpturen und Musikinstrumente meinen zumeist die Vergänglichkeit künstlerischen Schaffens, Glockenspiel und Rauchfaß bilden das sprichwörtliche Vanitas-Begriffspaar „Schall und Rauch". Geschlachtete Tiere warnen vor dem Zugriff eines plötzlichen Schicksals. Mäuse, die alles zernagen und als Symbole der Wollust herhalten müssen, zählen da schon zu den weniger bekannten Metaphern für Zeitlichkeit (vgl. Kat.-Nr. 38.4.11.). Begegnen wir Kindern auf diesen Vanitas-Bildern, so sind nicht nur Hypnos und

RELIQUIENKÄSTCHEN. AUGSBURG, ANFANG 17. JHDT., KAT.NR. 38.4.24.

Thanatos in Erwägung zu ziehen, sondern es wird vielmehr ganz grundsätzlich zum Ausdruck gebracht, daß unser Sterben genaugenommen mit der Geburt beginnt. Erst durch die Polarisierung von „Fetisch Jugend" und „Tabu Tod" hat sich unsere Gesellschaft vordergründig von diesem alten Diskurs und den Attributen dieser Symbolsprache verabschiedet. Oskar Kokoschka versetzte daher auch konsequenterweise seinen künstlerischen Abschied von dieser Welt in die Sprache des Alltags, indem er sein letztes Selbstporträt mit dem in England populären Sperrstundenruf „Time, Gentlemen please (1971/72, London, Tate Gallery) betitelte. Die Ankunft des Todes, des „Father Time" – wie er umgangssprachlich bezeichnet wird, überrascht aber auch ihn.[10] Ist denn schließlich alles lächerlich, wenn man an den Tod denkt? Angesichts dieses literarischen Lebensschlußstrichs eines Thomas Bernhard erhält beispielsweise das von Skeletten pandämonisch umschwirrte, aber zeigerlose Ziffernblatt Adolf Frohners (Kat.-Nr. 38.4.22.) eine zusätzliche inhaltliche Dimension. Abseits dieses ironisch-pessimistischen Bildes der Zeitlosigkeit motiviert Olivier Messiaen in seinem „Quartett auf das Ende der Zeit" (Quatuor pour la Fin du Temps), das 1940/41 in einem deutschen Kriegsgefangenenlager bei Görlitz entworfen, geschrieben und – im Waschraum des Lagers – uraufgeführt wurde, seinen Wunsch nach der Aufhebung der Zeit mit religiös-musikalischen Mitteln: „Sieben ist die vollkommenste Zahl, die in sechs Tagen entstandene Schöpfung, geheiligt durch den Ruhetag Gottes; die Sieben dieses Ruhetages setzt sich in die Ewigkeit fort und wird zur Acht des unvergänglichen Lichts, des ungetrübten Friedens" (Messiaen). Die kapitalistische Maxime „Time is money – Zeit ist Geld" hat hingegen die moralisierende Dimension im öffentlichen Umgang mit Zeit gleichsam mitausgeblendet oder der Lächerlichkeit preisgegeben. Die moderne Technik und die Medien gaukeln uns zwar gleichzeitig vor, wieviel Zeit wir uns durch ihre „Segnungen" im Alltag ersparen. Aber wofür – und wo ist sie hin, diese immens gesparte Zeit? So erscheinen uns auch die tradierten Bilder von Zeitlichkeit und Tod in einem rundum profanierten Diesseits, in dem alles berechenbar geworden ist – einschließlich der wahrscheinlichen Lebensdauer nach Ausbruch einer gravierenden Krankheit – merkwürdig verbraucht.[11] Vielleicht auch deshalb, weil wir Menschen mehr denn je resignierend feststellen müssen, wieviel Lebenszeit wir vergeuden und versäumen:

Zu jeder Zeit hat es den Zorn gegeben, zu jeder Zeit hat die Glocke geschlagen, zu jeder Zeit war es schon höchste Zeit, zu jeder Zeit ist auch die höchste Zeit versäumt und vergeudet worden, und der Rauch schrieb in den Himmel:

Zu spät. Hinabgefegt hinter den Horizont
Ist die kostbare Stunde, Stunde
Der möglichen Rettung.

Doch in der erdigen Narbe, die der gerodete Lebensbaum hinterließ,
bleibt die Minute hängen, nicht einmal handtellergroß,
hellbesetzt, ein leichtes Spinngewebe,
sie hilft dem Samen der Gänseblume
sich zu verstecken, Wurzeln zu schlagen
Wieder im Moos.

Gertrud Fussenegger
(Aus dem Familiengespräch. Text für vier Stimmen)[12]

ANMERKUNGEN

[1] Zitiert aus: Sanz, W., Aus dem Reichtum der Dichtung, Renaissance und Barock (Bd.2b), Wien 1970 (1. Auflage), S. 40 (32. Kapitel).

[2] Übernommen in der Textfassung von Franzis Jordan (zur Vertonung eingerichtet von Alfred Uhl und Andreas Liess), zitiert aus: Sanz, W., Aus dem Reichtum der Dichtung, Bd. 1, Wien 1970 (2. Auflage), S. 150.

[3] Zitat entnommen der Kalmus Miniature Score series no. 1325: George Frideric Handel, the triumph of time and truth. An oratorio 1757, New York o.J., S. 5.

[4] Entnommen dem Band: Gertrud Fussenegger, Gegenruf. Gedichte, Salzburg 1986, S. 71.

[5] Hofmann, W., Zauber der Medusa. Europäische Manierismen (A-Kat. Wr. Künstlerhaus), Wien 1987, S. 274.

[6] Zitiert aus: Sanz, W., Aus dem Reichtum der Dichtung. Rokoko, Sturm und Drang, Klassik und Romantik (Bd. 3), Wien 1970, S. 70.

[7] Zitiert nach: Andreas Gryphius: Cardenio und Celinde oder Unglücklich Verliebte. Trauerspiel, hg. Von Rolf Tarot, Stuttgart 1968, S. 55; siehe dazu auch: Ingen, Ferdinand van, Die literarische Bildvorstellung der vier Jahreszeiten: Deutsche Barocklyrik im europäischen Kontext, in: Zeman, H. (Hrsg.), Die Jahreszeiten in Dichtung, Musik und bildender Kunst: ein Kunstbrevier für Liebhaber; Graz – Wien – Köln 1989, S.119.

[8] Pochat, G., in: Aigner, C., Pochat, G. u. Rohsmann, A., (Hrsg.), Zeit/Los. Zur Kunstgeschichte der Zeit (A-Katalog der Kunsthalle Krems), Köln 1999, S. 15f. (hier findet auch die wichtigste weiterführende Literatur zur Kunstgeschichte der Zeit Berücksichtigung).

[9] Stefenelli, N., Die Begegnung des Arztes mit der Gestalt des Todes, in: Kat. Triumph des Todes (A-Kat. Eisenstadt), Eisenstadt 1992, S. 19.

[10] Winkler, J. u. Schröder, K. A. (Hrsg.), Oskar Kokoschka (A-Katalog des Kunstforums Länderbank Wien), München 1991, Kat. Nr. 87.

[11] Macho, T. H., Bilder vom Tod. Fragmente zur Kunst der Trauer, in: Bilder vom Tod (A-Katalog des Historischen Museums der Stadt Wien), Wien 1993, S. 26.

[12] Entnommen dem Band Gertrud Fussenegger, Gegenruf. Gedichte, Salzburg 1986, S. 40.

LITERATUR

Achtner, W., Kunz, S. u. Walter, Th., Dimensionen der Zeit. Die Zeitstrukturen Gottes, der Welt und des Menschen. Darmstadt 1998.

Ebert-Schifferer, S., Stilleben, in: Kat. Von Lucas Cranach bis Caspar David Friedrich. Deutsche Malerei aus der Ermitage (A-Katalog Schirn Kunsthalle Frankfurt), München 1991, S. 132f.

Frey, D., Das Zeitproblem in der bildenden Kunst, in: ders., Bausteine zu einer Philosophie der Kunst. Darmstadt 1976, S. 212-235.

Irsigler, K. A., Schleier der Vergeblichkeit. Das Stilleben 2 Jahre vor der Jahrtausendwende (A-Katalog der Stadtgemeinde Kapfenberg), Kapfenberg 1998.

Kat. Stilleben in Europa (AA-Katalog), Münster 1979.

Kubler, G., The Shape of Time. Remarks on the History of Things. New Haven, London 1962.

Pochat, G., Bild/Zeit. Zeitgestalt und Erzählstruktur in der bildenden Kunst von den Anfängen bis zur Neuzeit, Wien 1996.

Schneider, N., Realität und Symbolik der Dinge. Die Stillebenmalerei der frühen Neuzeit. Köln 1989.

MUSIK ALS ZEIT-KUNST? EIN STREIFZUG DURCH DIE GESCHICHTE DER MUSIKIDEALE

Hans Georg Nicklaus

MUSIK ÜBER DER ZEIT

Was ist Musik? Was sind ihre wesentlichen, ihre charakteristischen, ihre ursprünglichen Elemente, was sind ihre Ziele, Zwecke und Wirkungen? Unzählig verschiedene Antworten auf diese Fragen weist die Musikgeschichte des sogenannten Abendlandes auf. Bis ins vierte und fünfte vorchristliche Jahrhundert, zu den vorsokratischen Schriften des antiken Griechenlands reichen die Bestimmungen, Definitionen und Bewertungen von Musik zurück. So verschieden die Musik Europas während dieser zweieinhalb Jahrtausende war, so verschieden sind selbstverständlich auch diese Bestimmungen und Bedeutungen von Musik.

Die grundsätzlichen theoretischen Konzepte der Musik haben im Laufe der Geschichte jeweils nach verschiedenen Dingen gefragt und darum unterschiedliche Antworten gegeben. Mal war es ein kosmisches Gesetz, nach dem gefragt und das bestimmt wurde, mal war es ein göttliches oder physikalisches Gesetz; dann war Musik ein sinnliches Vergnügen oder ein pädagogisches Mittel, ein lithurgisch-religiöser Vollzug oder ein Glaubensartikel, eine Lobpreisung oder ein Kunsthandwerk, eine kulturelle Errungenschaft oder ein Werk der Wahrheit, individueller Ausdruck oder allgemeinste Sprache, natürlicher Gesang oder Erkenntnisweise, geniale Kunst oder politisches Mittel, metaphysische Kraft oder reines Gefühl, Vergnügungsmittel oder Droge – usw. usf.

Natürlich formte sich im Wechselspiel zu diesen Fragen und ihren Intentionen auch das jeweils gemeinte klangliche Gebilde, das wir ‚Musik' nennen.

Auch die uns heute noch relativ vertraute Meinung, daß Musik eine Zeit-Kunst sei, d.h. daß sie sich im Gegensatz zu den Bildenden Künsten nicht im Raum, sondern in der Zeit entfalte bzw. sich zeitlich artikuliere, hat ihren spezifischen historischen Ort und die ihr zugehörige Musik.

In der Geschichte der Philosophie und Ästhetik wurde freilich immer wieder bemerkt, daß Töne oder Klänge für unsere Ohren eine zeitlich begrenzte Dauer aufweisen, die relativ kurz ist. Aber schon die von den Pythagoreern initiierte und von u. a. Platon kolportierte Vorstellung einer Sphärenharmonie, einer ‚musica mundana', wie sie Boetius zu Beginn des sechsten nachchristlichen Jahrhunderts dann nennt, hebt diese Zeitlichkeit wiederum auf. Die Sphärenklänge nämlich klingen ständig und sind deshalb unhörbar.[1] Insofern sich nun unsere Musik, d.h. die hörbare, die der Stimmen und Instrumente, die Boetius ‚musica instrumentalis' nennt, von den ewigen Klängen des Himmels ableitet, hier ihre Gesetze in Proportionen, Intervallen und Tonleitern findet, ist nach dieser Theorie der Musik das Zeitliche, das Moment des Nacheinander und des Verklingens ein sekundäres und kein wesentliches Merkmal der Musik. Die irdischen Klänge sind hier nur die Schatten der ewigen himmlischen.

Diese theoretische Positionierung von Musik betrifft selbstverständlich in ganz wesentlichem Maße ihre Praxis. Im Dunstkreis dieser Musikauffassung kann es nicht um sich sukzessiv artikulierende Tonfolgen als Motive oder Themen gehen. Die Reihenfolge ist nicht das wesentliche, sondern die Intervalle, das System (das jeweilige ‚Klanggeschlecht', die Tonart), die mathematische Architektur, in der man sich bewegt. Hier liegen Qualität und Identität eines Musikstücks. Was wir über die griechische Musik wissen, entspricht diesem Grundsatz: daß nicht die Reihenfolge, sondern die Architektur das entscheidende ist. So handelt Platon z. B. in seinen berühmten Passagen über die pädagogische Wirkung der Musik von den einzelnen Klanggeschlechtern bzw. Tonskalen, nicht aber von bestimmten Tonfolgen oder Melodien.[2]

Für die Kunst der berühmten Rhapsoden Griechenlands, die Homers Epen in lyrischem und singendem Ton vortrugen, trifft diese Bestimmung selbstverständlich *nicht* zu. Ihre Kunst kennt das Nacheinander einer Erzählung. Aber jene pythagoreische Tradition der griechischen Tonkunst, die die Musik als System von Abständen (‚harmonia') vorstellte, und nicht als ein wesentlich sukzessives Ereignis, hatte eine ungeheuer prägende Kraft für die abendländische Musikgeschichte bis ins 18. Jahrhundert hinein.
In ihr ist Musik also keine Zeit-Kunst (im Sinne eines sukzessiv verlaufenden Ereignisses). Ob das Wirken der griechischen Zeit, des Chronos, hierbei linear oder im Kreis verlaufend vorgestellt wird, ist dabei ganz unerheblich. Es geht nur um den Gegensatz ‚Statik versus Abfolge', man könnte auch sagen: ewige versus verklingende Klänge. Die pythagoreisch-mathematische Tradition der Musikgeschichte, die bis ins 18. Jahrhundert hinein eine dominierende Rolle spielt, rekurriert auf jene ewigen, zeitlosen Klänge.
Das Konzept der von Boetius sogenannten ‚musica mundana' zieht sich auf unterschiedliche Weisen durch das gesamte Mittelalter. Es wird vermischt mit der Kirchenmusik des Christentums, die ihrerseits von jüdischen und orientalischen Einflüssen durchsetzt ist. Die Idee der Sphärenharmonie, die auch von verschiedenen Kirchenvätern immer wieder aufgegriffen wird, ist 1619, als Johannes Kepler sie in seiner »Weltharmonik«[3] ein letztes Mal formuliert, nicht mehr die eines Platon oder Cicero. Viele andere Bestimmungen von Musik hatten sich inzwischen ‚ereignet', auch solche, die nichts mit der Lehre von der Sphärenharmonie zu tun hatten.

Einige Stichproben: Augustinus formuliert in seinen ‚Sechs Büchern über die Musik' aus den Jahren 387 bis 389 n. Chr. die berühmte Musikdefinition: „musica est scientia bene modulandi" (‚Musik ist die Kenntnis von der rechten Gestaltung'); Aurelius Cassiodor schreibt um 560 n. Chr.: „Die Musik ist eine Lehre bzw. eine Wissenschaft, die von den Zahlen handelt, die die Grundlage für jene sind, die komponieren." Bischof Isidor von Sevilla (ca. 560–636) benennt in seiner umfangreichen Enzyklopädie die Singstimme als „das erste Element der Musik". Das Ertönen der Singstimme „geschieht auf Grund seelischer und körperlicher Bewegung; dieser Bewegung entsprechen Töne, aus denen sich dann die Musik zusammensetzt, die die der menschlichen Stimme heißt. 2. Die Stimme ist der vom Geist beseelte Hauch [...]". Johannes Scotus schreibt in seinem Hauptwerk „De divisione naturae« im Jahr 866: „Die Musik ist die Lehre aller Dinge, die – sei es in Ruhe oder in Bewegung – natürliche Proportionen haben [...]" Der nüchterne René Descartes eröffnet seinen 1618 verfaßten und 1650 erst publizierten »Leitfaden der Musik« mit der Feststellung: „Der Zweck des Tones ist letzten Endes, zu erfreuen und in uns verschiedene Gemütsbewegungen hervorzurufen. [...] An Mitteln zu diesem Zweck oder der Eigenschaften des Tones gibt es vornehmlich zwei: nämlich die Verschiedenheit hinsichtlich seiner Dauer oder Zeit und seiner Stärke in bezug auf Höhe und Tiefe."[4]

Alle diese Musikdefinitionen und -beschreibungen sind verschieden und entstammen unterschiedlichen Epochen. Allen Autoren gemeinsam ist, daß sie der Harmonie, d. h. der Architektur der Musik als einem bestimmten System von Abständen wesentliche Bedeutung beimessen. Diese Abstände können auch den Rhythmus, die Ordnung der Tonlängen, betreffen. Gemeinsam ist den Autoren ferner, daß sie das Spezifische der Musik *nicht* in einer zeitlichen Phänomenologie oder Struktur sehen. Erst im Laufe des 18. Jahrhunderts, im Zuge der Zurückdrängung dieses Harmonischen und Architektonischen der Musik, die teilweise gar moralische Verurteilungen des Mathematischen in der Musik zur Folge hatte, erfährt der Zeitfaktor erhöhte Aufmerksamkeit und rückt in den Mittelpunkt der Musikdiskurse.

ZEIT GEGEN RAUM, MUSIK GEGEN MALEREI

Die Erfindung der ersten mechanischen Uhren erfolgte bereits gegen Ende des 13. Jahrhunderts. Aber die Entwicklung eines physikalischen Zeitbegriffs, als ein abstraktes Kontinuum, setzte in den Praktiken der Wissenschaften und der Organisation des Alltags erst viel später ein. „Erst seit der sogenannten ‚Wissenschaftlichen Revolution' in der Mitte des 17. Jahrhunderts kann von experimentell quantifizierenden wissenschaftlichen Prozeduren und von Auffassungen der Zeit als einem skalierten Kontinuum diskreter Augenblicke die Rede sein."[5]

Newton hatte 1686 mit seinen ‚drei Axiomen der Mechanik' erstmals einen absoluten Raum und eine absolute Zeit als Kontinuum und quasi Hülle oder Folie der zu berechnenden Kräfte vorausgesetzt.

Knapp hundert Jahre später beginnt der Zeitbegriff in den Musikdiskursen eine wichtige Rolle zu spielen. Mit der zweiten Hälfte des 18. Jahrhunderts verwandelte sich die akkordisch und vom Generalbaß aus komponierte Musik zunehmend in empfindsame gefühlsbetonte, sangliche Melodien – in Melodien vor allem, die nicht mehr einem Wortsinn folgten, sondern in reiner Instrumentalmusik nun zum eigenständigen und dominierenden Ausdrucksparameter der Musik avancierten. Durch Joseph Haydn entstand ca. 1755 die Gattung des Streichquartetts; die Ouvertüren zu den großen Opern wurden immer mehr zu eigenständigen musikalischen Ereignissen; es entstanden große Editionen von Ouvertürensammlungen, in der Folge schließlich die Symphonien, und schon bald sollte das neue Modeinstrument ‚Klavier' sogenannte ‚Lieder ohne Worte' singen.[6]

Fassen wir ‚Zeit' in der Allgemeinheit, wie sie die Philosophen zu begreifen versuchen, als eine Voraussetzung des Lebens oder eine Form der Anschauung, eine Struktur der Welt, ein Horizont des Sinns usw., können wir kein besonderes Verhältnis von Musik und Zeit geltend machen. Je nach der zugrunde gelegten Zeittheorie können wir sie wie jeden anderen Gegenstand, jede andere Wahrnehmung, jedes andere Phänomen als Zeit bestimmendes und/oder unterworfenes Artefakt begreifen. Als Produkt dieser ‚reinen' Zeit wurde Musik nie begriffen. Dennoch beschworen Protagonisten der Aufklärung sowie Vertreter der ‚neuen' Empfind-

samkeit ca. ab der Mitte des 18. Jahrhunderts ihren zeitlichen Charakter. Vermehrt tauchten nun Stimmen auf, die die Künste u. a. nach der Maßgabe ihrer räumlichen und zeitlichen Erscheinungsweise einzuteilen versuchten.
Musik wurde als ein spezifisches Nacheinander, Bildende Kunst in ihrer klassischen Skulptur oder Malerei als ein spezifisches Nebeneinander vorgestellt. Auch die gleichzeitigen Ereignisse der Musik, also z. B. Akkorde oder Intervalle, erhalten nun ihre Bedeutung durch das Folgende oder Vorausgegangene, quasi durch ihre melodiöse Charakteristik.
Mit der Etablierung der Schönen Künste – in unserem heutigen Sinne – und ihrer Abgrenzung von technischen, militärischen, handwerklichen und wissenschaftlichen Künsten bzw. ‚artes', entstand der Bedarf nach Bestimmung, Vergleich und Bewertung dieser Künste, welche sich im wesentlichen aus Architektur, Bildhauerei, Malerei, Musik und Poesie zusammensetzte. Hier findet sich das Argument von der Musik als Zeit-Kunst, als Kunst des Nacheinander.
Lessing vergleicht in seiner berühmten Schrift »Laokoon« (Berlin 1766) Malerei und Poesie. Obwohl er die Musik mit keinem Wort erwähnt, basiert seine Bestimmung (und Aufwertung) der Poesie gegenüber den Werken der Malerei und Bildhauerei ganz auf jener Gegenüberstellung von Nebeneinander und Nacheinander, von Zeitlichkeit der Poesie und Räumlichkeit der Malerei. Zudem bestimmt Lessing den ‚Raum' der bildenden Künste nicht aus seinen Dimensionen und Ausrichtungen, sondern, ganz auf das Nacheinander der Zeit bezogen, als Gleichzeitigkeit. Die Mittel der Malerei seien im Raume – so Lessing –, sie müsse „der Zeit gänzlich entsagen"(XV), während der Dichter „die Elemente der Schönheit nur nacheinander zeigen könne" und darum sein Gegenstand Handlungen, der der Malerei aber Körper seien (XVI u. XX).[7]

Lessing reflektiert ausdrücklich den hier bereits angedeuteten Unterschied von ‚in der Zeit sein' und ‚zeitlich sein'. Selbstverständlich seien Skulpturen und Bilder nicht nur im Raume, sondern auch in der Zeit. Insofern können sie andeutungsweise auch Handlungen nachahmen. Ebenso kann die Poesie auch plastische Wirkung zeigen. Aber das sind nur Effekte, die aus unserer zeitlich-räumlichen Wahrnehmung herrühren. Will man das Gebiet der Dichtung oder der Malerei bestimmen, geht es nicht um *die* Zeit oder *den* Raum. Wenn Lessing also schreibt: „die Zeitfolge ist das Gebiete des Dichters, so wie der Raum das Gebiete des Malers" (XVIII), dann geht es ihm zum einen um jenes Nacheinander der Handlungen, der sukzessiven Bezüge und Relationen, zum anderen um das Gleichzeitige der räumlich sich zeigenden Körper, jenes ‚Ganze', „das unser Auge auf einmal übersehen kann".
Auf die Musik bezogen wird nun ähnlich argumentiert. Die zweite Hälfte des 18. Jahrhunderts war – wie schon erwähnt – die Zeit der Emanzipation der Instrumentalmusik gegenüber den textlich gebundenen Gesängen der Opern, Lieder und Kirchenmusiken. Und noch weitere ‚Bindungen' lösten sich. Die Komponisten begannen sich von ihrer Bindung an einen Hof, Fürsten oder König langsam zu lösen; die Musik der höfischen Orchester fand seine technische Übertragung ins heimische Klavier, und es entstand das, was erst viel später als ‚absolute Musik' bezeichnet wurde.

In diesem ‚abgelösten Zustand', in dem Musik natürlich auch keine Handlungen vorstellt, wird sie – folgt man der Argumentation Lessings – erst recht zur Zeit-Kunst. Denn als ‚absolute', frei von Text, Erzählung, Figur, religiösem oder weltlichem Anlaß oder Auftrag, vermittelt sie nicht einmal jenen eingeschränkten Eindruck von Körpern (im Raum), den Lessing der Dichtung noch beimißt. ‚Absolute Musik' ist ganz auf jenes Nacheinander ihrer Ereignisse eingeschworen, ohne einen Bezug zu ‚körperlichen' Vorgängen herzustellen. Die immer beliebter werdenden Symphonien, Klaviersonaten, Streichquartette und dergleichen, die ohne Geschichten, Handlungen und Bezüge auf ‚äußere' Ereignisse auskommen, haben im vorgestellten Sinne jeden Raum der Zeit geopfert.
Das Zurücktreten räumlicher zugunsten zeitlicher Dimensionen der Musik – wie es (wohlgemerkt) die Theorien und Diskurse dargestellt haben – wurde noch verstärkt durch einen damals grassierenden musikphilosophischen Streit um die Vorherrschaft von Harmonie (als Prinzip der Gleichzeitigkeit, der Akkorde und vertikalen Konstruktion der Musik) oder Melodie (als einer reinen, natürlichen Abfolge von Tönen). Zumindest für einige Jahrzehnte wurde in Frankreich und Deutschland die Melodie zum Urbild der Musik gekürt. Die Harmonie durfte nur ein Hilfesteller sein. Damit wurde Musik mehr als je zuvor zur Kunst des Nacheinander, das man auch als ihre Zeitlichkeit auslegte.

Einer der Protagonisten und Anstifter dieser Ansicht war Jean-Jacques Rousseau, der wie kaum ein zweiter Einfluß auf die Musik des 18. Jahrhunderts übte. Er polemisierte gegen die synästhetischen Versuche seiner Zeit, Musik für die Augen zu komponieren. Der Jesuitenpater Louis-Bertrand Castel hatte ein Farbenklavier konstruiert; solche und ähnliche Versuche faszinierten die Zeitgenossen Rousseaus. Der Philosoph aber bestand auf der Differenz von Farben und Tönen: „Es hieße die Wirkungen der Natur freilich schlecht kennen, wenn man nicht sähe, daß die Wirkung der Farben in ihrem unveränderten Vorhandensein und die der Töne in ihrer bewegten Aufeinanderfolge besteht."[8]

Wichtig ist, daß Rousseau hier von den *Wirkungen* der Natur spricht, gewissermaßen also wahrnehmungstheoretisch argumentiert, und das Nacheinander- bzw. Gleichzeitigsein nicht als zwei Naturerscheinungen ausgibt, von denen die eine Malerei und die andere Musik sei. Rousseau betont, daß die Musik auch das Gleichzeitige kennt. In den Obertönen nämlich klingen zu jedem Ton zahlreiche Töne gleichzeitig. Diese Töne existieren zwar – so das Argument Rousseaus –, aber die Natur verbirgt sie. Sie klingen, aber erklingen nicht, könnte man verkürzt formulieren. Das Erscheinungsbild jedes Tons ist der Einklang, nicht der Akkord, der er ‚eigentlich' ist. Das ist für Rousseau der Hinweis der Natur, daß sich unsere Musik im Nacheinander entwickeln muß, nicht aber in der Gleichzeitigkeit, den Polyphonien oder Akkorden.

Diese Argumentation steht im Zusammenhang mit Rousseaus großem Kampf gegen das Prinzip der Harmonie, das sein Kontrahent, der berühmte Komponist und Musiktheoretiker Jean-Philippe Rameau in Frankreich Mitte des 18. Jahrhunderts

vertrat. Die in Frankreich hitziger, in Deutschland kühler geführte Debatte, ob die Harmonie oder die Melodie das Wesen und der Ursprung der Musik sei – eine Frage, die über viele Jahrzehnte die Gemüter beschäftigte –, war unter anderem eine Debatte um jene zeitliche ‚Phänomenologie' der Musik. Die Harmonie stand für das Gleichzeitige, den Akkord, das Intervall, d.h. auch für das Berechnete, Bemessene, die Mathematik und Architektonik der Musik. Die Melodie wurde zum glatten Gegenteil dessen gekürt: Emotion, Empfindsamkeit, Innerlichkeit, Ursprünglichkeit, Natürlichkeit, Direktheit. Die Sympathien verlagerten sich zunehmend auf das letztere. Die Intellektuellen Frankreichs, allen voran die Enzyklopädisten um D'Alembert und Diderot, polemisierten gegen die Rechenschieberei in der Musik ebenso wie der sprachversessene Herder zur selben Zeit in Deutschland.
Rousseau läßt das ‚Zeitargument' nahtlos in diese Debatte einfließen: „So hat jeder Sinn seinen ihm eigenen Bereich. Der Bereich der Musik ist die Zeit, derjenige der Malerei der Raum."[9] Rousseau steht nicht an, die Wirkung dieser Räumlichkeit der Malerei ‚tot' zu nennen gegenüber der Lebendigkeit der Musik, die darum dem Menschen am nähesten stehe. „Malerei wirkt oft tot und unbelebt; sie kann euch mitten in eine Wüste versetzen; sobald aber Menschenstimmen euer Ohr treffen, wißt ihr euresgleichen in der Nähe. Sie sind sozusagen Organe der Seele, und wenn sie euch auch die Einsamkeit vorstellig machen, so sagen sie doch zugleich, daß ihr darin nicht allein seid. Die Vögel zwitschern, aber allein der Mensch singt; [...]"[10] Die Malerei stehe der Natur näher, die schon von sich aus Bilder, Farben und Gemälde präsentiert, aber kaum Gesänge. Musik ist die Sache des Menschen, und ihre Klänge sind es auch, die tiefer als alles andere „in uns hineinwirken".

Als Rousseau dies alles schrieb, hatte Haydn gerade seinen Dienst beim Fürsten Esterházy angetreten und seine ersten Symphonien und Streichquartette komponiert. Wolfgang Amadeus Mozart wurde gerade geboren und in der kurpfälzischen Residenz Mannheim, mit kurfürstlichem Opernhaus und Hoforchester ausgestattet, entwickelten sich die musikalischen Grundlagen der klassischen (Wiener) Symphonien. Deutlicher als diese historisch-biographischen Daten markieren aber einige musiktheoretische Veränderungen die u.a. von Rousseau formulierte und vorangetriebene Entwicklung. Z.B. die Kunst der musikalischen Variation:
Die barocke Variation war eine Ausschmückung, Verzierung, ein Umgarnen und Umranken von ‚Hauptnoten' (z. B. bei einer Chaconne, ein Tanz, der sich durch eine gleichbleibende, einfache Tonfolge im Baß auszeichnet, die in der Oberstimmen ‚variiert' werden). Aus diesen ornamentalen Variationen (die nie ganz verschwinden) entwickeln sich nun – so lehrt uns die Geschichte der Musiktheorie – im Laufe der musikalischen Klassik und Romantik zunehmend solche Variationen, die auch den Charakter, Ausdruck und Gehalt des ursprünglichen Themas verändern. Tempo, Taktart, Dynamik, Rhythmik werden verändert. Hinzu kommt eine Verstärkung der sogenannten ‚motivischen Arbeit', d. h. charakteristische Elemente des Themas werden isoliert und neu ‚verarbeitet'. Dies spielt vor allem für die sogenannte ‚Durchführung' der klassischen und romantischen Sonaten eine entscheidende Rolle, gehört aber im weiteren Sinne auch zu dieser Veränderung der Variationstechnik. Man könnte sagen: mit der Reduzierung der barocken Verzierungskunst

durch das Rokoko, die Vorklassik oder Empfindsamkeit entsteht wie im Gegenzug eine neue Variationskunst, der die Musiktheorie als ,Charaktervariationen' oder ,entwickelnde Variation' (Schönberg) einen Namen zu geben versuchte. Mit aller Vorsicht könnte man sagen: aus der Ausschmückung wird vermehrt nun eine Kunst der Entwicklung.[11]

Natürlich ist diese Unterscheidung von Ausschmückung und Entwicklung, von Variante und Variation, eine sehr grobe Einordnung eines musiktheoretischen Elements in die Musikgeschichte. Aber auch hier kommt es – wie bei jeder stilistischen Charakterisierung – nicht auf das an, was es (überhaupt) gibt, sondern auf das, was sich in den Vordergrund spielt.

In dieser ,neuen' Praxis der Variation wirkt auch die Idee von der Musik als ,Zeit-Kunst' im Sinne eines sich artikulierenden Nacheinanders. Das Thema entwickelt sich, d.h. es behält eine gewisse Identität, eine Ähnlichkeit zum Ausgangspunkt, um sich nun zu entfernen, abzuwandeln, ein anderes zu werden. Die Charaktervariation spielt mit der Vergänglichkeit – auch dort, wo sie irgendwann eine emphatische Wiederkehr feiert (in den zahlreichen Reprise). Die barocke Ausschmückung hingegen gilt eher der Bestätigung, Festigung, Verschönerung ein und desselben, das, um unentwegt wiederholt zu werden, neu umspielt wird. ,Entwicklung' heißt die Idee, die hier jene Zeitlichkeit der Musik ins Spiel bringt. Sie opfert dafür ein Spiel der Vielfalt und Pracht sowie Techniken der rituellen Wiederholung und Beschwörung. Zeitlicher ist jene Variationskunst nicht ihrer Physik oder Phänomenologie nach, sondern ausschließlich in den Idealen oder Konzepten, die sie vertritt.

ZEITLICHKEIT ALS INNERLICHKEIT

Sowohl das Motiv der Einsamkeit als auch das der Menschlichkeit, das Rousseau bezüglich der Musik einführte, findet sich ca. 50 Jahre später wieder in der Kunstphilosophie Hegels.[12] In die Zeit zwischen 1818 und 1828 fallen Hegels Überlegungen und Vorlesungen zur Ästhetik – die Zeit von Webers Oper der ,Freischütz' (1821), Mendelssohns ,Sommernachtstraum' (1826), Beethovens ,Neunter Symphonie (1822–24) und Schuberts ,Winterreise' (1827).

Hegel steht – was überraschen mag – durchaus in der Tradition jener frühklassischen Musikphilosophie, deren Thesen er in mancherlei Hinsicht zuspitzt, insbesondere die hier skizzierte These von der Zeitlichkeit der Musik.

Der Philosoph spricht vom „inneren Erzittern" der Körper beim Erklingen eines Tons. Dieses ,Erzittern in sich' ist für Hegel eine Bewegung, die nicht auf andere Körper Bezug nimmt, in Relation zu ihnen tritt, sie stützt oder abstößt, sondern die der Körper ganz ,für sich' hat. Das innere Erzittern ist ein Erzittern der Körperlichkeit selbst. Hegel stellt sie gemäß seiner Dialektik als Negation jeder Äußerlichkeit vor und das heißt, als die Bewegung des Subjekts. Musik muß ihre Töne „zum Tönen der subjektiven Innerlichkeit gestalten" (279), schreibt Hegel. Daß die Musik aber die Kunst solcher Innerlichkeit par excellence ist, läge an ihrer Zeitlichkeit.[13] Hegel begreift die Bewegung der Zeit als die des Subjekts, als Bewegung „negativer Äußerlichkeit": Zeit sei „als aufgehobenes Außereinander das Punktuelle und als negative Tätigkeit das Aufheben *dieses* Zeitpunktes zu einem anderen, der sich

gleichfalls aufhebt, zu einem anderen wird usw. usf." (283). Freilich spricht Hegel hier von einer reinen, einer abstrahierten Zeit, wie auch von einem abstrahierten Subjekt, das als Ich, abstrahiert von allem Äußeren und allen Bewußtseinsinhalten, wie die Zeit eine „leere Bewegung" ist.
Die Argumentation Hegels folgt eigentlich einer Analogie, wenn er behauptet, daß der Ton schon wegen dieser seiner Zeitlichkeit, die der Bewegung des innerlichsten Subjekts gleichkommt, in das Selbst eindringe und durch die Gestaltung, Rhythmen und Figurationen der Töne das Ich in Bewegung versetzt, man könnte sagen: es im doppelten Sinne ‚berührt' und schließlich seine Empfindungen zum Ausdruck bringt.
Wie in den meisten Fällen argumentiert Hegel auch hier nach einem Bewegungsmodell. Aber wie auch immer man sich diese Seelenverwandtschaft der Musik mit dem abstrakten Ich vorstellen mag: Musik ist zeitlich strukturiert. Auch Hegel meint dabei nicht, daß die Musik durch eine Art zeitliches Substrat organisiert würde. Ihre Körper sind im Raum, wie die einer Skulptur. Aber das Medium der Artikulation, der Schwingungen, ist nicht räumlich, sondern zeitlich:
„Diese Schwingungen gehören der Kunst nur nach *der* Seite an, daß sie nacheinander erfolgen, und so tritt das sinnliche Material überhaupt in die Musik, statt mit seiner räumlichen Form, nur mit der zeitlichen Dauer seiner Bewegung ein. Nun ist zwar jede Bewegung eines Körpers immer auch im Raume vorhanden, so daß die Malerei und Skulptur, obschon ihre Gestalten der Wirklichkeit nach in Ruhe sind, dennoch den Schein der Bewegung darzustellen das Recht erhalten; in betreff auf diese Räumlichkeit jedoch nimmt die Musik die Bewegung nicht auf, und ihr bleibt deshalb zur Gestaltung *nur* die Zeit übrig." (282f.)

Bleibt ihr nur die Zeit übrig? Schon bald nach diesen Überlegungen Hegels begann in der Musik die Dimension der sogenannten Klangfarbe immer wichtiger zu werden. Tongebung, Instrumentierung oder Klangfarbe werden zunehmend zu durchaus immanenten Parametern einer Komposition, deren Charakteristik aber nicht in einer Abfolge, in einem spezifischen Nacheinander entsteht. Die Gleichzeitigkeit des Polyphonen, der Kontrapunkte wird wieder wichtiger. Im 20. Jahrhundert wird der ‚räumlichen' Konstruktion, der Architektur der Kompositionen wieder zunehmend die Ehre erwiesen. Mit Blick in die andere Richtung der Geschichte, in die Vergangenheit Hegels, war die These von der Musik als der Zeit-Kunst gerade 70 oder 80 Jahre alt. Davor war die Musik nicht ‚räumlicher', aber ihre Ideale waren es: als Akkordlehre, polyphoner Kosmos, kosmologische Mathematik, Harmonie idealer Abstände (Intervalle) oder himmlischer Gesang.
Die Musikideale und die dazugehörigen Debatten in der Zeit *nach* der Hegelschen ‚Zeitlichkeit der Musik' kreisen immer weniger um jene Fragen nach räumlicher Äußerlichkeit und zeitlicher Innerlichkeit. Andere Gegenüberstellungen als jene von Harmonie und Melodie, Raum und Zeit, Äußerlichkeit und Innerlichkeit, die von der Vorklassik bis zur Romantik die Musikdiskurse durchzogen, treten nun in den Mittelpunkt des Interesses: Schopenhauer – erklärter Feind Hegels – verweist die Musik in eine Sphäre, die vor allen Erscheinungen, Vorstellungen und Abbildern liegt und in der die Dinge an sich, das Ursprüngliche und Allgemeine, sogenannte ‚universalia

ante rem' zum Ausdruck kämen. Nietzsche entzündet gerade an der Musik seine Gegenüberstellung des Apollinischen und Dionysischen, des Maßhaften und Rauschhaften in der Kunst. Adorno polarisierte in den 40er Jahren die ‚moderne Musik' in personifizierender Weise durch seinen Vergleich von Schönberg und Strawinsky. Versuche einer subjektiven Autonomie in der Musik stellte er ihrer Entfremdung und Gängelung gegenüber. Nicht zu vergessen das mächtige Aufkommen der Unterhaltungsmusik, des Jazz, des Pop, des Rock. Hier waren (und sind) es unter anderem Bilder (Images), Sounds oder konkrete Botschaften (wie z. B. politische, gesellschaftliche, musikalische, improvisatorische Freiheiten), um die sich die Musik und ihr Ideal drehten.

Das Sukzessiv-Zeitliche als abstrakter innerlicher Zustand der Musik wird in keiner dieser Musikstile und -debatten zum Wesentlichen der Musik gekürt. Das sogenannte ‚Wesentliche' ist auch im Falle der Musik das Unbestimmte, das Wechselhafte. Die Bühnen der Musikideale drehen sich. Während vorne noch nach dem Ideal der Melodie gesungen wird, wird hinten schon ein neues Arrangement von Begriffen und Parametern zusammengestellt. Die Zeit stand als unhintergehbares Nacheinander, als Gegnerin der Gleichzeitigkeit und des Raums gemeinsam mit der Melodie vielleicht hundert Jahre auf einer dieser Bühnen – mal im Vordergrund, mal im Hintergrund –, bevor sie wieder als Requisit im Depot dort verschwand, von wo sie herkam.

ANMERKUNGEN

1 Vgl. Marcus Tullius Cicero, De re publica, lib. 6 (Somnium Scipionis, 19), Zürich 1973.

2 Vgl. Platon, Der Staat (Politeia), III. Buch, 398c bis 403c.

3 Johannes Kepler, Harmonices mundi libri V, Linz 1619, ND München/Wien 1982.

4 Die Zitate der mittelalterlichen Autoren finden sich in: Margaretha Landwehr von Pragenau, Schriften zur Ars Musica, Wilhelmshafen 1986. Das Zitat Descartes' stammt aus: Renatus Descartes, Leitfaden der Musik, hg. u. übers. v. J. Brockt, Darmstadt 1978, S. 3.

5 Vgl. Gerhard Dohrn-van Rossum, Die Geschichte der Stunde. Uhren und moderne Zeitordnungen, München 1992.

6 Erstmals taucht diese Bezeichnung in einem Brief von Fanny Mendlessohn auf als Bezeichung einer Komposition ihres Bruder Felix. 1833 gab Felix Mendlessohn-Bartholdy sechs Klavierstücke (op. 19) unter dem Namen ‚Lieder ohne Worte' heraus. Zahlreiche weitere sollten folgen.

7 Gotthold Ephraim Lessing, Laokoon oder über die Grenzen der Malerei und Poesie, Suttgart 1987. Die zitierten Passagen sind jeweils durch Kapitelangaben in Klammern ausgewiesen; sie finden sich nach dieser Ausgabe auf den Seiten 113, 114, 145.

8 Jean-Jacques Rousseau, Essay über den Ursprung der Sprachen, worin auch über Melodie und musikalische Nachahmung gesprochen wird (1761), Kap. XVI, in: Ders., Musik und Sprache. Ausgewählte Schriften, hg. v. P. Gülke, Leipzig 1989, S. 148.

9 Ebd.

10 Ebd. S. 150.

11 Vgl. z.B. die zahlreichen Variationswerke (22 an der Zahl), die Beethoven für das Klavier schrieb; insb.: 32 Variationen in c-Moll (1806) oder die Diabelli-Variationen op. 120 (1819–23). Als Beispiele der Romantik sind etwa Mendelssohns ‚Variations sérieuse' (op. 54a) oder Schumanns Symphonische Etüden (op. 15) zu nennen.

12 Vgl. Georg Wilhelm Friedrich Hegel, Ästhetik, Dritter Teil, 3. Abschnitt, 2. Kap., Berlin 1985, Bd. II, S. 258ff. Zitate aus diesen Passagen werden durch Seitenangaben direkt im Text ausgewiesen.

13 „Da nun die Zeit und nicht die Räumlichkeit als solche das wesentliche Element abgibt, in welchem der Ton in Rücksicht auf seine musikalische Geltung Existenz gewinnt und die Zeit des Tons zugleich

die des Subjekts ist, so dringt der Ton schon dieser Grundlage nach in das Selbst ein, faßt dasselbe seinem einfachsten Dasein nach und setzt das Ich durch die zeitliche Bewegung und deren Rhythmus in Bewegung, während die anderweitige Figuration der Töne als Ausdruck von Empfindungen noch außerdem eine bestimmtere Erfüllung für das Subjekt, von welcher es gleichfalls berührt und fortgezogen wird, hinzubringt." Ebd. S. 277.

Wenn wir heute von den ‚historischen Avantgarden' sprechen, so verwenden wir eine paradoxe Begrifflichkeit. Die Rede von den historischen Avantgarden hat sich eingebürgert, um die Abfolge der Ismen in bildender Kunst, Literatur, Musik und Film in den ersten Jahrzehnten des 20. Jahrhunderts (1909–1938) zu bezeichnen: den Futurismus, Dadaismus, Surrealismus und andere Ismen mehr. Das Wort ‚Avantgarde' ist eine Metapher, die aus dem strategischen Wortschatz des Militärischen entlehnt wurde und zeitliche und räumliche Elemente in sich vereint: das Wort meint die Vorhut, die *vor* der Hauptmasse eines Heeres kommt, die also sowohl ‚weiter vorn' als auch ‚früher dran' ist, die sich den erwartbaren Ereignissen der Zukunft (dem Angriff des Feindes) besonders exponiert. So gesehen ist es paradox, von den historischen Avantgarden zu sprechen: von Avantgardebewegungen, die nunmehr in der Vergangenheit liegen und, je nach Sichtweise, abgeschlossen oder gar gescheitert sind – das Scheitern wäre dann eine besonders endgültige Weise des Abgeschlossenseins.[1] Freilich ist diese zeitliche Paradoxie, die dem Begriff der historischen Avantgardebewegungen zugrundeliegt, eine, die auch in anderen kulturhistorischen Etikettierungen begegnet, beispielsweise beim Modernismus.

Aus dem Horizont der jeweiligen Avantgardebewegungen stellen sich die Ismen allerdings als Entwürfe auf die Zukunft hin dar, so daß die neuere Avantgarde-Forschung folgerichtig von „Avantgarde als Projekt" spricht.[2] Friedrich Schlegels oft zitiertes Wort, das Projekte als „Fragmente aus der Zukunft" bestimmt, definiert so, lange vor der Epoche der Avantgarde, den avantgardistischen Zeitbegriff, ein Hineinholen der Zukunft in die Gegenwart, in der das Werk (ein Monument) durch das Fragment (einen Entwurf) ersetzt wird, das Fragment, das nach Schlegel „in sich vollendet wie ein Igel ist"[3]. Das „Projekt Avantgarde" ist Teil der Moderne, teilt mit der Moderne die Ausrichtung auf die Zukunft und die Wichtigkeit, die den Kategorien des Neuen und der Innovation beigemessen wird. Es unterscheidet sich von der Moderne, stellt einen ganz bestimmten, nicht ‚überholbaren' Moment der Moderne dar, insofern die Avantgardisten ein geschärftes Bewußtsein von der Gegenwärtigkeit ihres Tuns auszeichnet: sie konzipieren ihre Praxis ja als ‚Bruch' mit der Vergangenheit. Avantgardistische Aktionen und avantgardistische Manifeste sind einerseits ephemer, unwiederholbare Momente der Provokation und der *performance*, finden statt im *hic et nunc* des einmaligen Ereignisses und beanspruchen performative Qualität: sie *tun*, was sie *sagen*, und sind damit einmalig und unwiederholbar. Zugleich werden sie in radikaler Opposition zu den bürgerlichen Begriffen von Modernität und Zeitlichkeit gedacht. Wo die bürgerliche Moderne utilitaristisch-zielgerichtet und fortschrittsorientiert agiert, um sich der Zukunft, des Kapitals und der Verfügung über Menschen und Güter zu versichern, wenden die Avantgardisten diese Zukunftsorientierung ästhetisch und meinen, gerade mit einer Ästhetik des Neuen, Unerhörten, Niegesehenen und Skandalösen Sand im Getriebe des bürgerlichen Fortschreitens sein zu können. Sie erheben, in unterschiedlicher und vielfältiger Weise, den Anspruch, das zu sein, was die bürgerliche Maschinerie aus ihrem mechanischen Gang bringt.

Der avantgardistische Zeitbegriff opponiert so einer mechanistischen Auffassung von Zeit und ist derselben Auffassung doch auch wieder in vielfältiger Weise

verpflichtet. Denn viele Avantgardisten haben sich von dem ungeheuren Modernisierungsschub faszinieren lassen, den das Eintreten der Geschwindigkeitstechnologien in die Lebenswelten ihrer Zeit kennzeichnete: die neuen Eisenbahnlinien wie die Transsibirische Eisenbahn, das Automobil, das Flugzeug; die medialen Techniken ‚schneller' Aufzeichnungs- und Übertragungstechniken: das Telefon, das Grammophon, die Kinematographie, das Radio. Menschen und Nachrichten zirkulieren zu Beginn des 20. Jahrhunderts schneller als je zuvor, durchqueren schneller Raum und Zeit, und das schafft einen Innovationsdruck, dem sich die avantgardistische Ästhetik nicht entziehen konnte, auf die sie Antworten bereitstellte, die neue Darstellungstechniken, neue Schreibweisen, neue intermediale Praktiken erzeugte.
Der ästhetische Erneuerungswille steht somit unter dem Vorzeichen der Geschwindigkeit. Geschwindigkeit ist eine Größe der klassischen Physik: sie mißt die Änderung des Wegs pro Zeiteinheit; die Beschleunigung mißt die Änderung der Geschwindigkeit pro Zeiteinheit. Die Wahrnehmung der Geschwindigkeit, mit der sich physikalische Objekte oder der eigene Körper durch den Raum bewegen, ist als Alltagswahrnehmung für uns Menschen subjektiv und nicht quantifizierbar; nur die Zeitmaschine Uhr kann Geschwindigkeit meßbar machen. Die Geschichte der Geschwindigkeit ist unter anderem auch eine Geschichte der Geschwindigkeitswahrnehmung und ihrer kulturellen Repräsentationen. In diese kulturelle Geschichte der Geschwindigkeitswahrnehmung haben sich die Avantgardebewegungen nachhaltig eingeschrieben.

FIAT A 59

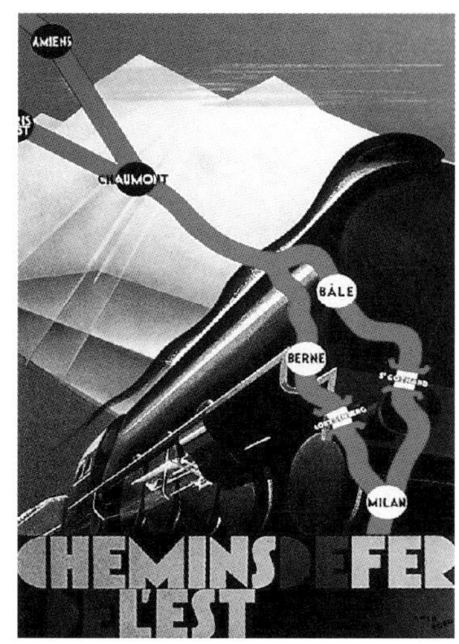

THÉO DORO, CHEMINS DE FER DE L'EST, 1929

Was nehmen die frühen Avantgardisten, zum Beispiel die italienischen Futuristen, wahr, in Mailand, Paris und anderswo? Die Welt ist voller Maschinen, und die Maschinen bewegen sich und die Menschen, bewegen auch Nachrichten, Abbilder von Menschen, Aufnahmen von Stimmen durch Zeit und Raum. Das ist faszinierend. Was früher einmal die Literaten ‚bewegte' – die Ausdrucksmöglichkeiten für psychische Realitäten und vor allem eine Tradition, die aus tausenderlei untereinander verbundenen und aufeinander verweisenden Texten bestand –, das scheint hinter dem Ruß und dem Lärm, den die neuen Maschinen produzieren, zu verstummen. Andere Phänomene drängen danach, ihren künstlerischen Ausdruck zu finden: „Die Züge, die Speisewagen (schnell essen). Die Bahnhöfe [...], Brücken und Tunnel. Die Place de l'Opéra in Paris. [...] Die Autorennbahn. Die kinematographischen Filme. Die Telegraphenstationen."[4] Transportmittel, die Menschen befördern, geographische Orte, die ein internationales Publikum versammeln, und Medientechniken, die Bilder und Wörter mit gespenstischer Geschwindigkeit verbreiten: das sind die realen und virtuellen „Kathedralen der Moderne", wie sie Blaise Cendrars in einem avantgardistischen Text von 1913 genannt hat.
Der Geschwindigkeitsbegriff, wie ihn solche Texte artikulieren, ist einerseits im mechanischen Zeitbegriff der klassischen Newton-Physik verwurzelt, nimmt Zeit wie Raum als absolute Kategorien. Andererseits artikulieren viele Texte auch die Erfahrung der Unheimlichkeit, die die Menschen angesichts der Beschleunigung ihrer Lebenswelt erfaßt, und Texte und Bilder versuchen, Geschwindigkeit als subjektive Erfahrung darzustellen. Der überaus geschärfte Zeit-Sinn der Avantgarden reagiert auf die Gleichzeitigkeit von höchst unterschiedlichen Zeitbegriffen zu Beginn des

20. Jahrhunderts, die Avantgarden erfahren aus diesen disparaten Zeit- und Geschwindigkeitsbegriffen einen kreativen Impuls und produzieren selbst unterschiedliche Zeitbegriffe. Ob es überhaupt sinnvoll ist, von ‚einem' avantgardistischen Zeitbegriff auszugehen, läßt sich nur vor dem Hintergrund gleichzeitiger Bemühungen, das Phänomen Zeit zu denken oder darzustellen, erörtern.

FERNAND LÉGER, COMPOSITION, 1920

Die klassische Physik, die von einer absoluten, meßbaren Zeit ausgeht, ist das Fundament, auf dem sich die Geschwindigkeitsmaschinen der Transport- und Medientechniken entwickeln konnten. Demselben Erkenntnishorizont entspricht das Vertrauen, das der Kapitalismus in den Fortschritt und in den Markt setzt: in den Fortschritt, der die Zukunft als Verheißung konstruiert, und in den Markt, der unaufhörlichen Wandel und unaufhörliche Innovationsleistungen verlangt, um die Verheißung Wirklichkeit werden zu lassen. In diesen beiden Zeitmodellen, dem physikalischen und dem marktorientierten, ist die Gegenwart der Motor, der die Produktion der Zukunft in Gang setzt. Was diesen Prozeß stört, Menschen und Dinge, wird als Ausschußware ausrangiert und als Abfall entsorgt. Im Gegenzug zu diesem Zeit- und Fortschrittsmodell bildet sich am Ende des 19. Jahrhunderts ein anderer Zeitbegriff aus, der in den kulturellen Etiketten ‚Dekadenz' und ‚Fin de siècle' seinen Ausdruck findet, eine Endzeitstimmung, die die Gegenwart als Verfallszustand der Vergangenheit begreift und der die Dimension der Zukunft nicht Verheißung, sondern Bedrohung bedeutet. In diesem alternativen Zeitbegriff artikuliert sich ein radikaler Selbstzweifel der Moderne.
Die beiden konkurrierenden Begriffe von Zeit und Geschichte treffen zu Beginn des 20. Jahrhunderts auf zwei wissenschaftliche Modelle, die ihrerseits erheblich Bewegung in die Auffassung von Zeit bringen: gemeint ist die Relativitätstheorie Einsteins und der subjektive Zeitbegriff der „gelebten Dauer" in der Philosophie Bergsons.
Einstein hatte 1905 seine Beiträge zur Speziellen Relativitätstheorie und 1916 *Die Grundlage der Allgemeinen Relativitätstheorie* veröffentlicht. Seine Theorie, die mit der Vorstellung von der absoluten, Beobachter-unabhängigen Zeit brach und zur Vorstellung eines vierdimensionalen Raums, Raumzeit genannt, führte, war freilich zunächst nur einem kleinen Fachpublikum bekannt und auch in diesem Rezipientenkreis umstritten. Mag man es noch eine zufällige Gleichzeitigkeit nennen, mit der ein Physiker die Relativität der Zeit zu beweisen sucht und avantgardistische Künstler sich um die Zusammenführung von Zeit und Raum in bestimmten Kunstformen bemühen, so ist es doch nachweisbar, daß die Weltpresse seit der Expedition Eddingtons, der im November 1919 eine Sonnenfinsternis zum experimentellen Nachweis der Relativitätstheorie nützte, über diese berichtete und Einstein zu einem Nachkriegshelden der Wissenschaft stilisierte. Spätestens für die nach diesem Zeitpunkt operierenden Avantgarden ist mit einer – wie immer vermittelten und ‚unwissenschaftlichen' – Rezeption der Relativitätstheorie zu rechnen.[5]

Henri Bergson hingegen, der nach der Publikation von *L'Evolution créatrice* von 1907 (dt. 1912: *Die schöpferische Entwicklung*) den Höhepunkt seiner Bekanntheit erreichte, ist der unermüdliche Propagator eines Zeitbegriffs, der auf ganz andere Weise mit der klassischen physikalisch-mathematischen Auffassung von Zeit bricht:

Zeit ist für ihn subjektive Wirklichkeit, gelebte Dauer (*durée*) und unteilbar. Wirklich seien Bewegung und Wandel, Unbeweglichkeit und statische Zustände hingegen seien nichts anderes als Abstraktionen des menschlichen Verstandes.
Was viele seiner Zeitgenossen an Bergson faszinierte, war die Tatsache, daß er die subjektive Zeiterfahrung, die gelebte Zeit der Individuen, legitimierte und aufwertete, daß er, nach einem Wort von Gilles Deleuze, dazu befähigte, „die Hervorbringung des Neuen zu denken".[6] Im übrigen sind es für ihn die Künstler, die einen privilegierten Zugang zur Wirklichkeit der Dinge haben: „Die großen Maler sind Männer, denen eine bestimmte Anschauungsweise (*vision*) der Dinge zu verdanken ist, die die Anschauungsweise aller Menschen geworden ist oder werden wird."[7] Dies kann man als eine Definition der innovatorischen Funktion avantgardistischer Kunst lesen, wenn auch Bergson nicht an sie, sondern an ältere Kunstphänomene gedacht hat.
Die Avantgardisten definieren sich selbst durch einen harten Bruch mit der Vergangenheit; dafür stehen bekannte Sätze aus dem ersten futuristischen Manifest von 1909 („Wir stehen auf dem äußersten Vorgebirge der Jahrhunderte! ... Warum sollten wir zurückblicken, wenn wir die geheimnisvollen Tore des Unmöglichen aufbrechen wollen? Zeit und Raum sind gestern gestorben."[8]) und aus dem zweiten surrealistischen Manifest von 1929 („Die einfachste surrealistische Handlung besteht darin, mit Revolvern in den Fäusten auf die Straße zu gehen und blindlings so viel wie möglich in die Menge zu schießen. Wer nicht wenigtens einmal im Leben Lust gehabt hat, auf diese Weise mit dem derzeit bestehenden elenden Prinzip der Erniedrigung und Verdummung aufzuräumen – der gehört eindeutig selbst in diese Menge und hat den Wanst ständig in Schußhöhe."[9]) Aufräumen, liquidieren, vernichten – das ist der Umgang, den das Projekt Avantgarde erklärtermaßen mit der Vergangenheit pflegt. Fragmente, wenn es denn welche gibt, müssen „Fragmente aus der Zukunft" sein.

Allerdings läßt sich die Vergangenheit nicht durch einen voluntaristischen Akt abschaffen; sie ist, wie Bergson sagen würde, Teil der Gegenwart und kehrt unaufhörlich und durch jede sich irgend anbietende Türe zurück: auch und gerade in Projekten, die sich gegen sie abschotten. Man kann sagen, daß die Vergangenheit ein Prüfstein ist, an dem man die verschiedenen Avantgardebewegungen und ihren Umgang mit der Zeit testen kann.
Der italienische Futurismus ist jene Avantgardebewegung, die die größte rhetorische Energie entfaltet hat, um die Vergangenheit zu eliminieren. Marinettis zahlreiche Vorschläge, die Tempel des menschlichen Gedächtnisses wie Bibliotheken und Akademien zu zerstören oder gleich ganz Venedig mit Autobahnen zuzupflastern, stehen im logischen Kontext einer Zeitauffassung, in der Bewegung durch Raum und Zeit ein ausschließlich mechanisches Phänomen, nicht aber, als ‚Entwicklung', ein Phänomen gelebter Dauer ist. Die futuristische Zeitauffassung läuft letzten Endes auf die militärische Zeit der Ballistik hinaus: die Zeit der Flugbahn von Geschossen. Das männerbündnisch-aggressive Fundament des Futurismus kommt in den zahlreichen Vernichtungsphantasien Marinettischer Texte zum Ausdruck.
Zweifellos haben die italienischen Futuristen aber einen bedeutenden Beitrag zur

Bewegungs-Ästhetik der Avantgarden in verschiedenen Bereichen der Kunst und des Alltagslebens geleistet, vor allem unter dem Stichwort *simultaneità* (Simultaneität). Giacomo Ballas, Umberto Boccionis und Gino Severinis Bilder aus den Jahren um 1914 zeigen, so wie im übrigen die frühen Bilder von Marcel Duchamp, die verschiedenen Phasen einer Bewegung ‚simultan' (gleichzeitig) auf einem Bild. Diese spezifisch malerische Konzeption von Simultaneität steht unter dem Einfluß der Technik der Kinematographie und malt das, was Muybridge in seinen Rennpferd-Bewegungsstudien als Phasen-Fotographie festgehalten hatte. Das ist ästhetisch innovativ. Zugleich aber ist es eine Malweise, die Lebendiges mechanisiert, die Lebewesen als Automaten vorführt – und Automaten haben nur eine Zeit: die des mechanischen Ablaufs, des Abschnurrens.

GINO SEVERINI, BLAUE TÄNZERIN, 1912

Die Geschwindigkeit (und ihr Korrelat, die Mobilität der Menschen und der Nachrichten) wird damit zu einer Figur der Legitimation: je schneller, desto schöner und deswegen auch besser. Geschwindigkeit wird zur Legitimationsfigur eines neuen Ästhetizismus. Eine mechanisch konzipierte Zeit ist notwendig amoralisch. Der technisch aufgerüstete Superheld – die Autorennfahrer und Piloten, die die futuristischen Texte verherrlichen – ist eine mobilisierte Spielart Zarathustras; Geschwindigkeit und Mobilität legitimieren seinen Status jenseits von Gut und Böse. Die Langsamen sind aus dieser Sicht schwach und verächtlich. Wer aber sind die Langsamen? Nietzscheanisch-bündig gibt das Manifest *Tod dem Mondschein!* (1909) darüber Auskunft: die Frauen, die Seßhaften, die Invaliden und die Kranken. Daß der Versuch, Zeit und Raum in bestimmten neuen Formen der Darstellung zur Verschmelzung zu bringen, nicht immer eine protofaschistische Begleitideologie erzeugen mußte, zeigt ein Blick auf die fast gleichzeitige frühe französische Avantgarde. Auch die französischen Künstler verwenden den Begriff Simultaneität, verstehen darunter aber etwas anderes: nicht die mechanische Auflösung von Bewegung in Bewegungsphasen, sondern die Gleichzeitigkeit von Zeiten und Räumen im Kopf des Künstlers. Die durch die Transporttechniken suggerierte Vorstellung, überall sein zu können, und die Gleichzeitigkeit, die die Medientechniken versprechen, führen zu Versuchen, Vergangenheit und Gegenwart, geographische Ferne und räumliche Nähe in einem Text, in einem Bild – oder in einem Text-Bild – zu vereinen.
Guillaume Apollinaire führt diese Auffassung von Simultaneität in seinem programmatischen Gedicht *Zone* von 1912 (1913 aufgenommen in den Band *Alcools*) vor. Es handelt sich um ein Großstadtgedicht über Paris, ein Gedicht, in dem das Ich des Textes als Flaneur die Räume der Stadt und die Räume des eigenen Gedächtnisses durchschreitet. Vergangenheit wird auf diese Weise nicht abgeschafft, sondern integriert: als gelebte Dauer des sich erinnernden Ichs. Nicht abgeschafft, aber auch nicht verherrlicht, werden auf diese Weise Gewalt und Leid; sie sind Teil des Lebens, Teil der Lebenserfahrung des Großstadtflaneurs.

Der Schweizer Avantgardist Blaise Cendrars und die russische Malerin Sonia Delaunay-Terck haben in einem intermedialen Experiment eine ähnliche Form von räumlicher und zeitlicher Gleichzeitigkeit konzipiert: in der *Prosa der Transsibiri-*

schen Eisenbahn und der kleinen Johanna aus Frankreich aus dem Jahr 1913. Im Original handelt es sich um ein zwei Meter langes Text-Bild-Band, das allein durch seine Länge eine der größten Ingenieurs-Leistungen des ausgehenden 19. Jahrhunderts, die Transsibirische Eisenbahn von Moskau nach Wladiwostok, abbildet. Während der Text die Erinnerungen eines Ich an die Reise von Moskau gegen Osten, in einen wilden und blutigen Osten des russisch-japanischen Kriegs, vorführt und zahlreiche andere geographische Orte der Welt assoziativ einbindet, ist das Bildband eine Abfolge abstrakter Formen in ‚simultanen' (d. h. einer bestimmten Auffassung von Farbkontrasten gehorchenden) Farben. Dieses „erste simultane Buch", wie Dichter und Malerin ihre Koproduktion nennen, faßt Simultaneität, so wie es Apollinaire getan hat, als Gleichzeitigkeit von Bewußtseinsinhalten, als eine Integration von Vergangenheit und Gegenwart. Als intermediales Zusammenspiel von Text und Bild, in dem das Bild nicht ‚illustriert' und der Text nicht ‚erklärt', inszeniert es auch eine Kopräsenz zweier Medien, die ebenfalls dem Begriff Simultaneität verpflichtet ist. Zugleich drückt es die Faszination durch die ungeheure Erweiterung der Erfahrungswelt aus, die das Lebensgefühl der Vorkriegsgeneration geprägt hat. Kino, Automobil, Flugzeug, Transsibirische Eisenbahn – die Technik verspricht, sich der ganzen Welt, aller Räume und aller Zeiten bemächtigen zu können und erzeugt eine Vorstellung von prinzipieller Verfügbarkeit anderer Kulturen, die unverhohlen kolonialistische Züge trägt.

Die Aufbruchstimmung, die durch diese Phase technischer Vernetzung erzeugt wurde, die uns durchaus an die Medienrevolution unserer Gegenwart erinnern kann, wurde durch den Ersten Weltkrieg und den Einsatz der Transport- und Medientechniken im Vernichtungstaumel der Kriegsjahre empfindlich gedämpft. So kann es nicht verwundern, daß die Avantgarden der Zwischenkriegszeit sich von dem Zeitbegriff, der sich an Maschinen und Automatisierungsprozessen orientiert hatte, lösen, daß sie den technischen Versprechen der Verfügbarkeit von Zeit und Raum Mißtrauen entgegenbringen. Dies gilt in besonderem Maß für den Surrealismus.

Die Zeit der Surrealisten ist, insofern sie als Gruppe auf den Markt der Avantgarden treten, wieder die Zeit des Bruchs mit der Vergangenheit und des Entwurfs auf die Zukunft hin. Der Gründungsakt des Surrealismus besteht unter anderem darin, daß er den unmittelbar vorhergehenden Ismus, den Pariser Dadaismus, für überholt erklärt und sich selbst an die vermeintlich leer gewordene Stelle setzt: die avantgardistische Innovation ist ihrer Natur nach aggressiv und ausschließlich.

Innerhalb der surrealistischen Bewegung erhält die Zeit jedoch ein neue Bedeutung, wird zur inneren Zeit des Seelischen. Einen hervorragenden Platz bekommt dabei der Zufall, eine „Gottheit, dunkler als die anderen" (so heißt es im ersten surrealistischen Manifest). Der surrealistische Zufall ist die Gleichzeitigkeit, das Zusammentreffen von Ereignissen, zwischen denen eine unerklärliche Beziehung zu bestehen scheint, eine bedeutungsvolle Gleichzeitigkeit also. Breton hat das zu Beginn von *Nadja* (1928) folgendermaßen beschrieben: „Ich werde nur [...] die herausragendsten Episoden meines Lebens erzählen, so wie ich es außerhalb seines organischen

Plans begreifen kann, das heißt in dem Maße, in dem es den Zufällen ausgeliefert ist, dem kleinsten wie dem größten, und wo es, im Widerstand gegen die gewöhnliche Auffassung, die ich mir vom Zufall mache, mich in eine fast verbotene Welt einführt, eine Welt der plötzlichen Annäherungen, des verstörenden Zusammentreffens […]."[10]. Dieser Zufall – „der Anblick sehr seltsamer Gegenstände" auf dem Flohmarkt von Saint-Ouen, das wiederholte und überraschende Zusammentreffen mit bestimmten Menschen, der Eintritt eines Ereignisses, das man sich im Augenblick zuvor vorgestellt hat – dieser Zufall ist ein Tor zum Verborgenen, Wunderbaren und Okkulten. Walter Benjamin war der erste, der sich über diese Neigung der Surrealisten für „die feuchten Hinterzimmer des Spiritismus"[11] lustig gemacht hat. Es ist jedoch nicht unmöglich, im surrealistischen Zufall die Wiederkehr einer Zeitform zu erkennen, die den avantgardistischen Zeitbegriff zu bestimmen scheint, die Wiederkehr der Simultaneität. Das Besondere dieser surrealistischen Simultaneität ist es freilich, daß es nicht mehr, jedenfalls nicht primär, um das Experimentieren mit bestimmten Formen des Malens oder des Schreibens geht – sondern um das Selbstexperiment, die surrealistische Erforschung des Ich und des Lebens. Diejenigen, die für den verstörenden Eintritt der zufälligen Simultaneität bereit sind, diejenigen, die sich dem freien Assoziieren der automatischen Schreibweise (*écriture automatique*) überlassen, riskieren ihre Ich-Identität und treten ein in eine andere, privilegierte Zeit: *Entrée des médiums*, Auftritt medialer Wesen auf der surrealistischen Bühne des Lebens, Abtritt von Rationalität und mechanischer Zeit.

Es ist deutlich geworden, wie vielfältige Ausprägungen der Zeitbegriff der Avantgarden erfahren hat, in einem kulturellen Kontext, der selbst durch eine Fülle divergierender Zeitbegriffe gekennzeichnet war. Gibt es die ‚eine' Zeit der Avantgarden? Haben die „drahtlose Phantasie" und die „befreiten Wörter" der technikbesessenen Futuristen noch etwas mit der „modernen Mythologie" (Aragon) der Surrealisten zu tun? So gestellt, kann man die Frage nur verneinen und von Avantgarden, nicht von Avantgarde sprechen. Als Gemeinsames mag den Bewegungen ihr Projektcharakter bleiben; ihr Wille, an der äußersten Spitze der Gegenwart zu stehen und die Zukunft in die Gegenwart hineinzuholen – und ihr Anspruch, ‚alles' haben zu wollen, alle Orte, alle Zeiten, alle Frauen, alles, jetzt: simultan. „Ich habe all die dunklen Texte der Räder entziffert und alle Teilstücke einer gewaltigen Schönheit gesammelt / Die ich nun besitze/ Von der ich besessen bin" (Blaise Cendrars).

MAN RAY FOTOGRAFIERT ANDRÉ BRETON

LINKE SEITE:
PROSE DU TRANSSIBÉRIEN ET DE LA PETITE JEHANNE DE FRANCE, 1913

ANMERKUNGEN

1 Vom ‚Scheitern' der Avantgarde spricht schon Peter Bürger in seiner Theorie der Avantgarde (1974). Dieses Scheitern bleibt ein Topos, der seitdem die Diskussion um die historischen Avantgardebewegungen begleitet und deren jeweilige Ansprüche auf Wirkungsmacht an den Ansprüchen der jeweiligen Kritik mißt.

2 Vgl. Wolfgang Asholt/ Walter Fähnders, Projekt Avantgarde, in: W. Asholt/ W. Fähnders (1997), S. 1–17.

3 Friedrich Schlegel, Kritische Schriften, München 1964, S. 26 und S. 47. Vgl. dazu Peter Bürger, Prosa der Moderne, unter Mitarbeit von Christa Bürger, Frankfurt/M. 1988, 76ff.

4 F. T. Marinetti, La nuova religione-morale della velocità [Die neue Religion-Moral der Geschwindigkeit], in: Teoria e invenzione futurista, hrsg. von Luciano De Maria, Mailand 1968, 133.

5 Ein Beispiel dafür ist die von Ortega y Gasset seit 1923 herausgegebene Zeitschrift Revista de Occidente, eine Zeitschrift, die sich aktiv um die spanische Avantgarde bemühte, aber auch zur zeitgenössischen Naturwissenschaft publizierte: sie publizierte unter anderem auch einen Artikel von „Alberto Einstein".

[6] Gilles Deleuze, Das Bewegungs-Bild. Kino 1, Frankfurt/M. 1989, S. 21.

[7] La perception du changement (zuerst 1911), in: Jacques Ricot (1998), S. 150.

[8] Gründung und Manifest des Futurismus, in: Asholt/ Fähnders (1995), S. 3.

[9] Zweites Manifest des Surrealismus, in: Asholt/ Fähnders (1995), S. 392.

[10] André Breton, Nadja, Paris 1989, S. 19f.

[11] Walter Benjamin, Der Sürrealismus. Die letzte Momentaufnahme der europäischen Intelligenz, in: Peter Bürger (Hrsg.), Surrealismus, Darmstadt 1982, S. 20.

LITERATUR

Wolfgang Asholt/ Walter Fähnders (Hrsg.), Manifeste und Proklamationen der europäischen Avantgarde (1909-1938), Stuttgart/ Weimar 1995.

Wolfgang Asholt/ Walter Fähnders (Hrsg.), „Die ganze Welt ist eine Manifestation". Die europäische Avantgarde und ihre Manifeste, Darmstadt 1997.

Henri Bergson, La perception du changement, in: Jacques Ricot, Leçon sur La perception du changement de Henri Bergson, Paris 1998.

Stephen Hawking, Die illustrierte Kurze Geschichte der Zeit. Aktualisierte und erweiterte Ausgabe, Reinbek bei Hamburg.

Ilya Prigogyne, Temps à devenir. A propos de l'histoire du temps, Québec 1993.

Birgit Wagner, Technik und Literatur im Zeitalter der Avantgarden. Ein Beitrag zur Geschichte des Imaginären, München 1996.

GEHETZTE LANGEWEILE. ZU EINEM SUBJEKTIVEN ZEITERLEBEN

FRANZ SCHUH

Möglich, es wird uns gegen Ende des Jahrhunderts wieder so langweilig, wie es den feineren Menschen schon am Jahrhundertanfang war. Am Ende kommen wir wieder auf Ideen. Und das ist gern der Anfang des Schrecklichen.

Martin Walser,
Unser Auschwitz (1965)

Seit Jahrzehnten befasse ich mich mit der Langeweile; das heißt: Die Langeweile befaßt sich mit mir. Jüngst zum Beispiel in Linz. Ich hielt dort einen Vortrag, und die Erschöpfung danach vorwegnehmend, plante ich Erholung. Was mir vorschwebte, war das Grün der Wiesen an der Donau, also etwas Ländliches. Das Wort „Gasthof" schwebte mir vor: Schwere und Gastlichkeit, behäbiges Behagen inmitten der Natur. Ich fragte den Taxifahrer: „Sagen Sie mir bitte, wo ...?", und er brachte mich an eine merkwürdige Stelle, in ein Zentrum der Weltlangeweile, wo man sich Selbstmörder aller Länder vereinigt denken darf. Es war eine Vorstadt, nur im übertragenen Sinne weit vom Schuß, jedenfalls weit vom Fluß. In solchen Vorstädten sind die Ehefrauen einsam und abends, wenn der Gatte erschienen ist, sind sie erst recht allein. Alles ist gepflegt, das Bärtchen des Gatten über der Lippe und das Gärtchen draußen vor der Tür. Einfamilienhäuser und Genossenschaftshäuser für besser verdienende Genossen ergänzen einander in trostloser Harmonie. Die Natur hält sich bedeckt und von weiter draußen schaut sie herein: kleine grau grüne Flächen und am Horizont auch dann und wann ein Hügel, der um Gottes willen kein Berg sein möchte. Nichts Aufregendes darf sein. Und der Gasthof? Er ist zweigeteilt: einerseits existiert er als Biergarten, in dem die Biere pulsen, vor allem zu dem Zweck, daß Ausflügler sich abfüllen. Auch Sangesfreude schlägt dem einsamen Neuankömmling, der sich vom Vortrag erholen möchte, ins Gesicht: Ja, droben auf dem gelben Wagen, da wird es schön sein, denn der Wagen bewegt einen wenigstens fort – fort von den übermüdeten Kellnern, die nur noch mittels einer unaufhaltsamen Mechanik funktionieren: Zombies mit Tabletts. Aber innen im Gasthof ist der Gast selber der Zombie. Die Zimmer, auf der anderen Seite des Biergartens, hinter dicken Hausmauern, sind totenstill und auf eine vernichtende Weise gerade frisch renoviert. Ein Mensch mit der Vorliebe für die Farbe Blau hat sich ausgelebt: blaue Wände, blaue Bettwäsche, blaue Vorhänge. Serienklo, Seriendusche, blaue Duschvorhänge, aber doch, doch: die allerneueste Telefonanlage. Ich telefoniere hinaus, aber verdammt, ich komme nicht hinaus. Ich probiere und probiere, gebe dann auf und rufe eine Hausnummer an, Nummer 18: DIE BAR. Die harscheste aller oberösterreichischen Frauenstimmen teilt mir mit: „Der Chef ist nicht da, und ER allein kann das Telefon anstellen!" Ich möge mich doch bequemen, den „Münzer" in der Gaststube zu verwenden, aber nein, lieber mache ich mich auf und suche mir eine Telefonzelle in freier Wildbahn. Mittlerweile bin ich verwirrt, verstört. Ich denke, der Mythos vom Taxifahrer, der einem Bescheid sagt, führt in die Irre. Wer ihn nach dem richtigen Ort der Entspannung fragt, macht die Rechnung ohne den Wirt, das heißt: Er unterschlägt den feinen Unterschied, daß Menschen seines Berufes sich anderswo entspannen als ich, der Nervöse. Nein, nein, ich behaupte keineswegs, daß diese Vorstadt, in der ich jetzt nach einer Telefonzelle suche, um Kontakt mit irgendeiner Außenwelt aufzunehmen, tatsächlich das Weltzentrum der Langeweile ist, das Zentrum, in dem die

Selbstmörder zu ihrem letzten Symposion zusammentreffen. Ich schwöre nur, daß diese Vorstadt genauso auf mich wirkt. Keine Menschen auf der Straße, keine „Menschenseele" hat man früher treffend gesagt: Das Entseelte ist das Langweilige. Halt, da kommt mir ein müßiges Paar entgegen. „Entschuldigen Sie bitte", frage ich sie beherzt, „können Sie mir – bitte – sagen, wo hier eine Telefonzelle ist?" Die beiden blicken einander erstaunt in die Augen; sie sind ernsthaft interessiert, es fällt ihnen in diesem Augenblick nämlich zum ersten Mal auf, daß sie nicht wissen, wo hier eine Telefonzelle ist. Diese Auskunft erteilen sie mir knapp und dann gehen sie ihres Weges. Ich irre herum, trial & error, die Großfirma, bei der ich einmal Trial bin, oft aber auch nur Error, eine fatale Partnerschaft, wir steuern die Firma in den Abgrund ... Aus einem schmucken Genossenschaftshaus, besser müßte es heißen Genossenschafts-eigentumshaus, kommt eine ältere Dame hervor; sie, denke ich visionär, wird hier nicht wohnen, trägt sie doch in jeder Hand eine Plastiktüte, ganz so wie jemand, der seine Beute vom Schlachtfeld, sprich: vom Arbeitsplatz, in die eigene entlegene Höhle bringt. „Entschuldigen Sie bitte", frage ich sie, „können Sie mir – bitte – sagen, wo hier eine Telefonzelle ist?" Ja, ich habe es nicht vergessen, auch weil ich schon so oft darüber gesprochen habe, daß ich seinerzeit als Gymnasiast in London, in der Großstadt, Menschen aus purer Langeweile nach dem Weg, den ich eh kannte, gefragt habe, nur um die eigene Stimme zu hören und um mich wieder für das Frage- und Antwortspiel anzumelden, für den „Dialog", der etwas, der irgendetwas mit dem geistigen Leben zu tun hat. Eine Großstadt ist aber das andere: Dort sind die vielen Menschen und ihre Wechselhaftigkeiten, ihre „Interaktionen" von unüberwindlicher Gegenwart. Diese Gegenwart macht dich klein, du bist das Individuum, das unteilbare, weil keiner von denen, die hier heimisch sind, mit dir etwas teilen. Alles hier erscheint dir öffentlich, wie eine riesengroße Öffentlichkeit, in der du dich bewegst, ohne hineinzupassen. Kein Wunder, daß du, Mensch aus der Weltprovinz, aus dem Windschatten der Geschichte – („Können Sie mir bitte sagen, wie viel Jahre hier schon Flaute herrscht?") – in diese öffentliche, in diese offene Stadt nicht hineinpaßt. Alles Offene ist dir verschlossen, kommt dir, kein Wunder, rein öffentlich vor, weil hier rein gar keiner mit dir „etwas Privates" im Sinn hat. Das ist das Langweilige, das Reine, das Einseitige, das um die Dialektik Gebrachte, das rein Private oder das rein Öffentliche: todlangweilig. Frage: Wie wäre die reine Liebe, abgesehen davon, daß sie zuviel verlangt wäre? Das Lebendige ist gemischt, auch die Langeweile, das Abtötende ist eine Mischung, ein trauriges Spiel von Stimmungslagen. Das Abtötende, die Langeweile hat sogar eine eigene Geschichte, das Wechselspiel historischer Stimmungslagen. Meine Lieblingsgeschichte aus der Geschichte der Langeweile? Ich habe sie in meinem Linzer Vortrag über die Langeweile, von dem ich mich jetzt endlich entspannen möchte, eingebaut. Sie stammt von Walter Benjamin, oder eigentlich nicht von ihm, erstens weil sie in seinem „Passagenwerk" etwas Notiertes, ein montiertes Notat, ist, und zweitens – na ja, aus einem anderen Grund. Jedenfalls erzählt die Geschichte von einer Zeit, nämlich vom 19. Jahrhundert, als die Langeweile epidemisch wurde, als also Unterhaltungskünstler, wie zum Beispiel der seinerzeit berühmte, heute vergessene Komiker Deburau von sich reden machten: „Ein großer Pariser Nervenarzt", überliefert Walter Benjamin, „wurde eines Tages von einem Patienten aufgesucht, der zum ersten Mal bei ihm erschien. Der Patient klagte über die Krankheit der Zeit, Unlust zu Leben, tiefe Verstimmungen, Langeweile. ‚Ihnen fehlt nichts', sagte nach eingehender Untersuchung der Arzt. ‚Sie müßten nur ausspannen, etwas für ihre Zerstreuung tun. Gehen Sie einen Abend zu Deburau und Sie werden das Leben gleich anders ansehen.' ‚Ach lieber Herr', antwortete der Patient, ‚ich bin Deburau'."[1] Was für eine wunderbare Geschichte, so wunderbar, wie all die Geschichten, in denen einer zum Beispiel der Mörder, den er ganz im Ernst sucht, selber ist. Geschichten, die den Helden, den Akteur, zu seinem Ausgangspunkt zurückdrängen, ihn an diesen fesseln, enthalten die einzig wahre Moral für Helden überhaupt; sie lautet: Den Weg hätt' er sich ersparen können! Ich behaupte, die Anekdote von Duburau und dem Nervenarzt ist nicht nur unterhaltsam, sie ist lehrreich und vor allem ist sie wichtig. Daß sie wichtig ist, beweise ich wie folgt: Sie wird nämlich – und deshalb sagte ich vorhin, es gibt noch einen anderen Grund für die Fragwürdigkeit der Autorenschaft Walter Benjamins – sie wird nämlich über ganz jemand anderen genauso erzählt: „Man erzählt sich, daß irgendwann im vergangenen Jahrhundert ein prominenter europäischer Arzt einen älteren Mann untersuchte. Nachdem er alles gründlich überprüft und sich die vielen unbestimmten Klagen angehört hatte, konnte der Arzt keine körperliche Krankheit finden, die die Symptome des Patienten hätten verursachen können. Wir dürfen vermuten, daß dem Arzt ... der Gedanke gekommen ist, daß die körperlichen Beschwerden des Patienten höchstwahrscheinlich als Maske für eine tiefverwurzelte Gemütsbelastung und Depression dienten. Plötzlich kam ihm eine gute Idee. Zufällig war Josef Grimaldi, vielleicht der größte Clown aller Zeiten in der Stadt, um am Abend eine Vorstellung zu geben. Der Arzt zuckte die Achseln, weil er zu keiner Diagnose gelangen konnte und riet dem Patienten: ‚Warum gehen sie nicht zu Grimaldi heute abend?' Das Gesicht des alten Mannes bekam einen gequälten und enttäuschten Ausdruck, und er rief aus: ‚Ja, verstehen sie denn nicht. Ich bin Grimaldi!'"[2] Was ich nicht verstehe, ist: Wieso macht mir das Freude, solche Paralellitäten zu entdecken, die ja von nichts anderem künden als von der gähnenden Langeweile der (Kultur-) Geschichte, in der die Akteure sich in ihren Routinen erschöpfen und in der sich immer wieder was ereignet, weil die Clowns nicht zu Hause bleiben, sondern zum Arzt gehen oder in den Kriegsrat oder gar zur Geliebten? Vielleicht der größte Clown aller Zeiten – wer wird da nicht neidisch, aber was soll daran wichtig sein? Das neunzehnte Jahrhundert begrüßt die zweite Hälfte des zwanzigsten! Wichtig ist daran nämlich, daß die Anekdote die Aussichtslosigkeit lehrt, durch Unterhaltung die Langeweile, den Lebensüberdruß, die Gemütsbelastung, die Depression zu besiegen. Keine Chance, weil die Unterhaltung der gewaltigste Funktionär der Langeweile ist: Die couch potatoes öden sich an, wenn sie Gottschalk gucken, den reinen Unterhalter, und auch wenn sie's in ihrer Verödung nicht selber bemerken, nach jeder Samstag Abend Show, bei der sie sich „gut unterhalten" haben, sind sie noch ein bißchen mehr dem Lebensüberdruß, dem Vitalitätsmangel ausgeliefert. Ach, welcher Durst nach Amusement in dieser Gesellschaft, in der wir Kleinbürger uns zu Tode langweilen und in der die Idioten uns mit Befunden daherkommen, wir würden uns zu Tode amüsieren! Ja, ich mache mir eben Gedanken, und deshalb habe ich auch vergessen, was mir die gute Frau erklärt hat, wie man zur nächsten

Telefonzelle kommt. Es gehen Leute allein durch die Wüste, und wenn's sein muß, sogar durch die Eiswüste. Da sollte ich in einer Linzer Vorstadt die Telefonzelle nicht finden? Ich kann ja im Gehen suchen und gleichzeitig nachdenken. So denke ich eben an den Mann auf der neuseeländischen Fünf-Dollar-Note. Der hat sich realiter so gelangweilt, daß er vor lauter Langweile in die Berge ging. „Ich stand auf dem Everest", nannte er sein Buch. Ursprünglich hätte heißen es sollen: „Ein Kampf gegen die Langeweile". „Well", hatte Edmund Hillary, der Erstbesteiger, gesagt, „we knocked the bastard off."[3] Der Mensch überwindet entweder aus Not oder aus Langeweile die Widerstände. Die wahrhaft pessimistische Weltanschauung lautet: Entweder peinigt den Menschen die Not, dann langweilt er sich nicht. Oder der Mensch hat keine Not, dann quält ihn die Langeweile. In der Not hat man keine Zeit, man geht in der Außenwelt auf, der man etwas für sich ablisten muß. Hat man aber alles Nötige, dann ist man über kurz oder lang mit sich selbst allein. Die Welt ist einem wurscht, und wenn nicht, dann hat man keinen Kontakt zu ihr, und man entdeckt in sich: die Leere, die einem die Zeit so lang macht. Man langweilt sich. Am besten ist die Zeit, wenn sie ihr eigenes Verschwinden bleibt. Man merkt dann nicht, daß sie da ist, vergleichbar mit der Gesundheit, die man nicht speziell wahrnimmt, die aber in allem, wozu man in der Lage ist, eine Rolle spielt. Was die Gesundheit ist, davon macht man sich den einprägsamsten Begriff, wenn sie fehlt: in der Krankheit. Die Langeweile ist eine Zeitkrankheit. Die Zeit verschwindet in einer begeistert ausgeübten Tätigkeit; sie wird präsent, wenn man nichts „Sinnvolles" zu tun hat. Sperrt man jemanden in einen Raum (oder mich in die Vorstadt), beschränkt man den (Bewegungs-)Raum eines Menschen gar auf das lächerliche Maß einer Zelle, dann leidet er, falls er nicht klaustrophob ist, weniger am Raum, sondern in der Hauptsache an der Zeit: Die Zeit wird ihm eine Last. Gerichtsurteile verkünden den Ort der Unterbringung, aber ihr Hauptakzent liegt auf der Zeit, auf der Länge der Strafe. Die Zeit ist die Folter, auf die der Gefangene gespannt ist. Als Last schlägt „die Zeit" in eine Art Gefühl um oder besser in das besagte Syndrom, in eine Konstellation von Gefühlen, die auch verschiedene Intensitäten – bis zur tödlichen Langeweile – zustande bringen. In meinen schweren Zeiten der Langeweile empfand ich sie als eine Art Wundsein; sie ist kein scharfer Schmerz, aber ein Schmerz, der gerecht verteilt ist: er läßt nichts aus, er ist, wie soll ich es sagen, an allen Orten der Seele zur Stelle; er ist wie ein Klingen, wie ein einziger anhaltender, durchdringender monotoner Ton, er ist ein Selbstgespräch ohne Inhalt, ohne Thema, ohne jemanden anderen. Der Schmerz der Langeweile gehört zur Einsamkeit, und sich mit jemand anderen langweilen, heißt: daß so ein anderer einen kalt und allein läßt. Das SICH im Langweilen ist nicht das einer quasi harmlosen Selbst-Reflexion, sondern mit diesem SICH steht man unerlöst, auf sich „zurückgeworfen" da, und weil ich gerne im Terminologischen deliriere, spreche ich jetzt auf meinem Irrweg durch eine Linzer Vorstadt vom SICHTUM des ICH, das in der Langeweile zum Ausdruck kommt. Jetzt bin ich ja mehr ein Praktiker der Langeweile und habe den Wunsch, sie loszuwerden. Aber als ihr Erforscher möchte ich sie gar nicht loslassen und ich entwerfe das Projekt, die Analysen der historischen Formen der Langeweile – angefangen von der, die die Höhlenbewohner in ihren unbeleuchteten Nächten erlitten – mit einer phänomenologischen Betrachtung zu verbinden: historisch-systematisch! Die Langeweile der Mönche im Mittelalter, der Mittagsdämon, was für eine Sünde: der vom Beten aufgeriebene Mensch, gerät zu Mittag in einen anhaltenden Überdruß und plötzlich ist der Messias da, und der Mensch nimmt, obwohl er Zeit seines Lebens auf nichts anderes gewartet hat, den Messias gar nicht wahr, bloß weil ihm sterbenslangweilig ist. So ändern sich die Zeiten, und das ist die große Schwierigkeit des Diskurses der Langeweile: Jemand wie ich, ein Literat, ist unweigerlich versucht, aus dem unendlichen Zitatenmaterial der Langeweile-Geschichte die wunderbaren, schon längst gesprochenen Sätze über die Langeweile noch einmal zu zitieren. Es gibt ganze Bücher, die nichts anderes tun[4] – zum Glück, denn sie eröffnen den riesigen Horizont und bieten zugleich einen ersten Einblick in die sagenhaften Verästelungen des Themas. Und ich, wenn ich jetzt durch die Vorstadt marschiere, rastlos, was ist mit mir, welches Zitat paßt auf mich? Ich gebe ja zu, mein Linzer Vortrag über die Langeweile mißlang. Kaum hatte ich auszuführen begonnen, daß die Langeweile eine Grundweise des Daseins sei, nicht mit einer Verstimmung zu verwechseln; vielmehr sei sie eine Ungestimmtheit, genauer: eine fahle Ungestimmtheit, in der das Dasein an sich selbst überdrüssig wird und sich ihm so das Sein als Last offenbart, kaum hatte ich dies auszuführen begonnen, wurde ich schon unterbrochen. Dies sei langweilig, sagte ein Herr, der sich nicht eine Sekunde leisten wollte, ohne seiner eigenen Stimme zuzuhören. Schon führte er seinerseits aus, daß ihm selber niemals langweilig wäre: Er lese eben Schopenhauer und wäre überhaupt gebildet. Daher käme bei ihm, anders als bei den Trotteln, die die Mehrheit bilden, niemals eine Langweile auf. Aus war der Vortrag; es folgte ein fruchtloser Streit, in dem ich leidenschaftlich die Langeweile lobte: Die Langweile storniert die elende Geistesgegenwart. Immer zusehen, wo man bleibt, immer sehen, wo die anderen stehen, immer vif und auf dem Posten. Auf diese Weise kann nur entstehen, was es eh schon gibt; erst die Langeweile, der Überdruß, der Ekel ermöglichen, daß sich etwas zusammenbraut: Das ist ja wie eine Trance, aus der wenigstens der Möglichkeit nach neue Klarheiten kommen können. „Neue Klarheiten!", spottete der Herr. Am Ende haben die Leute, die doch meinen Vortrag besuchen wollten, gesagt, sie wären meiner überdrüssig. Sie zogen unter der Führung dieses Menschen ab, der gegen mich den Einwand erhoben hatte, ich wäre langweilig. Na und? Die Furcht langweilig zu sein und die Furcht vor der Langeweile macht doch Idioten aus euch allen. Das mich ausscheltende Gemurmel der Abziehenden habe ich im Ohr. Deshalb hetze ich durch die Vorstadt auf der Suche nach einer öffentlichen Telefonzelle, um jemanden anzurufen, der meine Kränkung lindert. Ich kann ja sagen, welches Zitat auf mich paßt: In meiner Hetzerei durchs Leben erleide ich die Langeweile in ihrer modernsten Form. Langeweile, sagt der Philosoph, sei „die Sucht des Zeitgewinns bei Verlegenheit seiner Nutzung) . Gehetzt: Ständig möchte ich Zeit gewinnen, aber wenn ich sie hätte, wüßte ich nicht, was tun. Jetzt suche ich eine Telefonzelle, aber eine Vorstadt ist das eine, im Unterschied zum anderen: Überwältigt dich in der Großstadt die Öffentlichkeit, ist in der Vorstadt das öffentliche Leben verschwunden. In der Großstadt wird man kleinlaut, hier fühlst du dich groß und findet alles sonst eng und beschränkt. Angesichts der öffentlichen Telefonzelle, auf die ich am Rande des Biotops Vorstadt endlich gestoßen bin, und zwar dort, von wo aus die öffentlichen Verkehrsmittel, die Straßenbahnen ins Zentrum von Linz hineinführen, fasse ich den

Verdacht, daß mir diese Vorstadt nur deshalb zuwider ist, weil sie ihre schreckliche Gemütlichkeit stolz exponiert, während ich vor mir selbst geheimhalte, wie sehr ich von dem abhängig bin, was man hierzulande „gepflegte Langeweile" nennt. Wen soll ich denn anrufen? Außerdem ist eh keiner zuhaus. Fast kommt es so weit, daß ich mich nach der blauen Box im Gasthaus sehne, nach dem Zimmer, in dem über dem Bett der Fernsehapparat thront.

ANMERKUNGEN

1 Walter Benjamin, Das Passagen-Werk (GS V.1), Frankfurt 1982, S. 164.

2 zitiert nach: Renate Jurzik, Der Stoff des Lachens. Studien über Komik. Frankfurt 1985, S. 49.

3 FAZ 20. Juli 1999, Nr 165, S. 44.

4 Alfred Bellebaum, Langeweile. Überdruß und Lebenssinn. Eine geistesgeschichtliche und kultursoziologische Untersuchung. Opladen 1990.
Martin Doehlemann, Langeweile? Deutung eines verbreiteten Phänomens. Frankfurt 1991.

5 Hans Blumenberg, Arbeit am Mythos. Frankfurt 1981, S 112.

7 EPILOG

CHRONOS APOKALYPSEOS – ZEIT DER APOKALYPSE*

massimo cacciari

Die Septuaginta übersetzt das hebräische *galeh* mit apokalyptein, d. h. offenbaren. Das griechische Wort klingt beinahe synonym zu deloun, phaneroun, deiknynai: kundtun, enthüllen, bekanntmachen. Indem ich etwas enthülle, vermittle ich etwas, was zunächst verborgen, verdeckt war, und jetzt, nachdem es sichtbar gemacht, zum Vorschein gebracht worden ist (deloun, phaneroun), kann ich sagen-anzeigen und daher bekanntmachen. Die Reihenfolge ist von größter Wichtigkeit, denn sie zeigt den normalen, ‚apokalyptischen' Niederschlag unserer Denkweise. Das Symbol der Apokalypse bildet den Höhepunkt einer Kultur der Vision. Die ‚letzte' Wahrheit wird apokalyptisch ‚gesehen', nämlich als direkter und vollkommener Inbegriff dieser Vision. Wort und Schrift entwickeln hier eine bloß instrumentelle Rolle. Erkennen heißt vollkommen sehen, sehen-vermögen. Chronos apokalypseos, Zeit der Apokalypse, bezeichnet den Triumph der Vision: Die offenbarte Wahrheit wird schließlich gleichzeitig gesehen und erkannt. Was man *sieht*, ist am Ende die Wahrheit selbst. Aber die spezifische Intensität dieser Erfahrung darf nicht die wesenhafte Ähnlichkeit, die deren Form mit jener des ‚normalen' Denkens in Einklang bringt, vergessen lassen. Erkennen heißt für uns gemeinhin *sehen*, zur Darstellung bringen, kundtun. Man erkennt nichts außer dem zum Sehen Dargebotenen. Der Begriff von Aletheia selbst, von Wahrheit, ist in seinem Wesen ‚apokalyptisch'. Er setzt eine Apokalypse, eine Zeit der Apokalypse voraus. Wir können die Wahrheit diskursiv begreifen, weil sie aus dem Versteck gelockte Aletheia (Wahrheit) ist, kundgegeben, entdeckt und offenkundig. Das ‚Wahrlich'-Sagen des Logos setzt dieses Darstellen immer voraus: Licht machen, erleuchten, ein Blitz, der den Schleier, die Düsternis des Verborgenen, des Schlafes zerreißt. Zeus selbst ist dieser Blitz ...

Auch wenn man an der Form der Vision, an der ursprünglichen Wesensgleichheit von Wissen und Sehen in unserer Kultur festhält, ist die religiöse Apokalypse Darstellung des *Eschaton und Kundmachung, die übernatürlich vor sich geht*. Darin liegt nicht das aktive und konstruktive Untersuchen des Logos, der die Wahrheit ‚entdeckt', sondern eventuell der Logos als *parola viva* (lebendes Wort), als Nachhall der Wahrheit. Eschaton entdeckt sich auf übernatürliche Art, und diese Offenbarung hallt im lebenden Wort des Menschen-Propheten nach. Das Wort wird göttliches *Instrument*, jeder autonomen, konstruktiven Stärke beraubt. In der religiösen Apokalypse wird die Wahrheit *en pneumati* (geistlich) kommuniziert. Der Mensch-Prophet schafft Leere in sich, um sich ganz der Kommunikation zu öffnen, deren Nachhall er wiedergibt. Aber ist der Zweifel nicht auch schon dieses Leer-werden und die Entdeckung der Methode nicht auch schon als Inventio maniaca (manische Erfindung) dargestellt? Die Beharrlichkeit dieser Denkfiguren im Bereich des Logisch-Diskursiven ist nur aufgrund jener Ähnlichkeit von Apokalypse und Aletheia erklärbar. Auch in der religiösen Apokalypse muß die Wahrheit *gesehen* werden, damit der Prophet von ihr nachhallen kann. Die ‚parola viva' folgt: hinter dem Auge her. Und man könnte hinzufügen: Wie kann sich diskursive Darstellung ergeben ohne jenen enthüllenden Blitz, den Euripides Zeus phanaios nennt? Wo läßt sich dieselbe Möglichkeit des Darstellens wiederfinden, wenn nicht in der wesentlichen Apokalyptizität der Aletheia selbst?

Es führt zu nichts, Worte darüber zu verlieren, wie alle ‚zukunftsträchtigen' Bedeutungen der Apokalypse in die Irre führende Ableitungen sind. Eschaton ist die letzte ‚Wahrheit', für immer schon entschieden, nicht vorhersehbare Zukunft. Der Prophet sieht und hört dies in seiner ganzen Gegenwärtigkeit, und so teilt er es seinem Volke mit. Das bedeutet keinesfalls, die große Tragödie der Verschiebung des Eschaton für das Urchristentum und ihre epochalen Konsequenzen im Sinne einer zunehmenden Vergeistigung der messianischen Erwartung, wie sie so schroff, direkt und konkret in der *Apokalypse* des Johannes deutlich wird, zu übersehen, aus den Augen zu verlieren. Diese Verschiebung zeigt die nicht volle Schlüssigkeit der christlichen Novitas. Das Noch-Nicht, das sich zuvor auftut, ist *noch* Geschichte, Irrtum, Unsicherheit. Aber auch unter dieser Voraussetzung geht Chronos apokalypseos nicht in Zukunft über, in eine einzige Dimension der Zeit (und der ‚normalen' Zeit), sondern schließt in das eigene Symbol das ‚Unglück' der Geschichte ein, gründet darin den letzten Sinnhorizont als Gegenteil jeder Chronologie oder Chronolatrie.[1] Einfachen Eschatologien, in der gängigen Bedeutung des Begriffes, ist es unmöglich den Namen der Apokalypse zu geben, weil ihrem ‚Spekulieren' die unvermittelte Kraft der Vision fehlt. Denn was in der Zukunft ist, ist *nicht* sichtbar. Das Vorhersehen kommt dem Bereich des Pro-jektiven, des autonom-diskursiven Logos zu. Beim Aufzeichnen der Geschichte, die von der jüdisch-christlichen Apokalypse zur Eschatologie und zu teleologisch-projektiven Säkularisierungen führt, muß man vorsichtig vorgehen. Ähnliche unmittelbare Rekonstruktionen bemerken nicht, daß sie mit zutiefst unterschiedlichen Materialien rekonstruieren, indem sie Leere und Sprünge und Zusammenhanglosigkeit überbrücken.
Die Vergeistigung der messianischen Erwartung[2] entspricht dem zunehmenden Unvermögen der Vision. Die Kraft der Vision vergeistigt sich nicht, sondern verliert sich. Dieser Verlust macht die vorhersehende Erwartung möglich, die projektierend und teleologisch zur Wirkung gelangt. Es ist gänzlich unnotwendig, für die Bewahrung der apokalyptischen Visio (Sicht) – wie es von einigen gefordert wird – das Noch-Nicht aufzuheben, der christlichen Novitas[3] unmittelbar zum Sieg zu verhelfen. Solange das Noch-Nicht als Eschaton nicht chronologisierbar verstanden wird, kann sich sein Symbol als vollkommen ausgeben. Das apokalyptische Symbol ist verloren, wenn sein Noch-Nicht nur der Zukunft nachhallt, und wird daher chronologisch eingeordnet. Dann wird das Sehen unsere Geschichte (historia).
Was Scholem die Vergeistigung der messianischen Erwartung nennt, und was er als Hauptunterscheidungsmerkmal des christlichen Messianismus ansieht, nämlich daß er die apokalyptische Vision tatsächlich Geschichte werden läßt und die offenkundige Tragödie der Verschiebung mit den Formen des projektierenden Wissens ‚verdeckt', dies entspricht notwendig mit zweideutigen Begriffen der radikalen Fragestellung, die das Symbol beseelt: *Wer ist der Retter?* Von *Enoch* über *Daniel* bis hin zu *Johannes* gibt die Apokalypse eindeutig Antwort auf das Rätsel: Wie das Böse „sich in einer Sphäre gebildet hat, die dem Menschen übergeordnet ist, so müßte die Rettung aus jener selben Sphäre kommen"[4]. Die Apokalypse gewahrt, wie der Mensch gerettet wird; Rettung kommt ihm zu: als Eindringen des Transzendenten in die Geschichte, als Eindringen, an dem die Geschichte selbst in ihrem Irren zugrunde geht – dieses Eindringen ist absolut nicht vorhersehbar. Im hebräischen Messia-

nismus – führt Scholem weiter aus – erscheint die Apokalypse als „beständig gegenwärtige Chance". Sie ist von den Handlungen des Gläubigen unabhängig, vollkommen „‚freiwilliger' Augenblick". Dies korrespondiert übrigens auch mit *Matthäus* 24, 43; 25, 13; *Markus* 13, 33-37; *Lukas* 12, 35-40; *Paulus* 1 Ts 5, 6-8: „Ihr selbst wißt genau, daß der Tag des Herrn kommt wie ein Dieb in der Nacht". Aber wenn das Noch-Nicht historisch vereinnahmt wird, wenn die Dimension unserer Erwartung, unseres Gebundenseins an die historische Zeit überwiegt, wenn der Aufschub des Eschaton noch mit der Notwendigkeit des historischen Irrtums korrespondiert, dann entsteht daraus eine Art messianischer Aktivismus, der sich in moderner Utopie vollendet, und zwar als Ausdruck einer selbst-erlösenden Kraft des Menschen. Eine neue Welt ohne neuen Himmel mit dem Symbol der Apokalypse[5].

Wir können nun sagen, was dieses Symbol in sich birgt. Für das Symbol ist die schlimmste Form der Idolatrie die Chronolatrie. Die Apokalypse ist die Katastrophe historischer Zeit. Diese Katastrophe gilt *gleichzeitig* als Erlösung: als Erlösung von Chronos-Kronos, das heißt, als Eintritt in einen vollkommen glücklichen Aion. Daß dies als radikale Novitas oder Wiederherstellung eines ursprünglich paradiesischen Zustandes verstanden wird, ist unbedeutend, verglichen mit dem Wert des Symbols: Identität von Katastrophe und Erlösung, Erlösung als Rettung aus dem „Unglück" der Geschichte und aus der Form der Vision, die ihr angehört. Schließlich kommt dem Menschen solche Rettung zu, aber sie ist seinem Handeln nicht zugänglich, sie erfaßt ihn, überrascht ihn, offenbart sich unvorhergesehen. Kein Logos kann von ihr künden. Dort, wo die Rettung, das Heil in der Zeit der Geschichte erwartet wird, zerbricht das Symbol. Ebenso verloren ist es, wenn es sich, angesichts und gegen die Ansprüche seiner Säkularisierung, auf das Schweigen eines nicht kommunizierbaren Versprechens zurückzieht. Denn die Apokalypse muß Vision und *kommunikative Vision* bleiben. Die Apokalypse ist die *Rettung der Vision* im ursprünglichen platonischen Sinn des „Rettens der Phänomene". Das apokalyptische Versprechen der Erlösung ist begrifflicher Widerspruch, wenn es auf das Unsichtbare und Unaussprechliche beschränkt wird. Die Apokalypse verlangt nach *Pro-phetie*. Und Prophetie ist außerhalb eines Horizonts des Noch-Nicht nicht vorstellbar. Das tatsächliche Problem des apokalyptischen Symbols besteht in der vollkommenen Vision des Noch-Nicht. Solches Problem hört auf zu bestehen (und damit wird das Symbol selbst zerstört), indem der Begriff der Vision ‚überwunden' wird (in einer Vorwegnahme, in einem Entwurf), oder indem man den Begriff des Noch-Nicht überwindet. (Diese Tendenz ist nicht nur auf die christliche Novitas beschränkt, denn die Reduktion auf ein Minimum messianischer Idee, auf Rettung nur kraft der vollkommenen Beachtung des geltenden Gesetzes, ist auch im hebräischen Rationalismus verankert.)
Bleibt also nichts außer der Geschichte (historia) vom Schwinden des Symbols? Müssen wir also sagen, daß unsere Geschichte das Schwinden des Symbols bedeutet: Eschatologie, Teleologie, Utopie, Projekt, Programm? Daß sie die auflösende Kraft ist, in der sich die Epistrophe, der Wendepunkt, unbestimmt verzögert oder gänzlich unverhofft ergibt? Sind nicht diese Apokalypsen die Apokalypsen unserer Zeit? In diesen Apokalypsen ist die messianisch-erlösende Dimension zur Mär

verkommen, zum Bildungsmärchen oder bestenfalls zur unbegründeten Haggada, die von ihrer Bindung an das Gesetz getrennt ist. Von der Apokalypse bleibt die Unsicherheit, das Gefühl von Unsicherheit wegen des Nomos-Schwundes, das für den Menschen als Eroberer typisch ist. Aber dieser Zwang zum ‚Überwinden', Erobern, hat nichts vom messianischen Schmerz apokalyptischer Unsicherheit an sich. Das ‚Überwinden' schlittert von einer Katastrophe in die nächste. Jede Katastrophe ist morphogenetisch, jede Katastrophe vereint die Auflösung des alten Nomos mit der Formierung neuer Grenzen.[6] Aber diese Grenzen entbehren jeglicher messianischen Komponente. Hierauf ereignet sich etwas Paradoxes: die Apokalypse scheint allüberall stattzufinden. Ihre Unsicherheit scheint alles zu prägen. Der Aufschub, *in dem wir leben*, scheint die Apokalypse selbst auf alle Zeit ‚auszudehnen'. – Und dennoch: Das Symbol der Apokalypse ist verloren. Die einfachen *Zeichen* der Apokalypse begegnen uns überall. Der Sieg des unbestimmbaren Zeitalters über das Symbol der Apokalypse bedingt, daß dieses nur unter dem *Zeichen* der Katastrophe wiedergewonnen werden kann.
Zwischen dem ‚Schon' und dem ‚Noch-Nicht' besteht übrigens seit je ein unwegsames Gleichgewicht. So wurde einerseits der triumphalen byzantinischen Apokalypsen als lichtvolle Theophanien bereits genug gedacht, und andererseits wurde die Apokalypse ebensooft schon im bitteren Sinn der unvollkommenen Welt, in den verzweifelten Tönen der Vanitas, in der Besessenheit der Erwartung, die die romanische Ikonographie prägte, gesehen. Im ersten Fall wird das ‚Noch-Nicht' aufgespalten, im zweiten ist die Affirmation des ‚Schon' in einem unaussprechlichen und *unsichtbaren* Glauben enthalten, dem die ganze Welt widerspricht. Das Endergebnis dieser Spaltung – die im Grunde dasselbe ist, was für Hegel die ‚romantische' Seele kennzeichnet – bleibt aber ein Einziges: Ob nun das ‚Schon' triumphiert oder den Menschen das Schicksal des ‚Noch-Nicht' ereilt, der historische Wechsel erscheint immer als Katastrophe. Kein Ausweg zeigt sich, keine kleine Pforte öffnet sich in der gewaltigen Mauer. Die Katastrophe schließt jedes ‚Prinzip Hoffnung' aus. Andererseits ist aber ein ‚Prinzip Hoffnung' innerhalb all dieser Untersuchungen nicht zu erreichen. Dies umsoweniger, als die Chiffre des ‚Noch-Nicht' der des ‚Schon' entgegensteht und als die Erwartung des Messias historisch erklärt wird. Das sind nicht nur ‚Ausflüchte', die von Chronos edax schon wahrgenommen, schon konsumiert worden sind, sondern vor allem auch ‚Ausflüchte', die genau in die Richtung unseres gegenwärtigen Zustandes weisen.

Nur in sich und aus sich heraus kann die Apokalypse in diesem, unserem profanen *Jetzt*, in dieser schwachen, kreatürlichen Jetztzeit wiedergedacht werden. Was bleibt in diesem *Jetzt* der Apokalypse zu denken? Was macht aus ihrem Symbol noch ein Problem? Oder reduziert sich alles auf saturnische Existenz, auf ihr melancholisches Zu-Tode-Sein, das Einsamkeit, Scheiden, Ent-scheiden ist, auf den Akt des *diaballein* (Spaltens) hindeutet und dem Kairos des *sym-ballein* radikal entgegensteht?

Die Apokalypse ist der Augenblick, in dem sich der Höhepunkt der Unsicherheit in vollkommene Sicherheit umwandelt. Sie ist die Auflösung jeglicher Unsicherheit. Aber – und das erscheint noch wesentlicher – dieses Symbol bedeutet den Augen-

blick völliger Verzweiflung innerhalb einer ‚ästhetischen Kultur': in der Kultur des historischen Erkennens, der Kultur des Wissens als Macht, als technisch-wissenschaftliches Comprehendere-Begreifen. Die Apokalypse findet nur am Höhepunkt dieser Kultur statt, die in vollständiger Entfaltung ihrer Möglichkeit, ihres Willens zur Macht wahr-genommen wird. Aber dieser Wille ist vergeblich. Nicht weil seine Absichten fehlschlagen oder Schiffbruch erleiden, sondern wegen eines exakt gegenteiligen Motives: weil er Wille zur Aufgabe, zur Grundlosigkeit, zur Entwurzelung ist. Die Konfusion, die heute allenthalben zwischen Apokalypse und Katastrophe herrscht, erklärt diese Kondition mit dramatischer, unmittelbarer Deutlichkeit. Die Apokalypse wird auf die Figur der Vanitas reduziert, beinahe eingeprägt ins Siegel der Melancholia.
Aber die Apokalypse selbst widersteht der Zeit des Irrens nicht unmittelbar. Sie ist nicht Gegenteil jener Zeit unaufhörlicher Verführung (ver-führen), die es unmöglich macht, die Anschauung (theoria) der Tage, die fest-stehen, fest-lich zu sehen. Genauso tief entsteht sie aus dem Irren, und so intensiv erweist sich die Verzweiflung, daß einige Zaddikim so weit kamen, sich zu beglückwünschen, der Parusie nicht beizuwohnen, so schrecklich mußte ihr Tag sein. Das apokalyptische ‚Aber' – welches das Kontinuum von Chronos unterbricht – kann nur in dieser Verzweiflung nachhallen. Es kann keine anderen Worte erfinden. Es kann sich nicht als andauerndes Fest ek-statisch hinsichtlich der Vanitas der ‚ästhetischen Kultur' manifestieren. Wenn es nicht erlaubt ist, die Apokalypse als Katastrophe zu denken, dann ist es auch nicht statthaft, sie gewissermaßen byzantinisch als Theoria diaphana, als vollkommene und ek-statische Novitas, die die zeitliche Zeit dem Untergang anheimfallen läßt, zu denken. Es sind sicher nicht diese Vorstellungen, die von der Apokalypse zu denken bleiben. Eine ek-statische Theorie läßt die nihilistische Dimension der Zeit intakt, besser: indem sie sich von dieser Dimension ablöst, verabsolutiert sie gleichzeitig den Nihilismus der ästhetischen Kultur, auf die sich das Katastrophen-Denken anerkennend und bewahrend beschränkt.
Wenn etwas für das Denken des apokalyptischen Symbols von Bedeutung ist, dann ist es im Ausdruck *Chronos apokalypseos* enthalten. Es steht in jenem Verhältnis von Apokalypse und Chronos, das in gewisser Weise dort nachhallt, wo die Apokalypse als Höhepunkt des ‚Ästhetischen' ausgemacht worden ist. Man denkt sich eine Zeit *der* Apokalypse, eine Dimension der Zeit, die sich *in* der Apokalypse rettet – also keine Erlösung *von* der Zeit. Darin ist die Apokalypse Chronos nicht unmittelbar entgegengesetzt, denn im Lichte der Apokalypse nimmt die Zeit selbst andere Gestalt an. Das Problem der Apokalypse könnte also nicht in der Negation oder Überwindung der Zeit, sondern in der Offenbarung des Symbols der *wahren* Zeit bestehen. Der Kairos der Apokalypse würde nicht ein Entkommen aus der Zeit sein, die zur Vanitas der unaufhörlichen Katastrophe verdammt ist, sondern Offenbarung einer Zeit, die sich dem Konsum durch Chronos-Kronos verweigert. Dies bedeutet zwar den Tod des Kronos edax, jedoch die ‚Rettung' des offenbarenden Chronos.

Chronos apokalypseos, bedeutet dies das Betrachten unserer Existenz und ihrer eigenen Chronologie unter apokalyptischem Gesichtspunkt? Die Sehnsucht nach dem ‚Entkommen' aus dem ‚Unglück' der Geschichte – so wie deren ‚idiotische'

Apologie – rettet nicht vor Katastrophen, denn es rettet die Katastrophen nicht. Chronolatrie und ek-statische Negation der Zeit decken sich darin, indem sie verhindern, daß man sich den Inhalt der Rettung im apokalyptischen Symbol enthalten denken kann. Die Erlösung wird in einer Zeit überliefert, die ‚schon', aber ‚noch nicht' gerettet ist. Zu einer Zeit, die *ist*, aber noch nicht in der Gestalt *ihrer* Rettung. Es ist also ein Irrtum, die Jetzt-zeit von Benjamin als andere Dimension zeitlicher Zeit zu überliefern. Sie drückt im Gegenteil *pietas* angesichts ihres Vergehens aus. Jetztzeit ist *dieses profane Nun*.

Aber darin gibt sich die *wahre* Dimension der Zeit zu erkennen. Es ist richtig, Jetztzeit ‚arm-selig' zu überliefern, sie jedem unbestimmten Mystizismus zu berauben, wenn nur das konstituierende *Aber* nicht vernichtet wird, wenn das apokalyptische Symbol, in der bisher erläuterten Bedeutung, nur nicht aus den Augen verloren wird. Apokalypse der Zeit kann es nur in der Zeit geben. Die Zeit kann apokalyptisch gesehen oder in ihrem Nachhall gehört werden. Die Apokalypse steht nicht jenseits der Zeit, sondern bildet ihren Höhepunkt, das Äußerste ihrer Erfahrung – und daher bedeutet das Entdecken der Zeit in ihrem vollen Ausmaß, Zeit der Wahrheit gemäß zu begreifen. Die Apokalypse offenbart die Zeit als erfüllte Zeit, in der sich ihre Vollendung erfüllt – als Zeit der Apokalypse. Das ist die Möglichkeit der Zeit, *als Zeit* wahr zu sein.

Dies allein bleibt von der Apokalypse noch zu denken. Um diese Frage herum verdichten sich die Essays von Lukacs aus *Die Seele und die Formen*, aus *Die ästhetische Kultur*, die Arbeiten über das moderne Drama und über Dostojewskij. Dies gilt auch für das „siegende Aber" von Rosenzweig, für die Problematik der *Jetzt-zeit* bei Benjamin sowie für das ‚Mystische' bei Wittgenstein und Musil.[7] Nicht zufällig rückt in diesen Momenten zeitgenössischen Denkens, wie weit sie auch voneinander entfernt sein mögen, die romantische Philosophie und Ästhetik in den Mittelpunkt. Die Ewigkeit stellt sich für Baader (und für Schelling!) wesentlich als Dimension der Erlösung-Rettung *von* der Zeit, als Erfüllung der Zeit in all ihren Dimensionen, als *wahre* Zeit, die nicht losgelöst von der gegenwärtigen ist, dar. Das Problem der Romantik ist die Unzeitlichkeit *des* Zeitlichen, des Symbols *a-idios* vom Ewigen *in der Armut* der Zeit selbst. Hier ist die romantische Ästhetik wahrhaftiges Organ ihrer Philosophie, denn die *Wahrheit* des Kunstwerkes besteht genau darin, die über-vollkommene Einzigartigkeit der scheinbar vorläufigen und vergänglichen Gestalt als ewigwährend, sub species aeternitatis zu zeigen-offenbaren. Im Kunstwerk scheint es, als ob sich die ästhetische Vanitas wie an einem inneren Feuer verzehrte. Sie scheint sich zu verwandeln, zu verklären (das Thema der Verklärung von den Romantikern bis zu Mahler und Schönberg!), ohne sich deswegen an diese gegenwärtige Zeit zu vergeuden. Das Kunstwerk stellt bei den Romantikern die Apokalypse dieser vergeblichen Dimension von Zeit dar.

Diese Ästhetik stellt – genau besehen – *„nur einen Streifen Fruchtlands"* (Rilke) in der Gesamtheit der zeitgenössischen Kultur dar. Eingespannt zwischen aptisch-quantitativer Analyse des Geschmacks, die ein Pendant jener Wirtschaftswissenschaft ist, die als autonome Disziplin gleich alt wie die Ästhetik ist, und kritischer Erörterung, die das Problem des Werkes *nicht* als literarisches Spiel, als Unterhaltung *denkt*. Darüber hinaus entsteht aus dem Überdenken dieser Ästhetik oft der

Verdacht, daß sie von ‚triumphalen', theologisch-theophanischen Sehnsüchten nach der Mitte infiziert ist, nach ihrem Licht, ihrer Ordnung. Aber es ist nicht ihre Richtung, ihr Sinn, der dem Denken noch widersteht. Es ist nicht die höhere Glorie, die jede Unsicherheit transzendiert und sich im Werk zeigen könnte, sondern die vor der blanken ‚Neugier' des Erkennens *gerettete* Unsicherheit, die von der Gleichgültigkeit des vergänglichen Blickes erlöst ist, die in der Jetzt-zeit befangen ist, in der Unzeitliches und Zeitliches nicht in zwei absolute Reiche getrennt sind. Verklärung, aber Verklärung derselben Unsicherheit im Feuer der Kompositionsform: Chronos apokalypseos des Werkes.

In welcher Form aber kann sich das *Wir* dieses Werkes geben? Das Symbol der Apokalypse besteht nicht nur aus dem *Aber*, das die bloße Unsicherheit des Zeitlichen verklärt, umwandelt, sondern auch aus dem *Wir* insgesamt: aus dem *prophetischen* Aber. Diese Erörterung könnte die Kritik der Ästhetik bei Kierkegaard in neuem Licht erscheinen lassen. Denn Kierkegaard ist sich des Sinnes, der Richtung der romantischen Ästhetik vollkommen bewußt, und trotzdem kann er sich nicht vor dem Schiffbruch bewahren. Die ästhetische Verzweiflung bei ihm dürfte nicht sosehr von der fortwährenden Immanenz des Werkes herrühren, von dessen nicht erlösenden ästhetischen Charakter, wie immer behauptet wird, als vielmehr von der inneren pro-phetischen Ohnmacht des ‚autonomen' künstlerischen Werkes. Die *Dichtung* bei Heidegger reproduziert diese Aporie, löst sie jedoch nicht.
Aber – wird nicht genau dies unsere Chiffre sein: die Apokalypse des Vergänglichen wieder in einer Sprache, einem Wort zu versuchen, das *nicht* jenes Lebende ist, das *nicht* jenes Prophetische sein kann? *Als ob* sich das Ich, das sich im Werk zeigt, durch geheime Machenschaften seiner Sprache, dank Erinnerungen, die noch erblühen müssen, tatsächlich ins Wir verklären, verwandeln könnte? Als ob dieses Ich, aufgrund seiner gegenwärtigen Einsamkeit, den Blitz, der das *Aber* bindet, zu dem wir fähig sind, dem *Wir* verspräche, zu dem wir noch nicht fähig sind? Wird es nicht genau dies sein, was wir müssen: das *Aber* nachhallen lassen, *als ob* das Wir nicht ‚niemals mehr', aber ‚noch nicht' wäre? Auf diese *schwache* Apokalypse spielt Benjamin vielleicht an, wenn er von der messianischen Kraft spricht, die uns zugestanden wird und die uns trotz allem ruft.

ANMERKUNGEN

1 In diesem Zusammenhang sind die Erörterungen wichtig, die M. M. Olivetti in Error e Kairos in AA. VV., Rivelazione e storia, „Archivio di Filosofia", Padua 1971, dargelegt hat. In „Archivio", das von Enrico Castelli redigiert wird, sind viele grundlegende Beiträge zum Problem der Symbologie der Zeit erschienen; hervorgehoben seien hier: Il simbolismo del tempo, Padua 1973, mit Aufsätzen von Sedlmayr, Bonicatti, Assunto u. a.; Ermeneutica e escatologia, Padua 1971; Apocalisse e insecuritas, Mailand/Rom 1954; Tempo e eternità, Padua 1959.

2 G. Scholem, Zum Verständnis der messianischen Idee im Judentum, in: Judaica I, Frankfurt 1977. Auf der Vergeistigung der messianischen Erwartung hat Sergio Quinzio in seiner Arbeit lange beharrt. Vgl. La fede sepolta, Mailand 1971.

3 Mir scheint, daß dieses Unverständnis das Buch von E. Corsini, Apocalisse prima e dopo, Turin 1980, das übrigens sehr ergiebig ist, an den Wurzeln gefährdet.

4 P. Sacchi, Introduzione generale a Apocrifi dell'antico Testamento, Turin 1981, S. 27.

5 Zur Kritik der modernen Auffassung von Utopie muß ich hier auf mein Progetto in „Laboratorio politico", 2/1981, und auf Diritto e giustizia in „Il Centauro", 2/1981, verweisen.

6 Ich knüpfe hier an Erörterungen an, die ich in Catastrofi in „Laboratorio politico", 5–6/1981, eröffnet habe.

7 In diesem Rahmen habe ich diese Momente und Figuren in verschiedenen aktuellen Essays analysiert: Icone della Legge, Mailand 1985; Metafisica della gioventù, in: G. Lukacs, Diario 1910–1911, Mailand 1983; vgl. aber auch folgende Aufsätze im vorliegenden Band: Die profane Beachtung Musils und Erinnerung an Karneval; außerdem vgl.: Memoria sul carnevale, in: Ch. F. Rang, Psicologia storica de carnevale, Rom 1982; Walter Benjamin, Il tempo dell'Angelo, in: „Aut-Aut", S. 189–190.

* *Bei dem vorliegenden Text handelt es sich um den Wiederabdruck eines Essays aus: Massimo Cacciari, Zeit ohne Kronos. Essays. Hrsg. u. übersetzt von Reinhard Kacianka. Klagenfurt: Ritter Verlag 1986, S. 27–38.*

8 ZUR AUSSTELLUNG

INGEBORG MICKO

Die Minoriten als Ordenszweig der Franziskaner gehören zu den Bettelorden, die die ersten religiösen Gemeinschaften bildeten, welche bewußt die Städte zum Sitz ihres Wirkens für sich auswählten. Ihre große Verbreitung als Volksseelsorger hängt mit der Entwicklung des Städtewesens und den in den Städten stärker auftretenden sozialen Gegensätzen zusammen.

Stadtbewohner und Mendikanten waren aufeinander angewiesen. Die Bettelorden brauchten die Bürger für ihren täglichen Unterhalt, sowie insbesondere für Kirchen- und Klosterbau. Die Einwohner der Städte erhielten durch den Orden eine Erweiterung ihrer sakramentalen und gottesdienstlichen Versorgung und die Möglichkeit, ihre weiteren religiösen Wünsche zu befriedigen.

Die Welser Minoritenniederlassung wurde um das Jahr 1280 gegründet. In diesem Jahr wurde Weikhard von Polheim Bischof von Passau, von dem berichtet wird, daß er noch im selben Jahr die Minoriten nach Wels berief. Den Brüdern wurde durch Abt Heinrich von Lambach 1281 die damals dem Lambacher Kloster zugehörige Marienkapelle in Wels zugewiesen. Die Kapelle wurde bereits 1171 anläßlich ihrer Weihe durch den Salzburger Erzbischof Adalbert erwähnt und gilt als Kern der neuen Welser Klosteranlage.

Einer Lambacher Chronik zufolge, ließ Bischof Weikhard von Polheim die Einweihung der Kapelle am Sonntag nach Mariae Geburt 1281 vollziehen. Das Patrozinium Mariae Geburt blieb auch der späteren Minoritenkirche erhalten.

Weikhard starb zwei Jahre später und im gleichen Jahr urkundeten die versammelten Polheimer bei den Minoriten in Wels (convocavit nobis omnibus aput ecclesiam minorum fratrum in Welsea). Die erwähnte „ecclesia" von 1283 bezieht sich wohl auf die Marienkapelle und noch nicht auf den späteren Neubau der Minoritenkirche.

Die Verbindung der Polheimer zu den Welser Minoriten beschränkte sich nicht nur auf die Gründung, sondern dieses Adelsgeschlecht zählt durch die Jahrhunderte auch zu den vorzüglichsten Wohltätern der Brüder.

Die zugewiesene Marienkapelle und der Bauplatz an der Stadtmauer, nahe dem Tor der Traunbrücke ergibt eine für Bettelorden typische Lage. Einerseits kam dieser Bereich der Ordensauffassung von Minder sein, Bescheidenheit und Dienstfunktion entgegen, andererseits wurden die Minoriten somit bewußt zur planmäßigen Stadtbefestigung angehalten. Bedenkt man die Grundsätze der Minoritenregel die zunächst kein Eigentums- sondern nur ein Gebrauchsrecht an zur Verfügung gestellten Baulichkeiten vorsah, so verbinden sich nunmehr die Bedürfnisse des Bettelordens mit der Absicht der Förderer, die die Ansiedlung in Wels ermöglichten.

Die Baugestaltung ist geprägt durch das Ideal der Armut, die Bedeutung der Predigt und die prohibitiven Bauregeln, die als verbindende Konstanten galten und eine überflüssigen Dekor vermeidenden Grundhaltung, den Turmverzicht und die lediglich für den Chor zugelassenen Wölbung mit sich brachten.

Auch das Langhaus des Welser Kirchenbaues war ursprünglich einschiffig, querschifflos und flachgedeckt. Mit seiner lichten Breite von 12,60 m und einer lichten Länge von 28,55 m benötigte es einst einer aufwendigen Dachkonstruktion und weist ein ähnliches Verhältnis wie die Bettelordenskirchen zu Bruck, Leoben und

Enns auf, die ungefähr zur selben Zeit entstanden. Prinzipiell ist dieser Langhaustypus von der italienischen vor allem umbrischen und toskanischen Bettelordensarchitektur abzuleiten. Er bringt ein neues Raumempfinden, das südliche Ideal der Weiträumigkeit in die Länder nördlich der Alpen und trägt dem mit dem Ordensideal der Minoriten verbundenen Übergewicht der Predigt Rechnung. Der gegenüber dem Langhaus deutlich eingezogene Chor besteht aus zwei querrechteckigen, kreuzrippengewölbten Jochen und schließt in fünf Seiten des Achtecks. Der Chor überragte das Langhaus einst und der Triumphbogen war höher und im spitzen Bogen geschlossen. Die profilierten Dienste, welche die Wand gliedern, gehen ohne Kapitelle in die Rippen über, deren Schlußsteine mit Rosetten und einer Schwurhand geschmückt sind. Im östlichen Bereich des Chores sind Sakramentsnischen in die Wand eingebracht und ein mit Maßwerk geschmücktes Tor stellt die Verbindung zum Kreuzgang her. Die heute ersichliche rötliche Färbelung entspricht der ersten farbigen Fassung.

Die hohe Schlankheit des Chores bildet einen starken Kontrast zu dem sich spannungslos weitenden Raum das Langhauses. Durch diesen Gegensatz zeigt sich im gewölbten Chor ein völlig eigener Bereich, was in der Bauabsicht lag. Der Chor ist der Bereich der Mönche in dem die Gemeinschaft ihre kultischen Handlungen vornahm. Er steht mit seiner hoheitsvollen Gestalt im deutlichen Gegensatz zu der profanen des Gemeinderaumes und trennte rein durch die Erscheinung Mönch und Volk. Die Einführung des Lettners, welcher in Wels urkundlich für die Jahre 1356, 1419 und 1427 bezeugt ist, verstärkt die Trennung zwischen Mönchs- und Laienraum.

Der Einfachheit und Großzügigkeit des Innenraumes entsprach es, daß auch der Außenbau ohne Schmuck blieb und auf große Körpermassen und Baumotive ausgerichtet war. Allein die massigen, abgetreppten Strebepfeiler des Chores lockern heute noch die Geschlossenheit der Gestalt. Die große Giebelwestfassade wurde durch ein Spitzbogenfenster akzentuiert. Aufgrund des Turmverbotes wurde auf dem Dach im Bereich über dem Triumphbogen ein Dachreiter als Glockenträger angebracht. Im Winkel zwischen Langhaus und Chor wurde eine schmale Wendeltreppe eingefügt, die bis in den Dachstuhl und somit zum Dachreiter führte.

CHOR DES WELSER MINORITENKLOSTERS, WÄHREND DES UMBAUS

Die Klosteranlage der Minoriten folgte nicht wie bei den Benediktinern und Zisterziensern einem weitgehend einheitlichen Schema, sondern mußte sich bei der bereits bestehenden Stadtmauer nach den örtlichen Gegebenheiten richten. Trotzdem findet sich das Bemühen, die Konventsgebäude um einen achteckigen Kreuzgang zu ordnen. Da die Minoriten – wenigstens anfänglich – keinen eigenen Grund besitzen und keine Landwirtschaft betreiben durften, entfallen weitläufige Wirtschaftsgebäude. Doch der Raumbedarf zum Wohnen, Schlafen und Studieren machte es notwendig bereits zu Beginn in mehreren Geschossen zu bauen.

Der Kreuzgang südlich der Kirche gelegen, bildete das Kernstück der Konventsgebäude. An ihn schlossen die Räume des Speisesaals (Refektorium) und wahrscheinlich des Kapitelsaales im Osten an, im Westen lag die Bibliothek. Weitere Räumlichkeiten befanden sich im Obergeschoß. Der Kreuzgang war zunächst wohl flachgedeckt und höher als seine heutige Erscheinung. Von der gotischen Freskenausstattung sind noch einige Reste erhalten.

Ab Mitte des 14. Jahrhunderts häufen sich die Nachrichten über Stiftungen und testamentarische Zuwendungen an die Welser Minoriten durch Förderer aus dem Bereich des in der Umgebung ansässigen Adels und der Welser Bürgerschaft. Die Stadtbewohner waren interessiert an der verstärkten Seelsorge durch die Minoriten, an Beichte und Predigt. Sie nahmen aber auch die Möglichkeit und Privilegien des Bettelordens – wie das Begräbnisrecht im Kloster- und Kirchenbereich – in Anspruch. Private Interessen von Förderern und Stiftern führten zur Vermehrung des künstlerischen Schmuckes der Klosterkirche und Konventsgebäude. Auch zogen finanzielle Beihilfen mitunter auch das Recht zur architektonischen Mitbestimmung nach sich. Dieses Vorgehen wandelte somit aber auch das Bild der schmucklosen, nach strengen Bauvorschriften gestalteten Minoritenkirche wesentlich, was aber der Auffassung vom Zweck des Bauwerkes nicht unbedingt widersprach, denn Bedeutungen wurden nicht zugelassen im Sinne der Darstellung. Bedeutungen hatten nur Gültigkeit im Sinne der Erinnerung und des Gedenkens.

Nach Angaben der „Relatio Fundationis Conventus Welsensi" Ist das Welser Kloster im Rahmen der Auseinandersetzungen zwischen Friedrich IV. und Matthias Corvinus zu Schaden gekommen. Die Schäden waren so groß, daß die Wiederherstellung bis zum Jahre 1504 währen sollte. Anläßlich dieses Wiederaufbaues dürfte der Minoritenkomplex auch um einige Bauten erweitert worden sein.
Um 1480 entstand am Südosteck des Kreuzganges an der Stadtmauer die spätgotische Barbarakapelle (auch Polheimer- und Sigmarkapelle genannt). Als Stifter gelten neben den Polheimern auch der damalige Welser Burgvogt Christoph Hohenfelder, der sich mit seiner Frau und seinen Kindern auf dem Christopherusfresko in der Kapelle verewigen ließ.
Die zweijochige Kapelle schließt in fünf Seiten des Achtecks und ist mit einem Netzrippengewölbe versehen. Im Jahre 1504 wird die Stiftung der Barbarakapelle urkundlich erwähnt. Damals vollzog Wolfgang von Polheim das Vermächtnis seines Bruders Bernhard, der als erster Polheimer in dieser Kapelle beigesetzt wurde. Bis zur Aufhebung des Kloster 1784 diente die Barbarakapelle als Begräbnisstätte für die Polheimer der Wartenburger Linie, die Welser Linie erhielt ihr Erbbegräbnis in der Minoritenkirche in einer Gruft vor dem Hochaltar.

Im Zuge des Wiederaufbaues kam es auch gegen Ende des 15. Jahrhunderts zu Veränderungen des Langhauses. Durch eine Einwölbung entstand aus der früher flachgedeckten Saalkirche ein zweischiffiger vierjochiger Raum. Da man bei der Einwölbung an die Höhe des einstigen Saales gebunden war, dürfte der Raum verhältnismäßig niedrig gewesen sein. In der Gestaltung der Joche war man stark durch die bestehenden Mauern des Langhauses eingeengt. Die frühgotischen Fenster dürften mit ihren Spitzen dem Gewölbescheitel ziemlich nahe gekommen sein.
Für diese Einwölbung sprechen neben der in Oberösterreich mehrfach auftretenden zweischiffigen Hallenkirchen, die Erweiterung der ehemals flachgedeckten Saalkirche in Enns zur Zweischiffigkeit, aber besonders bauliche Befunde im Wand- und Bodenbereich. An der Westseite wurde zur Unterstützung an der Außenfassade ein

Strebepfeiler angebaut, der die Wand in ehemals durch zwei Fenster unterbrochene Felder teilt und damit die für zweischiffige Bettelordenskirchen typische Westfassade zeigt.
Die allgemeine Frömmigkeitsbewegung, gewandelte Jenseitsvorstellungen und verstärkt individuell geprägte Andachtsformen veranlaßten vor allem auch die mittlerweile zu großem Wohlstand gelangte Bürgerschaft zu größeren Stiftungen.
Um 1519 ließ der Welser Bürger und Geschäftsmann Wolfgang Huember an der Südseite des Kirchenschiffes eine Kapelle errichten, die dem hl. Wolfgang geweiht war. Der zweijochige Bau schließt in fünf Seiten des Achtecks und dürfte ursprünglich mit einem Netzrippengewölbe versehen gewesen sein. Zwei spitzbogige Fenster durchbrechen mit ihren schrägen Leibungen die Südwand. Gleichzeitig wurde über der Kapelle ein netzrippengewölbter Raum errichtet, der als Oratorium für die Brüder gedient hat.
Deutlich zeichnet sich allerdings in den kommenden Jahren eine plötzliche Einschränkung der Stiftungen ab. Die Minderbrüder verarmten zusehends und das Kloster wurde baufällig. Grund für die ausbleibenden Zuwendungen war der ab 1530 einsetzende Protestantismus in Wels, dem sich die Polheimer früh anschlossen. Das Minoritenkloster geriet in immer größere Schwierigkeiten und konnte um die Jahrhundertmitte nicht mehr vom Orden besetzt werden. Der Konvent wurde im Jahre 1554 zu einem kaiserlichen Hofspital umgewandelt, das, nachdem es gelungen war, die Zustimmung der Polheimer und anderer maßgebender Geschlechter zu erlangen, auch weiterhin von diesen bestiftet und als Begräbnisstätte benutzt zu werden.
Der schlechte Bauzustand des Klosters machte bereits zu Beginn der Übernahme durch den neuen Spitalsmeister erhebliche Reparaturen notwendig. Hinzu kamen Schäden in der Kirche durch einen im Jahre 1580 ausgebrochenen Brand.

Im Zuge der Gegenreformation und begünstigt vom kaiserlichen Hof wurde der Welser Konvent 1626 wieder errichtet. Der Zustand des Klosters war jedoch als mehr als dürftig zu bezeichnen. Das Bauwerk war im Zuge der Kriegswirren des 17. Jahrhunderts derart heruntergekommen, daß kaum vier Brüder notdürftig darin leben konnten.
Der Welser Konvent konnte die ärgste wirtschaftliche Not unter anderem durch die Gewährung von Steuerfreiheit, überwinden und zählte nach einigen Jahren bereits wieder achtzehn Brüder. Der Wiederaufbau war um das Jahr 1665 vollendet und das Kloster befand sich wieder in blühendem Zustand, in welchem es sich bis zu seiner Auflösung erhalten sollte.
Mit dem Wiederaufbau kam es auch zu einer neuerlichen Umgestaltung des Langhauses der Klosterkirche. Das gotische Wölbungssystem wurde durch eine barocke Tonne mit Stichkappen über dem Fenster ersetzt. Als Gurtenträger zog man innen starke Pfeilervorlagen ein, die heute noch das Langhaus in vier Joche teilen. Der zarte Stuck an der Decke akzentuierte gemeinsam mit einem nicht mehr erhaltenen, ungefähr 1m hohen Gebälk, den Bau. Die Fenster wurden vergrößert und dem Zeitgeschmack entsprechend durch einen Rundbogen geschlossen. Die Außenwände des Langhauses wurden bedeutend erhöht, um Platz für ovale Blindfenster zu

ANSICHT DES MINORITENKLOSTERS VON SÜDEN, 18. JHDT., KAT.NR. 20.15.

schaffen. Damit wurde das Langhaus, das früher niedriger war als der Chor, über diesen hinausgehoben und beide Bauteile unter einem Dach mit gleicher Firsthöhe zusammengefaßt.

In der 1. Hälfte des 18. Jahrhunderts trugen sich die Welser Minoriten abermals mit Umbauplänen. Diese Absicht läßt sich aufgrund einer Reihe von Entwürfen belegen, die unter anderem von Johann Michael Prunner und von Wolfgang Grinzenberger vorgelegt wurden. Von diesem Stadtmaurermeister stammt auch ein Plan des Klosters vor der Inangriffnahme der Bautätigkeiten, die mit unklaren und zum Teil unausgeführten Absichten mehrere Jahrzehnte zurück zu verfolgen sind. Einige dieser Entwürfe betreffen den Dachreiter, weitere sind für eine Neugestaltung des Kircheninneren und für die Südfassade gegen den Mühlbach gedacht gewesen. Diese Arbeiten sich ebensowenig ausgeführt worden, wie ein neuerlicher Umbau des Kircheninneren. Die Außenfassade des Langhauses hingegen wurde neu gestaltet. Durch Bandlisenen wurde die Fassade in Felder geteilt und die ovalen Scheinfenster mit Putzfaschen und einfachem Dekor gerahmt.

In diese Zeit fällt auch die barocke Umgestaltung der Wolfgangkapelle, die zwischen 1730/40 erfolgt sein dürfte und eine Umwandlung zur Mariazeller-Kapelle mit sich brachte. Das zu jener Zeit im Vordergrund stehende Wallfahrtsheiligtum von Mariazell drängte das Patronat des hl. Wolfgang zurück. Das gotische Gewölbe wurde mit zarten Stuckverzierungen überzogen und die im Gewölbescheitel geschaffene Kartusche mit einem Fresko ausgeschmückt. Gleichzeitig dürfte wohl der Altar von Osten nach Westen verlegt worden sein, um einen Zugang zur Kapelle vom Kreuzgang her zu ermöglichen.

BRAND DER MINORITENKIRCHE 1748,
KAT.NR. 20.16.

Um den erhöhten Raumbedarf Rechnung zutragen, errichtete man vor dem südlichen Kreuzgang Pfeiler, die zur Erweiterung der Obergeschoße dienten. Sowohl das Kreuzganggeschoß als auch das erste Obergeschoß wurde mit Fresken ausgeschmückt.

Die Fassade des stadtseitigen Traktes des Klosters in der heutigen Minoritengasse wurde in den Jahren 1745/46 durch Wolfgang Grinzenberger neugestaltet.
Weitere Umbauvorhaben konnten nicht verwirklicht werden, da 1748 das Dach des Minoritenklosters durch einen Blitzschlag in Brand geriet. Die Schäden an den Gebäuden waren so beträchtlich, daß zwar der Wiederaufbau seitens der Minoriten bewerkstelligt werden konnte, nicht aber weitere Umgestaltungen.
Durch das Klosteraufhebungspatent kam es 1784 zur Aufhebung des Welser Konvents der Minoriten. Die Kirche wurde 1785 exekriert und die Kirchenausstattung, vor allem die Altäre auf verschiedene Kirchen in Oberösterreich verteilt. Ein Teil der Grabmonumente wurde 1844 in die Stadtpfarrkirche überführt. Das Klostergebäude wurde zunächst als Militärkaserne vermietet, einzelne Räume ab 1850 durch die k.k. Staatsanwaltschaft genutzt. Um 1870 wird der Kirchenraum zum Schwurgerichtssaal umgestaltet. Die Feuerwehr erhält ab 1871 den Ostteil der ehemaligen Kirche als Zeugstätte zugewiesen und adaptiert ab 1908 das Langhaus als Feuerwehrzentrale, nachdem die Justiz Einrichtungen in das neue Kreisgericht umgesiedelt wurden. In das Kirchenschiff wurde mittlerweile eine Zwischendecke eingezogen und das neu geschaffene Obergeschoß bereits vor 1878 als Turnhalle benutzt. Von 1906–1953 wurde das Stadtarchiv in der Sigmarkapelle und im Kirchenchor untergebracht. Nach dessen Auslagerung wurde die Barbarakapelle restauriert und als Gefallenengedenkstätte eingerichtet. 1985 zog die Feuerwehr

aus. 1988–1990 wurden in der Kirche und im Kloster archäologische Ausgrabungen durchgeführt. Nach zwei Wettbewerben beschloß der Gemeinderat 1997 die Revitalisierung und Neugestaltung im Zuge der OÖ. Landesausstellung des Minoritenkomplexes zu einem kulturellen Zentrum sowie zu Wohnungen.
Die Urkunde von 1283 unterrichtet uns, daß die Polheimer den Raum der Welser Minoritenkirche zu einer Familienzusammenkunft und zum Abschluß von Rechtsgeschäften nützten. Dies unterstreicht nicht nur die Bedeutung die dem Konvent zukam, sondern zeigt auch den Öffentlichkeitscharakter von Kloster und Kirche auf. Das Kloster war somit keineswegs ein fest abgegrenzter Bereich, sondern war voll in das städtische Leben einbezogen, wobei natürlich vor allem auch die religiöse Komponente berücksichtigt werden muß.
Doch aufgrund des Zweckmäßigkeitscharakters von Bettelordenskirchen ist es wohl kein Zufall, daß sie schneller als andere Kirchen profaniert und zu kommunalen Gebrauchszwecken, als Lagerhalle, Magazine, Gerichtssäle verwendet wurden und werden. Sie wurden hervorragend funktionstüchtig gebaut.

LITERATUR

Aspernig, Walter, Oberösterreichischer Kulturführer, Wels, Wien – München 1984.

Aspernig, Walter, Die Welser Minoriten im Mittelalter (1280–1554), in: Kulturzeitschrift Oberösterreich 2/1983, Linz 1983, S. 21–28.

Badstübner, Ernst, Kirchen der Mönche, Die Baukunst der Reformorden im Mittelalter, Wien 1981.

Berg, Dieter, Bettelorden und Stadt, Bettelorden und städtisches Leben im Mittelalter und Neuzeit, Beiträge zur Geschichte der sächsischen Franziskanerprovinz, Bd. 1, Werl 1992.

Binding, Günther, Die Franziskaner-Baukunst im deutschen Sprachgebiet, in: 800 Jahre Franz von Assisi, Niederösterreichische Landesausstellung, 1982, Katalog der niederösterreichischen Landesmuseums, NF Nr. 122, Wien 1982.

Brucher, Günter, Gotische Architektur in Österreich, Salzburg 1990.

Donin, Richard Kurt, Die Bettelordenskirchen in Österreich, Zur Entwicklungsgeschichte der österreichischen Gotik, Baden bei Wien 1935.

Englisch, Ernst, Zur Geschichte der franziskanischen Ordensfamilie in Österreich von den Anfängen bis zum Einsetzen der Observanz, in: 800 Jahre Franz von Assisi, Niederösterreichische Landesausstellung, 1982, Katalog der niederösterreichischen Landesmuseums, NF Nr. 122, Wien 1982.

Friess, G., Geschichte der österreichischen Minoritenprovinz, Archiv für österreichische Geschichte, Wien 1882.

Hageneder, Herta, Beiträge zur Geschichte der Minoriten in Enns von den Anfängen bis 1553, in: Mitteilungen des oberösterreichischen Landesarchivs, Bd. 11, 1974, Linz 1974, S. 249–280.

Hecker, Norbert, Bettelorden und Bürgertum, Konflikt und Kooperation in deutschen Städten des Spätmittelalters, Europäische Hochschulschriften Reihe XXIII, Bd. 146, Frankfurt a.M. 1981.

Holter, Kurt, Das Welser Kunsthandwerk im Zeitalter des Barock, in: 8. Jahrbuch des Musealvereines Wels, Wels 1961/62.

Holter, Kurt, Geschichtliche Nachrichten über die Barbarakapelle bei den Minoriten und über andere ältere Kichenbauten in Wels, in: Jahrbuch des Musealvereines Wels, Wels 1957.

Holter, Kurt, Die verschollenen Grabmäler der Polheimer bei den Minoriten in Wels, Beiträge zur Geschichte der Welser Polheimer, in: 16. Jahrbuch des Musealvereines Wels, Wels 1969/70.

Holter, Kurt, Trathnigg, Gilbert, Von der Urzeit bis zur Gegenwart, 2. erw. Auflage, Wels 1984/85

Micko, Ingeborg, Der oberösterreichische Barockbaumeister Johann Michael Prunner, Ein Beitrag zu seiner stilistischen Entwicklung und seinem Wirken in Wels, Dip., Salzburg 1996.

Miglbauer, Renate, Ausgrabungen im ehemaligen Minoritenkloster von Wels, in: OÖ. Beiträge zur Mittelalterarchäologie in Österreich 7, 1991, S. 99–101.

Neidinger, Bernhard, Mendikanten zwischen Ordensideal und städtischer Realität, Historische Forschung, Bd. 5, Ordensstudien III, Berlin 1981.

Pickl-Herk, Heidelinde, Die Minoriten, Franziskaner, Kapuziner in der Steiermark, Begleitheft zur Ausstellung, Diözesanmuseum Graz, Graz 1990.

Riehs, Wilhelm, Das Minoritenkloster unser lieben Frauen zu Wels, Diss., Graz 1967.

Rieß, Wilhelm, Zur Geschichte der Welser Minoriten, in: Oberösterreichische Heimatblätter, Jg. 26, H 1/2, 1972, Linz 1972, S. 33 – 46.

Stadtluft, Hirsebrei und Bettelmönch, Die Stadt um 1300, hrsg. Landesdenkmalamt Baden-Württemberg und Stadt Zürich, Stuttgart 1992.

Stüdeli, Bernhard, Minoritenniederlassung und mittelalterliche Stadt, Beiträge zur Bedeutung von Minoriten und anderen Mendikantenanlagen im öffentlichen Leben der mittelalterlichen Stadtgemeinde, insbesondere der deutschen Schweiz, Franziskanische Forschungen H. 21, Werl 1969.

Trathnigg, Gilbert, Archivalische Vorarbeiten zur Österreichischen Kunsttopographie, Gerichtsbezirk Wels, 3. Teil, Kirchen, Klöster und Kapellen in Wels, Wien 1968.

Wagner-Rieger, Renate, Architektur, in: Gotik in Österreich, Katalog zur Ausstellung, Krems 1967, S. 330–406.

Das Minoritenkloster knapp südlich des Stadtplatzes gehört zu den ältesten Teilen des mittelalterlichen Wels. Zugleich liegt das Areal innerhalb des Siedlungsgebietes des römischen Wels, Ovilava. Ziel der Grabungen war es, die Baugeschichte von Kirche und Kloster, die durch Urkunden nur unzureichend bekannt war, zu erforschen. Darüber hinaus erhofften wir uns Erkenntnisse zur Topographie in der Römerzeit.

DAS FRÜHE MITTELALTER

Die Minoriten errichteten ihr Kloster entlang des südlichen Abschnittes der mittelalterlichen Stadtbefestigung, die bereits im Jahr 1276 urkundlich erwähnt wird. Keimzelle des Klosters war die ehemals dem Kloster Lambach zugehörige Marienkapelle, die im Jahr 1171 geweiht wurde. Wenngleich während der archäologischen Grabungen keinerlei Reste dieser Kapelle beobachtet werden konnten, so wurden im Langhaus der Kirche, in der südlich anschließenden Wolfgangkapelle und im Kreuzgang Bestattungen freigelegt, die nicht nur durch ihre Lage in den unteren Kulturschichten, sondern auch durch ihre Orientierung von den übrigen Gräbern abwichen. Es fanden sich keinerlei Reste von Holzsärgen. Die Toten waren in gestreckter Rückenlage mit seitlich an den Körper gelegten Armen bestattet worden. Manche Skelette waren vom Fundament der Langhausmauer der Minoritenkirche oder von den Fundamentmauern des Kreuzganges gestört worden. Die bislang östlichste Bestattung wurde knapp außerhalb der Nordostecke des Kreuzganges geborgen. Im Chor konnten keine Untersuchungen durchgeführt werden, da eine Gruft eingebaut war, die nach Aufhebung der Kirche als Keller gedient hatte.

DIE KIRCHE UND DAS KLOSTER IM MITTELALTER

Mit dem Bau der Minoritenkirche wurde unter Berücksichtigung der schriftlichen Quellen und stilistischen Merkmale des Chores um 1300 begonnen. Die Funda-

FRÜHMITTELALTERLICHE BESTATTUNG, DIE VON GOTISCHEN UND BAROCKEN FUNDAMENTEN GESTÖRT WURDE

GOTISCHES ALTARFUNDAMENT IN DER WOLFGANGKAPELLE

mentmauern des Langhauses, die bis zu einem Meter breit und bis zu 2,5m tief sind, bestehen aus vermörtelten Bruch- und Bachsteinen. Verschiedene Estrichhorizonte weisen auf Umbauten der Kirche hin. Der unterste mittelalterliche Estrich dürfte nach der Bestimmung der Münzen durch M. Alram, Kunsthistorisches Museum Wien, in den Zeitraum Ende 13. bzw. Anfang 14. Jh. fallen.
Mehrmals wird urkundlich ein Lettner erwähnt. Tatsächlich ließen sich im östlichsten Joch des Langhauses Fundamentmauern freilegen, die einerseits in Nordsüdrichtung unter dem Triumphbogen verliefen und den Chor vom Langhaus trennten, bzw. im östlichsten Joch des Langhauses im rechten Winkel an die Nordsüdfundamentmauer ansetzten und teilweise bis zu einer Länge von 2,3 m erhalten waren. Somit läßt sich ein Lettner mit vermutlich drei Bögen rekonstruieren.
Der Kreuzgang wurde an den Ostteil der südlichen Langhausmauer und etwas abweichend von der Flucht der Längsachse der Kirche angebaut. Die Südwand des Kreuzganges war zugleich die Stadtmauer. Der zwischen Chor und Nordmauer des Kreuzganges entstehende Zwickel wurde durch den allmählichen Einbau von kleineren Räumen, darunter eine Sakristei geschlossen. An die Nordostecke des Kreuzganges setzte ein kleiner nach Osten hin apsidial abgeschlossener Raum an, der im Süden an das Refektorium angrenzt.
Gegen Ende des 15. Jh. erfolgte ein Umbau, der die Kirche und das Kloster betraf. Im Langhaus wurden Reste eines jüngeren gotischen Estrichs beobachtet, der nach der Bestimmung der Münzen durch M. Alram frühestens der ersten Hälfte des 14. Jh. angehören kann. In die Längsachse des Kirchenschiffes wurden zwei mächtige Pfeilerfundamente gesetzt. Auch an die Mitte der Westmauer wurde ein Fundamentblock gebaut. Damit läßt sich eine Pfeilerstellung erschließen, die auf ein zweischiffiges Langhaus hinweist. Das Spitzbogenfenster in der Mitte der Westmauer

wurde zugemauert und an die Außenseite ein Strebepfeiler gebaut. An die nördliche Langhausmauer sind in den beiden westlichen Jochen je ein Fundamentpfeiler gesetzt worden.
Auch in der im Jahr 1519 an der südlichen Langhausmauer errichteten Wolfgangkapelle konnten Grabungen durchgeführt werden. An der Ostwand setzte ein quaderförmiger Fundamentblock für einen Altar an. In der Südostecke lagen neben dem Fundament noch zwei quadratische Kehlheimer Platten des Fußbodens, die wie der Altar zur ersten Bauphase der Kapelle gehören.
Der Zeitraum von 1554 bis 1626, in dem das Minoritenkloster als kaiserliches Hofspital genutzt wurde, läßt sich durch die archäologischen Grabungen kaum belegen.

DIE BAROCKEN UMBAUTEN

Im Zuge der Gegenreformation bezogen die Mönche ihr Kloster im Jahr 1626 wieder. Das kaiserliche Hofspital wurde in das Gebäude, Pfarrgasse 15 verlegt. Der Wiederaufbau des Klosters war bis in die Mitte des 17. Jh. weitgehend abgeschlossen. Der Lettner zwischen Chor und Kirche wurde abgebrochen und eine aus Ziegeln gemauerte Stufe hin zum Chor geschaffen.
Im Langhaus wurde ein zum Teil ausgerissener Ziegelfußboden freigelegt. Aus der Schicht darunter wurde ein Kreuzer des Jahres 1594 geborgen. An der Südwand des Kirchenschiffes wurden in den östlichen Jochen Fundamentblöcke aus Bruch- und Bachsteinen, Ziegeln und mittelalterlichen Spolien beobachtet. An der nördlichen Langhausmauer wurde lediglich im dritten Joch von der Ostseite aus gezählt ein ähnlicher Fundamentblock freigelegt. Dieser überbaute ein mittelalterliches Pfeilerfundament. Im selben Joch wurde an der nördlichen Langhausmauer ein 2,4 m x 0,4 m großer Steinquader freigelegt, der die Eingansschwelle zur Kirche bildete. Auch Teile der Fundamente für den Windfang konnten festgestellt werden.
Im Grundrißplan des Welser Baumeisters Wolfgang Grinzenberger aus dem Jahr 1745, der in einer Kopie im Stadtmuseum erhalten ist, sind zusammen mit dem Hochaltar im Chor sieben Altäre eingetragen. Vier Altarfundamente konnten ergraben werden. Die Fundamente an der nördlichen Langhausmauer wurden durch das Absenken des Niveaus im 19./20. Jh. entfernt. Unter dem noch erhaltenen Altarfundament des zweiten Joches an der Südwand war eine Gruft eingebaut, die sich über die gesamte Breite des Kirchenschiffes innerhalb der beiden barocken Jochpfeiler erstreckte. Sie besteht aus zwei tonnengewölbten Räumen aus verputztem Ziegelmauerwerk. Der Boden war mit Ziegelplatten ausgelegt. Die Höhe des Gewölbescheitels beträgt immerhin 2,2 m. In der Zwischenmauer waren zwei kleine Fenster ausgespart. Der südliche Gruftraum weist eine später zugemauerte Öffnung im Gewölbe von 2,34 m zu 1 m auf. Das Gewölbe der nördlichen Gruft wurde teilweise in Form eines Kreuzgewölbes ausgebessert. Im Jahr 1809 wurden die Grüfte geleert. Westlich des Altarfundamentes im dritten Joch wurde an der südlichen Langhausmauer eine kleinere Gruft mit den Ausmaßen von 2,5 m zu 1,65 m entdeckt, die ebenfalls aus Ziegeln gemauert war.
Die Altäre der Kirche sind namentlich bekannt, ihre Situierung jedoch nicht. Im Jahr 1650 wurde durch die Nützsche Stiftung der Altar des hl. Antonius von Padua

BLICK AUF DIE BAROCKEN GRÜFTE IM LANGHAUS

errichtet, zu dem auch eine Art Kapelle und eine Gruft angelegt wurde. Eine weitere Adelsgruft stiftete Mathias von Eiselsberg im Jahr 1663. Diese befand sich vor dem Portiunkula-Altar.

Im Westteil der Kirche sind noch die fünf Pfeilerfundamente der Empore erhalten, die im Grundrißplan von W. Grinzenberger eingetragen sind.

DIE BESTATTUNGEN IN DER KIRCHE

Insgesamt wurden mindestens 48 Gräber im Langhaus freigelegt, die jedoch unterschiedlichen Zeitstufen angehören. Die Bestattungen in den oberen Schichten waren parallel zu den Langhausmauern orientiert. Häufig hatten sich Holzreste und Nägel erhalten. Bei den Sargbestattungen waren die Skelette schlecht erhalten. Es gibt einige Bespiele für Kalkbettungen, bei denen man noch die Abdrücke des Leichentuches erkennen konnte. Teilweise waren Reste von Textilien, Papier und den Lederschuhen erhalten. Den Toten hatte man Medaillons, Kreuze, Rosenkränze und Zweige von Nadelbäumen mit in das Grab gegeben. Bei manchen Skeletten konnten noch Teile der Haartracht, wie Knoten oder Zöpfe nachgewiesen werden. Bei einem Skelett hatte sich an den Kopfhaaren ein mit Perlen besticktes Stoffband erhalten. Die Toten waren zur Längsachse der Kirche orientiert zumeist mit der Blickrichtung zum Chor manchmal auch zur Westmauer hin. Die Unterarme waren über dem Bauch verschränkt oder über dem Becken gekreuzt. Erste anthropologische Beobachtungen ergaben, daß Männer, Frauen und Kinder in der Kirche bestattet wurden. Häufig hatte man für die Anlage eines neuen Grabes Reste einer älteren Bestattung zur Seite geräumt. Unmittelbar westlich der Gruftmauer fanden sich Skeletteile von mehreren Individuen. Auch in den Grüften selbst wurden noch Skelettknochen geborgen, außerdem ein Kruzifix aus Messing und ein goldener Fingerring. Offen-

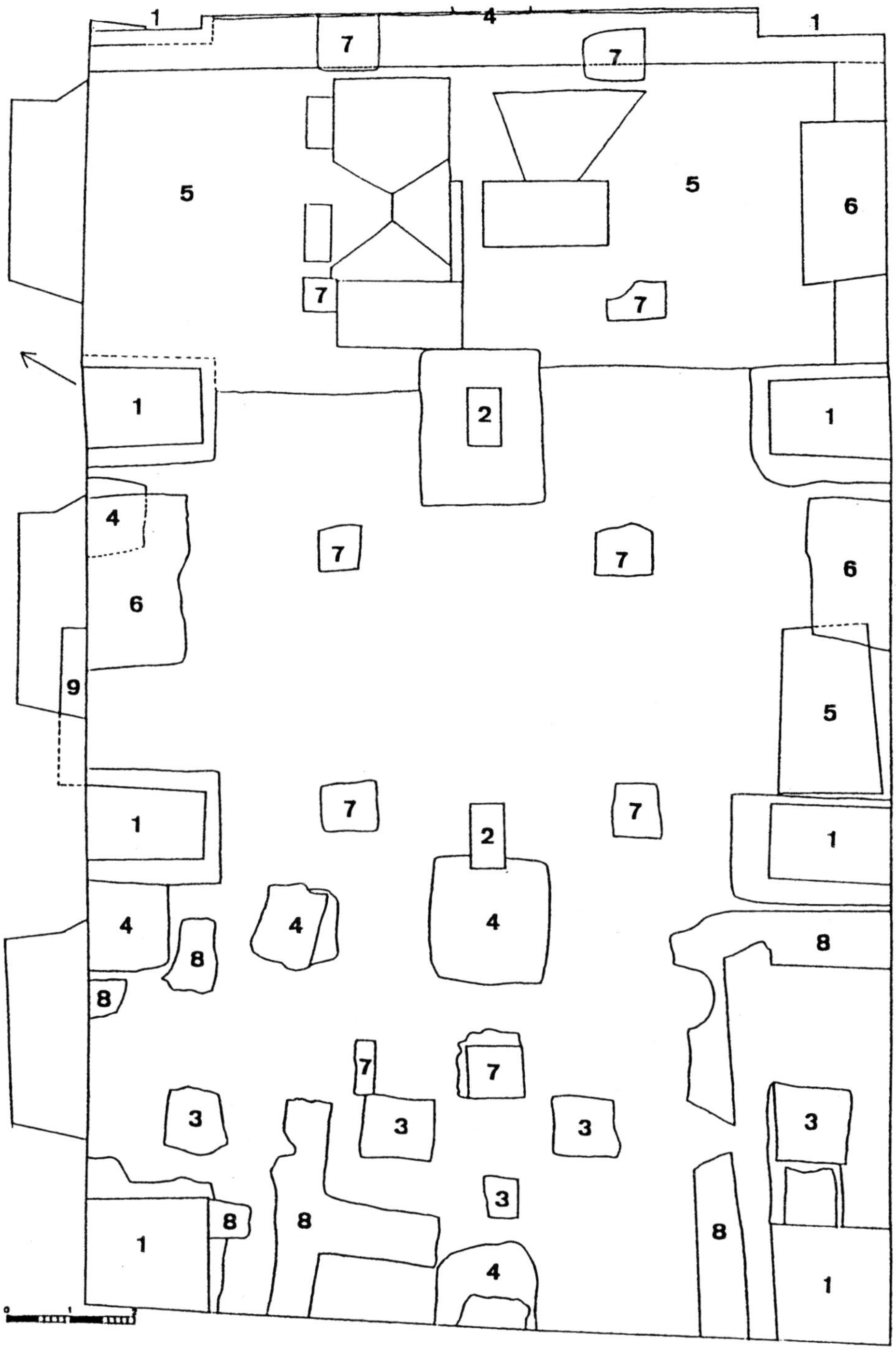

GRUNDRISS DES LANGHAUSES MIT PFEILERFUNDAMENTEN UND FUNDAMENTMAUERZÜGEN

1 PFEILER DES BAROCKEN STICHKAPPENTONNENGEWÖLBES
2 PFEILER DER DECKE FÜR DEN TURNSAAL
3 EMPORENPFEILERFUNDAMENTE
4 MITTELALTERLICHE PFEILERFUNDAMENTE
5 BAROCKE GRÜFTE
6 BAROCKE ALTARFUNDAMENTE
7 FUNDAMENTPFEILER AUS ZIEGEL UND WENIG ROLLSTEINEN
8 FUNDAMENTMAUERZÜGE
9 EINGANGSCHWELLE

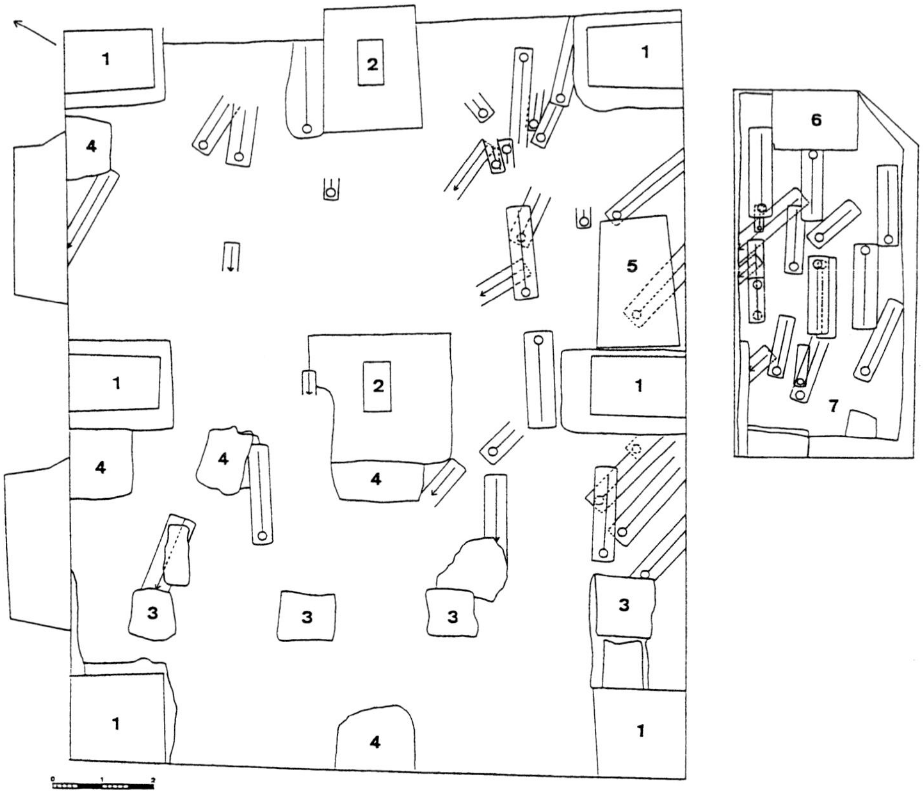

GRÄBER IM LANGHAUS UND IN DER WOLFGANGKAPELLE

1–5 VGL. ABB. SEITE 331
6 ALTARFUNDAMENT
7 WOLFGANGKAPELLE

sichtlich war man bei der Räumung der Gräber in den Grüften mit den Toten wenig sorgsam umgegangen. In der südlichen Gruft war unter dem Niveau des Ziegelbodens noch die nord-süd orientierte Bestattung eines Säuglings erhalten. Außerdem konnten noch Reste des Holzsarges beobachtet werden.

DIE WOLFGANGKAPELLE

Auch hier wurden noch Teile des barocken Ziegelfußbodens freigelegt. Im Altarfundament an der Westmauer wurden Teile einer geflügelten Figur aus Kalkstein geborgen. Der Altar war während des Umbaus im ersten Viertel des 18. Jh. von Osten nach Westen verlegt worden, da an der Ostwand eine Türöffnung ausgebrochen wurde, die einen direkten Zugang von der Kapelle in den Kreuzgang ermöglichte.

In der Wolfgangkapelle wurden insgesamt 20 Bestattungen freigelegt. Wie schon in der Kirche fällt auch hier für den jüngeren Gräberhorizont die Orientierung parallel zur Ostwestmauer auf. Holzreste und Sargnägel wurden mehrmals beobachtet. Perlen von Rosenkränzen, ein Kruzifix, ein Medaillon, Zweige eines Nadelbaumes, Lederreste der Schuhe bzw. Textilreste und Verschlußteile der Kleidung vervollständigen die Ausstattung. Wiederum ließen sich Männer, Frauen und Kinder nachweisen.

DER KREUZGANG

Der Kreuzgang war mit einem Fußboden bestehend aus Ziegelplatten und Steinpflaster ausgestattet. Die Planierschicht darunter enhielt Brandreste und bereits Skelettknochen, mehrere römische Münzen als Streufunde und einen Heller des Jahres 1346, Bestimmung G. Dembski, M. Alram, Kunsthistorisches Museum Wien. In den ergrabenen Teilen des Kreuzganges fanden sich 49 Gräber. Die Toten waren bis auf wenige Ausnahmen parallel zum nördlichen Gang orientiert. Holzverfärbungen und Nägel weisen auf Holzsärge hin. Wiederum zeigten sich Skelette, die in Kalk gebettet waren. Einige Tote hatten Trachtbestandteile wie Gürtelschnallen. Drei Gräber waren nord-süd orientiert, die Arme verschränkt. Die Bestattungen weisen Holz- und Stoffreste, einen Bronzeanhänger mit der Darstellung des hl. Franziskus auf der einen Seite und des hl. Antonius von Padua auf der anderen Seite, Perlen eines Rosenkranzes, ein Bronzekreuz mit Emaileinlage, Zweige eines Nadelbaumes auf.

Im Hof des Kreuzganges wurden 1927 bei Erdaushubarbeiten bereits mehrere Gräber freigelegt. Die Toten waren in Holzsärgen, die z.T. mit schweren Eisenbändern eingefaßt waren, bestattet. Bei einem als männlich bestimmten Skelett wurden am rechten Unterarmknochen eine Kette aus Golddraht und neben dem Schulterblatt eine goldene Drahtspirale gefunden. Im Jahr 1936 wurden wiederum Skelette von Männern, Frauen und Kindern freigelegt, darunter ein Skelett mit den Resten eines Sarges. Einige Skelettknochen, zwei goldene Fingerringe sowie die zeichnerische Dokumentation gelangten in das Museum. Damals vermutete der Ausgräber F. Wiesinger einen Zusammenhang mit dem im Nordteil des Kreuzganges eingemauerten Marmorepitaph des Arztes Dr. Johannes Fischer (1613–1683). In welcher Art er mit dem Kloster in Verbindung stand, läßt sich nur vermuten. Ob er mit dem kaiserlichen Hofspital zu tun hatte, erscheint fraglich, da er erst 1675 nach Wels

BAROCKES ALTARFUNDAMENT IN DER WOLFGANGKAPELLE

RÖMERZEITLICHER HEIZKANAL IM LANGHAUS

gekommen war. In den tieferen Schichten des Kreuzganghofes wurden noch weitere Bestattungen geborgen.
Im Osttrakt des Klosters konnten lediglich im Gang Untersuchungen durchgeführt werden. Im Westteil wurden Estrichreste freigelegt. Im Ostteil zeigte sich auf gleicher Höhe ein diagonal gelegter Ziegelfußboden. Ebenso wurde das Ziegelgewölbe jenes Kellers freigelegt, der nach Urkunden 1676 vom Kloster angekauft wurde. Während des zweiten Weltkrieges wurde er zum Luftschutzkeller ausgebaut und mit je einem Gang zum Keller unter dem Chor und zur Gruft unter der Sigmarkapelle verbunden.

DIE RÖMERZEITLICHEN FUNDSCHICHTEN

Im nördlichen Bereich des Langhauses wurde ein Estrichrest freigelegt, auf dem sowohl mittelalterliche als auch barocke Pfeilerfundamente gesetzt waren. Der Estrich war noch bis in eine Breite von 2,5 m erhalten. Darunter führte ein aus Ziegeln gemauerter Kanal einer Fußbodenheizung in Nordsüdrichtung, ein weiterer unter dem mittleren barocken Pfeilerfundament. Die Füllschicht des Kanals war stark mit Brandresten durchsetzt. Unter den Kleinfunden ist eine Zwiebelknopffibel hervorzuheben. Südlich davon fanden sich noch die untersten Ziegellagen der Sockel der Fußbodenheizung. Gegen das westliche Joch hin waren auch noch die Ziegelgewölbe erhalten, zum Teil jedoch von den gotischen bzw. barocken Fundamenten gestört. Besonders im westlichen Teil konnten starke Brandreste beobachtet werden. Viele der Ziegel der Fußbodenheizung waren gestempelt, darunter Stempel der zweiten italischen Legion und Stempel einer Hilfstruppeneinheit. Aus den Verfüllschichten stammt eine beträchtliche Anzahl an vorwiegend spätrömischen Münzen. Im östlichsten Joch konnten in den Erdschichten nahe der nördlichen Langhausmauer ebenso Ziegelgewölbe einer Fußbodenheizung angeschnitten werden.

BESTATTUNGEN IM KREUZGANG

1 NORDTEIL
2 WESTTEIL
3 OSTTEIL
4 HOF
5 GEBOGENE MAUER IM WESTOSTGANG
6 GEBOGENE MAUER

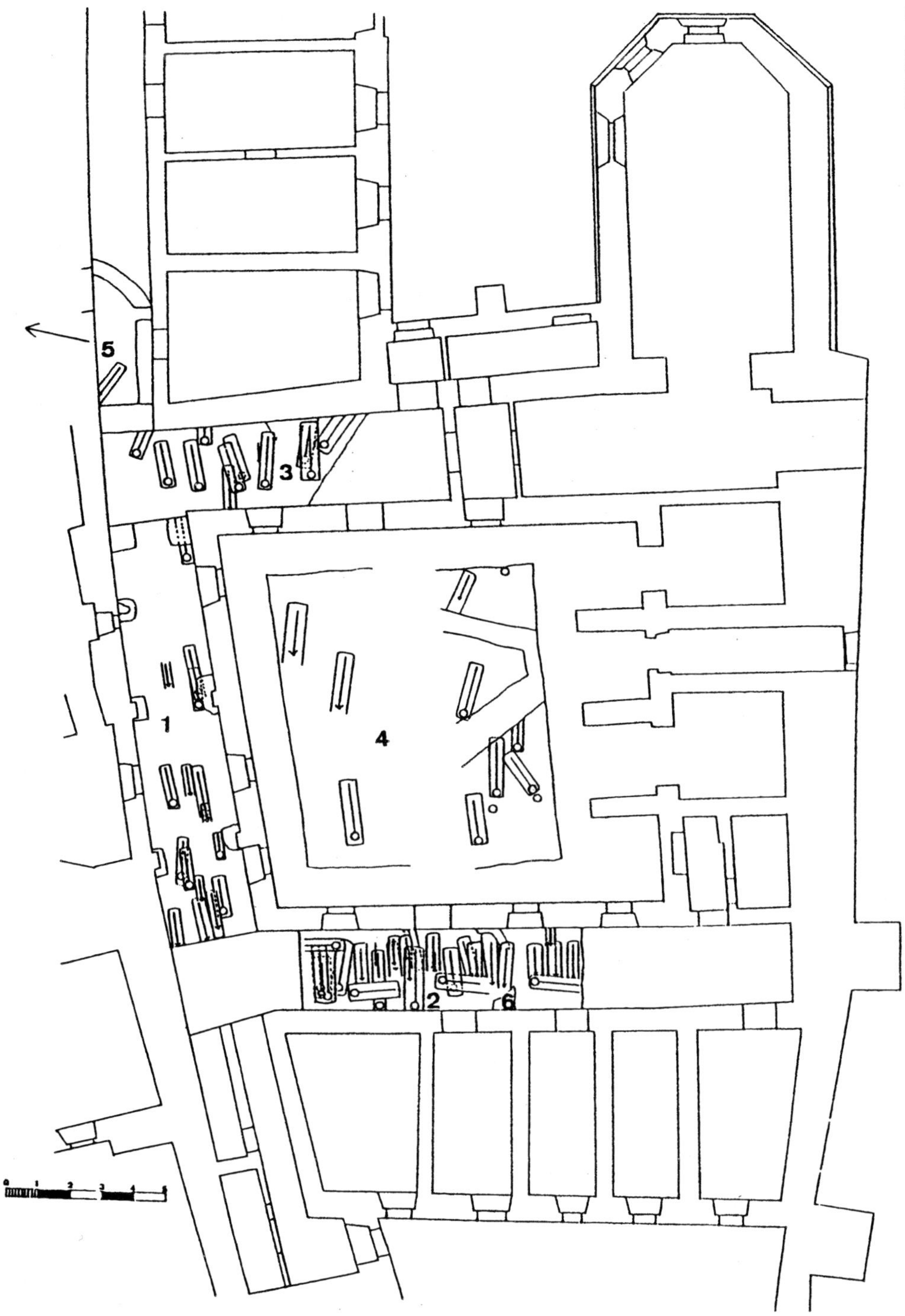

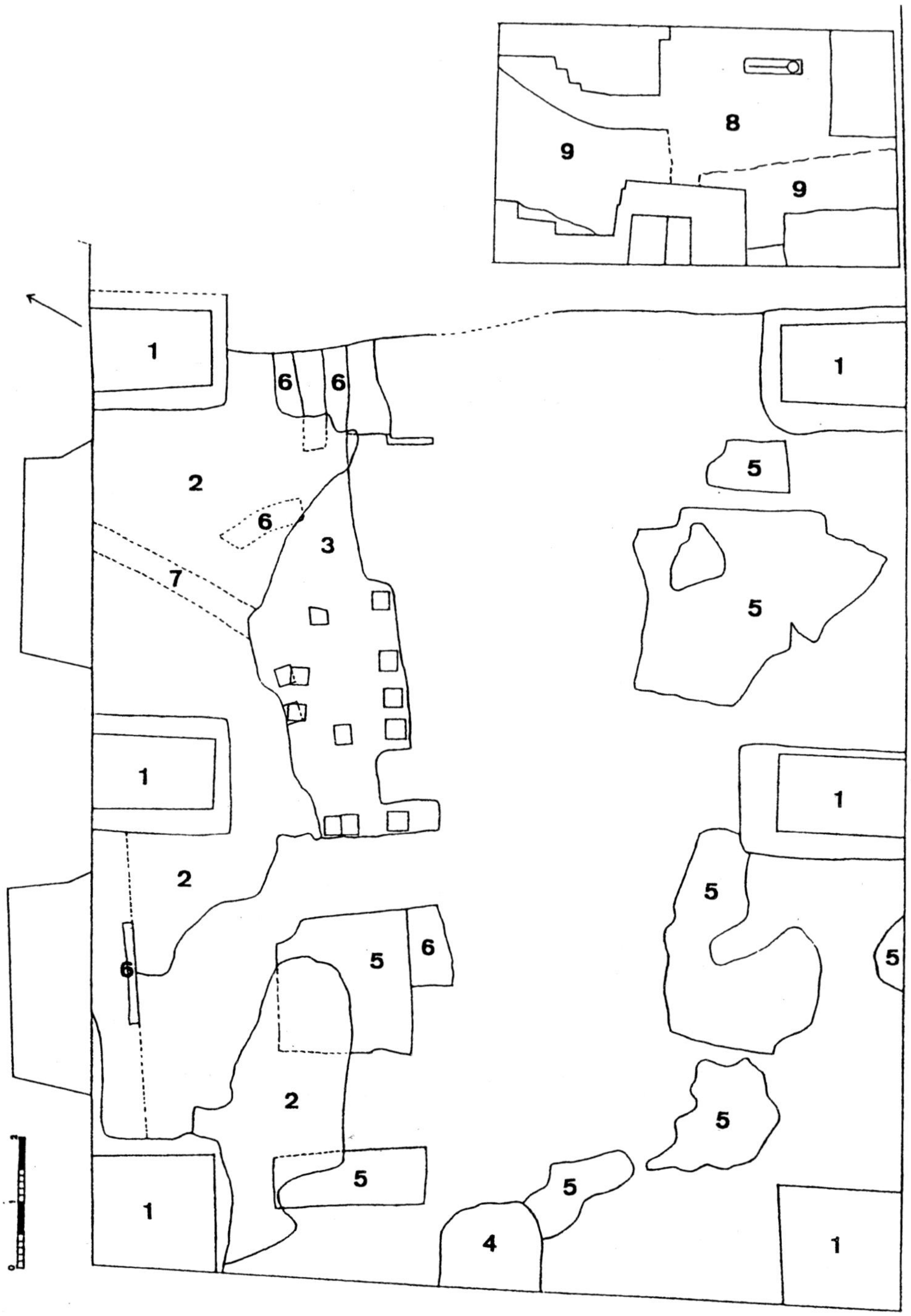

GRUNDRISS DES LANGHAUSES MIT RÖMISCHEM NIVEAU

1 PFEILER DES BAROCKEN STICHKAPPENTONNEN-GEWÖLBES
2 ESTRICHRESTE IM NORDTEIL ÜBER DER FUSS-BODENHEIZUNG
3 UNTERES NIVEAU DER FUSSBODENHEIZUNG MIT UNTERSTEN LAGEN DER ZIEGELSOCKEL
4 MITTELALTERLICHES PFEILERFUNDAMENT
5 ESTRICHRESTE IM SÜDTEIL DES LANGHAUSES
6 RESTE VON MAUERZÜGEN
7 GEWÖLBTER ZIEGELKANAL
8 BAROCKE GRUFT
9 GEBOGENE MAUER

Im Jahr 1943 wurden bei Grabungsarbeiten für einen Luftschutzkeller am Minoritenplatz drei Plattenziegel mit Legionsstempel geborgen. Ein Jahr später wurden in der Minoritengasse ein Mauerrest und ein Säulenfragment ausgegraben. Im unterirdischen Gang unter dem Osttrakt des Klosters wurden im selben Jahr römerzeitliche Ziegelgewölbe auf Granitsäulen von ca. einem Meter Höhe freigelegt. Auch bei den Aushubarbeiten des Jahres 1963 für den Zubau an der Südseite des Rathauses wurden Reste von römerzeitlichen Mauern und einer Fußbodenheizung bestehend aus Ziegelgewölben, die auf Steinsäulen ruhten, angeschnitten. Dabei fanden sich einige Ziegel mit Stempel der zweiten italischen Legion und ein Exemplar mit einem Tierpfotenabdruck.
Im Zuge des Umbaus des Rathauszubaus an der Minoritengasse wurden im Jahr 1988 Tonscherben, darunter Fragmente von nordafrikanischer Terra Sigillata, und Münzen des 4. Jh. n. Chr. geborgen. An der Nordostseite der Baugrube konnten Plattenziegel, darunter einer mit einem Stempel der zweiten italischen Legion geborgen werden.

Auch in allen ergrabenen Teilen des Kreuzganges und des Hofes wurden für die Anlage der frühmittelalterlichen Gräber ältere Mauerzüge und Fußböden entfernt. Im Nordteil des Kreuzganges wurden im Westteil Ziegelsockel einer Fußbodenheizung und Ziegel in Versturzlage freigelegt. Den östlichen Abschluß bildete eine nordsüdorientierte 0,6 m breite Mauer. Vom darüber liegenden Estrich war nur mehr ein geringer Rest erhalten. Parallel zur ersten Mauer verlief ein weiterer ursprünglich überwölbter Heizkanal aus zwei parallel verlaufenden Nordsüdmauern, an deren einen Seite Ziegelsockel angesetzt waren. Aus der Füllschicht, die stark mit Brandresten durchsetzt war, wurde der Oberteil einer nordafrikanischen Lampe, Fragmente von grünglasierter und grauer Keramik mit Einglättverzierung sowie ein

ZIEGELSOCKEL DER FUSSBODENHEIZUNG

Teil einer Gürtelschließe aus Bronze geborgen. Viele der freigelegten Ziegel trugen Stempel der zweiten italischen Legion. Die Ostmauer des Heizkanals konnte auch noch im südlich anschließenden Kreuzganghof beobachtet werden, die nach 2,4 m im rechten Winkel abbiegend noch 3,2 m nach Osten weiterführte. Aus einem darüber liegenden Ziegelversturz konnten neben wenigen Fragmenten römischer Gefäßkeramik Dachziegel geborgen werden. Ein imbrex trägt eine Ritzung in Kursivschrift, die neben einer Datumsangabe den Namen Isauricus angibt. Ein weiterer imbrex ist gestempelt mit den Buchstaben L RF LEGAVG. In Abkürzung ist der Name und Titel eines bislang nicht inschriftlich belegten Statthalters zu lesen. LEGAVG ist die Abkürzung für die offizielle Bezeichnung des Statthalters, legatus Augusti pro praetore provinciae Noricae. Der Legionskommandant der zweiten italischen Legion, die während der Markomannenkriege in der 2. Hälfte des 2. Jh. n. Chr. nach Noricum verlegt wurde, war zugleich Statthalter der Provinz mit seinem Sitz in Lauriacum/Lorch bei Enns. Im Ostteil des Kreuzganges wurde ein in Nordsüdrichtung verlaufendes in vermörtelten Rollsteinen gebettetes Bleirohr freigelegt, das auch weiter in den südlich anschließenden Hof führte. Westlich des Bleirohres fanden sich noch Reste eines Mosaikfußbodens mit einem geometrischen Muster. Im Osten setzte an das Mosaik eine Mauer an und bildete somit den Abschluß dieses Raumes. Im West- und Nordteil des Kreuzganges wurden insgesamt 22 spätrömische Münzen gefunden.

Sondagen an der mittelalterlichen Stadtmauer südlich des Langhauses ergaben, daß das mittelalterliche Fundament teilweise auf einem bis zu 1,6 m breiten römerzeitlichen Fundament errichtet wurde. Ob dieses Fundament zur lang gesuchten südlichen römischen Stadtmauer gehört, läßt sich noch nicht mit Sicherheit sagen.
Die römerzeitlichen Schichten unter dem Kloster und in der Minoritengasse lassen sich zu einem römerzeitlichen Gebäudekomplex aus dem Ende des 2. bzw. 3. Jh. n. Chr. erschließen, der mit Fußbodenheizung, Wasserleitung und einem Mosaikfußboden ausgestattet war. Die zahlreichen gestempelten Ziegel mögen darauf hinweisen, daß das Gebäude im Besitz des Statthalters von Noricum stand, der seinen Amtssitz an den Donaulimes verlegt hatte. In spätrömischer Zeit wurde die Fußbodenheizung nicht mehr benützt und verfüllt. Das Areal war zumindest bis in das ausgehende 4. wahrscheinlich noch bis in das 5. Jh. besiedelt.

LITERATUR

W. Aspernig, Wels, OÖ Kulturführer, Wien-München 1984, 4–6 und 25–26.

W. Aspernig, die Welser Minoriten im Mittelalter (1280-1554), in: OÖ Kulturzeitschrift, Jg.33, 2/1983, 21–28.

K. Holter, G. Trathnigg, Wels von der Urzeit bis zur Gegenwart, 25. Jahrbuch des Musealvereines Wels 1985/86, 64 und 154–156.

K. Holter, Geschichtliche Nachrichten über die Barbarakapelle bei den Minoriten und über andere ältere Kirchenbauten in Wels, Jahrbuch des Musealvereines Wels 1957, 23–49 .

K. Holter, Wels, Städteatlas, 1.Lief., Wien 1982

R. Miglbauer, Mitteilungen aus dem Stadtmuseum 4/89, Nr. 41 und 2/91, Nr. 56.

Dies., Fundberichte aus Österreich, 1988, 317, Nr. 28, 1989, 249.

Dies., Ausgrabungen im ehemaligen Minoritenkloster von Wels, in: OÖ Beiträge zur Mittelalterarchäologie in Österreich 7, 1991, 93–113.

Dies., Neue Aspekte zur Geschichte von Wels im Mittelalter, in: Beiträge zur Mittelalterarchäologie in Österreich 8/1992, 99-101.

W. L. Riehs, Das Minoritenkloster unserer Lieben Frauen zu Wels, ungedr. Diss. Graz 1967.

W. Rieß, Zur Geschichte der Welser Minoriten, in Oberösterreichische Heimatblätter 26, 1972, 1/2, 33–46.

A. Salzmann, Der Welser Grabstein eines Vorderösterreichers, in: 6. Jahrbuch des Musealvereines Wels 1959/60, 197–202.

G. Trahtnigg, Fundberichte aus Österreich V, 1946–1950, 1959, 119.

Ders., In: Jahrbuch des Musealvereines Wels 1955, 117.

Ders., In: Heimatblatt Nr. 21 vom 24. 3. 1944, 5.

Ders., Beträge zur Topographie des römischen Wels I, Jahreshefte des Österreichischen. Archäologischen Institutes 48, 1966/69, 11.

„ZEITGEFÜHL“ – ANMERKUNGEN ZU INSZENIERUNG, GESTALTUNG UND ARCHITEKTUR

HANS HOFFER

Wem sind sie nicht in Erinnerung, die nicht enden wollenden Lateinstunden in der Schule oder die endlos erscheinenden Sommer der Kindheit. Wie oft wird uns die „Zeit zu kurz", und nicht selten können wir etwas nicht erwarten. Entweder es ist zu viel oder zu wenig Zeit. Was ist Zeit, Endzeit, Traumzeit, Weltzeit, Hochzeit, Lebenszeit...? „Die Zeit ist ein gar sonderbar Ding", heißt es im „Rosenkavalier". Die Zeit, dieses Phänomen, das scheinbar Herrschaft übt und unbestechlicher Regent sein will über unser Leben, ist ein Thema, dessen man nicht habhaft werden kann. Denn: Zeit kann man nicht haben.

Die Zeiger einer Uhr sind „Hinweiszeichen", ein gebautes „Carpe diem" mit dem Verweis auf den „ewigen Fluß" der Ereignisse. Daher beginnt die Ausstellungsinszenierung im offenen Raum mit einer archetypischen Grundform, einem aus dem Boden ragenden „Zeiger", der auf öffentlichen Plätzen aufgestellt (via Solarzelle mit akustischen Signalen beschickt) selbst Teil der natürlichen Zeitgebung von Tag und Nacht wird. Dieser „Zeiger" setzt sich im Inneren des Gebäudes fort und übernimmt verschiedene Funktionen, z.B. als Objektträger, Akustikstation oder auch als Leit- und Informationsstelle. Er erscheint jedoch auch in seiner ursprünglichen Funktion als jener Teil der Uhr, der die Zeit zeigt.

Jede Ausstellung ist ein „Implantat" in etwas Vorhandenes, ein „Museum auf Zeit" und hat temporären Charakter, ist eben nur gültig in der Zeit des Bestehens, und das Vorübergehende muß zur Qualität erklärt werden.

„ZEITMASCHINE", ENTWURFSMODELL

KIRCHENRAUM, ENTWURFSMODELL

Schon das Gebäude des alten Minoritenklosters in Wels ist ja eine Art „Zeitmaschine", beschrieben mit den ablesbaren Spuren verschiedenster Epochen und Lebensformen. Beginnend bei römischen Grundmauern, über gotische und barocke Bauteile bis zu Luftschutzräumen des Zweiten Weltkrieges und letztendlich einem Feuerwehrdepot finden sich hier „Zeichen der Zeit".

Der Kern der Ausstellung, die von den einzelnen Wissenschaftler(inne)n zum Thema versammelten Objekte, ist eingebettet in einen spielerisch-inszenatorischen Rahmen, der durch drei große Installationen die Ausstellungsdramaturgie strukturiert und Assoziationen im Kopf der Besucher freisetzen soll.

Zu Beginn erfüllt sich ein Kindheitstraum. Man scheint in einem „Zeitschiff" durch Raum und Zeit zu gleiten, ein „Raumschiff namens Erinnerung und Zukunft", das uns selbst zum Partikel der Zeit werden läßt, bildet die atmosphärische Introduktion. Die Zusammenarbeit mit dem Ars Electronica Center Linz hat hier und an anderen wesentlichen Punkten eine absolut heutige Umsetzung ergeben.

Der wichtigste Gedanke in der Konzeptionsarbeit aber war: Wie kann ich den ganzen Gebäudekomplex in eine Art „Uhr" verwandeln, ohne die Substanz zu verändern? Wie kann ich dem Gebäude, das von Grund auf statisch erscheint, eine innere Bewegung verleihen, eine „Unruh", wenn man so will, die auch die Besucher erfaßt und ihren Weg, im Uhrzeigersinn, bestimmt?

Der quadratische Innenhof bot sich an: Hier durchdringt eine „Zeitmaschine" vertikal alle Geschoße, und über akustische Signale verbreitet sich die Bewegung im ganzen Haus, das damit zur Uhr erklärt wird – eine riesige Ausstellungsuhr, die eine eigene Ausstellungszeit verkündet. Im sandbedeckten Geviert entstehen kreisförmige Spuren, die sogleich wieder gelöscht werden.
Im Uhrzeigersinn schrauben sich nun die Besucher in den Kreuzgängen die einzelnen Stockwerke empor, den wissenschaftlichen Stationen folgend bis ins Dachgeschoß. Hier schließt sich die Klammer der Inszenierung mit einem spielerisch, spekulativen „Zukunftslabor", das an Hand der Stadt Linz utopische Visionen entstehen läßt (interaktiv wird auch der Besucher die Bilder mitformen). In Zusammenarbeit mit dem Ars Electronica Center entstand eine „Projektionsskulptur", ein „Time Explorer".
Höhepunkt auf dem „Fluß der Zeit" durch die Geschichte ist dann der von oben her erschlossene, sich überraschend öffnende große Kirchenraum, der dominiert wird von einer „Himmelstreppe" und einem Gedächtnistheater. Ein Turmuhrwerk und ausgewählte Kunst verweisen uns hier auf die Vergänglichkeit des Daseins.
Durch die Basis des Gebäudes, vorbei an römischen, gotischen und barocken Grundmauern, verlassen wir die Ausstellung. Ein Finger-Print ermöglicht einen Ausdruck, der uns sagt, wieviel Lebenszeit wir in der Ausstellung verbracht haben. Die Besucher gehen mit dem Gefühl, einige Zeit mit der „Zeit" verbracht zu haben, um vielleicht in Zukunft mit der zur Verfügung stehenden „Eigenzeit" bewußter umzugehen.

TIME EXPLORER – DIE ZEITMASCHINE

Die Entwicklung unserer Welt, die Zukunft, in die wir gehen, ist ein gestaltbarer Prozeß, allerdings kaum empirisch faßbar, schwer zu planen und auch nicht genau vorhersehbar. Es gibt nicht *eine* Zukunft, sondern viele Möglichkeiten davon, zwischen denen wir uns ständig durch unser Handeln, unsere Entscheidungen, Hoffnungen und Ängste bewegen. Der tatsächliche Verlauf ist geprägt vom höchst komplexen Wechselspiel der verschiedenen gesellschaftlichen Kräfte und auch einer ordentlichen Portion Zufall.

Das interaktive Erlebnisprojekt „Time Explorer" basiert auf dem einfachen Umstand, daß die Erfahrungen der Vergangenheit unsere Entscheidungen in der Gegenwart prägen und so in unsere Zukunft hineinwirken. Im ersten Teil werden die Besucher selbst in die Lage versetzt, die Weichen für die künftige Entwicklung zu stellen, und können so ihre Version der Zukunft von Linz gestalten. Im zweiten Teil werden dann die möglichen Ergebnisse und Auswirkungen ihrer Entscheidungen in eindrucksvoller Weise dargestellt.
Genaugenommen sind es zwei „Zukünfte", die von den Besuchern dabei entworfen werden. Der ersten Variante liegen Entscheidungen über Entwicklungen, Erfindungen und neue Technologien zugrunde, die vermutlich noch in diesem Jahrhundert stattfinden könnten. Als Ergebnis dieser rationalen Bewertung entsteht die Prognose einer konkret ausgestalteten Zukunft, die im Grunde genommen dem entspricht, was sich die Besucher von der Zukunft erwarten, also wie sie *glauben,* daß es werden wird. Daneben wird aber auch noch eine zweite Variante erzeugt, die aus den emotionalen Reaktionen der Besucher abgeleitet wird und die Zukunft so darstellt, wie es sich die Besucher *wünschen*.
Abgefragt werden Einschätzungen zur Entwicklung der Technologie, der Wirtschaft, der Politik und der Kultur, aber auch persönliche Haltungen und Weltbilder. Die Ergebnisse werden vom Computer (selbstverständlich anonymisiert) ausgewertet und entsprechenden Zukunftsszenarien zugeordnet. Diese Szenarien werden auf ein Computermodell der Stadt Linz übertragen und bilden den Kern der multimedialen Präsentation.

Natürlich ist der „Time Explorer" keine wirkliche Zeitmaschine, kein wissenschaftliches Planungswerkzeug, sondern ein Spiel, in dem es darum geht, uns mit den Hoffnungen und Befürchtungen, die wir in die Zukunft setzen, zu beschäftigen. Es geht auch darum, unsere Einstellung zu Fortschritt und Tradition zu verstehen und die Tragweite und den Einfluß unseres Handelns auf die Gestaltung unserer eigenen Zukunft zu begreifen.

Immer wenn neue Technologien entstanden sind, wurden sie sehr schnell zum Leitmotiv von Utopien: die Dampfmaschine im 18. Jahrhundert, der Morsetelegraf und die ersten Luftschiffe und Flugzeuge am Ende des 19. Jahrhunderts, die Atomenergie in den 50er Jahren des 20. Jahrhunderts, der Computer und das Internet und die moderne Gentechnik am Beginn des 21. Jahrhunderts. Ganz unterschied-

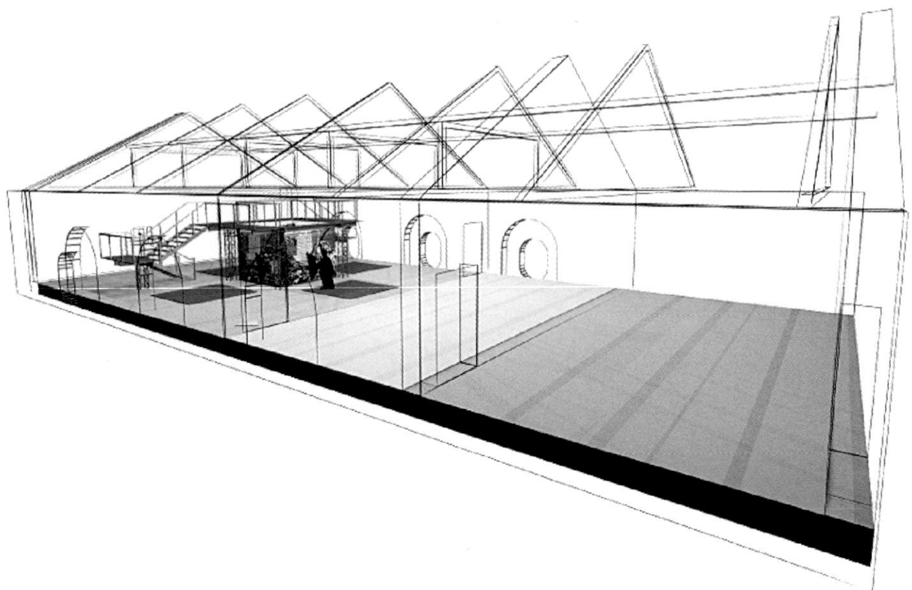

PROJEKTSTUDIE FÜR DIE INSTALLATION
TIME EXPLORER – DIE ZEITMASCHINE

liche Technologien – und doch wurden immer sehr ähnliche Zukunftsmodelle darauf aufgebaut. Modelle, die viel mehr über die Zeit, in der sie entstanden sind, aussagen, über die Probleme, Ängste und Hoffnungen der Zeitgenossen, als über den tatsächlichen Verlauf der Zukunft: Von den Philosophen der Antike über die Künstler der Renaissance zu Jules Verne, H. G. Wells, Aldous Huxley, George Orwell, Gene Roddenberry, Arthur C. Clark, William Gibson, Andrew Niccols und den vielen anderen Schriftstellern und, seit es Kino gibt, auch Filmemachern, die im Lauf der Geschichte eindrucksvolle Zukunftsvisionen entworfen haben.

Visionen, die sich alle auf wenige Grundmuster zurückführen lassen, die das schwierige Verhältnis des Menschen zu seiner Umwelt behandeln, die Lösungen für das Zusammenleben der Menschen entwerfen und versuchen, Antworten zu geben, auf die uralte Frage nach dem *Woher* und *Wohin*.

- Die Apokalypse und die Auslöschung einer Menschheit, die nicht in der Lage ist, ihre Grenzen zu erkennen und zur vergänglichen Episode der Evolution wird, oder die Naturkatastrophe, die den Planeten als lebensfeindliches Biotop für mutierte Insekten übrig läßt.
- Das Fortschritts-Paradies, ein Technotopia einer Menschheit, der es gelingt, mit Hilfe der Wissenschaft alle Probleme zu lösen, und in friedlicher globaler Koexistenz den Weltraum erforscht.
- Die Flucht von der Erde, nachdem wir sie als Lebensraum ruiniert haben; trotz aller Fortschritte der Technik, oder vielleicht gerade deshalb. Eine galaktische Arche Noah, auf der wenige Privilegierte eine neue, bessere Heimat suchen.

- Der Rückzug und das Diktat der Vernunft. Verängstigt und geläutert durch die möglichen Gefahren neuer Technologien und globaler Wirtschaft, beschließt die Menschheit dem Fortschritt abzuschwören und setzt ökologische und soziale Vernunft als unantastbare Grenze für Wissenschaft und Technologie.

Auch wenn wir nicht in die Zukunft sehen können, das Fortdenken, also die Extrapolation gegenwärtiger Trends und die Simulation der vorstellbaren Konsequenzen ist eine wichtige Strategie, mit der Gegenwart umzugehen, und das Entwerfen von Visionen, das Erdenken dessen, was werden könnte, hilft uns, über den Gartenzaun der Gegenwart hinauszublicken. Phantasie und Vision sind Zivilisationsprinzipien der Menschheit.

Ein Projekt des Ars Electronica Center
Konzept: Ars Electronica FutureLab – Gerfried Stocker, Horst Hörtner, Volker Christian, Andreas Jalsovec, Pascal Maresch, Dietmar Offenhuber, Nina Wenhart
Sounddesign: Sam Auinger

WHILE YOU WERE HERE

Sensorium

„While you were here" ist ein Mittel, die Welt durch die Dimension „Zeit" zu erfahren, eine neue Form von „Senseware", die von Sensorium geschaffen wurde. Sensorium (http://www.sensorium.org) ist eine Website, die 1996 aus dem japanischen Themenpavillon auf der Ausstellung Internet World hervorgegangen ist. Gegenwärtig wird sie von einem zehnköpfigen Team in Tokio betreut, dessen Mitglieder aus so unterschiedlichen Sparten wie Anthropologie, Grafikdesign, Programmierung, Musik oder Journalismus kommen. Unterstützt wird Sensorium von der Internet-Forschungseinrichtung Wide Project.

Zu den von Sensorium realisierten Web-Installationen zählen

- „Breathing Earth", eine animierte Visualisierung von Erdbeben auf der ganzen Welt während zweier Wochen,
- „Night and Day", eine Zusammenschaltung von weltweit angeordneten Webcams, die die Verteilung von Licht und Schatten zu einem bestimmten Zeitpunkt anzeigen,
- „Web Hopper", der in Echtzeit die Spuren der Menschen aufzeigt, die Web-Server auf der ganzen Welt anwählen,
- „BeWare02 Satellite", der Menschen durch Berühren die Temperatur der Erdoberfläche spüren läßt.

Diese Prototypen dienen als Werkzeuge, mit denen die Welt um uns bewußter erfahren werden kann; Sensorium nennt diese Medien „Senseware".

Während Sie diesen Text lesen...

...rast der Jet-Stream hoch über uns dahin, Wasser fließt durch unterirdische Adern tief unter dem Platz, auf dem wir stehen. Neutrinos von der Sonne durchdringen mit ungeheurer Kraft unsere Körper, Kinder werden geboren, Passagiere steigen aus Flugzeugen aus, Berge wachsen langsam, die Erde rast durch das All. Eine Vielzahl von Dingen ereignet sich in der Welt, jedes mit seinem eigenen Zeitablauf – Zeiten, die gleichzeitig vergehen.

„While you were here" ist ein Projekt, das die Erfahrung aktueller Aspekte der Welt durch die Dimension „Zeit" ermöglicht.

http://www.sensorium.org

Ein Projekt des Ars Electronica Center
Konzept: Sensorium Group, Japan, und Ars Electronica FutureLab

RAUM-ZEIT-SPIEGEL

In dieser ersten Installation der Oberösterreichischen Landesausstellung 2000 wird man in ihr Thema, die Zeit, eingeführt.

ZEUGE DER EIGENEN VERWANDLUNG IM RAUM-ZEIT-SPIEGEL

Bildzitate beschreiben die Chronik des Lebens, das aufgeteilt ist in vier Elemente. Das erste Element, die Entstehung der Erde, ist sozusagen die Ur-Zutat. Die zweite Station führt die Evolution des Lebens vor Augen und führt zur dritten Station, dem Scanner, der das Ich thematisiert. Doch ist dieses nicht nur die Krönung der Schöpfung, sondern seinerseits ein Zwischenprodukt, ein Werkzeug zur Formung der Zeit.

Der Scanner erfaßt die Bewegung der Besucher und spiegelt diese als Funktion über die Zeit zu einem, die Bewegung des Besuchers einfrierenden Bild innerhalb des Spiegels und teleportiert die Bewegung der Besucher aus der einen in die andere. Ein kurzer Moment des Scannens negiert in seiner Schockfrostung die Flüchtigkeit des Spiegels – dehnt den Moment zur Dauer. Das Ich der realen Zeit und des realen Raumes hat die Möglichkeit, die Raumzeit von außen zu betrachten, außerhalb seiner eigenen Geschichte zu stehen und die Dinge sub specie aeternitatis (mit den Augen der Ewigkeit) zu sehen. Er ist Zeuge seiner eigenen Verwandlung und Beobachter eines subjektiven Eingriffs in den Strom der Zeit.
Die 4. Station thematisiert die noch offene, zu bearbeitende Zeit, macht Lust auf die noch ungeschriebene Geschichte: die Geschichte der Zukunft.

Ein Projekt des Ars Electronica Center
Konzept: Ars Electronica FutureLab
Timebased Installation: Peter Nevin / Lucy Harrison Mediatek@Kent, Institute of Art & Design, Canterbury UK – Consultancy by AgB London UK

ANMERKUNGEN ZUM SOUNDDESIGN

sam auinger

wenn ich über die aufgaben im einzelnen des sounddesigns der ausstellung spreche, so geht es um die gestaltung von empfindungen mit dem medium sound, ... empfindungen als teil der wahrnehmung von inhalten ... inhaltliche erweiterungen ... erzählen von ereignissen und geschichten, ... erzeugen von zeitpunkten und zeiträumen ..., wie bei allen anderen sounddesigns einer ausstellung auch.

das thema „zeit" der ausstellung erlaubt grundsätzlich über sound zu sprechen.

sound/klang, musik und stille sind eng mit unserer zeitwahrnehmung verbunden ...

der hahn tropft
das herz schlägt
der wind singt
das wasser rauscht
das handy spielt mozart ...

wir sind ganz ohr
wir sind ganz auge
wir sind ganz ...

wie wir zeit beschaffen und verwenden, ist wie wir uns organisieren und wie wir kommunizieren ... und ... das mächtige wird gehoer ... und das machtlose ist stumm ...

wir benutzen, erfinden, erkennen, erzeugen, lernen ... hohe, helle, laute, kurze, ... töne/sounds zum wahrnehmen von zeitpunkten, ... die glocke die stündlich schlägt, ... die sirene am samstag um 12, ... der warnton im online programm, ... sie sind einmalig oder chaotisch ... und ... all diese töne/sounds sprechen zu uns, sind eine nachricht/message. sie verlangen aufmerksamkeit, ... sind schwer zu überhoeren.

klänge/sounds, musik, und stille, ... die uns das gefühl von zeitdauer, einem zeitzustand und seiner qualität vermitteln ..., sind uns bekannt, ... sind anhaltend und ihre muster wiederholen sich ... das brummen im electro, ... das ticken der uhr, ... das rauschen der brandung, ... der sich ewig wiederholende popsong, ... der donauwalzer in stanly kubrik's 2001, ... party, ... die ruhe am berg, ... die mediasignation, ...

ist ein klang/sound unbekannt oder wird er unerwartet gestoert, dann entsteht moment ... ein zeitpunkt ... eine nachricht wird übermittelt ...

... und um zeit zu verwenden, braucht man erinnerung, sie macht die koordinaten im verwendbaren zeitraum, ... sound ist teil der erinnerung an ... eine freundliche stimme, eine schöne musik ..., einen häßlichen abend ... eine aufregende nacht, ... und so hat schön, angsterregend, langweilig, angenehm, aufregend ... lebendig und tot seinen sound.

... wie klingt ihre zeit?

sounddesign oberösterreichische landesausstellung 2000:

konzept............................hans hoffer, aec-future lab . . . und:
komposition ....sam auinger
hardware...........................gerd thaller
software............................gerald schalek
electronic ....roland babl

ZUR BESUCHERORIENTIERUNG

DORIS PRENN / CLAUDIA HUTTERER

Das allgemeine Interesse an Ausstellungen gewinnt in den letzten Jahren immer mehr an Bedeutung. Dies zeigen auch die stetig wachsenden Besucherzahlen bei Landesausstellungen. Typisch für Landesausstellungen sind die breit gefächerten Zielgruppen. Landesausstellungen bieten somit einen wichtigen bildungspolitischen Aspekt. Sie stellen im Museums- und Ausstellungswesen „Großereignisse" dar. Gerade aufgrund dieser Tatsache ist es besonders wichtig, daß BesucherInnen die Möglichkeit geboten wird, sich Ausstellungsinhalte unter bestmöglichen Bedingungen anzueignen.

Der große Besucherandrang ist zwar grundsätzlich sehr positiv zu sehen, bringt aber auch Probleme für die Vermittlung mit sich. Insbesondere die Tatsache, daß sich häufig viele BesucherInnen gleichzeitig in der Ausstellung befinden, stellt große Anforderungen an die Vermittlung. Diese Anforderungen beginnen schon im Vorfeld der Ausstellung: Von der besucherfreundlichen Präsentation der Inhalte über den Wechsel von passiven und aktiven Elementen in der Ausstellung, der Berücksichtigung von Leitsystemen zur einfachen Orientierung, der Verständlichkeit von Texten, der Einplanung von Ruhezonen und Sammelpunkten für Gruppen bis hin zur Entwicklung personaler, aktionsorientierter Vermittlungskonzepte für verschiedene Zielgruppen und einer gut koordinierten Anmeldung reichen die Aufgaben der Vermittlung.

Dabei muß jedoch immer von den äußeren Bedingungen ausgegangen werden. Gerade Wels bietet hierfür ein gutes Beispiel: Das ehemalige Minoritenkloster mit seinen Kreuzgängen ist zwar ein äußerst reizvolles Stück Architektur, vom Aspekt einer optimalen Besucherbetreuung jedoch nur schwer zu bewältigen. Enge Gänge und kleine Räume bzw. Raumfluchten erschweren den idealen Ablauf des Besucherstroms sowie Gruppenführungen.

Zusätzlich arbeitet die Gestaltung mit vielen Inszenierungen und Klanginstallationen, um die Inhalte auf mehreren Ebenen erlebbar zu machen. Dieses Faktum ist für den ungeführten Einzelbesucher zur Wahrnehmung der Raumatmosphäre und zur Erlebbarkeit der Ausstellungsinhalte ein wesentlicher vermittlerischer Aspekt, stellt jedoch die klassische Überblicksführung vor ein neues Anforderungsprofil. Das heißt, die Besucherbetreuung steht unter diesen Umständen vor einer speziellen Problematik und muß besonders sorgfältig geplant werden.

Gefragt ist daher im Sinne des inhaltlichen und gestalterischen Ausstellungskonzeptes eine exakte Planung des Führungsablaufs, die zwischen gesprächsorientierter Inhaltsvermittlung und nonverbalen Erleben – angepaßt an die jeweiligen Raumbedingungen – wechselt und somit den BesucherInnen die Gesamtidee der Welser Landesausstellung transparent macht.

Die Schnittstelle zwischen BesucherInnen und Ausstellung bildet das Führungspersonal, das somit im Rahmen der Ausstellung eine äußerst wichtige Position einnimmt. Der/die FührerIn „verkauft" und präsentiert BesucherInnen die Ausstellung und trägt zu einem wesentlichen Teil dazu bei, daß der Ausstellungsbesuch für BesucherInnen zu einem positiven Erlebnis wird. Das Führungspersonal bestimmt daher wesentlich den Erfolg einer Ausstellung mit. Je sicherer sich FührerInnen mit neuen Inhalten und Methoden fühlen, umso besser können sie damit umgehen. Eine intensive Form der Einschulung ist somit von großer Bedeutung und unbedingt notwendig. Eigens für die Landesausstellung in Wels wurde das Curriculum eines dreitägigen Seminars zur Führungspersonaleinschulung entwickelt, um eine intensive Auseinandersetzung der FührerInnen mit Ausstellungsinhalten und Didaktik zu ermöglichen.

Die eigens für SchülerInnen unterschiedlicher Altersstufen konzipierten Vermittlungsprogramme basieren auf einer Gruppenteilungszahl von 15 SchülerInnen, um eine intensive Auseinandersetzung mit den Ausstellungsinhalten zu gewährleisten. Die Thematik „Zeit" ist zwar sehr komplex und kompliziert, aber auch spannend. Die Vorstellung von Zeit ist – für Kinder wie auch für viele Erwachsene – nicht ganz einfach. Der Begriff „Zeit" ist abstrakt, die Zeitvorstellungen jeder Person individuell verschieden.

Ziel der für die Landesausstellung entwickelten Vermittlungsprogramme ist es, das umfassende Thema Zeit auf vielen Ebenen erlebbar, diskutierbar und kommunizierbar zu machen. Dabei wird bewußt nicht der Anspruch erhoben, das gesamte Thema zu vermitteln, sondern es soll die Vielfalt der Rezipierbarkeit von Zeit schwerpunktmäßig abgedeckt werden. Folgenden Aspekten wird besonderes Augenmerk geschenkt:

- lineare Zeit
- zyklische Zeit
- individuelle Zeit / Bewußtmachung der persönlichen Umgangsweise mit Zeit
- subjektives Zeitempfinden / objektive Zeitmessung
- Zeitwahrnehmung anderer Kulturen und Epochen

In der konkreten Umsetzung korrespondieren diese Themenschwerpunkte mit den Ausstellungsinhalten. Im Wechsel von Inhaltsaneignung und praktischer Umsetzung bieten die aktionsorientierten Vermittlungsprogramme den SchülerInnen eine spannende Art des Erlebens eines Ausstellungsbesuches.

Zusätzlich wurden Arbeitsblätter zur Vor- und Nachbereitung des Ausstellungsbesuches im Unterricht entwickelt. Sie bieten unter Berücksichtigung des Lehrplans der jeweiligen Schulstufen Anleitungen und Vorschläge für LehrerInnen zur Umsetzung des Ausstellungsthemas Zeit im Unterricht. Dabei wurde darauf geachtet, Inhalte der Ausstellung nicht zu verdoppeln, sondern sinnvoll zu ergänzen.

STIEGE 1

S 1.1. Lebensrad
Kampen, Anonym, um 1560

Holzschnitt, L 47,7 cm, B 35,5 cm.
Amsterdam, Rijksmuseum-Rijksprentenkabinett, Inv.-Nr. A 10297
Lit.: P. Joerißen, C.Will, Die Lebenstreppe. Bilder der menschlichen Lebensalter, Köln/Bonn 1983, S. 104

Die Darstellung steht noch in der mittelalterlichen Tradition einer zyklischen Symbolisierung der Zeitlichkeit des menschlichen Lebens. Das Motiv des Lebensrades war im Lauf des Mittelalters häufig reproduziert worden, verschwand aber nach der Mitte des 16. Jahrhunderts auffallend rasch aus der populären Bildmotivik.

S 1.2. Lebenstreppe „Die neun Lebensalter des Mannes"
Amsterdam, Cornelisz Athonisz, um 1540

Holzschnitt, L 49,5 cm, B 36 cm.
Amsterdam, Rijksmuseum-Rijksprentenkabinett, Inv.-Nr. A 10296
Lit.: P. Joerißen, C.Will, Die Lebenstreppe. Bilder der menschlichen Lebensalter, Köln/Bonn 1983, S. 103

Der Holzschnitt stellt eines der frühesten überlieferten Beispiele des Bildmotives der sog. Lebenstreppe dar. In der ersten Hälfte des 16. Jahrhunderts hatte diese lineare Form der schematisierten Darstellung der menschlichen Lebenszeit traditionelle Motive mit zyklischem Charakter (wie z.B. das Lebensrad, vgl. S 1.1.) abgelöst. Obwohl das Bild auch noch Anklänge an die Zyklik des menschlichen Lebens beinhaltet, ist das lineare Prinzip des symbolischen Aufstieges des menschlichen Lebenslaufes bis zum 50. Lebensjahr sowie des Abstieges bis zum Tod mit 100 Jahren bereits deutlich erkennbar.

S 1.3. Kalender auf das Jahr 1614 mit den Lebensaltern des Mannes und der Frau
Nürnberg, Jost Amman, um 1590.
Kalender von 1614

Holzschnitt koloriert, L 77 cm, B 31 cm.
Nürnberg, Germanisches Nationalmuseum, HB 25448 Kapsel 1242
Lit.: P. Joerißen, C.Will, Die Lebenstreppe. Bilder der menschlichen Lebensalter, Köln/Bonn 1983, S. 107

Seit der zweiten Hälfte des 16. Jahrhunderts entwickelte sich das Bildmotiv der Lebenstreppe sukzessive zu einem der populärsten Motive der populären Ikonographik. Dementsprechend erscheint es bald nicht mehr nur in seiner idealtypischen Form sondern immer häufiger auch als „schmückendes Beiwerk" auf zahlreichen anderen bildlichen Darstellungen.

KAT.NR. S 1.1.

S 1.4. Lebenstreppe „Auff und Nidergang deß Männlichen Alters"
Köln, Abraham Aubry, nach 1650

Kupferstich, L 26,5 cm, B 37,3 cm.
Nürnberg, Germanisches Nationalmuseum, HB 20756 Kapsel 1294
Lit.: P. Joerißen, C.Will, Die Lebenstreppe. Bilder der menschlichen Lebensalter, Köln/Bonn 1983, S. 114

Der Stich repräsentiert eine idealtypische Lebenstreppe des 17. Jahrhunderts. Zusätzlich zum klar erkennbaren symbolischen Auf- und Abstieg des Lebensverlaufes finden sich bei den einzelnen Lebensstufen auch bereits die charakteristischen Lebensaltersspruche sowie die den jeweiligen Altersstufen zugeordneten Tiersymbole.

S 1.5. Lebenstreppe „Auff und Nidergang Deß Weiblichen alters"
Köln (?), Anonym, um 1650

Kupferstich, L 27,1 cm, B 37,5 cm.
Nürnberg, Germanisches Nationalmuseum, HB 20757 Kapsel 1294
Lit.: P. Joerißen, C.Will, Die Lebenstreppe. Bilder der menschlichen Lebensalter, Köln/Bonn 1983, S. 114

Nachdem noch im 16. Jahrhundert fast ausschließlich Darstellungen des männlichen Lebenslaufes angefertigt worden waren, erscheinen im 17. Jahrhundert erstmals auch weibliche Lebenstreppen in größerer Zahl. Im Gegensatz zum männlichen Pendant entwickelten sich allerdings im Rahmen der Darstellung des weiblichen Lebenslaufes keine standardisierten Lebensaltersspruche und Tiersymbole.

S 1.6. Lebenstreppe „Auff: und Nidergang Deß Weiblichen alters"
Köln, Gerhard Altzenbach, um 1650

Kupferstich, L 27,2 cm, B 38,3 cm.
Düsseldorf, Totentanzsammlung "Mensch und Tod" der Universität
Lit.: P. Joerißen, C.Will, Die Lebenstreppe. Bilder der menschlichen Lebensalter, Köln/Bonn 1983, S. 116

Die Darstellung illustriert insbesondere im Vergleich mit Nr. S 1.5. die Praxis der beinahe unveränderten Reproduktion bestimmter Bildvorlagen. Das Motiv der Lebenstreppe ist denn auch generell durch seine eindeutige Wiedererkennbarkeit für die Betrachtenden charakterisiert.

[E. Ch.]

KAT.NR. S 2.1.

STIEGE 2

S 2.1. Lebensstufenallegorie
Augsburg, Johann Elias Ridinger, um 1750

Schabkunstblatt, L 65,5 cm, B 47,9 cm.
Augsburg, Städtische Kunstsammlungen, Inv.-Nr. G 2758
Lit.: P. Joerißen, C.Will, Die Lebenstreppe. Bilder der menschlichen Lebensalter, Köln/Bonn 1983, S. 118

Das 18. Jahrhundert brachte einige entscheidende inhaltlich-stilistische Veränderungen des Lebenstreppenmotives mit sich. Häufiger als zuvor erscheint das Motiv nun vor allem im Rahmen der zu dieser Zeit besonders populären Allegoriedarstellungen.

KAT.NR. S 2.2.

S 2.2. Lebenstreppe „De Trap des Ouderdoms"

Amsterdam, H. Numan, um 1780

Holzschnitt koloriert, L 32,6 cm, B 41,3 cm.
Lübeck, Sammlung Dr. Christa Pieske/Düsseldorf, Landesbildstelle Rheinland
Lit.: P. Joerißen, C.Will, Die Lebenstreppe. Bilder der menschlichen Lebensalter, Köln/Bonn 1983, S. 126

Als zentrales Charakteristikum der Lebenstreppen des 18. Jahrhunderts erscheint ein den Lebensweg gemeinsam durchschreitendes Paar von Mann und Frau. (vgl. auch S 2.1.). Diese Variante des Motives war im Lauf des 16./17. Jahrhunderts noch kaum jemals zu beobachten gewesen. Es liegt nahe, diese spezifische Form der Darstellung in unmittelbarem Zusammenhang mit der im Lauf des 18. Jahrhunderts stattfindenden Entstehung und Entfaltung des neuen bürgerlichen Liebes- und Partnerschaftsideals zu sehen, in dessen Rahmen eine besonders intensive emotionale Verbundenheit der Lebenspartner propagiert wird.

S 2.3. Lebenstreppe „Das Stufenalter des Menschen"

Nürnberg, G.N. Renner und Schuster, um 1835

Kupferstich koloriert, L 30,2 cm, B 33,3 cm.
Münster, Westfälisches Landesmuseum für Kunst und Kulturgeschichte, Inv.-Nr. SK 238
Lit.: P. Joerißen, C.Will, Die Lebenstreppe. Bilder der menschlichen Lebensalter, Köln/Bonn 1983, S. 132

Im 19. Jahrhundert erfährt die Lebenstreppe im Rahmen der medialen Revolution einen neuen Höhepunkt ihrer Popularität. Auf unzähligen Bilderbögen, auf Wandkalendern, aber etwa auch in Familienzeitschriften, Schullesebüchern und sogar auf Gebrauchsgegenständen des Alltags wird das Motiv nun millionenfach reproduziert. In der Regel erscheinen die Geschlechter auf ihrem Lebensweg seit etwa 1800 wieder getrennt. Erstmals werden nun, insbesondere für Frauen, in abgeschwächterer Form allerdings auch für Männer,

KAT.NR. S 2.4.

KAT.NR. S 2.5.1.

KAT.NR. S 2.5.2.

KAT.NR. S 2.6.

auf mehreren Lebensstufen die jeweils als „passend" erachteten familialen Bezüge des Individuums sichtbar.

S 2.4. Lebenstreppe „Die Lebensstufen der Frau"

Deutschland, Anonym, 2. Hälfte 19. Jh.

Chromolithographie, L 31 cm, B 40 cm.
Lörrach-Stetten, Sammlung Dr. Burde/Düsseldorf, Landesbildstelle Rheinland
Lit.: P. Joerißen, C. Will, Die Lebenstreppe. Bilder der menschlichen Lebensalter, Köln/Bonn 1983, S. 151

Im 19. Jahrhundert hält sich die Zahl der produzierten männlichen und weiblichen Lebenstreppendarstellungen erstmals etwa die Waage. Dies resultierte nicht zuletzt daraus, daß nun sehr häufig zusammengehörige Bildpaare erzeugt wurden. Auffällig ist auf weiblichen Lebenstreppen des 19. Jahrhunderts die sich fast über den gesamten Lebenslauf erstreckende Akzentuierung der familialen Rollen der Frau.

S 2.5.1 Lebenstreppe „Graduation of Man"

Breslau, O. Bloch (?), um 1890

Chromolithographie, L 39,6 cm, B 50,5 cm.
Lübeck, Sammlung Dr. Christa Pieske/Düsseldorf, Landesbildstelle Rheinland
Lit.: P. Joerißen, C.Will, Die Lebenstreppe. Bilder der menschlichen Lebensalter, Köln/Bonn 1983, S. 148

S 2.5.2 Lebenstreppe „Graduation of Wife"

Breslau, O. Bloch (?), um 1890

Chromolithographie, L 39,6 cm, B 50,5 cm.
Lübeck, Sammlung Dr. Christa Pieske/Düsseldorf, Landesbildstelle Rheinland
Lit.: P. Joerißen, C. Will, Die Lebenstreppe. Bilder der menschlichen Lebensalter, Köln/Bonn 1983, S. 148

Text zu S 2.5.1. und S 2.5.2.:
Das Motiv der Lebenstreppe war um 1540 im mitteleuropäischen Raum entstanden. Bis zum Ende des 19. Jahrhunderts blieb diese Großregion der zentrale Produktionsbereich der entsprechenden Darstellungen. Vielfach wurden vor allem in Deutschland Lebenstreppenbilder für den gesamten westeuropäischen Raum erzeugt, wie diese in Breslau hergestellte, englischsprachige Lebenstreppe zeigt.

S 2.6. Lebenstreppe „Die Lebensstufen der Frau"

Leipzig (?) od. Berlin (?), Anonym, um 1900

Chromolithographie, L 36 cm, B 49 cm.
Lübeck, Sammlung Dr. Christa Pieske/ Düsseldorf, Landesbildstelle Rheinland
Lit.: P. Joerißen, C.Will, Die Lebenstreppe. Bilder der menschlichen Lebensalter, Köln/Bonn 1983, S. 150

Die Darstellung zeigt in besonders auffälliger Weise die für weibliche Lebenstreppen des

19. Jahrhunderts charakteristische Stilisierung des weiblichen Lebenslaufes als durchgängige Sequenz familialer „Stationen". Die radikale Umdefinierung des weiblichen Rollenbildes im Rahmen des Prozesses der „Familialisierung" der Frau im Lauf der Neuzeit wird somit gerade auch anhand der motivischen Entwicklung weiblicher Lebenstreppen ersichtlich. Vergleichende Betrachtungen weiblicher Lebenstreppen des 19. Jahrhunderts einerseits und des 16. und 17. Jahrhunderts andererseits lassen in dieser Hinsicht einen extremen Kontrast erkennen. Am Beginn der Neuzeit (vergleiche die unter S 1.6. gezeigte Darstellung von 1650!) hatten Frauen (ebenso wie Männer) auf Lebenstreppen den gesamten Lebenslauf noch völlig allein durchschritten.

S 2.7.1. Lebenstreppe „Das Stufenalter des Mannes"
Frankfurt/Main, F. Leiber, Gustav May Söhne, um 1900

Chromolithographie, L 32 cm, B 41,5 cm.
Neuss, Privatsammlung/Düsseldorf, Landesbildstelle Rheinland
Lit.: P. Joerißen, C.Will, Die Lebenstreppe. Bilder der menschlichen Lebensalter, Köln/Bonn 1983, S. 146

S 2.7.2. Lebenstreppe „Das Stufenalter der Frau"
Frankfurt/Main, F. Leiber, Gustav May Söhne, um 1900

Chromolithographie, L 32 cm, B 41,5 cm.
Neuss, Privatsammlung Abb. von: Düsseldorf, Landesbildstelle Rheinland
Lit.: P. Joerißen, C.Will, Die Lebenstreppe. Bilder der menschlichen Lebensalter, Köln/Bonn 1983, S. 148

Text zu S 2.7.1. und S 2.7.2.:
Während der letzten Jahre des 19. Jahrhunderts wird die Lebenstreppe in stilistischer Hinsicht ein letztes Mal „modernisiert". Gleichzeitig beginnt sich die – zumindest für männliche Lebenstreppen – über Jahrhunderte hinweg unverändert gebliebene inhaltliche Standardisierung der jeweiligen Lebensstufen-Sprüche langsam aufzulösen. Zunehmend finden sich auf jeder Darstellung eigens entwickelte, spezifische Verse zu den einzelnen 10er-Stufen.

S 2.8.1. Lebenstreppe „Le varie etá dell'uomo"
Italien, A.Collino, um 1930

Farbdruck, L 30,7 cm, B 40,7 cm.
Lübeck, Sammlung Dr. Christa Pieske/Düsseldorf, Landesbildstelle Rheinland
Lit.: P. Joerißen, C.Will, Die Lebenstreppe. Bilder der menschlichen Lebensalter, Köln/Bonn 1983, S. 158

S 2.8.2. Lebenstreppe „Le varie etá della donna"
Italien, A.Collino, um 1930

Farbdruck, L 30,7 cm, B 40,7 cm.
Lübeck, Sammlung Dr. Christa Pieske/Düsseldorf, Landesbildstelle Rheinland
Lit.: P. Joerißen, C.Will, Die Lebenstreppe. Bilder der menschlichen Lebensalter, Köln/Bonn 1983, S. 158

Text zu S 2.8.1. und S 2.8.2.:
In Mittel-, West- und Nordeuropa war das Motiv der Lebenstreppe kurz nach 1900 auffallend abrupt verschwunden. Im ost- und südeuropäischen Raum, wo das Motiv bis dahin kaum bekannt gewesen war, erlangte es hingegen im Lauf des 20. Jahrhunderts erstmals größere Verbreitung und Popularität, wie dieses italienische Bildpaar aus der Zwischenkriegszeit zeigt. In stilistischer Hinsicht wurde die Modernisierung der Darstellungen fortgesetzt. Die grundlegenden Elemente der normativen Aussage blieben jedoch auch in diesen Regionen unverändert erhalten.

[E. Ch.]

STIEGE 3

S 3.1. „Die Klagen der Uhr"
Frankreich, Jean-Baptiste Greuze, 1775

Öl auf Leinwand, L 79 cm, B 61 cm.
München, Alte Pinakothek
Lit.: H. Bauer, Dienstmägde, die verlorene Unschuld und das Bild von der menschlichen Seele, in: G. Frühsorge u.a. (hg.), Gesinde im 18. Jahrhundert, Hamburg 1995, S. 369f.

In der Bildkunst des 18. Jahrhunderts hatte die Uhr eine Reihe zusätzlicher ikonographisch-symbolischer Bedeutungsfelder erhalten. Dies betraf vor allem den Bereich moralischer Konnotationen. Uhren galten nun einerseits ganz allgemein als vorrangige Symbole für gute bürgerliche Moral (vgl. auch 27.10.1 bis 27.10.8!), im besonderen aber z. B. auch als Symbol für die weibliche Jungfräulichkeit. Uhren wurden außerdem bevorzugt als Liebespfand oder auch als Dank für erwiesene Treue überreicht. Das Gemälde von Greuze, auf dem eine vergeblich auf ihren Liebhaber wartende Dienstmagd traurig auf ihre Taschenuhr blickt, repräsentiert somit besonders viele Elemente und Nuancen der zeitgenössischen Moralsymbolik der Uhr.

S 3.2. „Die Verlassene"
Deutschland, Friedrich Uhde, um 1880

Öl auf Leinwand, L 84,5 cm, B 103,5 cm.
Warschau, Muzeum Narodowe, Inv.-Nr. 186946
Lit.: H. Bauer, Dienstmägde, die verlorene Unschuld und das Bild von der menschlichen Seele, in: G. Frühsorge u.a. (hg.), Gesinde im 18. Jahrhundert, Hamburg 1995, S. 369f.

Wenn auch bereits deutlich seltener als noch im 18. Jahrhundert, finden sich gelegentlich auch im 19. Jahrhundert bildliche Darstellungen, auf denen das breite Feld symbolischer Konnotation zwischen Uhren, Moral und Partnerschaft reproduziert wird. Uhdes Gemälde stellt eines der spätesten Beispiele dieses Typs dar.

S 3.3. „The hours do not chime for happy folk"
Frankreich, Honoré Daumier, ca. 1832–1835

Farbzeichnung
Lit.: G. Néret, Erotica Universalis, Köln 1994, Abb. 547

Im Lauf des 18. Jahrhundert hatte sich ein komplexes Geflecht der Metaphorik zwischen Uhren bzw. Uhrzeit einerseits und Sexualität andererseits entwickelt. So taucht z.B. in Laurence Sternes Roman „Tristram Shandy" (1760) das „Aufziehen der Uhr" als Metapher für Geschlechtsverkehr auf. Andererseits wird im Rahmen der allgemeinen symbolischen Gleichsetzung von Uhrzeit und bürgerlicher Moral das geordnete Leben nach der Uhr als wirksamster Schutz gegen „unzüchtiges Verhalten" propagiert. Der gesamte, ambivalente Symbolkomplex von Konnotationen zwischen Uhr(zeit) und Sexualität spiegelt sich in Nérets Zeichnung, deren englischer Titel etwa dem deutschen „dem Glücklichen schlägt keine Stunde" entspricht. Der Künstler setzt die verbreitete Vorstellung ins Bild, daß ein „Ausblenden der Uhr", bzw. die Vernachlässigung uhrzeitlicher Normen mit einem „Ausblenden guter Moral" gleichzusetzen sei. Die unverhohlene Darstellung der Szene beweist allerdings, daß Néret die entsprechende Moral keinesfalls uneingeschränkt teilt, sondern das hedonistische „Vergessen der Uhr" als durchaus „verständlich" bewertet.
[E. Ch.]

RAUM 2

2.1. Augustinus
St. Florian

Miniatur in einer Handschrift, gebunden, koloriert, L 35 cm, B 62 cm, H 7 cm.
Stift St. Florian, Inv.-Nr. Cod. III, 205 A, Folio 106v.
Lit.: Augustinus, XIII Bücher Bekenntnisse, Paderborn 1964; K. Flasch, Was ist Zeit, Frankfurt/Main 1999

Aurelius Augustinus (354–430), einer der bedeutendsten Heiligen des Abendlandes, setzte sich im XI. Buch seiner Bekenntnisse (Confessiones) intensiv mit dem Phänomen Zeit auseinander und definierte als erster ihre Undefinierbarkeit. Gleichzeitig wies er gesondert darauf hin, daß es nie irgendeine Zeit gab, in der es keine Zeit gab.

[W. MF. / K. F.]

RAUM 5 – Australien

5.1. Grabstock
Zentralaustralien, Collektion H. Rolle, 1912

Holz, L 100 cm, Durchmesser 4 cm.
Wien, Museum für Völkerkunde, Inv.-Nr. 88.316

Dieser Stock ist geschnitzt, von brauner Farbe, mit schwarzen Bändern, der Zwischenraum zwischen denselben am anderen Ende weiß gefärbt, dazwischen mit weißen Punkten bemalt. An beiden Enden ist der Stock spitz auslaufend.

5.2. Federkopfschmuck
Zentralaustralien, 1913

Federn/Holzstäbe/Faden, L 32,5 cm, B 20 cm.
Wien, Museum für Völkerkunde, Inv.-Nr. 89.359a

Dieser Federkopfschmuck besteht aus zwei Büschel weißer bis hellbrauner Federn, zum Teil dunkelbraun gestreift, an zwei Holzstäbchen mit Schnurumwicklung befestigt. Beide sind mit einem Zwirnfaden zusammengebunden gewesen. Der Federkopfschmuck wird beim rituellen Tanz ins Haar gesteckt.

5.3. „Zauber"knochen – Pointing bones
Zentralaustralien, 1914

Knochen/Harz/Haar, L 9 cm, B 0,3 cm.
Wien, Museum für Völkerkunde, Inv.-Nr. 90.953a/b

Diese Pointing bones dienten dazu, bei einem ungeklärten Todesfall die Mörder herauszufinden.

5.4. Zwei Klanghölzer
Zentralaustralien, 1914

Holz/Kampa-Grasmasse, L 34,8 cm bzw. 38,7 cm.
Wien, Museum für Völkerkunde, Inv.-Nr. 90.960 und 90.961

Zwei Klanghölzer zum Taktschlagen. Drehrunde Hölzer, die Enden zugespitzt, bemalt mit gelben Ringen auf rotem Grund; die roten Felder mit Ausnahme der Enden mit weißen Kreisflecken verziert. Ein Ende ist mit rotgefärbter Kampa-Grasmasse beklebt.

5.5. Schwirrholz
Zentralaustralien, Collektion H. Peter, 1976

Holz/Haar, L 21,5 cm, B 4,7 cm, Länge der Schnur 32,5 cm.
Wien, Museum für Völkerkunde, Inv.-Nr. 157.796

Spitzovales Brettchen, die natürliche Farbe des Holzes ist dunkelbraun mit je einem seitlich verlaufenden hellbraunen Streifen. Beide Seiten sind mit dem gleichen Ritzmuster versehen: in der Mitte vier konzentrische Kreise, symmetrisch zu den Enden hin je drei U-förmige Linien und zwei querlaufende Abschlußlinien. An einem Ende ist das Brettchen durchbohrt, in der Bohrung ist eine Schnur aus gedrehtem Menschenhaar befestigt.

5.6. Holzschüssel (Coloman)
Warrabri/Warlpiri, Collektion H. Peter, 1977

Holz, L 58 cm, B 13 cm, H 6,3 cm.
Wien, Museum für Völkerkunde, Inv.-Nr. 158.453

Diese längliche, aus hellem Holz geschnitzte Schüssel diente als Tragebehälter für gesammelte Früchte und Samen. Die Holzschüssel (Coloman) ist an der Außenseite mit Traumzeitsymbolen verziert. Auf brauner Grundfarbe sind konzentrische Kreise aus gelbem Ocker angebracht, die durch gleichfarbige Linien verbunden sind. Die ockerfarbenen Linien sind überdies von weißen Punkten umsäumt, die an einem Ende so dicht angebracht sind, daß sie zu Linien zusammenfließen.

5.7. Sammelbeutel

Textilfaser/Federn, L 37 cm, Durchmesser 9 cm.
Wien, Museum für Völkerkunde, Inv.-Nr. Leihgabe/Schebeck 5/73

Sammelbeutel aus Textilfaser geknüpft. Mit weißen, braunen, ockerfarbenen Punkten und Linien verziert. Der obere Teil des Beutels ist weiters mit gelben und roten Federn verziert. Schnur zum Befestigen.

5.8. Dotpainting: Bush Banana Dreaming
Ammonguna/Warlpiri, Florie Wells, Collektion G. Weiss, 1997

Acryl auf Leinwand, L 62,5 cm, B 45,5 cm.
Wien, Museum für Völkerkunde, Inv.-Nr. 176.674

Dieses Dotpainting zeigt Bushbananen in ihrer realen Größe sowie zwei Frauen mit Sammelschüssel und Grabstock. Die U-förmigen Zeichen repräsentieren die Frauen, die ovalen Zeichen stellen die Sammelschüsseln dar, und das L-förmige Zeichen symbolisiert den Grabstock. Sammelschüssel und Grabstock sind für die Frauen bei ihrer Sammeltätigkeit unerläßlich. Beide Geräte stehen auch bei Zeremonien in Verwendung.

KAT.NR. 5.11.

5.9. Dotpainting: Emu Dreaming
Yuendumu/Warlpiri, Whiskey, Collektion G. Weiss 1987

Acryl auf Leinwand, L 76 cm, B 60,5 cm.
Wien, Museum für Völkerkunde, Inv.-Nr. 176.671

Dieses Dotpainting stellt eine Jagdszene von Männern, die den Spuren eines Emu (symbolisiert durch Pfeile) folgen, dar. Die Spur führt in das Zentrum des Bildes zu einer Wasserstelle (konzentrische Kreise). An den vier Bildrändern befinden sich Schilde und Speere und die U-förmigen Abdrücke sitzender Männer.

5.10. Yawakiyi parraja – Sammelschüssel
Lajamanu/Warlpiri, Nakakut Barbara Gibson Nakamarra (Design) und Tony Gibson Japaljarri (Holzarbeit), Collektion B. Glowczewski, 1984

Holz, L 50 cm.
Paris, kostenlose Leihgabe aus dem Privatbesitz von Dr. Barbara Glowczewski/Paris

Das *Parraja* (Schüssel/Platte in Warlpiri) wird verwendet, um Essen und Babies zu tragen, aber auch um Samen zu worfeln oder als Kopfkissen. Wenn das *Parraja* bemalt ist, ist es auch ein zeremonielles Objekt der Frauen. Es wurde aus dem Holz des Bohnenbaumes *(Yinirnti* in Warlpiri, lateinisch *Erythrina vespertilio)* vom Mann der Künstlerin geschnitzt und von Nakakut Barbara Gibson Nakamarra über dem Feuer mit dem *Yawakiyi*-Plum-Traum graviert. Es zeigt der Pflaumen-Leute Wegverbindungen, den heiligen Platz der Künstlerin *(Mulyukarriji)* mit anderen heiligen Plätzen und Wasserlöchern. Die Reisen werden durch Linien dargestellt, die Pflaumen durch Punkte. Solche Malereien auf Schüsseln oder Platten stellen gleichzeitig den traditionellen Rechtsanspruch auf das Land dar.

5.11. Yawakiyi (Schwarze Pflaume), Janganpa (Beutelratte), Ngurlu (Samen), Wampana (Wallaby – kleines Känguruh) – Traum bei Mulyukariji und den Granites
Lajamanu/Warlpiri, Nakakut Barbara Gibson Nakamarra, Collektion B. Glowczewski, 1989

Lit.: Barbara Glowczewski, Yapa – Peintres Aborigines de Balgo et Lajamanu. Paris: Baudoin Lebon Editeur 1991 (in French and English)

Die Reise der Vorfahren der Beuteltier- und Pflaumentraum-Leute geht von Osten nach

Westen durch *Mulyukariji* (zentraler Kreis mit E-förmigen Beuteltierfußspuren) und *Ririnjarra*-Wasserlöcher (sternförmiger Kreis), kreuzt den *Wallaby*- und Samentraum, der von Süd nach Nord (*Wallaby*-Fußspuren überall) durch *Jawalarra* und die Zeichen für sitzende Frauen (Halbkreise), die mit ihren Schüsseln (Ovale) Samen vom Klettergras (Meanderlinien) sammeln, verläuft. Sie kommt bei den Granitfelsen *(Yarturluyarturlu* – Kreis in der linken Ecke des Gemäldes) an, wo das Ost-Beuteltier einen großen Kampf mit dem West-Beuteltier hatte. Deren Körper wurden zu den hohen Granitfelsen, welche nun den wichtigen heiligen Platz in der *Tanami*-Wüste formieren. [C. N.]

RAUM 7 – Hopi

7.1. Kachina-Puppe
Hopi, Sammlung Homola

Holz, geschnitzt und bemalt, H 8,5 cm.
Wien, Museum für Völkerkunde, Inv.-Nr. 161 140

Obwohl eine Maske des *Nuvak-chin-mana* (Schnee-Kachina-Mädchen) trägt die Puppe männliche Kleidung. Der Oberkörper ist rotgelb, der Kilt weiß mit weißblauer Zeichnung, rote Mokassin.

7.1.1. Kachina-Puppe
Hopi, Sammlung C.F. Feest, Hersteller: Francine Chino, Hopi/Acoma; Ort der Herstellung und des Erwerbs: Acoma, New Mexico

Holz, geschnitzt und bemalt, H 13,6 cm, D 5,7 cm.
Wien, Museum für Völkerkunde, Inv.-Nr. 171 100

Ka'e Kachina (Mais-Kachina) mit dem Kopf der *Nuvak-chin-mana,* dem Schnee-Kachina-Mädchen. Der Körper in Form eines Maiskolbens (blau mit schwarzer Karierung, weiße Punkte und grüne Blätter) ruht auf runder Basis. Darüber eine weiße Helmmaske mit schwarzen geometrisierten Zügen und grünem Blatt.

7.1.2. Kachina-Puppe
Hopi, Sammlung C.F. Feest, Hersteller: Willie Tahbo, Colorado River Indian Reservation, 1978

Holz, geschnitzt und bemalt, H (ohne Federn) 16,1 cm, mit Federn 21,2 cm, B 8 cm.
Wien, Museum für Völkerkunde, Inv.-Nr. 158 920; vom Sammler am 14.4.1978 im Colorado River Indian Museum erworben.

Nanga-sohu-Kachina (Wiegenbrett-Kachina). Auf türkiser Maske ein vierzackiger schwarzer Stern mit rotem Rand. Anstelle von Haaren zwei rot/weiße Wollzöpfe. Großer Federkopfschmuck. Halskrause aus Fell; zweireihige Halskette aus Glasperlen. Rotbraune Körperbemalung mit gelben Schultern. Gelber Streifen auf Armen und Brust, weiße Hände und grün-rotschwarzer Gürtel. Hinterseite des Kopfes mit grünem Filz beklebt; signiert.

7.1.3. Kachina-Puppe
Hopi, Kürbis-Kachina

Holz, geschnitzt und bemalt.
Wien, Museum für Völkerkunde, Inv.-Nr. 161 189

7.1.4. Maiskolben-Kachina
Hopi, Sammlung C.F. Feest, Hersteller: Belvin Yuyaheova, 1988

Holz, geschnitzt und bemalt, H 29,5 cm, B 13 cm.
Wien, Museum für Völkerkunde, Inv.-Nr. 170 339; vom Sammler in Scottsdale (Arizona) im Februar 1988 erworben

Shalako in Form eines Maiskolbens, der nach oben in eine Figur mit Federrock, Maskengesicht und Tablita mit Federbehang übergeht. Unten ist das rohe Holz nur eingelassen. Bis zur Tablita nimmt die Farbigkeit zu. Naturbelassene Holzstandfläche; signiert.

7.2. Topf
Hopi, Ankauf: Laurent Deleglise

Ton, H 9,5 cm, B 16,5 cm.
Wien, Museum für Völkerkunde, Inv.-Nr. 137 435

Niedriger Topf, leicht doppelkonisch mit wulstartigem Mundsaum. Hellbrauner Ton mit dunkelbrauner Bemalung, aus Kurven gebildeter Mäander.

7.2.1. Schale
Hopi, Ankauf: Laurent Deleglise

Ton, H 6,5 cm, B 15 cm, Öffnung 8 cm.
Wien, Museum für Völkerkunde, Inv.-Nr. 137 436

Schale mit sehr stark eingezogenem Mundsaum aus hellbraunem Ton. Braune Bemalung, Einfassung der Öffnung und Treppenmäander und Ornamente vom Bauchknick ab am eingezogenen Teil.

7.2.2. Schale
Hopi, Sammlung: Laurent Deleglise

Ton, H 5 cm, B 15,5 cm.
Wien, Museum für Völkerkunde, Inv.-Nr. 137 440

Halbkugelige Schale mit leicht betonter Standfläche und Rand. Hellbrauner Ton mit Innenbemalung in dunkel- und rotbraun. Adlerfigur in einem Kreis.

7.2.3. Kopfbecher
Hopi, Sammlung: Laurent Deleglise, 1932

Ton, H 12 cm, D (Basis) 5,5 cm, Öffnung: 9 cm.
Wien, Museum für Völkerkunde, Inv.-Nr. 137 444

Kopfbecher, oben offen, schmale Augenschlitze, offener Mund, lange Nase, abstehende Ohren. Heller Ton mit grauen Flecken, orange-ockerfarbener Grund; rot- und schwarzbraune Bemalung des Gesichts (Wangen, Stirn, Ohrringe).

7.2.4. Löffel
Hopi, Sammlung: Laurent Deleglise, 1932

Ton, L 22,5 cm, D (Laffe) 10 cm, H 4,5 cm.
Wien, Museum für Völkerkunde, Inv.-Nr. 137 454

Löffel aus hellem Ton, schalenförmige Laffe mit eingezogenem Rand, röhrenförmiger Griff. Grund weiß bis orange-ocker; schwarzbrauner Dekor (geometrische Muster auf Laffenaußenseite. Kachina-Darstellung auf Griff: Palakyamu oder Hano Clown).

7.3. Flacher Korbteller
Hopi, Sammlung Este, 1893

Yuccafaser, D 28,5 cm.
Wien, Museum für Völkerkunde, Inv.-Nr. 114 966

Rund, mit erhöhtem Rand und Zentrum; einhängende Wulsthalbflechten mit dicken Yuccafaserwülsten und gefärbten Yuccastreifen. Schmale schwarze und breitere gelbe und weiße Streifen, radial, unter Stufenbildung gegeneinander versetzt.

7.3.1. Korbteller
Hopi

Yuccafaser, D 43 cm.
Wien, Museum für Völkerkunde, Inv.-Nr. 121 410

In Spiralwulsttechnik; bunte Musterung (zersetztes Vogelmotiv).

7.3.2. Korbdeckel
Hopi

Yuccafaser, D 20,5 cm.
Wien, Museum für Völkerkunde, Inv.-Nr. 134 148

Deckel zu einem Korb; in Spiralwulsttechnik geflochten. Wülste aus Pflanzenstengeln (Yucca) sind mit naturfarbenem, rotem und schwarzem Bast eng umwickelt, so dass ein kreuzartiges Muster entsteht. Der Deckel ist flach, kreisrund und mit einer Schlaufe aus demselben Material versehen.

7.3.3. Korbteller
Hopi, Ankauf Carl Drächsler

Yuccafaser, D 30,3 cm.
Wien, Museum für Völkerkunde, Inv.-Nr. 127 690

Spiralwulstteller mit geometrischen Ornamenten (Wirbelmuster); mehrfärbig: schwarz, rot, grün, blau und gelb. Pflanzenfaser (Yucca).

7.3.4. Zierteller
Hopi

Yuccafaser, D 29,5 cm.
Wien, Museum für Völkerkunde, Inv.-Nr. 137 511

In Spiralwulsttechnik, mit Aufhängeöse. Darstellung eines Adlers (in heraldischer Form).

Farbe: dunkelgrau und hellgelb auf weißlichem Grund.

7.4. Gefäßrassel
Hopi, Sammlung Laurent Deleglise, 1932

Kalebasse und Holz, D 14,5 cm, Tiefe 7,5 cm, L 25 cm.
Wien, Museum für Völkerkunde, Inv.-Nr. 137 492

Bemalung mit je einem schwarzen Kreuz auf beiden Seiten, weißer Grund, Reste grüner Farbe. Der oben spitze Griffteil ist durchgesteckt und durch ein eingestecktes Querhölzchen fixiert.

7.4.1. Kalebassenrassel
Hopi

Kalebasse, Längsdurchmesser 13 cm, Querdurchmesser 8,5 cm, L 23 cm.
Wien, Museum für Völkerkunde, Inv.-Nr. 139 447

Frucht oval, mit gelb-rot-schwarz-blauer Bemalung und zwei am oberen Ende festgebundenen Federn. 4-Richtungs- und Blumensymbolik.
[J. O.]

RAUM 8 – Neuirland

8.1. Muschelgeld-Schnur (mis)
Neuirland/Dorf Kontu, Sammlung Dr. Peter, 1981

Schneckengehäuse/Pflanzenfasern/Glasperlen/Nuß schale, L 30 cm.
Wien, Museum für Völkerkunde, Inv.-Nr. 162.170

Muschelgeld-Schnur bestehend aus unzähligen kleinen (Durchmesser ca. 2 mm) weißen, aus Schneckengehäusen hergestellte, durchbohrten kreisrunden Scheiben, die auf eine aus Pflanzenfasern gedrehte Schnur gefädelt sind. Der am Ende der Schnur befindliche Anhänger besteht aus einer von mehreren Reihen Glasperlenschnüren teilweise umrandeten Nußschale. Diese ‚mis' genannte Schneckenschalenschnur dient als Zahlungsmittel im Malanggan-Kult und ist, da aus weißen Scheiben bestehend, nicht so wertvoll wie rote Geldschnüre.

8.2. Maultrommel
Neuirland/Kapsu, Sammlung Finsch, 1887

Bambus/Bast, L 20,5 cm.
Wien, Museum für Völkerkunde, Inv.-Nr. 27.636

Maultrommel aus Bambus, nach unten spitz verlaufend und an der Spitze mit einer Bastumwicklung, in der Mitte die Zunge ausgeschnitten, oben ein Loch, durch welches eine Pflanzenfaser gezogen ist. Zu beiden Seiten der Zunge hübsche Gravierungen.

8.3. Reibidiophon / Musikinstrument
Neuirland, Nachlaß Harald Diamond, 1995

Holz, L 35 cm, B 20 cm, H 15 cm.
Wien, Museum für Völkerkunde, Inv.-Nr. 175.806

Das Reibidiophon wurde als Musikinstrument bei verschiedensten Ritualen verwendet. Es besteht aus einem länglichen Holzblock, mit ovalem Querschnitt, an den Enden abgerundet und angeschnitzte Stäbe. In der oberen Hälfte so ausgehöhlt, daß die zungenartige Reibfläche über beidseitig offene Höhlungen zu liegen kommen. Vorne in Korbschnitttechnik Zahnstege, dazwischen ursprünglich eingelegt zu beiden Seiten je ein Turbodeckel.

8.4. Tatanua-Maske (talowa)
Neuirland/Kapsu, Sammlung Finsch, 1887

Hol /Bast/Kalk/Bananenfasern, L 33 cm, B 23 cm, T 40 cm.
Wien, Museum für Völkerkunde, Inv.-Nr. 27.640

Die Maske wird als „talowa" bezeichnet. Die Stirn mit gratartiger Ausbildung springt kaum hervor und ist mit buschigen Bananenfasern der Haarraupe bis in die Augenwinkel bedeckt. Die Brauenwülste sind bloß durch aufgemalte Kreissegmente in der Stirn-Partie angedeutet. Der polychrome Dekor ist in den beiden oberen Zonnen asymmetrisch und in der unteren symmetrisch konzipiert. Seitenverzierungen mit Kalk und roten und schwarzen Linien bestrichen.

8.5. Kepong-Maske
Neuirland/Akol, Sammlung Finsch, 1887

Holz/Pfanzenfasern, H (m. Flügel) 46 cm, B 20 cm, T 43 cm.
Wien, Museum für Völkerkunde, Inv.-Nr. 27.641

Das Gesicht ist aus Holz geschnitzt. Besitzt eine große geschnitzte Nase auf aufsitzender, durchbrochener, geschnitzter Figur davor. Haar und Zottelbart aus dunkelgefärbten Pflanzenphasern. Auf dem Kopf zwei flügelartige, abgerundete und mit Sternmotiven bemalte Holzbrettchen in die Höhe stehend. Alle Holzteile sind rot. Turbomuscheln als Augen eingesetzt.

8.6. Tanzmaske
Neuirland, Sammlung Fasana, 1895

Holz/Pflanzenfasern, H (o. Flügel) 41 cm / H (m. Flügel) 60 cm, B 32 cm, T 26 cm.
Wien, Museum für Völkerkunde Inv.-Nr. 52.998

Tanzmaske aus Holz geschnitzt, bemalt. Haarimitation aus Pflanzenfasern, mit zwei Kopfaufsätzen und zwei Seitenflügel aus Holz durchbrochen mit Tierfiguren geschnitzt.

8.7. Weibliche Figur
Neuirland/Kapsu, Sammlung Finsch, 1887

Holz/Pflanzenfasern , L 71 cm, B 13 cm.
Wien, Museum für Völkerkunde, Inv.-Nr. 27.649

Weibliche Figur aus einem Stück Holz geschnitzt mit einer weißgefärbten Haube auf dem Kopf, schwarzem Gesicht mit Turbomuschelaugen und rot gefärbtem Kraushaar aus Pflanzenfaser, die Arme vor den Leib haltend; mit einem Schamschürzchen. Gesamte Figur mit schwarzen, weißen und roten Mutern bemalt.

8.8. Holzfigur
Neuirland, Coll. Dr. Kukic, 1899

Holz, L 82 cm, B 21 cm.
Wien, Museum für Völkerkunde, Inv.-Nr. 64.313

Holzfigur einer Frau, stehend dargestellt an ihrer Basis eine entgegengesetzt orientierte Tierfigur. Wangen und Brust sind mit Sternmotiv bemalt. Die ganze Schnitzfigur endigt in einem zugeschnitzten Holzpfeil. Die gesamte Figur mit vielfältigen roten, schwarzen und weißen Mustern bemalt.

8.9. Figur
Neuirland, Sammlung Fasana, 1895

Holz, H 151 cm, B 24 cm.
Wien, Museum für Völkerkunde, Inv.-Nr. 53.006

Die Figur ist aus Holz geschnitzt. Sie hält einen Vogel vor der Brust und ist mit einem hohem, kegelförmigem Aufsatz verziert, an dessen Spitze ein Schweinekopf ausgeschnitzt ist. Die Figur ist rot, weiß und schwarz bemalt.

8.10. Figur
Neuirland, Sammlung Parkinson, 1900

Holz, H 190 cm, B 33 cm.
Wien, Museum für Völkerkunde, Inv.-Nr. 65.143

Bildsäule aus Holz, durchbrochen geschnitzt mit typischem Maskenkopf in Kombination mit Fisch- und Vogelfiguren, und mit neun von unten nach oben der ganzen Länge nach frei herausgeschnitzten Holzrippen flankiert. Rot, weiß und schwarz bemalt.

8.11. Horizontales Fries
Neuirland, 1887

Holz, B 96 cm, H 35 cm.
Wien, Museum für Völkerkunde, Inv.-Nr. 25.729

Tempelverzierung aus Holz geschnitzt. Eine hockende Figur in der Mitte aus einer halbkreisförmigen Schnitzerei mit seitlich muschelverzierten Fortsätzen. Zu beiden Seiten des Mittelstücks zwei durchbrochen geschnitzte flügelartige Fortsätze. Bunt bemalt.

8.12. Horizontales Fries
Neuirland, Sammlung Fasana, 1895

Holz, B 105 cm, H 27 cm.
Wien, Museum für Völkerkunde, Inv.-Nr. 53.011

Fries aus Holz, das Mittelstück mit hockender menschlichen Figur, mit mehreren durchbrochenen, geschnitzten, flügelartigen Fortsätzen nach beiden Seiten ausgehend. Rot, weiß und schwarz bemalt.

8.13. Horizontales Fries
Neuirland, Coll. D. Kukic, 1899

Holz, B 83 cm, H 19,5 cm.
Wien, Museum für Völkerkunde, Inv.-Nr. 64.315

Figur mit Vogelkopf, eine Schlange in Zickzackwindungen vor sich haltend mit breiten durchbrochen geschnitzten Seitenflügeln.

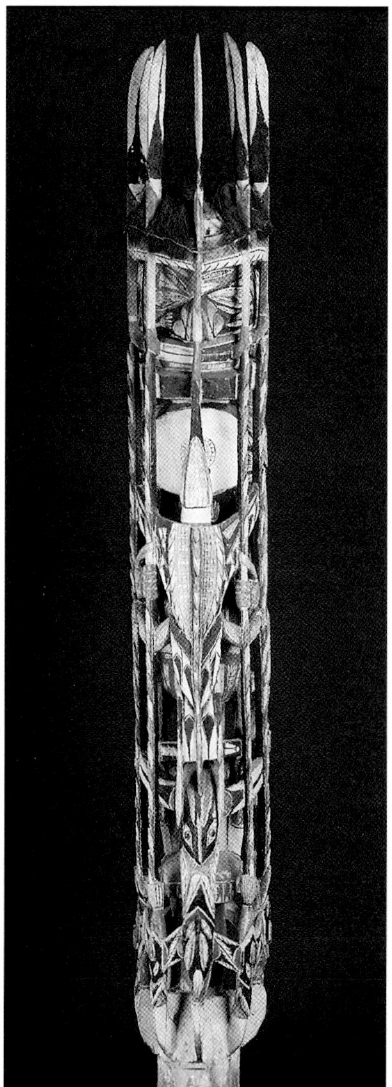

KAT.NR. 8.10.

8.14. Maske
Neuirland, 1880

Holz, B 89 cm, H 24 cm.
Wien, Museum für Völkerkunde, Inv.-Nr. 11.738

Der Mittelteil zeigt eine Krappe mit Augäpfeln aus Turbodeckeln. Mit weißer, roter, gelber und schwarzer Farbe bemalt.

8.15. Maske
Neuirland, 1880

Holz, B 75 cm, H 30 cm.
Wien, Museum für Völkerkunde, Inv.-Nr. 11.737

Maske bei heiligem Tanz benutzt, bestehend aus einer ovalen Holzplatte, welche kunstvoll ausgeschnitzt und mit weißer, roter, gelber und schwarzer Farbe bemalt ist. Sie trägt in der Mitte ein erhabenes ausgeschnitztes menschliches Gesicht. Am rechten und linken Flügelende befinden sich geschnitzte Fische. [C. N.]

RAUM 9

9.1. Confessiones
Florenz, Aurelius Augustinus, Fr. Archangelia, 1757

Druckschrift, L 34 cm, B 46 cm, H, 5 cm.
Wien, Österreichische Nationalbibliothek, Inv.-Nr. 79.0.11(1)

9.1. 1. Confessiones, Libri XI
Florenz, Aurelius Augustinus; Fr. Archangelia, 1757

Druckschrift, L 34 cm, B 46 cm, H, 5 cm.
Wien, Österreichische Nationalbibliothek, Inv.-Nr. 79.0.11(2)

9.2. Kalendarium Gregorianum Perpetuum
Venedig, Papst Gregor XIII, 1583

Kupferstich, Druckschrift, L 22 cm, B 30 cm.
Wien, Österreichische Nationalbibliothek, Inv.-Nr. 72.V.17
Lit.: R. Wendorf, Tag und Woche, Monat und Jahr, Opladen 1993, S. 79–93; J. W. Ekrutt, Kalender im Wandel d. Zeiten, Stuttgart 1972

Papst Gregor XIII ersetzte 1582 den Julianischen Kalender durch den heute noch gültigen Gregorianischen Kalender. Dieser beseitigte die ausgelaufene Differenz (10 Tage) des alten Kalenders und regelte die Schalttage neu, um für lange Zeit einen exakten Kalender zu garantieren.

9.2.1. Kalendarium Gregorianum Perpetuum, Januar, Februar
Venedig, Papst Gregor XIII., 1592

Druckschrift, L 13,5 cm, B 14,5 cm.
Wien, Österreichische Nationalbibliothek, Inv.-Nr. 3.K.42
[K. F.]

RAUM 10

10.1. Kalendarium perpetuum
Köln, Johann Sadeler, 1580

Kupferstich, L 31,5 cm, B 24 cm.
Wien, Österreichisches Museum für angewandte Kunst, Bibliothek, Inv.-Nr. K, I, 8016
Lit.: Illustr. Katalog d. Ornamentstichsammlung d. Österr. Museums, Bd. 3, Wien 1919, S. 72

Ewiger Kalender mit den 12 Monaten, den Tagen, Tagesbuchstaben und der goldenen Zahl zur Berechnung aller beweglichen Feste. Ringsum die Jahreszeiten in allegorischen Bildern.

10.1.1. Immerwährender Kalender
Böhmen, Erasmus Habermel, 1587

Bronze, vergoldet, Durchm. 30 cm.
Wien, Österreichisches Museum für angewandte Kunst, Inv.-Nr. F. 1171
Lit.: E. Zinner, Astronomische Instrumente, München 1967, S. 334

Das achteckige Gerät hat auf einer Seite eine bewegliche Scheibe mit Kalenderrechnungen des julianischen und gregorianischen Kalenders. Auf der anderen Seite, in einer Rollwerkkartusche, die Inschrift: „Ewichwerender Calender sampt Tabulen durch Erasmus Habermel zugerichtett 1587".

10.1.2. Calendarium Perpetuum
Wittenberg, Johannes Colerus, 1616

Holzschnitt, Druckschrift, L 36 cm, B 72 cm, H 7 cm.
Wien, Universitätsbibliothek, Inv.-Nr. III 247570

10.1.3. Kalendarium perpetuum
Wien, 18. Jhdt.

Kassette, Messing, versilbert, ornamentiert, L 31,5 cm, B 24 cm.
Wien, Österreichisches Museum für angewandte Kunst, Bibliothek, Inv.-Nr. K, I, 14476

10.1.4. Kalender
Johann(es) von Gmund(en), um 1450

Handschrift, koloriert, gebunden, L 32 cm, B 60 cm, H 10 cm.
St. Florian, Stiftsbibliothek, Inv.-Nr. HS. XI, 302.
Lit.: E. Zinner, Verzeichnis d. astronom. Handschriften d. deutschen Kulturgebietes, 1925

Johann(es) von Gmund(en) (1385–1442) war einer der bedeutendsten Astronomen des Mittelalters und Lehrer von Georg von Peuerbach, dem Lehrer Regiomontans. Seine ca. 270 überlieferten Handschriften bildeten die Grundlage der weiteren astronomisch-berechnenden Forschung.

10.1.5. Kalender (Januar-Juni)
Johannes von Gmunden, 1442

Holzschnitt, Druckschrift, F. von Zach, Monatliche Correspondenz zur Beförderung der Erd- und

Himmelskunde, L 30 cm, B 59 cm.
Wien, Österreichische Nationalbibliothek,
Inv.-Nr. 37.W.13; Bd. 18, Dez. 1808
Lit.: F. v. Zach, Monatliche Correspondenz, Bd. 18, Dez. 1808, S. 583 ff.; R. Klug, Der Astronom Joh. v. Gmunden u. sein Kalender, Linz 1912.

Eine bahnbrechende Leistung von Johannes von Gmunden bestand in der Erstellung von Kalendertafeln mit der Festlegung der goldenen Zahl zur genauen Berechnung des Ostertermins.

10.1.6. Kalender (Juli- Dezember)
Johannes von Gmunden, 1442

Holzschnitt, Druckschrift, F. v. Zach, Monatliche Correspondenz zur Beförderung der Erd- und Himmelskunde, L 31,5 cm, B 59 cm.
Wien, Universitätsbibliothek, Inv.-Nr. I 195.126, Dezember 1808

KAT.NR. 10.1.7.

10.1.7. Item Wiener Practica
Wien, 1495

Holzschnitt, Druckschrift, L 18,5 cm, B 25,5 cm.
Wien, Wiener Stadt- und Landesbibliothek, Inv.-Nr. A 83004
Lit.: R. Platzer, Kalendersammlung d. Wiener Stadt- u. Landesbibliothek, Wien 1977

Der älteste Kalender in der Wiener Stadt- und Landesbibliothek mit einem Holzschnitt des ersten nachweisbaren Druckers (Winterburger) in Wien.

KAT.NR. 10.1.8.

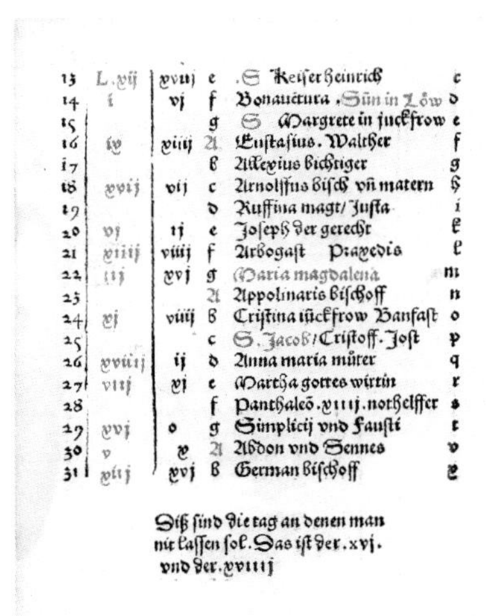

KAT.NR. 10.1.8.

10.1.8. Kalender
Zürich, Johannes von Regiomontan, 1508

Holzschnitt, Druckschrift, Ain kalender mitt sinem nüwen und stunden und sunst vil subtiler sachen mit vil figuren als man am nechsten blatt lüher meldung findt. L 20 cm, B 29 cm.
Wien, Österreichische Nationalbibliothek, Inv.-Nr. 51996-B

10.1.9. Nativitäts-Kalender
Nürnberg, Leonhard Reynmann, 1515

Druckschrift, L 20,5 cm, B 32,5 cm.
Wien, Österreichische Nationalbibliothek, Inv.-Nr. 72.X.27

10.2. SchreibCalender
Wien, Paulus Fabricius, 1580

Holzschnitt, Druckschrift, L 20,5 cm, B 30,5 cm.
Wien, Österreichisches Museum für angewandte Kunst, Bibliothek, Inv.-Nr. T, I, 10
Lit.: H. Zemanek, Kalender und Chronologie, München 1990, S. 94 f.

Statt der üblichen Einblattkalender in Foliogröße, die mit der Zeit zu klein wurden, begannen die Drucker, Kalender in Form von kleinen Heften in Querformat herzustellen, mit jeweils einer leeren Seite pro Monat für persönliche Beobachtungen, Eintragungen etc.

KAT.NR. 10.2.1.

10.2.1. Des Laßmännleins Figur und Bedeutung
Wien, Paulus Fabricius, 1580

Holzschnitt, Druckschrift. L 20 cm, B 30,5 cm.
Wien, Wiener Stadt- und Landesbibliothek, Inv.-Nr. A 24206 (1580)

Medizinische Ratschläge spielten neben den Vorhersagen und der Finsternisse eine große Rolle in den gebräuchlichen Kalendern. Schröpfen und Aderlassen galten zeitweise als Universalheilmittel. Einzelnen Körperteilen waren Tierkreiszeichen zugeordnet und nur bei bestimmten Konstellationen konnte am entsprechenden Körperteil zur Ader gelassen werden. Deshalb hatten viele Kalender sogenannte „Laßmännlein" abgebildet.

10.2.2. Practica
München, Johann Rasch, 1583

Holzschnitt, Druckschrift, Practica / Mit vil guter erinderung. L 22 cm, B 32 cm.
Wien, Universitätsbibliothek, Inv.-Nr. I 495462

10.2.3. Ein New:AllJäriger Calender
München, Johann Rasch, 1583

Holzschnitt, Druckschrift, L 20,5 cm, B 31 cm.
Wien, Österreichische Nationalbibliothek, Inv.-Nr. 72.W.8.(10)

10.2.4. SchreibCalender
Wien, Paulus Fabricius, 1585

Holzschnitt, Druckschrift. L 20 cm, B 30,5 cm.
Wien, Wiener Stadt- und Landesbibliothek, Inv.-Nr. A 24206 (1585)

Paulus Fabricius, ein berühmter Wiener Mathematiker, hatte an der gregorianischen Kalenderreform maßgeblichen Anteil und erstellte den Schreibkalender.

10.2.5. Bawren Rathschlag über den Neuwen Calender
1587

Holzschnitt, Druckschrift. L 20 cm, B 30 cm.
Wien, Österreichische Nationalbibliothek, Inv.-Nr. 72.T.135*

Bawren Rathschlag / Über den Neuwen Kalender / auch ihnen zugemessene Bawrenklag / darinnen sie sich erkleren / entschüldigen und verantworten / vom kalender ertheile / woher der entsprungen / auß was ursachen die Emendation vom Bapst fürgenommen / die Klag widersprechen und heiter zu verstehen geben / das dieselbige nicht von men / sonder von einem unruwigen Hautbeisser erdicht sey.

10.2.6. Practica auf das großwunder Schaltjar 1588
Graz, Johann Rasch, 1588

Holzschnitt, Druckschrift, L 20 cm, B 30 cm.
Wien, Österreichische Nationalbibliothek, Inv.-Nr. *44.H.34

10.2.7. SchreibCalender
Wien, Paulus Fabricius, 1590

Holzschnitt, Druckschrift, L 20,5 cm, B 30,5 cm.
Wien, Wiener Stadt- und Landesbibliothek, Inv.-Nr. A 24206 (1590)

10.2.8. New Losztag
Rorschach, Johann Rasch, 1590

Holzschnitt, Druckschrift, L 20,5 cm, B 31 cm.
Wien, Österreichische Nationalbibliothek, Inv.-Nr. 72.T.135

New Losztag. Nützliche bedencken und unterscheidung der pöflichen alten Losztag / die feldregel und Bawrenpractic angehend / ob die in dem Neucalender all umb X tag mussen umbsetzt werden / oder aber noch in iren vorigen terminis und statis diebus unverruckt bleiben. Gezogen aus dem tractat vom Neucalenders wesen und wunder.

10.2.9. Ephemeris pro anno 1597
Wien, Maximilian Tripett, 1597

Holzschnitt, Druckschrift, L 15,5 cm, B 20,5 cm.
Wien, Wiener Stadt- und Landesbibliothek, Inv.-Nr. A 57649

10.2.10. SchreibCalender, Januar 1656
Wien, Johann Wenzeslaum Mayer, 1656

Holzschnitt, Druckschrift, L 20 cm, B 33 cm.
Wien, Wiener Stadt- und Landesbibliothek, Inv.-Nr. A 152305

10.2.11. New und Alter SchreibCalender
Wien, Johann Wenzeslaum Mayer, 1659

Holzschnitt, Druckschrift, L 21 cm, B 31 cm.
Wien, Österreichisches Museum für angewandte Kunst, Bibliothek, Inv.-Nr. T, I, 12

10.3. Newer und Alter Welt-Calender
Nürnberg, Leopoldum Mattheum Kürnern, 1660

Druckschrift, L 20,5 cm, B 32,5 cm.
Wien, Österreichische Nationalbibliothek, Inv.-Nr. 207.105-B 1660

10.3.1. Verbesserter Neuer und Alter Welt-Calender
Nürnberg, Casparum Mohr, 1722

Druckschrift, L 20,5 cm, B 32,5 cm.
Wien, Österreichische Nationalbibliothek, Inv.-Nr. 207.176-B

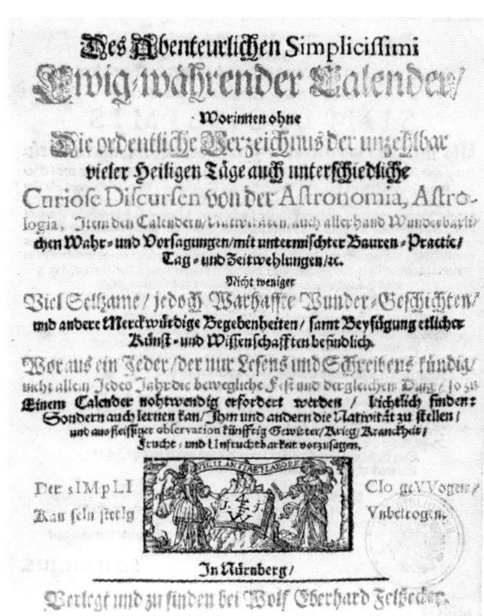

Des Abenteurlichen Simplicissimi
Ewig-währender Calender/
Worinnen ohne
Die ordentliche Verzeichnus der unzehlbar
vieler Heiligen Täge auch unterschiedliche
Curiose Discursen von der Astronomia, Astrologia, Item den Calendern/ ... auch allerhand Wunderbarlichen Wahr- und Versagungen/ mit untermischter Bauren-Practic/
Tag- und Zeitwehlungen/ etc.
Nicht weniger
Viel Seltzame/ jedoch Warhaffte Wunder-Geschichten/
und andere Merckwürdige Begebenheiten/ samt Beyfügung etlicher
Künst- und Wissenschafften befindlich.
Woraus ein Jeder/ der nur Lesens und Schreibens kündig/
nicht allein Jedes Jahr die bewegliche Fest und dergleichen Täg/ so zu
Einem Calender nohtwendig erfordert werden / leichtlich finden:
Sondern auch lernen kan/ Ihm und andern die Nativität zu stellen/
und aus fleissiger observation künfftig Gewitter/ Krieg/ Kranckheit/
Frucht- und Unfruchtbarkeit vorzusagen.
Der sIMpLI ... CIo geVVogen/
Kan sein stetig ... Vnbetrogen.
In Nürnberg/
Verlegt und zu finden bei Wolf Eberhard Felßecker.

KAT.NR. 10.3.2.

10.3.2. Des abenteuerlichen Simplicissimi Ewig-währender Kalender
Nürnberg, Grimmelshausen, 1670

Kupferstich, Druckschrift, L 22,5 cm, B 32 cm.
Wien, Österreichische Nationalbibliothek, Inv.-Nr. 48.J.33
Lit.: L. Rohner, Kalendergeschichte und Kalender, Wiesbaden 1978

Nach dem Dreißigjährigen Krieg wurden Kalender immer populärer, besonders wenn die Zeitangaben durch Voraussagen, bäuerliche Ratschläge, „Wunder-Geschichten" u. dgl. ergänzt wurden. Der bekannte Grimmelshausen setzte mit dem Simplizissimus-Kalender die neue Tradition der sogenannten „Hausväterliteratur" fort.

10.3.3. Vorschlag der Julianischen und Gregorianischen Kalendercorrection
Stade (?) Johann Heinrich Voigt, 2. Hälfte 17. Jhdt.

Handschrift, L 22,5 cm, B 35,5 cm, eingefügt in: Grimmelshausen, Des abenteuerlichen Simplicissimi Ewigwährender Kalender, Nürnberg 1670.
Wien, Österreichische Nationalbibliothek, Inv.-Nr. 1507-B

10.3.4. Calendarische An- und Vorschläge von Vergleich und Vereinigung der Alten und Neuen Styli in einem Leopoldinischen Reichskalender
Stade, Johann Heinrich Voigt, 1672

Druckschrift, L 21 cm, B 35,5 cm.
Wien, Österreichische Nationalbibliothek, Inv.-Nr. 72.V.19

10.3.5. Neuer und Alter Geschicht und Jahr-Calender
Wien, Florian Achalm, 1685

Holzschnitt, Druckschrift, L 20 cm, B 31,5 cm.
Wien, Wiener Stadt- und Landesbibliothek, Inv.-Nr. A 52230

10.3.6. Crackauer Schreib-Calender
Wien, Johannem Gostumiowsky, 1695

Holzschnitt, Druckschrift, L 21 cm, B 33 cm.
Wien, Wiener Stadt- und Landesbibliothek, Inv.-Nr. A 24195 (1695)
Lit.: H. Kaletsch, Tag und Jahr, Zürich 1970, S. 65 ff.

Der Crackauer Schreibkalender wurde von Astronomieprofessoren aus Krakau berechnet, durfte aber nur in Wien gedruckt werden. Mit der Auflage von 250.000 war er ungemein verbreitet und erschien bis 1957.

10.3.7. Warschauer Schreib-Calender
Wien, Michaelem Dubrawsky, 1726

Kupferstich, Druckschrift, L 21 cm, B 33 cm.
Wien, Österreichisches Museum für angewandte Kunst, Bibliothek, Inv.-Nr. T, I, 16

10.3.8. Staats- und Geschichts-Calender
Wien, 1735

Kupferstich, Druckschrift, L 20 cm, B 30 cm.
Wien, Österreichisches Museum für angewandte Kunst, Bibliothek, Inv.-Nr. T, I, 11

10.4. Neuer und sehr bequemer Hand- und Sack-Calender
Wien, 1713

Druckschrift, L 10,5 cm, B 15 cm.
Wien, Wiener Stadt- und Landesbibliothek, Inv.-Nr. G 79649

Neu-verfertigter /
Und zu gemeinen Besten unbrauchbarer
CALENDER,
Angefüllt
Mit unterschiedlichen Seltenheiten, und Wundersammen Astrologischen Fragen, ohne eintzige Antwort, zur besseren Bequemlichkeit vor die studirende Jugend in
GRONLAND,
Denen curieusen Liebhabern zu Vertreibung müßiger Stunde in offentlichen Druck gegeben, mit größten Fleiß verschlimmert, und vielen ungedruckten Kupfern gezieret.

AVfgefVhrt In neVen Jahr,
ALs keIn GeLD In MeInen SäCken VVar.

KAT.NR. 10.4.1.

10.4.1. Neu-verfertigter und zu gemeinen Besten unbrauchbarer Calender
Wien, Godefridus Prehauser, 1713

Kupferstich, Druckschrift, L 21 cm, B 36 cm.
Wien, Wiener Stadt- und Landesbibliothek, Inv.-Nr. A 53407

Mit unterschiedlichen Seltenheiten, und wundersammen astrologischen Fragen, ohne einzige Antwort, zur besseren Bequemlichkeit vor die studirende Jugend in Gronland, denen curieusen Liebhabern zu Vertreibung müßiger Stunde in offentliche Druck gegeben, mit größtem Fleiß verschlimmert, und vielen ungedruckten Kupfern verzieret.

10.4.2. New verfertigter Zeit- und Wander-Calender
Nürnberg, Marco Freund, 1745

Druckschrift, L 20 cm, B 32 cm.
Wien, Wiener Stadt- und Landesbibliothek, Inv.-Nr. A 94282

10.4.3. Curieuser Haus-, Geschichts- und Raritäten-Calender.
Nach dem verbesserten Styl
Wien, Joseph Baumgarten, 1752

Druckschrift, L 19 cm, B 32 cm.
Wien, Wiener Stadt- und Landesbibliothek, Inv.-Nr. A 104010

10.4.4. Neuer Crackauer Finger-Calender (4 Stück)
Wien, 1766

Druckschrift, L 9 cm, B 7 cm (je Stück).
Wien, Wiener Stadt- und Landesbibliothek, Inv.-Nr. G 55244

Die Fingerkalender stellten eine beliebte Mode dar. Je kleiner, desto begehrter waren sie. Unter dem Deckblatt befand sich oft ein Spiegel.

10.4.5. Preßburger Finger-Calender
Preßburg, 1783

Druckschrift, L 7 cm, B 5,5 cm.
Wien, Wiener Stadt- und Landesbibliothek, Inv.-Nr. G 94536

10.4.6. Der Liebling oder der kleinste Kalender
Wien, 1814

Druckschrift, L 4 cm, B 9 cm, Hülle 12 x 15 cm.
Wien, Wiener Stadt- und Landesbibliothek, Inv.-Nr. G 71989

10.4.7. Kaiserl. Königl. Oesterreichischer National-Sackkalender
Wien, 1785

Druckschrift L 8,2 cm, B 11,5 cm.
Wien, Wiener Stadt- und Landesbibliothek, Inv.-Nr. G 83484

10.5. Weltlicher Stand-, Ambt-, Kunst- und Handwercks-Calender
Augsburg, 1760

Druckschrift, L 17 cm, B 22 cm.
Wien, Wiener Stadt- und Landesbibliothek, Inv.-Nr. A 109841

10.5.1. Neu privilegirter Bauren-Calender
Augsburg, 1793

Einblattdruck, illustriert, koloriert, L 62 cm, B 21 cm.
Wien, Wiener Stadt- und Landesbibliothek, Inv.-Nr. A 5450

Typischer Einblattdruck mit speziellen Angaben für die Bauern bezüglich Witterungen, Finsternissen, Säen und Ernten, Festtagen etc.

10.5.2. Historisch- und Geographischer Kalender
Berlin, 1786

Druckschrift, L 21 cm, B 35 cm.
Wien, Wiener Stadt- und Landesbibliothek, Inv.-Nr. A 100685

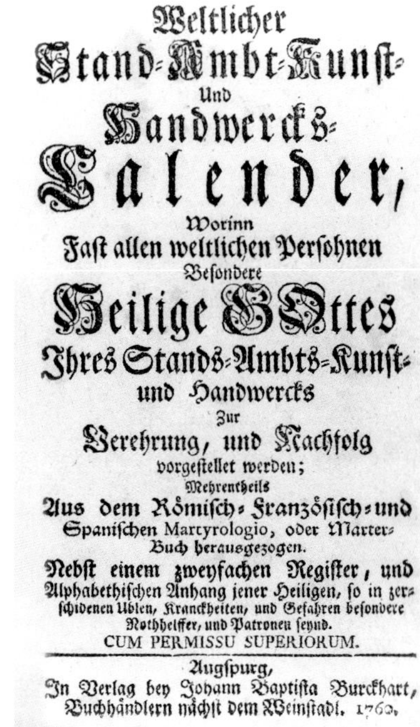
Weltlicher
Stand-Ambt-Kunst-
Und
Handwercks-
Calender,
Worinn
Fast allen weltlichen Persohnen
Besondere
Heilige GOttes
Ihres Stands-Ambts-Kunst-
und Handwercks
Zur
Verehrung, und Nachfolg
vorgestellet werden;
Mehrentheils
Aus dem Römisch- Französisch- und
Spanischen Martyrologio, oder Marter-
Buch herausgezogen.
Nebst einem zweyfachen Register, und
Alphabethischen Anhang jener Heiligen, so in zerschidenen Ublen, Kranckheiten, und Gefahren besondere
Nothhelffer, und Patronen seynd.
CUM PERMISSU SUPERIORUM.

Augspurg,
In Verlag bey Johann Baptista Burckhart,
Buchhändlern nächst dem Weinstadl. 1760.

KAT.NR. 10.5.

10.5.3. Oesterreichischer Toleranz-Bote, das ist Neueingerichteter allgemeiner Reichs-Kalender für alle Religionsgemeinschaften
Wien, Jakob Friedrich Schwab, 1797

Druckschrift, L 22 cm, B 36,5 cm.
Wien, Österreichisches Museum für angewandte Kunst, Bibliothek, Inv.-Nr. T, I, 19

10.5.4. Christen-, Juden- und Türcken-Calender
Nürnberg, 1769

Kupferstich, Druckschrift, L 20 cm, B 34 cm.
Wien, Wiener Stadt- und Landesbibliothek, Inv.-Nr. A 98094

Ein Kalender der gleichzeitig für verschiedene Religionen galt, verfaßt in deutscher, hebräischer und arabischer Sprache.

10.5.5. Kalender mehrerer Religionen
Wien, Lisi Breuss, 1996

Karton, koloriert.

10.6. Der aufrichtige Kalendermann
Leipzig, Christoph Gottlieb Steinbeck, 1820

Titelkupfer, Druckschrift, L 17,5 cm, B 22,5 cm.
Wien, Universitätsbibliothek, Inv.-Nr. A 891150

KAT.NR. 10.6.1.

10.6.1. Hundertjähriger Kalender, nämlich von 1701 bis 1801
Wien, 1789

Kupferstich, Druckschrift, L 19 cm, B 22 cm.
Wien, Wiener Stadt- und Landesbibliothek, Inv.-Nr. A 30269
Lit.: E. Heimeran, Echter 100jähriger Kalender, Zürich 1999.

Der Hundertjährige Kalender geht auf die Aufzeichnungen des Abtes Maurition Knauer zurück, der von 1652–1658 täglich seine Beobachtungen des Wetters aufgezeichnet hat, um aus ihnen Anweisungen für die landwirtschaftlichen Arbeiten seines Klosters ableiten zu können.

10.6.2. Haus-Calender, welcher auf hundert und zehen Jahr, nämlich von 1792 bis 1901 nach Christi Geburt, nach dem neuen Kalender eingerichtet ist
Linz, Mauritio Knauer, 1802

Druckschrift, L 16 cm, B 20 cm.
Wien, Österreichische Nationalbibliothek, Inv.-Nr. 726385-A

10.6.3. Hundertjähriger Kalender bis zum Jahre 1902
Wien, 1802

Druckschrift, L 16 cm, B 20 cm.
Wien, Wiener Stadt- und Landesbibliothek, Inv.-Nr. A 30061

10.7. Der ewige Kalender
New York, Oskar Maria Graf, Anne Maria Jauss, 1954

Titelblatt, Druckschrift. 27 x 40 cm.
Wien, Wiener Stadt- und Landesbibliothek, Inv.-Nr. A 166287

10.7.1. Der Komet, Weltuntergangs-Kalender
Wien, F. J. Singer, 1857

Druckschrift, L 20 cm, B 25 cm.
Wien, Wiener Stadt- und Landesbibliothek, Inv.-Nr.A 30253

Eine Art Scherzkalender als Persiflage auf den oft herbeizitierten und panikmachenden Weltuntergang durch einen Kometen 1857, aber mit Berechnung für 1858, falls der Komet doch nicht die Welt zerstört.
[K. F.]

KAT.NR. 10.7.

RAUM 11

11.1. Amulettwertiger Kalender (Medinah t'awiz – lt. Aufdruck)
Afghanistan, Slg. Janata, 1969

Bedrucktes Seidenpapier: verschiedenförmige Medaillons in Rot und Blau mit Schrift und magischen Quadraten, eines mit „Hand der Fatima". In Büchse aus Konservenblech, vorn mit eingestanzten rechteckigem Medaillon (Blume). 38 x 25 cm, Kapsel 32 x 23 x 9 mm.
Wien, Museum für Völkerkunde, Inv.-Nr. 149.688/1,2

Diese Kalender dienen als Amulette. Sie werden vom Verkäufer am Bazar angepriesen. Erst für den jeweiligen Käufer wird dann das Papier gefaltet und in die Kapsel gesteckt. Nach dem Zuklopfen der Kapsel wird diese geküßt und behaucht und dann erst mit beiden Händen dem Käufer gereicht.

11.2. Schreckbecher (tâsa) mit Koransentenzen und magischen Formeln
Vermutl. osmanisch, 19. Jhdt., Slg. Dorotheum, 1956

Messing, Dm. 19,3 cm, H 4,7 cm.
Wien, Museum für Völkerkunde, Inv.-Nr. 135.677
Lit.: Rudolf Kriss u. Hubert Kriss-Heinrich, *Volksglaube im Bereich des Islam*, Band II, Amulette, Zauberformeln und Beschwörungen, Wiesbaden: Otto Harrassowitz 1962, S. 126ff. sowie Abb. 100–109.

„Schreck-Schalen" sollten plötzliche heftige Gemütsbewegungen und dadurch bedingte körperliche und seelische Krankheiten heilen, daher auch der Name „Medizinschale". Manchmal wurden solche Schalen auch zu Schadenszauber verwendet. Dahinter steht die Vorstellung, daß die zeitlose Macht des göttlichen Wortes des Koran Wirkungen auf das Geschehen in der Zeit hat. Die Schale ist beidseitig graviert; Spiegel mit Achtstern aus arabischen Worten, umgeben von acht Medaillons mit magischen Quadraten und Inschriften, Rand mit Umschrift, Flechtwerk und Buchstabenrechtecken; Außenseite mit Sechstern, acht Medaillons mit dem magischen Quadrat der Zahl 9 (dies legt die Verwendung der Schale bei der Geburtshilfe nahe) sowie mit breitem Rand mit arabischer Inschrift in Zierschrift.

11.3. Fragmente einer astronomischen Handschrift
vermutlich Iran, 19.Jhdt.

Papier, schwarze und rote Tinte, H ca. 31 cm, B 21,5 cm.
Berlin, Museum für Islamische Kunst, Staatliche Museen Berlin-PK, Inv.-Nr. I. 1986.240
Lit.: Helmecke, G., Museum für Islamische Kunst, Staatliche Museen Berlin (unveröffentlichtes MS)

Die Handschrift ist eine Abschrift eines älteren Manuskripts. Nach Abhandlungen über verschiedene astronomische Themen folgt eine Aufzählung und Kurzcharakteristik von 6 Kalendern: dem christlich-julianischen, dem byzantinischen, dem islamischen, dem Ǧalālī-Kalender, dem persisch-zoroastrischen, dem jüdischen und einem türkischen Kalender. Am ausführlichsten wird die muslimische und zoroastrische Zeitrechnung dargestellt. Im Iran galt nach der Eroberung durch die Omaijaden im 7.Jhdt. zwar der Hedschra-Kalender, doch die Zoroastrier und auch die Verwaltung folgten weiter dem persisch-zoroastrischen Sonnenkalender, dessen Abweichung zum Sonnenjahr alle vier Jahre etwa einen Tag betrug. Der Ǧalālī-Kalender ist das Ergebnis einer Kalenderreform – die Gründe waren administrativer und fiskalischer Art – unter dem Großseldschuken-Sultan Ǧalāl ad Dawla Malikšah im Jahr 1074. Er war etwas genauer als der in Europa erst 500 Jahre später eingeführte gregorianische Kalender. Der Widerstand der islamischen Geistlichkeit war groß, da der Ǧalālī-Kalender dem islamischen Mondkalender zuwiderlief, und der Kalender wurde zwar offiziell eingeführt, konnte sich aber nicht durchsetzen. Astronomen vervollkommneten ihn im 13. und 15. Jahrhundert, und im Volk wurde der Kalender als landwirtschaftlicher Kalender verwendet.

11.4. Sonne / Mond
Ektachrome.

Wien, Österreichische Nationalbibliothek, Cod. mixt. 324

Die islamische Astronomie war im frühen Mittelalter bereits weit entwickelt und ist die Grundlage der heutigen Astronomie. Die Darstellungen der Himmelssphären stammen aus einer persischen Handschrift des 13. Jahrhunderts.

11.4.1. Hängende Armillarsphäre
Indisch, ohne Datierung

Wien, Österreichischen Nationalbibliothek, Kartensammlung, Inv.-Nr. Gl 214

Armillarsphären dienten astronomischen und astrologischen Berechnungen. Die Araber kannten diese sphärische Darstellung des Himmels aus den Schriften des Ptolemäus; und Ende des 10. Jahrhunderts findet sich eine Erwähnung in einer Gerbert von Aurillac (Papst Sylvester II.) zugeschriebenen Schrift. Die Araber benutzten es u.a., um die Gebetsstunden in den Moscheen zu bestimmen oder die Qibla, d. h. die Richtung nach Mekka.

11.5. Wandkalender (taqwim-e diwâri)
Iran, Teheran, Slg. Axel Steinmann 1996

Papier, B 29,2 x H 45,5 cm.
Wien, Museum für Völkerkunde, Inv.-Nr. 176.322
Lit.: Alfons Gabriel, ‚Das Leben der Parsen im Staat Iran', in: ders., *Religionsgeographie von Persien*, Wien 1971, S. 137–143.

Dieser Taschenkalender stammt aus dem Jahr 1375 nach dem iranischen Sonnenjahr bzw. März/April 1996 bis Februar/März 1997 christlicher Zeitrechnung. Die Anhänger des Zarathustra benützen den Kalender, um der kalendarisch geordneten Zeit mit zentralen religiösen Symbolen des Mazdaismus eine zusätzliche Dimension zu verleihen. Im oberen Bereich die Figur des *Farahwar* (Symbol der Zarathustrier). Um diese herum sind die drei Grundsätze des Mazdaismus *andisheh-ye nik* („Reines Denken"), *goftâr-e nik* („Wahres Sprechen"), *kerdâr-e nik* („Gutes Handeln"), sowie die Inschrift *râh dar jahân yeki ast wa ân râh râsti ast* (‚es gibt nur einen Weg, und das ist der Weg der Wahrheit') zu lesen. Im Inneren eine Seite mit Fotos zarathustrischer Märtyrer aus dem iranisch-irakischen Krieg 1980–1988.

11.6. Taschenkalender (taqwim-e jibi bzw. sâl namâye)
Iran, Teheran, Zarathustrier, Slg. Axel Steinmann, 1996

Papier, Roter Plastikumschlag. B 7,7 x H 11,5 cm.
Wien, Museum für Völkerkunde, Inv.-Nr. 176.323
Lit.: Alfons Gabriel, „Das Leben der Parsen im Staat Iran", in: ders., *Religionsgeographie von Persien*, Wien 1971, S. 137–143.

Dieser Taschenkalender stammt aus dem Jahr 1375 nach dem iranischen Sonnenjahr (pers. *xorshidi*, ar. *shamsi)* bzw. März/April 1996 bis Februar/März 1997 christlicher Zeitrechnung. Herausgeber: Verlag Wahrheit *(châp xâneh râsti)*.

11.7. Quilin als Spiegelständer
China Ming-Dynastie, 16./17. Jhdt.

Bronze, grün patiniert, H 25 cm, B 25 cm.
Wien, Österreichisches Museum für angewandte Kunst, Inv.-Nr. Br. 1442
Lit.: Eggebrecht, Arne (Hsg.): China, eine Wiege der Weltkultur: 5000 Jahre Erfindungen und Entdeckungen, Mainz am Rhein, Roemer- und Pelizaeus-Museum, 1994

11.7.1. Spiegel zu Quilin (Br 1442)
China Ming Dynastie, 16./17. Jhdt.

Dm. 30 cm.
Wien, Österreichisches Museum für angewandte Kunst, Inv.-Nr. Br. 1285

Auch wenn der genaue Verwendungszweck dieses Spiegelhalters nicht bekannt ist, weist die Darstellung des „Wundertieres" *Qilin* eher auf kultische und religiöse Bestimmung dieser Metallplastik hin, was auch die Kombination mit dem keineswegs profanen Bronzespiegel aus derselben Periode erlaubt. Qilin ist das mythologische Reittier der taoistischen „Unsterblichen" und symbolisiert damit die Übewindung der Zeit. Der Bronzespiegel wiederholt das seit der Tang-Periode für kultische Spiegel übliche Symbolrepertoire. Dazu gehören u.a. die acht Trigramme *(Ba Gua)*, die mittels *yin-* und *yang-* Notierungen differenzierte Qualitäten von Raum-Zeit-Situationen beschreiben, und in China nicht nur für Medizin und die Astrologie, sondern für die gesamte Orientierung in Raum und Zeit von Bedeutung waren. Beide Objekte gehörten ursprünglich nicht zusammen.

11.8. Tibetischer Kalender
Nepal

Kupferblech, in getriebener Arbeit, 30 x 26 cm.
Wien, Museum für Völkerkunde, Inv.-Nr. 150.948
Lit.: Müller, Claudius, C., Raunig, Walter: Der Weg zum Dach der Welt, Frankfurt/Main, S. 255ff

Der tibetische Kalender unterscheidet – so wie die meisten vormodernen Kalender – günstige und ungünstige Tage und bestimmte heilige Zeiten. Das tibetische Jahr kennt 12 Monate zu 30 Tagen. Es beginnt im Februar bei Neumond – in seltenen Fällen anfangs März. Die Woche ist in sieben Tage eingeteilt. In der Regel bezeichnen die Tibeter die Jahre nicht mit Zahlen, sondern mit den fünf Elementen Holz, Feuer, Erde, Eisen und Wasser und mit den zwölf Tierkreiszeichen: Maus, Stier, Tiger, Hase, Drache, Schlange, Pferd, Schaf, Affe, Vogel, Hund, Schwein. In der tibetischen Zeitrechnung bedient man sich einer Periode von sechzig Jahren *(rab byung)*, die sich aus der Zuordnung der zwölf Tierkreiszeichen zu den fünf Elementen ergibt. (5 x 12 = 60 verschiedene Kombinationsmöglichkeiten.) Das erste Jahr des ersten *rab byung* fällt auf das Jahr 1027 n.Chr.

11.9. Druckstock Astrologie
Tibet/Nepal

Holz, 48 x 28 cm.
Wien, Museum für Völkerkunde, Inv.-Nr. 116.258
Lit.: Beer, Robert: The encyclopedia of Tibetan Symbols and Motifs, Serindia Publications, London 1999, p. 116–120

Der Druckstock eines Kalenders aus geschnitztem, teilweise schwarzlackiertem Hartholz. Oben bzw. unten befinden sich die 5 Jinas, die Zeichen für die Wochentage, in der Mitte der Kalenderkreis mit Sternbildern. Der älteste tibetische Blockdruck, nach chinesischem Vorbild geschaffen, wurde in Turfan gefunden und stammt aus dem 9. Jhdt. Doch erst weit nach dem 14. Jhdt. wurde diese Technik in größerem Maße angewendet.In den Übergangszeiten – Geburt, Heirat, Krankheit oder Tod kommt den Astrologen in Tibet (aber auch in Indien) eine wichtige Rolle zu. Ein tibetisches Horoskop hängt in erster Linie vom Geburtsjahr und dem damit verbundenen Tierkreiszeichen und Element und der Tier-Element-Kombination des jeweiligen Zeitabschnittes ab. Die auf Grund von Berechnungen und Nachschlagewerken aufgestellten Horoskope geben in der Regel Aufschluß über folgende fünf körperliche Komponenten: die Lebenskraft oder „Vitalseele" *(srog)*, die körperliche Konstitution *(lus)*, die Macht *(dwang mthang)*, das sogenannte Windpferd *(rlund rta)* und das *bla*, die Schattenseele. Ferner informieren Horoskope über gefährliche Geister, mögliche Krankheiten, ungünstige Himmelsrichtungen, Handlungen und Daten und geben Anweisungen, was zu tun ist, um mögliche schlechte Einflüsse abzuhalten.

11.10. Indische Spielkarten (Dashavatara Ganjifa)
Indien, Nossam, Bezirk Cuddapah, Andhapradesh, vor 1894

Tempera auf Papier, lackiert, Rückseite rot, Dm. 52 mm, 120 Stück.
Wien, Museum für Völkerkunde, Inv.-Nr. 116.300
Lit.: Leyden, Rudolf v.: Ganjifa, The Playing Cards of India, London Victoria and Albert Museum, 1982

Die Karten sind sehr dünn und aus fasrigem, handgeschpöften Papier gemacht. Sie sind sorgfältig bemalt, reichlich in Goldfarbe dekoriert und gut lackiert. Sie zeigen die Avatare Vishnus - nach vishnuitischer Auffassung verkörpert sich Gott Vishnu in kritischen

Momenten der Weltgeschichte, um die Situation wieder ins Lot zu bringen. Die Avatare sind in verschiedenen Farben dargestellt: Matsya (schwarz), Kurma (bläulichgrau), Varaha (gelb), Narasimha (dunkelrot), Vamana (hochrot), Parashurama (grün), Rama (grün), Balarama (hellbraun), Krishna (gold), Kalkin (dunkelrot).
Narasimha reitet auf einem weißen Löwen, Vamana auf Brahmas Schwan, Rama auf seinem treuen Gefährten, dem Affen Hanuman und Krishna auf einem weißen Elefanten.
Die Szenerie der Karten hat in der islamisierten Architektur des Dekkan ihr Vorbild; die Avatare selbst sind entsprechend der indischen Mythologie gekleidet, die Diener tragen Mogultracht. Auf dem Deckel des Behälters ist der zweirädrige Wagen des Sonnengottes Surya dargestellt. Der Wagenlenker Aruna (die Morgenröte) sitzt auf der Deichsel und lenkt sieben Pferde, die die Wochentage symbolisieren.
Das Spiel wurde von dem späteren Thronfolger Franz Ferdinand von Österreich-Este während seiner Weltreise 1893 in Indien gesammelt. Ikonographisch bedeutsam ist die Tatsache, daß in diesem Spiel Balarama an achter und Krishna an neunter Stelle der Avatarareihe stehen und daß es keinen Buddha-Avatara gibt.

11.11. Thanka „Geschichte von Shambhala"
Tibet, 17./18. Jhdt.

Malerei auf Leinen in Orginalmontierung, H 165 cm (plus Aufhängung), B 93 cm.
Wien, Österreichisches Museum für angewandte Kunst, Inv.-Nr. Mal 164
Lit.: Fux, Herbert: Šambala und die Geschichte des Kalacakra. Ein lamaistisches Thanka aus dem österreichischen Museum für Angewandte Kunst

Thankas, auf Leinen gemalte und mit Seide und Brokat gerahmte Rollbilder, dienen dem kultischen Gebrauch. Oben der von Buddhas und Bodhisattvas bevölkerte Himmel, in den das große kreisförmige Medaillon hineinragt, im unteren Teil eine hochbewegte Schlangenszene. Das Schema des aus kegelförmigen Bergen bestehenden, achtspeichigen Rades, in dessen Zentrum sich eine thronende Gestalt befindet, ist jedoch kein Mandala (ein streng geometrisch konstruiertes Abbild des Kosmos, das der Meditationspraxis dient), sondern eine ausführliche Illustration zur Geschichte des Kalacakra, des Zeitrades. Das Kalachakra enthält alles relevante kosmologische, medizinische und symbolische Wissen des Tibetischen Buddhismus. Es ist mit dem Mythos von Shambala verknüpft, der ein Echo auf die Zerstörung der buddhistichen Kultur Indiens durch islamische Invasoren vor allem im 12. Jahrhundert. Der Mythos von Shambala rief zu einer Art heiligem Krieg unter Führung von Kalkin Chakrin, der buddhistischen Form von Kalki, der apokalyptischen Verkörperung von Vishnu gegen die mohammedanischen Eindringlinge auf. Heute ist der Mythos von Shambala die Motivation für bestimmte Formen buddhistischer Meditationspraxis.

11.12. Hotei
Japan, 19. Jhdt.

Tusche auf Papier.
Wien, Österreichisches Museum für angewandte Kunst, Inv.-Nr. HM 13926

Hotei (chin. Pu'tai = Hanfsack, wegen des Sacks, den er nie ablegte) war ein chinesischer Zenmönch (618–906), der bettelnd durchs Land zog. Er verkörpert Verzicht und Güte. Erst am Totenbett gab er sich als der „kommende Buddha" (Maitreya) zu erkennen. Nach buddhistischer Weltsicht gibt es in jedem Zeitalter einen Buddha. Siddharta Gautama aus dem Stamm der Shakya ist der Buddha dieses Weltzeitalters. Er hat eine schrittweise Degeneration der Welt vorhergesagt. Nach diesem Niedergang der Welt wird eine neue, viel bessere Welt entstehen, in der alle die Möglichkeit haben, zum befreienden Erwachen aus dem Kreislauf der Wiedergeburt zu finden. Der Buddha dieser künftigen Welt wird Maitreya, der Buddha der Liebe, sein.
In einer Art von millenaristischen Erwartungen suchten Menschen immer wieder nach den Anzeichen einer Erneuerung der Welt und daher wurden immer wieder Personen als Maitreya identifiziert. Der Ch`an Mönch Putai ist die berühmteste dieser Identifizierungen und wird in Japan als einer der Sieben Götter des Glücks verehrt. Aus der Annahme, daß sich Maitreya schon vor der Zeit auf Erden manifestiert, entstanden bis zur Gegenwart „messianische" Bewegungen in buddhistischen Ländern.
[U. B.]

RAUM 12

12.1. Wand- oder Zeltbehang (qalamkâr)
Isfahan, Iran, Mitte 19. Jhdt.

Wolle (?), 103 x 103 cm.
Wien, Museum für Völkerkunde, Inv.-Nr. 177.108
Slg. Galerie Kirdök, 1996.

Zentrales Motiv in einer stark stilisierten Landschaft ist eine aus einer Vase mit dem lebensspendendem Wasser (Symbol der Fülle des Reichtums und der Prosperität) wachsende Zypresse (Lebensbaum) auf einem Berg (Weltenberg), umgeben von zwei Pfauen (vielleicht der zarathustrische Sonnenvogel). Die Darstellungen von Bergen mit Bäumen sind mit hoher Wahrscheinlichkeit nordasiatischen Ursprungs. Weltenbaum und Weltenberg symbolisieren die Mitte, aus der sich das Leben in Raum und Zeit ausfaltet.

12.2. Divinationsgerät (Orakelschulterknochen)
Mongolei, 19. Jhdt.

Schafknochen, Holz, Textil.
Wien, Museum für Völkerkunde, Inv.-Nr. 75.201 u. 75.202
Lit.: Taube, E. Schamanen, Geisterbeschwörer und Gesundbeter, in: Heissig, Walter und Müller, Claudius C.: Die Mongolen, Frankfurt/Main, S. 216–218

Die Weisagung mittels Schulterknochen von Schafen wird nachweislich seit dem 13. Jahrhundert betrieben. Die Knochen werden im Feuer angesengt; dadurch entstehende Sprünge geben Auskunft über die Zukunft. (Aus einem ähnlichen Ritual entstand das I Ging, das chinesische Buch der Wandlungen). Der tibetische Buddhismus hat diesen vorbuddhistischen Vorgang und die begleitende Ritualistik wesentlich verfeinert. Hinweis dafür sind auch die mit Kohle aufgeschriebenen tibetischen Mantren. – Der Pfeil, mit Stoffbändern behangen, symbolisiert den Weltenbaum und die kosmische Weltenachse, also die Mitte von Zeit und Raum. Ritualpfeile gehören zu den wichtigsten schamanischen Geräten. Drei Orakelknochen, bestehend aus Schafschulterblättern, in tibetischer Schrift mit schwarzer Farbe beschrieben und mit schmutzigbraunen Zeugstreifen zusammengebunden. Die Orakelknochen stammen von einem öffentlichen Altar.

12.3. Sarajewo Pessach Haggadah
Faksimile London 1953.

Wien, Österreichische Nationalbibliothek, Inv.-Nr. 973. 845- B.H = F.S: 207 d.
Lit.: C.Roth, The Sarajewo Pessach Haggadah, London 1963

Das Original, verfaßt in Sephardi, mittelalterlichem Spanisch, stammt aus dem 14. Jahrhundert. Die Haggadah ist eine Rezitation am Seder Abend, dem Beginn des Pessach-Festes, bei der die Geschichte des Volkes Israel erklärend erzählt wird. Für das Judentum beginnt die Zeitrechnung mit der Erschaffung der Welt in sieben Tagen. Damit beginnt auch die Sarajewo Pessach Haggadah. Auf der ersten (rechten) Seite: rechts oben die gestaltlose Welt, in der Gottes Geistin (*ruah*), dargestellt durch vertikale Linien, über den Wassern schwebt. Links oben: die Erschaffung des Lichts am 1. Tag, unten rechts: Schaffung des Firmaments; unten links: Erschaffung der Vegetation. Linke Seite, rechts oben: Erschaffung der Himmelskörper, links oben: Erschaffung von Fischen und Vögeln, rechts unten: Erschaffung der Tiere und der Menschen, links unten: Sabbath – der Ruhetag, in Gestalt eines ruhenden Menschen dargestellt. – Charakteristisch ist, daß Gott nicht dargestellt wird – entsprechend dem Bilderverbot des Judentums. – Diese Schöpfungsgeschichte wird in den drei abrahamitischen Religionen (Judentum, Christentum und Islam) erzählt (im Koran variiert).

12.4. Schofar (shofar) für Rosch Haschana
Iran, Slg. Janata 1987

Stark gekrümmtes Rinderhorn, flachgedrückt, kurzes konisches Mundstück, Vorderrand gezackt. L 28,3 cm, Dm. 58/31 mm.
Wien, Museum für Völkerkunde, Inv.-Nr. 169.132

Das Blasen des Schofar ist ein wichtiger Bestandteil der Gottesdienste der Hohen Heiligen Tage. Das Schofar ist das ausgehöhlte, gebogene Horn des Widder oder der Antilope. In biblischen Zeiten wurde das Schofar als Signalinstrument im Krieg und während des Tempeldienstes verwendet; später erhielt das Blasen des Schofar symbolische Bedeutung als Zeichen des Sieges über das Böse. Zu Rosch Haschana, dem „Kopf des Jahres", also dem jüdischen Neujahr, wird die Bußzeit der „Zehn Ernsten Tage" mit dem Blasen des Schofars eröffnet. Die Zählung des jüdischen Jahres bezieht sich auf den Schöpfungsbericht der Bibel. Das Jahr 2000 ist nach jüdischer Zählung das Jahr 5760 nach Erschaffung der Welt.

12.5. Torarollenkasten (tik) mit vier Lebensbäumen
Buchara, Usbekistan. Um 1887. Slg. Vishowski, 1989.

Pappelholz, 16 Latten je 87,5 x 6 cm, Metall, Tusche, Lackmalerei.
Wien, Museum für Völkerkunde, Inv.-Nr. 171.091
Lit.: Renate Meissner, Ein Tora-Kasten aus Buchara aus dem Museum für Völkerkunde Wien, Archiv für Völkerkunde 49, Wien 1995, S. 43–46.

Die Tora – die fünf Bücher Moses – enthält die Geschichte Israels von der Erschaffung der Welt bis zur Ankunft im Gelobten Land. Die historische Zeit wird als Zeit der Beziehung zwischen J*hwe und dem Volk Israel gesehen. Der Toraschrein (Parochet), in dem die Torarollen aufbewahrt werden, bildet das Zentrum jeder Synagoge. Ein oft aus reichen Geweben gefertigter, mit Metallfäden bestickter Vorhang hängt vor dem Schrank und schützt die heiligen Texte. Gemäß der Tradition steht die Gemeinde zum Zeichen ihrer Achtung auf, wenn der Vorhang geöffnet wird und die Rollen zum Vorschein kommen. Auf einer rötlichen Blattgoldgrundierung finden sich vier mehrfach gekrümmte Lebensbäume mit Blättern und Blüten – Symbole des ewigen Lebens.

12.6. Geburt Christi
Ektachrome.

Wien, Österreichischen Nationalbibliothek, Handschriftensammlung Cod. 1834, fol. 8 r

Die Christen zählten die Jahre in den ersten Jahrhunderten, so wie in Rom üblich, nach römischen Kaisern und Konsuln. Erst im 6. Jahrhundert beschloß der Abt Dionysius Exiguus, nicht mehr diese heidnische Zählweise für die Berechnung des Osterfestes zu verwenden, sondern die Jahre nach Christi Geburt zu zählen. Bis in die Neuzeit zählte man die Jahre aber auch nach der jüdischen Zeitrechnung „seit Erschaffung der Welt", und diese Zählweise „nach Christi Geburt" setzte sich erst um die Zeit der Aufklärung allgemein durch.

12.7. Il Libro delle Figure dell' abate Gioachino da Fiore
Faksimile.

Wien, Österreichische Nationalbibliothek, Handschriftensammlung, Inv.-Nr. 693.614-D – F.S.107a
Lit.: Tondelli, L., Il Libro delle Figure dell' abate Gioachino da Fiore, Torino 1939

Das Blatt zeigt eine graphische Darstellung der Zeitalter seit der Erschaffung der Welt (das Zeitalter des Adam, des Noe, des David, der Babylonischen Gefangenschaft, das Zeitalter des Johannes des Täufer, die gegenwärtige Zeit und das kommende Zeitalter der Auferstehung.
Diese Periodisierung der Welt war bis zum Ende des Mittelalters und noch darüber in Europa hinaus die geläufige Sicht der Zeit. Das Original stammt aus dem 14. Jahrhundert, verfaßt von dem Abt Joachim von Fiore, dessen eschatologisch orientierte Periodisierung der Weltgeschichte in „Reich des Vaters", „Reich des Sohnes", „Reich des Geistes" bis heute in dem Schema Altertum-Mittelalter-Neuzeit erhalten geblieben ist.

12.8. Pilgerhandbuch
Persien, 17. Jhdt., Muhyi (as-Din) Lari, Futuh al-haramain (Aufschließung der beiden heiligen Städte)

Wien, Österreichische Nationalbibliothek, Handschriftensammlung, Cod. N.F. 224
Lit.: Duda, D., Islamische Handschriften, Veröffentlichungen der Kommision für Schrift und Druckwesen des Mittelalters, Österr. Akademie der Wissenschaften, Phil.-hist.Kl., R. 1, Wien 1983

Dieses Pilgerbuch, das wahrscheinlich in Persien im frühen 17. Jahrhundert entstanden ist, stellt die heiligen Städte Mekka und Medina in einer Verbindung von flächenhafter und perspektivischer Weise dar; eine Form der Darstellung, die sich auch bei vorislamischen Darstellungen heiliger Stätten findet. Die aufgeschlagene Tafel zeigt die Moschee in Medina. Die islamische Zeitrechnung beginnt mit der Trennung des Propheten Mohammed von der seinem Herkunfts-Stamm in Mekka und seiner Auswanderung nach Medina im Jahr 622, der Hedschra. Die Zählung der Jahre nach der Hedschra wurde unter dem ersten Kalifen Omar (634–644) eingeführt

12.9. Gebetsstein (mohr)
Iran, Ghom, Prov. Markazi, Slg. Axel Steinmann, 1996

Achteckige Platte aus gebranntem, hellbraunem Ton („aus Kerbela-Erde'").]. Neu. L 8,7 cm, H 1,8 cm.
Wien, Museum für Völkerkunde, Inv.-Nr. 176.194, 146.907, 146.909, 146.910
Lit.: Jürgen W. Frembgen, Schiitische Gebetssteine, in: Peter W. Schienerl (Hg.), *Diplomaten und Wesire. Krieg und Frieden im Spiegel türkischen Kunsthandwerks,* München: Staatliches Museum für Völkerkunde, 1988, S. 115–128

12.9.1. Gebetsstein (mohr)
Iran, Ghom, Prov. Markazi, Slg. Axel Steinmann, 1996

Rechteckige, kleine Platte aus gebranntem, hellbraunem Ton („aus Kerbela-Erde"). An der Vorderseite mit Ornamenten und einer Inschrift (u. a. Alî, Kerbela) verziert. Neu. L 3,5 cm, B 2,4 cm, H 1,1 cm.
Wien, Museum für Völkerkunde, Inv.-Nr. 176.189
Lit.: Löffler/Friedl, Archiv für Völkerkunde 21, Wien 1967, S. 196 (Boir Ahmad-Sammlung).

Der Gebetsstein liegt während der täglichen Pflichtgebete oben am Gebetsteppich und wird dem Ritus entsprechend während des Gebetes mit der Stirn berührt. Persönliches Eigentum eines Mannes oder einer Frau. Werden mit Vorliebe von Pilgerfahrten mitgebracht und im Gebetsteppich eingerollt aufbewahrt. Finden sich auch, in eigens dafür bestimmte Tücher eingewickelt, in den Hotelzimmern.
Das Pflichtgebet *salat,* das fünfmal am Tag zwischen Sonnenaufgang und -untergang zu bestimmten Zeiten verrichtet wird, strukturiert für einen Moslem den Tag.

12.10. Kompaß (qebleh namâ)
Iran, Teheran, Slg. Axel Steinmann, 1996.

Dm. 4,5 cm. Originalverpackt in einer kleinen Schachtel (5 x 5 x 2 cm) mit Gebrauchsanweisung.
Wien, Museum für Völkerkunde, Inv.-Nr. 176.213
Lit.: Jakob Eduard Pollak, *Persien. Das Land und seine Bewohner. Ethnographische Schilderungen,* Erster Teil, Leipzig: Brockhaus 1865, S. 333

Nicht nur der richtige Zeitpunkt ist für das täglich vorgeschriebene Gebet *(salat)* wichtig, sondern auch die richtige Ausrichtung. Der Kompaß dient zur Bestimmung der Gebetsrichtung *(qibla)* der Muslime auf die heilige Stadt Mekka und die Ka'aba.

DOTPAINTING: BUSH BANANA DREAMING. AMMONGUNA/WARLPIRI, KÜNSTLERIN FLORIE WELLS, 1997, KAT.NR. 5.8.

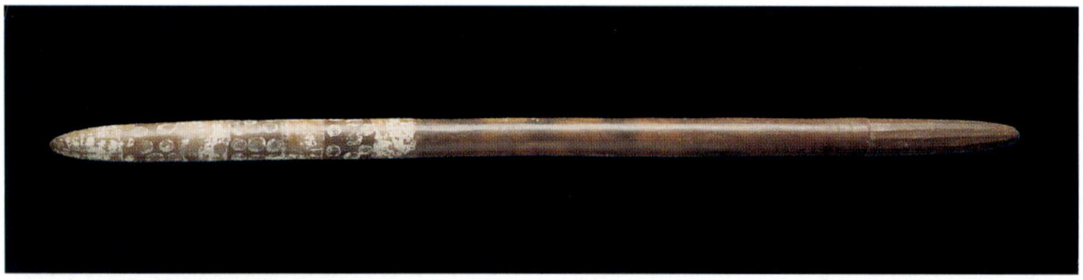

GRABSTOCK. ZENTRALAUSTRALIEN, KAT.NR. 5.1.

ZWEI KLANGHÖLZER. ZENTRALAUSTRALIEN, KAT.NR. 5.4.

DOTPAINTING: EMU DREAMING. YUENDUMU/WARLPIRI, KÜNSTLER WHISKEY, 1987, KAT.NR. 5.9.

SCHWIRRHOLZ. ZENTRALAUSTRALIEN, KAT.NR. 5.5.

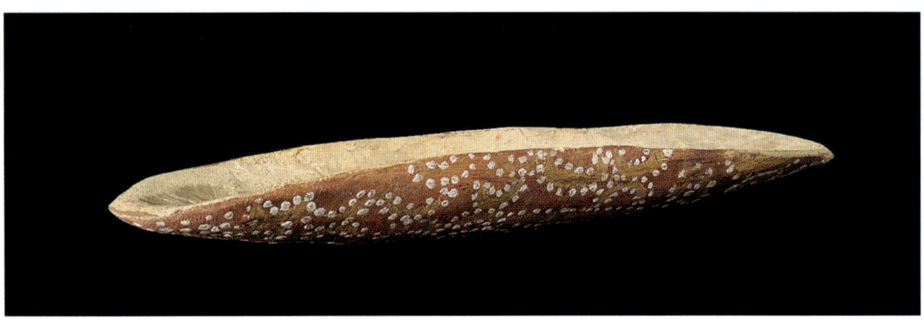

HOLZSCHÜSSEL (COLOMAN). WARRABRI/WARLPIRI, KAT.NR. 5.6.

NUVAK-CHIN-MANA (SCHNEE-KACHINA-MÄDCHEN). HOLZ, GESCHNITZT UND BEMALT, HOPI, KAT.NR. 7.1.

NANGA-SOHU-KACHINA (WIEGENBRETT-KACHINA). HOPI, COLORADO RIVER INDIAN RESERVATION,
HERSTELLER: WILLIE TAHBO, 1978, KAT.NR. 7.1.2.

KA'E KACHINA (MAIS-KACHINA). HOPI, ACOMA/NEW MEXICO, HERSTELLER: FRANCINE CHINO, KAT.NR. 7.1.1.

ZIERTELLER MIT DARSTELLUNG EINES ADLERS. YUCCAFASER/SPIRALWULSTTECHNIK, HOPI, KAT.NR. 7.3.4.

KOPFBECHER AUS TON. HOPI, KAT.NR. 7.2.3.

KORBDECKEL MIT KREUZARTIGEM MUSTER. YUCCAFASER/SPIRALWULSTTECHNIK, HOPI, KAT.NR. 7.3.2.

KORBTELLER MIT ZERSETZTEM VOGELMOTIV. YUCCAFASER/SPIRALWULSTTECHNIK, HOPI, KAT.NR. 7.3.1.

KALEBASSENRASSEL. HOPI, KAT.NR. 7.4.1.

GEFÄSSRASSEL AUS KALEBASSE UND HOLZ. HOPI, KAT.NR. 7.4.

MAULTROMMEL AUS BAMBUS. NEUIRLAND/KAPSU, 1887, KAT.NR. 8.2.

TANZMASKE. NEUIRLAND, 1895, KAT.NR. 8.6.

KEPONG-MASKE. NEUIRLAND/AKOL, 1887, KAT.NR. 8.5.

HORIZONTALES FRIES: IN DER MITTE FIGUR MIT VOGELKOPF UND SCHLANGE. NEUIRLAND, 1899, KAT.NR. 8.13.

HORIZONTALES FRIES MIT HOCKENDER FIGUR IN DER MITTE. NEUIRLAND, 1887, KAT.NR. 8.11.

HOLZFIGUR EINER FRAU MIT TIERFIGUR AN DER BASIS. NEUIRLAND, 1899, KAT.NR. 8.8.

MASKE MIT MENSCHLICHEM GESICHT UND GESCHNITZTEN FISCHEN. NEUIRLAND, 1880, KAT.NR. 8.15.

MASKE MIT DARSTELLUNG EINER KRAPPE. NEUIRLAND, 1880, KAT.NR. 8.14.

IMMERWÄHRENDER KALENDER. BRONZE, VERGOLDET, BÖHMEN, ERASMUS HABERMEL, 1587, KAT.NR. 10.1.1.

SCHREIBCALENDER. TITELBLATT, HOLZSCHNITT, WIEN, PAULUS FABRICIUS, 1580, KAT.NR. 10.2.

Warschauer
Schreib-Calender/
Auf das Jahr nach der Gnaden-reichen Geburt
Christi JESU/
M. DCC. XXVI.
Welches ist ein Einkömmlings-Jahr von 365. Tägen.
Worinnen viel nutzliche Anmerckungen/ aus allerley
Historien und Sitten-Lehren gezogen/ auf allerhand Pro-
fessionen gestellet/ und in die 12. Monath eingetheilet.
Gestellet/ durch
MICHAELEM DUBRAWSKY,
Königlich-Pohlnischen Mathematicum, &c.
Wienn in Oesterreich/ gedruckt bey Andreas Heyinger/ Universit. Buchdr.

WARSCHAUER SCHREIB-CALENDER. TITELBLATT, KUPFERSTICH, WIEN, 1726, KAT.NR. 10.3.7.

New und Alter
SChreibCalender/ auffs
Jahr nach der Geburt unsers
Heyland und Seeligmachers JESU
CHRISTI/
M. DC. LIX.
Durch
VITUM Püchler Altenburgensem, Ma-
themat. und Apost. & Imp. Pub. Notar.

NEW UND ALTER SCHREIBCALENDER. TITELBLATT, HOLZSCHNITT, WIEN, 1659, KAT.NR. 10.2.11.

NEUER CRACKAUER FINGER-CALENDER. TITELBLATT, DRUCKSCHRIFT, WIEN, 1766, KAT.NR. 10.4.4.

NEUER CRACKAUER FINGER-CALENDER: SPIEGEL UNTER DEM DECKBLATT, KAT.NR. 10.4.4.

NEUER CRACKAUER FINGER-CALENDER. UMSCHLAGILLUSTRATIONEN, DRUCKSCHRIFT, WIEN, 1766, KAT.NR. 10.4.4.

HÄNGENDE ARMILLARSPHÄRE ZUR BERECHNUNG ASTRONOMISCHER UND ASTROLOGISCHER DATEN, KAT.NR. 11.4.1.

WANDKALENDER (TAQWIM-E DIWÂRI). TEHERAN/IRAN, 1996, KAT.NR. 11.5.

THANKA „GESCHICHTE VON SHAMBHALA". MALEREI AUF LEINEN, TIBET, 17.–18. JHDT., KAT.NR. 11.11.

ROLLBILD „33 KANNON". JAPAN, EDO-PERIODE, 18.–19. JHDT., KAT.NR. 13.3.

BETTELMÖNCHE. TUSCHE AUF PAPIER, JAPAN, 1862, KAT.NR. 13.11.

DARSTELLUNG DES ZENMÖNCHS HOTEI (618–906). TUSCHE AUF PAPIER, JAPAN, 19. JHDT., KAT.NR. 11.12.

WAND- ODER ZELTBEHANG (QALAMKÅR). ISFAHAN/IRAN, MITTE 19. JHDT., KAT.NR. 12.1.

TORAROLLENKASTEN (TIK) MIT VIER LEBENSBÄUMEN. BUCHARA/USBEKISTAN, UM 1887, KAT.NR. 12.5.

LEUCHTER FÜR CHANUKKA. BRONZE GEGOSSEN, INDIEN, KAT.NR. 13.4.

GEBETSSTEINE AUS GEBRANNTEM, HELLBRAUNEM TON. GHOM/IRAN, KAT.NRR. 12.9./12.9.1.

GEBETSKETTE (SUBHA) AUS HOLZ-, ELFENBEIN-, GLAS-, HARZ- UND KUNSTSTOFFPERLEN. ÄGYPTEN, 1979, KAT.NR. 13.8.

PLANETARIUM, ANGETRIEBEN VON EINEM UHRWERK. LINZ, JOHANN SEITZ, UM 1800, KAT.NR. 14.1.

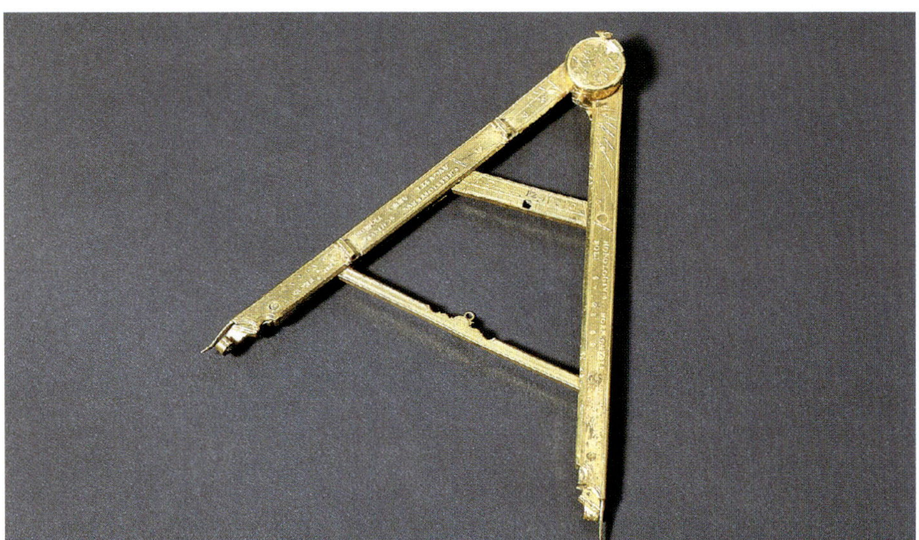

ZIRKEL. BRONZE, VERGOLDET, GRAVIERT, DEUTSCHLAND, CHRISTOPH SCHISSLER, 1555, KAT.NR. 15.2.2.

ASTRONOMISCH-NAUTISCHES TASCHENINSTRUMENT. BRONZE, VERGOLDET, GRAVIERT, AUGSBURG, CHRISTOPH SCHISSLER, 1557, KAT.NR. 15.2.4.

HORIZONTAL- SONNEN- UND MONDUHR MIT ETUI. MESSING, FEUERVERGOLDET, AUGSBURG, JOHANN MARTIN, VOR 1720, KAT.NR. 26.2.4.

SÄULENSONNENUHR. BRONZE, VERGOLDET, GRAVIERT, REGENSBURG, ERASMUS HABERMEL, UM 1585, KAT.NR. 26.3.

HORIZONTALSONNENUHR MIT MITTAGSKANONE. MESSING, VERGOLDET, 2. HÄLFTE 18. JHDT., KAT.NR. 26.2.6.

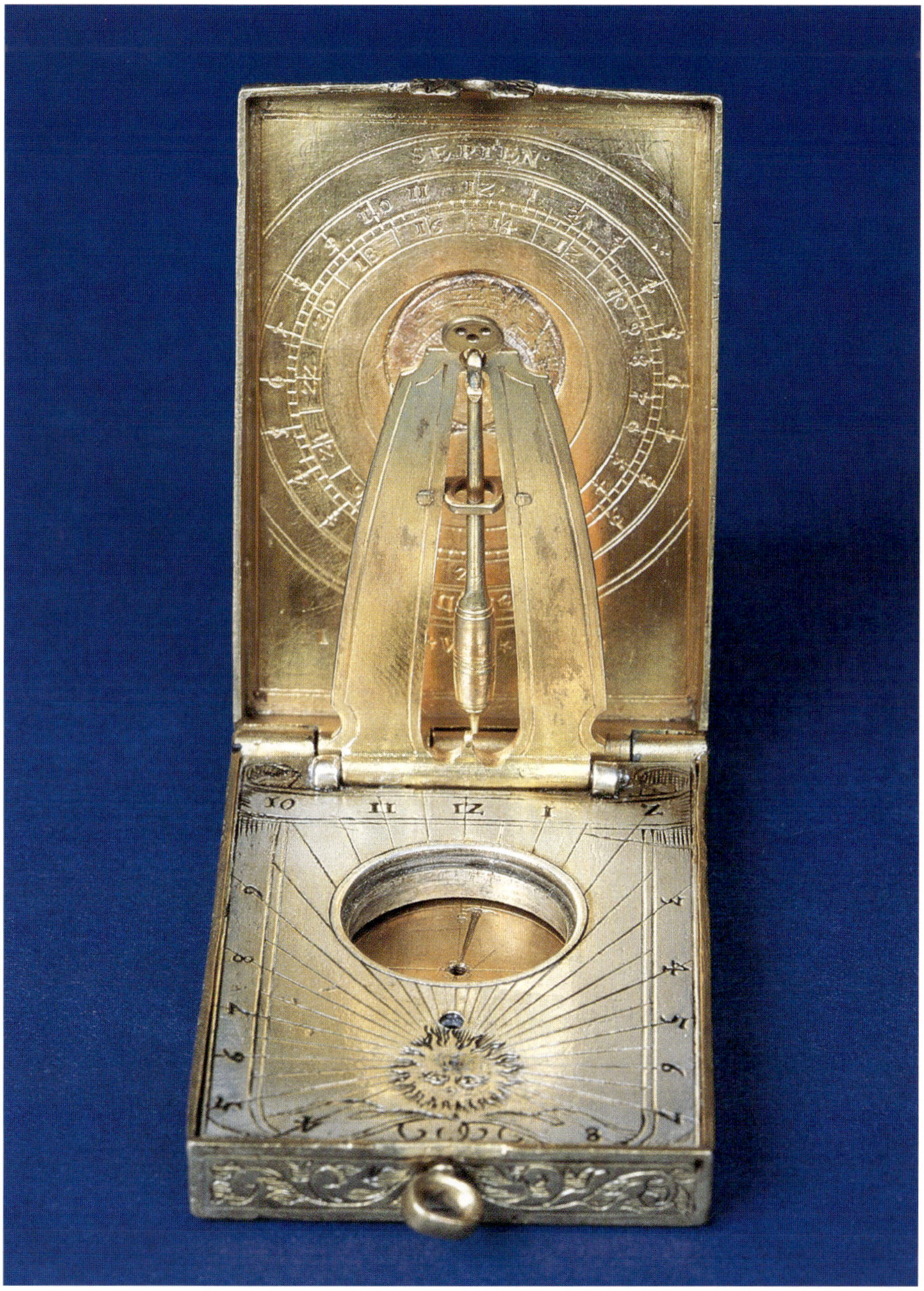

BÜCHSENSONNENUHR. BRONZE, VERGOLDET, MÜNCHEN, ULRICH SCHNIEP, 1578, KAT.NR. 26.8.1.

PARADOXON ASTRONOMICUM ZUR MINUTENGENAUEN EINRICHTUNG DER UHR. KUPFER, VERGOLDET, OLBEN, JOHANN JACOB, 1702, KAT.NR. 27.6.

„VORNEHMES PAAR BEIM TRINKEN VON SCHOKOLADE". ÖSTERREICH, UM 1790, KAT.NR. 27.9.1.

META HARMONIE. BASEL, JEAN TINGUELY, 1978, KAT.NR. 38.2.

EIN JAHRHUNDERT (BÜCHEREI). DÜSSELDORF, HANNE DARBOVEN, 1971, KAT.NR. 38.3.

TRIUMPH DES TODES. ÖL AUF LEINWAND, JAN BRUEGHEL D. JÜNGERE, VOR 1620, KAT.NR. 38.4.2.

DIE NEUE ZEIT STEIGT AUS DER ALTEN EMPOR. ÖL AUF LEINWAND, FRITZ SILBERBAUER, 1919, KAT.NR. 38.4.9.

ANBRUCH DES ZEITALTERS DER SCHÖNHEIT. ÖL AUF LEINWAND, MATTHÄUS GÜNTHER (1705–1788), KAT.NR. 38.4.7.

UNTERREDUNG ZWISCHEN SEELE UND KÖRPER. KUPFERSTICH, ADRIAEN P. VAN DE VENNE (1589–1662), KAT.NR. 38.4.12.

ALLEGORIE DES MENSCHLICHEN ELENDS. KUPFERSTICH, A. P. VAN DE VENNE, KAT.NR. 38.4.11.

GEDENKBUCH DES STIFTES GLEINK: SCHNITTER TOD. JOSEF GOTTFRIED PRECHLER, 1731, KAT.NR. 38.4.14.

SEKUNDE DES TODES. FEDER, TUSCHE, LAVIERT, ALFRED KUBIN, UM 1899/1900, KAT.NR. 38.4.18.

LEBENSALTERHUMPEN. GLAS MIT BUNTER EMAILMALEREI, OBERFRANKEN (?), UM 1600, KAT.NR. 38.4.23.

MEMENTO-MORI-STILLEBEN. DEUTSCH, MITTE 17. JHDT., KAT.NR. 38.4.25.

TUBA- BZW. POSAUNENENGEL. RETZ, UM 1740, KAT.NR. 38.4.31.

DIE ZEIT HEBT DIE GESUNKENE KUNST. DRESDEN, JOHANN CHRISTOPH LUDWIG LÜCKE, 1736, KAT.NR. 38.4.29.

„DIE KLAGEN DER UHR“. ÖL AUF LEINWAND, FRANKREICH, JEAN-BAPTISTE GREUZE, 1775, KAT.NR. S 3.1.

12.11. Buddha in liegender Haltung
Thailand, Ayutthaya-Stil, 17. Jhdt.

Statuette aus Zinnguß, vergoldet und rot lackiert, L 13, 5 cm x H 8 cm.
Wien, Museum für Völkerkunde, Inv.-Nr. 72. 639
Lit.: Seckel, Dieter: Kunst des Buddhismus, Holle-Verlag, Baden-Baden, 1961

Das Bildnis zeigt Buddha auf seiner rechten Seite liegend, mit der rechten Hand den Kopf stützend und der linken Hand am Körper ausgestreckt...
Die Ikonographie des liegenden Buddha stellt Buddha bei seinem *mahaparinirvana* dar, d. h. das große und endgültige Verlöschen aus dem Kreislauf der Wiedergeburten. Die buddhistische Tradition datiert den Tod des Buddha sehr unterschiedlich innerhalb eines Zeitraums von fast tausend Jahren. Seit Ende des 19. Jahrhunderts hat sich international eine aus Sri Lanka stammende Datierung auf das jahr 544 v. Chr. durchsetzt, die heute als „die" buddhistische Zeitrechnung gilt.

12.12. Shiva als König des Tanzes (Nataraja)
Tamil Nadu, 12.–13. Jhdt.

Bronzeguß, H 107,5 cm.
Stuttgart, Lindenmuseum, Inv.-Nr. SA 36 29293 L
Lit.: Kreisel, G., Südasien-Abteilungsführer, Lindenmuseum, Stuttgart 1987

Der Tanz des Gottes Shiva symbolisiert nach indischer Vorstellung den kosmischen Zyklus von Entstehen und Vergehen der Welten. Unter seinen Füßen befindet sich der Dämon der Unwissenheit, der von Shiva besiegt worden ist. Für die Verehrer des Gottes Shiva bedeutet das: Erlösung aus den Fesseln der Verblendung und aus der Bindung an den kosmischen Kreislauf. Anthropologisch betrachtet, kann man einen Ursprung des menschlichen Umgangs mit Zeit im Tanz und im Rhythmus finden.
[U. B.]

RAUM 13

13.1. Lebensrad
Nepal

Papier, 78 x 58 cm, 76 x 53 cm.
Wien, Museum für Völkerkunde, Inv.-Nr. 162.980
Lit.: Schicklgruber, Christian: Götter des Himalaya, Ausstellungskatalog Leoben 1999, Leoben, 1999, S. 198f

Das „Lebensrad" stellt die Grundlagen der buddhistischen Sicht von Zeit und Welt dar.
In der Radnabe symbolisieren ein Schwein, eine Schlange und ein Hahn die „drei Gifte", die den Kreislauf der Existenzen bewirken: Dummheit, Haß und Gier. Solange der Mensch davon beherrscht wird, wird er nach dem Tod in eine der „sechs Welten" zurückkehren, die zwischen den Radspeichen dargestellt sind. In welche er kommt, entscheidet das Verhältnis von guten und bösen Taten im letzten Leben. Die freudvollen Götter (ganz oben) leben in der Illusion ewigen Glücks. Links davon liegt die Welt der kämpfenden Titanen, rechts die Welt der Menschen Unten rechts liegt die Welt der Tiere, eine unglücklichhe Existenzform. Links gegenüber ist das Reich der Unbefriedigten Begierden, oder der hungrigen Geister, ganz unten die Welt der kalten und heißen Höllen. Im Radkranz ist die zwölfgliedrige Kette der Bedingungen, die zum Kreislauf der Wiedergeburten führt, dargestellt. An erster Stelle steht Unwissenheit (ein alter, blinder Mann). Danach folgt die Tendenz zur Gestaltung (Töpfer bei der Arbeit); weiters das Bewußtsein, dann der materielle und geistige Aspekt der Gestalt (Boot mit Ruderer und zwei Personen am Fluß), darauf die sechs Sinnesbereichen (inkl. Denken). Dann folgt die Disposition, die zur Ausbildung von Intellekt und Sinnesorganen führt (Haus mit Tür und Fenstern). Das Liebespaar in Umarmung symbolisiert den Kontakt von Sinnesorganen und Sinnesobjekten, der von Gefühlen (Mensch mit Pfeil im Auge) begleitet ist. Diese wecken den Durst (ein Wein trinkendes Paar), und daraus folgt Gier (Früchte pflückender Affe) und weiters Zeugung und Werden (Liebespaar in Umarmung). Geburt und Tod sind die Folgen davon. Dieses Rad der Wiedergeburten hält Mahakala, der Gott der Zeit, in den Klauen.
Nach der Lehre des Buddha kommt dieser Kreislauf zum Ende, wenn der Durst und die Begierde erlöschen; der Weg dazu ist vor allem Meditation.

13.2. Buddha thronend
China, Tang-Dynastie (618–907)

Bronze mit Resten der Vergoldung, H 24 cm.
Wien, Österreichisches Museum für angewandte Kunst, Inv.-Nr. Br 1318

Buddha ist hier in einer Geste des Segnes und Schutzgewährens dargestellt. Buddha verkörpert die Überwindung des Kreislaufs der Wiedergeburten, und das heißt die Überwindung von Vergänglichkeit und Zeit. Wörtlich bedeutet Buddha „der Erwachte" – gemeint ist damit die Erfahrung der Todlosigkeit und einer Dimension jenseits von Vergänglichkeit und Zeit. Das Fest von Buddhas Erleuchtung wird in allen buddhistischen Traditionen gefeiert, aber zu verschiedenen Zeitpunkten.

13.3. Rollbild „33 Kannon"
Japan, Edo-Periode, 18.–19. Jhdt.

Seidenbild gewebt in Originalmontierung, H 210 cm (plus Aufhängung), B 53 cm.
Wien, Österreichisches Museum für angewandte Kunst Wien, Inv.-Nr. Or 3222

Kannon ist der japanische Name des Bodhisattvas Avalokiteshvara. Der Legende nach war Avalokiteshvara eben im Begriff, ins Nirvana einzugehen, als der Schrei der leidenden Wesen an sein Ohr drang. Da gelobte er, im Kreislauf der Wiedergeburten zu bleiben, bis alle Wesen Befreiung gefunden haben. Avalokiteshvara/Kannon kann als Darstellung des Übergangs zwischen Zeit und Zeitlosigkeit gesehen werden, dh. als Verkörperung der Möglichkeit, Befreiung vom Rad der Wiedergeburten zu finden. Die 33 Darstellungen der Kannon beziehen sich auf Stationen einer Wallfahrt, die man in Kyoto machen konnte, um spirituelle Verdienste zu erwerben.

13.4. Leuchter für Chanukka
Indien, Slg. Haddad 1992

Bronze gegossen, H 37 x B 48 cm.
Wien, Museum für Völkerkunde, Inv.-Nr. 173.669

Acht Tage lang dauert das Chanukka-Fest, ein fröhliches Fest der Religionsfreiheit, das an den Sieg erinnert, den die Makkabäer ca. 165 v. Chr. mit ihrem Aufstand gegen die griechisch-syrischen Unterdrücker der Juden errangen und an dessen Ende sie den Tempel neu weihten. Während dieses Festes zündet man Lichter an, und zwar am ersten Abend das erste und an den folgenden sieben Abenden immer eins mehr. Chanukka-Lampen weisen ganz unterschiedliche Stile auf, je nach Zeit und Ort ihrer Entstehung. Manchmal sind in die Chanukka-Lampe auch Gebete und Lieder eingraviert, die beim Anzünden der Chanukka-Lichter gesungen werden.

13.5. Esther-Rolle (megillat Esther) für Purim
Ägypten, Kairo, Slg. Schienerl/Janata 1994

Tusche auf Wildleder, 5 zusammengenähte Teile und schmaler Nachsatz, Anfang fehlt, B 22,7 x H 18 cm.
Wien, Museum für Völkerkunde, Inv.-Nr. 165.866

Purim (hebr. „Lose", oder „Losfest") ist ein Freudenfest zur Erinnerung an die Errettung der Juden im Perserreich zur Zeit des Xerxes. Die Rolle erzählt die Geschichte des Festes: wie Haman, der Günstling des Königs, das Los wirft, um den Tag zu bestimmen, an dem die Juden getötet werden sollen, und wie Ester diesen Plan vereitelt, indem sie sich ins Zelt des Haman schleicht und ihn tötet.

13.6. Leuchter für das Ramadan-Fest
Ägypten, Slg. Schienerl 1982

H 70 x B 40 x T 45 cm.
Wien, Museum für Völkerkunde, Inv.-Nr. 164. 299

Ramadan ist der jährliche Fastenmonat der Moslems, dessen Beginn nach dem Mondkalender berechnet wird und daher in wechselnde Jahreszeiten fällt. Er beginnt, wenn zwei Zeugen den Neumond gesichtet haben. Tagsüber wird während des Ramadan weder gegessen noch getrunken. Nach Sonnenuntergang darf gegessen werden. Im Ramadan soll der Prophet Mohammed die Offenbarung des Koran durch den Erzengel Gabriel empfangen haben. Der Ramadan ist eine Zeit von besonderer Qualität. Man sagt, daß die Höllentore geschlossen und die Paradiesespforte offen steht. Am Ende des Ramadan wird das Fastenbrechen als großes Fest gefeiert.

13.7. Rahmentrommel (daf) der Derwische und Sufis
Uraman-e takht, Kurdistan, Iran, 1992

Tierhaut, Holz, Metall, Dm. 50 cm.
Wien, Museum für Völkerkunde, Inv.-Nr. 174.070
Slg. Farhad Varahram, 1992.

Bei den Sufis, den Mystikern des Islam, und hier besonders im Orden der Mevlevi. spielen Musik und Tanz eine bedeutende Rolle. Tanz – und das heißt Rhythmus – ist eine der grundlegenden Formen von Zeiterfahrung. Für die Sufis sind der Rhythmus der Trommel und die Melodie der Ney-Flöte Mittel, um die gewöhnliche Zeiterfahrung zu durchbrechen und zur Erfahrung des grenzenlosen Augenblicks zu gelangen. Diese Form der Zeiterfahrung gehört zu den charakteristischen Merkmalen der Mystik. Manche islamische Mystiker nennen dies die Reise zurück ins Paradies.

13.8. Gebetskette (subha)
Ägypten, Sammlung Peter W. Schienerl, 1979.

Holz-, Elfenbein-, Glas-, Harz- und Kunststoffperlen. L 650 cm.
Wien, Museum für Völkerkunde, Inv.-Nr. 160.804
Lit.: Axel Steinmann: Blickfänge. Schmuck aus Nordafrika, Wien: Museum für Völkerkunde, 1995.

Gebetsketten sind ein Hilfsmittel beim Abzählen sich wiederholender Gebetsformeln, die ähnlich wie der Rhythmus der Trommel zu veränderten Bewußtseinszuständen und d. h. auch veränderter Zeiterfahrung führen. Der islamische Rosenkranz (von *subha*, preisen, auch *tesbîh*), besteht aus drei Perlengruppen, die zur leichteren Zählung durch zwei größere Perlen, *imâm*, voneinander getrennt werden. Die Schlußperle, meist ein viel größeres flaschenhalsförmiges Stück, heißt Minarettperle, *yad*. Der Rosenkranz dient zur Aufzählung der 99 Namen Gottes, wird aber auch zum Hersagen der Lobpreisungen, *dhikr*, und der Formeln am Schluß des rituellen Gebets, *salât*, benutzt. Diese *subha* aus tausend Perlen ist eine Seltenheit. Sie wurde bei Begräbniszeremonien für die dreimal tausend Wiederholungen der *dhikr*-Formel *lâ ilâh illâ llâh*, „es gibt keinen Gott, außer Allah", verwendet. Gebetsketten sind im Islam ab dem 8. Jahrhundert belegt. Die Idee stammt wahrscheinlich aus dem Buddhismus; der christliche Rosenkranz soll auf muslimischem Vorbild beruhen.

13.9. Bild-Qalamkâr (qalamkâr-e naqqâšî) mit einer Darstellung des Jüngsten Gerichtes
Iran, vermutl. Isfahan. 19.Jahrhundert. Slg. Saeed Motamed, 1958.

Bemalter Stoffdruck, Baumwolle/Leinen, ca. 3 x 3 m.
Wien, Museum für Völkerkunde, Inv.-Nr. 137.901

Das „Jüngste Gericht" am Ende der irdischen Zeit und der Anbruch der Zeitlosigkeit, i.e. der Ewigkeit gehört zu der gemeinsamen Überlieferung der abrahamitischen Religionen Judentum, Christentum und Islam. Hier ist es auf einem bemalten *Qalamkâr* dargestellt. Ein *Qalamkar*, von *qalam* „Schreibrohr" und *kâr* „Arbeit", aber auch „Tuch", wurde der Rand eines breiten Kaliko-Stoffes (*horûsî*) mit Druckblöcken (*qâleb*) verziert. Als Drucksubstanz diente Farbe oder Beize. Anschließend wurde das leergelassene Mittelfeld mit Pigment bzw. Farbe von Hand bemalt. Bild-*Qalamkârs* dienten als Schmuck von Teehäusern wie auch als Illustrationen für Märchenerzähler, auf welche sie im Laufe ihres Vortrages nach Bedarf hinwiesen.

13.10. Glocke dobashi
Japan, Edo-Periode, 18. Jhdt, datiert 1783

Bronze getrieben, H. 28 cm, Dm. 40 cm.
Wien, Österreichisches Museum für angewandte Kunst, Inv.-Nr. Br. 1701

Mit solchen Glocken wird bis heute in den Zen-Klöstern Beginn und Ende der Meditationsperioden angezeigt. Meditation *(dhyana)* gilt im Buddhismus (und ähnlich in anderen spirituellen Traditionen) als ein Weg zur Befreiung aus Vergänglichkeit und Leidhaftigkeit.

KAT.NR. 14.3.

13.11. Bettelmönche
Japan, 1862

Tusche auf Papier, Zenga.
Wien, Österreichisches Museum für angewandte Kunst Wien, Inv.-Nr. HM 13901

Almosen erbetteln gehört zu den religiösen Pflichten eines Zen-Mönches. „Niedrige" Aufgaben sind Teil der Zen-Übungen. Sie verhelfen unter anderem der Auflösung von Ich-Bezogenheit. Der Zen-Übende versucht, in jeder Tätigkeit, und sei sie anscheinend noch so banal, im Gewahrsein des Augenblicks zu bleiben. Die Kultivierung des Gewahrseins des „Hier-und-Jetzt" ist die Grundübungen buddhistischer Meditationspraxis. Ähnliche Übungen finden sich auch in anderen spirituellen Praktiken, z. B. bei den Sufis.

13.12. Wandermönch
Japan, 19. Jhdt.

Tusche auf Papier.
Wien, Österreichisches Museum für angewandte Kunst, Inv.-Nr. HM 13902

Nicht nur Arbeit und Zazen (wörtl. „Sitzen in Versunkenheit") gehört zur Übung des Zen, sondern auch Wandern in der Natur. Vor allem im alten China, wo der Ch'an oder Zen-Buddhismus im 6. Jahrhundert entstand, gehörten lange Zeiten der Wanderschaft von einem Kloster zum anderen zur Lehrzeit eines Zen-Mönchs.
[U. B.]

RAUM 14

14.1. Planetarium
Linz, Johann Seitz, um 1800

Holz, Messing, Papier, koloriert, H 97 cm, Durchm. 83 x 94 cm.
Linz, OÖ. Landesmuseum, Inv.-Nr. T 1976/9

Ein Uhrwerk treibt dieses Planetarium, mit Erde, Sonne, Mond sowie zwei Planeten, an. An den inneren Wänden des achteckigen Tisches sind die Tierkreiszeichen auf einen papierenen Horizont gemalt.

14.2. Horologischer Globus
Wien (?), J. Ladl, 18. Jhdt.

Uhrwerk, H 48 cm.
Linz, OÖ. Landesmuseum, Inv.-Nr. T 1942/118

14.3. Handsonnenuhr
Mitte 16. Jhdt.

Holzschnitt, Druckschrift, Uri, Henricum von, Bauren-Practica oder Wetterbüchlein. L 18 cm, B 22 cm.
Kremsmünster, Stiftsbibliothek
Lit.: E. Zinner, Geschichte u. Bibliographie der astronomischen Literatur; E., R., u. A. Kraml, Bibliographia Gnomonicae, Kremsmünster 1996.

KAT.NR. 15.2.5.

Henricum von Uri beschreibt ausführlich in seinen „Bauren-Practica oder Wetterbüchlein. Wie man die Witterung eines jeden Jahrs eigentlich erkennen und erfahren mag. Samt einem Bauren-Compaß", die Möglichkeit, mit der Hand die Zeit abzulesen.
[K. F.]

RAUM 15

15.1. Handsonnenuhr
Frankfurt/Main, 1551

Holzschnitt, Druckschrift, Astronomia Teutsch. Des Himmels Lauffes Wirckung, vnd Natürliche Influentz der Planeten, Gestirn und Zeychen, auß grund der Astronomei, nach jeder zeit, jar, tag und stunden Constellation. In Nativitäten, zur Artznei, wolfart und allem leben der menschen zu wissen von nöten. Mit sampt Astronomischer vnd Mathematischer Instrument, als Astrolabien, Quadranten, Compäst, Sonnvhrn und Nocturnal, künstlicher zurichtung und nützlichen gebrauch. L 21 cm, B 31,5 cm.
Kremsmünster, Stiftsbibliothek

15.2. Der Astronomus
Frankfurt/Main, 1668

Kupferstich, koloriert, Druckschrift, Amman, Jost: Eygentliche Beschreibung aller Stände. L 16 cm, B 21,5 cm.
Wien, Universitätsbibliothek, Inv.-Nr. I 331434

15.2.1. Astronomisches Kompendium
Deutschland, Chr. Trechsler d. Ältere, 1611

Kupfer, vergoldet, L 11,5 cm, B 8,5 cm.
Wien, Österreichisches Museum für angewandte Kunst, Inv.-Nr. Go 235

15.2.2. Zirkel
Deutschland, Chr. Schißler, 1555

Bronze, vergoldet, graviert, L 16 cm.
Wien, Österreichisches Museum für angewandte Kunst, Inv.-Nr. F. 1356
Lit.: E. Zinner, Astronomische Instrumente, München 1967, S. 505 f.

Auf beiden Schenkeln eingravierte Maße und Stunden einer Sonnenuhr, verbogene Haken an den Enden, die eine Aufhängung des Gerätes an gespannter Schnur erlauben, so daß der Neigungswinkel abgelesen werden kann.

15.2.3. Reduktionszirkel
Deutschland, Chr. Schißler, 1579

Bronze, vergoldet, graviert. L 19 cm.
Wien, Österreichisches Museum für angewandte Kunst, Inv.-Nr. F. 1355

15.2.4. Astronomisch-Nautisches Tascheninstrument
Augsburg, Christoph Schißler, 1557

Bronze, vergoldet, graviert, Durchm. 12,2 cm.
Wien, Österreichisches Museum für angewandte Kunst, Inv.-Nr. F. 1357
Lit.: K. Bobinger, Altaugsburger Kompaßmacher, Augsburg 1966

Eine achteckige Dose, auf deren Deckel ein Astrolabium samt Tierkreis angebracht ist. Im Inneren des Deckels ein Landkarte von Deutschland. Auf einer Seite der Mittelplatte befindet sich eine Horizontalsonnenuhr. Auf der Bodenplatte eine Monduhr mit Aspektschema.

15.2.5. Schrittzähler
Deutschland, Ende 16. Jhdt.

Bronze, vergoldet, graviert, Durchm. 12,7 cm.
Wien, Österreichisches Museum für angewandte Kunst, Inv.-Nr. F. 1352
Lit.: G. Egger, Thatrum Orbis Terrarum, Wien, 1970, S. 53

Ein Bolzen aus der Seitenwand der Dose ist durch eine Schnur mit dem Bein verbunden. Beim Gehen bewegt er im Innern der Dose eine Scheibe, die mittels Uhrzeiger die Schrittzahl anzeigt. Angenommen wird, daß Thomas Rückert das Gerät konstruiert und gebaut hat.

15.2.6. Schrittzähler
Deutschland, 17. Jhdt.

Bronze, vergoldet, graviert, Durchm. 8 cm.
Wien, Österreichisches Museum für angewandte Kunst, Inv.-Nr. F. 1359

15.3. Raummesser
Lyon, Daudet, 1719

Kupferstich, Druckschrift, Servière, Grollier de, Recueils d'ouvrages curieux de Mathématiques et de Méchanique. L 26,5, B 39 cm.
Wien, Universitätsbibliothek, Inv.-Nr. I 226557

15.3.1. Instrument Buch
Ingolstadt, Hans Brosamer, 1533

Holzschnitt, Titelblatt, Druckschrift, Instrument Buch durch Petrum Apianum erst von new beschriben. L 32,5 cm, B 45 cm, H 4 cm.
Wien, Universitätsbibliothek, Inv.-Nr. II 189179

Petrus Apian (Bennewitz) ließ nach dem Studium in Leipzig 1520 in Wien seine erste Landkarte erscheinen. Seine theoretischen Schriften befassen sich mit Kometen und diversen Meßgeräten. Zu seinem berühmtesten Werk zählt das Astronomium Cesareum, für welches er von Karl V. geadelt wurde.
[K. F.]

RAUM 16

16.1. Astrolabium
Prag, 1535

Holzschnitt, Druckschrift, Stöffler, Johann, Varium astrolabiorum composito. L 29 cm, B 42,5 cm.
Wien, Universitätsbibliothek, Inv.-Nr. II 189188
Lit.: A. Moll, Johannes Stöffler von Justingen, Lindau 1877; G. Egger, Thatrum Orbis Terrarum, Wien, 1970, S. 69 ff.

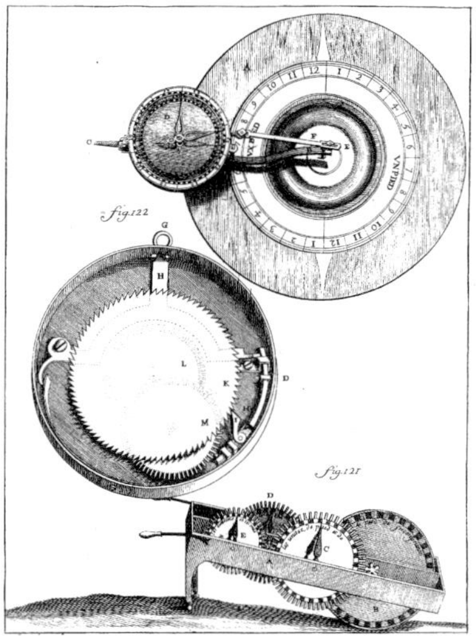

KAT.NR. 15.3.

KAT.NR. 16.1.

Johann Stöffler (1452–1531) war Pfarrer und Mathematiker, widmete sich intensiv seiner Werkstatt für astronomische Geräte, schuf Schauuhren, die besondere Berühmtheit erlangten, und verfaßte dies grundlegende Werk über das Astrolabium.

16.1.1. Astrolabium
Linz, Elias von Lennep, zwischen 1680 und 1690

Messing, Durchm. 30,1 cm.
Linz, OÖ. Landesmuseum, Inv.-Nr. Ph 39
Lit.: E. Zinner, Astronomische Instrumente, München 1967, S. 427

Dieses Astrolabium ist wahrscheinlich das einzige Instrument, das noch aus der Werkstatt von Elias von Lennep erhalten ist. Es enthält drei Wechselscheiben für die jeweilige geographische Breite. Auf der Rückseite Jahrespunkte, die dem gregorianischen Kalender entsprechen.

16.2. Regiomontan & Ptolemäus
Venedig, 1496

Kupferstich, Regiomontanus, Johannes von, Epitoma in Almagestu Ptolemei. L 30 cm, B 35 cm.
Wien, Österreichisches Museum für angewandte Kunst, Bibliothek, Inv.-Nr. B.I. C II 32

16.2.1. Tabulae Rudolphinae
Ulm, Georg Coler, 1627

Titelkupfer, Kepler, Johannes, Tabulae Rudolphinae. L 36 cm, B 49,5 cm.
Kremsmünster, Stiftsbibliothek, Inv.-Nr. 2 Kb 23

16.2.2. Neuer Kalender (Natürlicher Kunst der Astronomei)
Straßburg, Johannes von Regiomontan, 1529

Holzschnitt, Druckschrift, Natürlicher Kunst der Astronomei / Des weltberümpten Johannen Künigspergers / kurtzer Begriff. L 20,5 cm, B 30,5 cm.
Wien, Österreichische Nationalbibliothek, Inv.-Nr. 72.X.26 (2)

Natürlicher kunst der Astromei / Des weltberümpten Johannen Kunigspergers / kurtzer begriff. Von naturlichem influß der Gestirn / Planeten / und XII. Zeychen. Was einem jed dabei zuwissen fürderlich sei / Sich also darnach in der Natur nötigen übungen zuhalten hab / Mit einem beigelegten Kalender/und was dazu dienlich / nach anzeyg Registers dem Kalender nachgsetzt.

16.2.3. Uhrtäfelchen
Nürnberg, Johannes von Regiomontan, Hans Spoerer, um 1495

Holzschnitt, Druckschrift, Regiomontanus, Johannes von, Deutscher Kalender für die Jahre 1475–1530, L 22 cm, B 31 cm.
Wien, Österreichische Nationalbibliothek, Inv.-Nr. 222.227-B
Lit.: Festgabe d. öst. Akademie d. Wiss. zur 600-Jahr-Feier d. Universität Wien, Wien 1965, S. 152–163; G. Egger, Thatrum Orbis Terrarum, Wien, 1970, S. 68 f.

Regiomontan (Johann Müller aus Königsberg; Künigsperger) war Schüler von Georg von Peuerbach. Seine Sterntafeln zur Berechnung der täglichen Stellungen der Himmelskörper wurden u.a. von Kolumbus auf seinen Entdeckungsreisen verwendet. Regiomontan schuf als erster ein „allgemeines Uhrtäfelchen" (1474) und starb 1476 an der Pest in Rom.

16.2.4. Folium Populi. (Uhrtafel)
Ingolstadt, Joannis Gulielmi, 1533

Holzschnitt, Druckschrift, Peter Apian, Folium Populi. L 32 cm, B 57 cm.
Wien, Österreichische Nationalbibliothek, Inv.-Nr. 72.A.17
Lit.: E. Zinner, Astronomische Instrumente, München 1967, S. 116, 132 ff.

Dieses Gerät ist auf Holz aufzukleben. Es hat einen beweglichen Arm, Lot, Perle und zwei Sehnen. Damit können die „gleichlangen Stunden", die „Judenstunden" sowie die Stunden seit Anfang und Niedergang der Sonne entnommen werden.
[K. F.]

RAUM 19 – Gang

19.1. Bronze Figur des Buddha Sakyamuni
Laos, 16./17. Jhdt, Ayuthaya-Stil

Bronze, mit Resten von Versilberung und Vergoldung, H 94 cm.
Wien, Museum für Völkerkunde, Inv.-Nr. 19.066

Buddha, in Meditationshaltung, auf einem Postament sitzend, das nach oben eine Lotosblüte darstellt, die rechte Hand in der Geste der Erdanrufung, die linke in der Meditationsgeste, welche die Wesensgleichheit aller weltlichen und geistigen Dinge symbolisiert, auf dem Kopf mit spitzkegelförmigem, abnehmbaren Aufsatz, eine Flamme darstellend. Ausgegraben in den Ruinen von Muang-Fang im nordwestlichen Laos (Siam).
[U. B.]

RAUM 20

20.1. Stiftbrief Hawnolt
Wels, 6. Dezember 1399

Orig. Perg., 4 Siegel anhängend, L 25,4 cm, B 19,5 cm.
Wels, Stadtarchiv, Inv.-Nr. Urkunden 37, 1399
Lit: Urkundenbuch des Landes ob der Enns, hrsg. Verwaltungsausschuß des Museums Francisco Carolinum zu Linz, Bd. 11, 873 ff. Nr. 977

Kaspar Hawnolt, Matheus Hawnolt, Hanns Sohn des Hanns Hawnolt und Hanns Sohn des Ulrich Hawnolt stiften einen ewigen Jahrtag zur Hilfe und zum Trost aller Seelen aus dem Geschlecht der Hawnolte, die bereits gestorben sind oder noch verscheiden werden bei der Pfarrkirche und bei den Brüdern. Dazu kommt noch Wachslicht für die Pfarre und für die Brüder. Der Pfarrer, der Kaplan und der Schulmeister sowie das Sondersiechenhaus und fünfzehn arme Menschen erhalten pro Quartember jeweils einen bestimmten Geldbetrag. Die beschriebenen Stiftungen und die Jahrtage soll die Bruderschaft der Kramerzeche ausrichten. Dafür werden der Bruderschaft verschiedene Güter zum Nutzen übertragen.

20.2. Polheimisches Epitaphienbuch
Wels, 1620

193 Blatt in Folie, vor dem Textbeginn eingeklebter Kupferstich: Porträt Gundaker von Polheim von Lukas Kilian, 1620, L 32,4 cm, B 21,5 cm.
Wien, Österreichische Nationalbibliothek, Handschriftensammlung, Inv.-Nr. Cod. Ser. nov. 13.979
Lit: K. Holter, Die verschollenen Grabdenkmäler der Polheimer bei den Minoriten in Wels, Beiträge zur Geschichte der Welser Polheimer, in: 16. Jahrbuch des Musealvereins Wels, Wels 1970, S. 33–74. Kat. Tausend Jahre Oberösterreich, Das Werden eines Landes, 1983, S. 202. K. Holter, G. Trathnigg, Wels von der Urzeit bis zur Gegenwart, 25 Jahrbuch des Musealvereines Wels, 1984/85, S. 134–135.

Aufgeschlagen: fol. 59 v/60 r: Wels: Bernhard † 1504, Hochgrab, 2 Ansichten; Der Titel der Handschrift besagt: „Epitaphium-Buech, Darinnen seint begriffen Dess Geschlechts der Herrn von Polhaimb Grabschrifften, und in welchem Land und Orth dieselben begraben, durch den Wolgebornen Herrn Herrn Gundackhern Herr zu Polhaimb zusamben getragen Anno MDCXX". Die Handschrift enthält zunächst ein Namensregister, dann ein Verzeichnis der Orte, an denen sich Polheimer Grabdenkmäler befanden, von denen jedoch nur ein Teil in dem vorliegenden Codex enthalten bzw. abgebildet sind. Aus dem 17. Jahrhundert sind außer Epitaphien auch Totenschilder und -fahnen aufgenommen

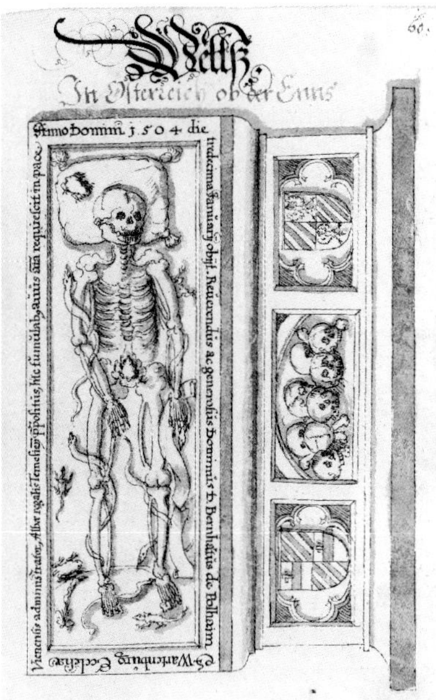

KAT.NR. 20.2.

worden. Die Polheimer, die an der ersten Gründung des Minoritenkonventes unter Führung des Passauer Bischofs Weikhard von Polheim beteiligt waren, hatten seit dem 15. Jahrhundert – seit Andreas († 1420) – dort die Grablege ihrer Familie errichtet und seit dem Beginn des 16. Jahrhunderts – seit Wolfgang und Bernhard aus der Wartenburger Linie – dafür die Barbarakapelle als Zentrum verwendet. Sie wird gelegentlich auch als Polheimer-Kapelle bezeichnet, polheimsche Stiftungen sind dafür bekannt. Auch wenn konkrete Leistungen der Polheimer für das Kloster erst im 15. Jahrhundert nachweisbar sind, so bestanden enge Verbindungen zu den Minoriten schon im 13. Jahrhundert. Sieben der Grabdenkmäler der Polheimer befinden sich heute in der Turmhalle der Stadtpfarrkirche.

20.3. Inventar des Hofspitals
1593

L 33 cm, B 21,5 cm.
Linz, OÖ. Landesarchiv, Inv.-Nr. Archiv der Landeshauptmannschaft, Ältere Stiftungen, Wels Sch. 188/4
Lit: G. Trathnigg, Archivalische Vorarbeiten zur Österreichischen Kunsttopographie, 3. Teil, Kirchen, Klöster und Kapellen in Wels, Wien 1968, S. 142 ff.

Mit der Reformation in Wels zu Beginn des 16. Jahrhunderts nahmen die Stiftungen für die Minoriten zunehmend ab. Die Polheimer, welche bisher die Brüder mit ihren großzügigen Stiftungen unterstützten, zogen nach ihrem Übertritt zum Protestantismus ihre Hilfe zurück. Die letzte Stiftung vor der Umwandlung des Klosters in ein kaiserliches Hofspital findet sich im Jahre 1541. Die eben gefestigte Position des Klosters ging somit verloren. Die Minderbrüder gaben das Kloster aber erst auf, als der letzte Mönch im Jahre 1554 gestorben war. Allerdings gelang es, daß die Polheimer und andere maßgeblichen Geschlechter das Spital weiterhin – wie vorher das Kloster – bestifteten. Auch behielten die Polheimer ihr Erbbegräbnis bei.
Die Initiative für die Umwandlung des Minoritenklosters in ein Spital ging allerdings vom Hofe aus. Die Ereignisse der Reformation waren nur die Ursache für den Verfall des Konvents. Das kaiserliche Hofspital bestand im Minoritengebäude bis 1626.
Aufgeschlagen fol. 13v/14r: „Verzaichnüß des Gewürzt und Verzaichnüß des Meßgewandts und Kirchen Ornaths, so im kajiserlichen Spital vorhanden".

20.4. Urbar des Minoritenklosters
Wels, 1669–1720

Papier, Ledereinband, L 38,5 cm, B 26,5 cm.
Linz, OÖ. Landesarchiv, Inv.-Nr. Landeshauptmannschaft, Urbar des Minoritenklosters Wels, 1669–1720, Hs. Nr. 19
Lit: W.L. Riehs, Das Minoritenkloster unser Lieben Frauen zu Wels, Diss., 1967, S. 55.

Im Urbar der Minoriten von 1669 bis 1720 wurden die Abgaben und Dienste verzeichnet, die durch Stiftungen an das Kloster kamen. Auf fol 146r/147v wurden die Stiftungen der Barbara Khazinger eingetragen, die sich im Jahre 1467 verpflichtete, jeweils einen Zehent an Weizen, Korn, Gerste und Hafer von den angeführten Gütern den Minoriten zu überlassen.

20.5. Anhänger, Doppelkreuz

Minoriten, Kreuzgang West, Grab XV, Fund im Bereich des Beckenknochens, Bronze, emailliert, L 7 cm, B 3,4 cm.
Stadtmuseum Wels, Inv.-Nr. 224.012
Lit: R. Miglbauer, Mitteilungen aus dem Stadtmuseum 2/91, Wels 1991

Der Doppelkreuzanhänger wurde als Grabbeigabe im Bereich des Beckens gefunden. Es handelt sich bei dieser Kreuzform um ein Caravacakreuz. Das Caravacakreuz leitet seine Form vom doppelbalkigen Segenskreuz ab, das wiederum in seiner Gestalt aus dem byzantinischen Raum stammt. Das Caravacakreuz mit seinen distelförmigen Ausbuchtungen an den Enden, verdankt seine Verehrung der Legende von der Ginesius-Messe von Caravaca in Spanien. Der Kult um das Caravacakreuz findet seinen Höhepunkt im 16. und 17. Jahrhundert.

20.6. Anhänger
Darstellung des hl. Franziskus und des hl. Ignatius, nach 1622

Minoriten, Wolfgangkapelle, Westteil, Bronze, L 4,5 cm, B 3,2 cm.
Stadtmuseum Wels, Inv.-Nr. 224.002

Bei dem gefundenen ovalen Anhänger dürfte es sich um eine Heiligenplakette handeln, die möglicherweise an einem Rosenkranz angebracht war oder an einer Halskette getragen wurde. Der hl. Franziskus ist durch einen Lilienstab ausgewiesen und der Aufschrift: S. FRANCIS. X. S. I. IND: APOS. Der hl. Ignatius ist mit den Attributen des Buches und des Christusmonogramms IHS dargestellt sowie mit der Umschrift: S. IGNAT. SOC. IESV: F..

20.7. Rosenkranz mit Anhänger

Minoriten, Wolfgangkapelle, Holz, Bronze, L 17,5 cm, B 2,4 cm.
Stadtmuseum Wels, Inv.-Nr. 224.009

Der Fund des Rosenkranzes aus Holz- und Bronzeperlen sowie einem Anhänger mit Christusmonogramm dürfte auf ein gestörtes Grab zurückgehen. Die Grabbeigaben der christlichen Bevölkerung beschränken sich auf Rosenkränze oder religiöse Anhänger, die den Toten etwa als Mitglied einer christlichen Bruderschaft ausweisen. Als Gebetszählschnur und Meditationshilfe gehört der Rosenkranz heute noch zu einem der meistbenutzten Kultgeräte. Gebetshäufung ist ein charakteristisches Phänomen, wobei die Vorstellung der Verdienstmaximierung durch gesteigerte Gebetsleistung eine Rolle spielt.

20.8 Medaillon, Münze 1515

Minoriten, Langhaus, Grab XLIX, Metall, Wachs, Pergament, L 5 cm, B 3 cm, H 6 mm.
Stadtmuseum Wels, Inv.-Nr. 224.003

Das öffenbare Medaillon beinhaltet ein Pergamentzettelchen mit Reliquien? und eine Münze mit der Darstellung des hl. Sebastian. Auf der Rückseite der Münze ist oberhalb eines Wappens die Datierung 1515 zu ersehen sowie die Namen Wolfgang und Joachim. Im Medaillon ist eine Kreuzigungsdarstellung aus Wachs eingefügt. Im Deckel ist das Monogramm Christi (IHS) eingraviert, umgeben von floraler Ornamentik. Ebenso ist die Rückseite des Medaillons mit floralem Muster verziert. Möglicherweise handelt es sich bei diesem Amulett um eine Reliquienkapsel.

20.9. Stiftbrief Maria Eva Zurchenthallin
Wels, 1724

Orig. Perg., 2 Siegel anhängend, L 53 cm, B 35 cm.
Linz, OÖ. Landesarchiv, Inv.-Nr. Stiftbriefsammlung, Wels (Minoritenkloster), Nr. 194, U 16/33
Lit: W.L. Riehs, Das Minoritenkloster unser Lieben Frauen zu Wels, Diss., 1967, S. 118.

Eva Maria Zurchenthallin stiftete am Ostersonntag 1724 500 Gulden, welche auf Inter-

esse angelegt werden müssen. Als Obligation sind jährliche fünfundzwanzig Seelenmessen zu lesen.
Die beiden anhängenden Siegel zeigen das Siegel des Welser Konvents (Engel mit gefalteten Händen) und das Siegel der Minoritenprovinz Österreich (hl. Leonhard).

20.10. Fassadenaufriß Minoritengasse
Johann Michael Prunner, um 1730

Lavierte Federzeichnung, L 58 cm, B 41,2 cm.
Wels, Stadtarchiv, Inv.-Nr. Plansammlung, öffentliche Gebäude, Lade 5
Lit: K. Holter, Das Welser Kunsthandwerk im Zeitalter des Barocks, in: 8 Jahrbuch des Welser Musealvereines Wels 1961/62, 1962, S. 161. T. Korth, Zur Profanarchitektur Johann Michael Prunners, in: Wiener Jahrbuch für Kunstgeschichte, Bd. XXXII, Wien 1979, S. 8ff. I. Micko, Der oberösterreichische Barockbaumeister Johann Michael Prunner, Dip. 1996, S. 85ff.

Planende Tätigkeiten für einen Umbau des Klosters lassen sich aufgrund einer Reihe von Entwürfen belegen, welche gegen 1745 von Wolfgang Grinzenberger vorgelegt wurden. Von Grinzenberger stammt auch ein Grundrißplan des Klosters vor der Inangriffnahme der Bautätigkeiten. Mehrere dieser Pläne betreffen den Turm, weitere sind für eine Neugestaltung des Kircheninneren und für die Südfassade gegen den Mühlbach gedacht gewesen. Diese sind ebensowenig ausgeführt worden, wie der Umbau des Inneren.
Der vorliegende Entwurf wird Johann Michael Prunner zugeschrieben, der wohl schon in den zwanziger Jahren Pläne für die Fasssadengestaltung vorlegte. Grinzenberger, für den die zur Ausführung gelangten Pläne gesichert sind, dürfte sich Prunners Entwurf bei seinen eigenen Entwürfen als Vorlage bedient und einige Anregungen daraus übernommen haben. Denn nicht nur der ausgeführte Portalbau, sondern auch der ganze Aufbau der Fassade scheint ohne dem vorangegangenen Aufrißentwurf Prunners undenkbar.

20.11. Grundriß ehem. Minoritenkloster
Wels, 8. Mai 1890

Handskizze, Anbot von August Ertl, L 40 cm, B 24,5 cm.
Wels, Stadtarchiv, Inv.-Nr. Akten Sch. Nr. 2047 (H, Minoriten-Turnhalle), 1874–1946

In einem Offert über die neue Blitzableiteranlage für das ehemalige Minoritenkloster scheinen die verschiedenen Verwendungszwecke für die 1784 aufgelassene Ordensniederlassung in Wels auf. Nach der Aufhebung des Klosters durch Josef II wurde das Kloster und Kirchengebäude zunächst als Kaserne benutzt. Um 1890 werden die Räumlichkeiten als Turnhalle, Schwurgericht, Gefangenenhaus und Bezirksgericht genützt, bis 1908 große Teile des ehemaligen Klosters für die Feuerwehr eingerichtet wurden.

20.12. Grundriß und Aufriß Barbarakapelle
Wels, April 1925

Plan, Stadtbauamt Wels, Federzeichung, L 32,7 cm, B 29 cm.
Wels, Stadtarchiv, Inv.-Nr. Akten, Sch. Nr. 2046 (H, Ehem. Minoritenkloster, Barbarakapelle, Umbauarbeiten) 1904–1950

Um 1480 wurde an der Südfront des Minoritenkomplexes an der Stadtmauer die ursprünglich der hl. Barabara geweihte Kapelle errichtet. Nach der Aufhebung des Kloster 1784 wurden einige Grabsteine in die Vorhalle der Stadtpfarrkirche übertragen. Von 1906 bis 1953 war in der Barbarakapelle das städtische Archiv untergebracht. 1956/57 wurde die Kapelle restauriert und dient seit 1962 als Gedächtnisstätte für die in den beiden Weltkriegen gefallenen Welser.

20.13. I. Rotte
24 Mann vor der Zeugstätte Minoriten, 1892

Foto, L 23,3 cm, B 17,2 cm.
Freiwillige Feuerwehr der Stadt Wels, Inv.-Nr. 1840/60/0/1

20.14. Fahrbare Saug- und Druckspritze
1892

Foto, L 24,2 cm, B 16,5 cm.
Freiwillige Feuerwehr der Stadt Wels, Inv.-Nr. 1840/59/0/1

20.15. Minoritenkloster
2. H. 18. Jhdt.

Öl auf Leinwand, L 113 cm, B 84 cm.
Stadtmuseum Wels, Inv.-Nr. 3615

Das Gemälde zeigt die Klostergebäude und die Kirche von Süden her. Im linken oberen Eck ist eine Inschrift angebracht: „Den 25. July, ano 1748 ist das Kloster deren Pater Minoriten. Alhier in Wels am Jacoby Tag abends, durch ein Schröckliches donnerwettern und einschlagen abgebronnen."
Das Kloster der Minoriten liegt an der Stadtmauer, welche zum Teil direkt in die Konventräumlichkeiten miteingebaut ist. Die Kirche, der Teil der der Öffentlichkeit zugänglich war, ist zum Minoritenplatz und angrenzenden Stadtplatz hin orientiert. Im 17. Jahrhundert wurde das Langhaus erneuert und der Dachstuhl mit dem Chor unter eine Firsthöhe zusammengefaßt. Der in seiner Gestaltung manieristisch anmutende Glockenturm stammt aus dem frühen 16. Jahrhundert. An das Langhaus angebaut ist die zweistöckige Wolfgangkapelle, im Osten, vor dem Chorende erkennt man die Barbara- oder Polheimerkapelle. Im Westen schließt das sogenannte „Schießerhofgebäude" aus dem 16. Jahrhundert die bauliche Situation ab. Der Wasserturm am linken Bildrand wurde 1577 errichtet.

20.16. Brand der Minoritenkirche
2. H. 18. Jhdt.

Öl auf Holz, 2. Hälfte 18. Jhdt., Überschrift: Feurs Brunst Den. 25. July Anno 1748, L 220 cm, B 160 cm.
Stadtmuseum Wels, Inv.-Nr. 3615
Lit: W. L. Riehs, Das Minoritenkloster unser Lieben Frauen zu Wels, Diss., 1967, S. 65.

Am 25. Juli 1748 geriet das Dach der Minoritenkirche in Brand. Eine etwas übertriebene Schilderung des Brandes findet sich in Karl Unterbergers „Chronik der landesfürstlichen Stadt Wels": ...1748 den 25. July am Jakobi Tage ist eine große Finsternis geworden, welche in vielen Ländern auch gesichtet wurde. Um 11 Uhr Mittag nahm selbe ihren Anfang. Dauerte 3 Stunden lang und Abend um 8 erfolgte ein so furchtbares Donnerwetter, daß um 9 Uhr dieses Wetter und zwar der Blitz durch den Glockenthurm bei den P.P. Minoriten hinein und durch das Kirchengewölbe geschlagen hat, so daß die zwei Glocken im Thurme geschmolzen und der Hochaltar samt dem ganzen Kloster gänzlich abgebrannt ist, worauf um 2 Uhr früh die P.P. Minoriten das Allerheiligste in die Stadtpfarrkirche gebracht und den darauffolgenden Portinunkula Tag ihren Gottesdienst in der Stadtpfarr Kirche gehalten haben".
Die Schäden, die das Feuer anrichteten, waren nicht so groß, wie dies im Bericht Unterbergers geschildert wird. Der Schaden an den Dächern des Klosters war aber so bedeutend, daß man zwar den Wiederaufbau bewerkstelligte, doch die geplanten Umbauten nicht mehr durchgeführt werden konnten.

20.17. Mannschaftshelm
Österreichische Form, FF Wels, 1890–1938

Metall, Leder, H 20 cm, L 24 cm.
Freiwillige Feuerwehr der Stadt Wels, o. Inv.-Nr.

Zu Beginn der 60er Jahre des 19. Jahrhunderts nahmen sich viele Turnvereine des Feuerlöschwesens an. Turnerriegen wurden für die Brandbekämpfung besonders ausgerüstet und ausgebildet. So kam es zur Gründung von Turnerfeuerwehren. 1863 genehmigte die kaiserlich-königliche Statthalterei in Linz die Statuten der freiwilligen Turnerfeuerwehr. Aus finanziellen Gründen jedoch war der Welser Turnverein außerstande, den bis dahin einwandfrei sichergestellten Brandschutz weiterhin zu garantieren. Die freiwillige Gemeindefeuerwehr wurde in Wels 1867 gegründet. 1871 erhält die Gemeindefeuerwehr den Osteil des Kirchengebäudes als Zeugstätte zugewiesen und ab 1908 wurden Teile des Minoritenkomplexes als Feuerwehrzentrale adaptiert. Damit ging auch der Bau eines Schlauchtrockenturmes mit Stiegenhaus an der Westfassade der ehemaligen Klosterkirche einher. Die freiwillige Feuerwehr zog 1985 aus den Minoriten aus.

20.18. Feuerwehrsignalhorn
19. Jhdt.

Metall, L 40 cm, B 20 cm.
Freiwillige Feuerwehr der Stadt Wels, o. Inv.-Nr.

[I. M.]

RAUM 22

22.1. Rosarium beati Francisci
Nürnberg, UF, 1484

Einblattholzschnitt, ursprünglich Blatt 369 des Cod. 3301 der Österreichische Nationalbibliothek. Auf der Rückseite des Blattes einige handschriftliche Notizen, die franziskanische Angelegenheiten betreffen, L 40 cm, B 28,5 cm.
Wien, Graphische Sammlung Albertina, Inv.-Nr. 1930/190
Lit: F.M. Haberditzel, Die Einblattdrucke des XV. Jhdts. in der Kupferstichsammlung der Hofbibliothek zu Wien, Bd. 1, Wien 1920, Nr. 161. B. Kruitwagen, Der Nürnberger Einblattdruck: „Rosarium beati Francisci" (1484) eine Arbeit Nikolaus Glaßbergers, in: Franz. Studien, XIII, 1926, S. 54–82. W. L. Schreiber, Handbuch der Holz- und Metallschnitte des 15. Jhdts., Bd. III, Leipzig 1927, Nr. 1777. Kat. 800 Jahre Franz von Assisi, Krems 1982, S. 658f.

Der Baum, in dessen Mitte der hl. Franziskus steht, trägt die Früchte oder Rosen, die von den damals bekannten Heiligen oder Seligen der franziskanischen Ordensgemeinschaft gebildet werden. An den Wurzeln des Baumes sitzen drei Frauen die als Tugenden des Ordens: Armut, Gehorsam und Keuschheit bezeichnet sind. Über Franziskus nimmt der Baum die Form eines Kreuzes an, an dem Christus hängt, aus dessen Wundmalen gehen Blutströme zu den Wunden des Heiligen. An den Ästen sind 29 Halbfiguren von Ordensmitgliedern, jeder mit seinem Namen und einem Schriftband versehen, deren Texte – aus den Schriften entnommen – auf sie Bezug nehmen. Weiters sind oben links fünf Märtyrer in einer Gruppe und rechts deren zwei abgebildet, während unten links und rechts je vier weibliche Ordensmitglieder betend knien. Unter den Füßen des hl. Franz ist am Baumstamm das Nürnberger Wappen und das Künstlerzeichen uf.
Diese Art, die Geschichte des Ordens und seiner Heiligen darzustellen, ist keine typisch franziskanische Bildprägung, da bereits 1474 ein Baum des Dominikanerordens und ein solcher des Augustinerordens in Nürnberg als Holzschnitt erschien.
Der Wiener Einblattholzschnitt ist der älteste franziskanische Ordensbaum und wird von Kruitwagen Nikolaus Glassberger, einem Observanten der sich von 1483–1508 in Nürnberg aufgehalten hatte, zugeschrieben. Der Formschneider des Blattes ist unbekannt.

22.2. Regel des hl. Franziskus
17. Jhdt.

Handschrift, Pergament, H 10,3 cm, B 16,8 cm.
München, Provinzbibliothek der Bayerischen Franziskaner St. Anna, ohne Signatur, zeitweise in Lechfeld verwahrt

1r – 15v: Honorius III. Papa: Confirmatio regulae fratrum minorum. 16r – v: Verba exhortatoria a sanctissimo patre Francisco fratribus suis zelantibus puram observantiam regulae dicta. 17r – 27v: Testamentum beatissimi patris nostri Francisci. 29r – v: Verba maledictionis beatissimi patris nostri Francisci in fratres scandalose viventes fulminata.
Die unerwartete rasche Ausbreitung des Franziskanerordens erforderte eine Reglementierung der Idee und Grundstruktur der vita minorum, sowohl von den Brüdern als auch von der kirchlichen Autorität gefordert. Der „Protoregula" von 1209 folgen die „Regula non bullata" von 1221 und die „Regula bullata", die am 29. 11. 1223 durch Papst Honorius III bestätigt wurde. Im Testament verpflichtete Franziskus seine Brüder auf diese geordnete Form zu achten. Er sah in der Regel seine Inspiration bewahrt und beschwor seine Anhänger zur „einfältigen und lauteren Beobachtung der Regel".

22.3. Legenda aurea sanctorum
Jacobus de Voragine, Augsburg, Günther Zainer, um 1476

Lombarden und Holzschnittinitialen, 163 Holzschnitte, L 27 cm, B 19 cm.
Kremsmünster, Stiftsbibliothek, Inv.-Nr. Ink. 2°365
Lit: Die Wiegendrucke des Stiftes Kremsmünster, hrsg. Stiftsbibliothek Kremsmünster, Linz 1947, Nr. 428

Die Legenda aurea des Jacobus de Voragine stellt eine Gesamtschau des Kirchenjahres dar, das mit der Erwartung des Erlösers (Advent) beginnt und mit der Erfüllung des Erlösungswerkes, d.h. mit der pfingstlichen Zeit endet. Zwischen den Hochfesten des Kirchenjahres stehen die Gedächtnistage für Maria und die Heiligen, deren Festtag oft mit dem Todestag zusammenfällt, da nach christlicher Auffassung der irdische Tod als Geburtstag für das Jenseits aufgefaßt wird. Wenn auch der Einfluß der legenda aurea besonders auf dem Gebiet der Ikonographie ersichtlich ist, so dienen ihre Texte – wie die auch davon beeinflußten Bildzyklen – in erster Linie der religiösen Erbauung, der Meditation und dem Aufruf zur imitatio.
Die Stigmatisation im Jahre 1224 auf dem Berg Alverna gehört zu den wichtigsten Ereignissen im Leben des hl. Franziskus. Franziskus kniet, die Arme seitlich ausgebreitet; das seraphische Wesen der Himmelserscheinung ist bereits deutlich als Gekreuzigter zu erkennen. Zwei Flügel verhüllen, wie bei Celano und Bonaventura geschildert wird, den Körper, aber die an das Kreuz gehefteten Arme und Füße sind sichtbar. In der Stigmatisation offenbart sich eine heilsgeschichtliche Tatsache, eine konkrete Offenbarung des göttlichen Heilswillen in einem bestimmten Zeichen. In der Stigmatisation erreicht Franziskus ein Ziel, das er im Wesen seiner Frömmigkeit angestrebt hat und das eine besondere Art der Vollendung in der Nachahmung Christi war. Gleichzeitig verbindet dieses Geschehen das Zeitliche mit dem Überzeitlichen, das himmlische Geschehen wird in das Weltgeschehen eingebunden.
Die Stigmatisation weist auch auf eine allgemeine Wende in der Beachtung und Bewertung des menschlichen Körpers hin. Der Mensch wird als würdig erachtet, die Wundmale Christi zu übernehmen und zu tragen.

22.4. Wappen und Habit der Minoriten
Ordinum equestrium ae militarum brevis narratio, cum Imaginibus exposita, A. P. Coronelli, Venedig 1715

L 25 cm, B 19 cm.
Graz, Zentralbibliothek der Wiener Franziskanerprovinz, Inv.-Nr. A 9/182

Der hl. Franziskus ist auf dem linken Blatt in seiner Kutte dargestellt. Er weist die Wundmale auf und hält in seiner rechten Hand ein Kruzifix als Attribut, bezogen auf die Stigmatisation, bzw. den Gekreuzigten als beständigen Gegenstand seiner Betrachtung. Darunter findet sich das Wappen des franziskanischen Ordens mit zwei verschränkten Armen, der eine nackt, der andere mit einem Ärmel bekleidet, beide das Wundmal an der Hand zeigend. Diese Darstellung taucht unvermittelt in der Mitte des 15. Jahrhunderts in der franziskanischen Geschichte auf und wird sogleich als charakterisierendes Emblem gebraucht. Die große Verbreitung des Werkes „Von der Übereinstimmung des Lebens des Heiligen Franziskus mit dem Leben des Herrn Jesus" von Bartolomäus von Pisa aus dem Jahre 1390 muß dazu beigetragen haben, daß die Übereinstimmung oder Ähnlichkeiten der beiden Leben auch einen graphischen Ausdruck gefunden hat. Die theologische Vision, die sowohl die Vereinigung des hl. Franziskus mit Christus als auch das Modell des neuen evangelischen und asketischen Lebens zum Ausdruck bringt, wurde im Wappen übernommen.
Auf dem rechten Blatt wird die typische Mönchskutte der Franziskaner-Konventualen (OFM Con), im deutschsprachigen Gebiet auch Minoriten genannt, dargestellt. Wegen des Ordenskleides werden sie auch als „schwarze Franziskaner" bezeichnet. Die Kleidung besteht aus einem schwarzen Habit mit einer kleinen, runden Kapuze. Die üblicherweise vorhandenen drei Knoten im Gürtel spielen auf

die Grundgelübte der paupertas (Armut), der castitas (Keuschheit) und der oboedientia (Gehorsam) an. Die Minoriten als selbständiger Zweig des Franziskanerordens entwickelten sich aus dem Armutsstreit und wurden 1517 von Papst Leo X von den Franziskaner-Observanten getrennt. In der Verfassung, Tätigkeit und Spiritualität stimmt er mit den Franziskanern überein.

22.5. Jacopone da Todi
Lauden

LAUDE / DI FRATE IACOPONE DA TODI / [Kolophon:] A CON / TEM / PLA / TIO / NE delle deuote persone sono im / presse queste laude per Ser Fran / cesco Bo / naccorsi / In Firenze / a di uentiotto / del mese di septembre / M.CCCCLXXXX.
Typendruck, A I-VIII, a-r VI, L 15,5 cm, B 11 cm.
Lit: Hain 9355. Todi 1959 (Sammelband mit Aufsätzen mehrere Autoren), Kat. 800 Jahre Franz von Assisi, Krems 1982, S. 738.

Aufgeschlagen ist die Darstellung eines vor einem Chorpult betenden Franziskaner, dem die Gottesmutter auf einem von Engel getragenen Thron erscheint.
Die Lauden zählen zu den volkssprachigen geistlichen Lobgesängen, die meist bei Andachten vor einem Marienbild gesungen wurden und in denen das Vokabular der weltlichen Minnedichtung in die religiöse Sphäre übertragen wurde. Sie wurden im Jahre 1490 durch Francesco Bonaccorsi im Druck veröffentlicht.
Der bedeutenste Laudendichter und -komponist war Jacopone da Todi († 1306). Seine im umbrischen Text verfaßten Werke haben meist das Marienlob oder Bußgedanken zum Thema. Jacopone lebte nach dem Tod seiner Frau zunächst als Einsiedler, trat 1278 als Laienbruder in den Franziskanerorden ein und schloß sich den Spiritualen an. Als Verfechter des Armutsideales und der Kirchenreform unterschrieb Jacopone eine Erklärung, in der die Absetzung von Papst Bonifatius VIII. gefordert wurde. Aufgrund dessen und seiner satirischen Angriffe wurde er exkommuniziert und eingekerkert. 1303 wurde er von Benedikt XI begnadigt.

22.6. Bonaventura de Brescia
Regula Musicae planae 1539

REGULA MVSI- / ce plane venerabilis fratris / Bonauenture de Bri / xia ordinis Minor. // [Kolophon:] Stampata in Venetia p Giouane Maria / Palamides Nepote de Giouanne Tacui / no nel Mese de Marzo. nel anno signore. M.D.XXXIX,
Typendruck, Titelblatt und Rückseite sowie große Initialen und sämtliche Notenbeispiele im Holzschnitt. L 13,9 cm, B 10 cm.
Wien, Österreichische Nationalbibliothek, Musiksammlung, Inv.-Nr. 396.053-A.
Lit: Martinotti, S. , Bonaventura da Brescia, in: Die Geschichte und Gegenwart 15, Kassel 1973, S. 920 f. Kat. 800 Jahre Franz von Assisi, Krems 1976, S. 739.

KAT.NR. 22.6.

Bonaventura de Brescia lebte in der zweiten Hälfte des 15. Jahrhunderts im Minoritenkonvent zu Brescia, wo er bald nach 1600 starb. Seine in ursprünglicher Fassung handschriftlich bereits 1489 nachweisbare Einführung in den Choralgesang (musica plana) wurde wegen ihrer übersichtlichen und knappen Darstellung bis zum Ende des 16. Jahrhunderts immer wieder, auch in Deutschland, nachgedruckt. Franziskus bezeichnete sich und seine Jünger als die fröhlichen Spielleute Gottes, die wie die fahrenden Musiker jener Zeit umherzogen, um singend und spielend ihre Botschaft den Menschen nahezubringen. Die Musik war stets ein wesentliches Element franziskanischer Verkündigung. Daher haben die Minderbrüder dank der starken Verbreitung und der großen Zahl bedeutender Ordensmusiker durch mehrere Jahrhunderte die Entwicklung der geistlichen und weltlichen Musik entscheidend beeinflußt und mitgestaltet.

22.7. Breviarium Romanum
Breviarium Romanum ex de creto Sacrofancti concilii Tridentini restitutum, ...
Venedig 1711

L 34,5 cm, B 25,5 cm.
Graz, Zentralbibliothek der Wiener Franziskanerprovinz, Inv.-Nr. S 6/1

In Maria sah Franziskus das Ideal von Demut und Armut in reinster Art verwirklicht – aus sich selbst und weithin wirkend. Seit Bonaventura war die Vorstellung der leiblichen Aufnahme Mariens in den Himmel den Franziskanern ein inneres Anliegen. Der Franziskaner Matthias von Assisi erklärte, daß Maria mit Leib und Seele gegen Himmel aufgefahren sei, weil sonst ihre Verherrlichung nicht vollkommen wäre. Durch die Himmelfahrt hatte Maria wahrhaftig den Anspruch auf den Titel „Regina coeli" erworben.
Der ganze Kultplan des Jahres war bei den Franziskanern in den beiden Polen der Mariologie und der Passion verankert. Die offizielle Franziskusbiographie des Bonaventura, die als Leitfaden für das Kultprogramm des Ordens zu lesen ist, zeugt ebenso davon wie die einschlägigen Texte der Marien- und Passionsmystik. Die Beziehung von Tageslauf und Heilsgeschehen fand ihren geformten Ausdruck im Tageszeitengebet. Der hl. Franziskus verrichtete das für den Klerus verpflichtende Stundengebet zur Tages- und Nachtzeit stets mit größter Gewissenhaftigkeit. So verpflichtete er seine Ordensbrüder zur gewissenhaften Einhaltung des kirchlichen Offiziums nach dem ordo der päpstlichen Kurie. Franziskus übernahm es für seinen Orden, der dadurch prädestiniert wurde, das päpstliche Brevier in der gesamten Kirche einzuführen. Das Brevier, das aus mehreren Büchern zum praktischen Gebrauch zusammengestellt wurde, enthält das Stundengebet der katholischen Kirche in der Ordnung des Kirchenjahres.

22.8. Legende des hl. Franziskus
Die legende des heyligen vatters Francisci. Nach der beschreybung des Engelischen Lerers Bonaventure: Am Ende: Gedruckt und vollendet, in der Kayserlichen Stat Nürnberg durch Hieroniymum Höltzel. In verlegung des Erbern Caspar Rosentaler yetzundt wonhafft zu Schwatz. 1512.

59 Holzschnittillustrationen von Wolf Traut, dat. 1511 und 1512, L 20 cm, B 15,5, cm.
Graz, Zentralbibliothek der Wiener Franziskanerprovinz, Inv.-Nr. A 54/32
Lit: Graesse, Bd. 1, S. 485. W. Schmidt, in: Rep. f. Kunstwiss. 12, 1889, S. 301ff.. J. W. Einhorn, Die Holzschnitte des Wolf Traut zur „Legende des heyligen vatters Francisci", in: Franziskan. Studien 1978, S. 1–23. Kat. 800 Jahre Franz von Assisi, Krems 1982, S. 654

KAT.NR. 22.8.

Im zehnten Kapitel findet sich die Darstellung der Feier des Weihnachtsfestes. Franziskus läßt in Greccio eine Krippe aufstellen und versieht als Diakon die Weihnachtsmesse. Er erneuerte dadurch mit einer auf Heu liegenden Christusfigur mystisch das Geschehen von Bethlehem. Die Erinnerung an dieses Geschehen wird mit der Gegenwart verknüpft, wo der Mensch zum Zeugen des vergangenen Heilsgeschehen wird. Das Christuskind wird bei der Messfeier in den Ideenkreis der Eucharistie miteinbezogen, das heißt, es wird sinnfällig gezeigt, daß das Christuskind bereits den Willen zum Kreuzesopfer in sich trug, dessen unblutige Erneuerung im eucharistischen Opfer der hl. Messe vollzogen wird. Das vorhandene Streben nach Vergegenwärtigung und Vermenschlichung des Geschehens der göttlichen Nacht war vom hl. Bernhard von Clairvaux vorbereitet worden, wurde in der Bewegung der Mystik ausgeschmückt und schließlich über die Bettelorden ins Volk getragen.
Die Illustrationen zur Franziskuslegende bilden eines der graphischen Hauptwerke des Wolf Traut. Traut war bereits 1505 in Albrecht Dürers Werkstatt tätig. In den Jahren 1512–1515 war er unter der Leitung Dürers an den Holzschnitten für die Ehrenpforte Kaiser Maximilians I beteiligt. Ein nicht erhaltenes Holzschnittwerk aus der 2. Hälfte des 15. Jahrhunderts hat als Vorlage für Wolf Trauts Holzschnitte gedient.

22.9. Dietrich Coelde
Kerstenspiegel, 1477/78

**Inkunabel, Sigel T. Köln: Johann Koelhoff d. Ä., 1489, 6 Holzschnitte, L 12,5 cm, B 10 cm.
Wien, Österreichisches Museum für angewandte Kunst, Inv.-Nr. B I 21
Lit: Der Christenspiegel des D. Kolde von Münster. Kritisch hrsg. von C. Drees, Werl 1954 = Franziskanische Forschungen 9 (mit Biographie und Bibliographie). Kat. 800 Jahre Franz von Assisi, Krems 1976, S. 720.**

Die verstärkt aufkommende Laienfrömmigkeit des 15. Jhdts. verlangte nach richtungsweisenden Andachts- und Erbauungsbüchern. Ein katechetisches Andachtsbuch im „Taschenbuchformat“, das sich rasch großer Beliebtheit erfreute, verfaßte der westfälische Franziskaner-Observant Dietrich Coelde mit seinem Kerstenspiegel (Christenspiegel). In volkstümlich einfacher Sprache, gelegentlich auch in Versen und oft unterbrochen durch Gebete und Anrufungen, weiß sich Coelde dem Verständnis der Laien anzupassen.
Im Kerstenspiegel lehrt Coelde nicht nur, wie man glauben und leben, sondern auch wie man sterben soll. Aufgeschlagen ist das 44. Kapitel, wye men steruen sall (fol. i vv., Z. 21). Der Holzschnitt (fol. i vjr) zeigt eine Sterbeszene: Am Bett des wohlhabenden Todkranken ein Mönch, der ihm eine geweihte Kerze in die Rechte steckt, während dahinter Engel und Teufel auf die Seele warten; im Vordergrund bereits das Gerippe flach auf dem Boden ausgestreckt, das als memento mori die Vergänglichkeit des Lebens vor Augen führt.

22.10.1. – 22.10.3.
3 Blätter mit Szenen aus der Kindheit und Passion Christi; Tod und Sterben
Siena (?), 1360–1370

**Tempera, Gold und Blattgold auf Pergament, L 24,2 cm, B 19,5 cm.
Lit: Des Bruders Johannes de Caulibus Betrachtungen vom Leben Jesu, 2 Bde., Berlin 1925. Kat. 800 Jahre Franz von Assisi, Krems 1976, S. 608 f.**

Jedes Blatt besteht aus acht aufgeklebten Einzelblättern, wobei die Blätter wohl im 19. Jhdt. in Nichterkennung der ikonographischen Abfolge aufgezogen wurden. An den Miniaturen waren mehrere Hände beteiligt. Ikonographisch stehen die Szenen in deutlicher Abhängigkeit von der franziskanischen Spiritualität. Die detailreiche und dramatische Nacherzählung der Meditationes Vitae Christi bieten die literarische Quelle. Auf dem ersten Blatt sind die Verkündigung und die Darbringung im Tempel aufgebracht sowie Leichenzug und Lesung des Offiziums. Auf dem nächsten sind unter den Szenen Judaskuß und Tod Christi am Kreuz die Darstellung des Leichenzuges und der Fürsprache des Verstorbenen bei Gott durch den Namenspatron zu sehen. Am dritten Blatt findet sich aus der Passion Christi die Gefangennahme, Kreuzigung, Kreuztragung und Geißelung Jesu.
Sterben und Tod standen in engem Zusammenhang mit den Jenseitsvorstellungen und diese wiederum waren durch die Lehre vom Fegefeuer geprägt, wie sie vor allem die Bettelorden mit dem Mittel der Volkspredigt breiteren Schichten vermittelt hatten. Ein großer Teil an Bestattungen in Kirchen fiel den Bettelorden zu, die sich bereitwillig in den Dienst der Heilssuche und der damit verbundenen Totenfürsorge stellten.
Nahte der Tod, so rief man den Priester und manchmal auch Beginen zum Krankenbett. Im Hinblick auf das Jüngste Gericht mußte die sterbende Person reumütig ihre Sünden bekennen und das Glaubensbekenntnis nachbeten. Weiters erhielt der Sterbende die Kommunion und die letzte Ölung. Ursprünglich nur im klösterlichen Ritual bekannt, wurde später auch in Bürgerhäusern eine spezifische Sterbeliturgie zelebriert. Sofort nach Eintritt des Todes setzte die Leichenpflege ein. Damit die Seele aus dem leblosen Körper entweichen konnte, wurde ihm der Mund geöffnet, die Augenlieder hingegen geschlossen. Während der Nacht hielten die Angehörigen und Nachbarn Totenwache. Sie bestand aus einem nächtlichen Stundengebet mit Lesungen und Gesang. Das Leichengeleit entsprach dem gesellschaftlichen Ansehen des Toten und den wirtschaftlichen Gegebenheiten. Bei Standesbegräbnissen ging ein Chor der Totenbahre voran – Schüler, eine Abordnung von Klerikern oder gar ein ganzes Kapitel. Danach begannen die Exequien, die kirchlichen Totenfeiern. Nach dem Gebet folgte der eigentliche Bestattungsakt. Die Grablegung erfolgte sorgsam, da die spätmittelalterliche Gesellschaft das Leben nach dem Tod nicht als völlig abgeschlossen betrachtete. Dem Ableben folgte bis zum Jüngsten Gericht ein Zwischenzustand, in dem der Körper im Grab ruhte und betend der Auferstehung harrte. Daneben verfestigte sich die Lehre vom Fegefeuer, wobei man sich von den Heiligen Fürbitte und Beistand beim Jüngsten Gericht erhoffte.

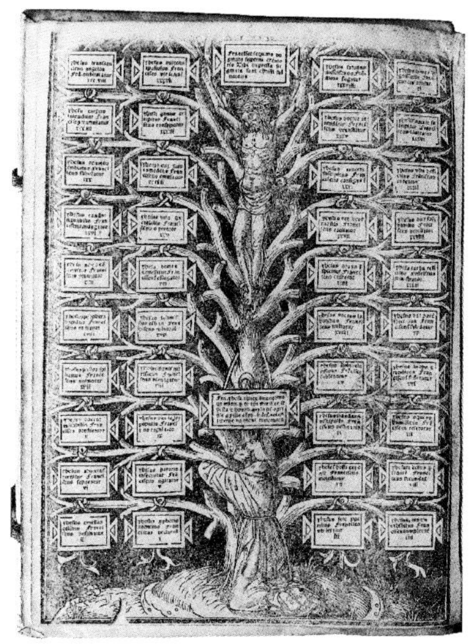

KAT.NR. 22.11.

22.11. Lignum Vitae
Liber conformitatum (vitae S. Francisci ad vitam Jesu Christi), authore Fr. Bartholomaeo degli Albizzi, ex recens. Franc. Zenonis), Impressum Mediolani per Gotardum Ponticù.., 1510

**L 29,5 cm, B 21 cm.
Graz, Zentralbibliothek der Wiener Franziskanerprovinz, Inv.-Nr. A 53/68
Lit: Graesse, Bd. 4, S. 196. Kat. 800 Jahre Franz von Assisi, Krems 1982, S. 656. Kat. Die Minderbrüder, Minoriten – Franziskaner – Kapuziner in der Steiermark, Graz 1990, S. 26.**

Das Werk beinhaltet einen Holzschnitt mit der Darstellung des Lignum Vitae und dem das Kreuz umarmenden hl. Franziskus. Hier ist das Lignum vitae als Baum der Übereinstimmung des hl. Franziskus mit Christus verstanden.

Die franziskanische Forderung der Angleichung an den leidenden Christus der Passion fordert die Angleichung an sein Leiden. Durch die Darstellung des leidenden Christus wird die Darstellung zur optisch faßbaren Passionsmeditation franziskanischer Prägung, das Kreuz zum Andachtsbild. Durch die Mitdarstellung des hl. Franziskus zu Füßen des Gekreuzigten, seine blutenden Wunden an den Füßen küssend oder den Kreuzesstamm umfangend, wird die Rollenaufforderung zur Compassio an den Betrachter weiter gesteigert.

22.12. Vaticinia Pontificum
Oberitalien, um 1410/15

Schatzkasten 6, Federzeichnung, bunte Farben und Blattgold auf Pergament, Pseudo-Joachim von Fiore und Pseudo-Anselmus Marsicanus, L 26 cm, B 18 cm.
Kremsmünster, Stiftsbibliothek, Inv.-Nr. CC Cim 6
Lit: L. Wilckens, Die Prophetien über die Päpste in deutschen Handschriften, in: Wiener Jahrbuch für Kunstgeschichte 28 (1975), S. 171–180. K., Holter, in: ÖKT 43/2, Wien 1977, S. 215. H. Fill, in: J. Kastner, Mundus mirabilis fictus, Phantasie und Wirklichkeit in der Welt der Fabelwesen, Ausstellungskatalog Passau 1994, S. 39.

Vom ausgehenden 13. bis weit in das 17. Jahrhundert hinein haben die Prophetien über die Päpste – von den jeweils zeitgenössischen Ängsten, Zweifeln und Hoffnungen getragen – die katholische Welt immer wieder bewegt. Diese Vaticinien wurden irrigerweise Joachim de Fiore und Anselm von Marsica zugeschrieben.
Die Prophetien über die Päpste bestehen seit dem späten 14. Jahrhundert aus zwei je fünfzehn Weissagungen umfassenden Teilen. Abhängig von byzantinischen Kaiserprophezeiungen, den sogenannten Leo-Orakeln, entstand der zweite Teil bereits Ende des 13. Jahrhunderts. Vor 1378 kamen in Anlehung daran die späteren Vatizinien 1–15 auf.
Nach einem prophetischen Text folgt jeweils eine sogenannte Devise. Die bildlichen Darstellungen zeigen jeweils einen mit exemplarischen Attributen, Tieren, Gegenständen, Figuren, verbundenen und teilweise bestimmten Handlungen unterworfenen Papst.
Die Entwicklung der Papst-Vaticinien vollzog sich im 14. Jahrhundert im Kreise der Franziskaner-Spiritualen. Nur in dieser Gruppe finden sich Anfang des 14. Jahrhunderts eine so scharfe Stellungnahme für Papst Cölestin V und gegen die Päpste vor und nach ihm.
Geschrieben in der Zeit des Kampfes gegen Gregor XI, prophezeit der Text des letzten Vaticinium ein schreckliches Tier, eine bestia *ultima aspectu terribilis* – den Antichrist.
Die aufgeschlagene Doppelseite (fol 7v/8r) zeigt die beiden Päpste Gregor XI und Urban VI, als Antichrist und apokalyptisches Tier. Unter dem Drachenungeheuer schlägt ein Flammenmeer der Hölle hervor. Narrenhut und Eselsohren charakterisieren den bärtigen Männerkopf des Ungeheuers.

22.13. Vortragskreuz
Johannes von Civitella, Umbrien, 1485

Kupfer getrieben, ziseliert und vergoldet, mit halbplastischen Figuren auf Vorder- und Rückseite, H 58 cm, B 36 cm, T 11 cm.
Wien, Österreichisches Museum für angewandte Kunst, Inv.-Nr. Go 318
Lit: Kat. 800 Jahre Franz von Assisi, Krems 1982, S. 691

Das Kreuz trägt fünf Vierpässe, an deren Rand Kugeln aufgesetzt sind. Die Zwischenstücke sind in einfachen Ornamenten zart graviert. Zur Linken des Corpus Christi ist Johannes der Evangelist dargestellt, zur Rechten Maria; oben der Pelikan und an der Basis der hl. Bonaventura. Auf der Rückseite findet sich in der Mitte die hl. Klara, darüber der segnende Christus mit Buch und in den restlichen Vierpässen die übrigen Evangelisten. Am Mittelschaft ist eine Inschriftentafel angebracht: A. D. MCCCLXXXV Johannes D. Civitella auf. spol.
Die Frömmigkeit des hl. Franziskus veränderte die bisherige religiöse Ordnung gänzlich. Die Nachfolge, ja sogar die Imitatio Christi ist seine Hinwendung zu Gott. Es wird der tote anstelle des lebenden Christus eingeführt, was die Auffassung von Christus ebensosehr verändert wie die Funktion der Kreuztafel insgesamt. Diese für den Westen neue Darstellungsform Christi ist durch die franziskanische Passionsmeditation geprägt, die ihrerseits auf der Idee der Compassio, des „affektiven Nacherlebens", aufbaut. Durch die Darstellung des leidenden Christus wird die Darstellung zur optisch faßbaren Passionsmeditation franziskanischer Prägung, das Kreuz wird zum Andachtsbild.
Es ist aber nicht nur der tote Christus allein, der zum Mitleiden, zum sich Angleichen an sein Leiden anregt, es sind auch Maria und Johannes, die in der Trauer um den toten Christus dem Betrachtenden zunächst die Rollenhaltung anbieten, um ihn zur Identifikation hinzuführen. Die franziskanische Forderung der Angleichung an den leidenden Christus der Passion forderte die Angleichung an sein Leiden. Der Pelikan gilt als Symbol für das Todesopfer und die Auferstehung Christi.

22.14. Monstranz
18. Jhdt

Silber, vergoldet, Glasflüsse, am Kelchfuß Meistermarke SM, H 75 cm, B 38 cm, T 23 cm.
Wien, Minoritenprovinzialat Wien, o. Inv.-Nr.

Das Hostiengehäuse der Monstranz wird begleitet von Engeln. Auf dem oberen Abschluß des Hostiengehäuses ist der hl. Geist in Gestalt der Taube dargestellt, darüber Gottvater. Die Dreieinigkeit wird durch Christus, der in der Gestalt der konsekrierten Hostie gegenwärtig ist, vervollständigt.
Franziskus erstreckte sein Armutsideal nicht auf jene Objekte, die unmittelbar mit der Eucharistie in Berührung kommen, sondern forderte im Gegenteil höchste Kostbarkeit als Ausdruck der Ehrfurcht. Liturgische Gefäße zur Vorzeigung und Anbetung der Eucharistie gibt es aber erst seit dem frühen 14. Jahrhundert, als mit der damals einsetzenden Feier des Fronleichnamsfestes die Verehrung der Eucharistie einen wesentlichen Aufschwung nahm. Die Eucharistie ist eine Vergegenwärtigung Christi im Zeichen von Brot und Wein. Im Erleben der Gläubigen wird die Repräsentation vielmehr eine Wiederholung: Der Altar wird der Kalvarienberg, auf dem das Kreuz aufgerichtet steht, die konsekrierte Hostie wird zum am Kreuz hängenden Christus. Der Ritus der Erhebung der Hostie ist der Beginn einer verbreiteten eucharistischen Devotion. Die Erhebung wird verlängert, indem man die konsekrierte Hostie in eine Monstranz stellt, die zur Anbetung auf einen Thron gesetzt wird. Prozessionen mit dem Allerheiligsten werden gehalten und man gibt mit der Monstranz den Segen. Die konsekrierte Hostie lädt ein als Leib Jesu angebetet und gesehen zu werden.

22.15. Kelch
18. Jhdt.

Silber, vergoldet, Silberfiligran, Steinbesatz, Email, H 30 cm.
Wien, Minoritenprovinzialat, o. Inv.-Nr.

Die Emailmedaillons mit den Passionsdarstellungen am Fuß und an der Cupa zeigen die Vorgeschichte des Kreuzestodes Christi und seiner Grablegung und stehen deshalb auch mit seinem „neuen" Grab in engem Zusammenhang: „Wie damals der Leib Christi, mit Wohlgerüchen gesalbt, von den Frauen in einem Grab beigesetzt wurde, so wird sein mystischer Leib jetzt in der Kirche, mit der Salbe heiliger Gebete versehen, in heiligen Gefäßen beigesetzt" (Hrabanus Maurus).
[I. M.]

RAUM 24

24.1. La Vita Dell'Abbate Gioachino
Venedig, Gabrielle Barrio Franciscano, 1589

Kupferstich, Druckschrift, L 22,5 cm, B 31,5 cm.
Wien, Österreichische Nationalbibliothek, Inv.-Nr.: 72. X. 68
Lit.: H. Grundmann, Studien zu Joachim v. Fiore, Leipzig 1927; N. Cohn, Das Ringen um d. Tausendjährige Reich, Bern, 1961, S. 94–100.

Joachim von Fiore (um 1135–1202) war Abt eines Zisterzienserklosters und begründete die

Lehre der Trinität durch Vater, Sohn und Heiliger Geist. Er verkündete ein kommendes Tausendjähriges Reich und wurde deshalb zu manchen Zeiten völlig mißgedeutet und mißverstanden.

24.1.1. Liber Figurarum
Torino, Joachim von Fiore

Kupferstich, Druckschrift, Leone Tondelli, Il Libro delle Figure Dell'Abbate Gioachino Da Fiore.
L 28,7 cm, B 20,5 cm.
Wien, Österreichische Nationalbibliothek, Handschriftensammlung, Inv.-Nr.: 693614-C.H.SS-S
Lit.: J.v. Fiore, Das Reich des heiligen Geistes, München 1955, J. C. Huysmans, Tief Unten, Berlin 1898, Bd 2, S. 190 ff.; E. Benz, Ecclesia spiritualis, Stuttgart 1934

Joachim v. Fiore sagt, daß es drei Reiche gibt. Das des alten Testamentes, des Vaters, das Reich der Furcht; das des neuen Testamentes, des Sohnes, das Reich der Sühnung; und das des Evangeliums Johannes, des heiligen Geistes, welches das Reich der Erlösung und der Liebe sein wird. Das ist die Vergangenheit, die Gegenwart und die Zukunft.

24.1.2. Liber Figurarum
Torino, Joachim von Fiore

Kupferstich, Druckschrift, Leone Tondelli, Il Libro delle Figure Dell'Abbate Gioachino Da Fiore.
L 28,7 cm, B 20,5 cm.
Wien, Österreichische Nationalbibliothek, Handschriftensammlung, Inv.-Nr. 854464-D. HSS-S

24.2. Opera Omnia
Paris, Francisci Assisiatis, 1641

Druckschrift, L 42,5 cm, B 55 cm, H, 7 cm.
Wien, Österreichische Nationalbibliothek, Inv.-Nr. 11.O.3

[K. F.]

24.2.1. Johannes Evangelist
Kopie nach Domenichino
Bolognesisch, Richtung des Casto Cignani (?), 17. Jh.

Öl/Lwd. 49,8 x 38,8 cm.
Schlägl, Prämonstratenserstift – Gemäldegalerie, Inv.-Nr. K 23
Lit.: Pichler, I., Etzlstorfer, H. u. Mair, R., Schlägler Gemäldekatalog (Bd. 9 der Schlägler Schriften), Linz 1987, S. 365, Farbtafel S. 152

Die kühlen Farbakkorde verweisen auf die bolognesische Kunstlandschaft, der diese Kopie nach Domenico Zampieri, genannt Domenichino (1581–1641), zuzuordnen ist. Der fixierende Blick und der monumentale Habitus, der sich im Sitzmotiv des Evangelisten auftut, erinnert an Michelangelos Propheten der Sixtina. Begegnet uns der Evangelist in den frühen Darstellungen der Ostkirche noch als Greisentypus, der durch das lange Lebensalter des letzten und jüngsten Apostels bedingt ist (nach syrischen Akten verstirbt er mit 120 Jahren), so gab das westliche Abendland dem jugendlichen Typus den Vorzug, wie er uns beispielsweise bereits in dem 822 entstandenen Mosaik der Zenokapelle in S. Prassede in Rom gegenübertritt.

24.2.2. Hl. Dreifaltigkeit (Gnadenstuhl)
2. Hälfte des 18. Jhs.

Öl/Lwd. 83,2 x 66 cm.
Wilhering, Zisterzienserstift – Kunstsammlungen, Inv.-Nr. 75
Lit.: Etzlstorfer, H., Die Kunstsammlungen des Stiftes Wilhering. Beschreibender Katalog (= Studien zur Kulturgeschichte von Oberösterreich Folge 6), Linz 1997, S. 107, Nr. 194

Die motivische Basis für diese Trinitätsdarstellung bildet das populäre Kultbild der Wallfahrtskirche Sonntagberg bei Waidhofen an der Ybbs. Eine ausdrückliche Billigung erfuhr der Gnadenstuhltypus erst durch Papst Benedikt XIV (1740–1758). Er kannte jenen Typus, bei dem die Taube über dem gesamten Ensemble schwebt. Das Gnadenstuhlbild ging wahrscheinlich aus dem Kreuzigungsbild hervor, bei dem durch die Hand Gottes und später durch die Gestalt Gottes mit der Taube die Annahme des Opfers Christi betont und seine Wirkung am auferstehenden Adam verdeutlicht wird – der Akzent der Aussage liegt ursprünglich nicht bei der Trinität, sondern auf dem im Sühnetod des Sohnes dargebrachten Opfer, das Gottvater der Welt zum Heil darbietet. Luther hingegen gebraucht in seiner Bibelübersetzung das Wort Gnadenstuhl einmal für den Deckel der Bundeslade (2 Mose 25, 17–22), der "Lade des Zeugnisses", über der sich Gott dem Volk Israel offenbaren will (Hebr. 9,5 und 4,16). Bereits für das Jahr 1448 scheint eine Dreifaltigkeitskapelle und damit die Dreifaltigkeitsverehrung auf dem Sonntagberg gesichert. Das ursprüngliche Kultbild des Sonntagbergs war ein Felsenstein. Um aber dem Vorwurf der Lutheraner zu begegnen, die Katholiken würden einen bloßen Stein anbeten, ließ Abt Caspar Plautz von Seitenstetten (1610–1627) auf einer Kupferplatte (73 x 52 cm) die heute noch erhaltene Darstellung der hl. Dreifaltigkeit malen.
[H. E.]

24.2.3. Thomas Münzer
Alsted, P. Stolberg, 1525

Kupferstich, L 31 cm, B 57 cm.
Wien, Österreichische Nationalbibliothek, Bildarchiv, Inv.-Nr. Pg 109.503: I (1) R
Lit.: Norman Cohn, Die Sehnsucht nach dem Millenium, Freiburg 1998, S. 222–240; A. Meusel, Thomas Münzer und seine Zeit, Berlin 1952

Thomas Münzer (um 1450–1525), einer der sogenannten Wiedertäufer, kämpfte in Voraussicht der nahenden Apokalypse für eine quasi sozialistisch-revolutionär zu nennende Bewegung. Er wurde in der Schlacht bei Frankenhausen gefangen genommen und enthauptet.

24.2.4. Bekantnus
Altstadt, Thomas Münzer, 1515

Druckschrift, L 21 cm, B 3 cm.
Wien, Österreichische Nationalbibliothek, Inv.-Nr. 40.N.33

24.2.5. Tabor
Frankfurt/Main, Mattheus Merian, 1650

Kupferstich, Druckschrift, Mattheus Merian, Topographia Bohemia. L 31 cm, B 57,5 cm.
Wien, Österreichische Nationalbibliothek, Kartensammlung, Inv.-Nr. 392.914-U.K.1
Lit.: N. Cohn, Das Ringen um d. Tausendjährige Reich, Bern, 1961, S. 194–210; F. G. Heyman, J. Zizka and the Hussite Revolution, Princeton 1955

Im heutigen Tschechien (Böhmen) gelegen, wurde die Stadt Tabor um 1419 während der Hussitenkriege von einem Anführer der Taboriten, nämlich Žižka, gegründet. Die Taboriten, deren Eschatologie von der Apokalypse des Johannes und der Weissagung von Joachim v. Fiore abgeleitet ist, glaubten an der Schwelle zum Tausendjährigen Reich zu stehen und identifizierten den Papst ebenfalls mit dem Antichristen.

24.3. Georg Wilhelm Friedrich Hegel
um 1880

Photographie, L 18 cm, B 13 cm.
Wien, Österreichische Nationalbibliothek, Bildarchiv, Inv.-Nr. KO 1150-B/C (R)

G. W. F. Hegel (1770–1831), einer der bedeutendsten Philosophen des 19. Jahrhunderts, lehrte die Selbstentwicklung des „absoluten Geistes" (der Idee) in der Welt und in der Geschichte und beeinflußte mit seiner Dialektik zahlreiche Philosophen.

24.3.1. Vorlesungen über die Philosophie der Geschichte
Berlin, Georg Wilhelm Friedrich Hegel, 1848

Druckschrift, L 31,5 cm, B 31,5 cm.
Wien, Österreichische Nationalbibliothek, Inv.-Nr. 594.600-B

24.3.2. Karl Marx
um 1880

Photographie, L 17 cm, B 11,5 cm.
Wien, Österreichische Nationalbibliothek, Bildarchiv, Inv.-Nr. Pf 3.767: C (11)

Karl Marx (1818–1883) begründete die auf dem kommunistischen Manifest beruhende Richtung des materialistischen Sozialismus, ein eschatologischer Entwurf in Form einer Welt- und Staatsanschauung, einer die Ökonomie, Historie und Philosophie umfassenden Lehre.

24.3.3. Das Kommunistische Manifest
Wien, Karl Marx, Friedrich Engels, 1921

Druckschrift, L 24 cm, B 32 cm.
Wien, Österreichische Nationalbibliothek,
Inv.-Nr. 539.841-B.

24.3.4. Das dritte Reich
Berlin, Arthur Moeller van den Bruck, 1923

Druckschrift, L 22,5 cm, B 29,5 cm.
Wien, Universitätsbibliothek, Inv.-Nr. I 450.998

24.3.5. Erbschaft dieser Zeit
Zürich, Ernst Bloch, 1935

Druckschrift, L 24 cm, B 32 cm.
Wien, Österreichische Nationalbibliothek,
Inv.-Nr. 747.968-B

24.3.6. Abendländische Eschatologie
Bern, Jakob Taubes, 1947

Druckschrift, L 24 cm, B 32 cm.
Wien, Österreichische Nationalbibliothek,
Inv.-Nr.753.080-B 3

[W. MF. / K. F.]

RAUM 25

25.1. Sanduhr
17. Jhdt.

Messing, Glas, Sand, H 8,3 cm, Durchm. 3,9 cm.
Linz, OÖ. Landesmuseum, Inv.-Nr. T 1975/1

25.2. Sanduhr
Regensburg, Jacob Aman, 1690

Silber, teilvergoldet, Glas, Sand, H 12,4 cm, B 5,6 cm.
Wien, Österreichisches Museum für angewandte Kunst, Inv.-Nr. F. 1340

[K. F.]

25.3. Sanduhr mit Zifferblatt
Deutschland, Anonym, 1674

Bildreproduktion, Furtwangen, Archiv Deutsches Uhrenmuseum/Karlsruhe, Landesbildstelle Baden
Lit.: C. Cipolla, Gezählte Zeit. Wie die mechanische Uhr das Leben veränderte, Berlin 1997, S. 38

Nach ihrer Erfindung um 1300 – beinahe gleichzeitig mit der mechanischen Räderuhr – war die Sanduhr bis in die erste Hälfte des 18. Jahrhunderts im Rahmen der Messung abstrakter Zeit als wichtige Ergänzung zu mechanischen Uhren omnipräsent geblieben. Im Vergleich mit der Räderuhr bestand das entscheidende Defizit der Sanduhr darin, lediglich bestimmte Zeiteinheiten, nicht aber den gesamten Tagesablauf messen bzw. strukturieren zu können. Sehr vereinzelt hatte es daher sogar Versuche gegeben, das Prinzip der Sanduhr mit dem Mechanismus des Zifferblattes zu verbinden. Nach der Mitte des

KAT.NR. 26.1.2.

18. Jahrhunderts verschwand die Sanduhr allerdings sehr rasch infolge der aufkommenden Massenproduktion von Taschenuhren. Innerhalb kürzestester Zeit erhielt die Zeitmessung mit Sanduhren nun das Image relativer Rückständigkeit und Primitivität, das ihr letztlich bis heute anhaftet.
[E. Ch.]

RAUM 26

26.1. Anleitung zur Verfertigung einer Sonnenuhr
Nürnberg, Albrecht Dürer, 1525

Holzschnitt, Druckschrift, Dürer, Albrecht, Vnderweysung der Messvng mit dem zirckel vnd richtscheyt in Linien, ebnen vnnd gantzen corporen.
L 32 cm, B 43,5 cm.
Kremsmünster, Stiftsbibliothek.

26.1.1. Verschiedene Sonnenuhren
Basel, Sebastian Münster, 1579

Holzschnitt, Titelblatt, Druckschrift, Münster, Sebastian, Der Horologien / Oder Sonnen uhren / künstliche Beschreibung. L 33,5 cm, B 45,5 cm.
Wien, Österreichische Nationalbibliothek,
Inv.-Nr. 72.D.67

Der Horologien / Oder Sonnen uhren / künstliche Beschreibung / wie dieselbigen nach mancherley ahrt an die Mauren, Wendte, Ebne, sie seyen Ligendt, Auffgerichtet, Schreg, auch auff Ronde, Außgehölte und sonst aller Handt Instrument / Auffzureissen / Durch Sebastianum Münster. Item / Ein neuw Kunstbuch / die Sonnen oder Himelischen uhren auß Zalttafflen gantz leichtlich / jedoch grundtlich auff allerley Fleche / anzurichten: Durch Sebastianum Schmid / Allen Uhrenmachern / Mahleren / Glaßmahleren / Steinmetzen / Goldschmiden / Gelehrten und Ungelehrten / zugericht / und an Tag geben.

26.1.2. Verschiedene Sonnenuhren
Nürnberg, 1672

Titelkupfer, Druckschrift Welper, M. Eberhardus, Gnomonica oder Gründlicher Unterricht und Beschreibung, wie man allerhand Sonnen-Uhren auf ebenen Orten künstlich aufreissen und leichthin verfertigen soll. L 19 cm, B 31 cm.
Wien, Österreichische Nationalbibliothek,
Inv.-Nr. 72.W.76.

26.1.3. Sonnenuhren
Ulm, 1679

Titelkupfer, Druckschrift, Stengel, Johann Peterson, Gnomonica Universalis, Oder Außführliche Beschreibung Der Sonnen-Uhren / Darinnen Allerhand Gattungen derselben in 233. Figuren vorgestellet / und wie sie auf allerley flachen Ebnen / so wol under der Sphaera Recta, als Obliqua, Geometrisch aufgerissen werden.
L 17 cm, B 21 cm.
Wien, Österreichische Nationalbibliothek,
Inv.-Nr. 72.N.102

26.1.4. Sonnenuhr mit Halbzylinder
Augsburg, Johann Friedrich Penther, 1768

Kupferstich, Druckschrift, Penther, Johann Friedrich, Gnomonica fundamentalis & mechanica worinnen gewiesen wird, wie man sowohl gründlich, als auf mechanische Art, allerhand Sonnen-Uhren regulaire, irregulaire mit Minuten und himmlischen Zeichen. L 19 cm, B 31 cm.
Wien, Österreichische Nationalbibliothek,
Inv.-Nr. 9.C.23

26.2. Äquatorial-Sonnenuhr
Johann Georg Speeth, Mitte 18. Jhdt.

Messing, L 11 cm, B 10,5 cm, H 20 cm.
Kremsmünster, Sternwarte, Inv.-Nr. 4

26.2.1. Waagrechte Sonnenuhr
um 1500

Marmor, L 10,5 cm, B 10,5 cm, H 3 cm.
Linz, OÖ. Landesmuseum, Inv.-Nr. Go 554

26.2.2. Horizontalsonnenuhr
Augsburg, Chr. Schißler, 1559

Messing, graviert, Durchm. 7 cm.
Wien, Österreichisches Museum für angewandte Kunst, Inv.-Nr. Go 229

26.2.3. Horizontalsonnenuhr
Wien, Bernhardt Polansky, 1700

Messing, ornamentiert, L 22 cm, H 17 cm.
Kremsmünster, Sternwarte, Inv.-Nr. 24

26.2.4. Horizontal- Sonnen- und Monduhr mit Etui
Augsburg, Johann Martin, vor 1720

Messing, feuervergoldet, graviert, B 6,5 cm, T 6,3 cm.
Graz, Steiermärkisches Landesmuseum Joanneum, Kunstgewerbliche Sammlung, Inv.-Nr. 01630
Lit.: J. Abeler, Uhrenbuch, Berlin 1975, S. 414; E. Zinner, Astronomische Instrumente, München 1967, S. 438 ff.

Eine achteckige Grundplatte mit gravierten Eckmotiven sowie einem Reif mit den Sonnen- und Mondstunden, der mit „Horizontale Solis & Lunare" bezeichnet ist. Für die Nachtstunden ein drehbarer Reif mit roten Ziffern. Städtenamen mit Polhöhe auf der Unterseite.

26.2.5. Horizontalsonnenuhr
Linz, Franz Anton Knittl, um 1715

Messing, ornamentiert. L 27,5 cm, B 21,8 cm.
Linz, OÖ. Landesmuseum, Inv.-Nr. 1964/166

26.2.6. Horizontalsonnenuhr mit Mittagskanone
2. Hälfte 18. Jhdt.

Messing, vergoldet, Glas. Durchm. 5,5 cm.
Graz, Steiermärkisches Landesmuseum Joanneum, Kunstgewerbliche Sammlung, Inv.-Nr. 01702
Lit.: E. Marko, L. Stolberg, Zeitmesser, Graz 1989, S. 17

Steht die Sonne im Zenit, fällt ihr Strahl genau durch das Brennglas und zündet die Ladung Pulver an, die daraufhin mit einem Knall die Mittagszeit verkündet.

26.2.7. Äquinoktial-Minutensonnenuhr
Düsseldorf, Claude Dunod, 1702

Messing, graviert, Durchm. 42,4 cm.
Kremsmünster, Sternwarte, Inv.-Nr. 5

26.2.8. Äquatorial-Sonnenuhr
Augsburg, Phillipp Peffenhauser, um 1720

Messing, Silber, vergoldet, L 6,3 cm, B 6,3 cm, T 6,3 cm.
Graz, Steiermärkisches Landesmuseum Joanneum, Kunstgewerbliche Sammlung, Inv.-Nr. 01626

26.3. Säulensonnenuhr
Regensburg, Erasmus Habermel, um 1585

Bronze, vergoldet, graviert. H 25 cm, B 7,3 cm.
Wien, Österreichisches Museum für angewandte Kunst, Inv.-Nr. F 1344
Lit.: E. Zinner, Astronomische Instrumente, München 1967, S. 329 f., 336; G. Egger, Theatrum Orbis Terrarum, Wien 1970, S. 48 f.

Diese Sonnenuhr stellt eine der ältesten Typen dar, die zur Vermessung der Zeit dienten, und wird so eingerichtet, daß der Schatten vertikal auf dem Zifferblatt nach unten fällt.

26.4. Würfelsonnenuhr
Nürnberg, David Beringer, G. P. Seyfried, 18. Jhdt.

Holz, Buntpapier, H 20 cm, L 9 cm, B 7,5 cm.
Kremsmünster, Sternwarte, Inv.-Nr. 69
Lit.: A. Rabenalt, Die Sonnenuhrsammlung der Sternwarte Kremsmünster, Kremsmünster 1996, S. 49

Auf den Flächen des Würfels befinden sich Horizontal-, Vertikal-, Ost-, West- und Norduhr, mit einer Skala für Polhöhen am unteren Rand der Ostseite. Auf der Nordseite eine Inschrift mit den Namen D. Beringer, G.P. Seyfried, mit einer Lilie darüber und einer Hand darunter.

26.5. Kugelsonnenuhr
1. Hälfte 18. Jhdt.

Messing, vergoldet, Durchm. 9 cm, H 45 cm.
Kremsmünster, Sternwarte, Inv.-Nr. 74

26.6. Vertikalsonnenuhr (Schinkensonnenuhr)
1761

Messing, graviert, L 6,5 cm, B 4,5 cm.
Graz, Steiermärkisches Landesmuseum Joanneum, Kunstgewerbliche Sammlung, Inv.-Nr. 15876

26.7. Universal-Ringsonnenuhr
um 1700

Messing, H: 15,8 cm, Durchm. 12,4 cm.
Graz, Steiermärkisches Landesmuseum Joanneum, Kunstgewerbliche Sammlung, Inv.-Nr. 5658

26.7.1. Ringsonnenuhr mit Monatsschieber
Paris, Chapotot, 18. Jhdt.

Messing, Durchm. 10 cm.
Kremsmünster, Sternwarte, Inv.-Nr. 85

26.7.2. Ringsonnenuhr
Augsburg, Andreas Vogler, Hälfte 18. Jhdt.

Messing, feuervergoldet, Durchm. 7,6 cm.
Linz, OÖ. Landesmuseum, Inv.-Nr. 1964/115

26.8. Klappsonnenuhr
Nürnberg, Hans Tucher, 1580

Elfenbein, L 7,7 cm, B 7,5 cm, H 1,4 cm.
Linz, OÖ. Landesmuseum, Inv.-Nr. 1964/150
Lit.: E. Zinner, Astronomische Instrumente, München 1967, S. 557

Diese Sonnenuhr enthält außer dem Kompaß und ihrem horizontalen und vertikalen Zifferblatt für den Polfaden eine Monduhr mit vergoldeter Messingscheibe. Eingraviert die Zuweisung „hans ducher zu nureberg".

26.8.1. Büchsensonnenuhr
München, Ulrich Schniep, 1578

Bronze, vergoldet, L 6,3 cm, B 4,4 cm, H 1,8 cm.
Linz, OÖ. Landesmuseum, Inv.-Nr. 1964/140
Lit.: E. Zinner, Astronomische Instrumente, München 1967, S. 524

Büchsensonnenuhren waren ideal für Reisende, da ihre Platten und Einzelteile sämtlich in der Büchse enthalten und mittels Scharnieren verbunden waren. Eine Monduhr auf der Innenseite des Deckels macht eine Bedienung der Uhr auch im Mondlicht möglich.

26.9. Mittagssonnenuhr (Wahre Ortszeit)
Graz, Lisi Breuss, 1994

Holzplatte, bemalt, L 200 cm, B 80 cm.

[K. F.]

26.10. Sonnenuhr-Wandgemälde auf einer Hausfassade
Spittal an der Drau, Anonym, 1745

Wandgemälde, Sonnenuhr mit zwei Gedichten,
Lit.: M. Schlögel, Zeitloser Zeitmesser. Sonnenuhren jeder Generation, in: Die Presse-Magazin v. 6. 9. 1991, S. 16–17

Von der Antike bis zum Beginn des Spätmittelalters stellten Sonnenuhren die elaboriertesten Zeitmeßinstrumente dar. Auch nach der Erfindung der Räderuhr blieben Sonnenuhren unterschiedlichster Größe jahrhundertelang in Gebrauch. Etwa bis zum Ende des 17. Jahrhunderts war es üblich, mechanische Uhren um 12 Uhr Mittag nach Sonnenuhren zu stellen. Im Lauf der Frühneuzeit wurden Sonnenuhren an zahlreichen städtischen Häusern, in zunehmendem Maße aber etwa auch auf Bauernhäusern angebracht. Das gezeigte Beispiel auf einem Bürgerhaus in Spittal an der Drau verweist insbesondere durch den unterlegten Text auf die gebräuchliche Verbindung des barocken Vanitas-Topos mit Instrumenten der Zeitmessung.
[E. Ch.]

RAUM 27

27.1. Chronos mit Madonna, Engel u. Uhren
Lemgo, Bernigeroth, 1738

Titelkupfer, Druckschrift, Alexander, Jacob, Ausführliche Abhandlung von den Uhren überhaupt. L 20 cm, B 25 cm.
Wien, Universitätsbibliothek, Inv.-Nr. I 148616

27.1.1. Clepsydra Aquatica
Köln, Athanasius Kircher, 1643

Kupferstich, Druckschrift, Kircher, Athanasius, Magnes Sive de Arte Magnetica Opus Tripartitum. L 20,5 cm, B 37 cm, H 5,5 cm.
Wien, Österreichische Nationalbibliothek, Inv.-Nr. BE.3.O.63

27.1.2. Entwurf einer Wasser-Pendeluhr
Paris, Claude Perrault, 1700

Kupferstich, Druckschrift, Perrault, Claude, Recueil de plusieurs Machines de nouvelle Invention. L 25 cm, B 57 cm.
Wien, Universitätsbibliothek, Inv.-Nr. I 143.458 A

27.2. Standuhr
Graz, Joseph Geist, 1820

Glas, Holz, Messing, Silber, Eisen, Stahl. H 39,3 cm, B 20,5 cm.
Graz, Steiermärkisches Landesmuseum Joanneum, Kunstgewerbliche Sammlung, Inv.-Nr. 17525

27.3. Nachtuhr in Form einer Öllampe
Deutschland, um 1800

Zinn, Glas, Öl, H 21 cm, B 18 cm.
Zürich, Uhrenmuseum Beyer
Lit.: Antike Uhren. Das Museum d. Zeitmessung Beyer, Zürich. München 1990, S. 16

In einem Gestell aus Zinn befindet sich ein gläserner Ölbehälter, auf dem außen die Nachtstundenskala angebracht ist. Die Öllampe brennt in der Nacht. Der Pegel des verbrauchten Öls zeigt dabei die Zeit an.

27.4. Kerzenuhr
Schweiz, 18. Jhdt.

Wachs, Stearin, Kopie eines Originals.
Zürich, Uhrenmuseum Beyer
Lit.: Antike Uhren. Das Museum d. Zeitmessung Beyer, Zürich. München 1990, S. 16

Durch das abendliche Anzünden der Kerze ab IX Uhr sinkt das verbrennende Wachs und zeigt dabei bis IX Uhr morgens die Zeit an.

27.5. Wochenuhr
Lyon, Daudet, 1719

Kupferstich, Druckschrift, Servières, Grollier de, Recueils d'ouvrages curieux Mathématique et de Méchanique. L 27 cm, B 42 cm.
Wien, Österreichische Nationalbibliothek, Inv.-Nr. BE.5.O.40

Jede der 7 Bahnen stellt einen Wochentag mit den Stunden dar. Die darauf wandernde Uhr zeigt die genaue Zeit des jeweiligen Tages.

27.6. Paradoxon Astronomicum zur minutengenauen Einrichtung der Uhr
Olben, Johann Jacob, 1702

Kupfer, vergoldet, ornamentiert.
St. Florian, Stiftssammlungen

[K. F.]

27.7. Wecker mit sich entzündender Kerze
Wien, Joseph Sich, Mitte 18. Jh.

Messinggehäuse mit Spindelgang, L 17,3 cm, H ca. 7 cm.
Mailand, Museo Poldi Pezzoli
Lit.: F. Kaltenböck, Die Wiener Uhr. Wien, ein Zentrum der Uhrmacherei im 18. und 19. Jahrhundert, München 1988, S. 124

Vom Spätmittelalter bis zum Ende der Frühneuzeit waren Uhrwerke die mit Abstand komplexesten Maschinen in abendländischen Gesellschaften gewesen. Dies führte u.a. dazu, daß über mehrere Jahrhunderte hinweg der

KAT.NRR. 27.3./27.4.

Laufmechanismus von Uhren für verschiedenste Zwecke „komplexer Mechanik" benutzt wurde. Bereits die großen öffentlichen Uhren des 14. und 15. Jahrhunderts waren häufig mit zusätzlichen Mechanismen verknüpft worden, die keine unmittelbare Funktion in Hinblick auf Zeitmessung hatten, wie z.B. Glockenspiele oder Figurenlaufwerke. Seit dem 16. Jahrhundert werden Uhrwerke für den Betrieb von Bratwendern benutzt. Im Rahmen der allgemeinen Maschinen- und Automateneuphorie des 17. und 18. Jahrhunderts kam es zu einem neuerlichen Aufschwung der Verknüpfung von Uhrwerken mit anderen Funktionen. Die entsprechenden Erzeugnisse galten den Zeitgenossen als umso gelungener, je „kurioser" das Resultat war.

27.8. Domuhr von Florenz
Florenz, Paolo Ucello, 1436

Postkarte, Bildreproduktion
Lit.: D. Landes, Revolution in Time. Clocks and the Making of the Modern World, Cambridge/Mass. 1983, S. 211.

Der oberitalienische Raum ist die „Wiege" der Räderuhr. Im Lauf des 14. und 15. Jahrhunderts versuchten die norditalienischen Handelsstädte einander hinsichtlich der Pracht ihrer öffentlichen Uhren gegenseitig zu übertrumpfen. Im Innenraum des Domes von Florenz ist bis heute das großzügig gemalte Zifferblatt einer Uhr zu sehen, deren Räderlaufwerk sich hinter der Mauerfassade befindet. Das Zifferblatt zeigt die typische 24-Stundeneinteilung historischer italienischer Uhren, sowie den ebenso charakteristischen Stundenzeiger in Form eines verlängerten Sonnenstrahles. In den Ecken finden sich noch Porträts der vier Evangelisten.
[E. Ch.]

27.9.1. „Vornehmes Paar beim Trinken von Schokolade"
Österreich, Anonym, um 1790

Hinterglasmalerei, Silhouette, hinterlegte Seide, L 27 cm, B 38,5 cm.
Linz, Stadtmuseum Nordico, Inv.-Nr. 347
Lit.: Lebenswelten-Alltagsbilder, Ausstellungskatalog, Linz 1993, S. 176

Im Rahmen bürgerlicher Moralvorstellungen des 18. Jahrhunderts spielte die strikte Regulierung des Tagesablaufes nach der Uhrzeit eine besonders vorrangige Rolle. Dementsprechend erscheinen auf zahlreichen zeitgenössischen Darstellungen von Alltagsszenen Uhren besonders akzentuiert. Die Szene zeigt ein vornehmes Paar bei der Einnahme des Frühstücks. Die Uhr im Hintergrund ist an prominenter Stelle angebracht, was als vorrangiges Symbol für einen „zivilisiert verlaufenden Alltag" interpretiert werden kann. Darüber hinaus verweist der Stand der Zeiger eindeutig auf das dargestellte Milieu: Halb neun Uhr morgens wurde im großstädtischen Bürgertum des späten 18. Jahrhunderts als angemessene Frühstückszeit angesehen. Derartige Normen stellten genauestens konzipierte Instrumente der Abgrenzung von anderen sozialen Schichten dar. Mit einem früheren Frühstück hätte man sich aus der Sicht des Bürgertums zu sehr in die Nähe des Verhaltens der Unterschichten begeben. Ein noch späteres Einnehmen der Morgenmahlzeit war hingegen für den Adel charakteristisch und galt dem Bürgertum somit als Ausdruck unmoralischen Müßgigganges.

27.9.2. „Her Vieruurtje" – Vieruhrtee
Brügge, Jan Antoon Garemijn, 1778

Öl auf Leinwand, L 59 cm, B 93,5 cm.
Brügge, Stedeleijke Musea, Inv.-Nr. 1356
Lit.: Stadtbilder in Flandern. Spuren bürgerlicher Kultur 1477–1787, Brüssel 1991, Nr. 282, Abb.12.

Das Gemälde spiegelt mehrere Elemente des zeitgenössischen bürgerlichen Moralkanons wider. Während der von auswärts kommende Hausherr gemeinsam mit einem Priester den Raum betritt, sitzen Mutter und Töchter in der Stube und besticken und falten Leinen. Der Diener serviert den „Vieruhrtee", welcher nicht zufällig als „Rahmenhandlung" der Szene fungiert, da er die Regelmäßigkeit uhrzeitlicher Ordnung als oberstes Gebot des bürgerlichen Alltags repräsentiert.

27.9.3. Graf Leopold von Neipperg und seine Familie
Wien, Anonym, um 1756

Öl auf Leinwand, L 54,5 cm, B 45 cm.
Privatbesitz
Lit.: Familie. Ideal und Realität. Ausstellungskatalog, Horn 1993, S. 524.

27.9.4. Graf Leopold von Neipperg und seine Familie
Wien, Anonym, um 1758

Öl auf Leinwand, L 54,5 cm, B 45 cm.
Privatbesitz
Lit.: Lit.: Familie. Ideal und Realität. Ausstellungskatalog, Horn 1993, S. 524.

Text zu 27.9.3. und 27.9.4.:
Auf bürgerlichen, gelegentlich aber auch auf adeligen Porträts des 17. und 18. Jahrhunderts spielt die Präsenz von Uhren eine vorrangige symbolische Rolle. Während Einzelpersonen häufig mit Taschenuhren porträtiert werden, finden sich auf Familienporträts in Interieurs sehr oft Zimmeruhren in besonders prominenter Position. Die gemeinsame Darstellung "mit Uhr" repräsentiert ein wichtiges Element des milieuspezifischen Selbstverständnisses der porträtierten Personen. Wer anläßlich der Anfertigung eines Porträts bewußt eine Taschenuhr zur Hand nimmt oder sich exakt vor einer Zimmeruhr abbilden läßt, möchte mit Hilfe dieser den Zeitgenossen allgemein verständlichen Symbolik die eigene „moralisch-zivilisierte" Lebensweise und Tugendhaftigkeit zum Ausdruck bringen. Insbesondere auf Familienporträts des 18. Jahrhundert wird daher „die Uhr im Hintergrund" zu einem besonders wichtigen Element der Darstellung.

27.9.5. Bilderuhr
Wien, Anonym, 1824

Wien, Österreichische Nationalbibliothek, Bildarchiv D 35.412 A(B)
Lit.: F. Kaltenböck, Die Wiener Uhr. Wien, ein Zentrum der Uhrmacherei im 18. und 19. Jahrhundert, München 1988, S. 101ff.

27.9.6. Bilderuhr
Wien, Anonym, um 1825

Wien, Österreichische Nationalbibliothek, Bildarchiv D 21.689 (A)B
Lit.: F. Kaltenböck, Die Wiener Uhr. Wien, ein Zentrum der Uhrmacherei im 18. und 19. Jahrhundert, München 1988, S. 101ff.

27.9.7. Bilderuhr
Wien, Anonym, 1830

Wien, Österreichische Nationalbibliothek, Bildarchiv D 16.902 (A)B
Lit.: F. Kaltenböck, Die Wiener Uhr. Wien, ein Zentrum der Uhrmacherei im 18. und 19. Jahrhundert, München 1988, S. 101ff.

27.9.8. Bilderuhr
Wien, Anonym, um 1840

Wien, Österreichische Nationalbibliothek, Bildarchiv D 4.108 C
Lit.: F. Kaltenböck, Die Wiener Uhr. Wien, ein Zentrum der Uhrmacherei im 18. und 19. Jahrhundert, München 1988, S. 101ff.

Sammeltext zu 27.9.5 bis 27.9.8.:

Während der ersten Jahrzehnte des 19. Jahrhunderts entwickelte sich im Rahmen der Kunst des Biedermeier die sogenannte „Bilderuhr". Dabei spielte die Wiener Uhrerzeugung im europaweiten Vergleich eine wichtige Rolle. Bei „Bilderuhren" handelt es sich genaugenommen um eine „Verknüpfung" von Wandgemälde und Zimmeruhr. In die Szenerie der Darstellung wurden reale Uhrzifferblätter „sinnvoll" integriert. So erschienen z.B. auf Kirchtürmen oder auf anderen öffentlichen Uhrtürmen kleine Zifferblätter eines hinter dem Gemälde verborgenen Uhrwerks.

Die Zifferblätter werden in der Regel in typisch biedermeierliche Landschaftsgenredarstellungen eingearbeitet, wie z. B. in einen Blick auf bäuerliche Arbeitskräfte bei der Arbeit auf den Feldern, einen Tanz um den Maibaum auf einem Dorfplatz oder eine Szene in einem dörflichen Wirtshausgarten. „Im Hintergrund" befindet sich dann jeweils die Uhr, etwa in Form einer Kirchturmuhr, Burgturmuhr oder eventuell auch einer kleinen Uhr auf dem Gemeindeamt. In manche Darstellungen sind sogar zwei Zifferblätter integriert, z. B. eines auf einer Kirchturmuhr und ein anderes auf der Hausfront eines Bauernhofes. Neben der Verknüpfung ländlicher Idyllen mit Uhrzifferblättern finden sich auf Bilderuhren aber auch häufig Motive aus der frühindustriellen Arbeitswelt, wie etwa kleine Manufakturen oder auch Schmiedehammerwerkstätten in ländlicher Umgebung. Die Zifferblätter sind in diesen Fällen meist in die Gebäudefront der Betriebe integriert. Als weiteres Motivfeld begegnen Inszenierungen der bürgerlichen Freizeitgestaltung. Im Vordergrund dieser Darstellungen sind meist größere Gruppen, aber auch Familien und junge Paare zu sehen, die durch eine Parkanlage oder einen Hausgarten „flanieren". Die Zifferblätter befinden sich in diesen Fällen z. B. auf den Türmchen biedermeierlicher Lustpavillons oder auch auf den Fassaden kleiner Gebäude im Stil von Landschlössern im Hintergrund. Sämtliche derartige Bilder zeigen dezidiert zeitgenössische Formen bürgerlicher Freizeitgestaltungen; entsprechende Darstellungen adeliger Gesellschaften tauchen im Rahmen von Bilderuhren niemals auf. Speziell Bilderuhren aus Wiener Erzeugung zeigen auch häufig großstädtische Ansichten.

27.10. Innenraum einer englischen Rasiermesser-Manufaktur
England, Anonym, 1783

Stahlstich, Größe/Herkunft des Originals unbekannt. Reproduktion aus der Literatur
Lit.: T. Engelhardt, Stunde des Weckers, in: Aufriß. Schriftreihe des Centrum Industriekultur Nürnberg 2/1982, S. 45–51

In der Manufakturindustrie des 17. und 18. Jahrhunderts waren vielfach schon äußerst strikte Arbeitszeitordnungen aufgerichtet worden, die oft bereits die Rigidität industrieller Arbeitszeitreglements vorwegnahmen. Die vorrangige Bedeutung der Uhrzeit für den Arbeitsprozeß wird auf der Innenansicht der Arbeitshalle durch das unverhältnismäßig groß erscheinende Zifferblatt der Uhr auch auf symbolische Weise besonders unterstrichen.

27.11.1. Spazierstock mit Uhr im Knauf
Wien, Josef Koch, um 1850

Elfenbein (Uhrgehäuse), Metall, Glas, Holz.
Wien, Uhrenmuseum, Inv.-Nr. 189
Lit.: U. Klever, Spazierstöcke. Zierde, Werkzeug und Symbol, München 1984. Kaltenböck Frederick, Die Wiener Uhr. Wien, ein Zentrum der Uhrmacherei im 18. und 19. Jahrhundert, München 1988, S. 38

Die Erzeugung von speziell für Spazierstöcke entwickelten Uhrwerken hatte sich im Lauf des 19. Jahrhunderts zu einer Domäne der Wiener Uhrenproduktion entwickelt. Die Erzeugnisse wurden in die gesamte Welt exportiert. Ende des 19. Jahrhunderts war der Wiener Uhrmacher Leopold Holuska der weltweit einzige Hersteller derartiger Konstruktionen. Nach seinem Tod kam die Produktion dieses außergewöhnlichen Accessoires schließlich zum Erliegen.

27.11.2. Uhr mit Eisenbahndarstellung
Langenlois, Josef Kaden, um 1840

Standuhr in Glasgehäuse, Alabaster mit Perlmuttereinlage, H 65 cm.
Langenlois, Heimatmuseum, Inv.-Nr. 2.244
Lit.: Die Eroberung der Landschaft. Semmering-Rax-Schneeberg. Ausstellungskatalog, Wien 1992, S. 196. W. Schivelbusch, Geschichte der Eisenbahnreise. Zur Industrialisierung von Raum und Zeit im 19. Jahrhundert, Frankfurt/Main 1989.

Die Einführung der Eisenbahn in der ersten Hälfte des 19. Jahrhunderts empfanden zahlreiche ZeitgenossInnen als Revolutionierung des subjektiven Erlebens von Zeit und Raum. Tatsächlich war eine neue, „gleichmäßigere" Form des Reisens entstanden. Traditionelle Raum- und Zeitvorstellungen, nach denen ein bestimmter Ort von einem anderen eine bestimmte Anzahl von Tagesfahrten mit der Kutsche entfernt war, verloren ihre Gültigkeit. Zudem hatte die Notwendigkeit der Erstellung genauer Fahrpläne den Anspruch der Minutenpünktlichkeit – sowohl für das Personal wie auch für die Fahrgäste! – in viele bisher von uhrzeitlichen Normen relativ unbeeinflußte Regionen getragen.

[E. Ch.]

RAUM 28

Mechanisierung der Chronometrie/Mensch und Maschine/Mechanische Erfassung der Zeit/Mühle-Zahnrad-Transmission/Bewegung und Zeitintervall

28.1. Gotische Konsoluhr
16. Jahrhundert.

Gehwerk, Stundenschlag- und Viertelstundenschlagwerk. Ursprünglich Waag-Uhr, später auf Pendel umgebaut worden.
Dresden, Mathematisch-Physikalischer Salon, Inv.-Nr. D IVb 183

28.2. Gotische Konsoluhr
19. Jahrhundert (Nachbau)

Viertel- und Stundenschlag, Wecker, Windfang außen, Glockenaufsatz, Radunruh.
L 29 cm, B 16 cm, H 55 cm.
Wien, Wiener Uhrenmuseum, Inv.-Nr. U 784

28.3. Eiserne Konsoluhr
um 1500

Waagbalken (Foliot), Stundenschlagwerk, einziger Zeiger, Eckverzierungen.
L 19 cm, B 18 cm, H 30 cm.
Wien, Wiener Uhrenmuseum, Inv.-Nr. U 787

28.4. Waag-Uhr
16. Jahrhundert (?)

Eisen, Stundenschlag, Glockenaufsatz, L 20 cm, B 20 cm, H 30 cm.
Wien, Wiener Uhrenmuseum, Inv.-Nr. U 1404

28.5. Video
von Michael Bienert, Wien

Meisterklasse für Malerei und Photographie Eva Schlegel. Wien, Akademie der bildenden Künste (geloopt)

28.6. Kopernikanisches und ptolemäisches Weltmodell

Kinetische Objekte um 1970.
Regensburg, Keplerhaus Regensburg

28.7. Monumentales Modell

nach einer Zeichnung von Leonardo da Vinci: Transmission eines Mühlrades mit Bandbremse Ms.L, fol.34 verso

[E. S.]

RAUM 29 – Helles Kabinett

Mythologische Zeit/Wiedererfindung des Goldenen Zeitalters/Paradies – Ursprung/Utopie

WUNDERKAMMER: Die Exponate befinden sich in von Architekt Hans Hoffer entworfenen (Plexi)Glaskästen; auf einigen Glasoberflächen werden Diagramme aus Sonnenuhrtraktaten eingraviert, und zwar

29.1. aus: A. Schöner: Gnomonice (...). Nürnberg: Johannes Montanus 1562.

29.2. Narwalzahn

Wien, Naturhistorisches Museum – Zoologische Abteilung, Säugetiersammlung, Inv.-Nr. 004

29.3. Türkenpfeile

Wiener Neustadt, Kunst- und Wunderkammer des Neuklosters

29.4. Locke von Albrecht Dürers Haar
Aus dem Nachlaß von Hans Baldung-Grien, 1528

Fassung (um 1870), an den Kanten mit Silber verlötet, 65 x 90 mm.
Wien, Akademie der bildenden Künste, Kupferstichkabinett

29.5. Türmchenuhr
Innsbruck 1551, wahrscheinlich von Nikolaus Lanz

H 12 cm.
Innsbruck, Tiroler Landesmuseum Ferdinandeum, Inv.-Nr. U 193

29.6. Deckengemälde (bzw. Projektion)

Der Gonzaga-Fürst, Gründer der Stadt Sabbioneta, als Aeneas

29.7. Rosenkranz-Zehner
Deutsch (?), 1. Viertel 16. Jhdt.

Achat, Elfenbein, Silber vergoldet, L 55,5 cm.
Wien, Kunsthistorisches Museum, Kunstkammer, Inv.-Nr. D 5

[E. S.]

KAT.NR. 30.4.

KAT.NR. 29.3.

RAUM 30 – Dunkles Kabinett

Esoterische Zeittheorien/Zeit und Religion/Eschatologie/Endlichkeit der Welt/Ende der Zeiten/Untergang und Umkehr

PHYSICS, BEWARE OF METAPHYSICS!
(Isaac Newton)

30.1. „Gigantengebein"
sog. Fußschemel Luthers (Duplikat)

30.2. „Traumgesicht" von Albrecht Dürer
Aquarell.
Wien, Kunsthistorisches Museum, Inv.-Nr. 5127

30.3. Frontispiz von Caspar Uttenhofers Kometenbeschreibung von 1619

30.4. Geißeln der Kaiserin Anna
Österreichisch (?), vor 1618

Silber vergoldet, Messing vergoldet, Seide,
L 70 cm bzw. 73 cm.
Wien, Kunsthistorisches Museum, Kunstkammer, Inv.-Nr. Kap. 147 und Kap. 148

30.5. Flagellanten-Geißeln

Repliken

30.6. Bußgeißeln

Herzogenburg, Augustiner-Chorherrenstift

30.7. Tonband im Flüsterton

Lesungen: Caspar Uttenhofers Kometenbeschreibung von 1619

[E. S.]

RAUM 31

31.1. Kymographion (Baltzar) (samt Papier, berußt und beschrieben)
Leipzig, E. Zimmermann, um 1900

Universität Passau, Institut für Geschichte der Psychologie, Inv.-Nr. 00176

31.2. Zeitsinnapparat
Leipzig, E. Zimmermann, um 1900

Universität Passau, Institut für Geschichte der Psychologie, Inv.-Nr. 00008

31.3. Taster
Leipzig, E. Zimmermann, um 1900

Universität Passau, Institut für Geschichte der Psychologie, Inv.-Nr. 00105

KAT.NR. 29.4.

31.4. Stimmgabel mit Schreibzinken (samt Stativ)
Leipzig, E. Zimmermann, um 1900

Universität Passau, Institut für Geschichte der Psychologie, Inv.-Nr. 00883

31.5. Myographion zur Bestimmung der Nervenleitgeschwindigkeit nach Hermann von Helmholtz (Nachbau)

Physiologisches Institut der Justus-Liebig-Universität Gießen

31.6. Filmstreifen auf Karton, mit Anmerkungen von Hermann von Helmholtz
Meßstreifen vom Myographion, Frühjahr 1852

Staatsbibliothek zu Berlin, Preußischer Kulturbesitz – Handschriften Abteilung, Inv.-Nr. Sammlung Darmstedt F 1a 1847, Hermann v. Helmholtz Bl. 64

[W. P.]

RAUM 33

33.1. Pendelapparat zur Demonstration der Zeitverschiebung nach Wilhelm Wundt

Universitätsmuseum Groningen, Inv.-Nr. B 92331/5

[W. P.]

RAUM 34

34.1. Chronoskop Hipp
Leipzig, E. Zimmermann, um 1900

Universität Passau, Institut für Geschichte der Psychologie, Inv.-Nr. 00155

34.2. Pendeltachistoskop
Leipzig, E. Zimmermann, um 1900

Universität Passau, Institut für Geschichte der Psychologie, Inv.-Nr. 01251

34.3. Taster
Leipzig, E. Zimmermann, um 1900

Universität Passau, Institut für Geschichte der Psychologie, Inv.-Nr. 00104

[W. P.]

RAUM 35

35.1. 7 Photos von Jules-Etienne Marey (Reproduktionen)

Leihgeber: Collège de France, Paris

[W. P.]

KAT.NR. 34.1.

KAT.NR. 37.1.

KAT.NR. 37.3.

KAT.NR. 37.5.

KAT.NR. 37.2.

KAT.NR. 37.4.

KAT.NR. 37.6.

RAUM 37 – Albrecht Dürer (1471–1528)

37.1. – 37.14. Die 14 „Figuren" zur Geheimen Offenbarung des Johannes (Apokalypse), 1498

Holzschnitte, 392 x 271–283 mm. Das Papier im Folioformat. In der Ausstellung als vergrößerte Reproduktionen zu sehen. Nur die Kat.Nrr. 37.10 und 37.14. sind im Original ausgestellt. Leihgeber: Kupferstichkabinett der Akademie der bildenden Künste, Wien, Inv.-Nrr. 481 u. 484.

37.1. Johannes erblickt die sieben Leuchter

(Offenb. 1, 10–16)

37.2. Johannes erhält die Weisung gen Himmel

(Offenb. 4, 1–10; 5, 1–3)

37.3. Die vier apokalyptischen Reiter

(Offenb. 6, 1–8)

37.4. Die Märtyrer im Himmel und der Sternenfall

(Offenb. 6, 9–16)

37.5. Die vier Windengel und die Siegelung der 144.000 Auserwählten

(Offenb. 7, 1–3)

37.6. Die Posaunenengel

(Offenb. 8)

KAT.NR. 37.7.

KAT.NR. 37.9.

KAT.NR. 37.11.

KAT.NR. 37.8.

KAT.NR. 37.10.

KAT.NR. 37.12.

37.7. Die vier Euphratengel (Der Engelkampf)

(Offenb. 9, 13–18)

37.8. Johannes verschlingt das Buch

(Offenb. 10, 1–10)

37.9. Das Sonnenweib und der siebenköpfige Drache

(Offenb. 12, 1–5; 13–16)

37.10. Der Kampf des Erzengels Michael mit dem Drachen

(Offenb. 12, 7–9)

37.11. Das siebenköpfige Tier aus dem Meer und das Tier aus der Erde

(Offenb. 13, 1–13)

37.12. Der Lobgesang der Auserwählten

(Offenb. 14, 1–3; 19, 9–10)

37.13. Die Hure Babylon

(Offenb. 17, 3–4; 18, 9–21; 19, 11–14)

37.14. Der Engel mit dem Schlüssel zum Abgrund und das neue Jerusalem

(Offenb. 20, 1–3; 21, 9–12)

[E. P.]

KAT.NR. 37.13.

KAT.NR. 37.14.

RAUM 38/1

38.1. Martin Heidegger
um 1940

Photographie, L 18 cm, B 12,5 cm.
Wien, Österreichische Nationalbibliothek, Bildarchiv, Inv.-Nr. Pf 1.798: C (2)
Lit.: M. Heidegger, Gesamtausgabe, Frankfurt/ Main 1975 ff.; G. Neske (Hg.), Erinnerungen an M. 435Heidegger, Freiburg 1977; O. Pöggeler, Der Denkweg M. Heideggers, 1984; G. Figal, M. Heidegger – Phänomenologie d. Freiheit, 1988.

Martin Heidegger (1889–1976) prägte mit seinem Hauptwerk „Sein und Zeit" nachhaltig die abendländische Philosophie des ausgehenden 20. Jahrhunderts. Heideggers Wirkung reichte weit über die Grenzen der Philosophie hinaus und hatte teilweise erheblichen Einfluß auf Theologie, Psychologie, Soziologie, Kunst und Literaturwissenschaft.

38.1.1. Sein und Zeit
Halle, Martin Heidegger, 1927

Druckschrift, L 24 cm, B 32 cm.
Wien, Österreichische Nationalbibliothek, Inv.-Nr. 493.552-B. Per. 8

38.1.2. Materie und Gedächtnis
Paris, Henri Bergson, 1908

Druckschrift, L 23 cm, B 31 cm.
Wien, Österreichische Nationalbibliothek, Inv.-Nr. 687.673-B

38.1.3. Einführung in die Psychoanalyse
Leipzig, Wien, Zürich, Siegmund Freud, 1925

Druckschrift, L 24 cm, B 32 cm.
Wien, Österreichische Nationalbibliothek, Inv.-Nr. 221.704-C. Bd. 7

38.1.4. Das kollektive Gedächtnis
Paris, Maurice Halbwachs, 1950

Druckschrift, L 23 cm, B 28,5 cm.
Wien, Österreichische Nationalbibliothek, Inv.-Nr. 797.276-C

38.1.5. Grundlage der allgemeinen Relativitätstheorie
Leipzig, Albert Einstein, 1916

Druckschrift, L 24,5 cm, B 32,5 cm.
Wien, Österreichische Nationalbibliothek, Inv.-Nr. 508.748-B

KAT.NR. 38.1.

38.1.6. Kurze Geschichte der Zeit
Reinbek, Stephen W. Hawking, 1988

Druckschrift, L 23 cm, B 48 cm.
Wien, Österreichische Nationalbibliothek, Inv.-Nr. 1,284.368-B

[W. MF. / K. F.]

RAUM 38/2

38.2. Meta Harmonie
Basel, Jean Tinguely, 1978

Eisen, Fundstücke, Computer, L 290 cm, B 600 cm, H 150 cm.
Wien, Museum Moderner Kunst – Stiftung Ludwig, 20er Haus
Lit.: H. E. Violand-Hobi, Jean Tinguely. Biographie und Werk, München 1995; H. Szeemann, Zeitlos auf Zeit, Regensburg 1994, S. 306–310 (Maschine abgebildet).

Der Schweizer Künstler Jean Tinguely (1925–1991) kreierte, angeregt von Marcel Duchamp, dem Surrealismus und der Pataphysik, zahlreiche Maschinen, die in ihrem reibungslosen, mechanischen Ablauf, wobei sie nichts produzieren, teilweise einem Uhrwerk gleichzusetzen sind.

[W. MF. / K. F.]

RAUM 38/3

38.3. Ein Jahrhundert (Bücherei)
Düsseldorf, Hanne Darboven, 1971

Stellage: Holz, Papier, Plastik, Ordner, L 240 cm, B 500 cm, T 33 cm; 15 gerahmte Papiere mit Tagesberechnungen, à L 52 cm, B 37 cm; 86 gerahmte Papiere mit Tagesberechnungen, à L 32 cm, B 24 cm.
Wien, Museum Moderner Kunst – Stiftung Ludwig, 20er Haus
Lit.: M. Baudiou, Die Vierte Dimension, Brüssel 1982.

Ein Jahrhundert Bücherei von Hanne Darboven besteht aus 365 Bänden mit je 100 Blättern, wobei sich im ersten Band alle 1. Januars, im zweiten alle 2. Januars, usf., bis zum 365. Band mit allen 31. Dezembers des einen Jahrhunderts befinden. Ein ganzes Jahrhundert steht hier in Form eines Bücherregals (Aktenschrankes), dessen 365 Bände sämtliche Tages dieses Jahrhunderts umfassen.

[W. MF. / K. F.]

RAUM 38/4

38.4.1. Vanitas-Darstellung
Süddeutsch, Mitte 16. Jahrhundert

Öl auf Holz, 80 x 66 cm, rechts unten Inschrift: *„PSALM 90: HERR LERE VNS BEDENCKEN, DAS WIER STERBEN MVESSEN AUFF DAS WIER KLVGK WERDEN:"*

Herzogenburg, Augustiner-Chorherrenstift – Kunstsammlung
Lit.: Kat. Staat und Kirche in Österreich. Von der Antike bis Joseph II. (Ausstellung zum St. Pöltner Diözesanjubiläum 1985, St. Pölten 1985, 84 (Kat. Nr. 9.28), mit Abb.; Kat. Renaissance in Österreich (Ausstellung auf Schloss Schallaburg – Kat d. NÖ Landesmuseums, Neue Folge Nr. 57), Wien 1974, S. 59 (Kat. 131)

Im hier zitierten Psalm 90 wird die Zuflucht des vergänglichen Menschen beim ewigen Gott in einprägsamen Zeitmetaphern geschildert: *„Ehe die Berge geboren waren und die Erde und die Welt geschaffen, bist du Gott von Ewigkeit zu Ewigkeit. Du läßt die Menschen zum Staube zurückkehren, sprichst zu ihnen: ‚Kehret zurück, ihr Menschenkinder!' Denn tausend Jahre sind vor deinen Augen wie der gestrige Tag, wenn er vergangen, wie eine Wache in der Nacht. Du säest sie aus, von Jahr zu Jahr, sie sind wie das sprossende Gras: am Morgen erblüht es und sprosst, am Abend welkt es und verdorrt." (Ps. 90, 2–6)* Vor dunklem Hintergrund meditiert ein weißbärtiger Greis über den Totenschädel in seiner Hand. Sein gesenkter melancholischer Blick gleitet aber darüber hinweg und scheint in den ängstlich betroffenen Augen jenes Knaben zu münden, der uns im Bild rechts mit nacktem Oberkörper begegnet. Auf beklemmende Weise wird damit auch dieses Kind an die Kürze des Lebens gemahnt (*„Ja, all unsre Tage schwinden durch deinen Zorn, unsre Jahre gehen dahin wie ein Seufzer"* Ps. 90, 9). Es erinnert in der direkten Gegenüberstellung mit dem hohen Alter an die eingangs erwähnte allzu kurze Lebensspanne und somit an das Faktum, daß wir mit der Geburt zugleich auch bereits zum Sterben verurteilt sind. Darüber hinaus dürfen wir in ihm wohl auch eine Personifikation des jugendlichen Genius Thanatos sehen, dem Tod in der griechischen Mythologie. Er gilt als Sohn der Nacht und Zwillingsbruder des Schlafes (Hypnos). Neben der ausgelöschten Fackel sind daher auch Mohnköpfe ein weiteres Attribut von Thanatos. Die Mohnblüte im Bildvordergrund links stützt daher unseren Identifikationsversuch. Das Stundenglas sowie die Blumen akzentuieren den Vergänglichkeitscharakter. Die dominierende Schädelkalotte des greisen Mannes mit dem einprägsamen Charakterprofil geht möglicherweise auf Dürers Petruskopf aus dem Doppelbildnis der vier Apostel (Alte Pinakothek München) zurück. Die deutsche Zitation der Psalmstelle entspricht der Lutherischen Bibelübersetzung, weshalb dieses Tafelbild dem protestantischen Kunstkreis zugeordnet wird. Den genannten Psalmentext erhob schließlich auch der Protestant Johannes Brahms in seinem „Deutschen Requiem" (1868) zu einem der beeindruckendsten Vanitas-Tongemälde von überkonfessioneller Eindringlichkeit.

38.4.2. Triumph des Todes

Jan Brueghel d. Jüngere (Antwerpen 1601 – 1678 ebenda), vor 1620

Öl auf Leinwand, 119 x 162 cm.
Vaduz, Sammlungen des Fürsten von Liechtenstein, Inv.-Nr. 1134
Lit.: Ertz, K., Jan Brueghel der Ältere. Die Gemälde. Mit kritischem Oeuvrekatalog, Köln 1979, Kat. Nr. 45; S. 457f. (hier als Jan Brueghel d. Ältere geführt); Kat. Breughel. Pieter Breughel d. J., Jan Brueghel d. Ä. Flämische Malerei um 1600. Tradition und Fortschritt, Lingen 1997, S. 114 (mit Abb.); Canetti, E., Die Fackel im Ohr, Frankfurt 1982, S. 111f.; Wentzlaff-Eggebert, Der triumphierende und der besiegte Tod in der Wort- und Bildkunst des Barock, Berlin 1975, S. 26f., Tafel 12; Marlier, G., Pierre Brueghel Le Jeune, Brüssel 1969, S. 103f., Abb. 42 u. 43; Gerson, H., u. Ter Kuile, E. H., Art and Architecture in Belgium 1600–1800 (Pelican History of Art), Harmondsworth 1960, S. 57 (hier als frühestes bekanntes Gemälde des Pieter Brueghel des Jüngeren geführt); Glück, G., Bruegels Gemälde, Wien 1932, S. 56

Seit dem Spätmittelalter findet sich die sinnbildliche Darstellung des Todes, der sich aller Menschen – Fürsten, Prälaten, Soldaten, Wüstlinge, Jungen und Alten – bemächtigt, im umfangreichen moralisierenden Repertoire der Kirche. Totentanz-Darstellungen begegnen wir daher vorwiegend im architektonischen Ambiente von Kirchen (z.B. an Friedhofsmauern) und Klöstern – hier vor allem in Bettelordensklöstern. Dem verheerenden Siegeszug des Todes folgen dabei zumeist die Tröstungen der Religion. Diesen kirchlichen Trost, diese hoffnungspendende Zuversicht im Glauben an eine Unsterblichkeit vermissen wir hingegen gänzlich im vorliegenden Gemälde, das ein beklemmendes Panorama der Zerstörung, Ausrottung, des Hinschlachtens im Zusammenspiel mit Katastrophenszenarios (Brände und Schiffbrüche) entwirft. Die todgeweihte Volksmenge avanciert so zu Protagonisten eines universellen Totentanzes, dessen Takt vom personifizierten Tod selbst geschlagen wird: er hat sich unter anderem an die zeigerlose Turmuhr des Mittelgrundes geheftet, um die Stunde des Todes anzuzeigen. Die in hervorragendem Zustand erhaltene Vaduzer Version des „Triumph des Todes", die nach neuesten Forschungsergebnissen aus der Hand Jan Brueghel des Jüngeren stammt (Klaus Ertz hatte sie 1979 noch Jan Brueghel dem Älteren zugewiesen) und eine von fünf Fassungen repräsentiert, basiert auf der gleichnamigen Komposition von Pieter Brueghel dem Älteren im Prado in Madrid (datiert 1562). Die in den alten Katalogen von 1873 wie auch 1931 noch ausgewiesene Signatur BRVEGHEL 1597 ist seit der Reinigung von 1935 verschwunden.
Trotz einer scheinbar disparaten Figurenregie sind einzelne Gruppenmassierungen konstatierbar, die sich an den damals an feste Termine gebundenen Umzügen bzw. an der Tradition der Theaterprozession (dem sogenannten „Ommegang") orientieren und diese fallweise auch parodieren. Letzteres ist der Fall, wenn man etwa den Wagen mit den Totenschädeln im Mittelgrund links ins Auge faßt und ihn als Spottbild jener Triumphwägen interpretiert, die wir aus dem italienischen Kunstkreis kennen und in Stichen (etwa bei Maerten van Heemskerk) auch nördlich der Alpen geläufig waren. Der Höllenwagen („Hellewagen") im Bildzentrum, von Brueghel als brennende Burg mit Symbolen der Sünde außen behaftet, unterstreicht die theatralische Dimension. In furchtbarer Hast flüchten alle noch Lebenden in den großen Sarg im Bildmittelgrund rechts, der nach Art einer Mausefalle konzipiert ist und ein Entrinnen unmöglich macht. Daß dieses Schicksal allen Lebenwesen bestimmt ist, unterstreicht Brueghel durch die Hinzufügung toter Tiere. In einer Reihe von Anspielungen wird das bevorstehende Jüngste Gericht zitiert, wie etwa im Bild der Trompeter (Off. 8, 13) oder dem Teich aus Kristall und Feuer (Off. 15, 2). Auch in die konfessionellen Spannungen der Zeit werden wir mit einigen Episoden hineinmanövriert: der Mann, den man in den Schwefelteich wirft, ist laut Apokalypse als einer der falschen Propheten zu identifizieren: *„...Und ich sah das Tier und die Könige der Erde und ihre Heere versammelt, um Krieg zu führen mit dem, der auf dem Pferde saß, und mit seinem Heer. Und das Tier wurde ergriffen und mit ihm der falsche Prophet, der vor seinen Augen die Zeichen getan hatte, durch welche er die verführte, die das Malzeichen des Tieres annahmen und die sein Bild anbeteten; lebendig wurden die beiden in den Feuersee geworfen, der von Schwefel brennt..."* (Off. 19, 19–20). In der Urfassung des Prado trägt dieser die Züge Calvins, in der Version des Mildred Andrews Fund/Cleveland (von Pieter Breughel dem Jüngeren) jene Luthers. In der Vaduzer Fassung scheint ein derartiger Konnex hingegen kaum herstellbar.
Die aufgescheuchte Tafelrunde im Bildvordergrund rechts paraphrasiert die Tafelspiele der Zeit. Bei einem derartigen „Tafelspel" kam Schauspielern die Aufgabe zu, ein Bankett humorvoll zu unterhalten. Dabei wurden von den Akteuren den Gästen wertlose Geschenke wie Rüben, Heringe oder Eier überreicht, deren Vorzüge sie dann auf komische Weise hervorkehren sollten. In diesem letalen „Tafelspiel" wird jedoch ein Totenschädel auf dem Serviertelller präsentiert, was in der Runde begreiflicherweise Entsetzen hervorruft: einer der anwesenden Narren flüchtet unter den Tisch, ein anderer Schauspieler leert die Flaschen aus, um damit das Ende des Spiels anzukündigen. Nicht minder makaber auch die Bestattungsszene in der Bildmitte: Zwei Mönche ziehen

eine Leiche in einem Sarg auf Rädern, der seinerseits wieder über eine andere Leiche fährt. Im Sarg selbst begegnen wir einer bis zum Kopf in Leinenbinden gewickelten weiblichen Leiche und einer an den Sargrand geworfenen Leiche eines Säuglings. Dieses Detail ist bereits in der Prado-Fassung präfiguriert, taucht aber nicht in allen Versionen auf (im genannten Pendant in Cleveland ist dieses nur mehr mit Infrarot als Unterzeichnung sichtbar). Das Bestatten der Toten als siebentes Werk der Barmherzigkeit gerät damit allerdings in den Hintergrund. Da von protestantischer Seite die Gültigkeit der Werke der Barmherzigkeit angezweifelt wurde, ist die prominente Plazierung dieser Gruppe als eine Art Gegenantwort an die Adresse der Protestanten verstanden worden. In den späteren Fassungen des Themas unter den malenden Nachkommen des Pieter Brueghel dem Älteren trifft wohl diese Absicht nicht mehr zu.
Scheinbar völlig ungerührt von all den schrecklichen Geschehnissen weilt das Liebespaar im Bildvordergrund rechts, das in der Literatur als Meditation über die Liebe bezeichnet wird. Porträthafte Züge charakterisieren die beiden Liebenden: sie hat das Notenbuch aufgeschlagen, um mit ihrem Gesang den vor ihr sitzenden Lautenisten zu betören. Im Unterschied zum Prado-Vorbild wirkt hier der Lautenspieler mit den lässig übereinander gekreuzten Beinen entspannter, gelöster. Die Überzeugung, daß das Geheimnis der Liebe größer sei, als das Geheimnis des Todes, wird wohl in dieser Episode als eine Quintessenz zu bewahren versucht.

38.4.3. Allegorie der Vergänglichkeit
Deutsch? (Art des Matthias Stomer ?), Mitte 17. Jhdt.

Öl auf Leinwand, Höhe 81,5 x 42,2 cm.
St. Paul i. Lavanttal, Benediktinerstift – Kunstsammlungen
Lit.: Sitar, G. (Bearbeiter), Kat. Barock. Spiegelbilder einer Zeit, St. Paul 1997, S. 146, Nr. 13. 27; Schatzhaus Kärntens. 900 Jahre Benediktinerstift St. Paul, Bd. 1, Klagenfurt 1991, S. 432, Kat. 24.6 (Farbabb.); ÖKT 37 (1969), S. 305, Nr. 67

Geradezu gespenstisch wirkt dieses halbfigurige Greisenporträt, das hier aus dem Dunkel auftaucht und auf Rembrandts subtile Lichtführung in den eindringlichen Propheten- und Philosophen-Studien aufbaut: Von oben einfallendes Licht verwandelt das hagere Antlitz des zahnlosen und faltenübersäten Mannes mit dem aufgerissenen Mund und dem ängstlich visionären Blick in eine schonungslose Altersstudie, aus der sowohl Würde als auch Last des Altwerdens gleichermaßen aufleuchten. Den Attributen dieser Memento-mori-Allegorie kommt damit eine vergleichsweise untergeordnete Bedeutung zu: das Stundenglas prüfend ins Licht gehoben, die knorrige linke Hand behutsam über einen Totenschädel streichend, scheint der Alte bei der Lektüre eines Buches überrascht worden zu sein. Sein eigenes abgelaufenes Leben (Stundenglas) wird gleichsam vom „ewigen (göttlichen) Licht" überstrahlt. Entgegen der Tradition vieler (vor allem niederländischer) Memento-mori-Varianten ist es hier weniger ein lethargisches Akzeptieren eines unausweichlichen Schicksals, denn überraschte, dialoghafte Konfrontation mit den bevorstehenden Letzten Dingen. In seinen moralisierenden Zielsetzungen entspricht das Gemälde ganz dem gegenreformatorischen Habitus, wie er etwa auch in der zeitgleichen Barocklyrik zum Ausdruck kommt: *„Der Mensch in Ewigkeit: Ich selbst bin Ewigkeit, wenn ich die Zeit verlasse Und mich in Gott und Gott in mich zusammenfasse. ... Der Tod ists beste Ding: Ich sage, weil allein der Tod mich machet frei, Daß er das beste Ding aus allen Dingen sei. ... Der Mensch, der macht die Zeit: Du selber machst die Zeit, das Uhrwerk sind die Sinnen; Hemmst du die Unruh nur, so ist die Zeit von hinnen."* (Angelus Silesius, aus dem „Cherubinischen Wandersmann", 1657). In der Zuschreibungsfrage wird hier versuchsweise der vermutlich aus Flandern stammende Maler Matthias Stomer (geb. um 1600, gest. nach 1650 wahrscheinlich in Sizilien) zur Diskussion gestellt, wobei hier besonders die „Allegorie des Geizes" in den Staatlichen Kunstsammlungen zu Kassel sowie „Die Alte mit der Kerze" in der Dresdner Gemäldegalerie Alte Meister Dresden als Vergleich herangezogen wurden.

38.4.4. Vanitas-Stilleben
Deutsch, Mitte des 17. Jhdts.

Öl auf Leinwand, 56,5 x 88,5 cm, auf einem Schriftstück bezeichnet: „Ferdinandt der Anderte", auf der linken Buchseite „Vanitas".
Wilhering, Zisterzienserstift – Kunstsammlungen, Inv.-Nr. 180
Lit.: Etzlstorfer, H., Die Kunstsammlungen des Stiftes Wilhering. Beschreibender Katalog (= Studien zur Kulturgeschichte von Oberösterreich Folge 6), Linz 1997, S. 184, Nr. 417

Die ausgelöschte Kerze, der Totenschädel, die abgelegte, verstummte Geige sowie der Vanitas-Hinweis auf dem aufgeschlagenen Buch betonen die Strenge und moralisierende Absicht selbst in diesem eher malhandwerklichen Stillebens. Der Verweis auf Kaiser Ferdinand II. (Regentschaft 1619–1637) ist insofern relevant, als wir damit eine Datierung in die Mitte des 17. Jahrhunderts als legitim betrachten. Das Gemälde dokumentiert zudem den frühen Einzug der reinen Vanitas-Stilleben abseits direkter biblischer Bezüge in die heimischen Stiftsgalerien.

38.4. 5. Vanitas-Stilleben mit Totenkopf, Chronik und Stundenglas
Art der Haarlemer Malerschule (vielleicht Edwaert Collier), Ende 17. Jhdt.

Öl auf Leinwand, 68 x 80,5 cm.
Schlägl, Prämonstratenserstift – Gemäldegalerie, Inv.-Nr. K. 160
Lit.: Ebert-Schifferer, Stilleben, in: Kat. Von Lucas Cranach bis Caspar David Friedrich. Deutsche malerei aus der Ermitage (Ausstellung der Schirn-Kunsthalle Frankfurt), München 1991, S. 132f.; Kat. Les Vanités dans la peinture du XVIIe siécle (Ausstellungskatalog Musée des Beaux-Arts-Paris – Petit Palais), Caen 1990; Pichler, I., Etzlstorfer, H. u. Mair, R., Schlägler Gemäldekatalog (Bd. 9 der Schlägler Schriften), Linz 1987, S. 361, Kat. Nr. 232 (mit Abb.); Ertz, K., Die Malerfamilie Brueghel und weitere Meister des „Goldenen Zeitalters" der niederländischen Malerei, Freren 1986, S. 62; Kat. Stilleben in Europa (Ausstellungskatalog), Münster 1979.

Die Hinfälligkeit der irdischen Erscheinung begegnet uns als Thema zwar bereits in spätmittelalterlichen Darstellungen, die Endlichkeit irdischer dinglicher Pracht ist als eigenes Sujet allerdings erst in der Stillebenmalerei des 17. Jahrhunderts nachweisbar. Begünstigt wurde diese Entwicklung durch den bereits seit dem 15. Jahrhundert aufkeimenden niederländischen Realismus. Zudem hat der niederländische Protestantismus, der nach dem vorangegangenen Bildersturm die Vermittlung mahnender und kontemplativer Botschaften auch dem Stilleben anvertraute, den Sinn und das Verständnis für diese subtilen Moral-Lehren geschärft. Das Repertoire der reinen Vanitas-Maler kreiste daher zumeist um recht eindeutige Sinnbilder von flüchtiger Schönheit, oberflächlichem Genuß – und bevorstehendem Sterben. Neben prächtig blühenden Blumen, deren Verwelken unaufhaltsam naht, künden stumme Zeugnisse der Geselligkeit, des Wohlstandes, des Ruhmes, der Wissenschaft und Macht – wie z.B. Musikinstrumente, Geld, festlich gedeckte Tische, Globen, Harnischteile oder Lorbeerkränze – von der Kurzlebigkeit irdischer Freuden und Begehrlichkeiten. Meist kollidieren sie schroff mit den dinglichen Hinweisen auf Sterben und Tod, wie etwa auch im vorliegenden Gemälde in dem zum Stillstand gebrachten Stundenglas, der eben ausgelöschten Kerze, den teils schon zugeschlagenen Büchern oder dem schaurigen Totenkopf. Das im Vordergrund links gegebene plastische Modells eines Muskelmannes, das wohl noch auf einen Holzschnitt aus dem ersten Band des Traktats „De corpore fabrica" des Brüsseler Andreas Vesalius (1514–1564) zurückgeht, warnt nicht nur vor dem schönen Körper als Trugbild, sondern enttarnt auch die medizinischen Künste all ihrer trügerischen Sicherheitsstrategien.
In Haarlem konnte sich im ausgehenden 17. Jahrhundert eine eigene Malerschule etablieren, die das Thema der Vanitas-Allegorie

zum Höhe- und Endpunkt in der niederländischen Malerei führte. Auch Edwaert Collier (gest. nach 1707), dessen Bildsprache in diesem Gemälde an vielen Details erkennbar wird, verbrachte in Haarlem entscheidende Schaffensjahre.

38.4.6. Der hl. Joseph mit dem Jesukind (dieses hält eine Sanduhr in der Hand und verweist auf die Ewigkeit – einen Kreis)

Ulrich Glantschnigg (Hall 1661–1722 Bozen), 1716

Öl auf Leinwand, 83 x 66 cm.
Neustift, Chorherrenstift – Kunstsammlungen
Lit.: Katalog 850 Jahre Chorherrenstift Neustift 1142–1992, Stift Neustift 1992, S. 127, Kat.Nr. 12.8 (Farbabb.); Ringler, J., Der Bozner Maler Ulrich Glantschnigg, in: Der Schlern, Jg. 35, 1961, S. 239 – 253; Thieme-Becker Künstlerlexikon Bd. 14, S. 235.

Eine unikale Darstellungsform für das theologische Bild des Gottessohnes, der Zeitlichkeit und Ewigkeit in seiner Person vereint, liegt uns in diesem Gemälde des Tiroler Malers Ulrich Glantschnigg vor: Das vom Nährvater Josef zärtlich auf einem weißen Kissen präsentierte Jesukind berührt mit seiner Linken das halbvolle Stundenglas als Hinweis auf die zeitliche Beschränktheit menschlichen Lebens, die Rechte weist auf einen scheinbar frei schwebenden Kreis, der wie ein isolierter Nimbus hier als Symbol der Ewigkeit fungiert. Daß die theologische Botschaft weniger auf den Betrachter als auf das Jesukind selbst zu beziehen ist, erhellt erst die Gegenüberstellung mit dem formatgleichen Pendant, das sich ebenfalls im Chorherrenstift Neustift befindet: es zeigt Maria mit dem Jesukind, das auf einem Kreuz steht. Auf diesem liegt eine Dornenkrone als Hinweis auf die bevorstehende Passion. Das Kreuz liegt auf einer Schafwolldecke als Hinweis auf Christus als das Lamm Gottes. Der angebissene Apfel in der Rechten des Knaben erinnert an den Sündenfall und an die Erbschuld der Menscheit. In der Zeitallegorie ist demnach das Stundenglas vor allem auf die knappe leibliche Präsenz des historischen Jesus zu beziehen, der jedoch durch seinen Kreuzestod und seine Auferstehung auch uns ein ewiges Leben erwirkte.

38.4.7. Anbruch des Zeitalters der Schönheit

Matthäus Günther (Unterpeissenberg 1705 – Haid bei Wessobrunn 1788)

Öl auf Leinwand, 72,7 x 91,5 cm, Modell für das Deckenfresko im Schlafzimmer der Herzogin im Neuen Schloß in Stuttgart.
Salzburg, Barockmuseum, Inv.-Nr. 0321
Lit.: Rossacher, K. (Bearbeiter), Visionen des Barock. Entwürfe des 17. Und 18. Jhdts. Salzburger Barockmuseum. Sammlung Rossacher. Salzburg 1983, S. 236 (Abb.); Zahlten, J., „Ein Saal von Apollo die Musique zu probiren" im Stuttgarter Neuen Schloß. Materialien zum profanen Werk Matthäus Günthers, in: Ausstellungskatalog „Barock in Baden-Württemberg", Karlsruhe 1981, Bd. 2, S. 107 – 129 (Abb. 12); Kat. Age of Elegance – The Rococo and it's effect. Baltimore 1959, S. 63, Abb. 247.

Die inhaltlichen Einzelmotive dieses Deckenbildentwurfs entstammen der bekannten Geschichte von Amor und Psyche, wie sie uns Apuleius von Madaura erzählt: Da Psyche die Liebesgöttin Venus an vollkommener Schönheit weit übertraf, erregte dies den Neid und Zorn der Venus. Sie beschloß, ihren Sohn Amor auf die Erde zu schicken, um in Psyche die heftigste Liebe zu entfachen, die jedoch auf das häßlichste Wesen fallen sollte. Doch beim Anblick Psyches entbrannte Amor selbst in Liebe. Anstatt den Auftrag der Mutter zu erfüllen, entführte er Psyche in seinen von ewig blühenden Gärten umgebenen Palast. Da Amor aber seine Geliebte immer nur im nächtlichen Dunkel traf und sie stets bei Anbruch der Morgenröte verlassen mußte und sie zudem nicht nach seiner wahren Identität forschen durfte, stiegen ihre Zweifel, denn ihre beiden Schwestern verdächtigten sie, Opfer eines Ungeheuers geworden zu sein. Ihre Neugierde siegte, Amor entzog sich ihr und ließ sie in Verzweiflung zurück. Vergebens hoffte sie auf die Rückkehr des Geliebten. Daher machte sie sich auf den Weg, ihn zu finden. Im Palast der Venus angelangt, wurden ihr von der Liebesgöttin eine Reihe von Prüfungen auferlegt, die allesamt nur den Untergang ihrer Rivalin bezwecken sollten. Matthäus Günther wählt den Moment, in dem sich Amor über die bei ihrer letzten Prüfung in tiefen Schlaf gefallene Psyche beugt, um sie zu wecken und zu retten. Links neben ihr sitzt im Halbschatten Venus mit einer Taube in der Hand. Die vom Volk gefeierte Psyche wird mit Blumen bekränzt und wie eine Göttin verehrt. Putten schmücken am unteren Bildrand den Schwan, der nun bald wieder versöhnten Liebesgöttin. Auf dem linken Eckpodest finden wir noch Amors Pfeile samt Bogen und Köcher. In der rechten Ecke sind die beiden Schwestern Psyches in Schatten getaucht. Sie hatten Psyche in ihr Verderben gestürzt. In der rechten oberen Ecke bestürmt der geflügelte Merkur, der Psyche im Auftrag der Venus suchte und später auf Jupiters Geheiß in den Götterhimmel heimholte, den Kriegsgott Mars, um ihm den Anbruch des Zeitalters der Schönheit und der Liebe zu künden. Zugleich fordert er Mars auf, seine Waffen in der Zeit des nun beginnenden Friedens ruhen zu lassen. Der vorliegende Bozzetto wurde von Zahlten (op.cit.) erstmals als Deckenbildentwurf für das Porzellankabinett des Neuen Stuttgarter Schlosses zur Diskussion gebracht. Dieser Raum wurde jedoch beim großen Schloßbrand vom 13. November 1762 vernichtet, Bildquellen zur Ausstattung sind uns nicht überliefert, weshalb wir heute auch über Aussehen und Inhalt des ausgeführten Deckenbildes nicht informiert sind. Matthäus Günther wechselte ab den 40er Jahren vom pathetischen Rokoko der Asamschule zu einem sentimentalen Rokoko, in dem das Ornament, weit ausgreifende Gebärden, Lichtbahnen, flatternde Gewänder und oft hochragende Architekturen bestimmende Gestaltungselemente darstellen. Günthers Werk ist auf Bayern, Schwaben, Franken und Tirol verteilt. Neben seiner Tätigkeit am Stuttgarter Hof ist hier auch noch Günthers 1762 erfolgte Bestellung zum Direktor der Reichsstädtischen Kunstakademie Augsburg zu erwähnen.

38.4.8. Chronos hält das Stundenglas über einen schlafenden Jüngling

Andreas Hardter (Wildon 1780 – Graz 1816), um 1805

Öl auf Leinwand, 82,5 x 64 cm.
Graz, Neue Galerie am Landesmuseum Joanneum, Inv.-Nr. I/745
Lit.: Skreiner, W. (Hrsg.), Neue Galerie am Landesmuseum Joanneum. Gesamtkatalog der Gemälde. Graz 1988, S. 199, Nr. 548 (Abb.); Thieme-Becker Künstlerlexiokon Bd. 16, Leipzig 1923, S. 31

Chronos löst sich aus der Umarmung des Jünglings, der ermattet neben Schild und Kampfhelm niedergesunken ist. Der Blick des geflügelten Chronos ist jedoch dem Betrachter zugewendet, in seiner linken Hand hebt der Gott der Zeit das Stundenglas zu mahnender Betrachtung hoch. Ist es der geschlagene Krieger, dessen Zeit abgelaufen ist, oder ist es lediglich der vergebliche Versuch des Jünglings, den unabänderlichen Zeitenlauf anzuhalten? Der steirische Maler Hardter interpretiert diese Allegorie im Stil des flämischen Hochbarock. Dies erklärt sich wohl auch aus Hardters Auseinandersetzung mit Rubens und Jordaens, die er mehrfach kopierte. Hardter konnte sich vor allem auf dem Gebiet der Porträt-, Genre-, Historien- und Stillebenmalerei etablieren. Er studierte bei J. V. Kauperz an der Ständischen Zeichnungsakademie in Graz und stand dieser später auch als Direktor vor. Seine eigentliche Stärke lag im Porträt, während er in seinen eigenständigen Kompositionen einem eher trockenen Klassizismus huldigte.

38.4.9. Die neue Zeit steigt aus der alten empor

Fritz Silberbauer (Leibnitz 1883 – 1974 Graz), 1919

Öl auf Leinwand, 121 x 129 cm (Entwurf für ein allegorisches Gemälde der Landstube).
Graz, Neue Galerie am Landesmuseum Joanneum, Inv.-Nr. I/693

Lit.: Skreiner, W. (Hrsg.), Gesamtkatalog der Gemälde. Graz 1988, S. 310, Nr. 310 (Abb.); Silberbauer, W., Fritz Silberbauer 1883–1974, phil. Diss., Graz 1988; Kat. Fritz Silberbauer 1883 – 1974 (Ausstellung des Grazer Stadtmuseums), Graz 1983.

Für die Neugestaltung der Grazer Landstube legte auch der Maler Fritz Silberbauer Entwürfe vor. In das bestehende Ausstattungsensemble sollte ein neues Gemälde integriert werden. Zu diesem Zwecke legte Silberbauer neben einem Gemäldeentwurf auch eine Skizze zur geplanten Integration des Bildes vor. Daraus wird die gestalterische Notwendigkeit eines Dreipaß-Bildabschlusses ersichtlich. Unter dem Titel „Die neue Zeit steigt aus der alten hervor" entwirft der Maler ein futuristisches Szenario, das voll symbolistischer Tendenzen ist.

38.4.10. Vergänglichkeits- und Ewigkeitsallegorien

Amsterdam, vor 1658

Kupferstich aus Jacob Cats: Alle de Werken, Amsterdam 1658 (Schlußvignette zum Vorwort von J.J. Schipper), 380 x 240 mm (Blattgröße). Lasberg, Sammlung Punkenhof 11, Inv.-Nr. 524

Lit.: Telesko, W. (Bearbeiter), Meisterwerke europäischer Druckgraphik (Kat. d. Graphischen Sammlung des Nordico – Museum der Stadt Linz, Nr. XI), Linz 1999, S. 28f.; De Jongh, E. und Luijten, G., Mirror of everyday life. Genreprints in the Netherlands 1550–1700 (Ausstellungskatalog des Rijksmuseums Amsterdam), Amsterdam-Gent 1997, S. 29; Luijten, H., Jacob Cats, Sinne- en minnebeelden. Studie-uitgave met inleiding en commentaar (Monumenta Literaria Neerlandica X, 1–3), 3 Bd. 3, Den Haag 1996; Mc Geary, Th. und Nash, N. F., Emblem Books at the University of Illinois. A bibliographic Catalogue, Boston 1993; Schöpf, H., Fabeltiere, Wiesbaden 1992, S. 120f. u. 156f., Gerritzen, C., Lexikon der Bibel, Eltville 1990, S. 346; Unterkircher, F., Tiere Glaube Aberglaube, Graz 1986, S. 51; ten Berge, D., De hooggeleerde en zoetvloeinde dichter Jacob Cats, s`Gravenhage 1979; Jonge, C.H. de, Zinne- en minnebeelden in de schilderkunst van de zeventiende eeuw, Amstderdam 1967; Praz, M., Studies in Seventeenth-Century Imagery (Sussidi Eruditi 16), 2. Auflage, Rom 1964, S. 300f.; Stechow, W., Homo bulla, in: The Art Bulletin XX, 1938, S. 227f.; Ersch, J. S. u. Gruber, J. G., Allgemeine Enzyklopädie der Wissenschaften und Künste, Teil 15/1, Leipzig 1818–1889 (Reprint Graz 1970), S. 387f. (mit Werkverzeichnis von Jacob Cats); Zedler, J. H., Großes vollständiges Universal-Lexikon, Bd. 5, Halle-Leipzig 1733 (Reprint Graz 1961), S. 1577f.

Der barocke Kupferstich stellt biblische und (ursprünglich pagane) Sinnbilder für Vergänglichkeit und Ewigkeit vor und bietet so auch eine Zusammenschau der bis heute verständlichen Symbole für Zeitlichkeit und Unendlichkeit. Die ersten drei Kartuschen im oberen Abschnitt kreisen um das Thema Ewigkeit, wobei die Darstellung des Jüngsten Gerichtes in der Vision des Ezechiel (ez. 37, 1–14) als Anbruch einer neuen Zeit, der Ewigkeit, zu verstehen ist. Christus thront auf einer Wolkenbank, Posaunenengel (vgl. Kat.Nr. 38.4.31.) verkünden die Auferweckung der unverweslichen Toten (Kor. 15, 51f), die aus ihren Gräbern kriechen. Darunter werden in jeweils einer Kartusche zwei antike Symbole für Ewigkeit und Unsterblichkeit abgebildet: der Ouroboros und der Phönix.
Der Uroborus oder Ouroboros (Schlangenring), das Symbol der sich in den Schwanz beißenden Schlange, stellt im Indischen den Kreislauf des Universums oder die Zeit dar: sie umgibt die Welt. Nicht nur die Fähigkeit, sich zu einem Ring zusammenzulegen, sondern auch ihre Eigenschaft, sich durch den Hautwechsel zu erneuern, ließ die Schlange zum Sinnbild für den ewigen Kreislauf der Energien in der Welt und im Menschen und damit auch für den Kreislauf der Zeitalter werden.
Rechts wird ein weiteres altes Sinnbild für Ewigkeit vorgestellt: der aus dem antiken Schrifttum (Herodot) bekannte und wohl auf ägyptischen Ursprung zurückzuführende Phönix-Mythos. Ovid berichtet über diesen „göttlichen Wundervogel", der bei den Ägyptern „bennu" genannt wird, daß er sich – nachdem er ein hohes Alter erreicht hat – selbst auf dem Scheiterhaufen von Gewürzen verbrennt und verjüngt aus seiner Asche hervorgeht. Im Alten Testament begegnen wir ihm im Buche Hiob: „So dachte ich: ‚Mit meinem Neste werde ich sterben und lange leben wie der Phönix'" (Hi. 29, 18). Erst im Physiologus, diesem naturkundlichen Werk und mittelalterlichen „Lehrbuch" der Zoologie, das jedoch bereits seit dem zweiten Jahrhundert in einer griechischen Niederschrift existiert (entstanden in Alexandrien), wird das Bild des sich selbst opfernden und neu erstehenden Phönix erstmals auch für Christus bemüht. Seitdem zählt er zu den ältesten Christussymbolen. Und zwar nicht nur als Sinnbild für Unsterblichkeit, denn der Phönix symbolisiert auch Christus selbst, der beide Flügel, nämlich das Alte und Neue Testament, mit dem süßesten Wohlgeruch erfüllt hat. Tertullian, der Kirchenlehrer Ambrosius und Kyrillus von Jerusalem haben darüber hinaus den Phönix als Beweis für die Wiedererstehung des Fleisches angeführt. In dieser Bedeutung ist er wohl auch im ikonographischen Kontext dieses Kupferstiches zu werten, das den in Flammen stehenden Vogel mit ausgebreiteten Flügeln vor der strahlenden Sonne vorstellt. Letzteres Detail entspricht einem alten Vorstellungsbild, demzufolge der Phönix in der Morgenröte aus dem Wasser des Nils emporsteigt und so zum Sinnbild der am Horizont aufsteigenden Sonne und in der Folge zum Symbol des Lichtes und der Sonne wurde. Als Symbol für Unsterblichkeit bzw. Ewigkeit blieb er aber nicht auf den christlichen Kulturkreis beschränkt, wie uns etwa Texte des arabischen Kosmographen Al-Qazwini oder die Analekten des Konfuzius (im neunten Buch) beweisen.
Die zweite Breitkartusche darunter lenkt das Interesse des Betrachters auf die vergängliche Welt, auf die Zeitlichkeit bzw. Nichtigkeit irdischer Schätze und menschlicher Gefühle. Chronos, der vom Tod an den Flügeln ins bereits offene Grab gedrängt wird, hält sich verzweifelt an der Weltkugel (? fest). Amor mit Pfeil und zerbrochenem Bogen ist zu Sturz gekommen und liegt rücklings auf den angehäuften Schätzen und Requisiten dieses „Welttheaters": Musikinstrumenten und Masken, Blumen, Büchern und einem Sack voll Geld. Darüber ein Engel mit Posaune, der gleichsam vom Hauptgeschehen zu fliehen scheint: Fama (?). Das Buch des Predigers aus dem Alten Testament ist die eigentliche literarische Quelle dieser Sequenz: *„Wie ist alles so nichtig! Es ist alles umsonst! Was hat der Mensch für Gewinn von all seiner Mühe, womit er sich abmüht unter der Sonne? Ein Geschlecht geht dahin, und ein anderes kommt; aber die Erde bleibt ewig stehen."* (Pred. 1, 2–4)

In der unteren Kartusche links sitzt der „homo bulla", der Seifenblasen erzeugende Putto neben einem Blumenbukett – beides Symbole für die kurze Dauer irdischer Pracht und Freuden. Dies gilt auch für den vor ihm am Boden liegenden Lorbeerkranz. In der Kartusche rechts sitzt ein Narr mit Glockenspiel und qualmendem Rauchfaß neben einem überdimensionierten Totenschädel, den er auch berührt. Daß all unser Tun nur „Schall und Rauch" ist, wird damit besonders augenscheinlich.

Wie Kat.Nrr. 38.4.10./12. so fungierte auch dieser Kupferstich als Illustration zu einem literarischen Werk des holländischen Dichters, Rechtsgelehrten und Staatsmann Jacob Cats (Brouwershaven 1577 – s'Gravenhage 1660). Es entstammt der Gesamtausgabe von Cats Werken („Alle de Wercken"), das sowohl Emblematik als auch biblisch-moralische Abhandlungen in den verschiedensten literarischen Ausformungen umfaßt. Cats wurde 1625 Curator der Universität Leiden, 1627 Gesandter in England und im Jahr 1636 Ratspensionär von Holland. Der Volkston in seinen Gedichten sicherte Cats einen weiten Verbreitungsgrad, sodaß mehr als ein Jahrhundert nach seinem Tod das „Buch des Vaters Cats", wie seine Texte in Holland genannt wurden, die wichtigste Lektüre neben der Bibel darstellte. Zahlreiche uns heute nicht mehr bekannte Illustratoren, die jedoch zumeist im Schatten von Cats Hauptillustrator Adriaen van de Venne standen (vgl. Kat. Nrr. 38.4.11./12.), steuerten Zeichnungen, Stiche und Drucke bei.

38.4.11. Allegorie des menschlichen Elends (Vierte Parabel des Barlaam und Joasaph-Epos)
Adriaen Pietersz. Van de Venne (1589 Delft – 1662 Den Haag) und (Stecher) Michiel Mousyn (reproduzierender Kupferstecher d. 17. Jhdts. in Amsterdam)

Kupferstich, 314 x 203 mm, oben beschriftet „Bequame Afbeddinge van's Menschen Leven", unten signiert „A Venne invent." und „M. Moysin sculp.", letztes Drittel 17. Jhdt.
Wien, Smlg. Klaus Dona
Lit.: Van Vaeck, M. (Herausgeber), Adriaen van de Vennes „Tafereel van de belacchende werelt" (Den Haag 1635), Koninklijke Academie voor Nederlandse taalen letterkunde, reeks VI, no. 121, 3 vols., Gent 1994; Lexikon der christlichen Ikonographie, Bd. 1, Rom – Freiburg – Basel – Wien 1994, Spalte 244f.; ; Bol, L. J., Adriaen Pietersz. Van de Venne. Painter and Draughtsman, Doornspijk 1989; Bol, L. J., „Adriaen Pietersz. Van de Venne, Schilder en Teyckenaer", Tableau, 6, no. 4, 1984, S. 49 – 57; Dölger, F., Der griechische Barlaam-Roman, Ettal 1953; Thieme-Becker Künstlerlexikon Bd. 34, Leipzig 1940, S. 213; Der Nersessian, S. , L'illustration du roman de Barlaam et Joasaph, Paris 1937; Thieme-Becker Künstlerlexikon Bd. 25, Leipzig 1931, S. 208; Franken, D., Adriaen Pietersz. Van de Venne. Amsterdam 1878; Van Eynden, R., Over den nationalen smaak der Hollandsche school in de teeken- en schilderkunste, 1787.

Zu den wohl wenig bekannten Metaphern für Zeitlichkeit zählen Mäuse, wie uns hier die Legende von Barlaam und Joasaph drastisch vor Augen führt. Sie ist buddhistischen Ursprungs und wurde im Westen verchristlicht. Der Westen kennt dieses literarische Bild vor allem aus dem Epos des Rudolf von Ems (um 1225). Joasaph (= Buddha) wird von seinem Vater, um eine prophezeite Abkehr vom höfischen Leben zu verhindern, in einem Palast isoliert erzogen. Doch der Eremit Barlaam gewinnt Zugang zum Palast und bekehrt den Prinzen mit Parabeln zu einem asketischen Leben. Erst mit seiner Weltflucht im 29. Lebensjahr wurde Buddha laut Lalitavistara (der „ausführlichen Erzählung vom Spiel des Buddha") mit Alter, Krankheit und Tod konfrontiert und somit auch an die begrenzte Zeitlichkeit menschlichen Lebens erinnert. Das meistverwendete Motiv ist der vierten Parabel des Werks entnommen, derzufolge ein Mann vor einem Einhorn (= Tod) flieht, in eine Schlucht stürzt und sich dabei in einem Baum (= Welt) fängt, an dem allerdings bereits zwei Mäuse (= Zeit) nagen. In der Tiefe lauert ein Ungetüm (= Hölle). Der Mann naschte Honig (= Süße des Lebens) und vergaß sein Verderben. Der am Rand lauernde Bär als Verteidiger dieser Süße des Lebens verweist auf dieses verhängnisvolle Vergessen. Die helle und dunkle Maus als Symbole der Zeit verkörpern Tag und Nacht. Die griechische Fassung des Epos geht auf Johannes von Damaskus zurück. Als Epos und Roman war dieser Stoff im Mittelalter berühmt und blieb bis ins 18. Jahrhundert populär.

Den einprägsamen Kupferstich schuf der Delfter Maler, Zeichner und Dichter Adriaen Pietersz van de Venne. Dieser lernte sein künstlerisches Handwerk vorerst bei einem Goldschmied in Leiden (Simon Valck) und in der Folge bei einem Grisaillemaler. Wir finden ihn später in Antwerpen, Middleburg (wo er 1614 heiratete) und in Den Haag. Hier wurde er 1625 Mitglied der lokalen Lukasgilde und 1637 ihr Dekan. Im Jahre 1656 wurde Venne auch Mitbegründer der Schildersconfrerie („Pictura"). Er malte Bildnisse und Volksszenen und lieferte Vorzeichnungen für zahlreiche Kupferstiche. In diesem Zusammenhang sind besonders seine unzähligen Illustrationen zu Werken des Volksdichters Jacob Cats zu nennen. Der Künstler stieg so zum bedeutendsten holländischen Buchillustrator des 17. Jahrhunderts auf. Während Venne in seiner frühen Schaffensperiode der unbefangenen Freude an der Buntheit und Mannigfaltigkeit des Lebens Ausdruck verleiht, dominiert sein Spätwerk ein düsterer und bitterer Grundton, wie eben auch im vorliegenden Kupferstich ersichtlich wird.

38.4.12. Unterredung zwischen Seele und Körper
Adriaen Pietersz. Van de Venne (1589 Delft – 1662 Den Haag)

Kupferstich, 115 x 142 mm (Plattenrand), rechts unten bezeichnet: „AV Venne Invent".
Holländischer Originaltitel (von Jacob Cats) *„t'SAMEN-SPRAACK TUSSCHEN ZIEL EN LICHAAM".*
Lasberg, Sammlung Punkenhof 11, Inv.-Nr. 531
Lit.: Robinson, W. W. u. Schatborn, P., Seventeenth-Century Dutch Drawings. A Selection from the Maida and George Abrams Collection (A-Kat. Amsterdam, Wien, New York, Casmbridge), Massachusetts 1991, S. 52f.; Kat. Stadtbilder in Flandern. Spuren bürgerlicher Kultur 1477–1787, (A-Kat. Schloß Schallaburg), Brüssel 1991, S. 271; Bol, L. J., Adriaen Pietersz. Van de Venne. Painter and Draughtsman, Doornspijk 1989; Bol, L. J., „Adriaen Pietersz. Van de Venne, Schilder en Teyckenaer", Tableau, 6, no. 4, 1984, S. 49–57; Thieme-Becker Künstlerlexikon Bd. 34, Leipzig 1940, S. 213; Franken, D., Adriaen Pietersz. Van de Venne. Amsterdam 1878; Van Eynden, R., Over den nationalen smaak der Hollandsche school in de teeken-en schilderkunste, 1787.

Der zur Seite gezogene Bühnenvorhang intoniert bereits den theatralisch-pathetischen Grundton dieser schaurigen Szene: Ein festlich gekleideter Mann mit Rundbrille (ein Philosoph oder ein Vertreter des hohen Klerus?) sitzt in seiner Studierstube und wird vom herbeieilenden Tod überrascht. Der Knochenmann hält in seiner Linken das Stundenglas als Hinweis auf die abgelaufene Lebenszeit und scheint diese knappe Lebenszeit in bezug zum unaufhaltsamen Zeitenlauf der Welt zu bringen, indem er mit seiner Rechten auf eine Tischuhr deutet. Nicht nur das bereits geschaufelte Grab, an dessen Rand der Todgeweihte gerückt ist, unterstreichen den Memento-mori-Charakter der Episode, sondern auch scheinbar nebensächliche Details wie das zugeschlagene und vom Tisch gefallene Buch, das Jüngste-Gericht-Gemälde mit den Tuba-Engeln des Dies irae im Bildmittelgrund oder die untergehende Sonne im Hintergrund links. Zwei seltsame Lichtkegel gehen von diesem Mann aus: ein vom Mund sich ausbreitender Lichtschein fällt direkt auf den verwesenden Schädel des nahenden Todes, der zweite Lichtkegel führt von seiner Brust (wohl von seinem Herzen) direkt auf das Stundenglas und das aufgeschlagene Buch. Die Angst vor dem Tod wird hier – so scheint es – durch das Bibelwort und die darin vermittelte Gewissheit eines Lebens nach dem leiblichen Tod gemildert. Daraus erklärt sich auch die gelassene Haltung des Mannes. Damit kommt in diesem Kupferstich des Amsterdamer Buchillustrators Venne auch der innere Konflikt zwischen Leib und Seele zum Ausdruck. Diesen geistreichen Unterredungen zwischen Seele und Körper begegnen wir vielfach auch in den Textgrundlagen der barocken Sakralmusik des Nordens.

38.4.13. Sterbeszene (Familienmitglieder, Mönche, Engel, Tod und Teufel am Sterbelager)
Daniel Gran (Wien 1694–1757 St. Pölten)?

Tuschfeder, grau laviert 30,2 x 19,9 cm.
Wien, Historisches Museum der Stadt Wien
Lit.: Kat. Bilder vom Tod (168. Sonderausstellung des Historischen Museums der Stadt Wien), Wien 1993, S. 136 u. 183 (Kat. Nr. 11.1), Abb.

Ziel der Ars moriendi war ein Sterben unter Beistand der Kirche bzw. deren Tröstungen. Schon in der Lage des Sterbebettes wurde das Bemühen um einen „guten Tod" signalisiert: So bettete man etwa den Kopf des Sterbenden nach Westen, die Füße nach Osten – in Richtung Jerusalem – und kreuzte die Hände auf der Brust. Vom Sterbenden erwartete man zugleich, daß er in eine kurze Lebensrückschau versinke, sich all der geliebten Menschen und Dinge erinnere, denen er während seines Lebens begegnete, seinen Tod beklage, in der Klage aber maßhalte. Denn zur Ars moriendi zählte auch die stoische Abwendung von der Welt („contemptus mundi"). Dann wurde von allen anwesenden Verwandten und Gefährten Abschied genommen, ihnen gedankt und – wenn nötig – auch verziehen und dann ein Abschiedsgruß entboten. Bis ins 19. Jahrhundert war der einsame Tod selten und auch unüblich. Ein ausführliches Schuldbekenntnis und eine Sequenz von Fürbitten, die unter dem Titel „commendacio animae" seit dem Frühchristentum bekannt war, sollte der Sterbende bis zum Eintritt des Tod zu sprechen versuchen, um so den Weg ins himmlische

Paradies zu bahnen. In diesem Daniel Gran zugeschriebenen Blatt werden diesseitige- und jenseitige Welt vernetzt: Der Sterbende wird von seinen nächsten Anverwandten bereits betrauert, während zwei Bettelordensmönche (Franziskaner oder Kapuziner) noch die Sterbesakramente spenden. Über dem Sterbenden hat der Tod mit dem Stundenglas bereits zum letalen Pfeilstich weit ausgeholt, während ein Engel am linken Bettrand den in Agonie befindlichen Menschen darin zu bestärken versucht, sich frommen Herzens in das Unentrinnbare zu fügen. Ob soviel geistlichen Beistands bleibt dem Satan nichts anderes übrig, als wutentbrannt zurückzuweichen. Auf seinem Banner, das er über der Szene ausgerollt hat, erkennen wir ein Sündenregister, auf dem – wenn auch nur bedingt leserlich – die Avaritia (der Geiz) und die Gula (die Völlerei) genannt werden.

38.4.14. Gedenkbuch des Stiftes Gleink: Schnitter Tod

Josef Gottfried Prechler (Linz 1674 – ebenda 1752), 1731

aufgeschlagen: Der Tod als Sensenmann mit Chronos samt Stundenglas sowie Insignien kirchlicher und weltlicher Macht. Tempera auf Pergament, aufgeschlagen 50 x 70 cm, links unten signiert und datiert: *„Joseph Gottfrid Prehler del: Pinx Garsten 1731"*.
Linz, OÖ Landesarchiv, Stiftsarchiv Gleink, Hs. 7 (= Pa II/27b)
Lit.: Kat. Land der Hämmer. Heimat Eisenwurzen (OÖ Landesausstellung 1998), Linz 1998, S. 529, Kat. Nr. 1.8.4.3; Etzlstorfer, H., Die Kunstsammlungen des Stiftes Wilhering. Beschreibender Katalog (Studien zur Kulturgeschichte von Oberösterreich Folge 6, hrsg. Vom OÖ Landesmuseum), Linz 1997, S. 125; S. Haider, S. , Die Herren von (Gleink-) Volkersdorf in der oberösterreichischen Landesgeschichte, in: Kulturzeitschrift Oberösterreich, 39. Jg., Heft 1/1989, S. 21f.; Schiffmann, K., Die Maler Prechler in Garsten, Christliche Kunstblätter Bd. 48, Linz 1907, S. 41–42.

Joseph Gottfried Prechler, Sohn des Linzer „Karten- und Bildl"-Malers Matthias Brechler, ist vor allem als Schöpfer von kleinformatigen Stiftsansichten und allegorischen Miniaturen auf Pergament noch heute in den ober- und niederösterreichischen Stiftssammlungen präsent. Das Thema der Vanitas bzw. des Memento-mori hat er mehrfach abgewandelt. Ähnlich wie schon in der von Prechler 1719 datierten Darstellung des Totenreichs im Schlierbacher Rotelbuch begegnen wir auch hier Chronos neben dem personifizierten Tod. In seinen Händen hält der durch einen lateinisch beschrifteten Torbogen („*In Ictu oculi/ quasi aquae Dilabimur*") ins Freie entschwebende Chronos neben dem Gleinker Stiftswappen eine Sense als Symbol dafür, daß die Zeit alles erfaßt, alles Irdische vergänglich sei. Ikonographisch werden wir zudem an den Umstand erinnert, daß man einst den römischen Gott des Ackerbaues sowie der Obst- und Weinkultur, den Gott Saturn, mit dem griechischen Zeitgott Chronos gleichsetzte und deshalb Chronos irrigerweise mit einer Sense oder Sichel als Attribut ausstattete. Auf der Stirne trägt der geflügelte Chronos das Stundenglas als Hinweis auf die Flüchtigkeit der Zeit. In den Bogenzwickeln lauern hingegen zwei Knochenmänner als Bogenschützen. Ein ebenfalls beschrifteter Regenbogen („*Ad Modicum paret"*) umspannt die ins abendliche Blau versunkene Gebirgslandschaft. Den Bildmittelgrund beherrscht der Schnitter Tod im schwarzen Umhang: in weit ausholenden Schwüngen mäht er mit seiner Sense all die Blumenpracht wieder nieder, die in den barocken Blumenbeeten eben erst zur prächtigen Blüte anhob. Als Inspirationsquelle fungierte wohl das aus der Barockzeit stammende Volkslied vom Schnitter Tod (aus der Feder eines unbekannten Dichters), das erst in der letzten Strophe Trost spendet: *„Es ist ein Schnitter, heißt der Tod, hat Gwalt vom großen Gott; heut wetzt er das Messer, es schneidt schon viel besser; bald wird er drein schneiden, wir müssen's nur leiden: hüt dich, schöns Blümelein! Was heut noch frisch und grün dasteht, wird morgen weggemäht: Die edel Narzissel, die himmlischen Schlüssel, die schön Hyzinthen, die türkischen Binden: hüt dich, schöns Blümelein … (letzte Strophe:) Trutz, Tod, komm her, ich fürcht dich nit! Trutz! Eil daher in einem Schritt! Wann Sichel mich letzet, so wird ich versetzet in den himmlischen Garten, darauf will ich warten! Freu dich, schöns Blümelein!"*. Alle diese literarischen und bildlichen Gleichnisse von der Vergänglichkeit irdischer Blütenpracht basieren auf den alttestamentlichen Jesaja-Texten: *„Alles Fleisch ist ja Gras und all seine Pracht wie die Blume des Feldes. Das Gras verdorrt, die Blume welkt, wenn der Hauch des Herrn darüber weht. – Ja, Gras ist das Volk. Das Gras verdorrt, die Blume welkt; aber das Wort unsres Gottes bleibt in Ewigkeit" (Jes. 40, 7)* oder *„Es welkt, zerfällt die Erde, verwelkt, zerfällt die Welt, es verwelkt die (Himmels-)Höhe samt der Erde, da die Erde entweiht ist unter ihren Bewohnern" (Jes. 24, 4)*. Gilt im Gleinker Gegenstück die unerbittliche Memento-mori-Botschaft noch allein dem Klerus bzw. seinen verschiedenen hierarchischen Vertretern, so erweitert hier Prechler das Spektrum der bildimmanenten Adressaten auch auf weltliche Würdenträger, wie an den im Bildvordergrund rechts aufgehäuften gekrönten Schädeln sichtbar. Der offene Sarg im Bildvordergrund mit der Aufschrift „PAUCITAS DIERUM MEORUM fimebatur Brevi" gibt den Blick auf den verstorbenen Mönch frei, der Sargdeckel mit dem schwarzen Bahrtuch lehnt im Bild links, während am Tisch rechts sakrales Gerät wie Tischkreuz und Rauchfaß eingeblendet sind. Der Schrecken des Todes scheint hier durch den großzügigen Landschaftsausblick und dem Spiel mit der Blütenpracht im Vergleich zu den früheren Arbeiten Prechlers bereits spätbarock sordiniert.

38.4.15. Allegorie der Vergänglichkeit

Martin Knoller (Steinach am Brenner 1725 – 1804 Mailand), Entwurf für ein Fresko

Bleigriffel auf Papier, 402 x 342 mm.
Salzburg, Barockmuseum, Inv.-Nr. 1046
Lit.: Rossacher, K. (Bearbeiter), Visionen des Barock. Entwürfe des 17. und 18. Jhdts. Salzburger Barockmuseum. Sammlung Rossacher. Salzburg 1983, S. 274f. (Abb.)

Chronos begegnet uns hier mit weit ausgebreiteten Flügeln als Hinweis auf die Flüchtigkeit der Zeit, assisitiert von einem Putto, der ihm seine signifikantesten Attribute – Stundenglas und Sense – hält. Der Blick des bärtigen Herrschers über die Zeit ist zürnend auf den erschreckt zur Seite weichenden Jüngling gerichtet, der links unten vor ihm zurückzuweichen scheint. Nur eine Handbreit Zeit – so die Geste des Chronos – sei diesem Jüngling beschieden. Unterhalb dieser Personifikation der Jugend (?) erklimmt ein Putto mit Pfauenfeder-Flügeln die nächstgelegene Wolkenbank. Die Pfauenfedern können als Hinweis auf die „Superbia vana" (leerer Hochmut) gelesen werden.

38.4.16. Zeitallegorie (Zeit zum Lachen und Zeit zum Weinen)

Josef Bergler (Salzburg 1753 – Prag 1829), 1807

Radierung 188 x 270 mm (Plattenrand), Inschriften (links)*: „Tempus Flendi et Tempus ridendi" und (rechts): „Perversi difficile corriguntur, et Stultorum infinitus est numerus. Ecc. C.I.V.I 5"*, am unteren Plattenrand bezeichnet: *I. Bergler F. 1807*.
Lasberg, Sammlung Punkenhof 11, Inv.-Nr. 530
Lit.: Fillitz H. (Hrsg.), Kat. Der Traum vom Glück. Die Kunst des Historismus in Europa, Bd. 1, Wien 1996, S. 89; Schmidt, R., Österreichisches Künstlerlexikon Bd. 2, Wien 1976, S. 163f.; Kat. Öster-

KAT.NR. 38.4.16.

reichische Künstler und Rom, Wien 1972, S. 105f.; Thieme-Becker Künstlerlexikon Bd. 3, Leipzig 1909, S. 408f.; Pillwein, B., Lexikon Salzburgischer Künstler, Salzburg 1821.

In der vorliegenden Zeitallegorie bilden zwei Zitate aus dem Alten Testament den Schlüssel zum Verständnis der Darstellung, die im antikisierenden Modus den Umgang mit der Zeit thematisiert: Der kahlköpfige und weißbärtige Chronos im Blatt rechts – hier mit erhobenem Stundenglas und aufgeschlagenem Buch gegeben – wendet sich mahnend einer vorbeiwandernden Frauengestalt (Venus oder Psyche?) zu, die zwei Kinder mit sich führt. Gott Amor (Eros) ist eines davon, deutlich erkennbar an seinen klassischen Attributen: Pfeil und Bogen sowie Flügel. Dieser nackte Knabe verkörpert die Freuden des Lebens, während der zweite Begleiter mit traurig gesenktem Kopf und Schalmei und Tambourin die leidende Seite des Lebens meint. Ob wir in ihm den Sehnsuchtsgott Himeros sehen dürfen, der neben Amor im Gefolge der Venus auftaucht, vermögen wir nicht eindeutig zu klären. Die Erkenntnis, daß das Weinen seine Zeit und das Lachen seine Zeit habe, ist wohl auf eine Stelle im 3. Kapitel des Predigers zu beziehen (Pred. 3, 4) und ist schon in den Vanitas-Darstellungen des frühen 17. Jahrhunderts nachweisbar. So begegnen wir bereits im 1603 datierten Vanitas-Stilleben des Jacques de Gheyn dem Älteren (1565–1625), das als frühestes europäisches Stillebenbild gilt (New York, Metropolitan Museum, Inv.-Nr. 1974.1), neben der Seifenblase, dem zerbrochenen Glas, dem Rauch oder der Tulpe (vgl. Kat.Nr. 38.4.10.) auch dem lachenden Demokrit sowie dem weinenden Heraklit. Das Bibelzitat neben Chronos verweist hingegen auf Pred. 1,15 (bzw. Kohelet 1,15) und erinnert daran, daß die Schlechten schwer zu bekehren sind und die Zahl der Narren unendlich sei.
Der aus Salzburg stammende Historienmaler- und Radierer Josef Bergler genoß seine künstlerische Ausbildung vorerst bei seinem gleichnamigen Vater. Dieser bahnte ihm den Weg zu seinem weiteren Mäzen, den Passauer Kardinal und Fürsterzbischof Graf von Firmian, der ihm die Mittel für einen längeren Studienaufenthalt in Italien (1776–1786) gewährte. Bergler ging vorerst nach Mailand, wo er bei Martin Knoller fünf Jahre sein Können verfeinerte, indem er die Antiken und die Hauptmeister der italienischen Malerei – allen voran Raffael – studierte. Im Jahre 1781 zog er nach Rom weiter, um Schüler bei Maron zu werden. Nach seiner Rückkehr nach Passau im Jahre 1786 begegnete Bergler größeren materiellen Schwierigkeiten, weil sein Mentor verstorben war und sein Nachfolger, Kardinal Graf Auersperg, ihn nicht sofort als Kammermaler übernahm. Dies geschah erst, als der Kardinal vom großen künstlerischen Erfolg von Berglers italienischen

KAT.NR. 38.4.17.

Bildern erfuhr. Als in Prag 1800 eine Akademie gegründet wurde, erging an Bergler das Angebot, als Lehrer an die Moldau zu gehen. Hier brachte er es rasch zum Direktor des künstlerischen Instituts und in der Folge zur Hebung der Kunst in Böhmen. Zu seinen herausragendsten Schülern zählt Joseph von Führich. In seiner Prager Zeit baute Bergler auch sein graphisches Oeuvre aus, wobei die Radierungen dominierten. Es werden in der Literatur insgesamt 314 Radierungen erwähnt, die vielfach auch nach fremden Vorlagen entstanden und nur bedingt Berglers künstlerische Potenz widerspiegeln.

38.4.17. Zur Sterbestunde
Wilhelm Viktor Krausz (Neutra, Ungarn 1878 – 1959 Baden b. Wien), vor 1920 (?)

Bleistift auf Papier, 250 x 320 mm (restauriert von Frau Mag. Helga Clerici-Rosenberger).
Lasberg, Sammlung Punkenhof, Inv.-Nr. 527
Lit.: Pappernigg, M., Reiter, C. u. Kahler, T., Kunst des 20. Jhdts. Bestandskatalog der Österreichischen Galerie, Bd. 2, Wien 1995, S. 267.; Kat. Die Vertreibung des Geistigen aus Österreich. Zur Kulturpolitik des Nationalsozialismus (A-Katalog), Wien 1985; Fuchs, H., Die österreichischen Maler des 19. Jahrhunderts, Ergänzungsband, Wien 1978, K 199; Fuchs, H., Die österreichischen Maler des 19. Jahrhunderts, Bd. 2, Wien 1973, K 136; Abb. S. 360f.; Kat. 100 Jahre Künstlerhaus 1861–1961, Wien 1961, S. 59 (Abb.); Hofmann, E., Der Maler Wilhelm Victor Krausz, in: Österreichische Kunst, 5, 1934; Thieme-Becker Künstlerlexikon, Bd. 21, Leipzig 1928, S. 458

Die wohl als Pensiero zu wertende Bleistiftskizze hält die beklemmende Stille im Sterbezimmer in wenigen Konturen fest. Die Zeit steht gleichsam still. Das Haupt des tief ins Kissen gesunkenen Sterbenden erscheint in den kantigen Profilzügen bereits maskenhaft erstarrt. Verzweiflung wie auch tiefe Resignation und Trauer sprechen aus den Gesten der anwesenden Sterbebegleiter. Der skizzenhafte Vortragston läßt diese beinahe gespenstisch im Zimmer erscheinen und nährt die Vermutung, daß es sich bei dieser wenig auf äußerliche Effekte bedachten Komposition um eine authentische Dokumentation handeln könnte. Da Krausz zwischen 1915 und 1917 als Kriegsmaler am Balkan tätig war, dürfte er wahrscheinlich mit derart beklemmenden Szenarios vertraut gewesen sein. Wie in seinen Porträts findet der 1938 nach Großbritannien emigrierte Künstler auch in diesen Momentaufnahmen zu einem sehr unprätentiösen Tonfall.

38.4.18. Sekunde des Todes
Alfred Kubin (Leitmeritz in Böhmen 1877 – Zwickledt 1959), um 1899/1900

Feder, Tusche, laviert, gespritzt auf Katasterpapier 275 x 316 mm.
Linz, OÖ Landesmuseum, Ha II 3209
Lit.: Assmann, P. (Hrsg.), Alfred Kubin (1877–1959). Mit einem Werksverzeichnis des Bestandes im OÖ Landesmuseum (Publikationen des OÖ Landesmuseums Neue Folge Nr. 81), Linz 1995, S. 265

38.4.19. Madame Mors
Alfred Kubin (Leitmeritz in Böhmen 1877 – Zwickledt 1959), um 1935

Feder, Tusche, aquarelliert auf Karton, 376 x 328 mm.
Linz, OÖ Landesmuseum, Ha II 3550
Lit.: Kat. aufmüpfig & angepaßt. Frauenleben in Österreich (Ausstellung Schloß Kirchstetten), Wien – Köln – Weimar 1998, S. 201, Kat. Nr. 6.16; Assmann, P. (Hrsg.), Alfred Kubin (1877–1959). Mit einem Werksverzeichnis des Bestandes im OÖ Landesmuseum (Publikationen des OÖ Landesmuseums Neue Folge Nr. 81), Linz 1995, S. 326; Kat. Triumph des Todes (Ausstellung des Museums Österreichischer Kultur, Eisenstadt), Eisenstadt 1992, S. 306 (Kat. 6.21); Seipel, W., Alfred Kubin. Der Zeichner 1877–1959, München-Wien 1988, S. 204; Kat. Alfred Kubin. Das zeichnerische Frühwerk bis 1904 (Ausstellungskatalog der Graphischen Sammlung Albertina Wien), Baden-Baden – Wien 1977.

38.4.20. Seifenblasen oder der Tod
Alfred Kubin (Leitmeritz in Böhmen 1877 – Zwickledt 1959), 1949

Feder, Tusche, aquarelliert, laviert auf Papier, 340 x 227 mm.
Linz, OÖ Landesmuseum, Ha 381
Lit.: Assmann, P. (Hrsg.), Alfred Kubin (1877–1959). Mit einem Werksverzeichnis des Bestandes im OÖ Landesmuseum (Publikationen des OÖ Landesmuseums Neue Folge Nr. 81), Linz 1995, S. 381

Der Maler, Grafiker und Illustrator Alfred Kubin bezieht sich in seinen Zeit-, Vanitas- und Todesallegorien trotz des ihm eigenen phantastisch-surrealen Motivrepertoires immer wieder auf ikonographische Traditionen früherer Epochen, um sie dann nicht selten in persiflierender Absicht neu zu interpretieren. Dies gilt für die Seifenblasen als Sinnbild für Vergänglichkeit des Ruhms genauso wie für die sich in den eigenen Schwanz beißende Schlange im Blatt der „Madame Mors" als Symbol der Unendlichkeit. Letzteres Bild des Schlangen-

KAT.NR. 38.4.21.

rings – bei Kubin sind es zwei Schlangen – ist als „Uroboros" schon aus der antiken Literatur (Horapollo, Hieroglyphica I 1, 2) bekannt, die das Zeichen des Schlangenrings unter Berufung auf seinen vermeintlichen Sinn als ägyptische Hieroglyphe als Symbol des Jahres, der Zeit und der Ewigkeit verstand (vgl. Kat.Nr. 38.4.10.). Kubins Madame Mors ist – in Anlehnung an die von Félicien Rops im 19. Jahrhundert eingeführte Bildtradition des weiblichen Todes – jene Dirne, die durch Syphilis den Tod über die Männer bringt. Ansätze für diese Bildtradition reichen freilich bereits ins Spätmittelalter zurück, als die Seuche erstmals auftrat. In beiden Händen hält sie je einen Kerzenständer mit geknickten Kerzen. Während das Sinnbild der eben ausgelöschten Kerze seit jeher als Symbol für das ausgelöschte Lebenslicht gilt, werden in der neueren Literatur die geknickten Kerzen überdies als phallische Symbole gelesen. Im frühen Blatt „Sekunde des Todes", das einen Bärtigen als grausiges Opfer eines Sekundentodes infolge einer Explosion zeigt, dürfte Kubin anfänglich an eine andere Benennung des Blattes gedacht haben, da er den ursprünglichen Titel wieder – bis hin zur Unleserlichkeit – überkritzelte.

38.4.21. Berenice (zu einer Arabeske von Edgar Allan Poe)

Karl Korab (geb. 1937 in Falkenstein, NÖ), 1978

Radierung, 255 x 206 mm, rechts unten signiert: K. Korab.
Innsbruck, Sammlung Dr. Peter Hörtnagl
Lit.: Pappernigg, M., Reiter, C. u. Kahler, T., Kunst des 20. Jhdts. Bestandskatalog der Österreichischen Galerie, Bd. 2, Wien 1995, S. 256f.; Gaspar, A., Karl Korab. Das druckgraphische Werk 1959–1992 (Diplomarbeit am Inst. F. Kunstgeschichte der Universität Wien), Wien 1994, S. 23f.; Sotriffer, K., Karl Korab. Bilder und Zeichnungen, Wien 1983; Hilger, E. (Hrsg.), Karl Korab, Das druckgraphische Werk, 1969–1979, Wien 1980; Ausstellungskatalog Karl Korab (Fischer Fine Arts), London 1976; Sotriffer, K., Aquarelle, Gouachen, Zeichnungen und Lithographien 1962–1975, Wien 1976; Baum, P., Karl Korab, Salzburg 1974; Ausstellungskatalog Karl Korab (Fischer Fine Arts), London 1973; Ausstellungskatalog Karl Korab (Galerie Welz), Salzburg 1973

Der bekannte österreichische Maler und Graphiker Karl Korab widmete zehn zyklische Radierungen der 1835 erstmals im Southern Literary Messenger erschienenen Arabeske „Berenice" des amerikanischen Schriftstellers Edgar Allan Poe (Boston 1809–1849 Baltimore). Poe, der bereits 1811 zum Waisen wurde und ob seiner exzentrischen Neigungen von seinem Ziehvater 1826 verstoßen wurde, erzählt am Beispiel von Egaeus und seiner Cousine Berenice von Beziehungsproblemen, die er zudem in eine gespenstisch-phantastische Umgebung verortet. Das Wechselspiel zwischen minutiösen Alltagsbeobachtungen und alptraumhaften Momenten, zwischen prekärer Momenthaftigkeit und zeitlosen Bildern charakterisiert diese für Poe typische phantastische Schauererzählung. Korab entwickelt seine Illustrationen jedoch, wie Gaspar (1994, op. cit.) richtig erkannte, in sehr freier Assoziationsform (frdl. Hinweis von Andrea Stockhammer). In der vorliegenden Radierung (Blatt 7 der Serie) wie auch in Blatt 6 konzentriert sich Korab auf die Problematik der menschlichen Wahrnehmung von Zeit, die nicht nur in der bewußten Irritation am Ziffernblatt ihren Niederschlag findet. Die am unteren Blattrand dämonisch ins Bild drängende Schädelkalotte mit den tiefliegenden, finsteren Augen kündet vom „Damoklesschwert Zeit". Das sprichwörtliche Bild vom „Zeitdruck" erhält damit eine zeitgemäße Umsetzung.

38.4.22. Rundherum (Tondo mit Aktfiguren und Totenköpfen)

Adolph Frohner (geb. 1934 in Großenzersdorf), 1984

Kaltnadelradierung, 650 x 650 mm (Blattgröße), Durchmesser des Tondos 558 mm; bezeichnet „Frohner 294/300".
Lasberg, Sammlung Punkenhof 11, Inv.-Nr. 381
Lit.: Schmied, W., Malerei in Österreich 1945 – 1995. Die Sammlung Essl, München-New York 1996, S. 259; Reiter, C. , Koja, S. u. Hella, M., Kunst des 20. Jahrhunderts. Bestandskatalog der Österreichischen Galerie des 20. Jahrhunderts, Bd. 1, Wien 1993, S. 257 (Abb); hier jedoch irrtümlich 1959 datiert; Allmayer-Beck, P. E., Frohner. Malerei oder die gebrochene Leiter, Wien 1993; Gorsen, P. u. a., Adolf Frohner: „Emanzipation des Fleisches". 90 Bilder aus 30 Jahren (A-Kat. Osnabrück – Bratislava), Bramsche 1991; 0Kat. Adolf Frohner. Arbeiten auf Papier. 1966–1989, St. Pölten (NÖ Dokumentationszentrum) 1990; Frohner, A. u. Gorsen, P., Körperrituale. Monographie und Werkkatalog, Wien/München 1974.

Der Autodidakt Adolf Frohner hat sich in seinem komplexen Oeuvre, das von der Malerei über die Graphik bis hin zur Bildhauerei reicht, vielfach zu Leben, Zeit, Tod und Ewigkeit künstlerisch geäußert und dabei mythische Tiefen und biblische Dimensionen ausgelotet. Schon die Wahl des Bildformats hat für den Künstler programmatischen Charakter:

Frohner *„hat Angst vor den horizontalen Formaten, weil seine Malerei dadurch episch werde; warum? Warum nicht? Wacklige Vertikalen, gestützt durch den Beistand des Skeletts Tod"* (Peter Handke, 1993, in Allmayer-Beck op. cit.). Auf einem überdimensionalen Ziffernblatt entwickelt Frohner hier ähnlich einem Totentanz das ewige Wechselspiel zwischen Tod und Leben. Der Tod greift selbst in die Zeit ein, treibt gleichsam die Zeit an, um schließlich selbst zur makabren Symbolfigur (begrenzter) Zeitlichkeit zu werden – wie wir dies schon Jahrhunderte zuvor in Brueghels schreckenerregendem „Triumph des Todes" (siehe Kat.Nr. 38.4.2.) vorgeführt bekamen. Es bedarf keiner Zeiger mehr, um uns die Zeit anzuzeigen, da wir um unsere Endlichkeit angesicht des Todes wissen. Aus dieser Visualisierung des sprichwörtlichen Laufs der Zeit ertönt jedoch weniger ein moralisierendes Memento mori, denn faszinierende Annäherung an ein tabuisiertes Thema. Dies erkannte auch bereits der große Mentor österreichischer zeitgenössischer Kunst, Monsignore Otto Mauer, angesichts früher Arbeiten Frohners (1964): *„Keine Rhetorik soll die Tatsache unserer Endlichkeit, unseres ZU-ENDE-GEHENS überschätzen".*

38.4.23. Lebensalterhumpen

Oberfranken (?), um 1600

Glas, lehmfarben, mit bunter Emailmalerei, H 29 cm.
St. Paul i. Lavanttal, Benediktinerstift – Kunstsammlungen
Lit.: Schatzhaus Kärntens. 900 Jahre Benediktinerstift St. Paul, Bd. 1, Klagenfurt 1991, S. 382, Kat. Nr. 21.15; Lipp, F. C., Bemalte Gläser. Volkstümliche Bildwelt auf altem Glas. Geschichte und Technik. München 1974; S. 93 u. 167.

In den gemalten Arkaden dieses Lebensalterhumpen werden 10 Lebensdekaden einzeln mit Sinnspruch und Attribut charakterisiert: *„10 IAR EIN KIND"* (Steckenpferd), *„20 IAR EIN JÜNGLING"* (Pokal), *„30 IAR EIN MANN"* (Jäger), *„40 IAR WOLGETAN"* (Löwe), *„50 IAR STILLESTAN"* (Siegelbrief, Fuchs), *„60 IAR GEHT'S ALTER AN"* (Spieltisch), *„70 IAR EIN GREYS"* (Spieltisch und Katze), *„80 IAR NIMMER WEIS"* (Katze, im Hintergrund Kirche mit Friedhof), *„90 IAR DER KINDER SPOT"* (Kasten und Reh), *„100 IAR GENADT DIR*

GOTT" (Bahre und Sanduhr auf Totenkopf). Ein stilistischer Vergleich mit einem oberfränkischen Apostelhumpen des Kunstgewerbemuseums der Stadt Köln zeigt auffallende Ähnlichkeiten, weshalb wir auch diesen Lebensalterhumpen dieser Kunstlandschaft zuweisen wollen (Lipp op. cit. S. 93, Abb. 110). Aufschlußreich für die allgemeine Bewertung der Lebensalter im Frühbarock ist nicht nur die scheinbare Stagnation in der Lebensqualität ab der fünften Lebensdekade (was durchwegs der damaligen immer noch eher niedrigen Lebenserwartung entspricht), sondern auch der spät zu erwartende Generationenkonflikt. Das hohe Greisenalter gipfelt in den bekannten Vanitas-Symbolen , die unmißverständlich auf den bevorstehenden Tod verweisen. Lebensalterhumpen dieser Art haben sich in vielen Sammlungen, wie auch z.B. im Museum für angewandte Kunst in Wien, erhalten. In vielen Beispielen sind die Lebensalter aber skalenartig auf den Glashals übertragen, wobei das hohe Alter zumeist den Glasboden markiert, das ausgetrunkene Glas als Metapher für das Lebensende dient. Einer dramatischen Zuspitzung dieser Thematik begegnen wir in den selteneren Tod-Bechern, auf denen beispielsweise das Kind mit dem Steckenpferd dem Tod mit Sense und Stundenuhr gegenübergestellt ist und das Trinken als vitales Mittel gegen den Tod verstanden wird („Wen aber verschmachst/ so nimt dich der Tott wo der Grass wachßt/ Nimßt davon ein/ Gesundt wirßt wie ein kind sein" (vgl. Lipp op. cit. S. 165, Nr. 111).

38.4.24. Reliquienkästchen
Augsburg, Anfang 17. Jhdt.

Buchenholz, Ebenholzauflagen, Silber, teilweise vergoldet, Perlmutter, H 19,5 cm, B 20,7 cm, T 15 cm.
Wien, Kunsthistorisches Museum – Geistliche Schatzkammer, Inv.-Nr. Kap. 189
Lit.: Trnek, R., Die holländischen Gemälde des 17. Jhdts. In der Gemäldegalerie der Akademie der bildenden Künste in Wien, Wien-Köln-Weimar 1992, S. 178; Bauer, R., Distelberger, R., Krenn, S., Leithe-Jasper, M., Schütz, K., Trnek, H., Weltliche und Geistliche Schatzkammer (Führer durch das Kunsthistorische Museum Nr. 35), Wien 1987, S. 267 (Nr. 74); Krenn, S. , Der ehemals im Wr. Kapuzinerkloster deponierte kaiserliche Schatz und seine Inventare von 1626 und 1752, in: Jahrbuch der kunsthistorischen Sammlungen in Wien, Bd. 83, 1987, Nr. A/22 (22); Kat. Welt im Umbruch. Augsburg zwischen Renaissance und Barock 2. Bd., Augsburg 1980, S. 393f., Löwe, R., Die Augsburger Goldschmiedewerkstatt des Matthias Walbaum, München-Berlin 1975; Janson, H. W., The Putto with the Death's Head, in: The Art Bulletin XIX, 1937, S. 423f.

Eine nackte Knabenfigur lehnt vorgebeugt über einen Totenschädel und mit dem erhobenen Stundenglas in der Linken auf dem Deckel dieses Kästchens, das die Reliquien mehrerer Heiliger beinhaltet. Damit wird dem Betrachter die besondere Funktion des Behältnisses bereits angedeutet. Der Typus des auf dem Totenkopf ruhenden oder meditierenden Genius wurde vorrangig über Vermittlung der spätmanieristischen Grafik und Malerei des 17. Jahrhunderts – hier vor allem bei Jan Sanders van Hemessen, Cornelis Ketel, Bartholomeus Spranger, Abraham Bloemaert, Hendrick Goltzius oder bei Pieter Jansz Heseman – als Sinnbild für Vergänglichkeit und Tod eingeführt, wobei die direkte ikonographische Verbindung zum paganen Thanatos (mit der ausgelöschten Fackel) nur mehr peripher gewahrt blieb. Die Beiziehung einer Vorlage ist auch bei dieser hervorragenden Goldschmiedearbeit vorauszusetzen. Die Schauseite dieses Reliquienkästchens, das schon in den Inventaren von 1626 und dann 1752 Erwähnung fand, dominieren die im Buchen- und Ebenholz-Korpus eingepassten Perlmutterplättchen, auf denen wiederum Silberornamente montiert sind. Das silberne Schweifwerk an den Kanten bildet zugleich die Füße dieses Reliquienkästchens, zu dem sich in der geistlichen Schatzkammer auch ein Pendant mit den beiden Würzburger Märtyrerheiligen Kolonat und Totnan als bekrönende Silberfiguren erhalten hat. Beide Arbeiten werden ob der Parallelen zu den Silberappliken dem Umkreis des Augsburgers Matthias Walbaum zugewiesen. Walbaum wurde um 1554 in Kiel geboren und begann seine Lehre in Lübeck. Gegen Ende 1578 kam er im Zuge der Wanderschaft nach Augsburg, wo er in der Folge als Geselle bei den Augsburger Goldschmieden Hans Zipperle, Christoph Behem, Isaac Saal und Jörg Sickman arbeitete. Trotz Streitigkeiten mit der Augsburger Goldschmiedezunft wurde Walbaum 1590 Meister. Anfang des 17. Jahrhunderts lernte Hans Dilg bei Walbaum, der 1609 für den bayerischen Hof arbeitete und zwischen 1610 und 1617 den Pommerschen Kunstschrank verfertigte. Walbaum starb 1632 in Augsburg.

38.4.25. Memento-mori-Stilleben
Deutsch, Mitte 17. Jhdt.

Fuß: Messing gegossen, vergoldet, rote Glassteine; Holz, geschnitzt und gefaßt, Leuchter gedrechselt; Totenkopf: Elfenbein, H 28 cm, B (Fuß) 25 cm.
Salzburg, Dommuseum

Dieses plastische Memento-mori-Stilleben rekrutiert seine Motive zwar hauptsächlich aus der seit dem Mittelalter gängigen Symbolwelt des Totentanzes, in der monumentartigen Kompilation von Sanduhr, Totenkopf, geöffnetem Buch und Leuchter trägt es aber deutlich Züge manieristischen Kunstwollens. Den inhaltlichen Akzent setzt die Sanduhr und der Kerzenleuchter auf die Endlichkeit unseres irdischen Daseins. Demgegenüber tritt der Gedanke an den Tod vergleichsweise in den Hintergrund. Ob dieses kunstkammergerechte Stilleben als eindringlicher Gewissensappell im Rahmen einer privaten Andacht verwendet wurde oder auch als feierlicher Altarschmuck für den Aschermittwoch, den Allerseelentag oder etwa beim kirchlichen Funeralkult, ließ sich nicht gänzlich klären.

38.4.26. Gerippe (Vermoderndes Tödlein)
Art des Georg Faistenberger, vor 1700

Holz, lasiert, H 64,5 cm (mit Sockel).
Salzburg, Dommuseum

38.4.27. Tödlein mit Stundenglas und Pfeilen
Art des Georg Faistenberger, vor 1700

Holz, gefaßt, H 60 cm (mit Sockel).
Salzburg, Dommuseum
Lit.: Kat. Triumph des Todes (Ausstellung des Museums Österreichischer Kultur, Eisenstadt), Eisenstadt 1992, S. 342 (Kat. 8.4): Kat. Groteskes Barock (Ausstellungskatalog Stift Altenburg), Wien 1975, S. 149, Nr. 342 u. Abb. 54; Thieme-Becker Künstlerlexikon, Bd. 11, Leipzig 1915, S. 203.

Wenn auch schon Jahrhunderte zuvor die christliche Religion das Memento mori bzw. das Vanitas-Bild als Ermahnung für die Gläubigen bemühte, so wurde es im Zuge des Manierismus „mit neuer Intensität aufgeladen", da erst die Neuzeit die körperliche Schönheit aus dem Stigma der gefallenen Kreatur herauslöste. Der Manierismus bezog schließlich aus der Gegensätzlichkeit von leiblicher Schönheit und schreckeneinflößender Verwesung jene Wirkung, die Faszination und Abscheu gleichermaßen miteinschloß. Die beiden Holzskulpturen bemühen freilich auch noch amorphe mittelalterliche Verwesungsphantasien. Das mit Pfeilen und Stundenglas ausgestattete Tödlein erinnert weiters an das Spektrum an Epidemien, die man nicht nur als Strafe des Himmels betrachtete. Die Pfeile, wie wir sie in dieser Interpretationsdimension vor allem aus der Ikonographie des hl. Sebastian kennen, gewinnen so in der Zusammenschau mit dem an die Vergänglichkeit gemahnenden Stundenglas als Instrument der Disziplinierung an Bedeutung. Im Schnitzgrad wie auch in der Formulierung der Details wird die Verwandtschaft zu Arbeiten des Georg Faistenberger ersichtlich. Der 1656 in Kitzbühel geborene Bildhauer (gest. nach 1721) gilt als einer der wichtigsten Vertreter der hochbarocken Plastik im Tiroler Unterland, in der sich Schwanthalers und Guggenbichlers Einfluß widerspiegelt.

38.4.28. Vier Sensenmänner mit Vanitasemblemata und Stundenglas
Standbilder vom barocken Tassilo-Katafalk, knapp vor 1700 (?)

Holz, vorder- und rückseitig bemalt, H ca. 210 cm.
Stift Kremsmünster

KAT.NR. 38.4.28.

KAT.NR. 38.4.28.

KAT.NR. 38.4.28.

Lit.: Popelka, L., Der prunkvolle Tod, in: Kat. Triumph des Todes (Ausstellung des Museums Österreichischer Kultur, Eisenstadt), Eisenstadt 1992, S. 113f.; Orso S. N., Art and Death at the Spanish Habsburg-Court. The Royal Exequies for Philip IV., Columbia 1989; Kat. Barock in Innsbruck (Ausstellung des Tiroler Landesmuseums Ferdinandeum Innsbruck, Innsbruck 1980, S. 31; Fagiolo dell`Arco, M.u. Carandini, S. , L'effimero barocco. Strutture della festa nella Roma del 600, Rom 1978; Neumüller, W., 1200 Jahre Kremsmünster. Historische Übersicht, in: ÖKT Bd. XLIII, 1. Teil, Wien 1977, S. 60f.; Chroscicki, J. A., Pompa funebris. Z dziejów kultury staropolskiej, Warschau 1974; Brix, M., Trauergerüste für die Habsburger in Wien, in: Wiener Jahrbuch für Kunstgeschichte Bd. XXVI, Wien 1973; Popelka, L., Freuden- und Trauerzurüstungen in Wien und den Erblanden, in: Koschatzky, W. (Hg.), Maria Theresia und ihre Zeit, Salzburg-Wien 1979.

Die barocken Katafalke bzw. Trauergerüste waren ganz auf die Trauer wie auch auf den ehrenden Nachruhm ausgerichtet und erreichten im Barock ihren künstlerischen Höhepunkt. Das metaphorische Spiel mit Sinnbildern der Zeitlichkeit und Ewigkeit nahm dabei stets eine zentrale Stellung ein. Ihre Vorläufer haben wir jedoch in dem seit dem 14. Jahrhundert aufkommenden Trauerritual bei Fürstenbegräbnissen zu sehen, wo Kerzengestelle und Wappen der Ländereien des Verstorbenen den Katafalk zierten. Der Schwerpunkt der Zeremonien lag dabei aber noch beim feierlichen Einzug, wie dies etwa bei den Bestattungsfeierlichkeiten des Erzherzogs Ferdinand II. von Tirol 1595 ersichtlich wird. Eines der ersten barocken Trauergerüste (Castrum doloris) wurde 1618 in Innsbruck für den Landesfürsten Erzherzog Maximilian III. in der Innsbrucker Hofkirche geschaffen. Personifikationen der vier Kardinaltugenden umstellten den Katafalk. Erst im Zuge des Hochbarock rückte bei gleichzeitig steigender Prachtentfaltung der Memento-mori-Gedanke in den Vordergrund. Dabei wurde die Bildbotschaft nicht nur als pompöser Nachruf auf den Verstorbenen verstanden, sondern – gemäß den Intentionen der Gegenreformation – auch als eine plakative Warnung an die Noch-Lebenden: Ganze Scharen von Knochenmännern mit Stundengläsern, Sensen und Kartuschen mit Bibelzitaten oder Emblemata-Episoden mischten sich nun in das imaginäre Heer der Grabwächter. Dies gilt auch für die hier erstmals außerhalb des Stiftes Kremsmünster ausgestellten Skelette mit Stundenglas als Hinweis auf die Vergänglichkeit alles Lebens, dem Schlangenring bzw. Ouroboros bei der Rahmung der Kartuscheninschriften als Symbol für Ewigkeit sowie der Sense als Hinweis auf die Hinfälligkeit alles Blühens und Prunkens. Sie flankieren alljährlich am sogenannten „Stiftertag" (11. Dezember) den barocken Tassilo-Katafalk in der Stiftskirche – errichtet zur Kommemoration des Todestages von Herzog Tassilo III. im Jahr 794 (?) im Kloster Lorsch. Wahrscheinlich müssen wir uns auch für diesen Tassilo-Katafalk eine umfangreiche Scheinarchitektur als bestimmenden Rahmen dazu vorstellen – vielleicht nach Art der habsburgischen Kuppelziborien des 17. Jahrhunderts –, die jedoch im Laufe der Zeit verlorenging. Um den mit einem schwarzen und mit Kreuz und Herzogshut bestickten Bahrtuch bedeckten Kenotaph (Leersarg) werden eigene Holz-Leuchter in schwarz-silberner Fassung (jüngeren Datums) und die Personifikationen des Todes zur Aufstellung gebracht, um an den Klostergründer Tassilo zu erinnern. In den schweren Mantelfalten der Skelette, den Kartuschen mit den Emblemata des späten 16. Jahrhunderts wie auch in der malerischen Modellierung erscheint eine Datierung ins letzte Drittel des 17. Jahrhunderts – etwa in zeitlicher Nähe zur Entstehung des Kaisersaales (erbaut 1693–1995), der etwa in der Kaiseremblematik eine frappierende Verwandtschaft aufweist – diskutierenswert. Obgleich der Tassilo-Kult von offizieller kirchlicher Seite keine Bestätigung erfuhr, wurde der Herzog in mehreren Klöstern als Seliger verehrt. Er war letzter Stammesherzog von Bayern, sein Vater Agilolfinger, seine Mutter Karolinger. Im Herbst 777 erfolgte im Beisein des halben bayerischen Episkopats und mehrerer Äbte die Weihe des Münsters an der Krems, die vermutlich Abt-Bischof Virgil vollzog. Durch seine unabhängige Reichspolitik geriet Tassilo aber später in Konflikt mit Karl dem Großen, der ihn wegen Verlassens des Heeres sogar zum Tode verurteilte, ihn aber später zu lebenslanger Klosterhaft begnadigte. Bis zum heutigen Tag begeht das Benediktinerstift Kremsmünster den Stiftertag alljährlich zum Andenken an den verbannten Bayernherzog. Besonders großzügig dürfte man diesen Festtag in der Barockzeit gefeiert haben: so gab es noch am letzten „Karnisseltag" 1773 Ochsenfleisch für 23.000 Pilger (hundert Ochsen mußten dafür geschlachtet werden). Der Ochse im dritten Feld des Wappens weist auf diese Fleischspeise hin, die jeder Pilger an diesem Stiftertag bekam.

38.4.29. Die Zeit hebt die gesunkene Kunst

Johann Christoph Ludwig Lücke, Dresden 1736

Elfenbein, Holzsockel, H (ohne Sockel) 22 cm.
Dresden, Staatliche Kunstsammlungen, Grünes Gewölbe, Inv.-Nr. II 337
Lit.: Syndram, D. (Hrsg.), Das Grüne Gewölbe zu Dresden. Führer durch seine Geschichte und seine Sammlungen (unter Mitarbeit von Arnold U. u. Kappel J.), München-Berlin 1994, S. 195f. (mit Abb.); Thieme-Becker Künstlerlexikon Bd. 23, Leipzig 1929, S. 446.

Der Gott der Zeit, der uns hier einmal mehr in der Gestalt des geflügelten Chronos entgegentritt, fängt die kraftlos hingesunkene Personifikation aller menschlichen Künste und Kunstfertigkeiten behutsam auf und rettet sie so vor dem unweigerlichen Fall. Die hingesunkene weibliche Aktfigur der Kunst ist auf dem Erdball sitzend gegeben. Ein kühn hochflatternder Umhang des Zeitgottes markiert das Drehmoment dieser Elfenbeinschnitzerei, dem auch der hochgewirbelte Bart wie auch der nach vorne geschwungene linke Flügel folgt. Die ikonographischen Wurzeln für diese Darstellung sind wohl noch im spätmanieristischen Allegorienrepertoire zu suchen, in dem die Zeit die Kunst in vielerlei Gestalt zu rehabilitieren sucht. Diese außerordentlich qualitätvolle Elfenbeinskulptur schuf der hochbegabte und vielseitige Dresdner Bildhauer und Elfenbeinschnitzer Johann Christoph Ludwig (von) Lücke, der um 1703 wohl in Dresden das Licht der Welt erblickte und wahrscheinlich bei Balthasar Permoser studierte. Im Vergleich etwa zu Permosers kleinplastischem Chronos im Hamburger Museum für Kunst und Gewerbe (Inv.-Nr. 1967.138, um 1680 oder um 1720–1730?), der auf Jacopo Sansovinos Figurensprache aufbaut, sordiniert Lücke das expressive Moment und orientiert sich dabei viel eher an jener monumentalisierenden Figurensprache, deren sich Permoser vor allem in den Marmorplastiken aus den zwanziger Jahren des 18. Jahrhunderts bedient. Im Gesichtstypus steht er auch der klassizierenden Auffassung eines Lorenzo Mattielli nahe, der allerdings erst im Oktober 1738 nach Dresden zog, um (bis 1746) die 78 überlebensgroßen Heiligenfiguren der Dresdner Hofkirche zu schaffen. Als sich Johann Christoph Lücke 1736 zum zweiten Mal beim sächsischen Kurfürsten und polnischen König August III. um das Amt eines Hofbildhauers bewarb, reichte er als Beweis seines Könnens eben diese virtuos geschnitzte Allegorie auf Zeit und Kunst ein. Sie repräsentiert eines der künstlerischen Hauptwerke Lückes, der aus einer weitverzweigten Dresdner Künstlerfamilie entstammt. Nach seiner erfolglosen Bemühung verließ Johann Christoph Lücke Dresden. Sein schillerndes, jedoch auch zuweilen unstetes Leben, das „nicht ohne Züge einer gewissen Scharlatanerie" (Syndram) war, führte ihn in der Folge noch an die verschiedensten Höfe, wo er nur zum Teil künstlerisch zu reüssieren vermochte. So tauchte er etwa 1752 am Kopenhagener Hof auf, fest entschlossen, in Schleswig eine Porzellanfabrik zu gründen, für die er 1755 auch ein Privileg erhielt. Er hielt sich dort jedoch nur ein Jahr auf und verließ 1757 Dänemark, um sich dann in Hamburg niederzulassen. Im Jänner 1767 wurde „der Bildhauer Lück zu Hamburg" zum herzoglichen mecklenburgischen Kunstdirektor ernannt. Noch im gleichen Jahr siedelte er wieder nach Dresden über, von da nach Danzig, wo er 1780 schließlich verstarb.

38.4.30. Allegorie der Vergänglichkeit und der Ewigkeit

Simon Troger (1694–1768), um 1740

Elfenbein und Holz, 54,5 x 34 cm.
Budapest, Iparmüvészeti Múzeum, Inv.-Nr. 4864
Lit.: Kat. Bayerisch-Tirolische G'schichten ... eine Nachbarschaft (Tiroler Landesausstellung 1993 auf der Festung Kufstein), Katalogteil, Innsbruck 1993, S. 252 (Kat. Nr. 3.30); Kat. Triumph des Todes (Ausstellung des Museums Österreichischer Kultur, Eisenstadt), Eisenstadt 1992, S. 369 (Kat. 9.13); Kat. Barokk és rokokó, Ki llit s az Iparmüvészeti Múzeum gyüjteményéböl (Ausstellungskatalog, hg. V. M. Peter u. I. Bardoly), Budapest 1990, S. 96, Kat. Nr. 4.18; Kat. Erwerbungen 1956–1980 (Festschrift des Tiroler Landesmuseums Ferdinandeum für Erich Egg), Innsbruck 1980, S. 54; Philippovich, Kombinationsfiguren aus Holz und Elfenbein, in: Kunst in Hessen und am Mittelrhein 17 (1977), S. 31; Nék m, L., Simon Troger két elef ntcsont szoborcsoportja (Die zwei elfenbeinernen Statuengruppen von Simon Troger), in: IMÉ 7, 1964, 91–105, Abb. 2, 9, 10; Philippovich, Simon Troger und andere Elfenbeinkünstler aus Tirol (Schlern-Schriften 216, Innsbruck 1961), 9, Abb. 3

KAT.NR. 38.4.30.

Als geflügelter Gott mit Sanduhr, Sense und Rad (der Zeit) auf dem Rücken sitzt Chronos der Schicksalsgöttin Lachesis gegenüber, die eine Schlange, die sich in den Schwanz beißt und so den Ouroboros (Schlangenring) vorstellt, in der Rechten hält. Lachesis zählt zu den drei Schicksalsgöttinnen, die bei Homer jedoch noch keine bestimmte Zahl und keine festen Namen haben. Die Griechen kannten sie als Moiren, die Römer als Parzen. In beiden Kulturkreisen bestimmten sie das unwandelbare Los, das den Menschen bei ihrer Geburt zufällt. Zudem setzten sie das Schicksal der Götter fest. Die Urteile fielen hart und streng, doch auch gerecht und weise aus. Die erste, Klotho, spann den Lebensfaden und beherrschte so die Gegenwart. Lachesis erhielt den Lebensfaden durch alle Zufälligkeiten und sprach die Zukunft. Sie repräsentiert weiters die Ewigkeit, wie dies auch an ihrem Attribut ersichtlich wird. Atropos, die Unabwendbare, durchschnitt ihn letztlich. Ihr oblag es auch, die Vergangenheit zu schreiben. Eine am Kunstmarkt (Galerie Koller/Zürich) aufgetauchte und Troger zugeschriebene Elfenbeingruppe gibt Chronos mit Klotho. In der hohen künstlerischen Qualität ist die Budapester Chronos-Gruppe jedoch einer Chronos-Veritas-Gruppe (siehe S. 272) des Tiroler Landesmuseums gegenüberzustellen, zu der es – im selben Museum – auch ein formales Gegenstück (Herkules und Omphale) gibt. Der Budapester Chronos scheint in der Typik dem Innsbrucker Herkules deutlich zu entsprechen. Simon Troger, der nach einer Lehre beim Meraner Bildhauer Schmiedecker in die Innsbrucker Werkstätte des Nikolaus Moll wechselte, konnte seinen Ruf als virtuoser Schöpfer seiner aus Holz und Elfenbein kombinierten Statuetten im Bereich der barocken Kleinskulptur bis heute erfolgreich verteidigen. Troger, der ab 1730 auch in der Münchner Werkstätte des Andreas Faistenberger tätig war, gründete schließlich in Haidhausen bei München eine eigene Werkstätte. Hier schuf er jene „Kabinett-Stücke", die er vorrangig für den kurfürstlichen Hof zu München anfertigte. Dies mag auch die subtilen und geistreichen Themenstellungen erklären, denen Troger seine künstlerische Aufmerksamkeit schenkte.

38.4.31. Tuba- bzw. Posaunenengel

Niederösterreichischer Bildschnitzer (Retz), um 1740

Lindenholz, teilweise originale Fassung, H 89,5 cm.
Lasberg, Smlg. Punkenhof 11, Inv.-Nr. 532
Lit.: Kirschbaum, E. (Hrsg.), Lexikon der christlichen Ikonographie, Bd. 4, Rom – Freiburg – Basel – Wien, 1994, Spalte 607f.; Gerritzen, C. (Hrsg.), Lexikon der Bibel. Orts- und Personennamen,

Daten, biblische Bücher und Autoren. Eltville a. Rhein 1990, S. 307f.; Der Musik-Brockhaus. Wiesbaden 1982, S. 466, 514 u. 619; Heyde, H., Trompeten, Posaunen, Tuben. 1980; Hammerstein, R., Die Musik der Engel. Bern 1962; Bandmann, K., Melancholien und Musik, Kempten 1960.

Die Tuba oder Posaune ist seit jeher auch ein Symbol für Augenblicklichkeit. „Tuba mirum spargens sonum per sepulchra regionum, coget omnes ante thronum" („Laut wird die Posaune klingen, durch der Erde Gräber dringen, alle hin zum Throne zwingen") – mit dieser Sentenz entwickelt die lateinische Totenmesse die gemeinhin vertraute dramatische Vision des Jüngsten Gerichts. Der Tuba- bzw. Posaunenengel verkörpert allerdings vielfältige Bedeutungsinhalte und erscheint als Stimme Gottes und als Stimme der Engel, als Herold und Gerichtsengel wie auch als Begleiter der himmlischen Liturgie. Der Tubaengel ist spätestens seit dem 8. Jahrhundert wichtiger Bestandteil der Weltgerichtsdarstellungen, ikonographisch vor allem basierend auf eine Stelle des Korintherbriefes *„Siehe, ich sage euch ein Geheimnis: Wir werden nicht alle entschlafen, wir werden aber alle verwandelt werden im Nu, in einem Augenblick, bei der letzten Posaune; denn die Posaune wird erschallen, und die Toten werden auferweckt werden unverweslich, und wir werden verwandelt werden."* (Kor. 15, 51f). Im Thessalonicherbrief finden wir ebenfalls dieses akustische Signal – hier gleichsam als Symbol für den ungewissen Beginn des Weltgerichts: *„Denn der Herr selbst wird unter einem Befehlsruf, unter der Stimme eines Erzengels und unter (dem Schall) der Posaune Gottes vom Himmel herabkommen, und die Toten in Christus werden zuerst auferstehen"* (1. Thess. 4, 16) In Hinblick auf die Wiederkunft des Herrn benützt zudem auch Matthäus das akustische Signal: *„Und er wird seine Engel aussenden mit starkem Posaunenschall"* (Matth. 24, 31). Dieses visionäre Bild bemüht in der Folge auch der Islam: *„Dann wird die Posaune geblasen, ein einziger Posaunenstoß. Und erschüttern wird die Erde samt den Bergen und zu Staub werden mit einem Schlag. An diesem Tag trifft ein das Eintreffende. Und es birst der Himmel, zerrissen ist er dann. Und die Engel an der Seite, und über sich tragen dann den Thron deines Herrn deren acht. Dann werdet ihr vorgeführt, und nichts Verborgnes von euch bleibt verborgen"* (69. Sura vom Unvermeidlichen, 13–18). Die Tuba (lat.) als gerades Blechblasinstrument der Römer entspricht musikgeschichtlich der Salpinx, dem altgriechischem Pendant mit bronzenem oder eisernem langgestrecktem Rohr, glockenförmigem Schalltrichter und eingesetztem Kesselmundstück aus Horn oder Knochen. Die hoch und spitz klingende Salpinx wird schon von Homer in der Ilias erwähnt und war besonders Signalinstrument in Krieg und Wettkampf. In dieser Bedeutung begegnen wir den großen Blechblasinstrumenten, die nicht zum Musizieren, sondern als Signalinstrumente Verwendung fanden, daher auch im Alten Testament (z.B. Lv 25, 15, Ex 19, 13, Ri 3, 27, Sm 13, 3). Die hier ausgestellte flügellose Holzplastik soll mündlicher Überlieferung zufolge einer Apotheke entstammen, wobei der obig genannte Kontext wohl um das aus der Barockzeit bekannte Bild von Christus als den wahren Seelen-Apotheker zu ergänzen ist.

38.4.32. Memorial (Trauernder Putto mit Todes- und Vergänglichkeitssymbolen)
Österreichischer Bildschnitzer des Stammel-Umkreises (?), 1776

H 25 cm, Basis 27 x 16 cm; bezeichnet *„Johann Antonij Pöttschnickh gefast worden.1776".*
Wien, Österreichische Galerie, Inv.-Nr. 4060
Lit.: Baum, E., Katalog des Österreichischen Barockmuseum, Bd.2, Wien 1980, S. 474,Nr. 317 (mit Abb.); Kat. Bilder vom Tod (168. Sonderausstellung des Historischen Museums der Stadt Wien), Wien 1993, S. 188; Rauter, G., Der Bildhauer Veit Königer (phil. Diss.), Graz 1948, S. 28.

Liegen auch die ikonographischen Wurzeln dieser Kleinplastik in der niederländischen Grafik und Malerei des Spätmanierismus, so kollidiert hier spätbarocke Erzählweise mit klassizistischem Pathos. Der halb verhüllte, trauernde Putto mit dem Kreuz in seiner Linken liegt inmitten einer kleinen Ruinenlandschaft mit geborstener Säule, geflügeltem Stundenglas und einem monströs wirkenden Totenschädel. Einmal mehr werden wir daran erinnert, daß das Sterben mit der Geburt beginnt, und die Zeit, die im Fluge dahinstreicht, alles dahinrafft: auch das Dingliche. Der Säulenstumpf ist dafür ein Sinnbild, obgleich die aus der Bruchstelle sprießenden Blüten dieses Bild der Endlichkeit zu sordinieren scheinen. Dieser Art von Memento-mori-Szenen begegnen wir vor allem in der Funeralplastik, wo derartige Kleinplastiken bis ins historistische Zeitalter die Gestaltung von Epitaphien und Grabsteinen (vgl. das Mozart-Memorial am St. Marxer Friedhof in Wien) bestimmen. Die geringe Ordnung im Aufbau sowie das additive Aneinanderreihen der Attribute haben E. Baum veranlaßt, die von Rauter vorgeschlagene Zuschreibung an den steirischen Bildhauer Veit Königer in Frage zu stellen. Da der auf der Rückseite der Skulptur genannte Johann Anton Pöttschnick als Faßmaler von Thaddäus Stammel bekannt ist, wird wohl an einen Bildschnitzer aus dem Umkreis Stammels zu denken sein.

KAT.NR. 38.4.33.

38.4.33. Allegorie der Zeit
2. Hälfte des 18. Jhdts.

Fayence-Manufaktur Holics (nach einer Komposition des Peter Reinecke aus der Meißner Porzellanmanufaktur); farbig bemalte, zinnglasierte Fayence, H 22,5 cm, Untersatz: 10 x 14 cm.
Budapest, Iparmüvészeti Múzeum, Inv.-Nr. 2263
Lit.: Kat. Triumph des Todes (Ausstellung des Museums Österreichischer Kultur, Eisenstadt), Eisenstadt 1992, S. 356 (Kat. 8.33): Kat. Barokk és rokokó, Ki llit s az Iparmüvészeti Múzeum gyüjteményéböl (Ausstellungskatalog, hg. V. M. Peter u. I. Bardoly), Budapest 1990, S. 95, Kat. Nr. 4.16; Kybalov , J., Holitscher Fayence, München 1970, S. 106.

Chronos ist hier als schreitende Flügelgestalt mit geschwungener Sense in beiden Händen und dem Stundenglas auf dem Haupt gegeben. Zeitlichkeit bzw. Vergänglichkeit sind damit in der Attributik festgelegt. Ein blaues Tuch umhüllt den Körper. Vielleicht dürfen wir diesen Farbton, der auch mit Untreue verbunden wird, hier als Hinweis dafür verstehen, daß uns letztlich die Zeit nicht treu bleibt. Wahrscheinlich diente für diese Porzellanfigur eine Komposition von Peter Reinecke als Vorbild, der in der Meißner Manufaktur zwischen 1743 und 1768 arbeitete.

38.4.34. Christus und die fünf klugen Jungfrauen
Drittes Viertel d. 18. Jhdts. (vom Tabernakelaufsatz des Frauenaltares der Domkirche zu St. Pölten)

Silberrelief, 11,5 x 16 cm.
St. Pölten, Diözesanmuseum
Lit.: Vavra, E., Klug oder töricht – Heilige oder Sünderin. Zur Gestaltung der Jungfrauenparabel

in der bildenden Kunst, in: Blaschitz, G, Hundsbichler, H., Jaritz, G. u. Vavra, E., Symbole des Alltags – Alltag der Symbole (Festschrift für Harry Kühnel), Graz 1992, S. 417f.; Kronbichler, J. u. Kronbichler-Skacha, S., Diözesanmuseum St.Pölten. Katalog der ausgestellten Objekte.St.Pölten 1984, S. 78f. u. Abb. 65; Heyne, H., Das Gleichnis von den klugen und törichten Jungfrauen. Eine literarische Studie zur altchristlichen Zeit. Leipzig 1922; Lehmann, W., Die Parabel von den klugen und törichten Jungfrauen. Eien ikonographische Studie mit einem Anhang über die Darstellungen der anderen Parabeln Christi, Berlin 1916.

Die Parabel von den klugen und törichten Jungfrauen steht nicht nur für das Weltgericht an sich, sondern bildet zugleich eine anschauliche Ermahnung zu ständiger Wachsamkeit bzw. zum sinnvollen Umgang mit der Zeit *(„... Seid also wachsam! Denn ihr wißt weder den Tag noch die Stunde."* (Mt 25, 1–13). Das vor allem aus der gotischen Portalplastik bekannte Thema steht hier jedoch in einem eucharistischen Kontext: Das ausgestellte Relief ist eines von 19 erhaltenen Silberreliefs, die sich ob ihrer Größe und thematischen Zusammenhänge in drei Gruppen unterteilen lassen und allesamt vom Tabernakelaufsatz des Frauen- oder Sakramentsaltares im südlichen Seitenschiff der Domkirche zu St. Pölten stammen.

38.4.35. Todesengel (Herme mit Stundenglas)

Leopold Forstner (Bad Leonfelden 1878 – 1936 Stockerau)

Keramik, blau glasiert, H 87 cm, Sockel: 15,5 x 15,5 cm, H 4,8 cm.
Historisches Museum der Stadt Wien, Inv.-Nr. 198.046
Lit.: Kat. Bilder vom Tod (168. Sonderausstellung des Historischen Museums der Stadt Wien), Wien 1993, S. 122 (Abb), Kat. Nr. 9.8.; Lässig, E., Leopold Forstner als christlicher Künstler des Jugendstils (ungedr. Diss. D. Universität Wien), Wien 1989; Kat. Leopold Forstner 1878–1936 – Mosaik, Graphik und Glas des Wiener Jugenstils (Ausstellungskatalog Stockerau), Stockerau 1989; Pabst, M., Wiener Grafik um 1900, München 1984, S. 324f.; Sautner, R., Lexikon der Mythologie, Salzburg 1984, S. 136; Kat. Leopold Forstner Gedächtnisausstellung (Schriftenreihe des Landeskulturzentrums Ursulinenhof), Nr. 3, Linz 1977; Kat. Wiener Mosaikwerkstätte Leopold Forstner (Katalog des Österreichischen Museums für angewandte Kunst Wien), Wien 1975

Die Bezeichnung Herme führt uns zurück in die griechische Mythologie, die damit einst Wegweiser zu Ehren des Gott Hermes zu bezeichnen pflegte. Sie schrieb Hermes, dem Sohn des Göttervaters Zeus und der Nymphe Maja, die Erfindung der Zeiteinteilung zu. Eine seiner Hauptaufgaben bildeten Botendienste für die unterirdischen Götter. Als solcher bekleidete er das beschwerliche Amt eines Schattengeleiters und hieß Psychopompos (Seelengeleiter). Sein Beruf war es, die Seelen der Sterbenden in Empfang zu nehmen, aus der Oberwelt in den Tartaros hinabzubringen und dem Fährmann Charon zu überantworten, der sie auf dem Acheron in einem Kahn erwartete, um sie nach dem Reiche des Pluton zu befördern. Hermes zeigte ihnen so den Weg in die Unterwelt, ihm zu Ehren stellte man an den Straßen Hermen auf, die als Wegweiser dienten. Forstners Herme tritt uns als ein strenger Todesengel mit stoischen Zügen gegenüber. Das Stundenglas, das er in seltsam weihevoller Haltung dem Betrachter zu enthüllen scheint, ist – mythologischen Wurzeln entsprechend – Zeit- und Todessymbol. Der antikisierende Gesichtstypus wie auch die gravitätische Figurensprache monumentalisieren diese Kleinplastik. Das dunkle Blau der Keramik bringt nicht nur Kälte, sondern auch jene Reinheit zum Ausdruck, wie sie uns Hugo von Hofmannsthal im Libretto zur 1916 in Wien uraufgeführten Richard Strauss Oper „Ariadne auf Naxos" in bezug auf das Totenreich suggeriert: „Es gibt ein Reich, wo alles rein ist: Es hat auch einen Namen: Totenreich. Hier ist nichts rein! Hier kam alles zu allem! Bald aber nahet ein Bote, Hermes heißen sie ihn. Mit seinem Stab regiert er die Seelen: Wie leichte Vögel, wie welke Blätter treibt er sie hin..."
Der spätere Kolo-Moser-Schüler Leopold Forstner dürfte diesem Libretto wohl in seiner Wiener Schaffenszeit begegnet sein. Forstners künstlerische Ausbildung erfolgte über mehrere Stationen: Er besuchte vorerst die Staatshandwerksschule in Linz und die Tiroler Glasmalereischule in Innsbruck. Er war Mitglied der Wiener Werkstätte und des Österreichischen Werkbunds. Er gründete 1908 die Wiener Mosaikwerkstätte, die er nach 1918 in Stockerau als Edelglas-, Mosaik- und Emailwerkstätte fortführte. Der aus dem Mühlviertel stammende Maler und Kunstgewerbler schuf in dieser Rolle Mosaiken für Otto Wagners Kirche am Steinhof wie auch für Hoffmanns Palais Stoclet in Brüssel oder Hoffmanns Villa Ast in Wien.

38.4.36. Kostüm der Marschallin für die Oper „Der Rosenkavalier" von Richard Strauss (Musik) und Hugo von Hofmannsthal (Libretto)

Entwurf von Alfred Roller, um 1946

(von Anni Konetzny in der Neueinstudierung am Theater an der Wien 1946 getragen).
Wien, Österreichisches Theatermuseum, Inv.-Nr. 0-2691 Th
Lit.: Bei, L., Pausch, O. u. Schlesinger, A. M., Österreichisches Theatermuseum: Hundert schönste Kostüme (= Cortina. Materialien aus dem Österreichischen TheaterMuseum, hrsg. Von Oskar Pausch; Bd. 20), Wien – Köln – Weimar 1996, S. 18, Nr. 2

„Die Zeit im Grund, Quinquin, die Zeit, die ändert doch nichts an den Sachen. Die Zeit, die ist ein sonderbar Ding. Wenn man so hinlebt, ist sie rein gar nichts. Aber dann auf einmal, da spürt man nichts als sie. Sie ist um uns herum, sie ist auch in uns drinnen. In den Gesichtern rieselt sie, im Spiegel da rieselt sie, in meinen Schläfen, da fließt sie. Und zwischen mir und dir da fließt sie wieder, lautlos wie eine Sanduhr. Oh Quinquin! Manchmal hör'ich sie fließen – unaufhaltsam. Manchmal steh` ich auf mitten in der Nacht und laß die Uhren alle, alle stehn. Allein man muß sich auch vor ihr nicht fürchten. Auch sie ist ein Geschöpf des Vaters, der uns alle erschaffen hat...". Dieser aus tiefer Melancholie geborene Zeit-Monolog der Marschallin in der Richard Strauss-Oper „Der Rosenkavalier" ist dank des geistreichen Librettos von Hugo von Hofmannsthal auch einer der schönsten literarischen Texte rund um das Thema Zeit. Die Oper wurde am 26. Jänner 1911 in der Dresdner Semperoper uraufgeführt. Hofmannsthal verdichtet in diesem Text die Grundstimmung einer Epoche, die sich einerseits in sentimentaler Abschirmung vor dem Neuen Schutz versprach, andererseits aus dem traurig-schönen Verwelken seinen Reiz bezog.

38.4.37. Triumph des Todes

Herbert Gurschner (Innsbruck 1901 – London 1975), 1927

Öl auf Leinwand, 109 x 89,5 cm (rückseitig Ausstellungsetikette von der XVI Esposizione Internazionale d'Arte-Venezia 1928).
Wien, Mag. Roland Widder
Lit.: Kat. Expression – Sachlichkeit. Aspekte der Kunst der 20er Jahre und 30er Jahre Tirol, Südtirol, Trentino (Tiroler Landesmuseum Ferdinandeum Innsbruck und Museo d'Arte Moderna e Contemporanea di Trento e Roverete sowie Museum für Moderne Kunst Bozen / Museo d'Arte Moderna Bolzano, 1994–1995), Innsbruck 1994; Ammann, G., Herbert Gurschner 1901 (1975), in: Kat. Innsbrucker Antiquitätenmesse, Innsbruck 1975, S. 99f.; Ammann (Kurator), Tiroler Malerei der Zwischenkriegszeit, Landeck 1980, S. 5, 6 u. 24; K. S., „Ein Tiroler Künstler in London", Innsbruck 1929, Nr. 141, S. 7.

Der Tiroler Maler und Münchner Akademie-Schüler Herbert Gurschner paraphrasiert in dieser mystisch-expressiv eingefärbten Szene mehrere Motivtraditionen: noch an spätmittelalterliche Totentanz-Illustrationen erinnert das Zwiegespräch zwischen dem Tod und dem vergeblich um das Leben seiner Frau bettelnden Mann im Bild links, die Umarmung der (schwangeren?) Frau durch den Tod nähert sich der Ikonographie vom Tod und dem Mädchen. Das Stundenglas in der Hand des Knochenmannes markiert die abgelaufene Zeit, mit der er auch dem Manne zu drohen scheint. In der Art der Modellierung, dem erdigen Kolorit sowie der feierlich-ernsten Figurenchoreographie nähert sich Gurschner nicht nur dem Kunstwollen seiner Freunde des Mühlauer Künstlerkreises (Alphons Schnegg, Rudolf Lehnert und Ernst Nepo), sondern zeigt auch frappierende Ähnlichkeiten zu Arbeiten des oberösterreichischen Malers Aloys Wach.

38.4.38. Turmuhrwerk mit Hakengang, Viertel- und Stundenschlagwerk
Gebaut in St. Marien im Traunkreis von Leopold Weingartner um 1840

Eisen, H 90 cm, L 150 cm, B 80 cm.
Steyr, Eisenuhrenmuseum Friedrich Schmollgruber
Lit: Kirschbaum, E. (Hrsg.), Lexikon der christlichen Ikonographie, Bd. 4, Rom – Freiburg – Basel – Wien, 1994, Spalte 406f.; Walther, S. u. Scharinger, F. (Bearbeiter), Katalog Uhrenmuseum, Wien 1984, S. 6.

Kannte die Antike nur „elementare Zeitmesser", so greift die Uhr mit dem geregelten und gleichmäßigen Ablauf ihres Räderwerks nicht nur über personales Leben und Erleben hinaus, sondern veröffentlichte – wie Martin Heidegger in Sein und Zeit (1960) treffend anmerkte – erst eigentlich die Zeit. Wohl erst gegen Ende des 13. Jahrhunderts entstand das, was man heute unter dem Begriff „Uhr" versteht: ein Räderwerk mit Hemmungseinrichtung und einem Schwingkörper, dem späteren Pendel. Vorerst erhielten nur Kirchen und Klöster größere Tumruhren oder kleinere, einfachere Türmeruhren, die in aufwendiger Handarbeit von Schmieden und Schlossern geschaffen wurden. Als erstes erhaltenes Beispiel gilt die Turmuhr der Kathedrale von Salisbury aus dem Jahre 1386. Erst in Verbindung mit dem weithin hörbaren Glockenschlag ist die Turmuhr auch in metaphorischer Hinsicht unbestechlicher Mahner und Künder der Zeit: *„Nur ewigen und ernsten Dingen sei ihr metallner Mund geweiht, und stündlich mit den schnellen Schwingen berühr' im Fluge sie die Zeit. Dem Schicksal leihe sie die Zunge, selbst herzlos, ohne Mitgefühl, begleite sie mit ihrem Schwunge des Lebens wechselvolles Spiel. Und wie der Klang im Ohr vergeht, der mächtig tönend ihr entschallt, so lehre sie, daß nichts bestehet, daß alles Irdische verhallt"* (aus Friedrich Schillers Ballade „Die Glocke").

[H. E.]

RAUM 39 – Ausgrabungen unter der Minoritenkirche

39.1. Zwiebelknopffibel
römisch, 4. Jh. n. Chr.

Zwiebelknopffibel mit facettierten Knöpfen und V-förmigen Profilierungen am Fußende. Bronze, L 7,4 cm, B 5 cm.
Wels, Minoriten, o.Inv.-Nr.
Lit.: H. Sedlmayer, Die römischen Fibeln von Wels, Quellen und Darstellungen zur Geschichte von Wels, Sonderreihe zum Jahrbuch des Musealvereines Wels Bd 4, 1995,.Taf. 17, 130, 174f.

Diese Fibel stammt aus den Grabungen unter der Minoritenkirche. Sie wurde aus der Verfüllschicht eines Hypokaustums zusammen mit grünglasierter und glättverzierter Keramik und Münzen der 2. Hälfte des 2. Jh.n.Chr. gefunden.

39.2. Plattenziegel
römisch, 2./3.Jh. n. Chr.

Ton, L 25,5 cm, B 25,5 cm, H 3,5 cm.
Wels, Minoriten, o.Inv.-Nr.

Im Hof zwischen der Wolfgangkapelle und der mittelalterlichen Stadtmauer wurde ein Plattenziegel mit folgender Ritzinschrift gefunden: II IDUS IUNIAS: zwei Tage vor den Iden des Juni = 13. Juni. ROGATUS: Der Name Rogatus scheint auch auf einem Plattenziegel aus Wels, Stadtplatz 1898 auf, der außerdem noch einen Stempel der II. Italischen Legion trägt. G. Trathnigg, Jahrbuch des Musealvereins Wels 1945/1955, 118,
Abb S II.

39.3. Dachziegel
römisch, 2./3.Jh. n. Chr.

Ton, L 45 cm.
Wels, Minoriten, o.Inv.-Nr.
Lit.: R. Miglbauer, Fundberichte aus Österreich 28, 1989, 249.

Im Nordteil des Kreuzganghofes des Minoritenklosters wurde in einer Versturzschicht ein Dachziegel (imbrex) mit folgender Ritzinschrift

KAT.NR. 39.3.

KAT.NR. 39.7.

gefunden: XVI KAL SEPTEMBRES: 16 Tage vor den Kalenden des Septembers = 17. August; ISAVRICVS: Isauricus. Der Name scheint auch auf einem Plattenziegel in Enns auf. M.v.Groller, Der römische Limes in Österreich 13, 1919, Sp. 109.

39.4. Dachziegel
römisch, 2./3.Jh. n. Chr.

Ton, L 21 cm.
Wels, Minoriten, o.Inv.-Nr.
Lit.: R. Miglbauer, Neue Forschungen im römischen Wels, Ostbairische Grenzmarken 38, 1996, 13, Textabb.2b.

Im Nordteil des Kreuzganghofes wurde in einer Versturzschicht ein Dachziegel (imbrex) mit einem Stempel gefunden:
L. RF LEG AVG.
LEG AVG ist die Abkürzung für Legatus Augusti. Ein Statthalter mit diesen Initialen ist bislang noch nicht bekannt. Als die zweite italische Legion in Noricum am Donaulimes stationiert wurde, änderte sich auch die Verwaltung der Provinz. Der Statthalter aus dem Senatorenstand war nun zugleich Komandant der Legion.

39.5. Plattenziegel
römisch, Ende 2.–3. Jh. n. Chr.

Ton, L 21,2 cm, B 14,2 cm.
Wels Minoriten, o.Inv.-Nr.
Lit.: R. Miglbauer, Zur Topgraphie von Ovilavis in der mittleren und späten Kaiserzeit, Mitteilungen des Museumsvereins Lauriacum Enns 32, 1993, 18–19

Plattenziegel mit Fußsohlenstempel: LEG II, zweite italische Legion. Diese Legion wurde während der Markomannenkriege an die Donau nach Lauriacum, Enns-Lorch verlegt. Der Ziegel gehörte zur Fußbodenheizung.

39.6. Plattenziegel
römisch, 2.–3.Jh. n. Chr.

Ton, L 21 cm.
Wels, Minoriten, o.Inv.-Nr.
Lit.: R. Miglbauer, Neue Forschungen im römischen Wels, Ostbairische Grenzmarken 39, 1996, 1996, 10–12.

Plattenziegel mit Rechteckstempel: MVMER. Mit Numerus wurde eine Sonderhilfstruppeneinheit bezeichnet. Der Ziegel wurde in der Fußbodenheizung verwendet.

KAT.NR. 39.10.

39.7. Mosaikrest
römisch, Ende 2.–3.Jh. n. Chr.

Stein, Mörtel, L 172 cm, B 40 cm.
Wels, Minoriten, Inv.-Nr. 224018
Lit.: R. Miglbauer, in Fundberichte aus Österreich 28, 1989, 249. dies.: Mitteilungen aus dem Stadtmuseum Wels 2/91, Nr. 56, S. 6

Unter dem Nordteil des Kreuzganges wurde ein Mosaikfußboden mit schwarz weiß Dekor gefunden. Der Mosaikfußboden setzte an eine Mauer an. Die Bordüre besteht aus schräg gestellten weißen Würfeln, daran schließt ein Streifen aus schwarzen Steinchen und einer aus weißen. Vom anschließenden geometrischen Muster sind nur mehr ein Stück des Streifens aus abwechselnd einem schwarzen und einem weißen Würfel auf einer schwarzen Linie ansetzend erhalten, daran schließt ein Dreiecksmuster aus schwarzen Steinchen. Das weitere Mosaik ist durch die späteren Aushubarbeiten für mittelalterliche und barockzeitliche Bestattungen zerstört worden. Der Mosaikfußbodenrest gehört zu den Resten eines römerzeitlichen Gebäudes, das mit einer Fußbodenheizung und einer Bleiwasserrohrleitung ausgestattet war.

39.8. Wasserrohrleitung
römisch, Ende 2.–3. Jh. n. Chr.

Blei, Bronze L (1) 66 cm, L (2) 48,5 cm. L (3) 90 cm.
Wels, Minoriten, o.Inv.-Nr.
Lit: R. Miglbauer, in: Fundberichte aus Österreich 28, 1989, 249.

Teile einer Bleiwasserrohrleitung, die westlich des Mosaikfußbodenrestes in Mauerwerk gebettet gefunden wurden. Bleirohre dienten in der Römerzeit zur Zuleitung von Trinkwasser in Häuser wohlhabender Bewohner.

39.9. Teil einer Gürtelschließe
römisch, 4.–5. Jh. n. Chr.

Bronze, L 5,6 cm.
Wels, Minoriten, Inv.-Nr. 224019
Lit.: R. M. Swoboda, Zu spätantiken Bronzeschnallen mit festem, dreieckigem Beschlag, Germania 61/1, 1986, 91–103.

Bronzeschnalle mit halbrundem Bügel und festem, dreieckigem Beschlag und kreisrundem Abschluß, facetierten Rändern und flachem, leicht gebogenem Dorn. Diese Schnallen wurden wahrscheinlich auf einem Gurt oder Riemen befestigt und gehörten zum spätrömischen Trachtzubehör der Männer. Die Gürtelschieße wurde zusammen mit dem Lampenfragment Kat. Nr. 39.10. in einer Verfüllschicht des Hypokaustums gefunden.

39.10. Lampenfragment
Tunesien, römisch, Ende 3.–4. Jh. n. Chr.

Ton, H 6,6 cm.
Wels, Minoriten, o.Inv.-Nr.
Lit.: S. Ladstätter, Afrikanische Sigillaten und Lampen aus Ovilava/Wels, Carnuntum Jahrbuch 1998, S. 54–59.

Oberteil einer rottonigen Lampe mit mattem, rotem Überzug. Das zentrale Fülloch ist gerahmt von einer achtblättrigen Rosette, der Spiegel von zwei plastischen Leisten gefaßt. Auf der flachen Schulter sind zwei ornamental geschwungene Ranken, die durch den ansetzenden Griffzapfen geteilt sind. Diese Lampe wurde in Zentraltunesien hergestellt und ist ein Einzelstück in Noricum. Sie wurde zusammen mit der Gürtelschließe Kat. Nr. 39.9. gefunden.

39.11. Tellerrandfragmente
Nordafrika, römisch, Mitte 3. – Mitte 4. Jh. n. Chr.

Ton, H 1,2 bzw. 0,6 cm.
Wels, Minoriten, o.Inv.-Nr.
Lit.: s.o.

Randfragmente von Tellern mit glänzendem, rotem Überzug, die bei Aushubarbeiten in der Minoritengasse 4 zusammen mit grauer einglättverzierter und grünglasierter Keramik gefunden wurden.

39.12. Tellerrandfragmente
Nordafrika, römisch, 4. Jh. n. Chr.

Ton, Rdm 9,6 bzw. 11,6 cm, H 0,2 cm, bzw. 1 cm.
Wels, Minoriten, o.Inv.-Nr.
Lit.: s.o

Randfragmente von Tellern mit glänzendem, rotem Überzug, die in der Minoritengasse 4 zusammen mit Kat. Nrr. 39.11. und 39.13. gefunden wurden. Diese Teller finden sich trotz eines deutlichen Rückganges an Importsigillata sowohl in den norischen als auch in den angrenzenden rätischen und panonischen Provinzen.

39.13. Tellerrandfragment
Nordafrika, römsich Mitte 4. – 5. Jh. n. Chr.

Ton, Rdm11 cm, H 1,3 cm.
Wels, Minoriten, o.Inv.-Nr
Lit.: s.o:

Fragment eines Tellers mit abgesetztem Rand und glänzendem, rotem Überzug, der zusammen mit Kat. Nr. 39. 11. und 39.12. gefunden wurde. Diese Teller sind die letzten afrikanischen Produkte, welche Noricum und die angrenzenden Provinzen noch in umfangreicherem Maß erreichten. In städtischen Zentren und spätantiken Höhensiedlungen.

39.14. Fragment einer kannelierten Säule
Wels, mittelalterlich

Adneter Kalk, Rotmarmor, H 72 cm, Dm 26 cm.
Wels, Minoriten, o.Inv.-Nr.

Das Säulenfragment wurde aus dem Fundament eines Seitenaltares an der nördlichen Langhausmauer geborgen und gehört zur mittelalterlichen Ausstattung der Kirche.
[R. M.]

Autorensiglen

U. B.
Dr. Ursula Baatz

E. Ch.
Dr. Erhard Chvojka

H. E.
Dr. Hannes Etzlstorfer

K. F.
Dr. Klaus Ferentschik

I. M.
Mag. Ingeborg Micko

R. M.
Dr. Renate Miglbauer

W. MF.
Univ.-Prof. Dr. Wolfgang Müller-Funk

C. N.
Mag. Carmen Nardelli

J. O.
Mag. Johannes Ortner

W. P
a.o.Prof. Dr. Wolfgang Pircher

E. P.
Dr. Erwin Pokorny

E. S.
HProf. Dr. Elisabeth Samsonow

VERANSTALTER

Land Oberösterreich

Geschäftsführung:
Amt der oö. Landesregierung
Landeskulturdirektion, Spittelwiese 4, A-4010 Linz
Leiter: W. Hofrat Mag. Manfred Mohr

Projektleitung:
Hofrat Dr. Reinhard Mattes

Organisation:
Mag. Michael Grims, Mag. Reinhold Kräter, Bernhard Stolberger, Gabriele Scheitler

Public Relations:
Mag. Michael Grims, Mag. Reinhold Kräter

Katalog:
Dr. Julius Stieber

Technische Leitung:
Ing. Manfred Quatember, Reinhard Böttcher, Werner Hammer, Monika Rollinger

WISSENSCHAFTLICHE LEITUNG UND KONZEPTION

Gesamtleitung:
Univ.-Prof. Dr. Wolfgang Müller-Funk

Assistenz:
Dr. Klaus Ferentschik

Mitarbeit:
Dr. Ursula Baatz
Dr. Erhard Chvojka
Dr. Hannes Etzlstorfer
Univ.-Prof. Dr. Andre Gingrich
HProf. Dr. Franz Hubmann
Mag. Ingeborg Micko
Dir. Dr. Renate Miglbauer
Mag. Carmen Nardelli
Mag. Johannes Ortner
a.o.Prof. Dr. Wolfgang Pircher
Dr. Erwin Pokorny
HProf. Dr. Elisabeth Samsonow

Restauratorische Betreuung:
Prof. Mag. Karin Troschke, Mag. Rahel Jahoda, MMag.art. Monika Roth

INSZENIERUNGSKONZEPT UND GESTALTUNG

Gesamtleitung:
Ausstellungsarchitekt Hans Hoffer

Mitarbeit:
Martin Schneebacher

Grafik:
Günter Winkler, Mag. Marianne Winkler

Dekor:
Wolfgang und Marlene Weitzdörfer

Video- und Diainstallationen:
Vogel-Audiovision Linz

Projekte des Ars Electronica Center:
Time Explorer: Ars Electronica FutureLab – Gerfried Stocker, Horst Hörtner, Volker Christian, Andreas Jalsovec, Pascal Maresch, Dietmar Offenhuber, Nina Wenhart; Sam Auinger (Sounddesign)
While you were here: Sensorium Group, Japan, und Ars Electronica FutureLab
Raum-Zeit-Spiegel: Ars Electronica FutureLab; Timebased Installation: Peter Nevin / Lucy Harrison Mediatek@Kent, Institute of Art & Design, Canterbury UK – Consultancy by AgB London UK; Sam Auinger (Sounddesign)

Sounddesign:
Konzept: Hans Hoffer, Ars Electronica FutureLab
Komposition: Sam Auinger
Hardware: Gerd Thaller
Software: Gerald Schalek
Electronic: Roland Babl

Pädagogisches Vermittlungskonzept:
perspektiva kulturservice – Mag. Claudia Hutterer, Dr. Doris Prenn

Minoritenkloster Wels:
Sanierung und Adaptierung: ARGE Minoriten Wels Luger/Maul/Hofbauer
Restaurierung Koordination: Mag. Herbert Schwaha
Restaurator innen und Fassade: Fa. Magnus Wintersteiger
Restaurator Kirche innen: Karl Lengauer

Restaurator Epitaph: Mag. Klaus Wedenig
Restaurator Portal und Arkadenhof: Fa. Stein von Klein

LEIHGEBER

Aigen i. M.
Prämonstratenser-Chorherren Stift Schlägl – Gemäldegalerie

Amsterdam
Rijksmuseum Amsterdam – Rijksprentenkabinet

Augsburg
Städtische Kunstsammlungen Augsburg – Grafische Sammlungen

Berlin
Staatliche Museen zu Berlin Preußischer Kulturbesitz – Museum für Islamische Kunst
Staatsbibliothek zu Berlin Preußischer Kulturbesitz – Handschriftenabteilung

Budapest
Iparmüvészeti Múzeum – The Museum of Applied Arts, Hungary

Dresden
Staatliche Kunstsammlungen Dresden – Grünes Gewölbe
Staatliche Kunstsammlungen Dresden – Mathematisch-Physikalischer Salon

Düsseldorf
Heinrich-Heine-Universität Düsseldorf – Institut für Geschichte der Medizin

Gießen
Justus-Liebig-Universität Gießen – Physiologisches Institut am Fachbereich Humanmedizin

Graz
Neue Galerie am Steiermärkischen Landesmuseum Joanneum
Steiermärkisches Landesmuseum Joanneum – Kunstgewerbliche Sammlung
Wiener Franziskanerprovinz in Graz – Zentralbibliothek

Groningen
Universitätsmuseum Groningen

Herzogenburg
Augustiner-Chorherrenstift Herzogenburg – Kunstsammlungen

Innsbruck
Sammlung Dr. P. Hörtnagl
Tiroler Landesmuseum Ferdinandeum

Kremsmünster
Benediktinerstift Kremsmünster – Bibliothek, Kunstsammlung und Sternwarte

Langenlois
Stadtgemeinde Langenlois – Heimatmuseum

Lasberg
Sammlung Punkenhof 11

Linz
Nordico – Museum der Stadt Linz
Oberösterreichisches Landesarchiv
Oberösterreichisches Landesmuseum

München
Franziskanerkloster München St. Anna – Provinzbibliothek
Staatliche Graphische Sammlung

Münster
Westfälisches Landesmuseum für Kunst- und Kulturgeschichte

Nürnberg
Germanisches Nationalmuseum – Druckgraphik

Paris
Collège de France – Direction des Affaires Culturelles
Dr. Barbara Glowczewski

Passau
Universität Passau – Institut für Geschichte der Psychologie

Salzburg
Dommuseum zu Salzburg
Salzburger Barockmuseum, Sammlung Rossacher – Orangerie des Mirabellgartens

St. Florian
Augustiner-Chorherrenstift St. Florian – Kunstsammlung, Stiftsbibliothek

St. Paul im Lavanttal
Benediktinerstift St. Paul im Lavanttal – Kunstsammlungen

St. Pölten
Bischöfliches Ordinariat/Diözesanmuseum St. Pölten

Steinerkirchen/Tr.
Pfarramt Steinerkirchen/Tr.

Steyr
Eisenuhrenmuseum Friedrich Schmollgruber

Stuttgart
Staatliches Museum für Völkerkunde – Linden-Museum, Südasienabteilung
Württembergische Landesbibliothek – Handschriftenabteilung

Vaduz
Sammlungen des Fürsten von Liechtenstein

Vahrn
Augustiner-Chorherrenstift Neustift – Kunstsammlung

Wels
Freiwillige Feuerwehr der Stadt Wels
Magistrat der Stadt Wels – Stadtarchiv
Magistrat der Stadt Wels – Stadtmuseum

Wien
Austria Tabak, Art Cult Center „Tabakmuseum"
Lisi Breuss
Klaus Dona
Graphische Sammlung Albertina
Kunsthandel Widder, Linz/Wien
Kunsthistorisches Museum Wien
Kunsthistorisches Museum Wien – Kunstkammer
Kupferstichkabinett der Akademie der bildenden Künste, Wien
MAK – Österreichisches Museum für angewandte Kunst
Museen der Stadt Wien
Museum für Völkerkunde
Museum Moderner Kunst – Stiftung Ludwig, 20er Haus
Naturhistorisches Museum Wien – Säugetiersammlung
Österreichische Galerie Belvedere
Österreichische Nationalbibliothek – Globenmuseum
Österreichische Nationalbibliothek – Handschriften-, Autographen- und Nachlaßsammlung
Österreichische Nationalbibliothek – Hauptabteilung Neu
Österreichische Nationalbibliothek – Musiksammlung
Österreichische Nationalbibliothek – Porträtsammlung, Bildarchiv und Fideikommißbibliothek
Österreichische Nationalbibliothek – Sammlung von Inkunabeln, alten und wertvollen Drucken
Österreichisches Minoritenprovinzialat Wien – Bibliothek & Archiv
Österreichisches Theatermuseum
Universitätsbibliothek Wien
Wiener Stadt- und Landesbibliothek

Wiener Neustadt
Neukloster Wiener Neustadt

Wilhering
Zisterzienserstift Wilhering – Kunstsammlung

Zürich
Uhrenmuseum Beyer Zürich

SPONSOREN

Oberösterreichische Wechselseitige Versicherung
Raiffeisenlandesbank OÖ

DANKSAGUNG

Zum Gelingen der OÖ. Landesausstellung haben dankenswerterweise beigetragen:

Bundesdenkmalamt – Landeskonservatorat für Oberösterreich
Bundesministerium für Unterricht und kulturelle Angelegenheiten
Sicherheitsdirektion für Oberösterreich

Bezirkshauptmannschaft Wels-Land
Diözese Linz
Landesbaudirektion Oberösterreich – Baudienstzentralabt., Abt. Autobahnen, Abt. Hochbau, Abt. Straßenbau
Landesgendarmeriekommando für Oberösterreich
Magistrat der Stadt Wels
Oberösterreichisches Landesmuseum
OÖ.-Touristik GesmbH.
ORF Wien
ORF – Landesstudio Oberösterreich
Stadtmarketing Wels
Tourismusverband Wels
Verein der Welser Kaufmannschaft
Welser Messe International GmbH.
Welser Wirtering

OÖ. Nachrichten
Neues Volksblatt
OÖ. Rundschau

Danksagung für die Unterstützung bei der Vorbereitung:

Univ.-Doz. Dir. Dr. Gert Ammann, Tiroler Landesmuseum Ferdinandeum, Innsbruck
Mag. Dr. Peter Assmann, Landesgalerie Oberösterreich, Linz
Daniel Bernard, Wien
Mag. Herbert Berndl-Forstner, Diözesankonservatorat der Diözese St. Pölten
Dr. Marian Bisanz-Prakken, Graphische Sammlung Albertina, Wien
Béatrice Capaul-Brun, Sammlungen des Fürsten von Liechtenstein, Vaduz
Mag. Helga Clerici-Rosenberger, Kupferstichkabinett der Akademie der bildenden Künste, Wien
Prof. Angelina Danilowatz, Österreichisches Theatermuseum, Wien
Dr. Gudrun Danzer, Neue Galerie am Steiermärkischen Landesmuseum, Graz
Markus Dennig, New York
Dir. Dr. Erika Dostal, Österreichisches Theatermuseum, Wien
Hofrat Dir. Dr. Günter Düriegl, Historisches Museum der Stadt Wien
Petra Eidinger, Landesgalerie Oberösterreich, Linz
Abt Mag. Martin Felhofer, Prämonstratenserstift Schlägl
Hofrat Dir. Dr. Gerbert Frodl, Österreichische Galerie, Wien
Propst Mag. Maximilian Fürnsinn, Augustiner-Chorherrenstift Herzogenburg
Prälat Dr. Chrysostomus Giner, Stift Neustift, Vahrn
Dr. Reinhard Gratz, Dommuseum zu Salzburg
Mag. Gerald Heidegger, ORF, Wien
Dr. Georg Heilingsetzer, OÖ. Landesarchiv, Linz
Dr. Peter Hörtnagl, Innsbruck
Mag. Regina Kaltenbrunner, Salzburger Barockmuseum
Hofrat Dr. Michael Krapf, Österreichische Galerie – Barockmuseum, Wien
Dir. Dr. Johann Kronbichler, Dommuseum zu Salzburg
Hofrat Dir. Dr. Manfred Leithe-Jasper, Kunsthistorisches Museum, Wien
Generaldirektorin Dr. Zsusa Lovag, Iparmüvészeti Múzeum, Budapest
Dr. Sylvia Mattl-Wurm, Historisches Museum der Stadt Wien
Hofrat Dr. Peter Nics, Österreichisches Theatermuseum, Wien
Mag. Walter Rossacher, Neue Galerie am Steiermärkischen Landesmuseum, Graz
Friedrich Schmollgruber, Steyr
Dr. Fritz Simak, Wien
P. Mag. Dr. Gerfried Sitar, Benediktinerstift St. Paul im Lavanttal
Mag. Erhard Stöbe, Österreichische Galerie – Restaurierung, Wien
Mag. Andrea Stockhammer, Wien
John Vierkens, Amsterdam
Vanessa Vierkens, Wien
Manfred Vikas, Wien
P. Mag. Stephan Weber, Prämonstratenserstift Schlägl
Em.Abt Prof. P. Gabriel Weinberger, Zisterzienserstift Wilhering
Dir. Dr. Uwe Wieczorek, Sammlungen des Fürsten von Liechtenstein, Vaduz
P. Klaudius Wintz, Benediktinerstift Kremsmünster
Wolfrum Kunstverlag, Wien

BILDNACHWEIS

Akademie der bildenden Künste Wien – Kupferstichkabinett: S. 433 (o.), 435 (Kat.Nr. 37.10.), 436 (Kat.Nr. 37.14)

Archiv Collège de France, Paris: S. 203

Ars Electronica Center: S. 345, 347

Ars Electronica FutureLab: S. 341, 342, 346, 348

Norbert Artner, Linz: S. 446 (l.)

Augustiner-Chorherrenstift Herzogenburg: S. 275

Benediktinerstift St. Paul im Lavanttal: S. 413

Blauel/Gnamm – Artothek: S. 416

Diözesanbildstelle Linz: S. 16 (u.), 404 (o.)

Diözesanmuseum Graz: S. 424 (u.), 425

B. Ecker/OÖ. Landesmuseum: S. 16 (o.), 20, 60, 69 (u.), 398 (o.), 403, 412

Dr. Hannes Etzlstorfer, Wien: S. 272, 446 (m., r.)

Germanisches Nationalmuseum Nürnberg: S. 61 (o., u.), 112 (o.), 434 (Kat.Nrr. 37.1., 37.4., 37.6.), 435 (Kat.Nrr. 37.7., 37.8.)

Barbara Glowczewski, Paris: S. 47 (u.), 48, 49, 358

Graphische Sammlung Albertina Wien: S. 111, 158 (o.), 159, 161, 434 (Kat.Nrr. 37.3., 37.5.), 435 (Kat.Nrr. 37.9., 37.11., 37.12), 436 (Kat.Nr. 37.13.)

Harvard University Archives: S. 209, 210, 212, 213

Iparmüvészeti Múzeum, Budapest: S. 447, 448

Justus-Liebig-Universität Gießen – Physiologisches Institut: S. 202

Ulrich Kneise, Eisenach: S. 177, 178

P. Amand Kraml, Kremsmünster: S. 137, 418

Dr. Johann Kronbichler: S. 277 (o., u.), 414

Kunsthistorisches Museum Wien: S. 175, 279, 432 (m.)

MAK – Österreichisches Museum für angewandte Kunst, Wien: S. 30, 32, 33, 36 (u.), 385–387, 392–393, 398 (u.), 399, 401, 419 (o.)

Renate Miglbauer/Stadtmuseum Wels: S. 320, 323, 324, 327, 328, 330, 333, 334, 337, 450 (m., r.), 451

Museum für Völkerkunde Wien: S. 47 (o.), 52, 361, 369–384, 395, 397

Museum Moderner Kunst Wien – Stiftung Ludwig, 20er Haus: S. 405, 406

Neue Galerie am Steiermärkischen Landesmuseum Joanneum Graz: S. 408

Nordico – Museum der Stadt Linz/B. Ecker: S. 404 (u.)

Johannes Ortner/Martina Kornfehl (Illustration): S. 44

Oberösterreichisches Landesarchiv, Linz: S. 411

Österreichische Nationalbibliothek Wien – Bildarchiv: S. 130 (o., u.), 140, 192, 436 (m.)

Österreichische Nationalbibliothek Wien – Kartensammlung: S. 390

Österreichische Nationalbibliothek Wien – Reprografie: S. 34, 57, 59 (o., u.), 68 (o., u.), 69 (o.), 75, 112 (u.), 115, 116, 118, 123, 126, 129, 189 (u.), 362 (m.), 363, 421, 424 (o.), 428

Rautenstrauch-Jost-Museum für Völkerkunde Köln – Historisches Fotoarchiv: S. 51, 53

Salzburger Barockmuseum: S. 271, 409

Sammlungen des Fürsten von Liechtenstein, Vaduz: S. 407

Fritz Simak, Wien: S. 29, 36 (o.), 276, 391, 394, 396 (o., u.), 410 (l., r.), 415 (l.), 442, 443, 444

Staatliche Graphische Sammlung München: S. 434 (Kat.Nr. 37.2)

Staatliche Kunstsammlungen Dresden – Grünes Gewölbe: S. 415 (r.)

Staatliche Kunstsammlungen Dresden – Mathematisch-Physikalischer Salon: S. 173 (u.)

Städtische Kunstsammlungen Augsburg: S. 355 (r.)

Steiermärkisches Landesmuseum Joanneum Graz – Kunstgewerbliche Sammlung: S. 400, 402

Stiftsbibliothek Kremsmünster: S. 189 (o.)

Uhrenmuseum Beyer, Zürich: S. 430

Universität Passau: S. 433 (u.)

Universitätsbibliothek Wien: S. 17, 419 (u.), 420

Universitätsmuseum Groningen: S. 204

P. Johannes Vrbecky, Wiener Neustadt: S. 432 (r.)

Wiener Stadt- und Landesbibliothek: S. 35, 64, 362 (l., r.), 364 (l., r.), 365 (l., m.), 388–389

Aus: Salomon de Caus, Les raisons des Forces mouvantes avec diverses machines, ausquelles sont adjonts dessvings de grotes et fontaines, Francfort, chez Jan Norton 1615, p. 16 und p. 19: S. 170

Aus: Ester Coen, Futurismo, Art/Dossier: Giunti 1986: S. 297

Aus: Robert Delaunay Sonia, Katalog des Musée d'Art Moderne von Paris, 1987: S. 298

Aus: HOPI / By Susanne and Jack Page, New York 1994: S. 43 (o., u.), 46

Kunstpostkarten: S. 186, 294 (o., u.), 295, 299

Aus: P. Joerißen, C. Will, Die Lebenstreppe. Bilder der menschlichen Lebensalter, Köln/Bonn 1983: S. 355 (m.), 356 (l., m.)

Aus: Valentino Pini, Fabrica degl'horologi Solari, Venedig 1598, p. 24f.: S. 171

Aus: Die Presse – Magazin, 6.9.1991, S. 16f.: S. 184 (o.)

Aus: Leonardo da Vinci. Das Lebensbild eines Genies, Wiesbaden/Berlin 1960 (3. Aufl.): S. 173 (o.)

o. = oben
u. = unten
m. = Mitte
l. = links
r. = rechts

Gemeinsam wird vieles einfach leichter.
Sich auf jemanden verlassen zu können, wenn man Hilfe braucht, ist einfach ein gutes Gefühl. Das gibt einem die Sicherheit, mit jeder Situation des Lebens fertig zu werden.
Dafür sorgen wir. Keine-Sorgen-Nummer: 0732.7891-699.
Keine Sorgen
Oberösterreichische
Versicherung AG
http://www.ooe-versicherung.at
CreaTeam

Das Land mit kreativen Finanzierungen moderner machen!

Dr. Ludwig Scharinger,
Generaldirektor der Raiffeisenlandesbank OÖ.

Unser Land zählt zu den modernsten Regionen in Europa. Von einem umfassenden Technologienetzwerk gehen wertvolle Impulse für unsere Unternehmen aus. Etwa vom Softwarepark in Hagenberg, einem Zukunftsprojekt, das mit Chancenkapital der Raiffeisenlandesbank OÖ umgesetzt wurde.

Mit derartigen kreativen Finanzierungsmodellen wird ein wichtiger Beitrag zur Modernisierung unseres Landes geleistet. Denn damit können Projekte durchführt werden, die für die künftige Entwicklung des Landes entscheidend sind. Die Erfolgsformel der Raiffeisenlandesbank OÖ dafür: Public-Private-Partnership-Modelle, eine Mischform aus öffentlicher und privater Finanzierung.

Normale Budgets reichen oft nicht

Kreative Finanzierungsmodelle hat die Raiffeisenlandesbank Oberösterreich bereits bei Projekten wie der Umfahrung Ebelsberg, der Tiefgarage in Kirchdorf oder dem Softwarepark Hagenberg entwickelt und erfolgreich angewendet. Derartige Projekte sind oft nicht mit den normalen Budgets zu finanzieren, zumal die Schulden der Republik Österreich bereits über 1.600 Milliarden Schilling betragen. Und es geht dabei auch um Wertschöpfung und damit wichtige Arbeitsplätze in unserer Region.

Bauvorhaben sichern Wertschöpfung und Arbeitsplätze

Bauvorhaben, für die von der Raiffeisenlandesbank OÖ Finanzierungsmodelle entwickelt wurden, tragen wesentlich zur Beibehaltung des hohen Beschäftigungsniveaus bei:

Umfahrungsstraße Ebelsberg: „Schattenmaut-Modell" zur Realisierung dieses Projektes mit einem Gesamtinvestitionsvolumen von rund 1,3 Mrd. Schilling. Die öffentliche Hand zahlt hier Benützungsgebühr und nach 23 Jahren geht die Umfahrung Ebelsberg in den Besitz der öffentlichen Hand über.

Bahnhof Linz: Nahverkehrsdrehscheibe (Verbindung regionaler Verkehrsträger, Anknüpfung an den Fernverkehr), Erneuerung des Fernverkehrbahnhofs der ÖBB, Büro- und Geschäftsbauten mit einer Gesamtfläche von rund 60.000 m^2 und 1.500 Stellplätzen). Gesamtinvestionssumme: rund 4,2 Milliarden Schilling.

Landeskrankenhaus Vöcklabruck: Im Auftrag des Landes Oberösterreich wird in Vöcklabruck ein neues Landeskrankenhaus mit 552 Spitalsbetten und einem medizinischen Ausbildungszentrum errichtet. Gesamtinvestitionskosten: rund 2 Milliarden Schilling.

Leistungsfähige Nord-Süd-Verbindung: Sie ist zwar noch Zukunftsmusik, EIB-Vizepräsident Dr. Ewald Nowotny hat aber bereits Gesprächsbereitschaft signalisiert. Hier hätte Österreich die Chance, durch die Kombination Schiene-Wasserstraße eine ökologische Transitroute Ostsee-Adria zu verwirklichen.

Nutzen wir die Chancen!

Das neue Jahrtausend eröffnet unserem Land gigantische Möglichkeiten, denn durch offene Grenzen sind neue Heimmärkte entstanden. Aber wir müssen dazu neue Finanzierungsformen anwenden – im öffentlichen Bereich genauso wie in den Unternehmen. Mit ihren reichhaltigen Erfahrungen ist die Raiffeisenlandesbank OÖ der richtige Partner bei der Verwirklichung von kreativen Ideen mit innovativen Finanzierungsmodellen!